水力发电厂
继电保护系统设计

DESIGN OF RELAY PROTECTION SYSTEM
FOR HYDROPOWER PLANT

梁建行　周强　陈吉祥　李程煌　编著

中国电力出版社

CHINA ELECTRIC POWER PRESS

内 容 提 要

本书阐述大中型水力发电厂发电机、变压器、母线、输电线、厂用电等主要电气设备继电保护系统及电力系统安全自动装置的工程设计技术，包括保护原理、配置及装置的选择，电流互感器和电压互感器的配置及选择，保护接线的设计，继电保护电磁兼容要求及相关设计，保护的整定计算和电力系统短路计算，与电厂自动化系统及电厂其他系统接口的设计等。

本书可供从事继电保护设计、研究、制造、试验、运行及维护人员参考，并可作为大专院校电力专业师生的教学参考。

图书在版编目（CIP）数据

水力发电厂继电保护系统设计 / 梁建行等编著 . —北京：中国电力出版社，2022.3
ISBN 978-7-5198-6277-0

Ⅰ . ①水… Ⅱ . ①梁… Ⅲ . ①水力发电站 - 继电保护 - 系统设计 Ⅳ . ① TV74

中国版本图书馆 CIP 数据核字（2021）第 262765 号

出版发行：中国电力出版社
地　　址：北京市东城区北京站西街 19 号（邮政编码 100005）
网　　址：http://www.cepp.sgcc.com.cn
责任编辑：姜　萍
责任校对：黄　蓓　王海南　王小鹏
装帧设计：赵丽媛
责任印制：吴　迪

印　　刷：三河市万龙印装有限公司
版　　次：2022 年 3 月第一版
印　　次：2022 年 3 月北京第一次印刷
开　　本：787 毫米 ×1092 毫米　16 开本
印　　张：31.5
字　　数：737 千字
印　　数：0001—1000 册
定　　价：150.00 元

前　言

　　继电保护系统是电厂工程设计中十分重要的一个专业项目，关系着工程投入运行后电厂发电设备及电力系统的安全、稳定运行。继电保护系统专业在理论上及应用技术上涉及面较广，且保护技术随着实际应用经验的积累及新技术的应用在不断地改进与更新。较早期应用的电磁型继电保护，当今已为微机型保护系统所取代，以更好的性能满足电厂及电力系统的要求。本书在总结经验和吸收新技术的基础上，从工程设计和运行应用方面，阐述目前国内外水力发电厂常用的继电保护系统的设计技术，包括继电保护系统的总体要求，电厂发电机、变压器、母线、输电线、厂用电等主要电气设备继电保护系统及电力系统安全自动装置的工作原理、技术要求、配置要求和参数整定计算方法，电流、电压互感器的配置、选择及接线，与继电保护相关的电力系统短路计算，继电保护系统二次接线和电缆设计，电磁兼容要求和相关设计等技术，并分别给出工程设计选择计算实例。

　　除针对水力发电厂水轮发电机设置的继电保护外，书中的论述与计算，也可适用于其他类型的发电机与发电厂。

　　本书由长江水利委员会长江勘测规划设计研究院梁建行、周强、陈吉祥、李程煌编写，全书由梁建行主编，易先举校审，汪祖禄参加了部分章节的校审。

　　承蒙华中科技大学尹项根教授对本书初稿的审阅，提出了很多宝贵意见和建议，在此深表感谢。

　　限于作者水平，书中不足之处，敬请读者指出。

编著者

2022 年 1 月

目 录

1 水力发电厂继电保护系统的任务和要求

1.1 水力发电厂继电保护系统的任务

电力系统在实际运行中可能发生故障或不正常，如输电线、母线、变压器、发电机短路及输电线断线等元件故障，发电机过负荷等不正常运行。电力系统故障或不正常运行可能使相关设备毁坏或使用寿命缩短，或影响电力系统中其他非故障设备的正常运行，或引起新的故障，甚至导致电力系统振荡、瓦解，使电力系统及用户遭受巨大损失。

在电力系统发生故障或不正常运行时，为保证电力系统和电力设备的安全，减轻故障设备的损坏程度，缩小故障的波及范围，防止事故扩大，保证电网中其他非故障设备的正常运行和维持电力系统运行的稳定性，电力系统（包括其主要组成部分的水力发电厂）各元件（发电机、变压器等电力设备及输电线）需按有关规程规范的规定设置继电保护，对元件的故障或运行不正常状态进行检测与处理，其具体任务是：

（1）对电力系统电力设备及输电线的故障或运行不正常状态进行检测和识别。

（2）从电力系统中切除发生危及电力系统稳定或电力设备安全的故障元件或运行不正常元件，并按要求启动相关的自动装置，如发电机电气事故时启动发电机灭磁系统对发电机进行灭磁、输电线事故时启动自动重合闸等。

（3）对可允许短时运行的故障或运行不正常状态发出通告（信号及相关信息），通知运行值班人员进行处理，并按要求启动相关的自动装置。

继电保护主要采用电气量对电力系统各元件的故障及不正常状态进行检测。某些设备以非电气量对元件故障及不正常状态进行检测的保护通常也归入继电保护系统，如变压器和电抗器的瓦斯、油箱油位和压力异常、温升等保护。水轮发电机组以非电量检测的水力机械故障通常作为水力机械保护单独设置，如过速、低油压、机组轴承温升等保护，不归入继电保护系统。

水力发电厂的发电机、变压器、母线和输电线，通常按每个设备（如每回输电线）或每组设备（如发电机变压器组）分别装设继电保护装置。

1.2 水力发电厂继电保护系统的基本要求

从工程设计方面考虑，对水力发电厂（以下简称水电厂）继电保护系统的设计目前通常有下列的基本要求：

（1）水电厂各元件（通常包括发电机、变压器、母线等电力设备及输电线）应按 GB/T 14285《继电保护和安全自动装置技术规程》、NB/T 35010《水力发电厂继电保护设计规范》等标准及电力系统有关文件的规定要求配置继电保护，保护的可靠性、选择性、灵敏性和速动性等应满足规定的技术要求。按照规程要求，电力设备及线路应装设短路故障和异常运行的保护装置，短路故障的保护应有主保护和后备保护，必要时可增加辅助保护。保护装置的可用性、可靠性和寿命应满足水电厂及有关规程的要求。保护装置应为按国家规定的要求和程序进行检测或鉴定合格的正式产品。同一厂站内的继电保护和安全装置的型式不宜过多。

（2）保护用电流互感器的配置应避免出现主保护死区，相邻元件的主保护范围应相互交叉重叠。电流互感器和电压互感器的技术参数，应按 DL/T 866《电流互感器和电压互感器选择及计算规程》进行计算和选择。其他提供保护输入信号的传感器，技术性能应满足保护装置的技术要求及安装处的电气技术要求。

（3）为防止保护拒动和减少保护维护检修造成一次设备停运情况，应根据 GB/T 14285、NB/T 35010 及电力系统有关文件的规定，对某些元件装设双重化保护，配置两套相互独立保护装置，并应满足下列要求：

1）按双重化配置原则配置两套保护装置的每套保护应功能完整，应能处理可能发生的所有类型的故障，满足电力系统对设备保护的要求。通常可按每套保护装置均具有完整的主保护、后备保护及电力系统要求的其他功能进行配置。

2）两套保护相互独立，两套保护装置之间不应有任何电气联系，其中一套保护故障或退出或需要检修时，应不影响另一套保护的正常运行。两套保护装置布置上应完全独立，对 220kV 及以上的线路和母线保护，两套母线保护宜安置在各自的柜内。每套保护装置的交流电流、电压回路彼此独立，交流电流应分别取自电流互感器独立的二次绕组，交流电压宜取自电压互感器独立的二次绕组，双断路器接线按近后备原则配置的两套主保护，应分别接入电压互感器的不同二次绕组；双母线接线按近后备原则配置的两套主保护，可以合用电压互感器同一二次绕组。对接于双母线的线路，两套保护可合用电压回路。双重化的每套保护与其他保护、设备配合的回路应相互独立，如母线保护的断路器和隔离开关的辅助触点、切换触点、辅助变流器及其他与保护配合的相关回路应按相互独立的双重化配置。每套保护出口跳闸回路单独作用于断路器的一组跳闸线圈，并应使用各自独立的电缆，如第一套动作于第一组线圈，第二套动作于第二组线圈，相应的，对继电保护采用双重化配置原则配置的元件，应要求其相关的断路器配置两组跳闸线圈，断路器控制直流电源由两回取自不同蓄电池供电的独立的 220V 直流电源提供。

3）每套保护的直流电源应取自不同蓄电池组供电的直流母线段，并经专用的自动开关或熔断器。也可采用每套保护由取自不同蓄电池组供电的直流母线段的两回直流电源同时供电，每套保护设置双电源自动切换装置，某一回电源消失时，保护仍保证正常工作并应有告警触点输出；两回电源消失时，确保保护装置不误动；直流电源消失后再恢复（包括缓慢恢复）时，装置能正常工作。

4）断路器失灵保护、三相不一致保护、断口闪络保护、非电量保护可按一套配置，保护动作同时作用于断路器的两个跳闸线圈。600MW级及以上的发电机，非电量保护应根据主设备配置情况，有条件的也可进行双重化配置，发电机断路器失灵保护（装设发电机断路器时）也可按双重化装设。

（4）保护装置的输出应满足下列要求：

1）每个保护应提供足够的电气独立的动作输出触点，用于操作、报警及录波等，如断路器跳闸、停机（跳闸、灭磁、关导叶）、启动其他保护或自动装置、与其他保护装置配合等操作。用于跳闸回路的触点应具有电流自保持功能，以保证断路器可靠跳闸且不损坏跳闸触点。不应以通信口的输出取代用于操作、报警及录波等的保护动作触点输出。

2）每个保护装置故障信号应分别以2个独立电气触点输出，分别接至电站计算机监控系统和故障录波系统。

3）每个元件保护的各保护装置和跳闸出口回路应具有硬件投切措施，对微机保护尚应有软件投切措施，以实现每种保护和跳闸出口的投入和退出运行。硬件投切措施如连接片应布置于保护屏面，以方便运行操作及监视。对设备或线路运行时可退出的保护，可再在启动保护的输入回路中设置投入/断开接线。

4）保护动作的输出触点应从保护屏以电缆连接的方式直接接至设备的控制屏柜或保护屏，如断路器控制柜、调速器柜、励磁柜、相关的保护屏、现地控制单元屏、录波屏、远跳装置等，不应通过其他系统（包括不通过计算机监控系统）转接，不应以通信方式取代电缆的连接，以保证保护工作的可靠性和独立性。

（5）保护装置的输入触点信号（通常为保护的辅助判据），应直接从设备的控制屏柜或保护屏以电缆连接的方式引入，不应以通信方式取代电缆的连接，不应通过其他系统转接，也不应采用其他系统转换或重复的触点，如不应采用计算机监控系统的输出触点，以保证保护工作的可靠性和独立性。

（6）保护屏的引出及装置与外部装置或系统的连接，应满足有关规程及装置制造商规定的电磁兼容的要求，以保证保护系统的正常工作不受影响。如应根据电厂各种场所的电磁环境条件，对控制、信号及通信电缆进行选择和敷设。应采取有效措施防止长电缆的引入对继电保护产生的不利影响。

（7）对数字式继电保护装置，通常尚有下列要求：

1）其微处理机应适用于在工业环境中使用，具有高可靠性、低功耗、满足要求的抗干扰性能。保护装置应满足有关规定的电磁兼容标准，具备完善的抗干扰措施，能有效防止各种干扰对保护的影响，符合标准规定的抗干扰指标。各输入输出接口回路之间应有抗干扰的电气隔离措施。应采取有效措施防止外部电缆的引入对继电保护产生的不利影响。保护装置不应通过其交、直流输入回路外接抗干扰元件来满足有关电磁兼容标准的要求。

2）元件保护各保护装置的软件和硬件应具有对自身故障的在线自动检测、长期监视的功能、容错功能和内部故障记录存储及输出功能。任何软件或硬件（除出口继电器外）故障均不应使保护误动作，不应影响该系统其他单元和其他系统的正常工作。自动监测应能发出告警信号并给出有关信息指明损坏元件部位（至模块）。如装置内部故障，应能在保护盘上发信号并输出信号，并以触点输出方式将故障信号提供给电站计算机监控系统。在线自动检测应包括硬件损坏、功能失效和二次回路异常运行状态等的检测。

3）根据水电厂的要求，元件保护的保护装置可具有以太网和串行通信接口。所有保护的信息（包括保护投退、重合闸切换开关位置、保护装置故障、保护动作及保护整定值、装置自检信息等）和故障记录均可通过通信接口送至故障录波和保护信息管理系统。故障记录应包括时间，动作事件报告，动作采样值数据报告，开入、开出和内部状态信息、定值报告等。装置应具有数字/图形输出功能和通用的输出接口。

4）保护装置应按照 GB/T 14285 的要求，具有事件顺序记录和故障记录及记录输出功能。记录内容应为故障时的模拟量和开关量、输出开关量、动作元件、动作时间、返回时间、相别、地点、故障类型等。事件记录分辨率不大于 1ms。在装置直流电源消失时，不应丢失已记录的信息。保护装置应以时间顺序记录方式记录正常运行的操作信息，如开关变位、开关量输入变位、连接片切换、定值修改、定值区切换等。

5）根据水电厂及电力系统的要求，保护装置可具有远方设定和修改保护整定值的功能。

6）根据水电厂及电力系统的要求，每个元件的继电保护可设置硬件时钟电路及对时接口，具有 GPS 对时功能。应可接收年、月、日、时、分、秒的时钟信号进行对时。时钟同步误差应不大于 1ms。装置失去直流电源时，硬件时钟应能正常工作。

7）保护装置应配有现地调试接口，能方便且可靠地进行保护调试、设定和修改保护的整定值。

8）保护装置的软件应设有安全防护措施，防止外部系统对继电保护工作的干扰或对程序的更改。

9）除仅配置一套主保护的设备应采用主保护与后备保护相互独立的装置外，宜将设备的主保护及后备保护综合在一套装置内，共用直流电源输入回路及电压互感器和电流互感器的二次回路。

10）保护装置应配置与电厂自动化系统通信的接口。

（8）保护装置在下列的供电及自然条件下应能正常可靠、准确工作：

1）外部直流供电电源在 80%～110% 额定电压范围内变化，纹波系数不大于 5%。

2）环境温度 −10～+55℃。

3）相对湿度 5%～95%。

（9）继电保护装置在下列情况下不应误动作：

1）电压互感器二次回路开路。

2）区外故障及电力系统振荡。

3）发电机启停。

4）发电机停机电气制动。

5）线路断路器单相重合闸过程中。

6）直流电源投切操作、直流电源消失、直流电压缓慢下降及上升、直流回路一点接地。

7）保护装置元件故障。

8）一次回路操作。

（10）保护装置在电压互感器二次回路一相、两相或三相同时断线、失压时，应发警告信号，并闭锁可能误动作的保护。在电流互感器二次回路不正常或断线时，应发警告信号，除母线保护外（可不包括一个半断路器接线的母线差动保护），允许跳闸。

（11）设备或线路保护装置的组屏或其在保护屏的布置，应按保护屏或保护装置在被保护的设备或线路停运时，可安全地对所属的继电保护系统进行维护检修考虑。通常可按每一元件的保护系统组屏。保护盘面板上应有显示盘内保护动作状态的指示，以显示保护的动作状况。保护装置动作指示信号应自保持。应在保护盘面板适当位置设置手动复归按钮用于保护信号复归，保护还应具有远方复归功能。

（12）水电厂中保护屏布置场地的自然环境及电磁环境应符合有关规程及装置制造商规定的环境布置场地条件。布置场地尽可能远离强磁场环境及热源（如母线、发电机、变压器等），并避免安装于有振动的场所（如低水头电厂的尾水平台、运行或事故时振动较大的机组附近等）。

（13）保护的直流电源应满足有关规程的要求，见本书 12.2 节。

水电厂开关站按智能变电站设计时，上述的某些条款需根据智能变电站的特点及要求进行修改、补充，可参见其有关规定。水电厂开关站按智能变电站考虑时的设计技术，读者可参见其有关文献。

本书引用的各相关规程、规范及电力系统有关文件的规定，均引自目前颁布使用的版本，上述对保护系统的基本要求也是基于目前常用的保护技术及装置的考虑。读者参考或引用时，需注意这些标准及文件的最新规定，以及保护新技术的应用。

1.3　继电保护系统的一般结构

图 1-1 所示为水力发电厂发电机继电保护系统与电厂设备及其他系统关系的结构图例，主保护的保护范围通常包括发电机断路器（若有）。电厂其他设备与之类同，某些设备的保护不作用于停机、灭磁和消防，则无与励磁、调速系统和消防系统的相互作用。

发电机保护装置从机端及中性点侧的电流互感器或电压互感器、励磁和调速系统及发电机等取得保护所需的发电机运行信息，以这些信息对发电机是否处于故障或不正常运行状态进行判断。在发电机处于故障或不正常运行时，保护动作或使发电机断路器跳闸，或同时跳磁场断路器灭磁和关导叶停机，或仅动作于报警等，并将保护动作信息送至相关的系统，包括计算机监控系统（通过机组现地控制单元）、故障录波系统和保护信息管理系统。对发电机的某些事故，如发电机匝间短路，保护尚需启动发电机消防系统。发电机的相间短路后备保护将动作跳升压变压器断路器，跳发电机断路器的保护将同时动作于启动发电机断路器的失灵保护，保护装置的时间同步信号由现地控制单元提供。通过保护信息管理系统可对保护进行设置。

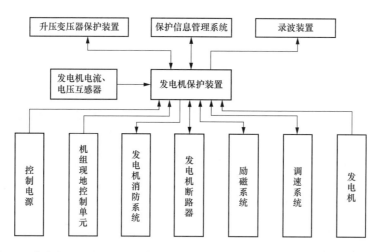

图 1-1　水力发电厂发电机继电保护系统与电厂设备及其他系统关系的结构图例

继电保护主要采用电气量对电力系统各元件的故障及不正常状态进行检测，某些设备以非电气量检测的元件故障及不正常状态通常也归入继电保护系统系统，电力系统发生故障或不正常运行时，相关的电气量或非电量将发生变化。利用电力系统故障或不正常状态前后相关电气量或非电量的变化特征，可以构成各种作用原理的继电保护装置。这些电气量如电流、电压等，包括工频及非工频的电气量；非电量如温度、电力变压器的瓦斯等。

继电保护装置主要有机电型和静态型两种。机电型主要由机电型继电器构成，继电器有机械可动部分，并以机械触点输出，通常有电磁式、电磁感应式、电动式及热力式等类型。静态型是基于微处理器或半导体电子器件构成，目前静态型保护主要是采用微处理器的微机保护。由于微型计算机具有巨大的计算、分析和判断能力，有强大的记忆功能，使微机保护可以实现性能完善且复杂的保护原理，可采用同一硬件实现不同的保护，实现除保护外的其他功能，如故障录波、故障测距、事故顺序记录、与调度计算机及其他外部计算机或自动装置通信，进行信息交换；计算机的自检功能，使微机保护有更高的可靠性。微机保护的广泛应用，使保护原理、性能和可靠性得到了进一步的发展与提高。

微机保护装置的输入信号通常是与被保护元件（电力设备及输电线）运行状态相关的模拟电气量及开关量，某些被保护元件的保护装置尚需要非电气量输入。输入模拟电气量在微机保护装置中经模/数转换（A/D）变成数字量，与其他输入一起，提供给保护装置的计算机系统，由计算机的微处理器对被保护元件的运行状态进行分析和判断，对其故障或不正常状况进行处理并输出相关的开关量至相应设备的控制系统。微机保护装置的结构图例见图 1-2。保护装置需要的输入电气量取自电流互感器和电压互感器并接入保护装置的模拟输入通道，由装置内的电量变换器变成适用于微机保护用的低压电气量（±5～±10V），经低通滤波器（ALF）滤除直流分量、低频与高频分量及各种干扰波后，进入采样保持电路（S/H），对输入模拟量进行采样，再依次送到模数转换器（A/D），将模拟量转换为数字量后送入计算机进行分析处理，判断是否发生故障，通过开关量输出通道输出，经光电隔离送到出口继电器，由出口继电器发出保护动作令，输出至断路器操作回路使断路器跳闸或作用于其他相关装置和系统。计算机通常还设置与外部系统通信接口，以及与打印机、PC 机等连接的人机接口。保护需要的输入开关量，通常经光电隔离再送入保护的计算机系统。

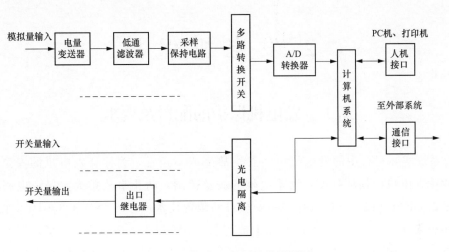

图 1-2　微机保护装置的结构图例

2 发电机保护

2.1 发电机保护的配置及要求

电力系统实际运行中的发电机可能发生故障或不正常，为保证发电机的安全，避免或减轻故障发电机的损坏程度，缩小故障的波及范围，防止事故扩大，保证电网的正常运行，根据 GB/T 14285《继电保护和安全自动装置技术规程》、NB/T 35010《水力发电厂继电保护设计规范》，电压在 3kV 以上或容量 6MW 以上，容量在 800MW 级及以下的水轮发电机，应按表 2-1 的要求，对发电机的下列故障及不正常运行状态设置相应的保护，容量在 800MW 级及以上的发电机可参照执行，100MW 及以上发电机应装设双重化保护：

(1) 定子绕组相间短路；

(2) 定子绕组接地；

(3) 定子绕组的匝间短路；

(4) 定子绕组分支断线；

(5) 发电机外部相间短路；

(6) 定子绕组过电压；

(7) 定子绕组过负荷；

(8) 转子表层（负序）过负荷；

(9) 励磁绕组过负荷；

(10) 励磁回路一点接地；

(11) 励磁电流异常下降或消失；

(12) 定子铁芯过励磁；

(13) 发电机逆功率；

(14) 频率异常；

(15) 失步；

(16) 发电机突然加电压（误上电）；

(17) 调相运行时与系统解列；

(18) 轴绝缘破坏；

(19) 其他故障或异常运行。

表 2-1   水轮发电机保护配置及要求

序号	保护名称	配置要求	其他
1	定子绕组及其引出线的相间短路主保护	（1）1MW 及以下单独运行的发电机，如中性点侧有引出线，则在中性点侧装设过电流保护，如中性点侧没有引出线，则在发电机端装设低电压保护。 （2）1MW 及以下与其他发电机或与电力系统并列运行的发电机，应在发电机端装设电流速断保护，如电流速断保护灵敏度不符合要求，可装设纵联差动保护（简称纵差保护），对中性点侧没有引出线的发电机，可装设低压过电流保护。 （3）1MW 以上的发电机，应装设纵差保护，并应采用三相接线方案。 （4）100MW 以下的发电机，当发电机与变压器间有断路器时，发电机与变压器宜分别装设单独的纵差保护。100MW 及以上的发电机-变压器组，应装设双重主保护，每套主保护宜具有发电机纵差保护及变压器纵差保护。 （5）各保护瞬时动作停机	纵差保护应装设电流回路断线监视装置，断线后动作于信号。电流回路断线允许差动保护跳闸
2	定子绕组匝间短路保护	（1）对定子绕组为星形接线、每相有并联分支且中性点侧有分支引出端的发电机，应装设零序电流型横差保护或裂相横差保护、不完全纵差保护。裂相横差保护应为三相接线方式。 （2）定子绕组为星形接线、中性点只有三个引出端子时，50MW 及以上的发电机，根据用户和制造厂的要求，也可装设专用的匝间短路保护。 （3）保护瞬时动作停机	
3	相间短路的后备保护	作为发电机外部相间短路和发电机相间短路保护的后备。 （1）1MW 及以下的与其他发电机或电力系统并列运行的发电机，应装设过电流保护。 （2）1MW 以上、50MW 以下的非自并励的发电机，宜装设复合电压（包括负序电压及线电压）启动的过电流保护，灵敏度不满足要求时可增设负序过电流保护。 （3）50MW 及以上的非自并励的发电机，宜装设负序过电流保护和单元件低压启动过电流保护。 （4）自并励发电机宜采用带电流记忆（保持）的复合电压过电流保护或带电流记忆（保持）的低电压过电流保护。 （5）后备保护宜带两段时限，较短时限动作于缩小故障影响范围或动作于解列、解列灭磁，较长的时限动作于停机	保护电流宜取自发电机的中性点侧电流互感器

序号	保护名称	配置要求	其他
4	定子绕组单相接地保护	保护的配置及要求依发电机单相接地电流及发电机中性点的接地方式而不同： （1）单相接地电流（不考虑消弧线圈的补偿作用）大于允许值（见表 2-8）时，应装设单相接地保护装置。 　1）中性点经消弧线圈接地的 100MW 以下的发电机，应装设保护区不小于 90％的定子接地保护；100MW 及以上的发电机，应装设保护区为 100％的定子接地保护。保护延时动作于信号，必要时动作于停机。消弧线圈退出运行或由于其他原因使残余电流大于接地电流允许值时，应切换为动作于停机。 　2）中性点经配电变压器接地的发电机变压器组单元接线的 100MW 及以上发电机，应装设保护区为 100％的定子单相接地保护。保护瞬时动作于停机。100％定子接地保护宜采用外加电源原理的保护。 　3）200MW 及以上的发电机定子接地保护如采用基波零序电压加三次谐波电压的形式，宜将基波零序电压保护与三次谐波电压保护的出口分开，基波零序电压保护动作于停机。 　4）为了在发电机与系统并列前检查有无接地故障，或为检查运行发电机定子绕组和发电机回路的绝缘状况，保护装置应能监视发电机端零序电压值。 　5）与母线直接连接的发电机定子绕组，单相接地保护宜具有选择性。 （2）单相接地电流小于允许值（见表 2-8）时，如中性点不接地或经单相电压互感器接地的发电机，可装设单相接地监视装置。单相接地监视装置可装于机端出口（或母线）电压互感器的开口三角侧或中性点侧单相电压互感器的二次侧，监视装置的监视范围应为定子绕组的 80％以上，宜采用滤过式零序过电压元件。保护延时动信号，必要时动作于停机	
5	励磁回路一点接地保护	（1）1MW 及以上的发电机应装设专用的转子一点接地保护装置，保护装置。应能有效地消除励磁回路中交、直流分量的影响。在同期并列、增减负荷、系统振荡等暂态过程中，保护装置不应误动作。 （2）1MW 及以下的发电机可装设对转子一点接地的定期检测装置。 （3）保护延时动作于信号，宜减负荷平稳停机，有条件时可动作于程序跳闸	
6	低励失磁保护	水轮发电机应装设失磁保护。在外部短路、系统振荡、发电机正常进相运行以及电压回路断线等情况下，失磁保护不应误动作。 保护带时限动作于解列	
7	失步保护	200MW 及以上的发电机应装设失步保护，保护应具有电流闭锁元件，在保护动作于解列时应保证断路器断开时的电流不超过断路器允许的开断电流。保护通常动作于信号，当振荡中心在发电机变压器组内部，失步运行时间超过整定值或振荡次数超过规定值时，保护还应动作于解列	在短路故障、系统同步振荡、电压回路断线等情况下应不发生误动

序号	保护名称	配置要求	其他
8	定子过电压保护	对水轮发电机定子的异常过电压，应装设过电压保护，具体整定值根据定子绕组绝缘状况决定。过电压保护宜动作于停机或解列灭磁	
9	定子绕组过负荷保护	（1）对定子绕组非直接冷却的发电机，应装设定时限过负荷保护，保护接一相电流。保护带时限动作于信号。 （2）对定子绕组为直接冷却且过负荷能力较低（例如在1.5倍额定电流下允许过负荷时间小于60s）的发电机，应装设由定时限和反时限两部分组成的过负荷保护。定时限部分的动作电流按在发电机长期允许的负荷电流下能可靠返回的条件整定；反时限的动作特性按发电机定子绕组过负荷能力确定，保护应反应电流变化时定子绕组的热积累过程，不考虑在灵敏系数和时限方面与其他相间短路保护相配合。 定时限保护动作于信号，有条件时可动作自动减出力；反时限保护动作于停机	
10	转子表面（负序）过负荷保护	50MW及以上的水轮发电机，应装设定时限负序过负荷保护，保护与相间短路后备保护的负序过电流保护组合在一起。保护的动作电流按躲过发电机长期允许的负序电流值和躲过最大负荷下负序电流滤过器的不平衡电流值整定。保护带时限动作于信号	
11	励磁绕组过负荷保护	（1）100MW及以上采用晶闸管整流励磁系统的发电机，应装设励磁绕组过负荷保护。 （2）300MW以下采用晶闸管整流励磁系统的发电机，可装设定时限励磁绕组过负荷保护。保护带时限动作于信号或动作于信号和降低励磁电流，必要时动作于解列灭磁或程序跳闸。 （3）300MW及以上的发电机，其励磁绕组过负荷保护可由定时限和反时限两部分组成。定时限部分的动作电流按正常运行最大励磁电流下能可靠返回的条件整定，保护带时限动作于信号。反时限的动作特性按发电机励磁绕组的过负荷能力确定。保护应能反应电流变化时励磁绕组的热积累过程，保护动作于解列灭磁或程序跳闸	
12	定子铁芯过励磁保护	（1）300MW及以上的发电机，应装设过励磁保护。可装设由低定值和高定值二部分组成的定时限保护或反时限保护，有条件时应优先装设反时限过励磁保护。反时限保护动作特性应与发电机允许的过励磁能力相配合。 （2）发电机变压器组，其间无断路器时可共用一套过励磁保护，保护装于发电机电压侧，定值按发电机或变压器的过励磁能力较低的要求整定。 （3）定时限保护的低定值带时限动作于信号或降低励磁电流；高定值动作于解列灭磁或程序跳闸。反时限保护的上限定时限及反时限特性段动作于解列灭磁，下限定时限动作于信号	

续表

序号	保护名称	配置要求	其他
13	逆功率保护	对于发电机有可能变电动机运行的异常运行方式，宜装设逆功率保护。保护带时限动作于解列	
14	轴电流保护	15MW 及以上灯泡式水轮发电机和 100MW 及以上其他形式的水轮发电机宜装设轴电流保护。轴电流保护可采用套于大轴上的特殊专用电流互感器作为测量元件。保护设两个定值，低定值动作于信号，高定值可带一定时限动作于解列灭磁。也可采用其他专用的轴绝缘监测装置	
15	发电机突加电压（误上电）保护	对于发电机出口断路器误合闸，突然加上三相电压的故障，300MW 及以上发电机宜装设突加电压保护，保护动作于解列灭磁或停机。如发电机出口断路器拒动，应启动失灵保护，断开所有有关电源支路。发电机并网后，此保护能可靠退出	
16	发电机断路器失灵保护	300MW 及以上并且机端有断路器的机组应装设机端断路器失灵保护，100～300MW 发电机的出口断路器宜装设断路器失灵保护。保护由发电机及升压变压器电气保护跳闸出口触点和能快速返回的相电流、负序电流判别元件启动。启动失灵保护的发电机保护出口应为电气保护出口，不包括非电量保护。保护动作后无时限再跳发电机断路器一次，经延时跳升压变高压侧断路器及相关断路器	
17	调相解列保护	对有调相运行工况的水轮发电机，在调相期间有可能失去电源时，应装设与系统解列保护。保护带时限动作于停机	
18	频率异常保护	对高于频率带负荷运行的 100MW 及以上的水轮发电机应装设高频率保护。保护带时限动作于解列灭磁或程序跳闸	
19	互感器断线保护	（1）保护装置在电流互感器二次回路不正常或断线时，应发告警信号。允许跳闸。 （2）保护装置在电压互感器二次回路一相、两相或三相同时断线、失压时，应发告警信号，并闭锁可能误动的保护	
20	发电机启停保护	对于在低转速下可能加励磁电压的发电机发生的定子接地故障或相间短路故障，200MW 及以上发电机应装设启停机保护。保护动作于停机。发电机启停机保护在机组正常频率运行时应退出，以免发生误动作	

注 1. 所有保护动作均应同时有动作于报警信号的触点出口，并据要求有接至录波的接点出口。

2. 表中有关词义如下：

(1) 停机——断开发电机断路器、灭磁、关闭导叶。

(2) 解列灭磁——断开发电机断路器、灭磁、关闭导叶至空载位置。

(3) 解列——断开发电机断路器，关闭导叶至空载位置。

(4) 减出力——将水轮机出力减到给定值。

(5) 缩小故障影响范围——例如断开预定的其他断路器。

(6) 程序跳闸——先将导叶关闭至空载位置，再断开发电机断路器并灭磁。

(7) 信号——发出声光信号。

水轮发电机组以非电量检测的水力机械故障保护，如机组过速、低油压、机组轴承温升等保护，通常作为水力机械保护单独设置，采用独立的接线、装置（或器件）、控制电源。水力机械故障保护出口直接引出至断路器跳闸、至励磁投逆变灭磁、至调速器紧急关导叶停机，信号直接输出至机组现地控制单元及录波等。按照 GB/T 14285，对非电量保护，600MW 级及以上的发电机应根据主设备配置情况，有条件的也可进行双重化配置。

当发电机停机采用电气制动时，在电气保护动作时应闭锁电气制动投入，电气制动停机过程中，应闭锁可能发生误动的保护。

2.2　发电机定子绕组内部故障主保护

发电机定子绕组内部故障主保护，通常是指发电机定子绕组及其引出线相间短路（包括保护区内外不同相一点接地的相间接地短路）、定子绕组匝间短路等故障时的主保护，这些主保护通常也可以对定子绕组开焊故障进行保护。定子绕组的相间及匝间短路时，短路电流及电弧将严重破坏发电机绝缘，可能烧坏定子绕组及铁芯，甚至导致发电机着火，定子绕组开焊时通常产生电弧，也可能导致与短路故障类似的后果。在发电机发生上述故障时，发电机的主保护应能以最快速度动作于发电机组停机（跳发电机或发电机变压器组断路器、灭磁、关闭导叶），并根据电厂的要求启动发电机消防系统，以避免或减少发电机的损坏及对电力系统运行的影响。

发电机定子绕组内部故障主保护目前常用的保护装置及其保护的内部故障类型见表 2-2。表中列出的各保护装置所保护的内部故障类型，仅表示该保护方案及相关的保护装置可反映该类型故障而动作，但不表示对该类型的所有故障均有动作的灵敏度。分析和仿真计算表明，由于发电机内部故障的复杂性，由某一原理构成的保护装置，仅对某类型或某些类型的某些种类的内部故障（如某些部位、某些故障型式等的故障）有良好的保护灵敏度，而对该类型的另外的某些种类的内部故障或其他类型的故障则无保护灵敏度而拒动。故对发电机内部故障保护，根据具体的发电机，通常需要配置两种或以上的不同原理的保护装置，特别是定子绕组为多分支并联结构的大型发电机。具体的配置组合，需要根据具体的发电机进行计算分析，对新定子绕组结构的大型发电机，通常需要采用发电机内部故障保护的模拟仿真系统进行计算分析。对定子绕组为多分支并联结构的大型发电机，仿真计算分析的内容通常还需包括定子绕组分支中性点侧引出方式的优化，提出使发电机内部故障得到更好保护的中性点侧分支引出组合方案。多分支并联结构的大型发电机，内部故障保护方案通常需要在分支的中性点侧引出线设置电流互感器，对电流互感器的配置方案及变比，通常也需要通过仿真计算确定，并需要考虑电流互感器在发电机内部布置的可能性。

发电机定子绕组内部故障主保护还有其他原理构成的保护装置，读者可参考有关文献。

下面分别介绍表 2-2 中各保护方案及其相关装置的原理、接线、在发电机内部故障中的动作特点及灵敏度、整定方法及其产品的技术参数。

表 2-2   常用的发电机定子绕组内部故障主保护装置

序号	保护装置	保护的内部故障类型	保护装置原理或接线类型
1	完全纵差保护	绕组及引出线相间短路	（1）带速饱和变流器的纵差保护。 （2）比率制动式纵差动保护。 （3）标积制动式纵差保护。 （4）故障分量比率制动式纵差保护
2	不完全纵差保护	绕组及引出线相间短路、匝间短路，分支开焊故障	
3	零序电流型横差保护	匝间短路、分支开断故障、发电机内部绕组相间短路	（1）单元件横差保护。 （2）双元件横差保护
4	裂相横差保护		（1）完全裂相横差保护。 （2）不完全裂相横差保护
5	纵向零序过电压保护		
6	故障分量负序方向保护		

注　1. 表中不包括1MW 及以下单独运行的发电机的定子绕组及其引出线的相间短路保护装置。
　　2. 不完全纵差保护、横差保护仅用于定子绕组每相为 2 个及以上多分支并联及 2 个及以上分支中性点引出线的发电机。

2.2.1　完全纵差保护

2.2.1.1　一般原理及接线

发电机通常采用完全纵差保护作为定子绕组及其引出线相间短路的主保护，接线见图 2-1，

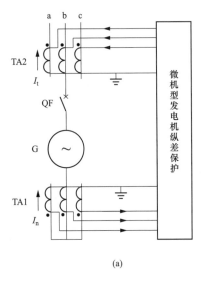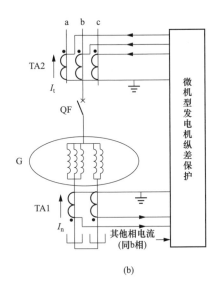

图 2-1　发电机完全纵差保护的一般接线

（a）每相中性点侧 1 个引出；（b）每相中性点侧 2 个引出

保护反应发电机每相机端及中性点侧引出线的电流差而动作（电流互感器标黑点端为同极性端）。发电机正常负荷运行或外部相间短路时，机端与中性点侧引出线有数值相同及方向与图 2-1 相同的电流，在保护装置中的电流差（称为差动保护的动作电流也称差动电流）近似为 0（仅有不平衡电流），保护不动作。内部故障时，如发电机机端三相短路时，机端引出线电流方向与

图 2-1 所示方向相反，流过中性点侧引出线电流方向与图 2-1 所示方向相同，两电流的差值等于机端和中性点侧引出线短路电流之和，使保护动作。由于发电机定子绕组内部匝间短路、同相不同分支间短路电流不出现在机端和中性点侧引出线，故发电机完全纵差保护不能反映定子绕组内部的匝间短路故障，也不能反应定子绕组的断线故障。

对设置有发电机断路器的发电机，发电机纵差保护用的机端电流互感器通常应布置在发电机断路器与变压器低压引出端之间，变压器纵差保护的机端电流互感器则布置在发电机断路器与发电机引出端之间，使发电机差动保护包括发电机断路器并与变压器保护区域相重叠。

直接接于发电机机端的励磁变压器（按有关规程的规定，一般不设置断路器或熔断器），以及某些机组在机端设置的机组自用变压器（一般也不设置断路器），这些变压器的容量一般均在发电机容量的百分之几以内，变压器正常运行形成的差动不平衡电流一般在保护整定的差动动作电流以内，故通常不将励磁变及自用变电流纳入发电机差动电流回路。此时，发电机差动保护的保护范围将包括励磁变压器和自用变压器的高压引线及部分绕组。励磁变压器和自用变压器均设置有各自的变压器保护，励磁变压器或自用变压器事故时，保护动作使发电机停机。

反应发电机每相机端及中性点侧引出线的电流差而动作的发电机纵差保护，在发电机正常负荷运行及外部短路时，发电机机端及中性点侧有数值相等的电流，但由于电流互感器及保护装置通道误差等原因，使此时流入保护的差动电流并非为 0，而有通常称为不平衡电流的电流流过。不平衡电流将随外部短路电流的增大及电流互感器饱和程度的增加而增大，在发电机的最大外部短路时通常有较大的数值。为使发电机纵差保护在外部故障的不平衡电流下不误动，在内部故障时正确工作并有较好的灵敏度，目前主要是在差动保护装置中采用外部短路电流或其相关量制动原理，即采用带制动特性的差动保护。常用的主要有采用全电流作为保护制动量及动作量的比率制动式纵差保护、标积制动式纵差保护和故障分量比率制动式纵差保护等类型的保护装置。另外，在差动保护用电流互感器的选择上，机端及中性点宜选用特性相同的互感器，选用相同类型、相同变比和相同二次额定电流等，以减少外部短路时的不平衡电流，详见第 10 章。

下面分别叙述发电机目前常用的几种纵差动保护装置的工作原理、特点、接线及整定。其他原理的发电机纵差保护，如基于保护原理神经元网络式的纵差保护、基于小波原理的纵差保护等，他们的保护原理及装置构成请参见其相关文献。

2.2.1.2　比率制动式纵差保护

2.2.1.2.1　工作原理

采用全电流作为保护制动量及动作量的发电机比率制动式完全纵差保护接线及制动特性示例（一段固定斜率，带差动速断）见图 2-2，保护采用微机型保护装置。当发电机机端电流 I_t 和中性点侧电流 I_n 以发电机并网正常带负荷运行时的电流方向为正方向时（I_n 以流入发电机为正向、I_t 以流出发电机为正向），比率制动式的发电机纵差保护的动作电流 I_{op} 及制动电流 I_{res} 通常取为

$$
\left.\begin{array}{l}
I_{\mathrm{op}} = \dfrac{1}{n_{\mathrm{a}}} \, |\, I_{\mathrm{n}} - I_{\mathrm{t}} \,| \\[3mm]
I_{\mathrm{res}} = \dfrac{1}{n_{\mathrm{a}}} \, \dfrac{|\, I_{\mathrm{n}} + I_{\mathrm{t}} \,|}{2}
\end{array}\right\} \tag{2-1}
$$

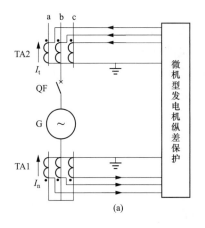 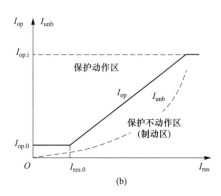

图 2-2　发电机比率制动式完全纵差保护接线及制动特性示例（一段固定斜线）

（a）保护接线；（b）保护制动特性

式中：n_{a} 为机端和中性点侧差动保护电流互感器变比（通常应相同）。某些差动保护装置产品规定以保护区内故障时流过电流互感器的电流为正方向，相应的式（2-1）表达为 $I_{\mathrm{op}} = |\, I_{\mathrm{n}} + I_{\mathrm{t}} \,| / n_{\mathrm{a}}$，$I_{\mathrm{res}} = |\, I_{\mathrm{n}} - I_{\mathrm{t}} \,| / 2n_{\mathrm{a}}$。工程应用时的电流正方向、电流互感器同极性端的安排及与保护装置间的接线，应按保护装置厂家的要求确定。

当纵差保护采用一段固定斜率的制动特性时，保护的动作判据是：

$$
\left.\begin{array}{ll}
I_{\mathrm{op}} \geqslant I_{\mathrm{op.0}} & I_{\mathrm{res}} \leqslant I_{\mathrm{res.0}} \ \text{时} \\[2mm]
I_{\mathrm{op}} \geqslant I_{\mathrm{op.0}} + S(I_{\mathrm{res}} - I_{\mathrm{res.0}}) & I_{\mathrm{res}} > I_{\mathrm{res.0}}, \text{且}\ I_{\mathrm{op}} < I_{\mathrm{op.i}} \ \text{时} \\[2mm]
I_{\mathrm{op}} \geqslant I_{\mathrm{op.i}} &
\end{array}\right\} \tag{2-2}
$$

式中：$I_{\mathrm{op.0}}$ 是差动保护最小动作电流整定值；$I_{\mathrm{res.0}}$ 是最小制动电流整定值；S 是制动特性斜线段的斜率；$I_{\mathrm{op.i}}$ 是差动速断的动作电流整定值。

保护制动特性见图 2-2（b）。制动特性将坐标平面分为两个区域：制动特性的下部为保护不动作区（其中大于 $I_{\mathrm{res.0}}$ 的区域可称制动区），上部是保护动作区，其中大于 $I_{\mathrm{op.i}}$ 的区域为差动速断动作区。具有一段固定斜率的制动特性曲线通常分两段，对应于差动保护的最小动作电流 $I_{\mathrm{op.0}}$ 的水平段、中间斜线段。图中 I_{unb} 是差动保护的不平衡电流。

制动特性曲线对应于 $I_{\mathrm{op.0}}$ 的水平段与斜线段相交点对应的制动电流称最小制动电流 $I_{\mathrm{res.0}}$（也称拐点电流），当保护的制动电流小于最小制动电流 $I_{\mathrm{res.0}}$ 时，制动电流对保护动作不起制动作用。最小动作电流 $I_{\mathrm{op.0}}$ 按躲过发电机额定负荷时的最大不平衡电流整定，在发电机负荷电流或外部短路电流等于或小于发电机额定电流情况下，差动保护的不平衡电流将小于保护最小动作电流，此时保护不需要有制动电流便可保证保护不发生误动。最小制动电流 $I_{\mathrm{res.0}}$ 通常按等于或小于发电机额定电流整定。图中 $I_{\mathrm{op.0}}$ 的水平段下部小于 $I_{\mathrm{res.0}}$ 的区域也称为无制动区域。

斜线段为比率制动段。在比率制动段，保护动作电流将随制动电流按斜线的斜率线性增大，制动电流将随外部短路电流增大而增加，见式（2-1）。外部短路时，流过保护的不平衡电流将随外部短路电流的增大及电流互感器饱和程度的增加而增大，如图 2-2（b）所示。故制动特性斜线段的斜率需按最大外部短路电流对应的保护动作电流大于此时流过保护的最大不平衡电流整定，以保证外部故障时保护不发生误动作。发电机内部短路时，外部提供的短路电流与图 2-2所示方向相反，流过保护的动作电流为机端与中性点电流之和，而制动电流为机端与中性点电流之差，保护在流过的动作电流满足式（2-2）的动作条件时动作。

在保护区内发生严重短路时，为防止因电流互感器饱和使纵差保护延迟动作，发电机纵差保护可配置差动速断保护。当某一相的保护动作电流 I_{op} 大于差动速断的整定值 $I_{op.i}$ 时，保护瞬时动作跳闸而不受制动电流的影响，快速切除短路故障。

比率制动式差动保护尚有两段不同斜率（双斜率）及可变斜率制动特性的保护装置，可按具体的电厂发电机要求进行选择。

由于比率制动式完全纵差保护需整定最小动作电流 $I_{op.0}$，对靠近发电机中性点的短路电流较小的相间短路，保护可能不能动作而出现保护死区。

发电机比率制动式纵差保护装置在技术发展过程中主要有整流型及微机型两种，目前主要采用微机型。

（1）整流型比率制动式纵差保护。保护的原理接线示例见图 2-3，制动特性同图 2-2（b）。差动保护继电器动作量（I_{op}）由接于差电流回路的电抗变压器 TR1 提供。制动量（I_{res}）由接于环流回路上的有两个一次侧线圈（相同匝数的 $W_{res.1}$、$W_{res.2}$）的电抗变压器 TR2 提供，$W_{res.1}$、$W_{res.2}$ 的极性按在外部短路时保护可得到正比于外部短路电流的制动量进行连接。TR1 和 TR2 的二次侧电压经整流后进入比较回路，极化继电器 KP 在 I_{op} 大于 I_{res} 时动作。

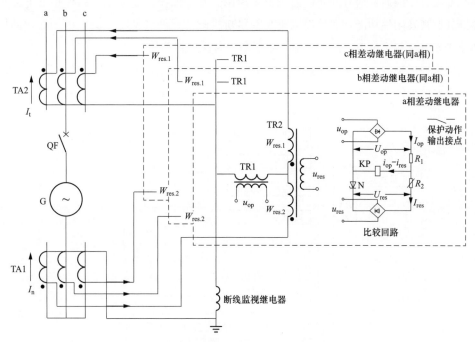

图 2-3　整流型比率制动式完全纵差保护

发电机外部短路时，发电机两侧电流互感器一次侧流过相同的短路电流，电流方向与图 2-3 所示相同。同相的两侧电流互感器二次电流大小相等、方向相反，在连接两侧电流互感器的环路中环流（故被称为环流式差动保护），流入 TR1 一次线圈的电流为发电机两侧电流互感器的不平衡电流（电流互感器二次侧电流），其将随外部短路电流的增大及电流互感器饱和程度的增加而增大，使由不平衡电流产生的保护动作量 I_{unb} 随短路电流增大（见图 2-2 中的 I_{unb}-I_{res} 特性）。此时流过 TR2 一次线圈的电流为外部短路电流（电流互感器二次侧电流），提供给保护的制动量 i_{res} 与短路电流成正比。通过调整电阻 R_2，可整定制动量 I_{res} 与短路电流的比例关系（即整定 I_{op}-I_{res} 特性斜线段的斜率），使得在最大外部短路电流范围内的 I_{unb}-I_{res} 特性总位于 I_{op}-I_{res} 特性之下，不平衡电流产生的动作量 I_{unb} 总小于由制动特性要求的动作量 I_{op}，从而可靠地保证在外部短路时继电器不动作。

发电机内部三相短路时，发电机两侧短路电流方向相反，两侧差动电流互感器二次电流以和电流流入 TR1 线圈，动作电流为发电机两侧短路电流之和，而流入 TR2 的 W_{res1}、W_{res2} 电流方向相反，制动电流为两侧短路电流之差，故 TR1 提供的动作电压 U_1 大于 TR2 提供的制动电压 U_z，继电器比较回路中的 I_{op} 大于 I_{res} 而使保护动作。

制动特性水平段与特性斜线段的拐点对应的制动电流 $I_{res.0}$，取决于比较回路中稳压管 N 的击穿电压。在电抗变压器 TR2 提供的制动电压 U_z 小于 N 的击穿电压时，即制动电流小于 $I_{res.0}$ 时，制动回路相当于开路，继电器此时无制动作用，动作电流取决于特性曲线水平段对应的动作电流值 $I_{op.0}$。

整流型比率制动式纵差保护继电器通常提供固定斜率的制动特性，无差动速断保护。

按照 GB/T 14285《继电保护和安全自动装置技术规程》的规定，纵差保护保护应装设电流回路断线监视，断线后发信号并允许差动保护跳闸。整流型比率制动式纵差保护继电器无电流互感器断线监视及闭锁功能，需另设电流互感器断线监视元件（见图 2-3）。由于保护动作电流整定值小于发电机额定电流，故在电流互感器断线时保护将动作。

（2）微机型比率制动式纵差保护。微机型比率制动式纵差保护利用微机数据信息处理功能，使保护有更好的性能及更高的可靠性。其与电流互感器的连接及制动特性示例见图 2-2。图 2-4

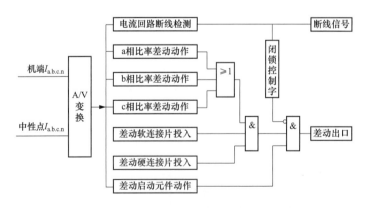

图 2-4　微机型比率制动式纵差保护逻辑图示例

是微机型比率制动式纵差保护的逻辑图示例。保护的比率差动元件按相设置，任一相差动元件动作均可动作出口跳闸。保护设电流互感器回路断线监视及闭锁功能，根据电厂的要求可整定为电流互感器二次电流回路断线时闭锁保护动作并发信号或仅发信号（允许跳闸）。运行中的电流互感器二次电流回路断线时，在没有完善的限压措施情况下，其二次侧将出现很高的开路电压，危及人身安全，甚至导致绝缘击穿引发火灾。故需要考虑这种情况的电厂，可将保护设置为电流互感器二次电流回路断线时仅发信号，允许差动保护动作跳闸，以确保人身及设备安全。纵差保护装置可提供具有一段固定斜率、两段不同斜率（双斜率）及变斜率制动特性的产品。

2.2.1.2.2 比率制动式纵差保护的整定计算

采用一段固定斜率制动特性的发电机比率制动式纵差保护需要计算整定的参数为保护最小动作电流 $I_{op.0}$、制动特性拐点的制动电流 $I_{res.0}$、制动特性的斜率及速断动作电流。按照 DL/T 684《大型发电机变压器继电保护整定计算导则》，其整定值可计算如下。

（1）保护最小动作电流 $I_{op.0}$ 的计算。比率制动式纵差保护最小动作电流 $I_{op.0}$ 按躲过发电机额定负荷时的最大不平衡电流整定。

$$I_{op.0} = K_{rel}(K_{er} + \Delta m)I_{gn}/n_a \qquad (2\text{-}3)$$

式中：K_{rel} 为可靠系数，可取 $1.5 \sim 2.0$；K_{er} 为电流互感器的复合误差，取 0.1；Δm 为保护装置通道调整误差引起的不平衡电流系数，取 0.02；I_{gn} 为发电机定子额定电流；n_a 电流互感器变比。工程上一般可取 $I_{op.0} \geqslant (0.2 \sim 0.3)I_{gn}$，也可根据具体发电机额定负荷下差动保护不平衡电流的实测值 $I_{unb.0}$ 取 $I_{op.0} = K_{rel}I_{unb.0}$，但在 $I_{unb.0}$ 过大时，应先查明原因。

（2）制动特性拐点的制动电流 $I_{res.0}$ 整定计算。当保护最小动作电流按式（2-3）整定时，在发电机负荷电流或外部短路电流等于或小于发电机额定电流情况下，差动保护的不平衡电流将小于按式（2-3）整定的保护最小动作电流，此时保护不必具有制动特性。故制动特性拐点的制动电流 $I_{res.0}$ 可取为

$$I_{res.0} = (0.7 \sim 1.0)I_{gn}/n_a \qquad (2\text{-}4)$$

另外，在内部短路时保护并不需要带制动特性，特别在内部短路电流较小时，从提高保护灵敏度考虑，希望保护动作电流仅取决于短路电流而不受制动电流的影响，即希望制动电流不起作用，由此考虑，$I_{res.0}$ 可取较大的数值。但在外部短路时，差动保护的不平衡电流将随短路电流增大而增加，并需考虑暂态误差引起的不平衡电流，短路电流的非周期分量将加重电流互感器的饱和程度。故当按式（2-3）整定保护最小动作电流时，为保证在外部电流或发电机正常运行时保护不动作，制动特性拐点的制动电流 $I_{res.0}$ 不宜大于式（2-4）的计算值。

（3）制动特性斜率 S 的整定计算。制动特性斜率 S 按发电机外部最大短路电流 $I_{k.max}^{(3)}$ 下保护不误动进行计算整定。故整定的制动特性，应使得发电机外部最大短路电流对应的保护动作电流大于此时流过保护的不平衡电流。发电机外部最大短路电流时流过保护的不平衡电流 $I_{unb.max}$ 可计算为

$$I_{unb.max} = (K_{ap}K_{cc}K_{er} + \Delta m)I_{k.max}^{(3)}/n_a \qquad (2\text{-}5)$$

式中：K_{ap} 为考虑非周期分量影响系数，取 $1.5 \sim 2.0$，TP 级的电流互感器取 1.0；K_{cc} 为电流互感器同型系数，取 0.5；K_{er} 为电流互感器最大复合误差系数，取 0.1；Δm 为保护装置通道调整误差引起的不平衡电流系数，取 0.02；$I_{k.max}^{(3)}$ 为发电机外部三相短路通过发电机的最大短路电流

（周期分量）；n_a 电流互感器变比。

由式 (2-1)，外部最大短路电流时保护的制动电流 $I_{res.\,max}$ 可计算为

$$I_{res.\,max} = I_{k.\,mx}^{(3)}/n_a \tag{2-6}$$

按发电机外部最大短路电流时保护的动作电流大于不平衡电流整定的制动特性斜线段的斜率 S，对如图 2-2 的一段固定斜率的制动特性，可计算为

$$S = \frac{K_{rel} I_{unb.\,max} - I_{op.\,0}}{I_{res.\,max} - I_{res.\,0}} \tag{2-7}$$

式中：K_{rel} 为可靠系数，取 2。一般取 $S = 0.3 \sim 0.5$。

（4）保护灵敏系数计算。纵差保护的灵敏度按发电机未投入系统时差动保护范围内机端两相金属性短路计算

$$K_{sen} = \frac{I_{k.\,min}^{(2)}}{n_a I_{op(2)}} = \frac{I_{k.\,min}^{(2)}}{n_a \left[I_{op.\,0} + S\left(\dfrac{1}{2n_a} I_{k.\,min}^{(2)} - I_{res.\,0} \right) \right]} \tag{2-8}$$

式中：$I_{k.\,min}^{(2)}$ 为发电机未投入系统时机端两相金属性短路电流（周期分量）；$I_{op(2)}$ 为保护制动特性上对应于制动电流为 $I_{k.\,min}^{(2)}/2n_a$ 时的动作电流。

DL/T 684 中说明，按上述式 (2-3) ～式 (2-6) 整定的比率制动特性，在发电机机端两相金属性短路时，差动保护的灵敏系数一般均满足 $K_{sen} \geqslant 2$ 的要求，可不需要进行灵敏度校验。另外，DL/T 684 尚要求在发电并网后系统于最小运行方式时，机端保护区内两相短路时的灵敏度应不低于 1.2。

（5）差动速断的动作电流 $I_{op.\,i}$ 可按躲过发电机非同期合闸产生的最大不平衡电流整定。对大型发电机，一般取 $(3 \sim 5)\,I_{gn}$，建议取 $4 I_{gn}$。

电流互感器二次回路断线监视通常按保护装置生产厂家要求整定。两段不同斜率制动特性或变斜率制动特性的比率制动式差动保护，可按照相关产品制造厂的技术要求进行整定。差动保护启动元件动作电流由保护厂家设定（如设定为差动电流大于 0.8 倍最小动作电流定值时动作）。

2.2.1.3　标积制动式纵差保护

发电机完全纵差保护可采用标积制动式差动保护。标积制动式纵差保护采用发电机中性点侧电流 I_n 和机端电流 I_t 基波相量 $I_n \angle \theta_n$ 和 $I_t \angle \theta_t$ 的标积 $I_n I_t \cos\theta$ 为制动量 I_{res}，以 I_n 与 I_t 差电流 $I_n - I_t$ 为动作量 I_{op}[1]。当发电机机端电流 I_t 和中性点侧电流 I_n 以发电机并网正常带负荷运行时的电流方向为正方向（I_n 以流入发电机为正向、I_t 以流出发电机为正向，见图 2-5）时，标积制动式的发电机纵差保护的动作电流 I_{op} 及制动电流 I_{res} 可取为

$$I_{op} = \frac{1}{n_a} |I_n - I_t|$$

$$I_{res} = \begin{cases} \dfrac{1}{n_a} \sqrt{|I_t| \cdot |I_n| \cos\theta} & \cos\theta \geqslant 0 \\ 0 & \cos\theta < 0 \end{cases} \tag{2-9}$$

式中：θ 为电流 I_n 和 I_t 的相位角之差，$\theta = \theta_n - \theta_t$。

标积制动式纵差保护在 $-90° \leqslant \theta \leqslant 90°$ 时，$\cos\theta \geqslant 0$，$I_{res} \neq 0$，有制动作用（I_t 及 I_n 不为 0

时）。外部短路时，$\theta = 0°$，式（2-9）右侧表现为很大的制动作用，使保护不误动。发电机内部相间短路时，大多数呈现为 $90° < \theta < 270°$，此时 $\cos\theta < 0$，式（2-9）I_{res} 值取 0，即不再有制动量，使保护有较高的灵敏度。

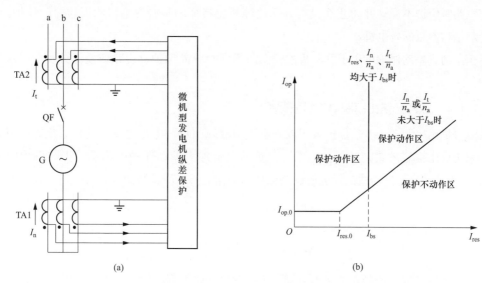

图 2-5　标积制动式完全纵差保护接线及制动特性（带动作闭锁）

（a）保护接线；（b）保护制动特性

标积制动式完全纵差保护的一般接线及制动特性与比率制动式纵差保护相类似，见图 2-5，也设置有无制动区域，某些产品也提供差动速断保护，带有差动速断的标积制动式完全纵差保护的动作判据同式（2-2）。保护的整定计算与比率制动式完全纵差保护基本相同，其中式（2-6）～式（2-8）中对应于发电机短路电流的制动电流需按式（2-9）计算。

为防止电流互感器在外部短路的暂态过程中饱和造成差流过大使保护误动，如对采用 P 级电流互感器的差动保护，标积制动式差动保护的某些产品可提供有闭锁保护动作设置的制动特性，特性上设置闭锁线，在外部短路电流大于设定的闭锁电流致不平衡电流增大可能使保护误动时，闭锁保护动作，如图 2-5 所示。当外部短路电流（相应的制动电流 I_{res}）、发电机中性点侧电流 I_n/n_a 及机端电流 I_t/n_a 均大于某一设置的数值（大于闭锁电流 I_{bs} 时），其制动特性为一垂直线（动作电流 $I_{op} = \infty$），保护被闭锁，不动作（即认为是外部故障）。若制动电流 $I_{res} > I_{bs}$，但 I_n/n_a 或 I_t/n_a 小于 I_{bs}，则保护按制动特性工作。

具有图 2-5 制动特性的标积制动式纵差保护（无差动速断）的动作判据为

$$\left.\begin{array}{ll} I_{op} \geqslant I_{op.0} & I_{res} \leqslant I_{res.0} \\[4pt] I_{op} \geqslant I_{op.0} + S(I_{res} - I_{res.0}) & I_{res.0} < I_{res} \leqslant I_{bs}, \\[4pt] & \text{或 } I_{res} > I_{bs} \text{ 但} \dfrac{I_t}{n_a} \text{ 或} \dfrac{I_n}{n_a} \text{ 小于 } I_{bs} \\[8pt] I_{op} = \infty\text{（不动作）} & I_{res}、\dfrac{I_t}{n_a}、\dfrac{I_n}{n_a} \text{ 均大于 } I_{bs} \end{array}\right\} \quad (2\text{-}10)$$

式中：S 是制动特性斜线段的斜率。

制动特性带有闭锁保护动作的标积制动式纵差保护，通过正确的整定 S 和 I_{bs}，可保证保护在外部短路的暂态过程中不会误动，并在发电机内部故障时，保护具有较高的灵敏度。保护制动特性上的闭锁电流整定值，应通过对使用保护的发电机进行内部故障仿真计算后确定，以保证外部短路时保护不误动并防止在具有外部故障相位特征的某些发电机内部故障时保护拒动，特别是新结构参数的发电机。

标积制动式差动保护可用于发电机的完全或不完全纵差保护、裂相横差保护及变压器差动等保护。

2.2.1.4 故障分量比率制动式纵差保护

故障分量比率制动式差动保护采用故障电流与故障前负荷电流之差（此差电流称故障分量电流）来构成比率制动式差动保护，以避免负荷电流加大差动保护的制动量影响保护的灵敏度[2,3]。故障分量比率制动式的发电机纵差保护的动作电流 ΔI_{op} 及制动电流 ΔI_{res} 由下式计算

$$\left.\begin{aligned} \Delta I_{op} &= \frac{1}{n_a} \mid \Delta I_n - \Delta I_t \mid \\ \Delta I_{res} &= \frac{1}{n_a} \frac{\mid \Delta I_n + \Delta I_t \mid}{2} \end{aligned}\right\} \tag{2-11}$$

式中：n_a 为机端和中性点侧差动保护电流互感器变比（通常应相同）；ΔI_t 为机端故障分量电流 $\Delta I_t = I_t - I_1$；ΔI_n 为中性点侧故障分量电流 $\Delta I_n = I_n - I_1$；I_t、I_n 分别为机端和中性点侧故障电流；I_1 为发电机故障前负荷电流。

带有差动速断保护的故障分量比率差动保护的接线及制动特性与比率制动式差动保护类同，见图 2-6。

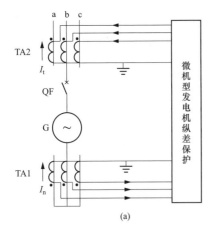
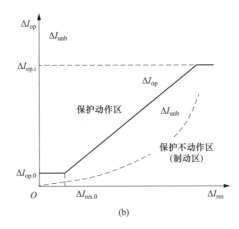

图 2-6 发电机故障分量比率制动式完全纵差保护接线及制动特性示例（一段固定斜率）

(a) 保护接线；(b) 保护制动特性

故障分量比率差动保护的动作判据是

$$\left.\begin{aligned} \Delta I_{op} &\geqslant \Delta I_{op.0} & I_{res} &\leqslant I_{res.0} \\ \Delta I_{op} &\geqslant I_{op.0} + S(\Delta I_{res} - \Delta I_{res.0}) & \Delta I_{res} &> \Delta I_{res.0}, \text{且 } \Delta I_{op} < \Delta I_{op.i} \\ \Delta I_{op} &\geqslant \Delta I_{op.i} \end{aligned}\right\} \tag{2-12}$$

式中：S 是制动特性斜线段的斜率。

故障分量比率制动式差动保护通常需要整定三个定值：最小动作电流 $\Delta I_{op.0}$、最小制动电流 $\Delta I_{res.0}$、斜率 S。

故障分量比率差动保护采用机端和中性点侧故障变化量之差作为保护的动作量，理论上可有效地消除了正常负荷下不平衡电流对保护的影响，使差动保护的最小动作电流的 $\Delta I_{op.0}$ 可取很小的数值，在发电机内部故障时，较传统的比率制动式差动保护有更高的灵敏度。但考虑到外部短路故障下电流互感器的将出现暂态误差，以及在保护装置测量等方面的误差，为保证在发电机外部故障时保护不误动，$\Delta I_{op.0}$ 不能取得太小，通常可按差动保护装置厂家的要求整定。

故障分量差动保护制动特性的斜率，与传统的比率制动式差动保护的考虑相同，应使保护在外部最大短路电流下可靠不动作进行整定。在计算外部最大短路电流下保护的不平衡电流时，可忽略故障电流除去负荷电流分量对保护不平衡电流的影响，与传统的比率制动式差动保护相同，按式（2-5）以发电机外部三相短路最大短路电流（周期分量）$I_{k.max}^{(3)}$ 计算。由于制动电流无负荷电流分量，在外部最大短路电流下的制动电流将小于传统的比率制动式差动保护，使整定的制动特性需取较大的斜率，具体数值可按差动保护装置厂家的要求整定。发电机正常负荷运行时不存在故障分量，理论上可认为保护不存在最小的动作电流及制动电流而保护为过原点制动特性。故保护的最小制动电流 $\Delta I_{res.0}$ 可由整定的斜率 S 计算为 $\Delta I_{res.0} = \Delta I_{op.0}/S$。

2.2.2 不完全纵差保护

不完全纵差保护用于定子绕组每相为两个及以上多分支并联且每相有两个及以上至中性点引出线的发电机，作为发电机定子绕组内部故障及发电机定子引出线相间短路的主保护。保护可反应定子绕组相间、匝间短路、分支开断故障及发电机定子引出线相间短路。

不完全纵差保护的制动特性、动作判据与完全纵差保护相同，电流输入对机端为发电机每相全电流，对中性点侧通常为每相至中性点引出线中一个引出线的电流（见图 2-7），故在保护装置中需设置中性点侧电流平衡系数 K_{br}（也称分支系数），使发电机正常运行及外部短路时保护电流差为 0。不完全纵差保护采用比率制动式差动保护时，保护的动作电流 I_{op} 及制动电流 I_{res} 通常取为

$$\left.\begin{array}{l} I_{op} = \mid K_{br} I_{n2} - I_{t2} \mid \\[2mm] I_{res} = \dfrac{\mid K_{br} I_{n2} + I_{t2} \mid}{2} \end{array}\right\} \tag{2-13}$$

式中：I_{n2}、I_{t2} 分别为中性点侧及机端不完全差动用电流互感器二次侧电流，$I_{n2} = I_n/n_n$、$I_{t2} = I_t/n_t$。其中，I_n、I_t 及 n_n、n_t 分别为机端和中性点不完全差动用电流互感器一次侧电流和变比。平衡系数 K_{br} 由下式计算

$$K_{br} = \frac{a}{N} \frac{n_n}{n_t} \tag{2-14}$$

式中：a 为发电机定子绕组每相并联分支数；N 为不完全差动保护用中性点侧电流互感器所接的

定子绕组中性点引出线所对应的并联分支数。见图 2-7，$a=5$、$N=3$。其余同式（2-13）。保护电流互感器变比 n_n、n_t 可选择相同，由平衡系数 K_{br} 调整平衡；也可以按 $K_{br}=1$ 选择 n_n，使用不同的变比。

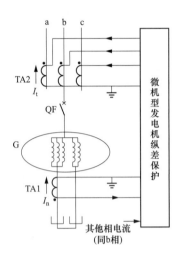

图 2-7　发电机的不完全纵差保护

未装设差动电流互感器的定子分支绕组故障时，装设有差动电流互感器的分支绕组通常将产生故障电流。分析计算表明[3]，在某些故障情况下，装设有差动电流互感器的分支绕组中产生的电流可能较小，不完全纵差保护有可能拒绝动作，包括内部相间短路，在发电机内部故障主保护配置时应给予注意。故不完全纵差保护通常与反应发电机内部相间短路的其他保护装置一起，作为发电机内部故障主保护配置。另外，对定子绕组每相并联分支数大于2的发电机，发电机定子绕组每相并联分支至中性点的引出方式及不完全纵差保护电流互感器所接的中性点引出线的选择，将影响不完全纵差保护对发电机内部各种类型故障的保护灵敏度，详见 2.2.6 节。故装设不完全纵差保护的具有新结构的大型发电机，定子绕组每相并联分支至中性点的引出方式及不完全纵差保护电流互感器应接的中性点引出线，通常需要对具体的发电机进行仿真计算后确定。

不完全纵差保护的保护装置与完全纵差保护类同，可以采用比率制动式、标识制动式或故障分量比率制动识差动保护装置。不完全纵差保护的整定计算与相应的完全纵差保护相同。按照 DL/T 684《大型发电机变压器继电保护整定计算导则》规定，当差动保护的中性点侧和机端电流互感器不同型时，电流互感器同型系数 K_{cc} 应取为1，对比率制动式不完全纵差保护，最小动作电流取 $I_{op.0}=(0.3\sim0.4)I_{gn}$。

2.2.3　横差保护

横差保护（也称横联差动保护）用于定子绕组每相为两个及以上多分支并联且每相有两个及以上至中性点引出线的发电机，或有两个及以上的部分分支引出的中性点的发电机（以下简称分支中性点，见图 2-8 的分支中性点1、2），作为发电机定子绕组内部故障的主保护。保护可反应定子绕组的匝间短路、分支开断、相间短路故障，但不能反映发电机端部引出线的相间短路。

发电机的横差保护通常有零序电流型横差保护、裂相横差保护两种接线方式，图 2-8（b）中仅表示 b 相的裂相横差，a、c 相类同。图中，TA1 用于零序电流型单元件横差保护，TA2、TA3 用于裂相横差保护，K1、K2 分别为零序电流型横差及裂相横差保护继电器。

2.2.3.1 零序电流型横差保护

发电机零序电流型横差保护用于定子绕组每相为两个及以上多分支并联绕组且有两个及以上分支中性点引出的发电机。保护接于发电机定子并联分支绕组不同的分支中性点间连线的电流互感器（图 2-8 的 TA1），反应连线电流（零序电流基波成分）而动作。保护动作电流按躲过发电机外部不对称短路或发电机正常运行时中性点连线上的最大不平衡电流整定。采用后者整定方式时，保护需具有防止外部短路时误动的措施，如采用带外部短路电流制动特性的横差保护。

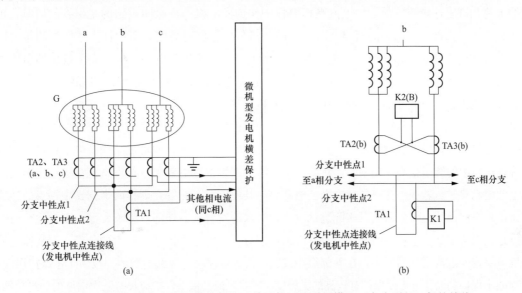

图 2-8　发电机零序电流型横差保护（单元件）及裂相横差（完全裂相）保护接线

（a）微机保护；（b）继电器保护

发电机正常运行时，定子绕组中连接在同一分支中性点的分支绕组中的三相电动势对称，同相各并联分支的电动势相等，定子绕组分支中性点连线上电流为 0（忽略不平衡电流时）。某一分支发生匝间短路时，故障分支绕组的电动势发生变化，连接在同一分支中性点的分支绕组中电动势不再对称。当假定短路匝数 σ（一个分支总匝数的百分数）很少，没有破坏三相电动势之间的 120° 的关系，仅影响故障支路电动势的大小，则某一分支发生匝间短路时，与故障分支同中性点的三相电动势（标幺值）可表示为[4]

$$\left.\begin{aligned} \dot{E}_a &= 1-\sigma \\ \dot{E}_b &= e^{-j120°} \\ \dot{E}_c &= e^{j120°} \end{aligned}\right\} \tag{2-15}$$

由对称分量法可计算其正序、负序及零序电动势，其中零序电动势可计算为

$$\dot{E}_0 = \frac{1}{3}(\dot{E}_a + \dot{E}_b + \dot{E}_c) = \frac{1}{3}(1-\sigma + e^{-j120°} + e^{j120°}) = -\frac{1}{3}\sigma \tag{2-16}$$

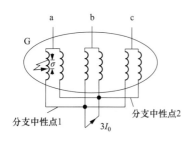

图 2-9 匝间短路时分支
中性点连线上的零序电流

正序、负序电动势分别为 $1-\sigma/3$ 及 $-\sigma/3$。故在某一分支发生匝间短路时,与故障分支同中性点的分支绕组将出现对分支中性点不平衡的三相电压,存在正序、负序及零序电动势及相应相序的电流。此时非故障的同分支中性点的分支绕组的电动势完全对称,无零序电动势。故对图 2-9 的发电机,在故障分支中性点与非故障分支中性点的连线上,将出现如图 2-9 所示的零序电流 $3I_0$。(其他相序电流在图中未表示)。

分析表明,同相不同分支间、不同相分支间的匝间短路(相间短路)及分支开断时,也出现与上述某一分支发生匝间短路时类同的情况,在分支中性点连线上将出现零序电流。故零序电流型横差保护作为发电机内部匝间短路的主保护的同时,也可兼顾发电机内部绕组的相间短路及分支开断故障保护。但对短路点距中性点的匝数相等的同相不同分支间匝间短路,相当于在电动势等电位点短接,无故障电流产生;发电机机端引出线短路时,分支中性点连线也无故障电流,故零序电流型横差保护将不能反映这些故障。

发电机正常运行或外部短路时,由于电气及机械等方面的原因,中性点连线上通常出现不平衡电流。发电机外部三相短路时,短路电流强烈的去磁作用使气隙合成磁场严重畸变而含有很大的三次谐波成分;发电机设计制造及实际运行造成的不对称状况,如机械结构及电磁设计上的不对称,运行中的转子偏心、振动等,将在定子绕组中产生谐波电动势。在发电机定子绕组出现三次谐波电动势时,若任一支路的三次谐波电动势与其他支路不相等,则在两个分支中性点的连线上将出现三次谐波电流。研究及实际测试表明,对水轮发电机,外部短路及发电机正常运行时中性点连线上的不平衡电流主要为基波及三次谐波成分,其中三次谐波占很大的分量,不平衡电流随发电机定子电流增加而增大,在外部短路或发电机重负荷时有较大的数值。故为防止保护误动,并为减小保护的动作电流使保护有较高的灵敏度,零序电流型横差保护应具有三次谐波的滤过功能,按照 DL/T 684《大型发电机变压器继电保护整定计算导则》的要求,三次谐波滤过比应大于 80。

零序电流型横差保护的整定,可按照 DL/T 684《大型发电机变压器继电保护整定计算导则》计算如下。

(1)保护动作电流按横差保护是否具有防外部短路误动措施有下面两种整定方式。

1)横差保护无防外部短路误动措施时,保护动作电流按躲过发电机外部短路时中性点连线上最大不平衡电流整定。此时,零序电流型横差保护是通过整定值的整定防止外部短路时误动,按照 DL/T 684《大型发电机变压器继电保护整定计算导则》,保护的动作电流 I_{op} 可整定为

$$I_{op} = (0.2 \sim 0.3) I_{gn}/n_a \tag{2-17}$$

式中:I_{gn} 为发电机额定电流;n_a 为中性点连线上电流互感器的变比。

保护的动作电流 I_{op} 也可以用发电机常规短路试验时测到的发电机中性点连线上的不平衡电流的基波及三次谐波分量($I_{unb.1}$ 及 $I_{unb.3}$),采用式(2-18)计算

$$I_{op} = K_{rel} K_{ap} \sqrt{I_{unb.1.max}^2 + (I_{unb.3.max}/K_3)^2} \tag{2-18}$$

式中:K_{rel} 为可靠系数,取 $1.3 \sim 1.5$;K_{ap} 为非周分量系数,取 $1.5 \sim 2.0$;K_3 为三次谐波滤过比,取 ≥ 80;$I_{unb.1.max}$ 及 $I_{unb.3.max}$ 为发电机机端三相短路时,发电机中性点连线上不平衡电流的基

波及三次谐波分量（二次值），可由发电机常规短路试验时测到的 $I_{unb.1}$ 及 $I_{unb.3}$，按中性点连线上的不平衡电流与短路电流成正比的线性关系计算。

2）横差保护具有防外部短路误动措施（如保护具有制动特性）时，保护动作电流按躲过发电机正常运行时中性点连线上最大不平衡电流整定。此时，保护有较小的动作电流，零序电流型横差保护通过其制动特性的整定防止外部短路时误动（以机端短路电流作为制动电流）。保护制动特性及其整定与发电机比率制动式差动保护相类似（见 2.2.1.2），制动特性的最小动作电流 $I_{op.0}$ 设计值按照 DL/T 684 可取为

$$I_{op.0} = 0.05 I_{gn}/n_a \tag{2-19}$$

式中：I_{gn} 为发电机额定电流；n_a 为机端电流互感器变比。

实际整定值通常按实测的发电机正常运行时中性点连线上的最大不平衡电流 $I_{unb.max1}$ 进行校正，即 $I_{op.0}$ 取为 $I_{op.0} = K_{rel1} I_{unb.max1}$，可靠系数 K_{rel1} 取 1.5～2.0。

制动特性拐点的最小制动电流 $I_{res.0}$，制动特性的斜率，可参照发电机比率制动式差动保护（见 2.2.1.2）整定，也可按保护装置厂家提供的整定方法或要求进行设定。

保护装置通常可提供上述 1）、2）两种整定方式，由用户通过装置中设置的选择控制字选择其中一种整定方式投入运行。

（2）按照 DL/T 684《大型发电机变压器继电保护整定计算导则》，发电机零序电流型横差保护不设置动作延时。但为防止励磁回路发生偶然性的瞬时两点接地故障时横差保护误动，在发电机励磁回路一点接地后，需使保护切换为带 0.5～1.0s 延时动作于停机。发电机励磁回路发生两点接地时，部分励磁绕组被短接，破坏了气隙磁通的对称性，引起机组振动及转子偏心，加剧了三相电动势不平衡，气隙磁通的不对称性，将使不在同一定子槽中的同相的两个分支绕组出现不相等的电动势。发电机励磁回路发生两点接地时，发电机电动势的这些变化，有可能使中性点连线上的不平衡电流超过横差保护的整定值而使保护动作，因此需要以延时躲开偶然性的瞬时两点接地故障避免保护误动。

采用带外部短路电流制动特性的零序电流型横差保护逻辑框图示例见图 2-10，该保护装置可通过方案选择控制，选择为具有或不具有制动特性的横差保护，制动电流取机端三相电流中的最大值。

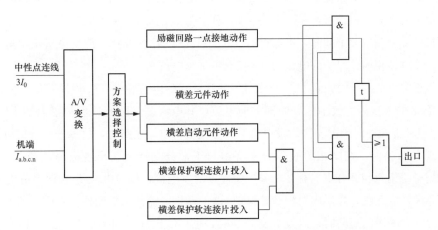

图 2-10　带制动特性的零序电流型横差保护逻辑图示例

图 2-8 中的零序电流型横差保护接线为对应于具有两个分支中性点引出的发电机。根据发电机定子绕组分支中性点的引出方式，零序电流型横差保护将有不同的接线。如对具有三个分支中性点引出的发电机，零序电流型横差保护将需要配置两组电流互感器（见图 2-11，图中电流互感器二次回路在保护屏上经端子排接地），对采用继电器的零序电流型横差保护，需设置两个电流继电器，故通常称其为双元件横差保护，图 2-8 中的横差保护称为单元件横差保护。

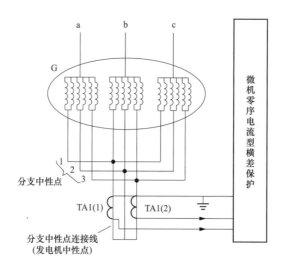

图 2-11 三个分支中性点引出的发电机双元件横差保护

对某些发电机的仿真计算分析表明，对发电机内部匝间短路，双元件零序横差保护的动作情况优于单元件横差保护。但双元件零序横差保护需要的发电机中性点引出方式，往往取决于发电机结构及现场布置的可能性。

2.2.3.2 裂相横差保护

裂相横差保护用于定子绕组每相为两个及以上多分支并联绕组且每相有两个及以上至中性点引出线的发电机。保护反应发电机定子每相绕组不同分支至中性点引出线的电流差，构成对发电机定子绕组的匝间短路保护，接线例见图 2-8。发电机采用裂相横差保护时，每相分支绕组的中性点引出线需装设电流互感器，见图 2-8、图 2-12、图 2-13 的 TA2、TA3。当分支中性点引出线所接的分支绕组数不同时，可通过对 TA2、TA3 变比的选择，使发电机正常运行以及外部短路时，流过裂相横差保护的电流为 0（仅有不平衡电流）。

发电机正常负荷运行时，定子绕组每相各并联分支的电流相等，裂相横差保护的电流互感器 TA2、TA3 的一次侧为大小相等的同方向电流，其电流差（即流过保护继电器 K2 的电流）为 0。发电机外部短路时情况相同。发电机某一分支发生匝间短路时，故障分支组与正常分支绕组间出现电动势差，在同相的故障分支绕组与正常分支绕组间出现故障电流（环流），如图 2-12 的定子绕组每相 2 分支、有 2 个分支中性点的发电机，故障电流 I_{s1} 在两个分支及中性点连线的环路中形成环流，并形成裂相横差保护 K2 的动作电流使保护动作。在同相的不同分支间或不同相分支间的匝间短路时，以及分支开断时，也可能出现相同的情况。故裂相横差保护作为发电机内部匝间短路的主保护的同时，也可兼顾发电机内部绕组的分支开断、相间短路故障保护。但对短路点距中性点的匝数相等的同相不同分支间匝间短路，相当于在电动势等电位点短接，无故障电流产生；发电机机端引出线短路时，流过裂相横差保护电流互感器一次侧为大小相等的同方向电流，电流差为 0，故裂相横差保护将不能反映这些故障。

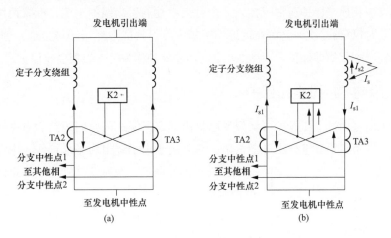

图 2-12　发电机正常运行及内部匝间短路时流过裂相横差保护的电流

（a）正常运行；（b）绕组匝间短路

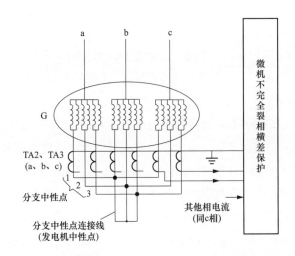

图 2-13　三个分支中性点的发电机的不完全裂相横差保护

裂相横差保护通常带比率制动特性。保护最小动作电流通常按躲过发电机正常运行时流过裂相横差保护的最大不平衡电流整定。保护的不平衡电流通常由于裂相横差保护用电流互感器的比误差、发电机设计制造及实际运行造成的不对称状况等造成。按照 DL/T 684《大型发电机变压器继电保护整定计算导则》，裂相横差保护的最小动作电流 $I_{op.0}$、制动特性斜率 S 及最小制动电流（也称拐点电流）$I_{res.0}$ 的整定值可取为

$$\left.\begin{array}{l} I_{op.0} = (0.2 \sim 0.4) I_{gn}/n_a \\ S = 0.3 \sim 0.6 \\ I_{res.0} = (0.7 \sim 1.0) I_{gn}/n_a \end{array}\right\} \tag{2-20}$$

式中：I_{gn} 为发电机额定电流；n_a 电流互感器变比。

图 2-8 中的裂相横差保护接线为对应于具有两个分支中性点引出的发电机。根据发电机定子绕组分支中性点的引出方式，裂相横差保护将有不同的接线。如对每相具有三个分支中性点引出的发电机，裂相横差保护通常仅接入 2 个分支中性点引出线的电流，配置两组电流互感器（见图 2-13，电流互感器二次回路可在现地端子箱或在保护屏上经端子排接地），此时的裂相横差保护称为不完全裂相横差保护，而图 2-8 中的横差保护称为完全裂相横差保护。

2.2.4　纵向零序过电压保护

发电机的纵向零序过电压保护可反应发电机内部定子绕组的匝间短路、对中性点不对称的各种相间短路，以及定子绕组分支开断故障。通常用于定子绕组为星形接线、中性点侧只有三个引出端子的发电机，作为发电机定子绕组内部故障的主保护。

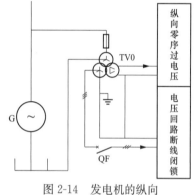

图 2-14　发电机的纵向
零序过电压保护

发电机定子绕组同分支匝间、同相不同分支间或不同相间短路等故障时，机端将出现纵向零序电压（机端对中性点），发电机定子绕组分支开断时，机端也将出现类似情况。纵向零序过电压保护反应发电机内部故障时机端的纵向零序电压，构成对发电机定子绕组内部故障保护。保护接线见图 2-14，保护的动作电压取自机端的保护专用电压互感器 TV0 的开口三角形绕组，TV0 的一次侧绕组中性点不接地而直接接至发电机中性点。发电机正常运行时，机端三相电压对称，TV0 开口三角形绕组电压为 0（仅有不平衡电压）。定子绕组及其引出线发生一点接地时，机端三相对地电压不对称，发电机中性点对地电压升高，机端将出现对地的零序电压（称为横向零序电压），但机端相对发电机中性点的三相电压仍然对称，由于 TV0 一次侧绕组中性点不接地而与发电机中性点连接，故此时加至 TV0 的三相对中性点电压为对称电压，机端 TV0 的开口三角形绕组电压仍为 0，即 TV0 不反映机端出现的横向零序电压。发电机内部定子绕组发生同分支匝间、同相不同分支间短路时，或发生对中性点不对称的各种相间短路时，以及发电机定子绕组分支开断时，如 2.2.3.1 的分析，发电机三相或与故障相同分支中性点的三相将出现对中性点不对称的电动势，出现带有零序分量的不平衡电压，在机端保护专用电压互感器的开口三角形绕组将出现纵向零序电压（$3U_0$）。纵向零序过电压保护利用发电机内部故障的这种特征，实现对发电机内部定子绕组匝间及相间故障保护，并可兼顾分支开断保护。

由于保护专用电压互感器一次侧中性点不接地，其一次绕组需采用全绝缘，电压互感器一次侧中性点与发电机中性点的连接电缆的绝缘水平也需按发电机定子相电压考虑。

发电机正常运行或外部故障时，机端保护专用电压互感器开口三角形绕组将出现不平衡电压。分析及实测表明这个不平衡电压主要为三次谐波，某电厂实际测试在发电机（150MW）额定负荷运行时为 5.5V，外部短路时估计达 40V。故为保证保护的正确动作，纵向零序过电压保护需设置三次谐波电压滤过器。按照 DL/T 684《大型发电机变压器继电保护整定计算导则》的要求，三次谐波电压滤过器的滤过比应大于 80。

纵向零序过电压保护专用电压互感器一次侧通常设熔断器，为防止熔断器熔断保护误动作，保护应附加电压互感器断线闭锁元件，闭锁元件接电压互感器二次侧 Y 绕组的三相电压（图 2-14 中经微型空气断路器 QF 引入保护装置）。

当保护取较小整定值时，为防止外部短路时保护误动，根据电厂的情况，宜附加故障分量负序方向元件作为选择元件，以判别内、外部短路。发电机内部短路时，选择元件动作，允许保护出口。

按照 DL/T 684《大型发电机变压器继电保护整定计算导则》的规定，纵向零序过电压保护按躲过发电机正常运行时专用电压互感器开口三角形绕组上出现的经三次谐波电压滤过器滤过后的最大基波不平衡电压 $U_{\text{unb.max}}$ 整定

$$U_{\text{op}} = K_{\text{rel}} U_{\text{unb.max}} \tag{2-21}$$

式中：U_{op} 为纵向零序过电压保护的动作电压；K_{rel} 为可靠系数，取 2.5。当无 $U_{\text{unb.max}}$ 实测值时，对专用电压互感器开口三角形绕组额定电压为 100V，U_{op} 可取为（1.5～3）V。

保护带延时动作出口。动作时限按躲过电压互感器断线闭锁元件的判定时间设定，可取 0.2s。保护带有故障分量负序方向元件作为选择元件时，也需要相同的时延对故障进行判定，以防止外部短路暂态过程中保护误动。

分析表明，纵向零序过电压保护的动作死区将随发电机定子绕组并联分支数线性增大。纵向零序过电压保护需配置专用电压互感器，并需敷设发电机与电压互感器中性点的连接电缆，接线较复杂。故该保护通常仅用于定子绕组为星形接线、中性点侧只有三个引出端子不能采用横差保护的发电机，作为发电机定子绕组内部故障的主保护，对发电机定子绕组匝间短路故障进行保护。对有分支中性点引出可装设横差保护的有并联分支的发电机，通常不选用纵向零序过电压保护作为发电机定子绕组内部故障的主保护。

2.2.5 故障分量负序方向保护

发电机的故障分量负序方向保护可反应发电机内部定子绕组的匝间短路、相间短路及分支开断故障。该保护通常用于定子绕组为星形接线、中性点侧只有三个引出端子的发电机，或不希望在分支中性点引出线上装设多电流互感器的发电机，作为发电机在并网后定子绕组内部故障的主保护。

故障分量负序方向保护反应发电机内部故障时机端故障分量的负序功率方向，对发电机定子绕组故障进行保护，保护接线见图 2-15，保护的发电机电压、电流信号取自机端的电压、电流互感器（QF 为微型空气断路器）。发电机正常运行时，电压、电流的故障分量为 0，无负序功率输出。发电机内部定子绕组发生同分支匝间、同相不同分支间短路时，或发生不对称的各种相间短路时（发电机内部

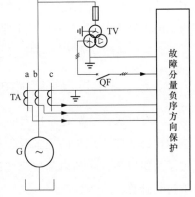

图 2-15　发电机的故障
分量负序方向保护

定子绕组的相间短路不可能为三相对称短路），类同 2.2.3.1 的分析，发电机三相将出现带有负序分量的不平衡电压，并相应的出现负序电流，发电机定子绕组分支开断时，机端也将出现类似情况。故并网运行的发电机内部故障时，机端将出现方向指向外部的负序电流及输出负序功率。在发电机外部不对称短路时，发电机也出现负序电压及负序电流，但负序功率方向与发电机内部故障时相反。故障分量负序方向保护利用发电机内外故障时负序功率方向变化的这种特征，对发电机的内外故障进行判别，实现对发电机内部定子绕组匝间及相间故障保护。

分析表明，直接采用机端负序功率方向检测发电机内部故障时，负序方向保护的灵敏度将受到外部不对称运行时的外部系统负序电动势的影响。为避免或减少这种影响，可采用发电机内部故障引起的负序功率故障分量 ΔP_2 对发电机的内外故障进行判别，构成故障分量负序方向保护。ΔP_2 由下式计算[4]

$$\Delta P_2 = 3\mathrm{Re}(\Delta \dot{U}_2 \Delta \bar{I}_2 \mathrm{e}^{-\mathrm{j}\varphi_{\mathrm{sen.2}}}) \qquad (2\text{-}22)$$

式中：$\Delta \dot{U}_2$ 为发电机机端负序电压故障分量；$\Delta \bar{I}_2$ 为发电机机端负序电流故障分量的共轭相量；$\varphi_{\mathrm{sen.2}}$ 为负序方向元件（或继电器）的灵敏角，通常取 75°。

按照 DL/T 684《大型发电机变压器继电保护整定计算导则》的规定，故障分量负序方向保护可整定为

$$\Delta P_2 \geqslant \varepsilon_{\mathrm{P.2}} \qquad (2\text{-}23)$$

式中：$\varepsilon_{\mathrm{P.2}}$ 为负序方向元件的动作阈值，通常很小，具体数值由保护制造厂提供，一般可不作整定计算。

故障分量负序方向保护无需考虑电压、电流互感器断线闭锁。电压互感器回路断线时，可考虑仍有 $\Delta I_2 = 0$，使 $\Delta P_2 = 0$，保护不会误动，电流互感器断线时类同。但保护应设互感器回路监视，断线时发信号。

发电机并网前，机端定子电流为 0，任何内部故障机端 ΔI_2 及 ΔP_2 均为 0，保护拒动。定子某一分支匝间短路所产生的负序电流只在两分支中环流，不出现在定子绕组至发电机中性点及机端引线上。故保护电流无论取自端或中性点，在发电机并网前内部故障时保护均失效。该保护通常仅用于定子绕组为星形接线、中性点侧只有三个引出端子不能采用横差保护的发电机，作为发电机定子绕组内部故障的主保护。保护接线比较简单。

图 2-15 的故障分量负序方向保护接线中的电流互感器及电压互感器可与发电机的其他保护共用。

2.2.6 发电机定子绕组内部故障主保护配置选择的仿真计算示例

大型发电机，特别是新投入的定子绕组为多支路并联的大型发电机，为确定发电机定子绕组内部故障主保护的配置及发电机分支中性点侧的引出组合方式等，通常需要对发电机定子绕组可能发生的内部故障情况进行分析，对保护在各种内部故障下的动作情况进行模拟仿真计算。

发电机可能发生的内部相间、匝间短路的部位及短路的匝数，需根据发电机的定子绕组结构和布置情况进行分析，通常有多种故障类型。各种保护在发电机各种类型内部故障时的动作

情况，需要通过模拟仿真进行分析计算。表 2-3～表 2-7 给出某大型发电机定子绕组可能发生的内部故障类型及在发电机各种类型内部故障时主保护动作情况的模拟仿真计算结果。仿真计算包括了发电机在解列和并网运行、发电机分支中性点侧引出于不同的组合方式、保护采用不同的整定或采用不同原理（不同判据）时，几种常用保护或其组合的动作情况。计算未包括定子绕组开断故障。

表 2-3   某大型发电机定子绕组的内部故障类型

序号	故障类型	故障种类数	短路匝数及在该短路匝数下的故障种类数
1	槽内故障	514	
	（1）同相同分支匝间短路	270	短路匝数为 2、4、6 各有 40 种，匝数为 2.5、4.5、6.5 各有 2 种，7 匝以上有 144 种
	（2）同相异分支匝间短路	94	短路匝数为 0.5～5.5 的共 11 类型每类型各有 2 种，匝数为 15、17、19 各有 1 种，匝数为 15.5、17.5、19.5 各有 2 种，匝数为 21、23、25 各有 3 种，22、24、26、28、30、32 各有 9 种
	（3）相间短路	150	短路匝数有 6 个类型（不详列出）
2	端部平行故障	1020	
	（1）同相同分支匝间短路	270	短路匝数为 13 有 186 种，匝数为 12.5、13.5 各有 6 种，匝数为 21 有 72 种
	（2）同相异分支匝间短路	270	短路匝数有 10 个类型（不详列出）
	（3）相间短路	480	短路匝数有 29 个类型（不详列出）
3	端部交叉故障	5610	
	（1）同相同分支匝间短路	690	其中短路匝数有 20 个类型（不详列出）
	（2）同相异分支匝间短路	780	其中短路匝数共有 35 种类型（不详列出）
	（3）相间短路	4140	其中短路匝数共有 59 种类型（不详列出）

注 1. 端部平行故障、端部交叉故障是指在定子绕组端部的绕组线棒为相互平行或交叉布置的分支绕组故障。
    2. 发电机参数：定子绕组并联分支数 5，极对数 40，定子总槽数 510，每分支串联匝数 34 匝，匝间相距槽数 13，匝内相距槽数 7，正、反向绕组相距槽数 59，每相第一分支绕组退 10 进 7 回绕，其余分支进 7 退 10 回绕。

表 2-4   常用的各个主保护在某发电机定子绕组内部故障时的动作情况

序号	保护方案	故障部位	保护动作概率（可动作的故障类型数/总故障类型数）（%）					
			同相同分支匝间短路		同相异分支匝间短路		相间短路	
			解列	并列	解列	并列	解列	并列
1	单元件横差	槽内	76.3	74.1	100	98.9	98.7	99.3
		端部平行	99.3	97	98.5	94.8	97.1	92.9
		端部交叉	88.3	86.1	91	87.1	97.9	96.4
2	双元件横差	槽内	87	84.7	100	100	100	100
		端部平行	100	100	100	100	99.2	98.3
		端部交叉	92.6	90.4	98.5	96.9	99.7	99.4

续表

序号	保护方案	故障部位	保护动作概率（可动作的故障类型数/总故障类型数）（%）					
			同相同分支匝间短路		同相异分支匝间短路		相间短路	
			解列	并列	解列	并列	解列	并列
3	裂相横差	槽内	98.5	92.2	100	100	100	100
		端部平行	100	100	100	100	100	100
		端部交叉	97	93.2	93.6	89.1	99.95	99.93
4	不完全纵差	槽内	84.8	70	100	100	100	100
		端部平行	100	100	99.3	100	100	100
		端部交叉	89.9	85.8	90.6	84.2	99.5	99.4
5	完全纵差	槽内	0	0	0	0	100	100
		端部平行	0	0	0	0	100	100
		端部交叉	0	0	0	0	100	100

注 1. 发电机参数、端部平行及端部交叉的含义见表 2-3。

2. 保护方案及整定：单元件横差——分支中性点侧引出组合为 135-24，动作整定 $0.05I_{gn}$；双元件横差——分支中性点侧引出为 1-24-35，动作整定 $0.05I_{gn}$；裂相横差——每相分支中性点侧引出为 135-24，按常规比率制动整定；不完全纵差——每相支路中性点侧引出为 135，按常规比率制动整定；完全纵差——按常规比率制动整定。

3. 保护动作按灵敏度≥1.5 考虑。

表 2-5　常用的发电机内部故障主保护组合在某发电机内部定子绕组故障时的动作情况

序号	保护方案	故障部位	保护动作概率（可动作的故障类型数/总故障类型数）（%）					
			同相同分支匝间短路		同相异分支匝间短路		相间短路	
			解列	并列	解列	并列	解列	并列
1	1+3+5（单元件横差+裂相+完全纵差）	槽内	98.9	93	100	100	100	100
		端部平行	100	100	100	100	100	100
		端部交叉	97.1	93.8	93.7	89.4	100	100
2	1+3+4+5	槽内	98.9	93	100	100	100	100
3	2+3+5	槽内	99.3	94.4	100	100	100	100
		端部平行	100	100	100	100	100	100
		端部交叉	97.5	94.2	98.5	96.9	100	100

注 1. 发电机参数、端部平行及端部交叉的含义、保护方案及整定的有关说明同表 2-4。

2. 保护方案中的 1～5 数字对应于表 2-4 中保护方案的序号，如 1+3+4+5 表示保护方案为单元件横差+裂相+不完全纵差+完全纵差，2+3+5 为双元件横差+裂相+完全纵差。

表 2-6　某发电机分支中性点侧引出组合方式对定子绕组内部故障主保护的动作情况的影响

序号	保护方案	每相分支中性点侧引出组合	保护动作概率（可动作的故障类型数/总故障类型数）（%）					
			同相同分支匝间短路		同相异分支匝间短路		相间短路	
			解列	并列	解列	并列	解列	并列
一、槽内								
1	单元件横差	①12-345	63.3	62.8	97.8	97.8	96	95.3
		②123-45	65.6	65	98.9	98.9	95.3	95
		③135-24	76.3	74.1	100	98.9	98.7	99.3

序号	保护方案	每相分支中性点侧引出组合	保护动作概率（可动作的故障类型数/总故障类型数）（%）					
			同相同分支匝间短路		同相异分支匝间短路		相间短路	
			解列	并列	解列	并列	解列	并列
2	双元件横差	①12—3—45	80.4	77.4	98.9	99	100	99.3
		②12—3—45	80.4	77.4	98.9	99	100	99.3
		③1—24—35	87	84.1	100	100	100	100
3	裂相横差	①12—345	93.7	87.8	100	97.8	100	100
		②123—45	94	88	99	97	100	100
		③135—24	98.5	92.2	100	100	100	100
4	双元件横差＋裂相＋完差	①见注3	95.9	92.6	100	99	100	100
		②见注3	95.9	92.6	99	99	100	100
		③见注3	99.3	94.4	100	100	100	100
二、端部平行								
1	单元件横差	①12—345	100	100	100	100	84.6	84
		②123—45	100	100	100	100	85	84
		③135—24	99.3	97	98.5	94.8	97.1	92.9
2	双元件横差	①12—3—45	100	100	100	100	95.4	94.6
		②12—3—45	100	100	100	100	95.4	94.6
		③1—24—35	100	100	100	100	99.2	98.3
3	裂相横差	①12—345	100	100	100	100	100	100
		②123—45	100	100	100	100	100	100
		③135—24	100	100	100	95.6	100	100
4	双元件横差＋裂相＋完差	①见注3	100	100	100	100	100	100
		②见注3	100	100	100	100	100	100
		③见注3	100	100	100	100	100	100
三、端部交叉								
1	单元件横差	①12—345	86.7	84.5	98.1	96	94.9	93.7
		②123—45	87.4	85	98.1	95.6	94.1	93.1
		③135—24	88.3	86.1	91	87.1	97.9	96.4
2	双元件横差	①12—3—45	92.5	90	98.5	98	98.6	98
		②12—3—45	92.5	90	98.5	98	98.6	98
		③1—24—35	92.6	90.4	98.5	96.9	99.7	99.4
3	裂相横差	①12—345	94.3	92.3	99.2	96	99.92	99.95
		②123—45	94.3	92.3	99.2	95	99.85	99.93
		③135—24	97	93.2	93.6	88.1	99.95	99.93
4	双元件横差＋裂相＋完差	①见注3	95.7	94.2	99.2	98	100	100
		②见注3	95.7	94.1	99.2	98	100	100
		③见注3	97.5	94.2	98.5	96.9	100	100

注 1. 发电机参数、端部平行及端部交叉的含义、保护整定的有关说明同表2-4。

2. 分支中性点侧引出组合对完全纵差的动作情况无影响。每相分支中性点侧引出组合栏中的①②③为每相分支中性点侧引出组合的组合号。

3. 采用组合保护时（各分表内的序4），每相分支中性点侧引出组合号表示各保护均取本分表在序号1~3中的所示的分支中性点侧引出组合号，如分表三端部交叉故障采用双元件横差＋裂相＋完差组合保护时，每相分支中性点侧引出组合号①表示此时双元件横差保护取序2中每相分支中性点侧引出组合号①，即12—3—45；裂相保护保护取序3每相分支中性点侧引出组合号①，即12—345。完差固定取12345分支，即全部分支引出。

表 2-7　某发电机定子绕组内部故障主保护不同整定方式（或动作判据）的动作情况

序号	保护方案	保护整定方式或保护原理	保护动作概率（可动作的故障类型数/总故障类型数）（%）					
			同相同分支匝间短路		同相异分支匝间短路		相间短路	
			解列	并列	解列	并列	解列	并列
一、槽内								
1	单元件横差	① $I_{op} \geqslant 0.05I_{gn}$	76.3	74.1	100	98.0	98.7	99.3
		② $I_{op} \geqslant 0.022I_{gn}$	94.8	92.2	100	100	100	100
		③ $I_{op} \geqslant 0.013I_{gn}$	97	97.4	100	100	100	100
2	裂相横差	① 常规比率制动	98.5	92.2	100	100	100	100
		② 双斜率比率制动	79.6	73.7	100	100	100	100
		③ 标积制动	88.5	76.7	100	100	100	100
3	不完全纵差	① 常规比率制动	84.8	70	100	100	100	100
		② 双斜率比率制动	41.1	40	96.7	93.3	100	100
		③ 标积制动	60.7	42.6	97.8	93.3	100	100
二、端部平行								
1	单元件横差	① $I_{op} \geqslant 0.05I_{gn}$	99.3	97	98.5	94.8	97.1	92.9
		② $I_{op} \geqslant 0.022I_{gn}$	100	99.3	100	100	99.2	99.8
		③ $I_{op} \geqslant 0.013I_{gn}$	100	100	100	100	99.2	98.3
2	裂相横差	① 常规比率制动	100	100	100	95.6	100	100
		② 双斜率比率制动	100	100	100	93.3	100	100
		③ 标积制动	100	100	100	93.3	100	100
3	不完全纵差	① 常规比率制动	100	100	99.3	88.9	100	100
		② 双斜率比率制动	100	100	80	80	100	100
		③ 标积制动	100	100	91.9	80	100	100
三、端部交叉								
1	单元件横差	① $I_{op} \geqslant 0.05I_{gn}$	88.3	86.1	91	87.1	97.9	96.4
		② $I_{op} \geqslant 0.022I_{gn}$	94.2	94.1	96.4	92.9	99.6	98.9
		③ $I_{op} \geqslant 0.013I_{gn}$	97.7	97.8	95.3	95.5	99.8	99.5
2	裂相横差	① 常规比率制动	97	93.2	93.6	89.1	99.95	99.93
		② 双斜率比率制动	86.7	85.9	88.6	85.9	99.7	99.88
		③ 标积制动	94.2	86.7	91.7	86.4	99.88	99.9
3	不完全纵差	① 常规比率制动	89.9	85.8	90.6	84.2	99.5	99.4
		② 双斜率比率制动	79.9	73.9	81.7	74	98.8	98.8
		③ 标积制动	81.3	75.4	84.8	76.4	99.2	98.9

注　发电机参数、端部平行及端部交叉的含义、保护方案（分支中性点侧引出组合）见表 2-4。

该发电机的模拟仿真计算结果表明：

（1）发电机的完全纵差保护能很好地对发电机内部相间短路进行保护，但其不能对同相匝间短路进行保护（见表 2-4），发电机需要再配置相关的匝间短路保护。

（2）在计算采用的三种匝间短路保护中，裂相横差保护相对于另外两种保护，对同相匝间短路有较好的保护，双元件横差灵敏度总高于单元件横差保护，见表 2-4。

（3）不完全纵差保护对各种内部故障均有一定的保护作用，对相间短路保护有较好的灵敏度。但不能包括所有的内部相间短路，故不能独立承担相间短路保护。对匝间短路灵敏度不见得优于横差保护，而不能取代替横差保护。

（4）发电机定子绕组内部故障主保护采用组合保护后，对发电机内部的各种内部故障均有更好的保护效果（见表 2-5）。对容量较大的或在电网中地位重要的大型发电机，可选择组合保护作为发电机定子绕组内部故障主保护，根据计算结果，本示例发电机可选取双元件零序横差＋裂相横差＋完全纵差＋不完全纵差的组合保护。

（5）除完全纵差保护外，中性点引出组合方式将影响其他的几种保护在内部故障时的动作情况，而对完全纵差保护的动作情况无影响（表 2-6 中未列出）。在中性点侧引出采用第③种方式时，所选择的组合保护对内部故障有较好的保护效果，见表 2-6。

（6）由表 2-7 可见，裂相横差及不完全纵差保护采用常规比率制动原理的差动保护时，相对于其他原理有较好的保护效果。不同差动保护原理对完全纵差保护的动作情况无影响（表 2-7 中未列出）。

显然，定子绕组结构及布置方式不同的发电机，可能发生的内部故障类型将有所不同，保护动作情况尚与发电机的结构及参数有关，不同结构参数的发电机将有不同的模拟仿真计算结果。发电机短路内部故障主保护的选取及组合，需根据具体发电机进行计算分析确定，特别是新结构参数的发电机。定子绕组为多支路并联的大型发电机，主保护的选取及组合的确定，通常尚需考虑中性点侧电流互感器配置的优化及布置等方面的可行性。

2.3 发电机相间短路的后备保护

发电机需按有关规程的规定装设相间短路的后备保护，作为发电机外部相间短路和发电机相间短路保护的后备。按照 GB/T 14285《继电保护和安全自动装置技术规程》的规定，1MW 及以下的与其他发电机或电力系统并列运行的发电机，应装设过电流保护；1MW 以上、50MW 以下的非自并励发电机，宜装设复合电压（包括负序电压及线电压）启动的过电流保护，灵敏度不满足要求时可增设负序过电流保护；50MW 及以上的非自并励发电机，宜装设负序过电流保护和单元件低电压启动过电流保护；自并励发电机宜采用带电流记忆（保持）的低压过电流保护或带电流记忆（保持）的复合电压过电流保护；以上各项保护装置宜带有两段时限，以较短的时限动作于缩小故障影响范围（如发电机-变压器组单元跳升压变高压侧断路器）或动作于解列，以较长的时限（大于第一时限的一个时限级）动作于停机。保护的接线及逻辑图示例见图 2-16，保护装置的电流宜取自发电机中性点侧的电流互感器电流，电压取自机端电压互感器，保护启动元件在电流、电压满足保护整定要求时动作。

目前水轮发电机基本上采用自并励，励磁电源取自发电机端，在机端或发电机外部发生对称或不对称短路时，发电机将提供衰减的短路电流，机端三相短路时短路电流将按发电机的时间常数衰减至 0。自并励发电机短路电流的这种特性，对带时延的发电机过电流保护，在保护延时期间短路电流有可能已衰减至保护动作值以下，使保护完全失去作用。故采用自并励的发电机，应按规程要求，相间后备保护采用带电流记忆（保持）的低压（或复合电压）过电流保护，保护带两段时限，电流元件取用发电机中性点侧的电流互感器电流。

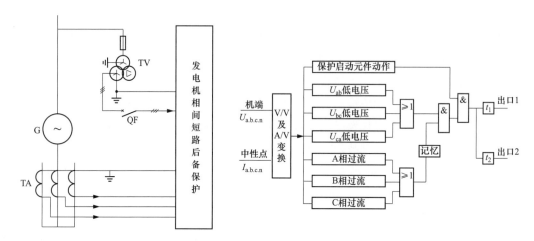

图 2-16　发电机相间短路后备保护接线及逻辑框图示例

发电机相间短路后备保护需对过电流值、低电压值、动作时间及电流记忆时间进行整定，并对保护的灵敏系数进行校验。按照 DL/T 684《大型发电机变压器继电保护整定计算导则》，其整定值计算如下。

（1）过电流的动作电流整定、灵敏系数校验及记忆时间整定。

1）过电流的动作电流按发电机额定负荷下保护能可靠返回的条件整定，即

$$I_{op} = \frac{K_{rel} I_{gn}}{K_r n_a} \tag{2-24}$$

式中：K_{rel} 为可靠系数，取 $1.3 \sim 1.5$；K_r 为返回系数，取 $0.9 \sim 0.95$；I_{gn} 为发电机额定电流；n_a 为保护用的电流互感器变比。

2）灵敏系数 K_{sen} 按升压变压器高压侧母线两相短路的条件校验

$$K_{sen} = \frac{I_{k.min}^{(2)}}{I_{op} n_a} \tag{2-25}$$

式中：$I_{k.min}^{(2)}$ 为升压变压器高压侧母线金属性两相短路时，流过保护的最小短路电流。要求灵敏系数 $K_{sen} \geqslant 1.3$。

3）电流记忆时间应稍长于保护的动作延时时间。

（2）低电压的动作电压整定及灵敏系数校验。

1）低电压元件接线电压，动作电压按躲过发电机失磁时机端的最低电压整定

$$U_{op} = \frac{0.7 U_{gn}}{n_v} \tag{2-26}$$

式中：U_{gn} 为发电机额定电压（线电压）；n_v 为保护用的电压互感器变比。

2）灵敏系数 K_{sen} 按升压变压器高压侧母线三相短路的条件校验

$$\left. \begin{aligned} K_{sen} &= \frac{U_{op} n_v}{U_k} \\ U_k &= \frac{X_T}{X_T + X_d''} U_{gn} \end{aligned} \right\} \tag{2-27}$$

式中：U_k 为升压变压器高压侧出口三相短路时的机端线电压；X_T、X_d'' 分别为归算到同一容量下的升压变压器电抗和发电机次暂态电抗。要求灵敏系数 $K_{sen} \geqslant 1.2$。

（3）保护动作时间整定。发电机相间短路后备保护通常作为升压变压器的后备保护，对两绕组升压变压器，保护动作的第一时限按大于升压变压器相邻元件后备保护动作时间的一个时限级整定。以第一时限动作于跳升压变压器高压侧断路器或使发电机解列，以第二时限大于第一时限一个时限级作用于停机。发电机升压变压器为三绕组（自耦）时，保护的动作的第一时限的整定见表 3-7。对在系统振荡时，在发电机电流增大、机端电压降低的摆动过程中可能动作的发电机后备保护，保护延时尚应大于避免振荡误动所需的延时（一般为 1.0～1.5s）。后备保护的延时还应小于发电机过电流的承受能力。

从提高保护的电压灵敏系数或动作可靠性考虑，保护也可以增设负序电压元件，与低电压元件以或条件启动保护，构成复合电压启动。此时负序电压元件可采用线或相接线，按躲过正常运行时的不平衡电压整定，一般取

$$U_{op.2} = \frac{(0.06 \sim 0.08)U_{gn}}{n_v} \tag{2-28}$$

式中：U_{gn} 为发电机额定电压线电压或相电压。

此时灵敏系数 K_{sen} 按升压变压器高压侧母线两相短路的条件校验

$$K_{sen} = \frac{U_{k2.min}^{(2)}}{U_{op.2} n_v} \tag{2-29}$$

式中：$U_{k2.min}^{(2)}$ 为升压变压器高压侧母线两相短路时，保护安装处的最小负序电压。要求灵敏系数 $K_{sen} \geqslant 1.5$。灵敏系数不满足要求时，可在升压变高压侧增设复合电压元件。

2.4 发电机定子绕组单相接地保护

发电机定子绕组单相接地通常由于绕组与铁芯间绝缘破坏引起，此时接地点将有故障电流流过，其值取决于定子绕组及其连接回路的对地电容，并与发电机中性点的接地方式有关。接地电流（通常形成电弧）可能使故障点的定子铁芯熔化，并可能使故障发展成相间短路。故发电机需按有关标准的要求装设定子绕组单相接地保护。按照 GB/T 14285《继电保护和安全自动装置技术规程》、NB/T 35010《水力发电厂继电保护设计规范》的规定，发电机定子单相接地保护依发电机单相接地电流及发电机中性点的接地方式有不同的要求，详见表 2-1。

不同要求的发电机定子单相接地保护，有不同的配置、接线，其保护装置也有不相同的原理。目前常用的主要有基波零序过电压单相接地保护、三次谐波电压单相接地保护、外加交流电源式 100%定子绕组单相接地保护。发电机的 100%定子绕组单相接地保护也可以由基波零序过电压保护与三次谐波电压单相接地保护共同组成。下面分述各保护装置的原理及其在发电机定子单相接地保护应用时的配置、接线、整定方法及其产品的技术参数。其他原理的发电机定子接地保护，如反应发电机零序电流的发电机 $3I_0$ 定子接地保护，该保护一般用于电缆出线的发电机，其原理、接线及整定方法可参见其相关的文献及产品的技术文件。

水轮发电机单相接地电流的允许值按发电机制造厂的规定值，无制造厂提供的规定值时，可参照 GB/T 14285 给出的表 2-8 的数据。表 2-8 所列的允许值，为发电机定子绕组发生单相接地时，接地故障处不产生电弧或使电弧瞬间熄灭允许的最大接地电流，且不考虑中性点接地装置的补偿作用。

表 2-8 水轮发电机单相接地电流允许值

发电机额定电压（kV）	接地电流允许值（A）
3.15~6.3	≤4
10.5	≤3
13.8~15.75	≤2
18~23	≤1

2.4.1 基波零序过电压定子绕组单相接地保护

基波零序过电压定子绕组单相接地保护装置通常接于机端出口（母线）电压互感器的开口三角形侧或接于中性点的单相电压互感器、消弧线圈、接地变压器（也有称为配电变压器）的二次侧，反应发电机的基波零序电压，可对发电机定子绕组 85%~95%（从机端计算起）的单相接地进行保护。保护动作（通常带延时）于信号，必要时可动作于停机。保护装置也可以同时取用机端及发电机中性点基波零序电压，经与门出口发信或跳闸。保护动作跳闸且零序电压取自机端电压互感器时，保护通常应设电压互感器断线闭锁。接线示例见图 2-17。

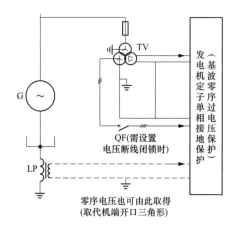

图 2-17 发电机定子单相接地的基波零序过电压保护接线示例

TV—电压互感器；LP—消弧线圈

发电机正常运行时，定子三相电压、电流基本对称，机端电压互感器的开口三角形侧及中性点的单相电压互感器、消弧线圈、接地变压器的二次侧电压仅有不平衡电压，接地保护不动作。定子绕组单相接地时，三相对地电压不对称，发电机出现零序电压，并有零序电流流过接于发电机中性点的接地装置，在机端电压互感器的开口三角形侧及中性点的单相电压互感器、消弧线圈或接地变压器的二次侧出现零序电压，使接地保护动作。

在发电机的实际运行中，由于定子三相电压、电流不可能完全对称，定子三相对地电容彼此不相等，在发电机正常运行时，机端电压互感器的开口三角形侧及中性点单相电压互感器、消弧线圈或接地变压器的二次侧将出现不平衡零序电压。实际测试表明，不平衡零序电压主要为三次谐波成分。故为提高发电机单相接地保护的灵敏度，基波零序过电压保护装置通常需具有三次谐波滤过功能或带三次谐波滤过器，滤过比宜不低于80。

发电机定子绕组故障接地时，故障点的零序电压及零序电流将正比于定子绕组接地匝数（从中性点起计算，见附录A）。故基波零序过电压保护在靠近中性点附近将有保护死区，使保护通常仅能对发电机定子绕组的85%～95%（从机端计算起）的单相接地进行保护。

保护通常用于单相接地电流小于允许值（见表2-8）的中性点不接地或经单相电压互感器接地的发电机（一般为中小型发电机）、或单相接地电流（不考虑消弧线圈的补偿作用）大于允许值（见表2-8）中性点经消弧线圈接地方式的容量在100MW以下的发电机、或中性点经接地变压器的有效接地方式的需装设保护区为95%和100%的两套定子绕组单相接地保护的发电机（一般为大型发电机）。对在发电机母线上并列运行的发电机，在某一发电机定子发生单相接地时，并列运行各发电机的基波零序过电压保护均无选择性动作，故当并列运行的发电机单相接地需要保护有选择性动作时，本保护不能作为发电机的接地保护。另外，基波零序过电压接地保护的灵敏度与发电机中性点的接地阻抗有关，对中性点接地总阻抗较小的发电机（如中性点采用接地变压器接地时），保护将有较低的灵敏度。

基波零序过电压保护装置可采用继电器式或微机保护装置。采用继电器时，保护通常需带三次谐波滤过器，微机保护装置需具有三次谐波滤过功能。

发电机基波零序过电压的定子绕组单相接地保护通常可设低定值段和高定值段。按照DL/T 684《大型发电机变压器继电保护整定计算导则》，其整定值可计算如下。

（1）低定值段的动作电压及延时的整定。

1）低定值段的动作电压$U_{0.op}$按躲过发电机正常运行时的最大不平衡基波零序电压$U_{0.max}$整定

$$U_{0.op} = K_{rel}U_{0.max} \tag{2-30}$$

式中：K_{rel}为可靠系数，取1.2～1.3；$U_{0.max}$为发电机正常运行时，机端或中性点实测的不平衡基波零序电压。实测前，$U_{0.op}$可初设为（5%～10%）$U_{0.n}$，$U_{0.n}$为发电机机端单相金属性接地短路时中性点或机端的零序电压（二次侧值）。

2）低定值段的动作延时按发电机升压变压器高压系统发生接地时保护不误动作整定。当发电机升压变压器高压侧系统发生接地短路时，将有零序电压通过发电机升压变压器高、低绕组间的电容耦合，传递至发电机电压侧使发电机电压侧出现零序电压。此时发电机单相接地保护不应动作，通常作如下考虑：①若发电机单相接地保护的动作电压已躲过升压变压器高压侧传递到发电机侧的零序过电压，或发电机单相接地保护装置对升压变压器高压侧传递到发电机侧的零序过电压具有防误动功能（如引入高压侧零序电压作为保护的制动量），保护动作延时可取0.3～1.0s。②若发电机单相接地保护的动作电压小于升压变压器高压侧传递到发电机侧的零序过电压，发电机单相接地保护的动作延时应大于升压变压器高压侧接地保护的动作延时。

（2）高定值段的动作电压及延时的整定。高定值段的动作电压按可靠躲过升压变压器高压侧传递到发电机侧的零序过电压整定，可取（15%～25%）$U_{0.n}$，保护动作延时可取0.3～1.0s。

升压变压器高压系统发生接地时，高压侧耦合到发电机侧的零序过电压的计算可参见附录 B。

2.4.2 三次谐波电压定子绕组单相接地保护

采用基波零序过电压构成的定子绕组单相接地保护在靠近中性点附近有保护死区，对发电机中性点附近发生的接地故障不能及时发现，由于接地故障有可能进一步发展成为匝间或相间短路，此时将使发电机遭受严重损坏。故有关标准规定，100MW 及以上的发电机，应装设保护区为 100% 的定子接地保护。三次谐波电压定子绕组单相接地保护可实现对发电机定子绕组中性点附近接地的保护，其通常与基波零序过电压定子绕组单相接地保护一起，构成保护区为 100% 的发电机定子接地保护。

发电机由于气隙磁通密度的非正弦分布和铁芯饱和的影响，定子绕组中总存在三次谐波的相电动势，在中性点及机端有三次谐波电压。分析表明，正常运行时，中性点的三次谐波电压总大于机端；定子绕组发生接地则反之，为机端三次谐波电压总大于中性点。三次谐波电压定子绕组单相接地保护利用发电机正常运行和定子绕组单相接地时三次谐波电压的这种特征，以发电机中性点和机端三次谐波电压比值或比值和方向的变化作为保护动作的判据，实现对发电机定子绕组中性点附近接地故障的保护。

2.4.2.1 工作原理及接线

当将发电机定子绕组各相对地电容视作集中电容 C_g 并均分于每相的机端及中性点，并将发电机引出母线、升压变低压侧绕组、接于发电机母线的厂用变压器及电压互感器的高压侧绕组等的对地电容也视作集中电容 C_e 并置于机端，则发电机正常运行时，有如图 2-18 所示的三次谐波等值回路[5]。

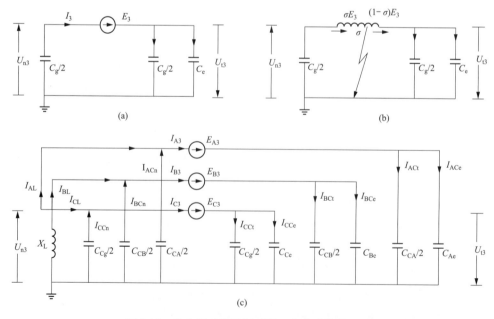

图 2-18　发电机正常运行时的三次谐波等值回路

（a）中性点不接地，正常运行；（b）定子绕组接地；（c）中性点经消弧线圈接地，正常运行设各相的三次谐波电动势相等 $E_{A3}=E_{B3}=E_{C3}=E_3$，各相对地电容相同 $C_{Ag}=C_{Bg}=C_{Cg}=C_g$、$C_{Ae}=C_{Be}=C_{Ce}=C_e$，中性点三次谐波电压为 U_{n3} 及机端的三次谐波相电压为 U_{t3}，发电机中性点无接地装置时，由图 2-18（a）有 $I_3=U_{n3}3\omega C_g/2=U_{t3}$（$3\omega C_e+3\omega C_g/2$），式中 ω 以基波频率（50Hz）计算。由此可求得

$$\frac{U_{t3}}{U_{n3}}=\frac{C_g}{C_g+2C_e}\tag{2-31}$$

由于发电机机端外总存在电容 C_e，由上式可知，发电机正常运行时有 $U_{n3}>U_{t3}$。

以中性点接有电抗 $X_L=\omega L$（忽略电阻）的消弧线圈进行分析时，发电机三次谐波的等值回路可如图 2-18（c）所示，对中性点侧有

$$\dot{I}_{A3}=\dot{I}_{Acn}+\dot{I}_{AL}=j\frac{\dot{U}_{n3}3\omega C_g}{2}+\dot{I}_{AL}\tag{2-32}$$

当认为各相对地电容及三次谐波电动势相等时，则各相流过消弧线圈的电流 $I_{AL}=I_{BL}=I_{CL}$。由图 2-18（c）可得

$$\dot{I}_{AL}+\dot{I}_{BL}+\dot{I}_{CL}=3\dot{I}_{AL}=\frac{\dot{U}_{n3}}{jX_L}=-j\frac{\dot{U}_{n3}}{3\omega L}\tag{2-33}$$

当假设消弧线圈采用完全补偿选择时，即消弧线圈的感抗等于发电机总容抗，有

$$\omega L=\frac{1}{3\omega(C_g+C_e)}\tag{2-34}$$

将式（2-34）代入式（2-33）后求得的 I_{AL} 代入式（2-32），得

$$\dot{I}_{A3}=\dot{I}_{Acn}+\dot{I}_{AL}=j\frac{\dot{U}_{n3}3\omega C_g}{2}-j\frac{\dot{U}_{n3}}{9\omega L}$$

$$=j\omega\dot{U}_{n3}\frac{7C_g-2C_e}{6}\tag{2-35}$$

对机端侧有

$$\dot{I}_{A3}=\dot{I}_{Act}+\dot{I}_{Ace}=j\frac{\dot{U}_{t3}3\omega C_g}{2}+j3\omega C_{Ae}\dot{U}_{t3}$$

$$=j3\omega\dot{U}_{t3}\left(\frac{C_g}{2}+C_e\right)\tag{2-36}$$

由式（2-35）、式（2-36）可得到发电机中性点接消弧线圈时，机端的三次谐波电压 U_{t3} 与中性点三次谐波电压 U_{n3} 之比为

$$\frac{U_{t3}}{U_{n3}}=\frac{7C_g-2C_e}{9(C_g+2C_e)}\tag{2-37}$$

当消弧线圈按基波电容电流不完全补偿选择时，有

$$k\omega L=\frac{1}{3\omega(C_g+C_e)}\tag{2-38}$$

式中：k 为接地电流补偿系数，$k<1$ 为欠补偿。同上分析，可得到消弧线圈按基波电容电流不完全补偿选择时，有

$$\frac{U_{t3}}{U_{n3}}=\frac{X_{t3}}{X_{n3}}=\frac{9C_g-2k(C_g+C_e)}{9(C_g+2C_e)}\tag{2-39}$$

由式（2-37）、式（2-39）可知，中性点接消弧线圈的发电机，正常运行时中性点三次谐波电压 U_{n3} 也总是大于机端的三次谐波电压 U_{t3}。发电机出线端开路时（$C_e=0$），有（U_{t3}/U_{n3}）＝7/9。

当发电机定子绕组在距中性点 σ 处发生金属性单相接地时，此时不管中性点是否装设消弧线圈，由图 2-28（b）有

$$
\left.
\begin{aligned}
U_{n3} &= \sigma \dot{E}_3 \\
\dot{U}_{t3} &= (1-\sigma)\dot{E}_3 \\
\frac{\dot{U}_{t3}}{U_{n3}} &= \frac{1-\sigma}{\sigma}
\end{aligned}
\right\}
\tag{2-40}
$$

由式（2-40）可知，当 $\sigma<50\%$ 时，有 $U_{t3}>U_{n3}$，中性点三次谐波电压 U_{n3} 总是小于机端的三次谐波电压 U_{t3}。

上述的分析表明，正常运行时中性点的三次谐波电压总大于机端，而定子绕组发生接地时则相反。利用中性点及机端三次谐波电压在正常运行及定子接地故障时的这种变化特征构成的三次谐波电压定子绕组单相接地保护装置，可采用机端和中性点三次谐波电压绝对值比作保护动作判据，或以机端的三次谐波电压作为保护的动作量，以中性点三次谐波电压作为保护的制动量，并以 $U_{t3}>U_{n3}$ 作为保护的动作条件。保护装置在发电机正常运行时不可能动作，在中性点附近发生接地时保护动作，可对发电机中性点侧约 50％ 范围内的接地进行保护。

发电机三次谐波电压定子绕组单相接地保护接线示例见图 2-19。机端的三次谐波电压取自发电机机端电压互感器开口三角形侧，中性点的三次谐波电压取自消弧线圈 LP 的二次侧。

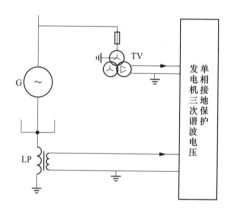

图 2-19　发电机三次谐波电压单相接地保护接线

2.4.2.2　保护整定及应用

按照 DL/T 684《大型发电机变压器继电保护整定计算导则》，其整定值可计算如下。

（1）采用机端和中性点三次谐波电压绝对值比作保护动作判据时，此时保护的动作判据为

$$|U_{t3}|/|U_{n3}| \geqslant \alpha \tag{2-41}$$

式中：α 为阈值，$\alpha = (1.2 \sim 1.5) \alpha_0$；$\alpha_0$ 为发电机正常运行时最大三次谐波电压比值的实测值。

（2）以中性点三次谐波电压作为保护制动量时，此时保护的动作判据为

$$|U_{t3} - k_P U_{n3}|/\beta|U_{n3}| > 1 \tag{2-42}$$

式中：$|U_{t3} - k_P U_{n3}|$ 为保护动作量；k_P 为调整系数，按发电机正常运行时使 $U_{t3} - k_P U_{n3} = 0$ 的条件选择 k_P；$\beta|U_{n3}|$ 为保护的制动量；β 为制动系数，其取值应使得发电机正常运行时保护的制动量恒大于动作量，一般取 $0.2 \sim 0.3$，具体可按保护装置制造厂的技术要求取值。

按式（2-41）以绝对值比作为动作判据的三次谐波电压接地保护整定比较简单，但灵敏度不高。如某水轮发电机的计算示例，采用式（2-41）判据的保护装置在接地过渡电阻大于 $2k\Omega$ 时将拒绝动作，接地过渡电阻不大于 $1k\Omega$ 时可有 10% 的保护区，小于 500Ω 时有 25% 的保护区；按式（2-42）以中性点三次谐波电压作为保护制动量的接地保护有较高的保护灵敏度，保护装置在接地过渡电阻不大于 $1k\Omega$ 时几乎可保护整个定子绕组，但在过渡电阻大于 $1k\Omega$ 时，绕组中部将首先出现死区，过渡电阻 $2k\Omega$ 时仍有不小于 25% 的保护区。分析表明，发电机对地电容量越大，三次谐波电压接地保护的灵敏度越低，大型水轮发电机相对于汽轮发电机有较大对地电容量，故保护通常有较低的灵敏度。

分析与试验表明，对在发电机母线上并列运行的发电机，其中一台发电机定子绕组接地时，其他非故障发电机中性点电压也发生改变（降低），三次谐波电压接地保护对各发电机接地为无选择性保护，故当在发电机母线上并列运行的发电机单相接地保护需要有选择性动作时，本保护不能作为发电机的接地保护；另外，在并列运行发电机的运行工况相差较大时，三次谐波电动势较小的发电机将有较差的保护灵敏度。

三次谐波电压接地保护可用于发电机中性点经单相电压互感器、消弧线圈及接地变压器接地的发电机。

2.4.3 外加交流电源式 100% 定子绕组单相接地保护

外加交流电源的定子绕组单相接地保护（也称交流电源注入式定子绕组单相接地保护），是从外部对发电机定子绕组施加对地交流电压信号实现定子绕组的接地保护。发电机正常运行时，定子绕组对地绝缘良好，外施的电压信号仅产生很小的接地电流（包括发电机定子回路的电容电流）。在定子绝缘破坏发生接地故障时，外施的电压信号将产生相应频率的接地电流，使保护动作。保护可实现对发电机定子绕组 100% 范围的接地保护，在发电机运行、启动或停机过程及停机状态下均可起保护作用，在发电机各运行工况及各接地位置上均有较好的灵敏度，保护可反映定子绕组绝缘的整体均匀下降，可对发电机定子绝缘老化的绝缘电阻逐渐下降进行检测。

2.4.3.1 工作原理及接线

保护接线示例见图 2-20。发电机中性点经接地变压器接地（也称为高阻接地），交流低频信号电压由方波电源经带通滤波器接至接地变压器 TGE 二次侧负载电阻 R_n 两端，经接

地变压器施加到发电机定子绕组。保护所需的发电机接地电流信号由接于接地变压器二次侧的中间电流互感器 TA 提供，并由分压器 VD 提供注入的交流低频电压信号。保护通过检测接地电流信号及注入的交流低频电压信号，监视发电机定子的绝缘状态，实现定子接地故障保护。

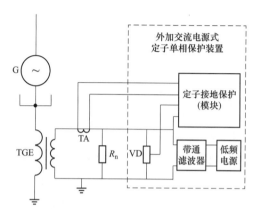

图 2-20 外加交流电源式定子接地保护接线示例

当忽略发电机三次谐波电压及基波零序电压的影响，认为接地变压器二次侧仅有定子接地保护的外加交流电源时，图 2-20 的保护接线可有如图 2-21 所示的等效电路。图中，X_1、X_2、R_1、R_2 分别是接地变压器的一次、二次绕组漏抗、电阻，X_m、R_m 是接地变压器的激磁电抗及电阻，R_{E1}、C_{E1} 是发电机的接地电阻、每相对地电容，各参数值均归算至接地变压器二次侧，U_{20} 是接地保护施加于接地变压器二次侧的低频交流电源电压（负载电阻 R_n 上的电压）。当忽略变压器漏阻抗及激磁阻抗时，由图可得到对发电机定子对地电阻 R_E 的计算式为

$$R_E = \frac{n^2}{\mathrm{Re}(I_{20}/U_{20})} \qquad (2\text{-}43)$$

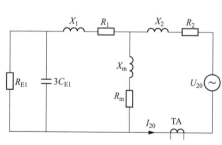

图 2-21 图 2-20 的等效电路

式中：Re 为对 I_{20}/U_{20} 取实部；I_{20} 为电流互感器 TA 二次侧的电流；n 为接地测量回路综合变比 $n = n_{TGE}\sqrt{n_u/n_{TA}}$，$n_{TGE}$、$n_u$、$n_{TA}$ 分别为接地变压器、电压分压器和电流互感器变比。为取得式（2-43）所需的电流、电压信号，保护通常需要滤去实际测量信号中的基波及三次谐波信号，并加适当的补偿。

保护通过式（2-43）计算的定子对地电阻值，判断发电机是否发生接地故障及接地的严重程度，对发电机定子绕组接地进行保护，并可根据发电机保护的要求，配置高、低两级整定值，高定值作用于报警，低定值用于停机。

目前应用的外加交流电源的定子绕组单相接地保护装置，其交流低频电源有连续注入及断续注入方式。低频电源采用连续注入时，接地电阻的测量通常采用式（2-43）计算，或采用注

入电压、电流幅值比来计算接地电阻。低频电源断续注入方式则采用电压、电流信号比的积分对发电机定子接地电阻进行计算。

为保证保护可靠的正确工作，交流电源的定子绕组单相接地保护装置通常尚设置一些辅助判据或功能。例如，设置低频注入信号异常检测及闭锁，当注入信号电压或电流（也有采用电压与电流）小于设定值时，闭锁保护并发报警信号；由于采用式（2-43）计算接地电阻的低频信号连续注入式单相接地保护，仅在发电机电压频率于某一范围内（一般为 $40\sim55\mathrm{Hz}$）才能保证接地电阻测量的有效性，为此保护设置了发电机电压频率异常闭锁，在发电机电压频率超出该范围时闭锁保护动作。由于频率异常闭锁一般是发生在发电机短时的过渡运行工况，且此工况通常有其他保护使发电机跳闸停机，如在发电机甩负荷转速升高且励磁调节失灵时，发电机可能过电压并达到使定子接地保护闭锁的频率，但此时将有发电机过电压保护使发电机停机，故频率异常闭锁的设置通常不影响接地保护的应用。

外加交流电源的定子绕组单相接地保护具有在发电机停机、开机过程对发电机定子绝缘进行测量监视及保护功能，故保护宜采用电厂控制直流电源供电或交直流联合供电，以便在交流控制电源消失时，仍能对发电机接地故障进行保护。

为减小测量误差并避免保护接线短路引起的短路电流流过电流互感器使保护误动，分压器的输入电压通常应取自负载电阻 R_n 两端。为准确测量注入电压，电压回路引线不应与电源输出线共用。电压回路、电流回路宜采用屏蔽线，其布线应尽量单独走线不靠近电源线及接地引线（如铜排、扁铁）。

外加交流电源的定子绕组单相接地保护装置，其交流低频电源目前有 20、12.5Hz，较低的频率可减少电容电流对保护电阻测量的影响，从降低接地装置激磁阻抗对保护电阻测量的影响考虑，频率不宜取得过低。外加交流电源频率的选择尚应考虑避开容易使发电机电压回路发生谐振过电压的频率（如三次及二分之一的谐波频率）。交流低频电源的输出电压，通常按施加在发电机定子绕组对地的低频信号电压幅值为发电机定子绕组额定相电压的 $1\%\sim3\%$ 考虑，对发电机及与发电机电压母线相连接设备的绝缘寿命无影响。

外加交流电源的定子绕组单相接地保护装置通常设后备工频零序电流保护，采用发电机中性点接地线上的电流（零序电流）判据，动作电流按保护距机端 $80\%\sim90\%$ 范围的电阻绕组接地故障整定。作为电阻判据的后备。

对中性点采用消弧线圈接地的发电机，定子绕组单相接地保护的外加交流电源通常从消弧线圈的二次绕组注入。此时发电机中性点为通过电抗接地。

外加交流电源的定子绕组单相接地保护对在发电机母线上并列运行的各发电机无选择性动作。

2.4.3.2 保护的整定

（1）接地电阻的整定。按照 DL/T 684《大型发电机变压器继电保护整定计算导则》，接地电阻的整定值通常分高定值段和低定值段，高定值延时 $1\sim5\mathrm{s}$ 动作于信号，低定值延时 $0.3\sim1\mathrm{s}$ 动作于停机。接地电阻的低定值可按在距发电机中性点 $10\%\sim20\%$ 范围内发生定子单相接地时，接地故障电流 $\left[I_\mathrm{k}^{(1)}=3I_0\right]$ 不超过发电机单相接地电流允许值 I_s（见表 2-8）进行整定。对中性

点采用接地变压器高阻接地的发电机（见图 2-20），可按满足下式要求计算的 R_E 作为定子接地电阻的整定值[6]

$$|3I_0| = \left| \frac{0.2 \times 3U_{gn}}{3R_E + 3R_N // (-jX_{C0})} \right| = \left| \frac{0.2 \times 3U_{gn}}{3R_E + 1/\left(\frac{1}{3R_N} + j\omega C\right)} \right| \leqslant I_s \qquad (2\text{-}44)$$

式中：U_{gn} 为发电机额定相电压；R_E 为发电机定子接地电阻；R_N 为发电机中性点接地电阻，$R_N = n_{TGE}^2 R_n$；C、X_{C0} 分别为发电机每相对地电容及容抗，$C = C_g + C_e$；C_g、C_e 分别为定子绕组和外接发电机母线每相电容。

对中性点采用消弧线圈接地的发电机，可按满足下式要求计算的 R_E 作为定子接地电阻的整定值（见附录 A）

$$|\dot{I}_k^{(1)}| = \left| -j\left[3\omega(C_g + C_e) - \frac{1}{X_L}\right] \times 0.2U_{gn} \middle/ \left\{1 + j\left[3\omega(C_g + C_e) - \frac{1}{X_L}\right]R_E\right\} \right|$$

$$= \left| -0.2 \times U_{gn} \middle/ \left[\frac{1}{j\left[3\omega(C_g + C_e) - \frac{1}{X_L}\right]} + R_E \right] \right| \leqslant I_s \qquad (2\text{-}45)$$

式中：X_L 为消弧线圈电抗，即发电机中性点通过电抗 X_L 接地。

保护低定值通常可取 $0.5 \sim 5\text{k}\Omega$，延时 $0.3 \sim 1\text{s}$ 动作停机。保护高定值通常根据发电机电压各设备的绝缘水平，按保证正常运行时保护不误发信号进行整定，保护高定值通常可取 $2 \sim 8\text{k}\Omega$，延时 $1 \sim 5\text{s}$ 动作信号。

（2）零序电流后备保护的整定。按照 DL/T 684，零序电流后备保护的动作电流 I_{op} 按保护距机端 $80\% \sim 90\%$ 范围的电阻绕组接地故障整定，以式（2-46）计算，即

$$I_{op} = \frac{(0.1 \sim 0.2)U_{TGE2}}{R_n n_{TA}} \qquad (2\text{-}46)$$

式中：n_{TA} 为图 2-20 中保护测量电流互感器 TA 的变比；U_{TGE2} 为发电机额定电压下机端发生单相金属性接地时，中性点接地装置二次侧负载电阻 R_n 上的电压。保护动作后延时跳闸停机。延时时间取下列条件的最小值：接地变压器的过载运行允许时间与系统接地保护的配合时间，通常取 $0.3 \sim 1\text{s}$。零序电流保护的整定值，尚需要校核接地故障传递电压对零序电流判据的影响，保证在发电机升压变压器高压系统发生接地时保护不误动作，见 2.3.1。

外加交流电源的定子绕组单相接地保护采用接地电阻判据的主保护及采用零序电流判据的后备工频电流保护所需的电流信号，均由电流互感器提供。电流互感器额定一次电流及额定二次电流，需按电流互感器流过最大零序电流时能保证测量的准确度，并满足保护对最小输入电流的要求进行选择。最大零序电流通常按机端单相接地时流过电流互感器一次侧电流考虑。保护对最小输入电流的要求通常按发电机接地电阻为保护高定值的整定值时，电流互感器二次侧电流应大于继电保护装置可正常工作的最小输入电流值考虑。

外加交流电源的定子绕组单相接地保护在发电机定子绕组上施加的低频电压信号，将影响采用相电压的频率测量的精确度，对与频率测量相关的保护将产生不同程度的影响，如过频率保护、低频率保护、过激磁保护等。由于发电机系统三相对地电容通常是基本对称的，保护低

频电源的零序电压对发电机的相间电压影响较小，故当发电机采用外加交流电源的定子绕组单相接地保护时，与频率测量相关的保护的频率测量需采用线电压而不宜采用相电压。

保护装置参数及整定示例：保护低频交流电源 20Hz，额定电压 22V，额定电流 3A；分压器使保护装置输入电压为低频电源注入电源的 1/3；电流互感器 10/5。保护整定：接地电阻高定值 5000Ω，延时 5s 发信号；接地电阻低定值 500Ω，延时跳闸停机 0.3s；后备工频电流保护，保护测量电流整定 5.78A，延时 1s 跳闸停机。发电机 650MW，单相对地电容 0.237 μF，升压变压器对地电容 0.019 μF，厂用电变压器对地电容 0.032 μF，封闭母线对地电容 0.0059 μF。接地变压器综合变比 23 $(3/2)^{1/2}$。发电机中性点接地变压器 50kVA、20/$\sqrt{3}$/0.5/0.1kV、2.5/58/1.2A；负载损耗 727.9W（75℃），u_k＝4.34％，空载损耗 328.1W，空载电流 1.62A；接地变压器二次电阻 6.2Ω，发热按 20s 计算。

产品参数示例：保护低频交流电源 20Hz；接地电阻高定值及低定值整定范围 0.1～50kΩ，误差不超过±10％或 0.1kΩ；高定值及低定值延时整定范围 0.3～100s

2.4.4 发电机定子绕组单相接地保护的配置

综上所述，目前常用的几种发电机定子绕组单相接地保护装置的主要特点可归纳见表 2-9，发电机定子单相接地保护装置的一般配置方案见表 2-10，依发电机单相接地电流及发电机中性点的接地方式有不同的要求。

表 2-9   几种发电机定子绕组单相接地保护装置的主要技术特点

序号	保护装置	对定子绕组的保护范围	保护灵敏度	保护选择性	接线特点	对发电机运行工况的适应性
1	基波零序电压	85％～95％的定子绕组（由机端算起）	较低	对在发电机母线上并列运行的各发电机无选择性，对发电机变压器组的发、变接地不具选择性	接线简单	开、停机无励磁过程及停机后保护不起作用
2	三次谐波电压	中性点附近的定子绕组（由中性点算起的 10％～25％）	较低		接线简单	
3	外加交流电源	100％的定子绕组	较高，可反映定子绕组绝缘的整体均匀下降		有外加交流低频电源，接线比较复杂	可在开、停机无励磁过程及停机后对定子绕组起监测及保护作用

表 2-10   发电机定子绕组单相接地保护装置的一般配置方案

序号	发电机技术特征	基波零序电压	三次谐波电压	外加交流电源	保护动作后的作用	规程要求
1	单相接地电流小于允许值（见表 2-8）不接地或经单相电压互感器接地的发电机（一般为中小型发电机）	√			延时作用于信号，必要时可作用于停机	应装设定子绕组单相接地保护，保护范围不小于 80％

续表

序号	发电机技术特征	基波零序电压	三次谐波电压	外加交流电源	保护动作后的作用	规程要求
2	100MW 以下的发电机	√			延时作用于停机，装置应允许切换至延时动作于信号	应装设保护区不小于 95% 的单相接地保护
3	100MW 及以上的发电机	√	√			应装设保护区为 100% 按双重化配置的单相接地保护
		√		√		

注 1. 保护区或监视范围的百分数从机端算起。
　　 2. 单相接地保护装置应能监视发电机机端零序电压值，包括在发电机并列前。

2.5　发电机励磁回路接地保护

发电机励磁回路包括发电机励磁绕组（转子绕组）及其相连回路，可能由于受潮或机械等原因使其对地绝缘下降或绝缘损坏而接地。在发生一点接地故障时对发电机并未造成危害，但若再发生第二点接地故障，两接地点间将产生相当大的故障电流可能烧伤发电机转子铁芯或励磁绕组，此时部分励磁绕组被短接将使发电机气隙磁通失去平衡而引起振动，严重威胁发电机的安全。故发电机需按有关标准的要求装设励磁回路接地保护。按照 GB/T 14285《继电保护和安全自动装置技术规程》的规定，1MW 及以上的发电机应装设专用的转子一点接地保护装置，保护延时动作于信号，并宜减负荷平稳停机，有条件时可动作于程序跳闸。1MW 及以下的发电机可装设转子一点接地的定期检测装置。按照水轮发电机通用技术条件的规定，励磁绕组的绝缘电阻在任何情况下都不应低于 0.5MΩ。

目前常用的励磁回路接地保护多采用乒乓式原理和注入式原理，其中注入式原理在发电机未加励磁时也可以监视转子绝缘。

2.5.1　乒乓式原理的励磁回路一点接地保护

乒乓式原理励磁回路一点接地保护（也称切换采样式转子一点接地保护），采用开关切换采样原理，以两个不同的测量回路分别测量与转子对地绝缘电阻相关的电压信号，由此计算转子对地绝缘电阻，实现对转子绝缘的测量监视及保护。

保护原理接线示例见图 2-22。其中，S_1、S_2 为由保护装置控制的周期性轮流接通的测量切换开关，R 为电阻，R_1 为测量电压采样电阻。R_1 的接地端通过电缆直接与机组主轴的接地碳刷连接。设发电机转子在距-极σ的 K 处经接地电阻 R_E 接地，在开关 S_1 接通、S_2 断开以及转子电动势为 E、R_1 上的电压为 U_1 时，回路电流为 I_1、I_2，由图 2-22 可得到下列方程组

$$
\left.
\begin{aligned}
\sigma E &= (R + R_1 + R_E)I_1 - (R_1 + R_E)I_2 \\
(1-\sigma)E &= -(R_1 + R_E)I_1 + (2R + R_1 + R_E)I_2 \\
U_1 &= R_1(I_1 - I_2)
\end{aligned}
\right\}
\tag{2-47}
$$

式中：σ 为转子绕组接地点 K 至负（一）极的匝数占总匝数的百分数；其余参数见图 2-22。

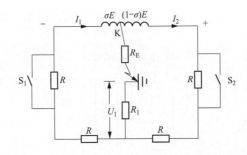

图 2-22　乒乓式转子一点接地保护原理接线示例

设在开关 S_2 接通、S_1 断开、转子电动势为 E' 和 R_1 上的电压为 U'_1 时，回路电流为 I'_1、I'_2，由图 2-22 可得到下列方程组

$$\left.\begin{aligned}
\sigma E' &= (2R + R_1 + R_E)I'_1 - (R_1 + R_E)I'_2 \\
(1-\sigma)E' &= -(R_1 + R_E)I'_1 + (R + R_1 + R_E)I'_2 \\
U'_1 &= R_1(I'_1 - I'_2)
\end{aligned}\right\} \tag{2-48}$$

由式（2-47）、式（2-48）可得

$$\left.\begin{aligned}
R_E &= \frac{ER_1}{3\Delta U} - R_1 - \frac{2R}{3} \\
\sigma &= \frac{1}{3} + \frac{U_1}{3\Delta U} \\
\Delta U &= U_1 - \frac{EU'_1}{E'}
\end{aligned}\right\} \tag{2-49}$$

当接地电阻达整定值时，保护动作并可给出接地电阻值及接地位置。保护对测量电阻 R_1 上电压的采样通常应在电流 I_1、I_2 为稳态值时进行，以使测量的接地电阻值与转子电容无关。图 2-22 中 S_1、S_2 通常采用电子开关，其触点并联电阻以避免其承受转子的反向过电压损坏。开关通常以较低的频率进行切换（如每分钟 1～2 次，一般不超过 10 次）。式（2-47）～式（2-49）中的转子电动势通常以转子电压 U_f 进行计算。由图 2-22 可见，发电机转子采用乒乓式转子一点接地保护时，励磁绕组不应接有其他对地测量回路或绝缘监视装置，以避免相互影响。当发电机需要装设两套乒乓式转子一点接地保护时，两套保护只能以主备方式（手动切换）设置，仅能投入单套运行。在发电机停机或未加励磁时，乒乓式转子一点接地保护不能对励磁回路进行监视及保护。

图 2-23 为乒乓式转子一点接地保护接线例。由式（2-49）可知，保护对转子接地电阻的计算需要得到测量电阻 R_1 上电压及转子电压。保护的乒乓切换回路及转子电压测量通常均经各自的分压器接至转子的＋、一极，分压器通常置于发电机励磁屏，以电缆将转子电压信号引至发电机保护屏。转子电压测量的滤波环节用以过滤电压信号中的交流成分（主要为 6 倍基频分量）。转子电压分压器通常采用电阻分压器，与发电机转子在电气上为直接连接，故分压器至保护屏的电缆需选用与发电机转子有相同绝缘耐压水平的电缆。

保护通常分高定值及低定值两段。按照 DL/T 684《大型发电机变压器继电保护整定计算导则》，对水轮发电机，高定值段的动作电阻值可整定为 10.0～30.0kΩ，带时限动作于信号；低定值段的动作电阻值可整定为 $0.5\sim10.0\mathrm{k}\Omega$，带时限动作于信号或跳闸。动作时限可整定为 $5\sim10\mathrm{s}$。

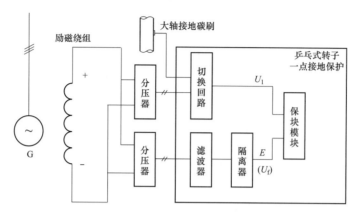

图 2-23　乒乓式转子一点接地保护接线例

目前可提供的乒乓式转子一点接地保护装置产品的技术数据为：高定值整定范围 $1.0\sim50.0\mathrm{k}\Omega$，$1\sim10\mathrm{s}$；低定值整定范围 $0.5\sim20.0\mathrm{k}\Omega$，$1\sim10\mathrm{s}$。

2.5.2　叠加方波式的励磁回路一点接地保护

叠加方波电源的励磁回路一点接地保护属于注入式转子一点接地保护，是从外部对发电机转子绕组施加对地方波电压信号实现转子绕组的接地保护，保护接线例及其等效电路（认为正常情况下转子绕组对地绝缘）、方波与电流波形图见图 2-24。幅值为 U_g（本例为 50V）的正、负对称的方波电源，其一个输出端经高电阻值（本示例为 40kΩ）的电阻 R 对称地接到发电机转子的＋、－极，方波电源的另一输出端经接地电流测量单元（其等值电阻为 R_1，本示例为 375Ω）与大轴接地碳刷连接接地。保护由施加的方波电压 U_g 及检测的接地电流 I_g 计算转子的对地电阻，在转子对地电阻达整定值时给出报警信号或跳闸，并可给出转子对地电阻值。保护装置采用频率较低的方波（如 $0.5\sim3.5\mathrm{Hz}$），并在接地电流接近稳态值时再对 I_g 进行采样，使保护对转子对地电阻的测量不受转子电容的影响。为避免转子励磁电压影响转子对地电阻的测量，保护采用施加正、负方波时接地电流稳态值之差计算转子的对地电阻。在发电机运行、停机或开、停机过程，保护装置均能对转子对地电阻进行测量，对转子绝缘进行监视及保护。保护尚可通过监测 I_g 充电电流的特征，对保护电路的缺陷（如断线等）进行检测。

设发电机转子绕组在距负极 σ（绕组匝数的百分数）处经接地过渡电阻 R_E 接地，当施加于转子的方波为正极性时，在转子接地电容的充电电流接近零后，由图 2-24（b）可得到下列方程

$$\left.\begin{aligned}U_\mathrm{g} &= RI_{\mathrm{g}+1} + (1-\sigma)U_\mathrm{f} + R_\mathrm{E}(I_{\mathrm{g}+1} + I_{\mathrm{g}-1})\\U_\mathrm{g} &= RI_{\mathrm{g}-1} - \sigma U_\mathrm{f} + R_\mathrm{E}(I_{\mathrm{g}+1} + I_{\mathrm{g}-1})\end{aligned}\right\} \tag{2-50}$$

式中：$I_{\mathrm{g}+1}$、$I_{\mathrm{g}-1}$ 分别为施加方波为正极性时，经转子正、负极至地的对地电流。将式（2-50）中的两式相加，整理后可得到此时转子的接地电流 $I_{\mathrm{g}1} = I_{\mathrm{g}+1} + I_{\mathrm{g}-1}$ 为

$$I_{\mathrm{g}1} = \frac{2U_\mathrm{g} + (2\sigma-1)U_\mathrm{f}}{R + 2R_\mathrm{E}} \tag{2-51}$$

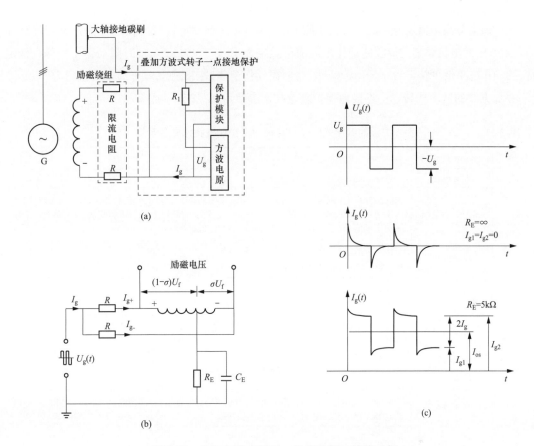

图 2-24　叠加方波式转子一点接地保护接线示例

(a) 接线图；(b) 等效电路图；(c) 方波及电流波形

等式（2-51）右边的 $(2\sigma-1)U_f/(R+2R_E)$ 在图 2-24（c）中以 I_{os} 标示。

同样，可得到施加于转子的方波为负极性时，在转子接地电容的充电电流接近零后的方程

$$\left.\begin{array}{l} -U_g = RI_{g+2} + (1-\sigma)U_f + R_E(I_{g+2}+I_{g-2}) \\ -U_g = RI_{g-2} - \sigma U_f + R_E(I_{g+2}+I_{g-2}) \end{array}\right\} \tag{2-52}$$

式中：I_{g+2}、I_{g-2} 分别为施加方波为负极性时，经转子正、负极至地的对地电流。将式（2-52）中的两式相加，整理后可得到此时转子的接地电流 $I_{g2}=I_{g+2}+I_{g-2}$ 为

$$I_{g2} = \frac{-2U_g + (2\sigma-1)U_f}{R+2R_E} \tag{2-53}$$

将式（2-51）减去式（2-53）并整理，可得

$$R_E = \frac{1}{2}\left(\frac{4U_g}{I_{g1}-I_{g2}} - R\right) \tag{2-54}$$

设 $2I_g = I_{g+1} - I_{g-1}$，式（2-54）可表示为

$$R_E = \frac{U_g}{I_g} - \frac{R}{2} \tag{2-55}$$

为避免转子电压回路引入保护屏，限流电阻通常置于发电机励磁屏。由于方波电源的输出端为通过电阻与发电机转子在电气上为直接连接，故限流电阻至保护屏的连接电缆需选用与发电机转子有相同绝缘耐压水平的电缆。

保护通常分高定值及低定值两段。按照 DL/T 684《大型发电机变压器继电保护整定计算导则》，对水轮发电机，高定值段的动作电阻值可整定为 10.0～30.0kΩ，带时限动作于信号；低定值段的动作电阻值可整定为 0.5～10.0kΩ，带时限动作于信号或跳闸。动作时限可整定为 5～10s。

叠加方波的数字式转子一点接地保护装置技术参数示例见表 2-11。

表 2-11 叠加方波的数字式转子一点接地保护装置技术参数示例

序号	项目	技术参数
1	方波电源	1Hz，±24V
2	保护整定范围	保护分高定值及低定值两段。高定值段的动作电阻值可整定为 20～140kΩ，带时限动作于信号，延时整定 0～25s/0～50s；低定值段的动作电阻值可整定为 0～30kΩ，带时限动作于信号或跳闸，延时整定 0～10s/0～20s
3	保护输出	按高定值及低定值分别提供继电器触点，触点容量 220V DC、250V AC，电阻性负载 $I_{max}=0.2A$，感性负载 $I_{max}=0.1A$，$L/R<50ms$；24V DC，$I_{max}=5A$
4	电阻测量精度	5％或±2kΩ
5	装置电源	直、交流联合供电，供电电源允许变化范围：19～390V DC，36～275V AC、40～70Hz
6	运行及储存环境温度	−25～+55℃；40℃相对湿度 95％下 56 天以上
7	高压测试	2.5kV、50Hz、1min；浪涌电压测试 5kV 1.2/50μs；高频测试 2.5kV/1MHz；静电放电 8kV；电磁辐射 10V/m；电子快速瞬变 4kV/2.5kHz；无线电干扰抑制 A 级
8	外壳	IP40

2.5.3　叠加直流电压的励磁回路一点接地保护

叠加直流电压的励磁回路一点接地保护属于注入式转子一点接地保护，是从外部对发电机转子绕组施加对地的直流电压信号实现转子绕组的接地保护，保护接线例及等效电路（认为正常情况下转子绕组对地绝缘）见图 2-25。直流电压信号电源的一端经高电阻值电阻 R 接入转子的负极，另一端通过等效电阻为 R_1（低电阻值）的接地电流测量环节接至机组大轴接地。保护装置由施加的直流电压信号 U_g 及检测的接地电流信号 I_g 对发电机转子接地电阻进行计算，在接地电阻达整定值时保护动作，给出报警信号或作用于跳闸。由于叠加的电压为直流，故转子的对地电容不影响对转子对地电阻的测量。保护可在发电机停机或开、停机过程转子无压情况下对转子的对地电阻进行测量，对转子对地绝缘进行监视及保护。

设发电机转子绕组在距负极 σ（绕组匝数的百分数）处经接地过渡电阻 R_E 接地，由图 2-25（b）的保护等效电路，发电机转子对地电阻 R_E 可计算为

$$R_E = \frac{U_g + \sigma U_f - R I_g}{I_g} \tag{2-56}$$

由式（2-56）可见，保护装置检测的接地电流并不完全反比于接地电阻，其比值尚与接地点的位置有关，式（2-56）中 σ、R_E 均为待求数，故叠加直流电压的励磁回路接地保护无法准

确计算出转子接地电阻，且保护对转子接地电阻测量的灵敏度将随接地点变化，在$\sigma=0$转子负极接地时灵敏度最低。

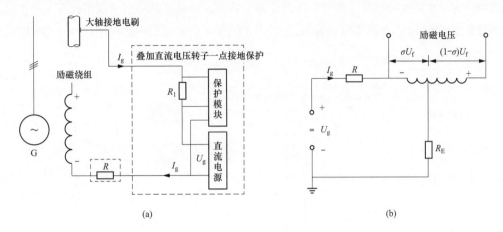

图 2-25　叠加直流电压的转子一点转地保护接线示例

(a) 接线图；(b) 等效电路图

目前可提供的叠加直流的转子一点接地保护装置产品故障发信定值的整定范围为 $1\sim100\mathrm{k}\Omega$，$1\sim10\mathrm{s}$。根据电厂需要厂家也可提供有作用于跳闸的具有高定值、低定值单独整定范围的保护装置。

2.5.4　叠加交流电压的励磁回路一点接地保护

叠加交流电压的励磁回路一点接地保护属于注入式转子一点接地保护，是从外部对发电机转子绕组施加对地的低频交流电压信号实现转子绕组的接地保护，保护接线例及等效电路（认为正常情况下转子绕组对地绝缘）见图 2-26。交流电压信号电源的一端经耦合电容 C 接入转子的负极，另一端通过等效电阻为 R_1（低电阻值）的接地电流测量环节接至机组大轴接地。保护装置由施加的交流电压信号 U_g 及检测的接地电流信号 I_g 对发电机转子接地电阻进行计算，在接地电阻达整定值时保护动作，给出报警信号或作用于跳闸。由于叠加的电压为交流，故励磁回路的对地电容将影响转子保护对地电阻的测量。保护可在发电机停机或开、停机过程转子无压情况下对转子的对地电阻进行测量，对转子对地绝缘进行监视及保护。

设发电机转子绕组在某处经接地过渡电阻 R_E 接地，当忽略励磁绕组中的交流压降及感应电动势时，由图 2-26 (b) 的保护等效电路（忽略 R_1），流过保护测量环节的对地电流为（忽略 C 的影响）

$$\dot{I}_g = (\dot{U}_g + \sigma U_f)\left(\frac{1}{R_E} + \mathrm{j}\frac{1}{X_{CE}}\right) \tag{2-57}$$

式中：X_{CE} 为励磁回路的对地容抗；C_E 为对地电容。

由式（2-57）可见，保护测量的对接地电流包含励磁回路对地电容电流，为使保护在发电机转子绝缘正常下不动作，保护整定需躲过正常情况下的励磁回路对地电容电流整定。大型发电机仅转子的对地电容可达 $1\sim2\,\mu\mathrm{F}$，当叠加电压为 50Hz 时，容抗仅有 $3.2\sim1.6\mathrm{k}\Omega$，使保护的灵敏度很低。另外，采用晶闸管可控整流励磁电源的发电机转子含有大量的谐波电压，对保护的灵敏度也有影响。保护可能在励磁电压突变、外部短路、振荡、增减负荷等转子绕组暂态过程中误动，通常需设置动作延时。故如图 2-26 的叠加交流电压的转子一点接地保护通常仅用在中小型发电机。

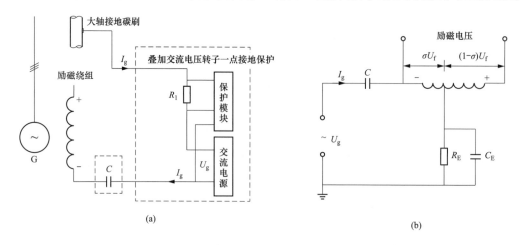

图 2-26 叠加交流电压的转子一点接地保护接线示例

（a）接线图；（b）等效电路图

叠加交流电压的转子一点接地保护装置的某一产品的技术数据为：叠加交流电压频率 12.5Hz，发信定值的整定范围为 $0.9\sim5\mathrm{k}\Omega$，$1\sim10\mathrm{s}$。

2.5.5 发电机励磁回路接地保护的选择

综上所述，目前发电机励磁回路接地保护常用的几种保护装置的主要特点可归纳见表 2-12，在实际选用时可根据发电机容量及电厂的具体要求进行选择。

表 2-12　　　　　　　　几种发电机励磁回路接地保护装置的主要技术特点

序号	保护装置	接地过渡电阻可整定范围	保护灵敏度	对发电机运行工况的适应性	接线特点	示例
1	乒乓式原理	高定值 $1.0\sim50.0\mathrm{k}\Omega$；低定值 $0.5\sim20.0\mathrm{k}\Omega$	较高	开、停机无励磁过程及停机后保护不起作用	接线简单	
2	叠加方波电源	高定值 $20\sim140\mathrm{k}\Omega$，低定值 $0\sim30\mathrm{k}\Omega$	高	可在开、停机无励磁过程及停机后对转子绕组起监测及保护作用	有外加电源，接线比较复杂	（1）1Hz、$\pm24\mathrm{V}$ 方波。（2）可较好的给出接地过渡电阻的数值
3	叠加直流电压	$1\sim100\mathrm{k}\Omega$，$1\sim10\mathrm{s}$	受转子接地点位置的影响，在转子负极接地时，保护灵敏度最低			
4	叠加交流电压	$0.9\sim5\mathrm{k}\Omega$，受转子对地电容的影响	受转子对地电容的影响，保护灵敏度低			叠加 12.5Hz 交流电压

2.6 发电机低励失磁保护

发电机低励失磁故障是指发电机励磁电流低于静稳极限对应的励磁电流或励磁电流消失，故障可能由于励磁系统故障、转子绕组故障及励磁回路故障（包括碳刷短路或接触不良）、磁场断路器误跳、误操作等原因引起，故障将可能导致并列运行的发电机失去同步而进入异步运行。电力系统中异步运行的发电机将在转差下运行，机组将承受周期性的转速升高及引起的振动，发电机转子回路将出现差频电流使转子过热，定子端部由于漏磁的增强而发热，威胁机组的安全。异步运行的发电机将从电力系统吸收大量的无功，特别是大型发电机，将直接影响电力系统的安全稳定运行。故对发电机的低励失磁故障必须及时发现并采取必要的措施。按照 GB/T 14285《继电保护和安全自动装置技术规程》规定，不允许失磁运行的发电机及失磁对电力系统有重大影响的发电机应装设专用的失磁保护，对水轮发电机，按 NB/T 35010《水力发电厂继电保护设计规范》要求应装设失磁保护，保护应带时限动作于解列。

电力系统中运行的同步发电机，当以单机经升压变压器和高压输电线接至无穷大功率电源母线的简单电力系统（见图 2-27）进行分析时，稳态情况下发电机输出至受端的有功功率 P 及无功功率 Q 可由下式计算。

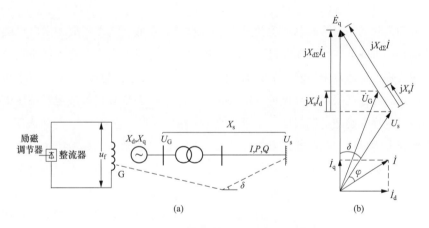

图 2-27 单机接入无穷大系统接线及相量图

（a）接线图；（b）相量图

对稳机发电机

$$P = \frac{E_q U_s}{X_{d\Sigma}} \sin\delta \tag{2-58}$$

$$Q = \frac{E_q U_s}{X_{d\Sigma}} \cos\delta - \frac{U_s^2}{X_{d\Sigma}} \tag{2-59}$$

对凸极发电机

$$P = \frac{E_q U_s}{X_{d\Sigma}} \sin\delta + \frac{U_s^2}{2} \left(\frac{X_d - X_q}{X_{d\Sigma} X_{q\Sigma}} \right) \sin2\delta \tag{2-60}$$

$$Q = \frac{E_q U_s}{X_{d\Sigma}}\cos\delta - U_s^2\left(\frac{X_d - X_q}{X_{d\Sigma} X_{q\Sigma}}\right)\sin^2\delta - \frac{U_s^2}{X_{d\Sigma}} \tag{2-61}$$

式中：E_q 为正比于励磁主磁通的发电机空载电动势，当忽略主极漏磁通且不考虑磁路饱和时（即发电机空载特性按线性考虑），E_q 正比于发电机的励磁电流；U_s 为无穷大功率电源母线电压；δ 为功角，是 E_q 与 U_s 之间的夹角；X_d、X_q 分别为发电机的直轴、横轴（也称交轴）同步电抗；$X_{d\Sigma} = X_d + X_s$，$X_{q\Sigma} = X_q + X_s$；X_s 为发电机机端的外部系统电抗（包括升压变压器、电厂其他发电机及其升压变压器、输电线）。式（2-60）右边第 2 项主要由于凸极机的直、横轴磁阻不等而引起，故通常称为磁阻功率，也称为凸极反应功率 P_t。

电力系统中稳定状态下运行的发电机，其输出功率与发电机的原动机功率平衡（忽略机组的损耗），发电机于某一功角下与电力系统其他发电机同步运行。稳定运行的发电机在降低励磁电流时，电磁功率将由于 E_q 的减小而降低，若原动功率不变，过剩的原动功率将加速发电机转子，使发电机运行功角加大，电磁功率增加，至与原动功率平衡时，发电机在较大功角的新的稳态点重新保持稳态运行。与此同时，发电机的输出无功也随 E_q 的减小及功角加大而降低。若励磁电流异常降低，使随励磁电流减小而增大的功角达到或超过发电机稳定运行的极限角（静态稳定极限功角）时，发电机将失去同步而进入异步运行。故发电机需设置低励失磁保护，在发电机低励失磁使励磁电流严重降低有可能导致发电机失去同步时动作，以避免故障进一步发展致危及发电机及电力系统的安全稳定运行。

发电机低励失磁的初始阶段总表现为励磁电压的严重降低，与之相应的发电机端电压及电厂高压母线电压严重降低，然后在经过某一时间过程后发电机失去稳定进入异步运行。故目前发电机的低励失磁保护通常采用静稳极限励磁低电压（也称变励磁电压判据）、发电机机端测量阻抗（或导纳）的静稳极限阻抗或异步边界阻抗（或导纳）、发电机机端或电厂高压母线低电压及励磁低电压（也称等励磁电压判据）作为保护动作判据（也称主判据）。分析表明[3]，上述各判据在发电机或电力系统的某些非低励失磁故障情况下也可能动作，如系统振荡、发电机机端或电力系统短路、进相运行、电气制动等情况，为避免保护在非低励失磁故障时误动作，保护通常不采用单一判据动作出口方式，而利用不同的判据构成与门后动作出口，或采用其他条件闭锁（如负序电压、负序电流，也称辅助判据），或设置判据动作延时，以时延避免在某些非低励失磁故障下误动。

水轮发电机与汽轮发电机相比，其平均异步功率较小，且原动功率的调节较慢，失磁后在有功功率达到新的平衡前，机组在过剩功率作用下可能已严重超速，使机组不能与系统恢复同步运行；水轮发电机同步电抗相对较小，异步运行时将从电网中吸收大量的无功功率，影响系统的安全运行；其直轴与横轴很不对称，异步运行时机组振动较大。故按照 GB/T 14285 及 NB/T 35010 的规定，水轮发电机不允许失磁后继续运行，应装设失磁保护，保护带时限动作使发电机解列。

2.6.1 静稳极限励磁低电压判据 （变励磁电压判据）

发电机低励失磁总首先表现为励磁电压降低，故以励磁电压降低到发电机静稳极限边界所对应最低电压作为保护的动作判据，保护可在发电机低励失磁的初始阶段对发电机故障作出反应。下面的分析表明，系统中并列运行的发电机静稳极限边界对应的励磁电压，将随发电机输出的有功功率 P 而变化，故静稳极限励磁低电压判据又称变励磁电压判据。

2.6.1.1　工作原理

稳态运行的水轮发电机（凸极发电机），当以标幺值表示时，其空载电动势 E_q 可认为等于励磁绕组电压 U_f，此时式（2-60）可表示为

$$P = \frac{U_f U_s}{X_{d\Sigma}}\sin\delta + \frac{U_s^2}{2}\left(\frac{X_d - X_q}{X_{d\Sigma} X_{q\Sigma}}\right)\sin 2\delta \tag{2-62}$$

在某一 U_f 下将式（2-62）对 δ 求导有

$$\frac{\partial P}{\partial \delta} = \frac{U_f U_s}{X_{d\Sigma}}\cos\delta + U_s^2\left(\frac{X_d - X_q}{X_{d\Sigma} X_{q\Sigma}}\right)\cos 2\delta \tag{2-63}$$

发电机的静态稳定边界对应于 $\frac{\partial P}{\partial \delta} = 0$，设此时的功角（发电机的静态稳定极限功角）为 δ_{sb}，由式（2-63）有

$$\frac{U_f U_s}{X_{d\Sigma}}\cos\delta_{sb} + U_s^2\left(\frac{X_d - X_q}{X_{d\Sigma} X_{q\Sigma}}\right)\cos 2\delta_{sb} = 0 \tag{2-64}$$

整理可得

$$U_f = \frac{X_d - X_q}{X_{q\Sigma}}U_s\left(\frac{1}{\cos\delta_{sb}} - 2\cos\delta_{sb}\right) \tag{2-65}$$

由式（2-65）可见，在某一励磁绕组电压 U_f 下运行的发电机将对应于由式（2-65）计算的一个静态稳定极限功角 δ_{sb}。与 δ_{sb} 对应的发电机输出功率，即处于静态稳定边界的发电机输出功率 P，可按式（2-60）计算为

$$P = \frac{U_f U_s}{X_{d\Sigma}}\sin\delta_{sb} + \frac{U_s^2}{2}\left(\frac{X_d - X_q}{X_{d\Sigma} X_{q\Sigma}}\right)\sin 2\delta_{sb} \tag{2-66}$$

为保证发电机在电力系统中的稳定运行，在某一励磁绕组电压 U_f 下运行的发电机，发电机的输出功率不应超过由式（2-66）的计算值，或发电机在由式（2-66）计算的输出功率下于静态稳定边界运行时，励磁绕组电压不应低于由式（2-65）的计算值，此数值即静稳极限允许的励磁低电压值。当励磁绕组电压低于此计算值时，以静稳极限励磁低电压作为判据的低励失磁保护应动作。由式（2-65）及式（2-66）可知，发电机静稳极限励磁低电压值 U_f 为发电机输出有功功率 P 的函数，对某一 U_f 由式（2-65）可计算其对应的 δ_{sb}，由 δ_{sb} 以式（2-66）计算对应的 P 值，由此得到发电机静稳极限励磁低电压值 U_f 与发电机输出有功功率 P 的关系特性，见图 2-28 的 $U_f \sim P$ 特性（以斜线近似）。在特性曲线右侧的区域，发电机的励磁电压低于静稳极限允许的励磁电压值，为低励失磁保护的动作区。特性与 P 轴交点的有功功率，为 $U_f = 0$ 时式（2-66）计算

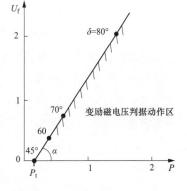

图 2-28　发电机的 $U_f \sim P$ 及变励磁电压判据动作特性

的有功功率，计算所取的 δ_{sb} 为式（2-65）在 $U_f = 0$ 时的 δ_{sb} 值（$\delta_{sb} = 45°$），此时发电机的输出功率为发电机的最大磁阻功率或称最大凸极反应功率 P_t

$$P_t = \frac{U_s^2}{2}\left(\frac{X_d - X_q}{X_{d\Sigma} X_{q\Sigma}}\right) \tag{2-67}$$

式中各参数见式（2-61）。

在保护实际整定时，通常将 $U_f \sim P$ 特性视作斜线，以静稳极限励磁低电压作为判据的低励失磁保护的动作判据可表示为

$$U_{f.op} \leqslant K(P - P_t) \tag{2-68}$$

式中：$U_{f.op}$ 为保护的励磁低电压动作值；K 为图 2-28 中静稳极限励磁低电压判据动作特性的斜率；P 为发电机输出功率。

由式（2-68）及图 2-28 可见，此时保护动作的励磁电压将随发电机输出功率变化，故静稳极限励磁低电压判据又称变励磁电压判据。

低励失磁保护采用静稳极限励磁低电压判据时，保护将在励磁电压降低至保护动作区对应的数值时动作，故可较快的反应机组失磁。由于机组失步后 P、U_f 将有大幅度的波动，通常会使保护发生周期性的动作与返回，故保护宜在机组失步前判断并予以记忆或采用延时返回。另外，采用自并励的发电机近处短路、系统振荡时，保护也可能由于 U_f 的降低而动作，需采取防误动措施，如采用延时动作并与其他判据构成与门输出使保护动作出口，或采用负序电压、负序电流闭锁。当有功功率采用单相测量时，在发电机外部发生不对称短路时可能使测得的功率增大而可能使保护误动，故有功测量需采用三相接线，或设负序电压、负序电流闭锁元件。低励失磁时发电机定子回路仍是对称的，而短路故障总会出现负序分量。另外，电压回路断线将使保护的有功功率测量失真（如变小），在低励失磁故障时保护可能拒动，而需设置电压互感器回路断线监视。发电机带长线充电时，发电机有功功率近似为 0，此时励磁电压通常为大于 0，发电机工作在特性的上方，故保护不会误动。

2.6.1.2　静稳极限励磁低电压判据（变励磁电压判据）的整定

发电机低励失磁保护采用静稳极限励磁低电压判据（变励磁电压判据）时，需要对保护的动作特性进行整定（U_f-P 特性与 P 轴的交点 P_t 及特性的斜率 k）。

保护动作特性与 P 轴交点的整定值 P_t 为发电机的凸极反应功率（发电机额定容量为基准的标幺值），由式（2-67）计算。

特性斜率的整定值 K，按发电机在额定功率下于静态稳定边界运行时，励磁绕组电压不应低于静稳极限允许的励磁低电压值整定。发电机在额定功率下静稳极限允许的励磁低电压值由式（2-65）、式（2-66）计算，当各参数以标幺值计算时，可得 K 的计算式为[3]

$$K = \tan\alpha = \frac{U_f}{P_n - P_t} = \frac{2\cos 2\delta_{sb}}{\cos\delta_{sb} - 2\sin^3\delta_{sb}}X_{d\Sigma} \tag{2-69}$$

式中：P_n 为发电机额定功率，以发电机额定容量为基准的标幺值；U_f 为发电机在额定功率 P_n 下于静态稳定边界运行时，允许的最低励磁电压值，以发电机额定空载励磁电压 U_{f0} 为基准的标幺值；δ_{sb} 为发电机在额定功率 P_n 下于静态稳定边界运行时的功角，单位为度；$X_{d\Sigma}$ 见

式（2-61），以发电机额定容量为基准。式（2-69）中的 K 值也可采用相关的图、表及相应的计算式进行计算，见 DL/T 684《大型发电机变压器继电保护整定计算导则》或保护装置生产厂家的技术说明。

2.6.2 静稳极限阻抗判据（静稳边界阻抗判据）

分析表明，发电机低励失磁后，描述在阻抗复平面上的发电机端测量阻抗将随着功角的增大而变化。当功角达静稳极限功角时，发电机将处于失去静稳定而进入异步运行的临界失步状态，处于临界失步点，此时的机端测量阻抗称为发电机静稳极限阻抗或称静稳边界阻抗。故可利用发电机机端测量阻抗是否到达发电机静稳极限阻抗特性对应的阻抗，作为低励失磁的发电机是否处于临界失步状态的判据，发电机低励失磁后，若发电机的机端测量阻抗达到或超过静稳极限阻抗值时，保护将动作给出发电机低励失磁信号或使发电机解列，以避免发电机进入异步运行状态。

2.6.2.1 机端测量阻抗

仍以图 2-27 单机经升压变压器和高压输电线接至无穷大功率电源母线的简单电力系统运行的发电机进行分析。发电机机端的测量阻抗 Z_G 为[4]

$$
\begin{aligned}
Z_G &= \frac{\dot{U}_G}{\sqrt{3}\dot{I}} = \frac{\dot{U}_s + \dot{I}\cdot jX_s}{\sqrt{3}\dot{I}} = \frac{\dot{U}_s\cdot\overline{U}_s}{\sqrt{3}\overline{U}_s\dot{I}} + jX_s \\
&= \frac{U_s^2}{P-jQ} + jX_s = \frac{U_s^2}{2P}\Big(1+\frac{P+jQ}{P-jQ}\Big) + jX_s \\
&= \frac{U_s^2}{2P}\Big(1+\frac{Se^{j\varphi}}{Se^{-j\varphi}}\Big) + jX_s = \Big(\frac{U_s^2}{2P}+jX_s\Big) + \frac{U_s^2}{2P}e^{j2\varphi}
\end{aligned} \tag{2-70}
$$

式中：$\dot{U}_G$ 为发电机机端线电压；$\dot{U}_s=U_se^{j\psi_u}$、$\dot{I}=Ie^{j\psi_i}$ 为以复数表示的无穷大功率电源母线线电压、发电机输出电流；U_s、I 为 $\dot{U}_s$、$\dot{I}$ 的电压、电流的有效值；ψ_u、ψ_i 分别为 $\dot{U}_s$、$\dot{I}$ 的幅角；$\overline{U}_s$ 为 $\dot{U}_s$ 的共轭复数，$\overline{U}_s=U_se^{-j\psi_u}$；$S=\sqrt{3}U_sI$ 为发电机输送至受端的视在功率；$\varphi=\arctan(Q/P)$ 为功率因数角，$\varphi=\psi_u-\psi_i$；P、Q 为发电机输送至受端的有功功率、无功功率，分析时通常可认为送、受端功率相同。式（2-70）运算采用了计算式 $\sqrt{3}\overline{U}_s\dot{I}=\sqrt{3}U_se^{-j\psi_u}\cdot Ie^{j\psi_i}=\sqrt{3}U_sIe^{-j\varphi}=Se^{-j\varphi}=\sqrt{3}U_sI(\cos\varphi-j\sin\varphi)=P-jQ$，以及计算式 $P+jQ=\sqrt{3}U_sI(\cos\varphi+j\sin\varphi)=Se^{j\varphi}$。

当发电机的输出有功功率不变时，机端测量阻抗 Z_G 将随发电机的输出无功功率 Q 和功率因数角 φ 而变化，式（2-70）为以复数表示的圆方程式，在阻抗 $Z=R+jX$ 复数平面上 Z_G 端点的变化轨迹为圆，圆心坐标为 $(U_s^2/2P, jX_s)$，半径为 $U_s^2/2P$，该圆称为等有功阻抗圆。发电机在不同的输出有功功率 P 下，对应于 Q 及 φ 的变化，有不同的阻抗圆，圆心的纵坐标不变，半径与 P 成反比，见图 2-29。发电机在输出有功及无功功率的正常运行方式时，测量阻抗 Z_G 的端点位于阻抗复数平面的第Ⅰ象限，失磁开始至失步前，Z_G 的端点随功角的增大、Q 和 φ 的减少向第Ⅳ象限移动。

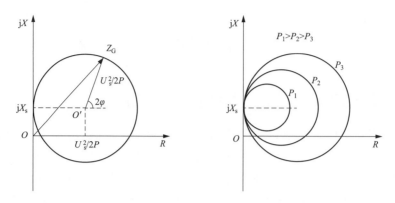

图 2-29　发电机的等有功阻抗圆

发电机机端测量阻抗 Z_G 也可采用与发电机无功功率相关的方式表示，此时 Z_G 可计算为[5]

$$Z_G = \frac{\dot{U}_G}{\sqrt{3}\dot{I}} = \frac{\dot{U}_s + \dot{I} \cdot jX_e}{\sqrt{3}\dot{I}} = \frac{\dot{U}_s \cdot \bar{U}_s}{\sqrt{3}\bar{U}_s\dot{I}} + jX_s$$

$$= \frac{U_s^2}{P - jQ} + jX_s = \frac{U_s^2}{-j2Q}\left(1 - \frac{P + jQ}{P - jQ}\right) + jX_s$$

$$= \frac{U_s^2}{-j2Q}(1 - e^{j2\varphi}) + jX_s \tag{2-71}$$

2.6.2.2　发电机的静稳极限阻抗 （静稳边界阻抗）

发电机静态稳定极限阻抗对隐极发电机（$X_d = X_q$）和凸极发电机（$X_d \neq X_q$）有不同的计算方法，分述如下。

（1）隐极发电机的静稳极限阻抗。发电机处于静稳极限时（或称临界失步点或静态稳定边界）有 $\frac{\partial P}{\partial \delta} = 0$。对隐极发电机由式（2-58）有 $\frac{\partial P}{\partial \delta} = \frac{E_q U_s}{X_{d\Sigma}}\cos\delta = 0$，可知系统中运行的稳极发电机处于静态稳定极限时的功角 $\delta_{sb} = 90°$。此时发电机输出的无功功率 Q_{sb} 由式（2-59）可计算为

$$Q_{sb} = -\frac{U_s^2}{X_{d\Sigma}} \tag{2-72}$$

Q_{sb} 为负值，发电机从电力系统吸收无功功率且为一常数，而与发电机的有功功率无关。以式（2-72）的 Q 代入式（2-71），得到隐极发电机处于静稳极限时的机端测量阻抗（称静态稳定极限阻抗）Z_G 计算式为

$$Z_G = \frac{X_{d\Sigma}}{j2}(1 - e^{j2\varphi}) + jX_s = -j\frac{X_d - X_s}{2} + j\frac{X_d + X_s}{2}e^{j2\varphi} \tag{2-73}$$

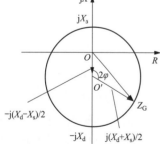

图 2-30　隐极发电机的静稳极限阻抗圆

在发电机输出的有功功率 P 及 φ 变化时，在阻抗复数平面上隐极发电机的静态稳定极限阻抗的变化轨迹为圆（见图 2-30），对图 2-27 单机接入无穷大系统的发电机，圆心坐标为 $\left(0, -\frac{X_d - X_s}{2}\right)$，半径为 $\frac{X_d + X_s}{2}$，称为隐极发电机的静稳极

限阻圆（或称静稳边界阻抗圆、或临界失步阻抗圆）。由式（2-72）可知，在系统母线电压及系统参数一定的条件下，处于静稳极限的发电机无功功率为定值，故该圆也称等无功阻抗圆。圆周上的点对应的机端测量阻抗，为发电机在不同的输出有功功率下到达静态稳定极限时的机端测量阻抗，圆内为失步区。由式（2-73）可知，圆与纵轴（jX 轴）的交点为 jX_s 及 $-jX_d$。

（2）凸极发电机的静稳极限阻抗。对凸极发电机（$X_d \neq X_q$），发电机的静态稳定极限阻抗 Z_G 可由式（2-71）及发电机静态稳定极限的有功功率 P_{sb} 及无功功率 Q_{sb} 进行计算

$$Z_G = \frac{U_s^2}{P_{sb} - jQ_{sb}} + jX_s \qquad (2\text{-}74)$$

设在某一 E_q 下发电机的静态稳定极限功角为 δ_{sb}，与 δ_{sb} 对应的处于静稳极限时的有功功率 P_{sb} 及无功功率 Q_{sb} 由式（2-60）及式（2-61）可计算为

$$P_{sb} = \frac{E_q U_s}{X_{d\Sigma}} \sin\delta_{sb} + \frac{U_s^2}{2}\left(\frac{X_d - X_q}{X_{d\Sigma} X_{q\Sigma}}\right)\sin 2\delta_{sb} \qquad (2\text{-}75)$$

$$Q_{sb} = \frac{E_q U_s}{X_{d\Sigma}} \cos\delta_{sb} - U_s^2\left(\frac{X_d - X_q}{X_{d\Sigma} X_{q\Sigma}}\right)\sin^2\delta_{sb} - \frac{U_s^2}{X_{d\Sigma}} \qquad (2\text{-}76)$$

某一 E_q 下发电机的静态稳定极限功角为 δ_{sb} 可由此时的发电机的静态稳定边界 $\frac{\partial P}{\partial \delta} = 0$ 条件计算。由式（2-60）对 δ 求导并令 $\frac{\partial P}{\partial \delta} = 0$，此时等式中的功角 δ_{sb} 即为静态稳定极限功角，计算的等式为

$$\frac{\partial P}{\partial \delta} = \frac{E_q U_s}{X_{d\Sigma}}\cos\delta_{sb} + U_s^2\left(\frac{X_d - X_q}{X_{d\Sigma} X_{q\Sigma}}\right)\cos 2\delta_{sb} = 0 \qquad (2\text{-}77)$$

静态稳定极限功角 δ_{sb} 也可由式（2-65）计算。正如上述，稳态运行的发电机，当以标幺值表示时，其空载电动势 E_q 可认为等于励磁绕组电压 U_{fd}。

对应于发电机稳态运行的每一 E_q（或 U_{fd}），由式（2-77）可计算一个静态稳定极限功角 δ_{sb}，以 δ_{sb} 及 E_q 由式（2-75）及式（2-76）可计算对应的 P_{sb}、Q_{sb}，代入式（2-74）可得到对应于每一 E_q（或 U_{fd}）的发电机静态稳定极限阻抗 Z_G。在发电机运行的 E_q（或 U_{fd}）变化时（相应的 P、Q 变化时），凸极发电机的静态稳定极限阻抗的变化轨迹在阻抗复数平面上为滴状曲线，见图2-31。对所分析的单机接入无穷大系统的发电机，滴状曲线与纵轴（jX 轴）的交点为 jX_s 及 $-jX_q$。与隐极发电机类似，滴状曲线上的点对应的机端测量阻抗，为发电机在不同的输出有功功率下到达静态稳定极限时的机端测量阻抗，曲线内为失步区。

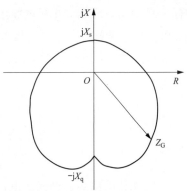

图 2-31　凸极发电机的静稳极限阻抗特性

2.6.2.3　发电机的静稳极限阻抗判据的整定

采用静态稳定极限阻抗判据的低励失磁保护，在发电机机端测量阻抗进入静稳极限阻抗圆

（对隐极发电机）或静态稳定极限阻抗的滴状曲线（对凸极发电机）内时保护动作，对水轮发电机带时限动作于解列，以避免发电机失步。

以静态稳定极限阻抗判据的低励失磁保护，在实际应用时，需要按发电机实际连接的电力系统，对静稳极限阻抗判据动作特性（圆或滴状曲线）与 jX 轴的两个交点进行整定（见图 2-32），按照 DL/T 684《大型发电机变压器继电保护整定计算导则》，静稳极限阻抗判据动作特性与 $+jX$ 轴的交点 jX_c 的整定值为

$$X_c = X_{con} \frac{U_{gn}^2 n_a}{S_{gn} n_v} \tag{2-78}$$

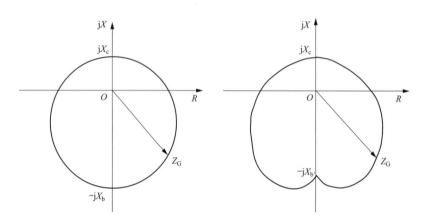

图 2-32　静稳极限阻抗判据动作特性的整定

式中：X_{con} 电力系统最小运行方式下的发电机与电力系统间的联系阻抗，或称为发电机端的外部系统阻抗（包括升压变压器及电厂其他运行机组及其升压变的阻抗），以发电机额定容量为基准的标幺值；U_{gn}、S_{gn} 为发电机的额定电压和额定视在功率，kV 和 MVA；n_a、n_v 为本保护用的电流、电压互感器变比。

静稳极限阻抗特性与 $-jX$ 轴的交点 $-jX_b$（对隐极发电机）及 $-jX_{b'}$（对凸极发电机）的整定值为

$$X_b = X_d \frac{U_{gn}^2 n_a}{S_{gn} n_v} \tag{2-79}$$

$$X_{b'} = X_q \frac{U_{gn}^2 n_a}{S_{gn} n_v} \tag{2-80}$$

式中：X_d 为发电机的直轴同步电抗（不饱和值）；X_q 为发电机的横轴同步电抗（不饱和值）。X_d、X_q 均为以发电机额定容量为基准的标幺值。

2.6.2.4　发电机的静稳极限阻抗判据的使用

图 2-30、图 2-31 的发电机静稳极限阻抗特性，包括了发电机在各种运行方式下处于静稳极限时的机端测量阻抗，当发电机机端测量阻抗到达图 2-30、图 2-31 的发电机静稳极限阻抗特性的阻抗时，将表明发电机处于静稳边界，发电机低励失磁保护应动作给出信号或跳闸。由于发电机励磁低电压失磁后，需经一定的时间才到达静稳边界，故静稳极限阻抗判据的动作时间将

晚于静稳极限励磁低电压判据。另外，分析表明，以图 2-30、图 2-31 的发电机静稳极限阻抗特性作为动作判据的低励失磁保护，在电力系统振荡（包括同步振荡及非同步振荡）时，发电机机端经过渡电阻的两相短路及升压变高压侧单相接地短路、发电机进相时，长线充电及电压互感器断线时有可能误动作，故保护需考虑相关的防误动设置。

（1）电力系统振荡。电力系统振荡时，特别是与系统联系较紧密（联系阻抗较小）的发电机，振荡中心将较靠近发电机，振荡时发电机机端测量阻抗将随发电机的有功及无功功率或功角而变化，其端点的变化随发生振荡时发电机与电力系统的运行参数及其间的联系阻抗有不同的轨迹，在某些情况下，振荡时发电机机端测量阻抗在振荡周期里有可能短时穿过或短时停留在图 2-30、图 2-31 的发电机的静稳极限特性内，使以图 2-30、图 2-31 特性作低励失磁保护判据误动作。为避免此时保护误动，静稳极限阻抗特性用作低励失磁保护判据时，需带延时再动作保护出口，以延时防止系统振荡时保护误动，并以延时使阻抗判据不抢先励磁低电压判据动作。系统失步状态的非稳定振荡过程中，阻抗判据在每一振荡周期中可能有一次动作与返回，防止系统振荡时保护误动的动作延时，通常应大于系统振荡周期，判据动作后经延时使保护动作出口。系统振荡周期通常应由电力系统主管部门提供。

（2）发电机机端外部短路、进相运行。在发电机机端两相经过渡电阻短路、发电机机端或升压变高压侧经过渡电阻的两相短路、升压变高压侧单相接地短路，以及发电机进相运行时，发电机机端测量阻抗有可能进入发电机的静稳极限特性内使低励失磁保护误动，需要采取防误动措施。分析表明，在上述情况下，使判据发生误动的机端测量阻抗通常是出现在静稳极限特性的上部，故可采用整定静稳极限特性上部为过坐标原点的扇形以避免判据误动，见图 2-33，扇形的角度可根据防误动的需要整定。另外，尚可利用不对称短路时出现的负序电流、电压对低励失磁保护进行闭锁；或与变励磁电压判据构成与门作为保护动作条件，有功功率采用三相电压测量的变励磁电压判据在上述短路故障时不会误动作；也可以采用动作延时防止判据误动，延时按躲过上述短路故障时相关保护动作切除故障的时间考虑。

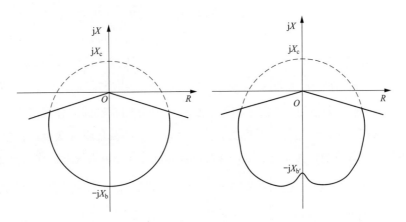

图 2-33 实际应用的静稳极限阻抗判据动作特性例

（3）长线充电。发电机经升压变向长线充电时，长线对地电容使发电机送出容性电流，此时机端测量阻抗呈容性，可能进入发电机的静稳极限特性内，此情况与机组容量及线路的电压、长度、结构参数等有关。故当低励失磁保护采用静稳极限特性判据时，需分析发电机经升压变向长线充电时判据是否可能误动，对有可能出现误动的发电机，应设置防长线充电误动措施，如采用过电压闭锁，或将静稳极限特性判据与变励磁电压判据一起以与门条件使保护动作。

按参考文献［4］的分析，当线路长度超过 L_d 时，机端测量阻抗将可能进入静稳极限特性内使低励失磁保护误动。L_d 由下式计算

$$L_d = \frac{100}{6} \arctan \frac{X_d + X_t}{Z_b} \tag{2-81}$$

式中：X_d、X_t 分别为发电机纵轴同步电抗及升压变漏抗；Z_b 输电线波阻抗（标幺值），由下式计算

$$X_b = \sqrt{\frac{Z_0}{Y_0}} \times \frac{S_J}{U_J^2} \tag{2-82}$$

式中：Z_0、Y_0 分别为单位长度线路的阻抗和导纳，Ω/km 和 S/km；S_J、U_J 分别为基准容量和基准电压，通常取为发电机额定视在功率和线路额定电压。

（4）电压互感器回路断线。分析表明，在电压互感器回路断线时，无论断线发生在电压互感器的二次侧或一次侧，保护均不能正确测量机端的测量阻抗而有可能进入静稳极限特性内使保护误动作。故保护需设置电压互感器回路断线监视，在电压互感器回路断线时闭锁保护动作。

2.6.3 异步边界阻抗判据

水轮发电机严重失磁时，若发电机达静稳极限在进入失步前未能及时从电力系统中切除，发电机将与系统失去同步而进入异步运行。异步运行的水轮发电机将影响发电机的安全并可能影响电力系统的稳定运行，故水轮发电机的低励失磁保护可采用发电机异步边界阻抗判据，在发电机进入异步运行时，保护动作使发电机与电力系统解列。

发电机异步运行时，转子相对于定子旋转磁场以转差率 S 旋转，此时发电机的机端测量阻抗 Z_G 除了是发电机输出功率因数角 $\varphi = \arctan Q/P$ 的函数外，还是转差率 S 的函数。分析表明[3]，在某一转差率 S 下，异步运行发电机的机端测量阻抗随 φ 变化的轨迹在阻抗复数平面上为圆，其圆心及半径也是 S 的函数，圆的半径随 S 的增加而减小，圆心的位置于阻抗复数平面的第 IV 象限，随 S 的增加，圆心的坐标上移，$S = 0$ 及 $S = \infty$ 时圆心位于 $-jX$ 轴上。$S = 0$ 时，Z_G 端点轨迹为与 $-jX_q$ 及 $-jX_d$ 相交的圆 1；$S = \infty$ 时，Z_G 端点轨迹为与 $-jX_q''$ 及 $-jX_d''$ 相交的圆 3，见图 2-34。异步运行发电机的机端测量阻抗随 S、φ 变化的轨迹圆的外包络线，给出了发电机异步运行时机端测量阻抗的边界，发电机异步运行时，机端测量阻抗端点均在包络线内。由于该包络线的计算比较麻烦，为简化起见，通常以圆 4 代替该外包络线近似作为异步阻抗边界，该圆的圆心为 $\left[0, -\frac{1}{2}j(X_d'' + X_d)\right]$ 和半径 $\frac{1}{2}(X_d - X_d'')$，圆内包括了发电机异步运行时所有的机端测量阻抗端点。

由于发电机的异步运行并非均由低励失磁引起，其他工况也可能使发电机进入异步运行或失步运行。如在发电机与系统之间发生振荡时，对发电机与系统联系阻抗为零情况，机端测量阻抗随功角 δ 的变化轨迹为图 2-34 中通过异步阻抗边界圆 4 的 MN 线，MN 线与 $-jX$ 轴的交点

为 $-\frac{1}{2}jX'_d$，是功角 $\delta = 180°$ 时机端测量阻抗。因此圆 4 不能作为低励失磁保护动作的异步边界阻抗判据。由于发电机与系统联系阻抗不为零时，机端测量阻抗随功角 δ 的变化轨迹 MN 线将向上移动，故低励失磁保护采用异步边界阻抗圆判据时，通常取圆心位于 $-jX$ 轴的直径交于 $\left[-\frac{1}{2}jX'_d, \ -jX_d\right]$ 的异步边界阻抗圆（见图 2-34 圆 5）作为保护的动作判据，以避免系统振荡时保护误动。

低励失磁保护采用异步边界阻抗圆判据时，需要按发电机实际连接的电力系统，对异步边界阻抗圆与 jX 轴的两个交点进行整定。按照 DL/T 684《大型发电机变压器继电保护整定计算导则》，静稳极限阻抗特性与 $-jX$ 轴的交点 $-jX_a$、$-jX_b$，X_a、X_b 的整定值为

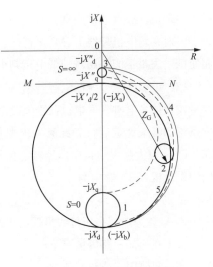

图 2-34　异步运行发电机 Z_G 随 S 的变化及异步边界圆

$$X_a = \frac{X'_d U^2_{gn} n_a}{2S_{gn} n_v} \tag{2-83}$$

式中：X'_d 为发电机暂态电抗（不饱和值），标幺值；其余各参数含义见式（2-78）。X_b 的整定值见式（2-79）。

以机端测量阻抗的异步边界阻抗圆作为动作判据的低励失磁保护，即便已按躲开电力系统振荡整定，但与静稳极限阻抗特性作为动作判据的低励失磁保护类似，在发电机机端经过渡电阻的两相短路及升压变高压侧单相接地短路时有可能误动作，故保护需考虑相关的防误动设置，如采用负序电压、负序电流闭锁，或与其他判据以与门方式使保护动作出口等。电压互感器回路断线时，如单相断线，保护将不能正确的测量机端的测量阻抗而有可能使保护误动作，保护需设置电压互感器回路断线监视及闭锁，以避免此时保护误动。

异步边界阻抗判据反应发电机失步边界时的机端阻抗，在发电机机端测量阻抗达失步边界时低励失磁保护动作。由于发电机励磁低电压失磁，至达静稳极限再进入失步，然后才进入异步运行，故异步边界阻抗判据的动作时间晚于静稳极限励磁低电压判据及静稳极限阻抗判据，在发电机失磁保护中，通常用于与系统联系紧密的大型发电机。

2.6.4　发电机机端低电压、电厂高压母线低电压、励磁低电压判据

（1）发电机机端低电压判据。电力系统中运行的发电机机端三相电压在低励失磁时将降低，故低励失磁保护可利用机端三相低电压作为保护动作判据。按照 DL/T 684《大型发电机变压器继电保护整定计算导则》，低励失磁保护的机端三相低电压动作电压 $U_{op.g}$ 应按不破坏厂用电安全和躲过强励启动电压条件整定为

$$U_{op.g} = (0.85 \sim 0.90)U_{gn} \tag{2-84}$$

式中：U_{gn} 为发电机定子额定电压。

由于在发电机停机时机端无电压，在开机过程、机端及外部短路等情况下机端电压也可能

低于整定值，故本动作判据需与其他相关条件一起使用，或作为其他判据一起经与门动作出口。另外，对在发电机母线上并列运行的发电机，某一台机低励失磁时，机端可能仍有较高的电压，而使低励失磁不能采用机端低电压判据。

（2）电厂高压母线低电压判据。在系统容量较小的电力系统运行的发电机，或系统中单机容量较大的发电机，发电机低励失磁时将可能引起电厂高压母线三相电压的严重降低，甚至影响系统的安全稳定运行。此时发电机的低励失磁保护可设置电厂高压母线低电压判据。按照 DL/T 684《大型发电机变压器继电保护整定计算导则》，低励失磁保护的电厂高压母线三相低压动作电压 $U_{\mathrm{op.3ph}}$ 整定为

$$U_{\mathrm{op.3ph}} = (0.85 \sim 0.95) U_{\mathrm{H.min}} \tag{2-85}$$

式中：$U_{\mathrm{H.min}}$ 为电厂高压母线最低的正常运行电压。

由于在外部短路等情况下电厂高压母线电压也可能低于整定值，故本动作判据需与其他相关条件一起使用，或与其他判据一起经与门动作出口。

（3）励磁低电压判据。励磁低电压判据是利用发电机低励失磁必然出现励磁低电压，作为低励失磁保护动作判据，判据的励磁低电压动作值为固定整定值，也称等励磁电压判据。按照 DL/T 684《大型发电机变压器继电保护整定计算导则》，低励失磁保护励磁低电压的动作电压 $U_{\mathrm{f.op}}$ 整定为

$$U_{\mathrm{f.op}} = K_{\mathrm{rel}} U_{\mathrm{f0}} \tag{2-86}$$

式中：K_{rel} 为可靠系数，可取 0.8；U_{f0} 发电机空载励磁电压。

为防止在发电机并列及解列过程励磁低电压判据误动作，通常设置发电机电流闭锁，在发电机电流低于整定数值时，闭锁该判据动作，电流低定值通常取为 0.06 的发电机额定电流。发电机甩负荷后，在对机端电压短时升高的调节过程中励磁电压可能出现低于整定值的低电压，此时也可采用机端过电压闭锁（带延时返回，如 4～6s）以避免判据误动。

固定整定值的励磁低电压判据，在机端近端外部三相短路或相间短路、电力系统振荡、进相运行、长线充电等情况下可能发生误动。故本动作判据需与其他相关条件一起使用，或与其他判据一起经与门动作出口。

2.6.5 有调相运行方式的发电机低励失磁保护判据

有调相运行方式的水轮发电机，调相运行时将关闭导叶，在无原动力矩下与系统并列运行，通常为向系统输送无功并消耗电力系统的有功功率。当以单机经升压变压器和高压输电线接至无穷大功率电源母线的简单电力系统（见图 2-27）进行分析时，发电机调相运行时通过无穷大功率电源母线的有功功率 P 及无功功率 Q 可由式（2-60）、式（2-61）计算。调相运行的水轮发电机低励失磁 $E_{\mathrm{q}} = 0$ 时，通过无穷大功率电源母线的有功功率 P 及无功功率 Q 可计算为

$$P = P_{\mathrm{fm}} = \frac{U_{\mathrm{s}}^2}{2}\left(\frac{X_{\mathrm{d}} - X_{\mathrm{q}}}{X_{\mathrm{d\Sigma}} X_{\mathrm{q\Sigma}}}\right)\sin 2\delta \tag{2-87}$$

$$Q = -U_{\mathrm{s}}^2\left(\frac{X_{\mathrm{d}} - X_{\mathrm{q}}}{X_{\mathrm{d\Sigma}} X_{\mathrm{q\Sigma}}}\right)\sin^2\delta - \frac{U_{\mathrm{s}}^2}{X_{\mathrm{d\Sigma}}} \tag{2-88}$$

由式（2-87）计算的有功功率称为反应功率 P_{fm}。调相运行的水轮发电机低励失磁时，水轮发电机仍存在使机组维持同步运行的反应功率。水轮发电机的反应功率通常大于调相运行时机组的有功损耗，故调相运行的水轮发电机在低励失磁时依靠反应功率仍可维持机组与电力系统同步运行，低励失磁对机组本身不产生危险。由式（2-88）可知，调相运行的水轮发电机低励失磁时，机组将由送出无功功率变为从电力系统吸收无功功率，使系统出现无功功率缺额，在系统无功功率储备不足时，可能引起系统电压下降，若电压下降严重，将有可能影响电力系统的稳定运行。故调相运行的水轮发电机低励失磁时，并不一定要将机组从系统中切除，是否需要切除，取决于失磁引起系统电压下降的程度是否影响系统的安全。因此调相运行的水轮发电机低励失磁保护，除了需要采用励磁低电压及机端测量阻抗（导纳）判据作为调相机低励失磁故障判据外，尚需要有电厂母线低电压判据（通常采用电厂高压母线）判别调相机低励失磁故障是否影响系统稳定运行，母线低电压判据的动作电压按电力系统静稳极限允许的母线最低电压整定。调相运行的水轮发电机低励失磁时，若母线低电压及励磁低电压判据均动作，则证明故障属调相机低励失磁引起的母线严重低电压，保护经与门延时动作使机组解列。若仅励磁低电压及机端测量阻抗（导纳）判据动作，母线低电压判据未动作，则说明此时母线电压下降并未影响系统的稳定运行，保护经与门延时发出报警信号。

调相运行的水轮发电机的机端测量阻抗等有功圆可参照 2.6.2 进行分析，此时发电机为从系统吸收有功功率，即式（2-70）变成

$$Z_G = \left(-\frac{U_s^2}{2P} + jX_s\right) - \frac{U_s^2}{2P}e^{j2\varphi} \tag{2-89}$$

当调相机从系统吸收的有功功率不变时，机端测量阻抗 Z_G 将随调相机的输出无功功率 Q 及 φ 而变化，在阻抗复数平面上 Z_G 端点的变化轨迹为圆心坐标在（$-U_s^2/2P$，jX_s）半径为 $-U_s^2/2P$ 的位于第 Ⅱ、Ⅲ 象限的圆，见图 2-35 的圆 2。调相运行的水轮发电机从系统吸收的有功功率可认为为一定值，即可认为调相运行的水轮发电机的机端测量阻抗端点轨迹仅在一个等有功圆上的变化。由式（2-88）可知，调相运行的水轮发电机低励失磁时，机组将从电力系统吸收无功功率，故可将调相机由向系统输送无功变为从系统吸收无功作为调相机低励失磁的判据，以此求出调相机低励失磁的阻抗判据。

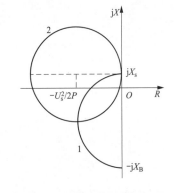

图 2-35　调相机的等有功圆（圆 2）和失磁动作边界圆（圆 1）

由式（2-88），当忽略 $\sin^2\delta$ 项时，调相机低励失磁后从系统吸收的无功功率可计算为

$$Q = -\frac{U_s^2}{X_{d\Sigma}} \tag{2-90}$$

式（2-90）与式（2-72）相同，以式（2-90）代入计算式（2-71），得到的调相机低励失磁后机端测量阻抗 Z_G 的计算式与式（2-73）相同，并有与图 2-30 相同的阻抗圆。由于调相运行的发电机为从系统吸收有功功率，即阻抗圆仅位于第 Ⅱ、Ⅲ 象限的半圆有意义，见图 2-35 的半圆 1，

圆内为调相机低励失磁保护动作区。调相机低励失磁保护动作的机端测量阻抗 Z_G 端轨迹的动作边界，可按保护动作时调相机吸收无功 Q_{op} 有 $|Q_{op}| < U_s^2/X_{d\Sigma}$ 的条件整定为 $|Q_{op}| = U_s^2/K_{rel} X_{d\Sigma}$，取 $K_{rel} = 1.5 \sim 2$。此时圆 1 与 jX 轴的交点为 jX_s，与 $-jX$ 轴的交点为 $-jX_B$，X_B 由式（2-91）计算为

$$X_B = K_{rel} X_{d\Sigma} - X_s \tag{2-91}$$

励磁低电压的动作电压，可按 $Q=0$ 时的 U_f 整定，以式（2-59）或式（2-61）并将式中 E_q 以 U_f 取代进行计算。

可见发电机在调相运行时，低励失磁保护有不同于发电机运行时的动作特性。故对有调相运行方式的发电机，其低励磁失励保护装置应可适应发电及调相两种运行方式的要求，发电机运行时，按静稳边界或异步边界整定；调相运行时，保护装置应能切换为图 2-35 半圆 1 的动作特性。

2.6.6 机端测量导纳及静稳极限导纳判据

发电机低励失磁保护的静稳极限及异步边界判据也可以机端测量导纳表示为静稳极限导纳判据及异步边界导纳判据。下面叙述机端测量导纳及静稳极限导纳判据的分析计算，并说明发电机低励失磁保护的机端测量导纳判据采用的有关特性曲线，也可以通过反演方法由机端测量阻抗判据相应的特性曲线求得。

2.6.6.1 机端测量导纳

仍以图 2-27 单机经升压变压器和高压输电线接至无穷大功率电源母线的简单电力系统运行的发电机进行分析。由式（2-70），发电机机端的测量导纳 Y_G 为

$$Y_G = \frac{\sqrt{3}\dot{I}}{\dot{U}_G} = \frac{1}{Z_G} = \frac{1}{\dfrac{U_s^2}{P-jQ}+jX_s} = -j\frac{1}{X_s}+j\frac{1}{X_s}+\frac{P-jQ}{U_s^2+jX_s(P-jQ)}$$

$$= -j\frac{1}{X_s}+\frac{U_s^2}{-jX_s[U_s^2+jX_s(P-jQ)]} = -j\frac{1}{X_s}+\frac{\dfrac{1}{X_s^2}}{\dfrac{P}{U_s^2}-j\left(\dfrac{Q}{U_s^2}+\dfrac{1}{X_s}\right)}$$

$$= -j\frac{1}{X_s}+\frac{U_s^2}{2PX_s^2}\times\frac{\dfrac{P}{U_s^2}-j\left(\dfrac{Q}{U_s^2}+\dfrac{1}{X_s}\right)+\dfrac{P}{U_s^2}+j\left(\dfrac{Q}{U_s^2}+\dfrac{1}{X_s}\right)}{\dfrac{P}{U_s^2}-j\left(\dfrac{Q}{U_s^2}+\dfrac{1}{X_s}\right)}$$

$$= -j\frac{1}{X_s}+\frac{U_s^2}{2PX_s^2}(1+e^{j2\gamma}) = \left(\frac{U_s^2}{2PX_s^2}-j\frac{1}{X_s}\right)+\frac{U_s^2}{2PX_s^2}e^{j2\gamma} \tag{2-92}$$

式中：$\gamma = \arctan\left(\dfrac{Q_s}{P_s}+\dfrac{U_s^2}{P_s X_s}\right)$；其余各参数含义见式（2-70）。由式（2-92）可见，当发电机的输出有功功率不变时，机端测量导纳 Y_G 将随发电机的输出无功功率 Q 及 φ 而变化，在导纳 $Y = G+jB$ 复数平面上，Y_G 端点的变化轨迹为圆，对图 2-27 单机接入无穷大系统的发电机，圆心坐标 $[U_s^2/2PX_s^2,\ -j(1/X_s)]$，半径为 $U_s^2/2PX_s^2$，该圆称为等有功导纳圆。

2.6.6.2 静稳极限导纳判据 （静稳边界导纳判据）

（1）隐极发电机的静稳极限导纳判据。以导纳表示的静稳极限特性可计算如下：对隐极发电机，静稳极限时机端测量导纳 Y_G 可由静稳极限阻抗计算式（2-73）计算为

$$Y_G = \frac{1}{Z_G} = \frac{1}{-j\frac{X_d - X_s}{2} + j\frac{X_d + X_s}{2}e^{j2\varphi}} \tag{2-93}$$

经变换后可得

$$Y_G = -j\frac{1}{2}\left(\frac{1}{X_s} - \frac{1}{X_d}\right) + \frac{1}{2}\left(\frac{1}{X_s} + \frac{1}{X_d}\right)e^{j\theta} \tag{2-94}$$

其中，$\theta = 2\varphi + 2\left(\arctan\frac{K\sin2\varphi}{1 - K\cos2\varphi}\right) - 90°$，$K = \frac{X_d + X_s}{X_d - X_s}$。

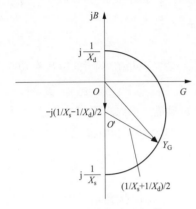

图 2-36 隐极发电机静稳极限导纳图

由式（2-94）可知，在导纳复数平面上，以导纳表示的静稳极限特性为圆，圆心坐标为 $\left[0, -j\frac{1}{2}\left(\frac{1}{X_s} - \frac{1}{X_d}\right)\right]$，半径为 $\frac{1}{2}\left(\frac{1}{X_s} + \frac{1}{X_d}\right)$，见图 2-36。圆上的点对应的机端测量导纳，为发电机在不同的输出有功功率下到达静态稳定极限时的机端测量导纳，圆外为失步区，圆内为同步运行区（而阻抗平面上的静稳边界，圆内为失步区，圆外为同步运行区）。

（2）凸极发电机的静稳极限导纳判据。对凸极发电机，静稳极限时无穷大母线处的测量导纳 Y_s 的计算式为

$$Y_s = \frac{\sqrt{3}\dot{I}}{\dot{U}_s} = \frac{\sqrt{3}\hat{U}_s\dot{I}}{\dot{U}_s\hat{U}_s} = \frac{P_{sb} - jQ_{sb}}{U_s^2}$$
$$= a\tan\delta_{sb}\sin^2\delta_{sb} + j(a\cos^2\delta_{sb} + 1/X_{d\Sigma}) \tag{2-95}$$

式中：P_{sb}、Q_{sb} 为静稳极限时发电机输送的有功功率、无功功率，由式（2-75）、式（2-76）计算；$a = \frac{1}{X_{q\Sigma}} - \frac{1}{X_{d\Sigma}}$，$X_{d\Sigma}$、$X_{q\Sigma}$ 见式（2-60）；δ_{sb} 为凸极机静稳定极限功角，见式（2-77），δ_{sb} 随 E_0 等参数变化。

静稳极限时发电机端的测量导纳的计算式为

$$Y_G = \frac{1}{Z_G} = \frac{1}{jX_s + 1/Y_s} \tag{2-96}$$

对应于发电机稳态运行的每一 E_q（或 U_f），由式（2-77）可计算一个静态稳定极限功角 δ_{sb}，以 δ_{sb} 和 E_q 由式（2-75）和式（2-76）可计算对应的 P_{sb}、Q_{sb}，代入式（2-74）可得到对应于每一 E_q（或 U_{fd}）的发电机静态稳定极限阻抗 Z_G。在发电机运行的 E_q（或 U_f）变化时（相应的 P、Q 变化时），凸极发电机的静态稳定极限导纳端点的变化轨迹在导纳复数平面上的特性曲线见图 2-37（图中未

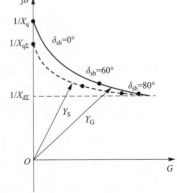

图 2-37 凸极发电机静稳极限导纳图

表示 Y_G 越过 $j\sqrt{\dfrac{1}{X_{d\Sigma}}}$ 虚线后的特性）。$\delta_{sb}=0°$ 时，由式（2-95）$Y_s=j\sqrt{\dfrac{1}{X_{q\Sigma}}}$，代入式（2-96）得到此时机端的静态稳定极限导纳为

$$Y_G = \frac{1}{Z_G} = \frac{1}{jX_s + 1/Y_s} = \frac{1}{jX_s - j(X_q + X_s)} = j\frac{1}{X_q} \tag{2-97}$$

$\delta_{sb}=90°$ 时，由式（2-95）$Y_s=\infty+j\sqrt{\dfrac{1}{X_{d\Sigma}}}$，代入式（2-96）得到此时机端的静态稳定极限导纳为

$$Y_G = \frac{1}{Z_G} = \frac{1}{jX_s + 1/Y_s} = -j\frac{1}{X_s} \tag{2-98}$$

与隐极发电机类似，特性曲线上的点对应的机端测量导纳，为发电机在不同的输出有功功率下到达静态稳定极限时的机端测量导纳。

（3）阻抗与导纳的反演。阻抗 Z 与导纳 Y 互为倒数，由已知阻抗，可以求得相对应的导纳，

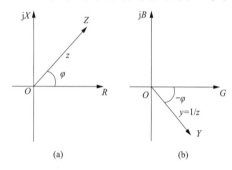

图 2-38 阻抗 Z 与导纳 Y 的反演
(a) 阻抗 Z；(b) 导纳 Y

反之亦然，相互间可反演。若已知阻抗 $Z=ze^{j\varphi}$，则相应的导纳 Y 为 $Y=\dfrac{1}{Z}=\dfrac{1}{z}e^{-j\varphi}$，其中 z 为复数阻抗 Z 的模，φ 为 Z 的幅角，也称阻抗角，见图 2-38（a）。复数导纳平面上与 Z 相应的导纳 Y 见图 2-38（b），复数导纳 Y 的模 y 为 $y=1/z$，Y 的幅角为 $-\varphi$。若已知一阻抗轨迹，对应于轨迹上的若干点，求出相对应的导纳值，便可得相应的导纳轨迹。一般地，若阻抗轨迹为圆，相应的导纳轨迹也是圆，其中也包括直线，因直线是半径为 ∞ 的圆。具体地，若阻抗轨迹为过原点的圆，则相应的导纳轨迹为直线；反之亦然。

2.6.7 发电机低励失磁保护逻辑及接线示例

2.6.7.1 低励失磁保护逻辑和闭锁元件、延时元件的整定

（1）低励失磁保护逻辑。由上面的分析可知，目前应用的发电机低励失磁保护的动作判据各有其特点，均能反应发电机低励失磁故障而动作，但各个判据也均有在某些非发电机低励失磁故障时产生误动的可能性，故失磁保护需采取防误动措施，并设置两个以上的具有后备性质的保护动作判据以保证发电机失磁时保护能可靠动作。保护防误动措施包括各判据防误动及失磁保护出口防误动，前者如采用负序电压或负序电流闭锁、电压互感器回路断线闭锁或使判据动作经延时输出等，后者主要采用双判据与门出口方式，仅当选用的两个判据同时动作时，与门开放允许保护动作出口。

图 2-39 所示为发电机微机型保护装置产品提供的低励失磁保护逻辑示例，该逻辑可用于水轮发电机和汽轮发电机，用于不采用停机电气制动的水轮发电机或汽轮发电机时，图中无电气制动闭锁逻辑。保护装置设置了机端低压、励磁低压、静稳极限励磁低电压（变励磁电压）、静稳极限阻抗 4 个判据，保护经双判据与门提供三个出口，静稳极限励磁低电压及静稳极限阻抗（出口 1）、励磁低压及静稳极限阻抗（出口 2）、机端低压及静稳极限阻抗（出口 3）。对汽轮发电

机，出口 1 可以作用于发电机减出力或切换励磁或跳闸，在减出力或切换励磁不成功时（经 t_2 延时），励磁低压及静稳极限阻抗组合判据经延时 t_2 以出口 2 使发电机解列；出口 3 作用于跳发电机解列；各保护动作出口均同时动作于发信号。失磁保护在静稳阻抗元件动作时通常即发出失磁动作信号（图 2-39 中未表示）。逻辑图中 t_1 为躲过电力系统振荡延时，t_3 为变励磁判据延时（通常取 0.1s），t_4 为机端低压判据延时（通常取 0.2s）。

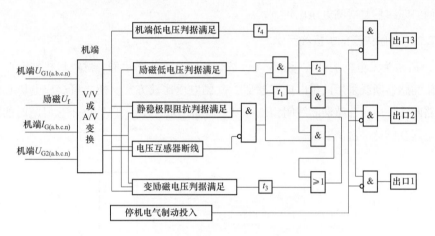

图 2-39 发电机低励失磁保护逻辑结构示例

保护的三个保护出口均分别设投退控制字、分别设置启动元件，失磁保护设有投退的硬、软连接片，均分别作为各出口的与门条件，启动元件在各判据满足动作条件时即启动，相关的逻辑在图 2-39 中均未表示。图 2-39 中也未表示装置各判据设置的防误动闭锁措施（如负序电流闭锁或负序电压闭锁、发电机电流闭锁等）。

根据系统或电厂情况，图 2-39 中的机端低压判据也可改用电厂高压母线低电压判据；也可以增加异步边界阻抗判据，与其他判据（如机端低压判据、静稳极限阻抗判据）以与门方式出口。

（2）闭锁元件、延时元件的整定。闭锁元件及延时元件可按 DL/T 684《大型发电机变压器继电保护整定计算导则》或保护装置厂家的要求整定。按照 DL/T 684，负序电压闭锁、负序电流闭锁元件可分别整定为：

1）负序电压电流闭锁元件。负序电压闭锁元件的动作电压 $U_{2.op}$ 整定为

$$U_{2.op} = (0.05 \sim 0.06)U_{gn}/n_v \tag{2-99}$$

负序电流闭锁元件的动作电流 $I_{2.op}$ 整定为

$$I_{2.op} = (1.2 \sim 1.4)I_{2\infty}I_{gn}/n_a \tag{2-100}$$

式中：U_{gn}、I_{gn} 分别为发电机额定电压、电流；$I_{2\infty}$ 为发电机长期允许的负序电流，标幺值；n_v、n_a 分别电压互感器、电流互感器变比。

闭锁元件在出现负序电流或负序电压大于整定值时瞬时动作启动闭锁，经 8～10s 自动返回，解除闭锁。

2）延时元件。按 DL/T 684 的要求，动作于跳发电机的延时元件应防系统振荡时保护误动，

水力发电厂继电保护系统设计

按躲过系统振荡周期整定，系统振荡周期由电网主管部门提供。对不允许发电机失磁运行的系统，其延时一般取 0.5~1.0s。失磁阻抗判据的动作延时尚应校核不抢先于励磁系统的低励限制动作。

3）电压互感器断线闭锁。电压互感器断线闭锁应在互感器一次及二次侧断线时能保证可靠动作，由于采用三相电压及零序电压的断线判别不能识别电压互感器的一次侧断线，故断线判别宜采用两组互感器二次侧电压比较方式。

2.6.7.2 低励失磁保护接线示例

图 2-40 所示为发电机微机型低励失磁保护交流回路接线图示例。发电机机端有两组电压互感器，电压互感器断线采用两组电压互感器二次侧电压比较方案，使之可反应电压互感器二次或一次回路断线。电压互感器断线闭锁也可以采用 $3U_0$ 取代图中 TV2 电压，但此时的断线闭锁不能识别电压互感器一次侧断线。

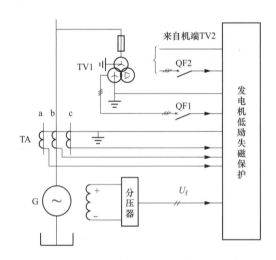

图 2-40　发电机低励失磁保护接线图示例

保护的转子电压信号由转子电压分压器（或变送器）提供，分压器（或变送器）通常置于励磁屏，其输出的转子信号接至保护屏，分压器（或变送器）至保护的输出回路与其输入转子回路间应电气隔离，与转子回路直接连接的回路应具有与发电机转子相同的绝缘耐压水平。

2.7　发电机失步保护

电力系统发生短路、输电线跳闸等大扰动故障或连接发电厂的输电线发生静稳定破坏时，可能引起系统不稳定振荡，使系统中并列运行的发电机失步振荡。大型发电机通常为发变单元接线，其阻抗较大，在系统发生失步振荡时，系统的振荡中心往往位于发电机端附近，使发电机运行参数大幅度周期性摆动，厂用电电压周期性地大幅下降，发电机振荡电流的幅值可能可以与三相短路电流比拟，使发电机遭受力与热的损伤，严重影响发电机及电厂运行安全。故

GB/T 14285《继电保护和安全自动装置技术规程》规定，300MW 及以上的发电机宜装设失步保护，保护通常动作于信号，当振荡中心在发电机变压器组内部，失步运行时间超过整定值或振荡次数超过规定值时，保护还应动作于解列。规程尚要求保护在短路故障、系统同步振荡（也称稳定振荡）、电压回路断线等情况下应不发生误动，在保护动作于解列时应保证断路器断开时的电流不超过断路器允许的开断电流。

发电机失步保护在原理上有多种方案，如利用系统失步振荡时机端测量阻抗变化特征构成的多阻抗元件失步保护、测量振荡中心电压及其变化率的失步预测保护、利用稳定判据的失步预测保护等。目前常用的主要为多阻抗元件失步保护，如三阻抗元件失步保护、双遮挡器原理失步保护。下面主要叙述利用系统失步振荡时机端测量阻抗变化特征构成的多阻抗元件失步保护，其他原理构成的失步保护，读者可参见其相关文献。

2.7.1 系统失步振荡特征及发电机失步保护一般原理

被保护的发电机及其所在电力系统的连接可简化为两机（电力系统 A、发电机 B）系统，发电机失步保护装置通常装设于发电机机端 O 点处，系统振荡时的机端测量阻抗轨迹、阻抗电压关系及电压轨迹如图 2-41 所示[3,4]（忽略发电机及变压器电阻）。

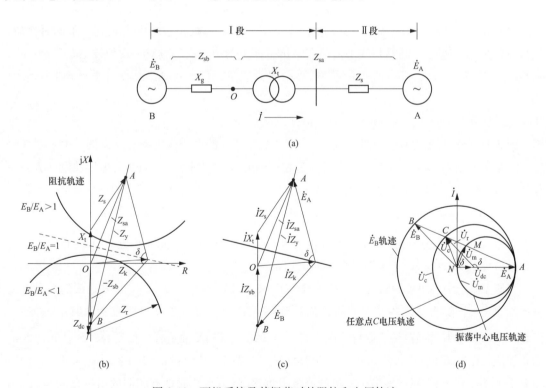

图 2-41 两机系统及其振荡时的阻抗和电压轨迹

（a）系统等效接线；（b）机端阻抗及轨迹；（c）电压及电动势关系；（d）振荡中心及任意点电压轨迹

2.7.1.1 系统振荡时的机端测量阻抗及其在系统失步振荡时的特征

对图 2-41 在 A、B 间无分支回路的两机系统，被保护的发电机与电力系统发生振荡时，在

B 侧 O 点测得的机端测量阻抗 Z_k（此时可称为振荡阻抗）为[3,4]

$$Z_k = \frac{\dot{U}_{(O)}}{\dot{I}} = Z_{sa} + (Z_{sa} + Z_{sb})/\left(\frac{E_B}{E_A}\mathrm{e}^{\mathrm{j}\delta} - 1\right) = Z_{sa} + Z_y/\left(\frac{E_B}{E_A}\mathrm{e}^{\mathrm{j}\delta} - 1\right) \qquad (2\text{-}101)$$

式中：$\dot{U}_{(O)}$ 为机端（O 点）相电压；$\dot{I}$ 为 A、B 间电流（也称为均衡电流），正方向如图所示，$\dot{I} = (\dot{E}_B - \dot{E}_A)/Z_y$，$E_A$、$E_B$ 分别为电力系统端及发电机端等效电动势，Z_y 为系统 A、B 间的综合阻抗 $Z_y = Z_{sa} + Z_{sb}$，其余见图 2-41（a）。由式（2-101），振荡过程中，若等效电动势 E_B/E_A 的比值不变，仅他们之间的夹角 δ（功角）在 $0°\sim360°$ 间变化，则机端测量阻抗 Z_k 端点随 δ 变化的轨迹在阻抗平面上是一个圆（称振荡阻抗圆）。在功角为 $0°$ 和 $180°$ 时，指向圆心的阻抗相量 Z_{dc} 及半径相量 Z_r 分别为[4]

$$Z_{dc} = Z_{sa} - \frac{Z_y}{1 - \left(\dfrac{E_B}{E_A}\right)^2} \qquad (2\text{-}102)$$

$$Z_r = -\frac{Z_y \dfrac{E_B}{E_A}}{1 - \left(\dfrac{E_B}{E_A}\right)^2} \qquad (2\text{-}103)$$

在圆心阻抗相量 Z_{dc} 计算式（2-102）中，对具体系统，Z_{sa} 为常数，第二项的 Z_y 也是常数，第二项的大小与比值 E_B/E_A 有关，方向取决于 Z_y，即圆心阻抗相量随比值 E_B/E_A 不同而移动，且圆心总在 Z_y 相量上或其延长线上，即在阻抗平面上的 A、B 连线或其延长线上。$E_B = 0$ 时，圆心在 B 点，半径为 0；$E_B/E_A < 1$ 时，圆心在 B 点以下；$E_A = 0$ 时，圆心在 A 点，半径为 0；$E_B/E_A > 1$ 时，圆心在 A 点以上；$E_B/E_A = 1$ 时，圆心在无穷远处，半径为无穷大，圆周穿过 A、B 的连线且为连线的垂直线，如图 2-41（b）所示。

图 2-41（c）所示为对应于图 2-41（b）的系统各部分的电压及电动势关系图。由于图 2-41（a）为无分支的两机系统，系统中各元件流过相同的电流 I，故图 2-41（c）的电压及电动势关系与图 2-41（b）相应的阻抗关系有相似的图形。另外，由式（2-101）及图 2-41（a），可有 $\dot{U}_{(O)} = \dot{I}Z_k = \dot{E}_B - \dot{I}Z_{sb}$ 或 $= \dot{E}_A + \dot{I}Z_{sa}$，即 $\dot{E}_B = \dot{I}Z_k + \dot{I}Z_{sb}$ 或 $\dot{E}_A = \dot{I}Z_k - \dot{I}Z_{sa}$。故图 2-41（c）中相量 $\dot{I}Z_k$ 端点至 B、A 的相量分别为系统 B、A 端电动势 $\dot{E}_B$、$\dot{E}_A$，其间的夹角及相应的图 2-41（b）中机端测量阻抗 Z_k 端点与 A、B 点连线的夹角为功角 δ。

当假定系统中各阻抗的阻抗角均相等时，图 2-37（b）和图 2-41（c）A、B 连线的综合阻抗将通过原点，长度为系统各元件模的总和。当 Z_{sa} 及系统各元件忽略电阻仅考虑其电抗值时，图 2-41（b）A、B 连线的综合阻抗及图 2-41（c）的 $\dot{I}Z_y$ 与 $\mathrm{j}X$ 轴重合，长度为系统各元件电抗的总加值。在这两种情况下，由式（2-101）可知，在功角 $\delta = 0°$ 和 $\delta = 180°$ 时［此时式（2-101）的 $\mathrm{e}^{\mathrm{j}\delta}$ 分别为 1 和 -1］系统振荡时的机端测量阻抗 Z_k 将与系统元件有相同的阻抗角而与 A、B 连线及其延长线重合；且 $\delta = 180°$ 的 Z_k 在 $E_B \gg E_A$ 或 $E_A = 0$ 时有最大值为 $Z_k = Z_{sa}$，在 $E_A \gg E_B$ 或 $E_B = 0$ 时有最小值为 $Z_k = -Z_{sb}$，在 $E_A = E_B$ 时 $\delta = 180°$ 的 Z_k 值位于 A、B 连线的中点（M）。即在 $\delta = 180°$ 时，随 E_B/E_A 比值变化的机端测量阻抗 Z_k 的端点总在 A、B 连线间与综合阻抗线重合。由于系统失步振荡时，功角 δ 将在 $0°\sim360°$ 间变化，故系统失步振荡时的机端测量

阻抗 Z_k 的端点总会穿过 A、B 连线的综合阻抗线，并在 $\delta=180°$ 时与 A、B 连线的综合阻抗线重合。分析式（2-101）可知，系统失步振荡时机端测量阻抗 Z_k 的端点总会穿过 A、B 连线的综合阻抗线的结论，也适用于各元件有不同阻抗角的电力系统。

系统失步振荡时，当机端的测量阻抗 Z_k 端点从阻抗复平面上某一点开始随 δ 作 $0°\sim360°$ 变化后再回到原来点位置时，此过程将对应于系统一个振荡周期，或称一次滑极。

分析表明[3]，在发电机与系统发生失步振荡、系统稳定振荡及短路时，机端测量阻抗在阻抗复平面上将有不同的变化特征。见图 2-42，设发电机正常工作时，机端测量阻抗于 H 点。机端外短路时，机端测量阻抗将由 H 点跃变到 D 点。在短路故障切除后，机端测量阻抗将从 D 跃变到 G 点，并随 δ 不断地增大从 G 点沿着非稳定振荡阻抗圆 2 变化。若系统是稳定的，则在阻抗轨迹变化至某一点（如 S 点）后，δ 反向减小，机端测量阻抗将沿稳定振荡轨迹 3 返回，此时系统为稳定振荡（或称同步振荡），机端阻抗的轨迹仅在第Ⅰ或第Ⅳ象限变化，δ 的最大值一般小于 $180°$。若系统不能稳定为失步振荡时，δ 将在 $0°\sim360°$ 间周期地变化，机端测量

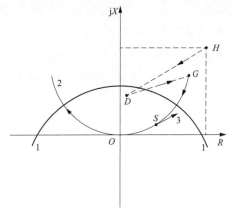

图 2-42　振荡及短路过程中机端测量阻抗轨迹
1—静稳边界；2—非稳定振荡；3—稳定振荡

阻抗轨迹为圆，且机端测量阻抗的变化速度相对于短路和稳定振荡将慢得多。根据统计资料，发电机失步振荡时的最短振荡周期（也是机端测量阻抗轨迹或功角 δ 在 $0°\sim360°$ 间的变化周期）为 0.2s，故当保护检测到的机端测量阻抗轨迹为在 $0°\sim360°$ 变化且变化周期大于 0.2s 时，可认为发电机是失步振荡。

2.7.1.2　振荡时的系统电压、振荡中心及其与机端测量阻抗关系

对图 2-41（a）的两机系统，当电压及电动势以相对于系统中性点 N 表示时，系统振荡时系统中任意点 C 的电压可由下式计算[4]

$$\dot{U}_C = \dot{E}_B - \dot{I}Z_C = \dot{E}_B - \frac{\dot{E}_B - \dot{E}_A}{Z_Y} \cdot Z_C = kE_A \cdot e^{j\delta} - \frac{kE_A \cdot e^{j\delta} - E_A \cdot e^{j0°}}{Z_Y} \cdot Z_C$$

$$= E_A \left[\frac{Z_C}{Z_Y} + k\left(1 - \frac{Z_C}{Z_Y}\right)e^{j\delta} \right] = E_A \frac{Z_C}{Z_Y} + kE_A\left(1 - \frac{Z_C}{Z_Y}\right)e^{j\delta} \tag{2-104}$$

式中：Z_C 为系统任意点 C 与 B 点间的阻抗；$\dot{I}$ 为系统 A、B 端等效电动势差（$\dot{E}_B - \dot{E}_A$）产生的电流（均衡电流）；$k=E_B/E_A$，为以复数表示的 A、B 端等效电动势的模的数值比，（$\dot{E}_B/\dot{E}_A$）$=(E_B/E_A)\,e^{j\delta}=ke^{j\delta}$。振荡过程中，$Z_y$、$Z_C$ 均为常数，若 E_B、E_A 大小不变，则由式（2-104）表示的任意点电压的端点随 δ 变化的轨迹为圆，圆心相量 $\dot{U}_{dc}$ 及半径 U_r 由式（2-104）可计算为 $E_A Z_C/Z_y$ 及 $kE_A(1-Z_C/Z_y)$，圆心随 Z_C 在水平轴上移动。$Z_C=0$ 时，圆心 $\dot{U}_{dc}=0$，于坐标原点 N，半径 $U_r=kE_A=E_B$；$Z_C=Z_y$ 时，圆心 $\dot{U}_{dc}=E_A$，半径 $U_r=0$。$\dot{U}_C$ 端点随 δ 变化轨迹见图 2-41（d）。在系统 $E_B=E_A$（即 $k=1$）及功角 $\delta=0°$ 时，系统任意点 C 电压 $\dot{U}_C=\dot{E}_A$。

当系统 $E_B = E_A$（即 $k=1$）时，式（2-104）可用与 Z_{CM} 相关的表达式表示，Z_{CM} 为任意点 C 与综合阻抗相量 Z_Y 中点 M 间的阻抗，即[4]

$$\dot{U}_C = E_A \left(\frac{1}{2} - \frac{Z_{CM}}{Z_Y} \right) + E_A \left(\frac{1}{2} + \frac{Z_{CM}}{Z_Y} \right) e^{j\delta} \quad (2-105)$$

由式（2-105）可求得任意点 C 电压的绝对值计算式为

$$U_C = E_A \sqrt{\cos^2(\delta/2) + [2(Z_{CM}/Z_y)\sin(\delta/2)]^2} \quad (2-106)$$

由式（2-106）可见，任意点 C 电压的绝对值 U_C 的数值将随 Z_{CM} 变化，在 $Z_{CM}=0$ 处（在 M 点）U_C 有最小值，即系统振荡时 M 点电压最低。振荡过程中系统中电压最低的一点通常称为系统振荡中心。故系统 $E_B = E_A$（即 $k=1$）时，系统振荡中心 M 将位于综合阻抗相量 Z_Y 的中点。由式（2-105），$Z_{CM}=0$ 时系统振荡中心电压端点随 δ 变化轨迹圆的圆心为 $\dot{U}_{dc} = E_A/2$；半径为 $U_r = E_A/2$，见图 2-41 (d)。

当 $E_B = E_A$ 且系统中各阻抗的阻抗角相等时，综合阻抗相量 Z_Y 的中点 M 将与系统几何中心点位置相重合，即系统振荡中心与系统几何中心点位置相重合。若系统中各阻抗的阻抗角不相等，系统振荡中心与几何中心点位置将不相重合，其位置将随 δ 的变化而移动。

由式（2-105）或图 2-41 (d)，在 $\delta = 180°$ 时，振荡中心 M（$Z_{CM}=0$ 处）的电压为零。当设系统振荡中心 M 至机端 O 点的阻抗为 Z_{OM} 时，此时的机端测量阻抗 Z_k 为

$$Z_k = \frac{\dot{U}_{(O)}}{\dot{I}} = \frac{\dot{I}Z_{OM}}{\dot{I}} = Z_{OM} \quad (2-107)$$

式中：$\dot{U}_{(O)}$ 为此时机端 O 点的相电压，由于振荡中心 M 的电压为零，故 $\dot{U}_{(O)} = \dot{I}Z_{OM}$。

式（2-107）表明，在 $E_B = E_A$ 时，系统振荡过程中在 $\delta = 180°$ 时的机端测量阻抗为机端（O 点）至振荡中心的阻抗。当系统 $E_B = E_A$ 且各元件的阻抗角相等时，振荡过程中 $\delta = 180°$ 时的机端测量阻抗 Z_k 将与阻抗平面上的系统综合阻抗相量 Z_y 重合，Z_k 的端点为系统振荡中心 M，并由上面的分析可知，此时 Z_y（或 A、B 的连线）将通过原点，且振荡中心与系统几何位置相重合。故可采用系统振荡过程中 $\delta = 180°$ 时的机端测量阻抗来判断振荡中心的几何位置。由图 2-41，主变压器接于机端（O 点），当 $\delta = 180°$ 时的机端测量阻抗大于主变压器阻抗时，可认为系统振荡中心在变压器外部，机端测量阻抗小于主变压器阻抗时，可认为系统振荡中心在发电机-变压器内部。

2.7.1.3 失步保护的一般原理

发电机失步保护利用系统失步振荡时机端测量阻抗变化的上述特征，判别系统及发电机是否为失步振荡或同步振荡及短路故障，以及系统失步振荡的振荡中心位置。

正如上述分析，发电机失步振荡时，机端测量阻抗将随功角 δ 作 $0° \sim 360°$ 变化，而同步振荡及短路时，δ 的最大值通常不超过 $180°$；发电机失步振荡的振荡周期（也是机端测量阻抗轨迹的变化周期）通常大于同步振荡及短路时的振荡周期，一般大于 0.2s。故当保护检测到的机端测量阻抗轨迹为 $0° \sim 360°$ 变化且变化周期大于 0.2s 时，可认为是发电机失步振荡。保护通常在阻抗平面上设置一个区域，通过保护的整定，使该区域为发电机失步振荡时机端测量阻抗端点轨迹必穿越的阻抗区域，并以机端测量阻抗端点穿越该设置区域的穿越时间计算的振荡周期的大

小，判断发电机是否为失步振荡故障。当机端测量阻抗端点穿越该设置区域后又返回开始位置时，保护对系统计算一次滑极，在连续累计的滑极次数超过整定值时，保护动作跳闸或发信。

上述分析表明，发电机失步振荡时，若认为电力系统各元件阻抗角相同或仅考虑元件的电抗，系统振荡中心在阻抗平面上将与综合阻抗重合，且 $\delta=180°$ 的机端测量阻抗端点位置对应于系统振荡中心，故可利用发电机失步振荡 $\delta=180°$ 时的机端测量阻抗判断振荡中心的位置。在系统各元件阻抗角不相等时，振荡中心将偏离综合阻抗。根据机端测量阻抗端点位置与系统振荡中心位置的关系及振荡中心位置变化的情况，失步保护通常在阻抗平面的综合阻抗线（图 2-41 的 A、B 连线）上设置一垂直线（称电抗线），并使该线与综合阻抗线的交点的阻抗等于主变压器的阻抗，电力系统振荡过程中，若机端测量阻抗与 A、B 连线的交点（即 $\delta=180°$ 时机端测量阻抗端点）位于电抗线下部区域，保护判断振荡中心为在发电机变压器组内部，保护作用于跳闸（为保护Ⅰ段）；相交位置在电抗线上部区域时，保护判断振荡中心于发电机变压器组外部，保护作用于信号（为保护Ⅱ段）。

目前常用的发电机失步保护，为采用透镜特性或双遮挡器特性在阻抗平面上构成保护阻抗区域的失步保护，分别称为三阻抗元件（由透镜特性、遮挡器特性及电抗线元件组成）失步保护及双遮断器原理失步保护，保护的遮挡器特性通常按通过原点考虑（即对电力系统各元件按阻抗角相等或仅计及其电抗）。下面分别叙述其工作原理及整定。其他工作原理的发电机失步保护，包括具有失步预测功能的失步预测保护可参见其相关文献。

2.7.2 发电机的三阻抗元件失步保护

2.7.2.1 保护原理

三阻抗元件失步保护采用透镜特性、遮挡器特性及电抗线在阻抗平面上构成保护阻抗区域，利用机端测量阻抗在失步振荡或同步振荡及短路故障时变化的特征，判别系统是否为失步振荡故障以及振荡中心的位置。发电机三元件失步保护特性见图 2-43。

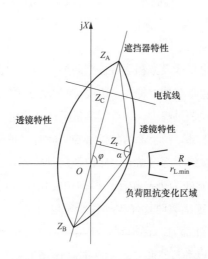

图 2-43　发电机三元件失步保护特性

保护在阻抗平面上以两根透镜特性构成透镜形的保护阻抗区域，透镜形的保护区域内阻抗平面的平分线称为遮挡器特性。透镜形保护区域的两个顶点为遮挡特性上的点 Z_A、Z_B。当取遮挡器特性 Z_A、Z_B 连线与系统综合阻抗重合时〔即 Z_A、Z_B 点分别取与图 2-41（b）的 A、B 点相同的坐标值〕，由上面的分析可知，当认为系统各元件阻抗角相等时，系统失步振荡时机端测量阻抗端点总会穿过综合阻抗线（即总会穿过遮挡器特性），并在功角 δ 为 180°时，机端测量阻抗将与综合阻抗线即遮挡特性重合，且综合阻抗线即遮挡特性将通过原点。综合阻抗线即遮挡器特性与 R 轴的夹角为系统阻抗角 φ。

三阻抗元件失步保护以两根透镜特性及遮挡器特性构成透镜形的保护阻抗区域来判断系统为失步振荡或同步振荡或短路故障。根据透镜的特点，透镜顶点 Z_A、Z_B 至透镜特性上任一点连线的夹角相等，即透镜内角相等〔两根透镜特性同是以 Z_A、Z_B 为弦的圆弧，透镜内角即圆角周，同弦（弧）上的圆周角相等〕。故当机端测量阻抗端点轨迹达到透镜特性上任一点时，系统功角相同并等于透镜内角 α，而机端测量阻抗端点轨迹到达遮挡器特性时，系统功角将为 180°。故发电机失步振荡时，机端测量阻抗端点轨迹从透镜特性任一点穿越透镜特性并达到遮挡器特性时，功角的变化将有相同的数值，为 $180°-\alpha$。失步保护装置通过测量机端测量阻抗端点轨迹穿越透镜的时间，便可计算出机端测量阻抗的变化周期。再根据机端测量阻抗端点在透镜区域内的轨迹，便可判断系统为失步振荡或同步振荡或短路故障。由于遮挡器特性对应于功角 180°时的机端测量阻抗端点，且透镜内角通常取较大的角度，故系统振荡时，若机端测量阻抗端点从一侧进入透镜区域，经遮挡器特性穿越透镜内区域从另一侧离开时，可认为振荡的功角超过 180°作 0°～360°变化。此时若以穿越时间计算的振荡周期大于 0.2s 时（或在透镜内角为 135°时，穿越透镜的时间大于 50ms，发电机失步振荡时的最短振荡周期也可以由发电机所在的电力系统提供），正如上面的分析，此时的系统振荡则判断为失步振荡，并将机端测量阻抗从一侧进入透镜并穿过遮挡线从透镜的另一侧穿出，再返回透镜的进入侧，作为为振荡一周（滑极一次）。若机端测量阻抗端点穿越透镜内区域时间较短，计算的振荡周期小于 0.2s，或机端测量阻抗端点从一侧进入透镜特性后又返回到透镜特性外的进入侧，未穿过另一侧透镜特性，则不判断为失步振荡，此时系统为同步振荡或短路故障。

三阻抗元件失磁保护利用电抗线及遮挡器特性判断振荡中心的位置是否位于发电机变压器组内部。在阻抗平面上电抗线垂直于遮挡器特性，该线与综合阻抗线的交点 Z_C 的阻抗等于主变压器的阻抗，见图 2-43。电力系统振荡过程中，在机端测量阻抗（功角 180°时）与遮挡器特性重合时，若测量阻抗的端点位于电抗线下部，由上面的分析可知，此时保护将可判断振荡中心为在发电机变压器组内部；相交位置在电抗线上部区域时，保护则判断振荡中心于发电机变压器组外部。

根据规程的要求，当保护判断为失步振荡、振荡中心位于发电机变压器组内部时，保护经整定延时或在滑极次数超过整定次数时，保护动作于发电机解列。当保护判断为失步振荡，但振荡中心位于发电机变压器组外部时，保护动作于信号。由于系统振荡时，发电机电流是随 δ 变化的振荡电流，在系统两侧电动势夹角 δ 为 180°时，振荡电流有最大值，其数值甚至大于机端三相短路电流，此时跳闸有使断路器损坏的危险。为避免断路器在 δ 为 180°附近跳闸，可使保护在动作跳闸前检查发电机电流（保护跳发电机断路器或发电机-变压器组断路器时）或升压变高压侧电流（对扩大单元接线）是否小于断路器允许的开断电流，并使保护仅在 δ 大于 $180°$ 的一定数值的范围内（如 $250°\sim360°$）才发出跳闸信号。

发电机三元件失步保护逻辑框图示例见图 2-44，图中未表示硬、软连接片及保护投退控制逻辑。

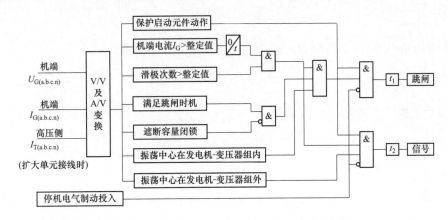

图 2-44　发电机三元件失步保护逻辑框图示例

2.7.2.2　保护的整定

发电机三元件失步保护主要需要对遮挡器特性、透镜特性的内角（α）、电抗线、滑极次数、跳闸允许电流进行整定。有关参数按照 DL/T 684《大型发电机变压器继电保护整定计算导则》整定如下。

（1）遮挡器特性整定。由图 2-38 可知，决定遮挡器特性的参数是 Z_A、Z_B 及 φ。当失步保护装在机端时，Z_A、Z_B（在 jX 坐标的坐标值）及 φ 分别整定为

$$Z_A = Z_{sa} = X_s + X_t \left.\begin{array}{r} \\ \\ \end{array}\right\}$$
$$Z_B = -Z_{sb} = -X_g = -X'_d$$
$$\varphi = 80° \sim 85°$$

$$\tag{2-108}$$

式中：X_s 为最大运行方式下的系统电抗［见图 2-41（a）］，Ω；X_t 为主变压器电抗，Ω；X'_d 为发电机直轴暂态电抗，Ω；φ 为系统阻抗角。X_s、X_t、X'_d 均以发电机额定容量为基准。由图 2-43 可见，式（2-108）对 Z_A、Z_B 的整定值为遮挡器特性 A、B 点在 jX 坐标的坐标值。

（2）透镜特性的内角（α）的整定。对于给定的 Z_A+Z_B，透镜特性内角 α 决定了透镜在阻抗复平面上横轴方向的宽度。由图 2-43 可知，透镜内角越小，透镜横轴方向越宽，从有利于对发电机是否为失步振荡的判断考虑，宜取横轴较宽的透镜宽度，但透镜横轴方向越宽，透镜特性越靠近发电机正常运行的负荷阻抗区，在发电机于最大负荷运行时可能引起保护的误动。故透镜特性的内角（α）需按发电机于最大负荷运行时避免保护误动整定。设发电机最大负荷时的负荷阻抗为 $r_{L.min}$（称负荷最小阻抗），则透镜特性内角 α 需按透镜特性的阻抗小于负荷最小阻抗整定。整定步骤如下。

1）确定发电机负荷最小阻抗 $r_{L.min}$，一般取

$$r_{\text{L.min}} = 0.9 \frac{U_{\text{gn}}/n_{\text{V}}}{\sqrt{3}I_{\text{gn}}} \tag{2-109}$$

式中：U_{gn}、I_{gn} 为发电机额定电压、电流；n_{V} 为电压互感器变比。

2）确定 Z_{r}（见图 2-43），一般取

$$Z_{\text{r}} = \frac{1}{1.3} r_{\text{L.min}} \tag{2-110}$$

3）确定内角 α。由图 2-43 可知，内角 α 与相关阻抗有下列关系

$$Z_{\text{r}} = \frac{Z_A + Z_B}{2} \tan\left(90° - \frac{\alpha}{2}\right)$$

内角 α 由上式可计算为

$$\alpha = 180° - 2\arctan \frac{2Z_{\text{r}}}{Z_A + Z_B} \tag{2-111}$$

α 一般可取 $90° \sim 120°$。

（3）电抗线 Z_{C} 的整定。电抗线 Z_{C} 一般取为主变压器阻抗 Z_{t} 的 90%，即 $Z_{\text{C}} = 0.9Z_{\text{t}}$。过 Z_{C} 作 $Z_A Z_B$ 的垂线，即为失步保护的电抗线。

（4）滑极次数整定。振荡中心在发电机-变压器组外时，滑极次数整定 $2 \sim 15$ 次，动作于信号。振荡中心在发电机-变压器组内时，滑极次数整定 $1 \sim 2$ 次，动作于跳闸或发信。

（5）跳闸允许电流 I_{off} 整定。断路器的跳闸允许电流 I_{off} 应小于断路器允许的开断电流 I_{brk}，按下式计算

$$I_{\text{off}} = K_{\text{rel}} I_{\text{brk}} \tag{2-112}$$

式中：K_{rel} 为可靠系数，取 $0.85 \sim 0.90$。在系统两侧电动势相差 $180°$ 时断路器的允许开断电流 I_{brk} 需由断路器制造厂提供，若无提供值，可按 $25\% \sim 50\%$ 的断路器额定开断电流 I_{brk} 考虑。

2.7.3 双遮挡器原理的发电机失步保护

2.7.3.1 保护原理

双遮挡器原理的发电机失步保护通常装设在机端，保护特性见图 2-45。遮挡器特性由电阻线和电抗线构成，电阻线 R_1、R_2、R_3、R_4 和 jX 坐标将电阻线间的阻抗复平面分成 4 个区域，通过各电阻线 R_1、R_2、R_3、R_4 位置参数的整定，及检测机端测量阻抗端点穿过这 4 个区域的状况及经过相关区域的时间，对发电机是否为失步振荡及断路器分闸条件是否满足断路器开断能力要求进行判断。与三元件类似，对振荡中心的位置（是否在发电机-变压器组内），保护采用电抗线 X_{t} 判断。

由 2.7.1 可知，系统振荡时，在阻抗复平面上机端测量阻抗端点与 A、B 连线的夹角为系统

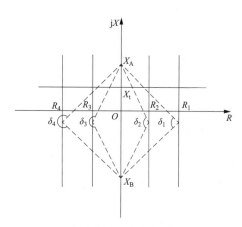

图 2-45 双遮挡器原理的发电机失步保护特性

端、发电机电动势 $\dot{E}_\mathrm{A}$、$\dot{E}_\mathrm{B}$ 的夹角，即为功角 δ。故当系统元件仅考虑电抗且图 2-45 保护特性上的 X_A、X_B 取与图 2-41 的 A、B 点相同的电抗数值时，X_A、X_B 点与电阻线上某点连线的夹角，为机端测量阻抗端点于该点时对应的功角。在阻抗平面上，R 轴平行线与不同 R 值的两根电阻线的交点对应的功角有不同的数值，沿平行线从右往左随 R 的减小而功角 δ 增大，两交点对应的功角角度差有固定的数值。故可利用机端测量阻抗端点穿越两电阻线的时间（见图 2-45 中 R_1、R_2、R_3、R_4 相邻两电阻线），计算系统失步振荡时功角变化的周期（即振荡周期），以对发电机是否为失步振荡作出判断。

发电机失步振荡时，功角将在 $0° \sim 360°$ 周期地变化，且振荡周期大于系统失步振荡的最小周期。按照 2.7.1 分析，发电机失步振荡时机端测量阻抗端点将通过双遮挡器原理失步保护特性上 X_A、X_B 点间的线段，保护通过整定 R_1、R_2、R_3、R_4 电阻线对应的功角角度，对系统振荡过程功角的变化情况进行检测。当机端测量阻抗端点依次穿过失步保护特性中的 R_1、R_2、R_3、R_4 电阻线（或反之）时，保护将判断振荡过程的功角为 $0° \sim 360°$ 变化。此时若以穿越两电阻线时间计算的振荡周期大于系统失步振荡的最小周期时，保护即判断发电机为失步振荡，并记为振荡一周（滑极一次）。滑极次数累计达整定值时，保护动作于信号或跳闸。

系统失步振荡下断路器的分闸电流电压主要取决于 E_A、E_B 数值及其夹角（即功角 δ），在 $\delta = 180°$ 时开断电流电压有最大值。故可以通过整定保护发出断路器分闸命令时 E_A、E_B 的夹角（功角 δ），使断路器分闸时的 δ 相对 $180°$ 偏离某一角度，来满足断路器开断能力的要求。

2.7.3.2 保护的整定

双遮挡器原理的发电机失步保护需要进行整定的参数有：遮挡器电阻线 R_1、R_2、R_3、R_4 电阻值，机端测量阻抗穿越 R_1、R_2、R_3、R_4 间 4 个区域的时间 T_1、T_2、T_3、T_4，电抗线 X_T 及 X_A、X_B，滑极次数等。对有调相要求的水轮发电机尚需要对失步启动电流 I_g 进行整定。有关参数可按照 DL/T 684《大型发电机变压器继电保护整定计算导则》整定如下。

（1）X_A、X_B 整定。系统元件按仅计及电抗考虑。X_A、X_B 整定为与图 2-41 的 A、B 点相同的电抗值

$$X_\mathrm{A} = X_\mathrm{s} + X_\mathrm{t} \tag{2-113}$$

$$X_\mathrm{B} = -(1.8 \sim 2.6)X'_\mathrm{d} \tag{2-114}$$

式中：X_s 为最大运行方式下的系统电抗 $[Z_\mathrm{s} = X_\mathrm{s} + R_\mathrm{s}$，见图 2-41（a）]，$\Omega$；$X_\mathrm{t}$ 为主变压器电抗，Ω；X'_d 为发电机暂态电抗（取不饱和值），Ω；各电抗均归算至发电机额定容量下。

（2）电阻线 R_1、R_2、R_3、R_4 电阻值的整定。

1）电阻线 R_1（也称阻抗边界 R_1）整定。电阻线 R_1 按使保护动作跳闸时流过断路器的电流小于跳闸允许电流整定。可取 $\delta_1 = 120°$（$\delta_4 = 240°$），则 R_1 按下式计算

$$R_1 = \frac{1}{2}(|X_\mathrm{B}| + X_\mathrm{A})\arctan\frac{\delta_1}{2} \tag{2-115}$$

式中：δ_1、δ_4（δ_2、δ_3）为 AB 线段中垂线与电阻线 1、4（2、3）交点至 A、B 连线的夹角，见

图 2-45。

2）电阻线 R_2（也称阻抗边界 R_2）整定。R_2 按下式整定

$$R_2 = \frac{1}{2}R_1 \tag{2-116}$$

3）电阻线 R_3（也称阻抗边界 R_3）整定。R_3 按下式整定

$$R_3 = -R_2 \tag{2-117}$$

4）电阻线 R_4（也称阻抗边界 R_4）整定。R_4 按下式整定

$$R_4 = -R_1 \tag{2-118}$$

（3）机端测量阻抗端点穿越遮挡器各区域的时间 T_1、T_2、T_3、T_4 整定。T_1、T_2、T_3、T_4 整定值应小于系统失步振荡的最小振荡周期时机端测量阻抗端点穿越各区域的时间，以保证在系统短路及同步振荡时保护不动作。设系统失步振荡时的最小振荡周期为 T_{us}（具体值可由电力系统给出，一般为 $0.5 \sim 1.5s$），并设振荡过程中功角的变化是匀速的，则系统振荡时机端测量阻抗端点穿越电阻线 R_1、R_2 间（也称 Ⅰ 区）的时间为 $T_{us}\frac{\delta_2 - \delta_1}{360}$，则 T_1 可按下式整定

$$T_1 = 0.5 T_{us} \frac{\delta_2 - \delta_1}{360} \tag{2-119}$$

式中：δ_2 由图 2-45 可计算为 $\delta_2 = 2\arctan\left[R_2 / \frac{1}{2} (|X_B| + X_A) \right]$，$X_A$、$X_B$ 及 R_2 取其整定值，见式（2-113）、式（2-114）、式（2-116）。

系统振荡时机端测量阻抗端点穿越电阻线 R_2、R_3 间（也称 Ⅱ 区）的穿越时间为 $2T_{us}\frac{180 - \delta_2}{360}$，故 T_2 可按下式整定

$$T_2 = 0.5 \times 2T_{us} \frac{180 - \delta_2}{360} \tag{2-120}$$

机端测量阻抗端点穿越电阻线 R_3、R_4 间（也称 Ⅲ 区）的时间 T_3 可整定为 $T_3 = T_1$，机端测量阻抗端点穿越电阻线 R_4、R_1 间（也称 Ⅳ 区）的时间 T_4 可在 0s 与 T_3 之间选取。

（4）滑极次数整定。滑极次数一般整定为 $1 \sim 2$ 次，动作于跳闸或信号。

（5）失步启动电流 I_g 的整定（对有调相要求的水轮发电机）。I_g 按下式整定

$$I_g = (0.1 \sim 0.3)I_{gn} \tag{2-121}$$

式中：I_{gn} 为发电机额定电流。

电抗线的整定同 2.7.2。

2.8 发电机定子过电压保护

发电机定子过电压可能由于励磁系统失控等故障所引起，如采用自并励励磁方式的发电机励磁系统失控致发生误强励时，励磁控制系统由负反馈控制变成正反馈，励磁电流将随机端电压升高而增加，使机端严重过电压；或机组甩负荷转速升高时遇励磁控制失灵，在机端电压升

高时未能调低发电机的励磁电流，而使发电机定子发生过电压。过电压的数值及持续时间有可能超过发电机定子及其引出母线上设备的电压耐受能力（如连接在发电机母线的变压器，按 GB 1094.1《电力变压器 第 1 部分：总则》的规定，变压器及与发电机相连的端子上，应能承受 1.4 倍额定电压，历时 5s）。故 GB/T 14285《继电保护和安全自动装置技术规程》的规定，对水轮发电机定子的异常过电压，应装设过电压保护，过电压保护宜动作于解列灭磁，具体整定值根据定子绕组绝缘状况决定。

过电压保护的过电压信息一般取自机端电压互感器，通常采用三个线电压接线，当任一线电压大于整定值时，保护带时限动作。发电机定子过电压保护的交流接线示例见图 2-46。在发电机电压系统单相接地短路引起的相电压升高时，采用三个线电压的接线可避免保护误动。

对发电机过电压保护的整定值，按 DL/T 684《大型发电机变压器继电保护整定计算导则》的规定，水轮发电机整定为 1.5 倍额定电压启动、延时 0.5s 保护动作，采用晶闸管励磁时整定为 1.3 倍额定电压启动、延时 0.3s 保护动作。在 GB/T 14285 中，不给出具体数值上的规定，具体整定值根据定子绕组绝缘状况决定。目前采用晶闸管励磁的自并励励

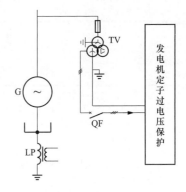

图 2-46 发电机定子过电压保护的交流接线示例

磁方式的大中型水轮发电机的定子过电压保护一般整定为 1.3 倍额定电压启动、延时 0.3s 保护动作。

发电机过电压保护整定值的整定，直接关系着发电机磁场断路器灭磁分断能力的要求，特别对励磁功率整流器采用晶闸管（即可控硅）及自并励励磁方式的水轮发电机。分析表明，对由于励磁系统失控误强励引起的发电机过电压，在机端电压达 1.3 倍时，励磁电流已达较大的数值，发电机的磁路已在较饱和的状态下，转子时间常数已变得相当小，在过电压保护启动后的动作延时期间，转子电流将迅速上升，至发电机过电压保护动作发电机灭磁时，转子电流将上升至很大的数值，使发电机的磁场断路器需要在很高的电压及电流下进行灭磁分断。见表 2-13 的计算示例，在过电压保护于 1.3 倍额定电压启动时，转子电流为 2026A，若保护整定延时 0.3s 动作跳磁场断路器，在磁场断路器分闸时，转子电流已达 6923A，磁场断路器的分断电流增加为 3.4 倍（不考虑灭磁电阻投入产生的分断电流增量时），保护延时期间磁场断路器的灭磁分断电压也增加为 1.2 倍。发电机磁场断路器灭磁要求直流磁场断路器具有的分断能力，由 2511V 电压下分断 2937A 电流大幅度地增加到 3000V 电压下分断 6923A 电流。灭磁对磁场断路器分断能力要求的大幅度提高除影响设备的投资外可能带来磁场断路器选择的困难，特别是容量很大的大型发电机。由表 2-13 可见，较低的过电压保护启动电压或较短的动作延时，将有利于磁场断路器的灭磁分断，可较大幅度的降低灭磁对磁场断路器灭磁分断能力的要求。

表 2-13 发电机定子过电压保护整定值与磁场断路器的灭磁分断能力

过电压保护整定值		保护启动时的转子电流（A）	磁场断路器分闸时发电机及励磁系统的运行参数				要求磁场断路器的灭磁分断能力	
启动电压（×U_{gn}）	动作延时（s）		转子电流（A）	机端电压（×U_{gn}）	励磁整流器输出（V）	灭磁电阻电压（V）	分断电压（V）	分断电流（A）
1.3	0.3	2026	6923	1.45	1820	1180	3000	6923
	0.2		5963	1.44	1808	1117	2925	5963
	0.1		4050	1.41	1770	957	2727	4050
	0.02		2937	1.33	1670	841	2511	2937
1.2	0.3	1435	4500	1.40	1758	997	2755	4500
	0.2		3253	1.35	1698	878	2576	3253
	0.1		2249	1.269	1593	756	2349	2249

注 1. 发电机：自并励励磁方式，晶闸管励磁整流器，定子额定电压 $U_{gn}=13.8kV$，空载额定励磁电流 $I_{f0}=946A$，额定励磁电流 $I_{fn}=1740A$，转子电阻 $R_{f75℃}=0.236\Omega$，转子时间常数 $T'_{do}=5.68s$，灭磁非线性电阻特性 $U=34.5I^{0.4}$，励磁变压器 13.8/0.930kV。计算方法见参考文献 [8]。

2. 磁场断路器分闸时的运行参数，按磁场断路器的分闸时间为 0.1s 考虑，即表中为过电压保护启动后（0.1＋保护动作延时）s 时的运行参数。

3. 要求磁场断路器的灭磁分断能力，是指磁场断路器应具有在所列的分断电压下分断所列的分断电流的能力。分断电流仅考虑转子电流，本例不需考虑灭磁电阻提前投入增加的磁场断路器分断电流。

目前国外已有降低过电压保护动作延时的整定方式。在我国从国外与机组一起成套采购（包括发电机继电保护）的已运行的某大型水轮发电机上（发电机中性点采用接地变压器高阻接地），定子过电压保护的第 1 段整定为 1.2 倍额定电压启动、延时 2s 动作信号，第 2 段整定为 1.3 倍额定电压启动、0.02s 动作解列灭磁。保护投入十多年来运行正常。国外也有将发电机定子过电压保护的整定值为 1.1 倍额定电压启动并延时动作于信号，1.3～1.5 倍额定电压时瞬时动作于解列[9]。因此，对降低过电压保护目前整定的启动值或延时的可能性，可进行进一步的研究，以有利于发电机磁场断路器灭磁分断。

2.9 发电机定子绕组过负荷保护

电网中运行的发电机可能由于电网故障或负荷变化等而在超过额定负荷下运行，致使发电机定子温度升高，加速绝缘老化，缩短发电机寿命，并可能发展成为发电机内部故障。为防止发电机受到过负荷的损害，在 GB/T 14285《继电保护和安全自动装置技术规程》中，规定了发电机应装设定子绕组过负荷保护。对定子绕组非直接冷却的发电机，应装设定时限过负荷保护，保护接一相电流，带时限动作于信号。对定子绕组为直接冷却且过负荷能力较低（例如在 1.5 倍额定电流下允许过负荷时间小于 60s）的发电机，过负荷保护由定时限和反时限两部分组成；定时限部分的定子电流按在发电机长期允许的负荷电流下能可靠返回的条件整定，带时限动作于信号，有条件时可动作自动减出力；反时限的动作特性按发电机定子绕组过负荷能力确定，动作于停机；保护接于三相相电流，并取其中最大电流相判别；保护应反应电流变化时定子绕组的热积累过程，不考虑在灵敏系数和时限方面与其他相间短路保护相配合。

发电机定子绕组过负荷保护交流接线例见图 2-47，保护的输入电流也可取自机端电流互感器。

按照 DL/T 684《大型发电机变压器继电保护整定计算导则》，发电机定子绕组过负荷保护可整定如下：

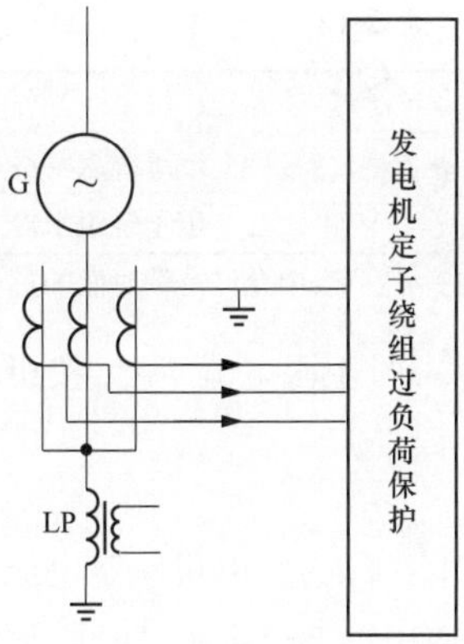

（1）定时限过负荷保护。定时限过负荷保护的动作电流 I_{op} 按发电机长期允许的负荷电流下能可靠返回的条件整定

$$I_{op} = \frac{K_{rel} I_{gn}}{K_r n_a} \tag{2-122}$$

式中：K_{rel} 为可靠系数，取 1.05；K_r 为返回系数，取 $0.85 \sim 0.95$，条件允许时应取较大值；I_{gn} 为发电机额定电流；n_a 电流互感器变比。

图 2-47　发电机定子绕组
过负荷保护交流接线示例

保护延时按躲过发电机相间短路后备保护的最大延时整定。发电机长期允许负荷电流大于 I_{gn} 时，式（2-122）应以长期允许电流取代 I_{gn} 进行计算。

（2）反时限过负荷保护。定子绕组反时限过负荷保护的动作特性，应与发电机制造厂提供发电机定子绕组过负荷倍数与允许持续时间关系特性相同。该特性也可由制造厂提供的参数以下式计算

$$t = \frac{K_{tc}}{I_*^2 - K_{sr}^2} \tag{2-123}$$

式中：t 为允许的持续时间，s；K_{tc} 为定子绕组热容量常数，机组（空冷发电机除外）容量 $S_N \leqslant$ 1200MVA 时，$K_{tc}=37.5$（有制造厂数据时，以制造厂提供数据为准）；I_* 为以发电机定子额定电流为基准的定子电流标幺值；K_{sr} 为散热系数，一般取 $1.02 \sim 1.05$。发电机定子反时限过负荷保护动作特性见图 2-48，该特性与发电机的定子允许过负荷曲线相同。图 2-48 中，$I_{op.min*}$ 为反时限动作特性的下限电流标幺值，$I_{op.max*}$ 为反时限动作特性的上限电流标幺值，均以发电机定子额定电流为基准。在无厂家资料时，可参考 GB/T 7894《水轮发电机基本技术条件》中对发电机定子允许过负荷的规定，见表 2-14。

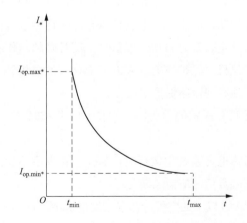

图 2-48　发电机定子反时限过负荷保护动作特性

表 2-14 水轮发电机定子绕组允许过负荷

定子过电流倍数（I_g/I_{gn}）		1.1	1.15	1.2	1.25	1.3	1.4	1.5
允许持续时间 t（min）	定子绕组空冷	60	15	6	5	4	3	2
	定子绕组水冷						2	1

注 达到表中允许持续时间的过电流次数平均每年不超过 2 次。

1）上限电流 $I_{op.max}$ 按机端三相金属性短路的条件整定，即

$$I_{op.max} = \frac{I_{gn}}{X''_d n_a} \tag{2-124}$$

式中：I_{gn} 为发电机额定电流；X''_d 为发电机次暂态电抗（饱和值）标幺值；n_a 为保护用电流互感器变比。上限最小延时应与出线快速保护动作时限相配合。

2）下限电流 $I_{op.min}$ 按与定时限过负荷保护相配合整定，即

$$I_{op.min} = K_{co} I_{op} \tag{2-125}$$

式中：K_{co} 为配合系数，取 1.0～1.05；I_{op} 见式（2-122）。

2.10 发电机转子表层过负荷保护

发电机在不对称负荷下或非全相运行时，或发电机外部发生不对称短路时，定子绕组将出现负序电流，该电流在发电机空气隙中产生与转子旋转方向相反的负序旋转磁场，该磁场相对于转子为 2 倍同步转速，在转子中将感应出 100Hz 的倍频电流。由于转子深部感抗较大，此电流主要集中在转子表层，造成转子表层及某些部件过热损伤，甚至引发机械故障导致重大事故。故发电机应按 GB/T 14285《继电保护和安全自动装置技术规程》规定的下列要求装设转子表层过负荷保护：

（1）50MW 及以上 A 值（转子表面承受负序电流能力的常数）大于 10 的发电机，应装设定时限负序过负荷保护，保护的动作电流按躲过发电机长期允许的负序电流值和躲过最大负荷下负序电流滤过器的不平衡电流值整定，带时限动作于信号。

（2）100MW 及以上 A 值小于 10 的发电机，应装设有定时限和反时限两部分组成的转子表层过负荷保护。定时限部分的动作电流按发电机长期允许的负序电流值和躲过最大负荷下负序电流滤过器的不平衡电流值整定，带时限动作于信号。反时限的动作特性按发电机承受短时负序电流的能力确定，动作于停机。保护应能反应电流变化时发电机转子的热积累过程。不考虑在灵敏系数和时限方面与其他相间短路保护相配合。

发电机对负序电流通常具有一定的承受能力。在 GB/T 7894《水轮发电机基本技术条件》中有如下规定：

（1）水轮发电机在不对称电力系统中运行时，如任一相电流不超过额定电流，且其负序电流分量与额定电流之比为下列数值时应能长期运行：

1）额定容量为 125MVA 及以下的空气冷却水轮发电机不超过 12%；

2）额定容量大于 125MVA 的空气冷却水轮发电机不超过 9%；

3）定子绕组水直接冷却的水轮发电机不超过 6%。

（2）水轮发电机转子承受负序电流的能力，以 $I_2^2 t = A$ 表示。其中 I_2 为以额定电流为基准的负序电流标幺值；t 为允许不对称运行时间（s）；A 为常数。对空气冷却的水轮发电机，$A=40s$；对定子绕组水直接冷却的水轮发电机，$A=20s$。

发电机定子绕组过负荷保护交流接线示例见图 2-49，保护的输入电流也可取自机端电流互感器。

按照 DL/T 684《大型发电机变压器继电保护整定计算导则》，发电机转子表层过负荷保护可整定如下：

（1）负序定时限过负荷保护。负序定时限过负荷保护的动作电流 $I_{2.op}$ 按发电机长期允许的负序电流 $I_{2\infty*}$（标幺值）下能可靠返回的条件整定

$$I_{2.op} = \frac{K_{rel} I_{2\infty*} I_{gn}}{K_r n_a} \tag{2-126}$$

式中：K_{rel} 为可靠系数，取 1.2；K_r 为返回系数，取 $0.9\sim0.95$，条件允许时应取较大值；$I_{2\infty*}$ 为以 I_{gn} 为基准的标幺值，I_{gn} 为发电机额定电流；n_a 电流互感器变比。保护延时需躲过发电机变压器组后备保护最长动作时限，动作于信号。

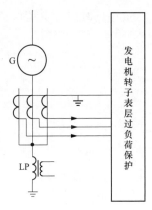

图 2-49 发电机转子表层
过负荷保护交流接线示例

（2）负序反时限过负荷保护。发电机转子负序反时限过负荷保护的动作特性，应与发电机制造厂提供发电机负序过负荷倍数与允许持续时间关系特性相同。该特性也可由制造厂提供的参数以下式计算

$$t = \frac{A}{I_{2*}^2 - I_{2\infty*}^2} \tag{2-127}$$

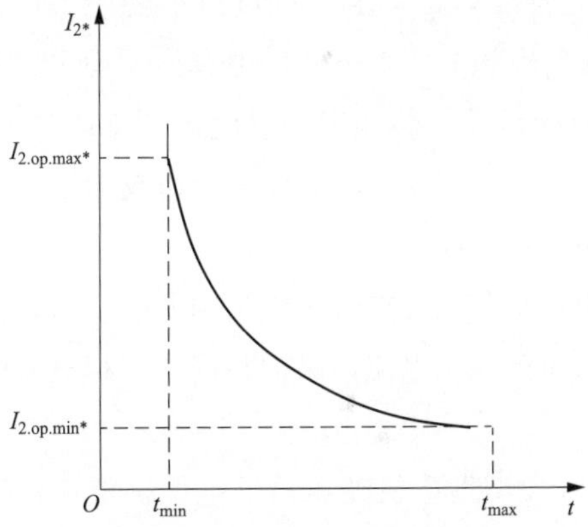

图 2-50 发电机负序反时限
过负荷保护动作特性

式中：t 为允许时间，s；$A = (I_2/I_N)^2 t$ 为转子表面承受负序电流能力常数，厂家通常以绝热状态下的数值给出；I_{2*} 为以发电机定子额定电流为基准的定子电流，$I_{2\infty*}$ 发电机长期允许负序电流，均为以发电机定子额定电流为基准的标幺值。发电机允许的负序反时限过负荷保护动作特性见图 2-50，该特性与发电机允许的负序电流曲线相同。图 2-50 中，$I_{2op.min*}$ 为反时限动作特性的下限电流，$I_{2op.max*}$ 为反时限动作特性的上限电流，均为以发电机定子额定电流为基准的标幺值。

1）上限电流 $I_{2op.max}$ 按主变压器高压侧两相短路的条件计算

$$I_{2op.max} = \frac{I_{gn}}{(X_d'' + X_2 + 2X_t) n_a} \tag{2-128}$$

式中：I_{gn} 为发电机额定电流；X_d'' 为发电机次暂态电抗（饱和值）标幺值；X_2 为发电机负序电抗标幺值；X_t 为主变压器电抗，以发电机额定容量为基准的标幺值；n_a 为保护用电流互感器变

比。上限最小延时应与快速主保护配合。

2）下限电流 $I_{2.op.min}$ 按与定时限动作电流相配合整定

$$I_{2op.min} = K_{co}I_{2.op} \tag{2-129}$$

式中：K_{co} 为配合系数，可取 1.05～1.1。下限动延时按式（2-127）计算，并需参考保护装置所能提供的最大延时。

负序反时限过负荷保护在灵敏度和时限方面不必与相邻元件或线路的相间短路保护配合。

2.11 发电机励磁绕组过负荷保护

发电机可能由于励磁系统故障或强励时间过长使励磁绕组过负荷，超过发电机励磁绕组承受能力的过负荷，将使励磁绕组及转子过热受损甚至引发事故。故在 GB/T 14285《继电保护和安全自动装置技术规程》中，规定了 100MW 及以上采用半导体励磁的发电机应装设励磁绕组过负荷保护：

（1）300MW 以下采用半导体励磁的发电机，可装设定时限励磁绕组过负荷保护，保护带时限动作于信号或动作于信号和降低励磁电流。

（2）300MW 及以上的发电机，其励磁绕组过负荷保护可由定时限和反时限两部分组成。定时限部分的动作电流按正常运行最大励磁电流下能可靠返回的条件整定，带时限动作于信号或动作于信号和降低励磁电流。反时限的动作特性按发电机励磁绕组的过负荷能力确定，并动作解列灭磁或程序跳闸。保护应能反应电流变化时励磁绕组的热积累过程。

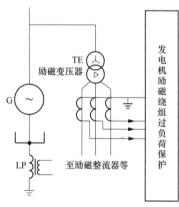

图 2-51 发电机励磁绕组过
负荷保护交流接线示例

发电机励磁绕组通常具有一定的过负荷承受能力。在 GB/T 7894《水轮发电机基本技术条件》中有如下规定：水轮发电机励磁绕组应能承受 2 倍额定励磁电流，持续时间，空气冷却的水轮发电机不少于 50s，水直接冷却或加强空气冷却的水轮发电机不少于 20s。

发电机励磁绕组过负荷保护交流接线示例见图 2-51，保护取用励磁变压器低压侧三相电流，保护判据取三相电流中的最大值。

按照 DL/T 684《大型发电机变压器继电保护整定计算导则》，发电机励磁绕组过负荷保护可整定如下：

（1）定时限过负荷保护。定时限过负荷保护的动作电流 $I_{f.op}$ 按发电机正常运行最大励磁电流下能可靠返回的条件整定，当保护配置在交流侧时，可计算为

$$I = \frac{K_{rel} \times 0.816I_{fn}}{K_r n_a} \tag{2-130}$$

式中：K_{rel} 为可靠系数，取 1.05；K_r 为返回系数，取 0.85～0.95，条件允许时应取较大值；I_{fn}

为发电机额定励磁电流；n_a 电流互感器变比。计算式对应于励磁功率整流器采用三相全控整流器情况，此时整流器交流相电流等于 0.816 倍输出直流电流。励磁绕组长期允许负荷电流大于 I_{fn} 时，式（2-130）应以长期允许电流取代 I_{fn} 进行计算。保护延时按躲过发电机后备保护的最大延时整定，动作于信号或自动减负荷。

（2）反时限过负荷保护。按 DL/T 684《大型发电机变压器继电保护整定计算导则》，励磁绕组反时限过负荷保护的动作特性，应与发电机制造厂提供发电机励磁绕组过负荷倍数与允许持续时间关系特性相同。该特性也可由制造厂提供的参数以下式计算

$$t = \frac{C}{I_{f*}^2 - 1} \tag{2-131}$$

式中：t 为允许时间，s；C 为励磁绕组过热常数；I_{f*} 为发电机励磁整流器交流侧电流，以发电机额定励磁电流为基准的标幺值，可计算为 $I_{f*} = 0.816 I_f / I_{fn}$，$I_f$ 为发电机励磁电流。发电机励磁绕组反时限过负荷保护动作特性见图 2-52，该特性与发电机励磁绕组允许过负荷特性相同。图 2-52 中，$I_{f.op.min*}$ 为反时限动作特性的下限电流标幺值，$I_{f.op.max*}$ 为反时限动作特性的上限电流标幺值，均以发电机额定励磁电流为基准。

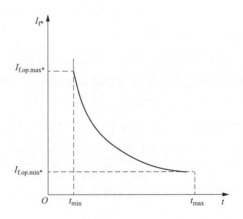

图 2-52　发电机励磁绕组过负荷保护动作特性

1）下限电流 $I_{f.op.min}$ 按与定时限过负荷保护相配合整定

$$I_{f.op.min} = K_{co} \frac{K_{rel} \times 0.816 I_{fn}}{K_r n_a} \tag{2-132}$$

式中：K_{co} 为配合系数，取 1.0～1.05；其余参数含义见式（2-130）。

2）上限电流 $I_{f.op.max}$ 按与励磁系统顶值电压倍数匹配整定。如顶值电压倍数为 2，则在 2 倍额定励磁电流下的持续时间达到允许的持续时间时，保护动作解列灭磁或程序跳闸。

表 2-15 给出了某大型发电机励磁绕组允许过负荷特性示例。

表 2-15　　　　　　　某大型发电机励磁绕组允许过负荷特性示例

励磁电流 I_f / I_{fn}	1.0	1.15	1.2	1.3	1.4	1.5	1.6
允许时间 t（s）	连续		1700	700	450	320	250

2.12　发电机定子铁芯过励磁保护

发电机运行在低频或/和过电压下将引起定子铁芯工作磁密过高而饱和，使铁芯谐波磁密增强，定子铁芯背部漏磁增加，附加损耗增大，引起局部过热。发电机的低频或过电压，可能由电力系统的工频过电压或频率的不正常降低所引起，或发电机励磁系统失控致发电机过电压，或由于操作人员的误操作所致。大型发电机为降低材料的消耗，设计通常取较高的额定工作磁密，使低频或过电压所引起的发电机定子局部过热更为严重。

为防止发电机受过励磁的损害，在 GB/T 14285《继电保护和安全自动装置技术规程》中，规定了 300MW 及以上的发电机，应装设过励磁保护。可装设有低定值和高定值的定时限保护或装设反时限保护，有条件时应优先装设反时限过励磁保护。定时限的低定值保护带时限动作于信号或降低励磁电流；定时限的高定值保护动作于解列灭磁或程序跳闸。反时限保护的延时上限（最小动作延时）及反时限特性段动作于解列灭磁，延时下限（最大动作延时）动作于信号。反时限保护动作特性应与发电机允许的过励磁能力相配合。过励磁保护的返回系数应不低于 0.96。对发电机-变压器组，其间无断路器器时可共用一套过励磁保护，保护装于发电机侧，定值按发电机或变压器的过励磁能力较低的要求整定。

发电机定子铁芯过励磁保护一般是通过检测发电机的电压/频率（U/f）比值来确定发电机定子铁芯的饱和程度，电压及频率信号取自机端电压互感器。由下面的分析可知，以标幺值表示的电压/频率（U/f）比值等于发电机的过励磁倍数。

发电机定子可视为带铁芯绕组，绕组外加电压 U（V）与绕组匝数 W、铁芯截面面积 S（m²）、磁密 B（T）及频率 f（Hz）有如下关系

$$U = 4.44fWBS \tag{2-133}$$

对具体的铁芯绕组，W、S 为定值，设 $K=(4.44WS)^{-1}$，式（2-133）可写成

$$B = K\frac{U}{f} \tag{2-134}$$

即铁芯绕组的磁密 B 正比于 U/f。故发电机在过电压或低频率或过电压及低频率的运行情况下，将使发电机定子由于铁芯磁密增大而饱和。

发电机过励磁倍数 n 为工作磁密 B 与额定磁密 B_n 的比值，即

$$n = \frac{B}{B_n} = \frac{U/f}{U_{gn}/f_n} = \frac{U/U_{gn}}{f/f_n} \tag{2-135}$$

式中：U、U_{gn} 为发电机运行电压和额定电压；f、f_n 为发电机频率和额定频率。

由式（2-135）可知，发电机过励磁倍数等于发电机电压的标幺值与频率标幺值的比值。

发电机制造厂通常可给出发电机的过励磁特性曲线，见图 2-53 示例。该发电机长期连续运行对应的过励磁倍数为 1.05（某些发电机可达 1.15 倍）。表 2-16 为另一大型发

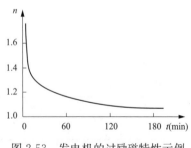

图 2-53　发电机的过励磁特性示例

电机的过励磁特性示例。

表 2-16　　　　　　　大型发电机过励磁特性示例

过励磁倍数 n	1.0	1.15	1.2	1.3	1.35
允许时间 t（s）	连续		300	40	5

发电机定子铁芯过励磁保护的交流回路接线见图 2-54。当发电机采用外加交流电源的定子绕组单相接地保护时，保护需采用机端线电压而不宜采用相电压。

按照 DL/T 684《大型发电机变压器继电保护整定计算导则》，发电机过励磁保护可整定如下：

（1）定时限过励磁保护。定时限过励磁保护设低、高两段定值。

1）低定值。过励磁倍数按躲过发电机正常运行允许的最大过励磁倍数整定。如当允许长期连续运行的过励磁倍数 $n=1.05$ 时，定时限过励磁保护低定值可整定为 $n=1.1$。保护延时动作于信号或降低励磁电流。

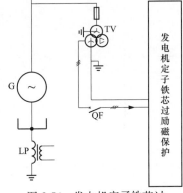

图 2-54　发电机定子铁芯过励磁保护的交流回路接线图

2）高定值。过励磁倍数按 $n=1.3$（或按发电机制造厂给出的数据）整定。保护延时动作于解列灭磁或程序跳闸。延时时间根据发电机过励磁特性确定。

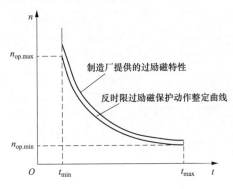

图 2-55　发电机定子铁芯反时限过励磁保护的整定

（2）反时限过励磁保护。反时限过励磁保护按发电机制造厂提供的发电机过励磁特性曲线（或参数）考虑一定的裕度后整定，裕度可从动作时间或动作值上（两者取其一）考虑。从动作时间考虑时，可考虑保护整定时间为发电机过励磁特性的 0.6～0.8；从动作值考虑时，可考虑保护整定值为发电机过励磁特性值除以 1.05，最小定值应与定时限低定值配合，见图 2-55。图 2-55 中，$n_{op.max}$、t_{min} 为反时限动作特性的上限值，上限及反时限特性段保护动作于解列灭磁；$n_{op.min}$、t_{max} 为反时限动作特性的下限值，保护动作于信号。

2.13　发电机逆功率保护

在电力系统并列运行的水轮发电，可能由于误关导水叶失去原动功率而变成电动机运行，从系统吸收有功并引起机组异常振动，若此时水轮机叶片仍在水中运行（如尾水位高于水轮机转轮），机组振动更为严重，威胁机组安全。故在 NB/T 35010《水力发电厂继电保护设计规范》中规定，对于发电机有可能变电动机运行的异常运行方式，宜装设逆功率保护，保护带时限动作于解列。

逆功率保护反应发电机从电力系统吸收有功功率的大小而动作。功率测量的电流、电压信号取自机端电流、电压互感器。保护的动作判据为

$$P \leqslant - P_{op} \tag{2-136}$$

式中：P 为发电机有功功率，输出有功功率为正，输入有功功率为负；P_{op} 为逆功率保护整定的动作功率。逆功率保护动作特性见图2-56。

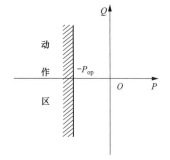

逆功率保护整定的动作功率，按在水轮发电机组作电动机运行时的最小有功功率损耗下保护能可靠动作整定

$$P_{op} = K_{rel} P_c \tag{2-137}$$

式中：K_{rel} 为可靠系数，取 0.5～0.8；P_c 为水轮发电机组作电动机运行时的最小有功功率损耗，即从电力系统中吸收的最小有功功率。保护经短延时（如 10～15s）动作发告警信号，经长延时（据机组允许逆功率运行时间）动作于解列。

图 2-56 逆功率保护动作特性

发电机逆功率保护的交流接线见图2-57。根据选用的保护装置也可采用两相式功率测量。发电机逆功率保护装置的逻辑框图示例见图2-58。

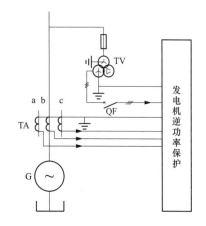

图 2-57 发电机逆功率保护的交流接线

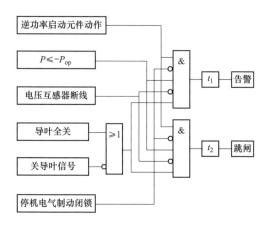

图 2-58 发电机逆功率保护装置的逻辑框图示例

2.14　发电机轴电流保护

发电机运行时，在其转轴上通常出现沿转子轴的以基波为主的感应电动势。这种轴电动势主要是由旋转的转子轴与发电机存在的与转子轴交链的磁通切割而产生。与转子轴交链的磁通主要是由于发电机定、转子间空气隙不均匀或定、转子铁芯装配的不对称，使发电机主磁通的两个并联支路有不对称的磁阻而形成。水轮发电机的导轴承及推力轴承与机组机体基础板间（地）通常设置有绝缘层（垫），使发电机轴系与机体绝缘，见图2-59。在绝缘正常时，轴电动势可看作开路电动势；绝缘破坏造成轴瓦接地时，如绝缘垫（体）损坏或被导电的污垢短路时，轴电动势将通过轴瓦与地构成闭合回路，形成通过轴颈与轴瓦的电流，使其接触面上产生热量

并可能产生电弧。有数据表明，当通过轴颈与轴瓦间的电流密度超过 $0.2\text{A}/\text{cm}^2$ 时，轴颈的滑动表面及轴瓦将可能损坏。大型发电机的轴电动势通常有几伏或超过 10V，但由于轴电阻很小，在轴对地绝缘破坏时，流过轴颈与轴瓦的电流可达几百安甚至几千安，超过该电流密度值而使轴承过热毁坏。轴电流可能使润滑油发生电离，影响油膜的形成及稳定性，加速油的老化，并可能对轴承产生电腐蚀。

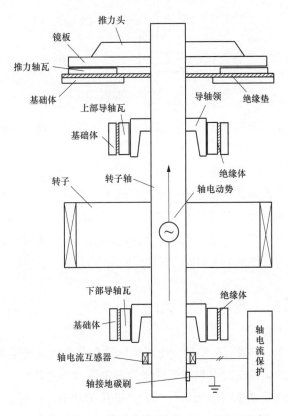

图 2-59 发电机轴承绝缘配置及轴电流保护示例

故在 NB/T 35010《水力发电厂继电保护设计规范》中，规定了对 100MW 及以上水轮发电机和 15MW 及以上灯泡式水轮发电机宜装设轴电流保护。保护设两个定值，低定值瞬时动作于信号，高定值可经时限动作于解列灭磁。也可采用其他专用的轴绝缘监测装置。

轴电流保护通常以套于转子轴上的轴电流互感器测量轴电流，在机组现地柜设置作为轴电流保护的轴电流报警装置，如图 2-59 所示。报警装置通常设瞬时动作于信号和延时动作解列灭磁的两个定值，以动作触点接至发电机继电保护屏。轴电流保护的动作电流通常按发电机制造厂的要求整定，或整定其一次动作电为 0.5～0.2A、动作时限 2s。由于轴电流一般是通过转子轴接地碳刷至地，故轴电流互感器通常安装在发电机转子下部导轴承（或推力瓦）与转子轴接地碳刷之间。

轴电流保护也可以采用其他的绝缘测量元件或装置，如对轴承绝缘垫（体）两侧（轴瓦及基础体）以较长的周期（如几分钟）施加短暂的低电压以检测绝缘状态的测量装置，在轴绝缘能力降低到整定值时保护动作，如图 2-60 所示。

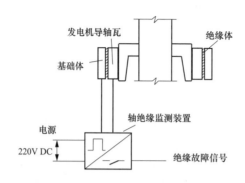

图 2-60 发电机轴承绝缘监测示例

为方便运行人员对轴系的绝缘状态进行监视，轴电流保护装置宜可同时提供轴承绝缘或轴电流的数值显示。

轴电流互感器及轴电流报警装置或绝缘测量装置通常由发电机制造厂与机组成套提供。

由于轴电动势及轴电流通常含有除基频外的其他谐波成分，在某些机组上后者可能有较大的数值，要求轴电流测量元件在带有较大谐波的电流下仍能保证测量的精确度。由于轴电流互感器或轴绝缘测量元件及回路处于发电机内的强磁场环境，需要考虑防止磁场干扰对轴电流或轴绝缘测量的影响，以保证测量的准确度。

2.15 发电机突加电压 （误上电） 保护

转子静止状态或盘车或启动过程中的发电机可能因误合出口断路器突然并入电网，由于升压变及系统阻抗相对较小，此时发电机将遭受很大的电流冲击并从电力系统吸收大量的无功，可能造成发电机的机械性损伤及对电力系统无功及电压的冲击，特别是系统中的大型发电机。此时定子电流建立的旋转磁场，在转子上将产生差频电流，使转子发热，若时间过长可能致转子过热损伤。发电机于转子静止状态下突然投入系统，可能使机组在轴承油膜未形成情况下突然加速，导致轴瓦损坏，如对机组启动前需要先顶起转子的大型发电机组。故为防止发电机误投入对机组的损害，需设置发电机误上电保护（也称突加电压保护），及时从电网中切除误投入的发电机。按照 GB/T 14285《继电保护和安全自动装置技术规程》及 NB/T 35010《水力发电厂继电保护设计规范》要求，300MW 及以上的发电机宜装设突加电压保护，保护动作于解列灭磁或停机。如断路器拒动，应启动失灵保护，断开所有有关电源支路。发电机并网后，此保护能可靠退出。

发电机误上电时，将从电力系统吸收无功功率及有功功率，在阻抗复平面上工作于第 III 象限，如图 2-61 所示，故发电机误上电保护可采用阻抗元件构成，包括全阻抗及偏移阻抗元件，阻抗保护在发电机正常并网运行后退出。也可以利用突然加电产生的冲击电流实现对发电机误上电保护，保护监测发电机定子电流，在发电机磁场断路器未合闸时，若发电机定子出现冲击电流，保护动作，过电流保护在发电机正常并网运行后或磁场断路器合闸后退出。发电机误上电保护还可利用发电机误上电时，发电机呈现的低频、低压、过流特征来实现。

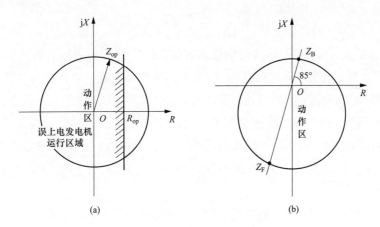

图 2-61　阻抗元件的动作特性

(a) 全阻抗；(b) 偏移阻抗

实际应用时，根据电厂的需要，发电机误上电保护可以采用上述保护原理中的两种构成。

按照 DL/T 684《大型发电机变压器继电保护整定计算导则》，发电机误上电保护可整定如下：

(1) 全阻抗元件整定。全阻抗元件的动作特性见图 2-61 (a)。动作圆半径 Z_{op} 按发电机正常并网时不误动整定

$$Z_{op} = \frac{K_{rel}U_{gn}n_a}{\sqrt{3} \times 0.3 I_{gn}n_v} \tag{2-138}$$

式中：K_{rel} 为可靠系数，取 0.8；U_{gn}、I_{gn} 为发电机额定电压、电流；n_v、n_a 为电压、电流互感器变比。发电机正常并网时刻发电机定子的最大电流取为 $0.3 I_{gn}$（考虑一定裕度）。

动作特性中的电阻动作值 R_{op} 按防止发电机正常并网时系统同时发生冲击导致全阻抗元件误动整定

$$R_{op} = 0.85 Z_{op} = 0.85 \frac{K_{rel}U_{gn}n_a}{\sqrt{3} \times 0.3 I_{gn}n_v} \tag{2-139}$$

式中各参数取值同式 (2-138)。

保护出口延时可整定为 0.1～0.2s。全阻抗保护在发电机正常并网运行后退出。

(2) 偏移阻抗元件整定。偏移阻抗元件的动作特性见图 2-61 (b)。反向整定阻抗 Z_F 和正向整定阻抗 Z_B 按在误上电后的不稳定振荡过程中阻抗判据能可靠动作整定，当保护采用机端电流、电压时

$$\left.\begin{array}{r} Z_F = K_{rel}X'_d \\ Z_B = (5\% \sim 15\%)Z_F \end{array}\right\} \tag{2-140}$$

式中：K_{rel} 为可靠系数，取 1.2～1.3；X'_d 为发电机暂态电抗。

保护出口延时按躲过可拉入同步的非同期合闸整定，一般取 1s。

（3）冲击过电流原理保护的整定。过电流整定值 I_{op}，按发电机于转子静止或盘车状态下误上电时，在最小的定子冲击电流下保护能可靠动作整定。

$$I_{op} = \frac{K_{rel} I_{gn}}{(X_{s.max} + X''_d + X_T) n_a}$$ （2-141）

式中：K_{rel} 为可靠系数，取 0.5；I_{gn} 为发电机额定电流；$X_{s.max}$ 为最小运行方式下的系统联系电抗；X''_d 为发电机次暂态电抗（不饱和值）；X_T 为升压变压器电抗，电抗均为以发电机额定容量为基准的标幺值；n_a 为电流互感器变比。保护出口延时通常取 0.1～0.2s。

（4）低频、低压、过流原理保护的整定。动作电流以误上电时保护应能可靠启动整定，可取为误上电最小电流的 50%，一般可整定为（0.3～0.8）I_{gn}；低频整定通常取为额定频率的 90%～96%；低压整定一般可取为（0.2～0.8）U_{gn}；保护出口延时通常取 0.1～0.2s。

发电机误上电保护的逻辑图示例见图 2-62。该发电机的误上电保护采用全阻抗元件及冲击过电流元件两种原理构成，过电流采用三相式，任一相超过整定值时保护动作出口。该保护在磁场断路器未合闸而发电机断路器误合时，阻抗、过流均可动作；发电机加励磁后发生误合发电机断路器时，阻抗元件可以跳闸。本例发电机停机采用电气制动。

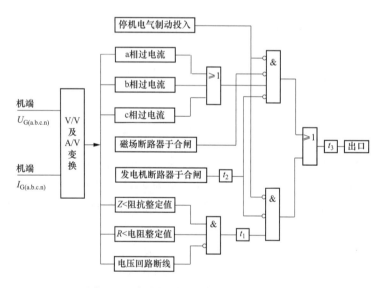

图 2-62　发电机误上电保护的逻辑图示例

2.16　发电机断路器失灵保护

装设有发电机断路器的发电机，在发电机或升压变压器事故时，发电机或变压器保护将动作跳发电机断路器，此时若发电机断路器失灵拒跳，应及时使相关断路器跳闸以切断发电机或变压器的外部电源，如跳开升压变压器高压侧断路器、发电机磁场断路器，以避免事故扩大。故在 NB/T 35010《水力发电厂继电保护设计规范》中，要求 300MW 及以上发电机的出口断路器应装设断路器失灵保护，100～300MW 发电机的出口断路器宜装设断路器失灵保护。失灵保护启动后，通常经短延时再跳发电机断路器一次，再经一延时跳升压变压器高压侧断路器、发电机磁场断路器及相邻有电源支路断路器，后者如两机一升压变压器的另一发电机的断路器，并宜包括接于发电机母线的机端厂用变压器高压断路器（若有）或低压侧断路器（厂用电变压器不设高压侧断路器时）。设置发电机断路器后，升压变压器故障保护通常仅跳发电机断路器不灭磁，此时若发电机断路器失灵，发电机将继续给变压器提供电源，故发电机断路器失灵需跳磁场断路器灭磁。按有关规程的要求，双重化配置的失灵保护的启动和跳闸回路均应使用各自独立的电缆。单套配置的断路器失灵保护动作后应同时作用于断路器的两个跳闸线圈，如断路器只有一组跳闸线圈，失灵保护装置工作电源应与相对应的断路器操作电源取自不同的直流电源系统。

为保证失灵保护工作的可靠性和速动性，失灵保护由发电机和升压变压器的快速返回电气保护出口触点和能快速动作与返回的相电流、负序电流判别元件启动。按 GB/T 14285《继电保护和安全自动装置技术规程》要求，故障切除后启动失灵的保护出口触点返回时间应不大于30ms，判别元件动作时间和返回时间均不应大于 20ms。为保证判别元件快速动作及返回，除判别元件需具有快速动作与返回性能外，相应地判别元件的输入电流不应取自有较大时间常数的铁芯带气隙的电流互感器（如 TPY 类型），可选用 P 类电流互感器。启动失灵保护的发电机和变压器保护出口应为电气保护出口，不包括非电量保护。非电量保护，如轴承过热、过速等，在保护动作跳闸停机后通常需要经较长的时间后保护才能返回。失灵保护动作后再跳发电机断路器一次，将有利于保证失灵保护的可靠性，在再跳闸成功时，失灵保护将返回，不再跳相邻断路器。断路器合闸位置信号宜采用断路器机械连锁的辅助触点，并宜采用三相触点（合闸时闭合）并联输入。按照 GB/T 14258，发电机断路器失灵保护通常不设置闭锁回路。

图 2-63 为发电机断路器失灵保护的逻辑图示例。图中经 t_1 延时的出口跳发电机断路器，经 t_2 的出口跳升压变压器高压侧断路器及相关断路器。t_1 延时应躲开发电机断路器的开断时间及失灵保护装置返回时间之和；t_2 与 t_1 延时时间的差值，也应按躲开高压侧断路器的开断时间及失灵保护装置返回时间之和考虑，以便在再跳成功时失灵保护能可靠返回而不再去误跳其他相邻断路器。

按照 DL/T 684《大型发电机变压器继电保护整定计算导则》，发电机断路器失灵保护可整定如下：

（1）相电流元件的动作电流按可靠躲过发电机额定电流整定，即

$$I_{op} = \frac{K_{rel} I_{gn}}{K_r n_a} \qquad (2-142)$$

式中：K_{rel} 为可靠系数，取 1.1～1.3；I_{gn} 为发电机额定电流；K_r 为返回系数，取 0.9～0.95；n_a 为电流互感器变比。

（2）负序电流按躲过发电机正常运行时的最大不平衡电流整定，一般取

$$I_{2.op} = (0.1 \sim 0.2) \frac{I_{gn}}{n_a} \qquad (2-143)$$

（3）失灵保护再跳发电机断路器动作出口延时（t_1）应躲开发电机断路器开断时间及失灵保

护返回时间之和。再以 $t_2 = 2t_1$ 跳升压变压器高压侧断路器、磁场断路器及跳相邻有源断路器，包括机端厂用变压器高压断路器（若有）或低压侧断路器（厂用电变压器不设高压侧断路器时）。

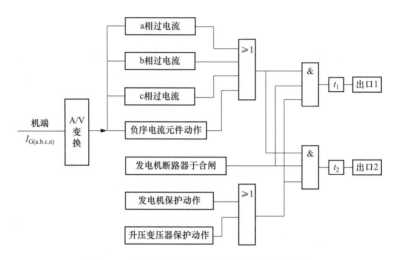

图 2-63　发电机断路器失灵保护逻辑图示例

2.17　发电机调相解列、频率异常、互感器断线及发电机启停保护

2.17.1　发电机调相解列保护

调相运行的发电机与电力系统解列失去电源时，发电机组转速将逐渐下降。带励磁低转速下运行的发电机组，将给发电机组带来隐患或导致事故，如可能影响发电机某些保护的正常工作，或影响轴承油膜的形成而使轴承损坏等。故在 GB/T 14285《继电保护和安全自动装置技术规程》、NB/T 35010《水力发电厂继电保护设计规范》中，规定了对调相运行的水轮发电机，在调相期间有可能失去电源时，应装设与系统解列保护，保护带时限动作于停机。

按照 SL 612《水利水电工程自动化设计规范》，调相运行的水轮发电机与系统解列失去电源，在机组转速下降至规定值时，保护应动作于停机。按相关标准，调相解列保护动作的机组转速（频率）f_{op} 可取 $0.8f_N$，f_N 为额定频率，保护延时 $t \leqslant 9s$ 动作停机。

2.17.2　发电机频率异常保护

电网频率升高时，说明系统有功功率过剩，此时电力系统可能要求切除电网中一部分并列运行的发电机，以使系统频率迅速恢复正常。在 GB/T 14285《继电保护和安全自动装置技术规程》、NB/T 35010《水力发电厂继电保护设计规范》中，规定了对高于频率带负荷运行的 100MW 及以上的水轮发电机应装设高频率保护，保护带时限动作于解列灭磁或程序跳闸。当发电机采用外加交流电源的定子绕组单相接地保护时，保护需采用机端线电压而不宜采用相电压。

水轮发电机的高频率保护的频率和保护动作延时整定值，通常由电厂所属的电力系统有关部门提供。在发电机并网运行时，由电力系统调度部门确定该保护是否投入。

2.17.3　电流互感器二次侧回路断线保护

在电厂的实际运行中，电流互感器二次侧回路断线事故时有发生。电流互感器二次侧回路断线后，互感器处于二次侧开路状态，此时的一次电流全部成为互感器铁芯的磁化电流，使互感器深度饱和，二次将产生很高的电压。发电机的电流互感器通常有较大的变比，二次侧开路时将有更高的电压，特别是大容量的发电机。如一台变比为 25000/5A 的电流互感器，在二次侧无限压措施时，二次的开路电压可达 43kV。这样高的电压，将使电流互感器及其二次接线和相连接的设备损坏。电流互感器二次侧回路断线将可能（在负荷电流于一定数值时）引起发电机纵联差动保护误动及某些反应负序、零序电流动作的保护误动。由于电厂中电流互感器二次侧回路一般均有经接线端子或电流元器件的多次转接，在实际运行中断线难以避免，故需要设置电流互感器断线保护，以减少或避免互感器二次断线时设备的损坏。由于电流互感器二次侧回路断线有可能造成发电机电气设备的严重损坏，二次侧回路过电压的持续又可能引发事故扩大，且断线不可能自动复原而通常需要停机处理，故此时一般不允许发电机再继续运行，由继电保护动作使发电机停机并发信号。电流互感器断线保护可包括二次侧开路过电压保护装置或仅在继电保护装置中设断线保护。

为限制二次开路电压，可在电流互感器二次侧设置由压敏非线性电阻或放电间隙等构成的开路过电压保护装置，在二次侧回路断线时将二次侧电压限制在安全的范围内，并给出断线信号触点。开路过电压保护装置宜置于电流互感器二次侧端子附近，通常与电流互感器一起由互感器制造厂提供。

在 GB/T 14285《继电保护和安全自动装置技术规程》中，规定了发电机纵联差动保护应装设电流回路断线监视装置，电流回路断线后动作于信号，允许差动保护跳闸。其他在电流互感器二次侧回路断线有可能动作的保护，如发电机转子表层过负荷保护等其他反应负序、零序电流动作的保护，不设置电流互感器断线闭锁，在电流互感器二次侧回路断线时仅发信号，允许保护动作跳闸。

微机保护中电流互感器断线的判别各产品方案有所不同。某产品的判别程序为（对差动保护电流互感器）：断线保护在任一相差动电流大于 0.15 倍额定电流时启动，在同时满足一侧三相电流中至少有一相电流为 0、该侧三相电流中至少有一相电流不变、最大相电流小于 1.2 倍额定电流的三个条件下，则判定为电流互感器二次回路断线，保护动作发报警信号。

2.17.4　电压互感器断线保护

发电机电压互感器一次绕组通常通过熔断器与发电机母线连接，二次侧接线一般通过微型空气断路器或熔断器经接线端子、电缆与使用的元器件连接，在实际运行中，时而发生由于一次侧熔断器的熔断、二次侧的断路器触头或接线端子的接触不良等而造成回路断线，使采用电压信号的某些保护发生拒动或误动。故对电压互感器断线故障，需按规程要求对发生拒动或误动的保护设置电压断线闭锁，在断线发生时闭锁保护动作并发出信号。

断线保护应能正确反应电压互感器一次及二次回路断线，包括一相或两相及三相断线，并在一次侧系统发生故障时（如接地、相间短路等）不应误动作。保护产品通常可根据电压互感器接线及使用情况（用于闭锁或仅作用与信号）等提供不同原理的断线保护。目前常用的电压互感器断线判据主要有双电压互感器异常判据（也称电压平衡式判据）及单电压互感器异常判据。

双电压互感器异常判据用于设置有两组电压互感器的发电机，保护可用于闭锁，判据逻辑见图 2-64，判据满足瞬时发出断线信号。判据采用两组电压互感器的线电压比较，互感器接线正常时，在系统正常运行或一次回路接地或相间故障情况下，两电压互感器线同名线电压可认为近似相同，线电压差很小。某一互感器的一次或二次回路断线时，两互感器线电压差将出现差值，在差值大于设定值时，保护瞬时（或延时 0.25s）动作。为目前大型发电机中常用电压互感器断线判据。

单电压互感器异常判据采用正序或负序电压判据，当电压互感器二次侧正序电压小于设定值（如 30V）且任一相电流大于设定值（如 $0.04I_n$，I_n 为额定电流）或断路器于合闸位置时，或负序电压大于设定值（如 8V）时，保护延时 10s 发告警信号。

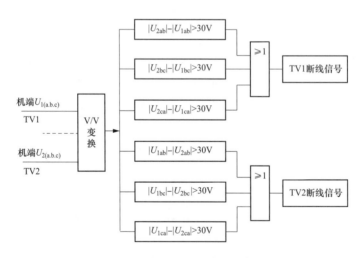

图 2-64 电压平衡式电压互感器断线判据示例

2.17.5 发电机启停保护

在可供发电机配置的保护装置中，某些类型的保护装置可能仅在发电机转速偏离额定转速某一范围内可保证其保护性能，在机组转速较低时保护不能动作或灵敏度很低而不能正确工作，此时若机组有可能被加上励磁（如由于误操作、发电机检修后的试验过程等），这类保护装置将不能正确反应发电机的故障对机组进行保护。故 NB/T 35010《水力发电厂继电保护设计规范》规定，对于在低转速下可能加励磁电压的发电机发生的定子接地故障或相间短路故障，200MW及以上发电机应装设启停机保护，保护动作于停机。发电机启停机保护在机组正常频率运行时应退出，以免发生误动作。

发电机的启停机保护应采用对频率不敏感的保护装置，并按 DL/T 684《大型发电机变压器继电保护整定计算导则》的要求进行整定。

(1) 启停机定子接地保护可由装于机端或中性点零序过电压保护构成，不要求滤过三次谐波，其整定值一般不超过 $10\%U_{0n}$（U_{0n} 为机端单相金属性接地时机端或中性点的零序电压二次值）。

(2) 启停机差动保护，反应相间故障，动作电流 I_{op} 按大于额定频率下满负荷运行时差动回路中的不平衡电流 I_{unb} 整定，即

$$I_{op} = K_{rel} I_{unb} \tag{2-144}$$

式中：K_{rel} 为可靠系数，取 1.3~1.5。

在机组正常频率运行时，启停机保护由断路器的动断触点或低频继电器的输出触点连锁退出；低频元件的整定值应取额定频率的 $80\%\sim90\%$。

2.18　发电机保护配置、接线及装置参数示例

2.18.1　发电机保护配置及接线示例

图 2-65 所示为大容量的大型发电机保护配置及电流、电压输入接线示例（一次接线仅表示与发电机保护相关的部分）。该发电机定子每相绕组为 5 分支并联，以两个分支中性点引出；发电机中性点经接地变压器高阻接地；采用自并励励磁方式，励磁变压器接于机端；发电机与升压变间设断路器；发电机无调相运行方式。发电机保护按有关规程及有关反事故措施的要求（见表 2-1）配置，相间及定子匝间短路故障主保护采用双重化，两套独立的主保护分别布置于发电机保护 A 屏和 B 屏。A 屏和 B 屏设置的保护相同；断路器失灵保护也按两套配置；励磁回路一点接地保护采用乒乓式原理，运行时仅能投入其中一套，两套装置在 A 屏设手动选择的切换开关；定子绕组单相接地保护（采用外加交流方案）仅在 A 屏设置外加电源；后备保护、逆功率保护、失灵保护等，两屏的保护公共一电流互感器绕组（7TA，5P20）；轴电流保护由现地柜中的轴电流报警装置提供两套绝缘故障触点，分别接至 A、B 保护屏。发电机保护的直流控制电源及发电机断路器操作直流电源，均分别由两回取自不同蓄电池供电的独立的 220V DC 电源提供。励磁变压器直接与发电机引出母线连接，采用环氧树脂浇注干式变压器，其保护按有关规程配置了电流速断、过电流及温度保护，励磁变压器事故时保护动作停机。按 GB/T 14285 及有关标准的要求配置了发电机断路器故障及保护装置故障（含失电）监视（图 2-65 中未表示）。

发电机保护的外部触点信号输入及交直流电源接线例见图 2-66。输入触点信号为保护的辅助判据，直接从设备的控制柜或保护屏以电缆连接方式引入，不经其他系统转接，也不采用其他系统转换或重复的触点，以保证保护工作的可靠性及独立性。本例发电机停机未采用电气制动，当发电机停机采用电气制动时，辅助判据的输入尚需增加电气制动开关合闸位置触点的输入，并在电气保护动作时应闭锁电气制动投入，电气制动停机过程中，应闭锁可能发生误动的保护。

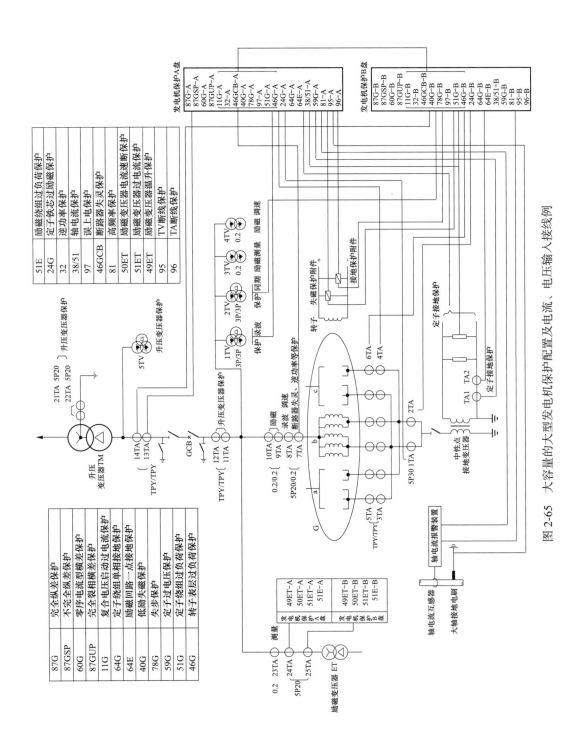

图 2-65　大容量的大型发电机保护配置及电流、电压输入接线例

87G	完全纵差保护
87GSP	不完全纵差保护
60G	零序电流型横差保护
87GUP	完全裂相横差保护
11G	复合电压启动过电流保护
64G	定子绕组单相接地保护
64E	励磁回路一点接地保护
40G	低励失磁保护
78G	失步保护
59G	定子过电压保护
51G	定子绕组过负荷保护
46G	转子表层过负荷保护

51E	励磁绕组过负荷保护
24G	定子铁芯过励磁保护
32	逆功率保护
38/51	轴电流保护
97	误上电保护
46GCB	断路器失灵保护
81	高频率保护
50ET	励磁变压器过电流速断保护
51ET	励磁变压器过电流保护
49ET	励磁变压器温升保护
95	TV断线保护
96	TA断线保护

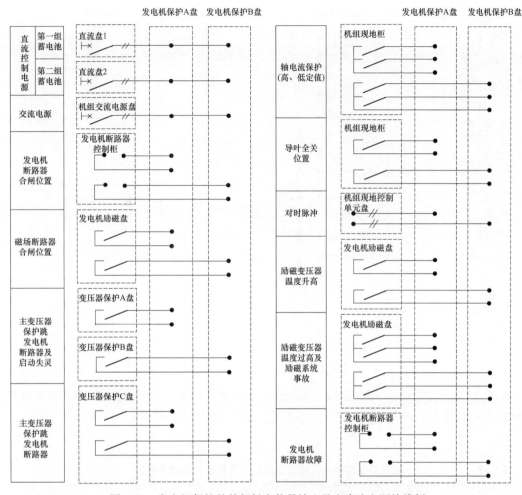

图 2-66　发电机保护的外部触点信号输入及交直流电源接线例

图 2-67 所示为发电机保护动作输出触点和断路器电源接线例。保护动作输出触点从保护 A、B 盘分别以电缆连接方式直接接至设备的控制或保护盘柜，如断路器控制柜、变压器保护盘、机组现地控制单元盘、励磁盘等。也可以在保护 A 屏或 B 屏上设置发电机断路器操作箱，A、B 屏保护跳发电机断路器出口触点分别接至操作箱，由操作箱输出跳闸命令至断路器现地控制柜执行跳闸。保护动作停机输出接至机组的水力机械保护接线（硬布线接线），由该接线输出执行机组紧急停机，包括动作调速器紧急停机电磁阀关导叶、对计算机监控系统给出紧急停机信号以启动监控系统中的正常停机控制，该接线以独立于计算机监控系统的方式（包括控制电源及器件的布置等）置于机组现地控制单元。本发电机消防控制为单套设置，保护输入的两启动消防回路在消防柜上并接。图 2-66 中 A、B 盘配置的各个保护的动作信号均以触点的方式接至录波盘及计算机监控系统的机组现地控制单元盘，保护装置故障信号、断路器合闸和跳闸回路故障等信号仅送至计算机监控系统的机组现地控制单元盘。

保护屏未设置发电机断路器操作箱，发电机断路器的故障信号（合、跳闸回路及电源等故障）信号由断路器现地控制柜提供。保护屏设置断路器操作箱时，合、跳闸回路及电源故障监视可由屏中的操作箱完成。

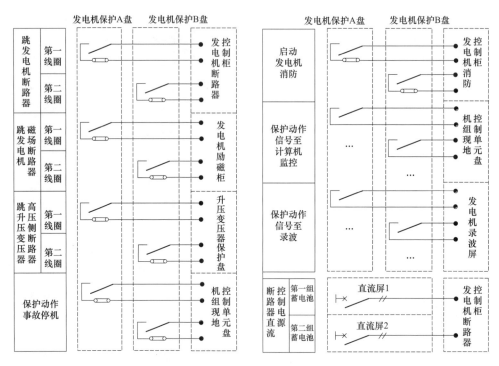

图 2-67　发电机保护动作输出触点和断路器电源接线例

保护 A、B 屏分别以单以太网与保护信息管理系统通信，向系统传送信息（包括保护动作、保护投退、装置整定值、装置故障等）、接受系统指令及时间同步的网络时间报文（年/月/日/时/分/秒）。保护动作信号至机组现地单元盘及录波盘的触点输出如表 2-17 所示。

表 2-17　　　　　　　　　　保护动作信号至机组现地单元盘及录波盘的触点输出

序号	保护名称	序号	保护名称	序号	保护名称
1	完全纵差保护	11	定子绕组过负荷保护	21	励磁变过电流保护
2	不完全纵差保护	12	转子表层过负荷保护	22	励磁变温升保护
3	零序电流型横差保护	13	励磁绕组过负荷保护	23	电压互感器断线保护
4	裂相横差保护	14	定子铁芯过励磁保护	24	电流互感器断线保护
5	复合电压启动过电流保护	15	逆功率保护	25	励磁系统事故跳闸
6	定子绕组单相接地保护	16	轴电流保护	26	差流越限
7	励磁回路一点接地保护	17	误上电保护	27	停机总出口
8	低励失磁保护	18	断路器失灵保护	28	保护装置故障
9	失步保护	19	频率异常保护		
10	定子过电压保护	20	励磁变电流速断保护		

注　1. 表中所列各项均分别配置在 A、B 屏。
　　2. 除项 27、28 仅引出至电厂计算机监控系统的机组现地控制单元盘外，其余各项均由 A、B 屏分别引出至机组现地控制单元盘及发电机-变压器组录波盘。

2.18.2　发电机微机保护成套装置参数示例

表 2-18 所示为发电机微机保护成套装置的主要参数示例。该装置可提供发电机保护需要配置的各种保护。

表 2-18 发电机微机保护成套装置的主要参数示例

序号	项目	主要参数
1	额定交流电流/电压/频率	1A 或 5A/100V/50Hz
2	直流电压	110V 或 220V，允许变化范围 80%～115%
3	辅助交流电源	220V，0.7A，50Hz/60Hz，允许变化范围 80%～110%
4	保护采样频率/系统频率跟踪范围	1200Hz/（40～60）Hz
5	功率消耗	交流电压回路：≤0.5VA/相（额定电压下）；交流电流回路：≤1VA（额定电流 5A）、0.5VA（额定电流 1A）；直流回路：每个保护装置≤35W（正常运行时）、50W（保护动作时），每路开入≤1.5W
6	过载能力	交流电压回路 1.5 倍额定电压连续工作；交流电流回路 2 倍额定电流长期运行，10 倍额定电流允许 10s，40 倍额定电流允许 1s
7	整定误差	电流≤±2.5% 或 0.01 倍额定电流；电压≤±2.5% 或 0.05V；接地电阻≤±10% 或 0.1kΩ（定子）和 0.5kΩ（转子）
8	动作时间	(1) 完全纵差、不完全纵差、裂相横差：2 倍整定值下动作时间不大于 25ms。 (2) 零序电流型横差不大于 35ms
9	输出触点容量	(1) 切断电流 0.3A（220V DC、时间常数为 5±0.75ms 的电感性直流回路）。 (2) 允许长期通过电流：信号触点、辅助继电器触点 5A，跳闸出口触点 10A。 (3) 保持电流（仅对跳闸出口触点）：≤0.5A
10	记录容量	(1) 故障录波。记录所有的电流电压波形：保护启动后记录启动前 4 个周波、启动后 6 个周波，保护动作后记录动作前 4 个周波、动作后 6 个周波。 (2) 事故报告容量：可循环记录 100 次故障事件报告、8 次波形数据。 (3) 手动录波。可手动启动记录所有电流电压波形；启动前 4 个周波、启动后 6 个周波。 (4) 事件记录容量。可循环记录 200 次事件记录和装置自检报告。事件记录包括硬、软连接片投退、开关量变位、定值改动等；装置自检报告包括硬件自检出错报警等
11	通信接口	(1) 两个 RS-485 通信口，可以复用为光纤接口，亦可以通过菜单配置成两个独立的以太网接口。 (2) 一个同步时钟串口，一个 RS-232 调试通信接口、一个独立的打印接口
12	对时方式	(1) 接受外部正脉冲，可选秒脉冲对时或分脉冲对时。 (2) 接受报文对时：可通过专用 GPS 对时串口或通过与监控系统联结。 (3) 通过接受 IRIG-B 码对时
13	环境条件	(1) 环境温度：工作 -10～50℃，24h 内平均温度不超过 35℃；储存：-25～70℃，在极限值下不施加激励量，装置不出现不可逆变化，温度恢复后能正常工作。 (2) 大气压力：80～110kPa。 (3) 相等湿度：最湿月的月平均最大相等湿度为 90%，同时该月的月平均最低温度为 25℃且表面无凝露。最高温度为 40℃时，平均最大相对湿度不超过 50%。 (4) 电磁环境：符合 GB/T 14598.26《量度继电器和保护装置 第 26 部分：电磁兼容要求》、GB/T 17626《电磁兼容 试验和测量技术》（所有部分）的相关规定
14	绝缘水平	装置各导电电路间及对外壳或外露非导电金属部分，强电回路能承受 50Hz 2000V（有效值）电压，弱电回路（额定电压≤63V）能承受 50Hz 500V（有效值）电压，持续时间 1min 无绝缘击穿或闪络，在规定的试验大气条件下，均能耐受幅值 5kV 的标准雷电波短时冲击
15	寿命	在 250V DC、电流≤0.5A、时间常数为 5±0.75ms 的电感性直流回路中，装置能可靠动作及返回 1000 次；机械寿命：装置触点不接负荷，能可靠动作及返回 10000 次

3 变压器保护

3.1 变压器保护的配置及要求

水电厂中的升压变压器、联络变压器、降压变压器（包括电厂厂用电及厂区用电变压器、发电机励磁变压器等），应按照 GB/T 14285《继电保护和安全自动装置技术规程》、NB/T 35010《水力发电厂继电保护设计规范》的要求，对下列故障及异常运行配置相应的保护。水力发电厂中 220kV 及以上的或容量 100MVA 及以上容量的变压器，除非电量保护外，应采用双重化保护配置。

（1）绕组及其引出线的相间短路和中性点直接接地或经小电阻接地侧的接地短路。

（2）绕组的匝间短路。

（3）外部相间短路引起的过电流。

（4）中性点直接接地或经小电阻接地电力网中外部接地短路引起的过电流及中性点过电压。

（5）过负荷、过励磁。

（6）中性点非有效接地侧的单相接地故障。

（7）油面降低、油温过高、绕组温度过高、油箱压力过高、冷却系统故障。

GB/T 14285、NB/T 35010 规定的变压器保护配置及要求见表 3-1，其中对水电厂厂用电变压器、励磁变压器的配置要求可参见表 3-2、表 3-3。保护的具体配置、各保护的原理、接线及整定计算，见本章的有关小节。

表 3-1 变压器保护配置及要求

序号	保护名称	配置要求
1	瓦斯保护	（1）0.4MVA 及以上油浸式的车间内、厂用、励磁变压器和 0.8MVA 及以上油浸变压器、带负荷调压变压器的充油调压开关、嵌入变压器油箱的高压电缆终端盒，均应装设瓦斯保护，作为变压器相间、匝间、层间以及中性点直接接地侧单相接地短路和调压器、高压电缆终端盒内部短路的主保护。变压器壳内故障产生轻微瓦斯或油面下降时，瞬时动作于信号；壳内故障产生大量瓦斯时，瞬时动作于断开变压器各侧断路器（励磁变压器瞬时动作于停机）。 （2）瓦斯保护应采取措施，防止因气体继电器的引线故障、振动等引起保护误动
2	变压器内部、套管及引出线短路故障的主保护	按下列要求装设对变压器内部、套管及引出线短路故障的主保护，保护瞬时动作于断开变压器各侧断路器。 （1）10kV 及以下、容量 10MVA 及以下的变压器，水力发电厂中容量 8MVA 以下的变压器、6.3MVA 以下的高压厂用电变压器及发电机励磁变压器、低压厂用电变压器，采用电流速断保护。

序号	保护名称	配置要求
2	变压器内部、套管及引出线短路故障的主保护	（2）10kV 以上、容量 10MVA 以上的变压器，6.3MVA 及以上的高压厂用电变压器、励磁变压器，采用纵差保护。对 10kV 的重要变压器，水力发电厂中容量 2MVA 及以上的低压厂用电变压器，当电流速断保护灵敏度不符合要求时也可采用纵差保护。纵差保护应能躲过励磁涌流和外部短路产生的不平衡电流，在变压器过励磁时不应误动，在电流回路断线时应发出断线信号、允许差动保护动作跳闸。纵差保护范围应包括变压器套管及引出线。如不能包括引出线时，则应与相邻元件主保护（如母线差动、发电机差动等保护）相互搭接，并要求搭接有效，在其发生故障时应有效地切除故障；也可采用快速切除故障的辅助措施。 （3）220kV 及以上的变压器装设数字式保护时，水力发电厂中 220kV 及以上的或容量 100MVA 及以上容量的变压器，除非电量保护外，应采用双重化保护配置。当断路器具有两组跳闸线圈时，两套保护宜分别动作于断路器的一组跳闸线圈。 （4）100MW 以上的发电机变压器组，应装设双重主保护，每套主保护宜具有发电机纵差保护和变压器纵差保护。100MW 以下的发电机变压器组，发电机与变压器间有断路器时，变压器应装设单独的主保护。 （5）为提高切除自耦变压器内部单相接地短路故障的可靠性，可增设以接入高、中压侧和公共绕组回路电流互感器的星形接线电流分侧差动保护或零序差动保护。水力发电厂中，110kV 及以上、容量在 100MW 及以上的变压器可增设零序差动保护。单相变压器宜装设分侧电流差动保护。 （6）对自耦变压器，为增加切除单相接地短路故障的可靠性，可在变压器中性点回路增设零序过电流保护
3	相间短路后备保护	作为变压器和相邻元件相间短路故障保护的后备，变压器应装设相间短路后备保护。 （1）对降压变压器、升压变压器和系统联络变压器，根据各侧的接线、连接的系统和电源情况的不同应配置不同的相间短路后备保护，该保护宜考虑能反应电流互感器与断路器之间的故障。 1）单侧电源双绕组变压器和三绕组变压器，相间短路后备保护宜装于各侧（厂用电变压器、励磁变压器等双绕组变压器仅装于电源侧），非电源侧保护或厂用电变压器电源侧保护带两段或三段时限，用第一时限断开本侧母联或分段断路器，缩小故障影响范围；第二时限断开本侧断路器；第三时限断开变压器各侧断路器。电源侧保护（不包括厂用变压器）带一段时限，断开变压器各侧断路器（励磁变压器动作于停机）。 2）两侧或三侧有电源的双绕组变压器和三绕组变压器，各侧相间电流后备保护可带两或三段时限，为满足选择性的要求或为降低后备保护的动作时间，后备保护可带方向，方向宜指向各侧母线，但断开变压器各侧断路器的后备保护不带方向。 3）低压侧有分支，并接至分开运行母线段的降压变压器，除在电源侧装设保护外，还应在每个分支装设相间短路后备保护。 4）如变压器低压侧母线无专用母线保护，变压器高压侧相间短路后备保护对低压侧母线相间短路灵敏度不够时，为提高切除低压侧母线故障的可靠性，可在变压器低压侧配置两套接至不同电流互感器的相间短路后备保护。 5）发电厂的发电机变压器组，在变压器低压侧不另设相间短路后备保护，利用发电机带两段时限的相间短路后备保护作为高压侧外部、变压器和分支线相间短路后备保护。有倒送电运行的升压变压器，高压侧应装设用于倒送电运行时的变压器相间后备保护。 6）后备保护对变压器各侧母线的相间短路故障的灵敏度应符合要求。为简化保护，当保护作为相邻线路的远后备时，可适当降低灵敏度要求。 （2）变压器相间短路后备保护宜选用过电流保护、复合电压（负序电压和线间电压）启动的过电流保护或复合电流保护（负序电流和单相式低压启动的过电流保护）。35～66kV 及以下中小容量的降压变压器，宜采用过电流保护；110～500kV 降压或升压变压器、联络变压器，用过电流保护不能满足灵敏度要求时，宜采用复合电压启动的过电流保护或复合电流保护。当上述保护不能满足灵敏度要求或根据电网保护间配合的要求，可采用阻抗保护

序号	项目	配置要求
4	110kV 及以上系统变压器接地短路后备保护	(1) 对与 110kV 及以上中性点直接接地电网连接的降压变压器、升压变压器和系统联络变压器，作为变压器绕组和引出线及相邻元件接地故障保护的后备，及对外部单相接地短路引起的变压器过电流，应按下列要求装设接地短路后备保护，保护宜反应电流互感器与断路器之间的接地故障： 1) 中性点直接接地电网中的中性点直接接地的变压器，应装设零序过电流保护，保护可由两段组成，动作电流分别与相邻元件接地保护Ⅰ段、后备段相配合，每段保护可设两个时限，以较短时限动作于缩小故障影响范围，或动作于跳本侧断路器，以较长时限动作于断开变压器各侧断路器。 2) 对 330、500kV 变压器，为降低零序过电流保护的动作时间和简化保护，高压侧零序Ⅰ段只带一个时限，动作于断开高压侧断路器；零序Ⅱ段也只带一个时限，动作于断开变压器各侧断路器。 3) 对自耦变压器和高、中压侧均直接接地的三绕组变压器，为满足选择性要求，可增设零序方向元件，方向宜指向各侧母线。 4) 普通变压器的零序过电流保护，宜接在变压器中性点引出线回路的电流互感器；零序方向过电流保护宜接到高、中压侧三相电流互感器的零序回路；自耦变压器的零序过电流保护应接到高、中压侧三相电流互感器的零序回路。 (2) 110、220kV 中性点直接接地电网中，如低压侧有电源的变压器中性点可能接地或不接地运行时，对外部单相接地短路引起的变压器过电流，以及因失去接地中性点引起的变压器中性点电压升高，应按下列要求装设后备保护。 1) 全绝缘变压器。应按本项款 (1) 规定装设零序过电流保护，以满足变压器中性点直接接地运行的要求。此外，应增设零序过电压保护，当变压器连接的电力网失去接地中性点时，零序过电压保护经 0.3～0.5s 时限动作断开变压器各侧断路器。 2) 分级绝缘变压器。为限制变压器中性点不接地时可能出现的中性点过电压，在变压器中性点应装设放电间隙。此时应按本项款 1 规定装设零序过电流保护，并增设反应零序电压和间隙放电电流的零序电流电压保护。当电网单相接地且失去接地中性点时，间隙零序电流电压保护经 0.3～0.5s 时限动作断开变压器各侧断路器
5	变压器中性点非有效接地侧的单相接地故障保护	(1) 110kV 以下中性点非有效接地的电力网中，对变压器（不包括厂用电、励磁变压器，见表 3-2、表 3-3）内部及其引出线单相接地故障引起的过电压，应装设零序过电压保护，零序电压可引自该配电压互感器的剩余绕组或中性点电压互感器（消弧线圈）。保护带时限动作于信号。 (2) 有倒送电运行的升压变压器，低压侧应装设零序过电压保护
6	变压器低压侧中性点直接接地侧单相接地短路保护	变压器低压侧（0.4kV 侧）直接接地时，应装设零序过电流保护，作为变压器低压侧单相接地故障的后备保护。保护可设两个或三个时限。当高压侧有断路器时，第一时限跳 0.4kV 母线分段断路器，第二时限跳变压器各侧断路器。当高压侧无断路器或只有负荷开关时，第一时限与跳 0.4kV 母线分段断路器，第二时限跳变压器低压侧断路器，第三时限跳变压器高压侧断路器
7	过负荷保护	0.4MVA 及以上数台并列运行的变压器或作为其他负荷备用电源的单台运行变压器，根据实际可能出现过负荷情况，应装设过负荷保护。自耦变压器及多绕组变压器，过负荷应能反应公共绕组及各侧过负荷情况，三绕组升压变压器应在高、中压侧分别装设过负荷保护，自耦升压变压器一般在高、低侧及公共绕组通常均装设过负荷保护，大容量自耦变压器尚应装设低压侧退出运行时的过负荷保护。 过负荷保护可为单相式，具有定时限或反时限的动作特性。有人值班的厂、所，动作于信号；无经常值班人员的变电所，保护可动作于跳闸或切除部分负荷

序号	项目	配置要求
8	过励磁保护	对高压侧为330kV及以上的变压器，为防止由于频率降低和/或电压升高引起变压器磁密过高而损坏变压器，应装设过励磁保护。保护应具有定时限或反时限特性并与被保护变压器的过励磁特性相配合。定时限保护由两段组成，低定值动作于信号，高定值动作于跳闸。 发电机变压器组在其间无断路器时可共用一套过励磁保护，保护装于发电机低压侧，定值可按发电机或变压器的过励磁能力较低的要求整定
9	变压器其他非电量	（1）对变压器油温、绕组温度、油箱内压力升高超过允许值和油位降低、冷却系统故障，应按有关规程装设动作于跳闸（励磁变压器为停机）或信号的装置（详见3.2.4）。 （2）变压器非电量保护不应启动失灵保护
10	断路器失灵保护	变压器的220～500kV断路器，以及重要的110kV断路器应装设一套断路器失灵保护。保护的第一时限跳本断路器，第二时限跳开与本断路器相邻的其他断路器，并断开变压器接有电源侧的断路器
11	断路器三相不一致保护	变压器高压侧为220kV及以上电压的断路器应设置三相不一致保护（也称非全相保护保护）。保护的第一时限跳变压器高压侧断路器，第二时限启动本断路器的失灵保护
12	断路器断口闪络保护	发电机-变压器组接入220kV及以上系统时，变压器高压断路器应配置断口闪络保护。保护的第一时限跳发电机磁场断路器灭磁，第二时限启动高压侧断路器失灵保护
13	互感器断线保护	（1）电流互感器二次回路不正常或断线时，应发告警信号。允许跳闸。 （2）电压互感器二次回路一相、两相或三相同时断线、失压时，应发告警信号，并闭锁可能误动的保护

注　对不设置发电机断路器的升压变压器、高压侧直接与发电机母线连接的励磁变压器或厂用电变压器，表中的变压器保护跳闸对象尚需包括跳发电机磁场断路器停机。

表3-2　　　　　　　　　水电厂厂用电变压器保护配置及要求

序号	保护名称	配置要求
一、高压厂用电变压器		
1	瓦斯保护	0.4MVA及以上油浸式变压器应装设瓦斯保护。其他要求见表3-1，序号1
2	变压器内部故障及引出线相间短路故障主保护	6.3MVA及以上的高压厂用变压器应装设纵差保护。6.3MVA以下的高压厂用变压器，应在电源侧装设电流速断保护，当电流速断保护灵敏度不满足要求时，也可装设纵差动保护。保护瞬时动作于断开各侧变压器
3	相间短路后备保护	应装设过流保护，作为变压器及相邻元件相间短路故障的后备保护。保护装于电源侧，可设两个或三个时限。其他要求见表3-1，序号3
4	过负荷保护	根据可能过荷情况，可装设对称过负荷保护，保护装于高压侧，带时限动作于信号
5	单相接地保护	变压器高压侧接于不直接接地系统（或经消弧线圈接地）时，电源侧可与其引接母线共用单相接地保护，不另设单相接地保护。变压器高压侧接于110kV及以上中性点直接接地的电力系统时，应装设零序电流和零序电压保护，保护带时限动作于断开变压器各侧断路器。变压器低压侧为不接地系统时，应装设接地指示装置（绝缘检查与监测），可与电压侧母线单相接地指示装置共用

序号	保护名称	配置要求
6	温度保护	应装设反应变压器油温及绕组温度升高的温度保护。油浸式变压器绕组温度保护动作于信号,油温保护分为温度升高和温度过高两级,温度升高动作于信号,温度过高动作于断开变压器各侧断路器。干式变压器绕组温度保护分为温度升高和温度过高两级,温度升高动作于信号,温度过高动作于断开变压器各侧断路器

二、低压厂用电变压器

序号	保护名称	配置要求
1	瓦斯保护	0.4MVA 及以上油浸式变压器应装设瓦斯保护。其他要求见表 3-1,序号 1
2	变压器内部故障及引出线相间短路故障主保护	应装设电流速断保护,作为变压器绕组及高压侧引出线相间短路故障的主保护。保护瞬时动作于断开低压厂用电变压器各侧断路器。低压厂用电变压器容量在 2MVA 及以上,当电流速断保护灵敏度不满足要求时,也可装设纵联差动保护
3	相间短路后备保护	应装设过电流保护,作为变压器及相邻元件相间短路故障的后备保护。保护装于电源侧,可设两个或三个时限。其他要求见表 3-1,序号 3
4	单相接地保护	(1)变压器高压侧可与其引接母线共用单相接地保护,不另设单相接地保护。 (2)变压器低压侧(0.4kV)中性点直接接地时,应装设零序过电流保护,见表 3-1,序号 6
5	温度保护	同高压厂用电变压器

注 1. 不经断路器直接与发电机母线连接的励磁变压器或厂用电变压器,表中的变压器保护跳闸对象尚需包括跳发电机磁场断路器停机。
　　2. 互感器断线保护见表 3-1。

表 3-3　　　　　　　　　　　　水电厂励磁变压器保护配置及要求

序号	保护名称	配置要求
1	瓦斯保护	0.4MVA 及以上油浸式变压器应装设瓦斯保护。轻瓦斯动作于信号,重瓦斯动作于停机,其他见表 3-1,序号 1
2	变压器内部故障及引出线相间短路故障主保护	6.3MVA 及以上的励磁变压器应装设纵差保护。6.3MVA 以下的励磁变压器,应在高压侧装设电流速断保护,当电流速断保护灵敏度不满足要求时,也可装设纵差动保护。保护瞬时动作于停机
3	相间短路后备保护	应装设过电流保护。带时限动作于停机
4	温度保护	同高压厂用电变压器。温度升高动作于信号,温度过高动作于停机

注 1. 励磁变压器高压侧无断路器,直接与发电机母线连接。
　　2. 互感器断线保护见表 3-1。

3.2　变压器内部故障主保护

变压器内部故障主保护,通常是指变压器绕组、套管及引出线的相间短路、中性点接地侧单相接地短路、绕组匝间或层间短路故障,以及局部过热及油箱过压等故障的主保护。在变压器发生上述故障时,作为变压器的主保护应能以最快速度动作于断开变压器各侧断路器,切断变压器与外部电源的连接,以尽可能避免或减少变压器的损坏及对电力系统正常运行的影响,满足电力系统稳定、保证电力系统无故障部分继续运行和设备安全的要求。

有关规程对变压器故障主保护的配置及要求已如 3.1 节所述，根据变压器的电压及容量等级，短路故障主保护可选用纵差或电流速断保护。在单相接地灵敏度不足或为提高保护的灵敏度和可靠性，可增设零序差动保护，如对自耦变压器。对每个绕组两端有引出的大型变压器，为提高保护的灵敏度和可靠性，可增设分侧差动保护。变压器非电量故障保护按有关规程要求应设置瓦斯、温度及油箱压力保护。下面叙述保护的具体配置、保护原理、接线及整定计算。

3.2.1 变压器的纵差保护

变压器应按照有关规程要求配置纵差保护，作为变压器绕组、套管、引出线的相间故障、绕组匝间短路故障及中性点接地侧单相接地故障的主保护。按照规程对变压器短路故障主保护的配置及要求，10kV 以上、容量 10MVA 以上的变压器，短路故障主保护应采用纵差保护。对 10kV 的重要变压器，当电流速断保护灵敏度不符合要求时也可采用纵差保护。纵差保护动作瞬时断开变压器各侧断路器。220kV 及以上的变压器装设数字式保护时，除非电量保护外，应采用双重化保护配置。当断路器具有两组跳闸线圈时，两套保护宜分别动作于断路器的一组跳闸线圈。纵差保护应能躲过励磁涌流和外部短路产生的不平衡电流，在变压器过励磁时不应误动，在电流回路断线时应发出断线信号、允许差动保护动作跳闸。纵差保护范围应包括变压器绕组、套管、引出线并宜包括各电压侧的断路器。如不能包括引出线时，则应与相邻元件主保护（如母线差动、发电机差动等保护）相互搭接，并要求搭接有效，在其发生故障时应有效地切除故障；也可采用快速切除故障的辅助措施。

图 3-1 是 YNd11 两绕组变压器采用微机保护装置的纵差保护交流回路接线示例。本示例变压器断路器两侧均配置保护用电流互感器（图中未表示），纵差保护的电流互感器设置在断路器外侧，使变压器绕组、套管及至断路器的引出线均属差动保护范围，不出现保护死区（可参见 10.3 节）。变压器两侧电流互感器二次侧均采用 Y 接线，极性及电流回路接线如图所示（标黑点端为同极性端）。变压器 YNd 接线产生的两侧电流相位差，及两侧电流互感器变比不同产生的稳态误差，由微机保护装置进行补偿修正。保护反应变压器两侧的电流差或其相关量而动作。变压器正常负荷运行或保护区外部相间短路时，YN 侧电流方向与图示相反，纵差保护装置感受

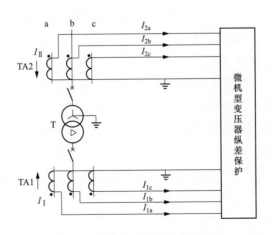

图 3-1 两绕组变压器的纵差保护

的变压器两侧的电流差为数值不大的不平衡电流,纵差保护不动作。在包括变压器内部及其引出线的差动保护区内发生短路故障时,如在中性点接地的 YN 侧有电源情况下,YN 侧引出端发生三相短路时,YN 侧将出现与图 3-1 所示方向相同的短路电流,保护装置感受的差电流为变压器两侧的电流和,使保护动作。变压器绕组内部发生相间或匝间短路时,变压器引出线将出现可使纵差保护动作的短路电流(参见附录 C)。故变压器的纵差保护可反应保护区内变压器的三相、相间、中性点接地侧单相接地短路及匝间短路。

发电厂升压变压器的低压侧母线可能接有厂用电变压器。发电机容量较大的电厂,厂用电变压器高压侧通常不设置断路器而直接与升压变压器的低压母线连接,此时厂用电变压器高压侧引线及部分绕组将进入升压变压器的纵差保护范围,厂用电变压器仍按规定设置变压器保护,厂用电变压器事故时,厂用电变压器保护动作使升压变压器各侧断路器跳闸。厂用电变压器高压侧经断路器与升压变压器低压母线连接时(通常为发电机容量相对较小的电厂),厂用电变压器通常不包括在变压器纵差的保护范围,而将厂用电变压器高压侧电流纳入变压器电流差动回路,或发电机-变压器组纵差保护的电流差动回路。

变压器的纵差保护与发电机纵差保护在原理上基本相同,但由于变压器纵差保护有其与发电机不同的特点,使得变压器纵差保护需增加一些相关的判据。

3.2.1.1 变压器纵差保护的特点

与发电机相比,变压器纵差保护有如下的特点。

(1)变压器纵差保护的电流差动回路有很大的不平衡电流。不平衡电流主要来自:

1)变压器的励磁涌流。由变压器的 T 型等值电路可知,变压器的励磁电流为变压器两侧电流差,是差动保护的不平衡电流。正常情况下,这个电流不大(通常不大于额定电流的百分之几)。但在切除外部短路的电压恢复过程、空载变压器投入系统突然加电压的暂态过程中,由于变压器铁芯饱和将使励磁电流激增,其值可达额定电流的 6~8 倍,通常称其为励磁涌流,为差动保护的不平衡电流。

2)变压器各侧不同型号、不同变比的电流互感器。变压器由于各侧额定电压不同,差动保护用电流互感器通常不可能同型号、同变比,各侧电流互感器的变比通常也不可能满足按额定值的计算要求,使得各侧电流互感器有不同的稳态及暂态特性,造成差动保护较大的不平衡电流,特别是外部短路时,在具有非周期分量的短路电流作用下电流互感器饱和时的暂态不平衡电流将具有更大的数值。

3)对需要改变分接头运行或带负荷调压的变压器,按额定电压整定的变压器差动保护在分接头改变或调压时将出现不平衡电流。

4)变压器在过电压或低频率或过电压且低频率下过励磁运行时,励磁电流将激增,将使纵差保护出现很大的不平衡电流。

由于变压器纵差保护的不平衡电流(特别是励磁涌流)很大,不能以躲开最大不平衡电流整定保护动作整定值的方式来防止保护误动,而需要考虑其他的防误动措施。如采取相应的闭锁措施(如涌流闭锁)等。

(2)变压器纵差保护可以反映变压器绕组匝间短路故障,灵敏度取决于保护的最小动作电流。由附录 C 给出的变压器短路电流在变压器引出线上的分布情况可知，变压器绕组发生匝间短路时，短路电流仅在变压器一侧引出线出现，成为纵差保护的动作电流。故变压器的纵差保护可反应变压器绕组内部匝间短路。但由附录 C 的分析及图 C-8 可知，匝间短路时引出线上的短路电流正比于 σ（短路匝占绕组总匝数的百分数），在短路匝数较少时，引出线电流将很小，保护可能拒动，故纵差保护对变压器绕组内部匝间短路将存在保护死区，死区的大小取决于保护最小动作电流的整定值。因此，变压器装设纵差保护后，尚需要设置反应变压器内部故障的瓦斯保护作为变压器短路故障主保护。但由于瓦斯保护在变压器匝间短路时的速动性远低于纵差保护，故通常要求纵差保护应尽可能取较小的保护整定值，以对变压器绕组匝间短路有较高的灵敏度。为此在纵差保护装置中，需要对减少或避免不平衡电流对保护整定的影响以降低变压器纵差保护动作电流的整定值作相关的考虑。

目前，变压器纵差保护在防止不平衡电流下误动及减少或避免不平衡电流对保护整定值的影响方面的措施，主要在差动保护装置中采用外部短路电流或其相关量制动原理及涌流闭锁原理，对超高压（如 500kV 电压）大容量变压器通常尚设置过励磁闭锁。采用外部短路电流或其相关量制动原理的变压器纵差保护与发电机纵差保护类似，目前主要采用比率制动式纵联差动保护、标积制动式纵联差动保护及故障分量比率制动式纵差保护等类型的保护装置，见 2.2.1。纵差保护的涌流闭锁主要利用励磁涌流的特征量，判断变压器是否运行于涌流状态，并在变压器出现涌流期间闭锁纵差保护动作，避免保护误动，此时保护的动作电流不需按躲过涌流造成的不平衡电流整定。纵差保护的过励磁闭锁主要采用励磁电流的五次谐波闭锁。

3.2.1.2　变压器纵差动保护的比率制动

变压器纵差保护目前使用较多的是比率制动式纵联差动保护，其基本原理见发电机保护 2.2.1.2。当变压器各侧电流以流入变压器为正向、电流互感器采用图 3-1 的接线及同极性端时（具体应用时，电流的正方向、电流互感器同极性端的安排及与保护装置间的接线，通常需按照所选用的保护装置产品技术文件要求确定），比率制动式的变压器纵差保护的动作电流（也称差动电流）I_{op} 及制动电流 I_{res} 通常可取为：

（1）对两侧差动为

$$\left.\begin{aligned} I_{op} &= |\dot{I}_1 + \dot{I}_2| \\ I_{res} &= \frac{|\dot{I}_1 - \dot{I}_2|}{2} \end{aligned}\right\} \tag{3-1}$$

（2）对三侧差动为

$$\left.\begin{aligned} I_{op} &= |\dot{I}_1 + \dot{I}_2 + \dot{I}_3| \\ I_{res} &= \max\{|\dot{I}_1|, |\dot{I}_2|, |\dot{I}_3|\} \end{aligned}\right\} \tag{3-2}$$

式中：I_1、I_2、I_3 为变压器 1、2、3 侧电流互感器二次侧电流，为经平衡系数调整及相位补偿后折算至变压器基准侧的电流。式（3-2）中的 I_{res} 也有取为 $I_{res} = (|I_1| + |I_2| + |I_3|)/2$。由于变压器各侧电流互感器变比或联结组别的不同，电流互感器二次电流需经平衡系数调整及相位

补偿折算至变压器基准侧（对微机保护由保护装置完成）后再进入保护计算。调整及补偿后的各侧电流，在正常运行及外部短路时，在保护装置中相互平衡，由式（3-1）或式（3-2）计算的 $I_{op} \approx 0$（仅有不平衡电流）。平衡系数调整通常以变压器某一侧作为基准侧，其他侧的二次电流均按基准侧电压及电流互感器变比进行折算。详见 DL/T 684《大型发电机变压器继电保护整定计算导则》或保护装置厂家的产品技术文件。保护整定计算中，通常以基准侧进行计算，包括取基准侧的额定电压、电流作为变压器的额定电压 U_{tn}、额定电流 I_{tn} 等。

当纵差保护采用一段固定斜率的制动特性时，保护的动作判据（动作方程）是

$$\left.\begin{array}{ll} I_{op} \geqslant I_{op.0} & I_{res} \leqslant I_{res.0} \text{ 时} \\ I_{op} \geqslant I_{op.0} + S(I_{res} - I_{res.0}) & I_{res} > I_{res.0}，且 I_{op} < I_{op.i} \text{ 时} \\ I_{op} \geqslant I_{op.i} & \end{array}\right\} \quad (3\text{-}3)$$

式中：$I_{op.0}$ 是差动保护最小动作电流整定值；$I_{res.0}$ 是最小制动电流整定值；S 是制动特性斜线段的斜率；$I_{op.i}$ 差动速断的动作电流整定值。

采用一段固定斜率及配置差动速断的变压器纵差保护制动特性见图 3-2，由水平段及斜线段

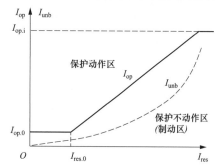

图 3-2　变压器纵差保护的制动特性

组成，图中 I_{unb} 是差动保护的不平衡电流。对应于 $I_{op.0}$ 的水平段与斜线段相交点对应的制动电流称最小制动电流 $I_{res.0}$（也称拐点电流），当保护的制动电流小于最小制动电流 $I_{res.0}$ 时，制动电流对保护动作不起制动作用。斜线段为比率制动段，在比率制动段，保护动作电流将随制动电流按斜线的斜率线性增大，斜线段的斜率按最大外部短路电流时保护的动作电流大于此时流过保护的最大不平衡电流整定，以保证外部故障时保护不动作。内部短路时，流过保护的动作电流为变压器各侧电流之和，保护在流过的动作电流满足式（3-3)的动作条件时动作。为防止在保护区内发生严重短路时，因电流互感器饱和可能使纵差保护受闭锁而延迟动作或拒动，变压器纵差保护通常（如 220～500kV 变压器）配置差动速断，当某一相差动电流（即动作电流）I_{op} 大于差动速断的整定值 $I_{op.i}$ 时，保护瞬时动作跳各侧三相断路器而不受制动电流的影响，快速的切除短路故障。

根据电厂要求，制动特性也可以采用两段不同斜率的制动特性，在外部短路电流较大时取较大的斜率。也可以采用可变斜率的制动特性。其他制动原理或其他原理的变压器纵差保护，如标积制动、故障分量比率制动等，可参见其有关文献或制造厂的技术资料。

3.2.1.3　变压器的励磁涌流及纵差保护的涌流闭锁

以空载变压器投入无穷大系统为例。空载变压器（为方便分析，设绕组匝数为 1）在电网正弦电压 u 下投入系统的暂态过程，可用式（3-4）描述

$$u = ir + \frac{\mathrm{d}\Phi}{\mathrm{d}t} = U_m \sin(\omega t + \psi_0) \quad (3\text{-}4)$$

式中：i 为变压器励磁电流；r 为变压器绕组（合闸侧）电阻；Φ 为与变压器绕组（合闸侧）交链的磁通；ψ_0 为合闸瞬间电源电压的初相角。为简化分析，在计算考虑的某一时间段内，暂态

过程中变压器的铁芯磁化特性按线性考虑，有 $i\Phi/L$，L 为铁芯线圈或变压器绕组（合闸侧）的自感系数。代入式（3-4）得

$$\frac{\mathrm{d}\Phi}{\mathrm{d}t} + \frac{r}{L}\Phi = U_\mathrm{m}\sin(\omega t + \psi_0) \tag{3-5}$$

对电力变压器通常有 $r \ll L$，故上式第 2 项可忽略不计，而有

$$\frac{\mathrm{d}\Phi}{\mathrm{d}t} = U_\mathrm{m}\sin(\omega t + \psi_0) \tag{3-6}$$

对上式积分后得

$$\Phi = -\frac{U_\mathrm{m}}{\omega}\cos(\omega t + \psi_0) + C \tag{3-7}$$

式中：C 为积分常数。

当假设合闸前时（$t=0$）铁芯中的剩磁为 Φ_r，$t=0$ 时，由式（3-7）有 $\Phi = \Phi_\mathrm{r} = -\Phi_\mathrm{m}\cos\psi_0 + C$，即 $C = \Phi_\mathrm{m}\cos\psi_0 + \Phi_\mathrm{r}$，其中 $\Phi_\mathrm{m} = U_\mathrm{m}/\omega$ 是变压器施加电压 u 时，铁芯中稳态磁通的幅值。将 C 的计算式代入式（3-7），得变压器空载合闸时铁芯中的磁通为

$$\Phi = -\Phi_\mathrm{m}\cos(\omega t + \psi_0) + \Phi_\mathrm{m}\cos\psi_0 + \Phi_\mathrm{r} \tag{3-8}$$

若变压器在 $\psi_0=0$ 时（即在外加电压过 0 时）合闸，由式（3-8）可得

$$\Phi = -\Phi_\mathrm{m}\cos\omega t + \Phi_\mathrm{m} + \Phi_\mathrm{r} \tag{3-9}$$

在合闸后半周期，$\cos\omega t = \cos 180° = -1$，由式（3-9）有

$$\Phi = -\Phi_\mathrm{m}\cos\omega t + \Phi_\mathrm{m} + \Phi_\mathrm{r} = 2\Phi_\mathrm{m} + \Phi_\mathrm{r} \tag{3-10}$$

此时变压器铁芯达最大磁通，其数值达稳态磁通的幅值 Φ_m 的 2 倍以上。变压器铁芯正常电压下的工作磁通通常已接近励磁特性的非线性段，由图 3-3 的变压器的励磁特性可见，磁通成倍地增加，将使变压器励磁电流激增，即出现励磁涌流。

当计及式（3-5）的第 2 项时，微分方程的解将出现按指数规律衰减的自由分量，此时式（3-9）改为

$$\Phi = -\Phi_\mathrm{m}\cos\omega t + (\Phi_\mathrm{m} + \Phi_\mathrm{r})\mathrm{e}^{-\frac{r}{L}t} = \Phi' + \Phi'' \tag{3-11}$$

式中：Φ' 为磁通的稳态分量；Φ'' 为磁通的暂态分量。此时式（3-11）中的 Φ_m 为

$$\Phi_\mathrm{m} = \frac{U}{\sqrt{\omega^2 + (r/L)^2}} \tag{3-12}$$

图 3-3 给出考虑了暂态磁通衰减时间常数后，在电压过 0（$\psi_0=0$）时合闸的空载变压器铁芯磁通及励磁电流的变化过程。在励磁特性的线性段附近，大型变压器的 r/L 通常较小，暂态磁通衰减较慢。

由于三相电压相角互差 120°，故三相变压器合闸时总有一相处于较小的电压初始角下，而有较大的合闸电流。由式（3-8），若合闸时的电压初始角 $\psi_0=90°$，当认为剩磁 $\Phi_\mathrm{r}=0$ 时，合闸后即建立稳态磁通，不发生暂态过程，此时合闸电流为变压器的稳态空载电流。

分析与实际试验表明，变压器空载合闸暂态过程中的励磁涌流具有与变压器内部短路电流不同的下列特征：

（1）励磁涌流有很大成分的非周期分量，其初始阶段波形畸变、有较大的涌流峰值，波形

偏于时间轴一侧、有较大的间断角。励磁涌流波形中相邻的两波峰间有一个电流很小的时间段（参见图 3-2），忽略该电流时，可认为励磁涌流是间断的波形，间断时间对应于一个电角度，称为励磁涌流的间断角，并通常以一个周期内间断时间对应的电角度计算。表 3-4 为三相变压器（由三个单相变压器组成）在不同的剩磁及合闸初始条件下励磁涌流的分析数据[3,4]。分析及试验表明，变压器励磁涌流的波形畸变及间断角，远大于变压器内部短路时的数值。

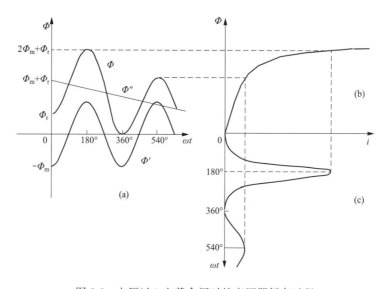

图 3-3　电压过 0 空载合闸时的变压器暂态过程

（a）磁通变化波形；（b）铁芯的磁化特性；（c）励磁电流波形

（2）励磁涌流含大量的高次谐波，在各次谐波中，以二次谐波成分最大，且总大于变压器内部短路电流中的二次谐波分量（可参见表 3-4 及表 3-5 的变压器励磁涌流谐波分量试验例和表 3-6 的变压器内部短路电流的谐波分量）。

表 3-4　　　　　　　　　三相变压器励磁涌流的间断角及二次谐波分量

项目	相别	分析的组别					
		1	2	3	4	5	
间断角 （°）	A	90	128.6	128.9	78.6	53.6	各组的合闸初始条件：ψ_0 合闸角； Φ_r 剩磁（以 Φ_m 为基准）： 1 组：$\psi_{0a}=0°$，$\Phi_{ra}=0.6$，$\Phi_{rb}=\Phi_{rc}=-0.6$； 2 组：$\psi_{0a}=30°$；Φ_r 同 1 组； 3 组：$\psi_{0a}=0°$；$\Phi_{ra}=0.5$，$\Phi_{rb}=\Phi_{rc}=0$； 4 组：$\psi_{0a}=0°$；$\Phi_{ra}=0.7$，$\Phi_{rb}=\Phi_{rc}=-0.7$； 5 组：$\psi_{0a}=0°$；$\Phi_{ra}=0.9$，$\Phi_{rb}=\Phi_{rc}=-0.9$
	B	60	68.6	125.5	49.6	28.4	
	C	90	77.1	128.9	78.6	53.6	
二次谐波， （相对于基波分量）	A	0.164	0.186	0.172	0.148	0.121	
	B	0.425	0.316	0.732	0.376	0.281	
	C	0.164	0.136	0.172	18.4	0.121	
涌流峰值 （相对于基波分量）	A	1.958	1.895	1.874	1.961	1.980	
	B	1.155	1.620	1.537	1.129	1.090	
	C	1.958	1.956	1.874	1.961	1.980	

表 3-5　　　　　　　　　变压器励磁涌流中的谐波分量　　　　　　　　　（%）

试验次数	1	2	3	4
基波	100	100	100	100

试验次数	1	2	3	4
二次谐波	36	31	50	23
三次谐波	7	6.9	3.4	10
四次谐波	9	6.2	5.4	—
五次谐波	5	—	—	—
直流分量	66	80	62	73

表 3-6   变压器内部短路电流的谐波分量   （%）

谐波	0	1	2	3	4	5
电流互感器不饱和	38	100	9	4	7	4
电流互感器饱和	0	100	4	32	9	2

注 谐波分量以基波分量为基准的百分数表示。

故为避免励磁涌流对纵差保护的影响，可利用励磁涌流相对于变压器内部短路故障有较大的间断角、二次谐波或波形畸变的这些特征，识别变压器是否运行于涌流状态，并在变压器涌流期间闭锁纵差保护动作，防止保护在涌流下误动。

目前微机保护装置中常用的涌流闭锁主要有波形比较闭锁（也称波形畸变闭锁）、二次谐波闭锁及间断角闭锁等。保护通过对每相差动电流的检测，当二次谐波电流、间断角或某相的波形不对称度超过整定值时，同时闭锁三相（或仅闭锁本相）的比率差动保护。

由表 3-4 可见，励磁涌流间断角的大小及二次谐波分量的数值主要与变压器的剩磁及合闸初始角等有关，对三相变压器，空载合闸时各相励磁涌流的最大间断角及二次谐波分量数值通常也有较大差别，变压器三相的励磁涌流有不同的波形，在相同的闭锁整定值下，涌流发生时并非三相的涌流闭锁均动作，采用闭锁本相保护方式，将有利于对闭锁期间变压器故障进行保护。

涌流识别及闭锁尚有其他方法，读者可参见其相关的资料。

3.2.1.4 变压器纵联差动保护的过励磁闭锁

正如 2.12 节对发电机定子铁芯过励磁的分析，变压器在过电压或低频率或过电压且低频率下运行时，变压器铁芯由于磁密的增大而饱和，励磁电流激增（见图 3-4），使保护出现很大的不平衡电流，故纵差保护需设置过励磁闭锁以防止误动，并通常用于 500kV 超高压变压器。

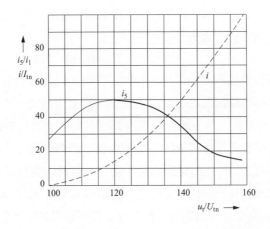

图 3-4 变压器过电压时的励磁电流及其中 5 次谐波分量

图 3-4 是变压器励磁电流及励磁电流中 5 次谐波随过电压值变化的一个示例。图中，i 为励磁电流，i_1、i_5 为基波、5 次谐波电流，I_{tn} 为变压器额定电流，u_t 为变压器运行电压，U_{tn} 为变压器额定电压。由图可见，变压器过励磁时，励磁电流中包含有较大的 5 次谐波分量，在过电压达 140% 时，仍有 35%，远大于变压器内部短路时短路电流的 5 次谐波成分。故可利用过励磁下变压器励磁电流的这个特征，在保护差动电流出现较大的 5 次谐波分量时，闭锁比率纵差保护动作，以防止保护误动。

过励磁闭锁通常在三相中设置，由于变压器过励磁在三相中基本是相同的，故在任一相的 5 次谐波大于整定值时，同时闭锁三相的比率纵差保护。

3.2.1.5 变压器纵联差动保护的整定计算

变压器纵差保护的整定通常包括制动特性的整定、差动速断的整定、涌流和过励磁闭锁的整定及保护装置生产厂家需要的某些整定等，并需要按规程的要求校验保护的灵敏系数。

（1）制动特性的整定。采用一段固定斜率制动特性的变压器比率制动式纵差保护需要计算整定三个参数：保护最小动作电流 $I_{op.0}$、制动特性拐点的制动电流 $I_{res.0}$ 及制动特性的斜率 S。按照 DL/T 684《大型发电机变压器继电保护整定计算导则》，其整定值可计算如下。

1）保护最小动作电流 $I_{op.0}$ 的计算。比率制动式纵差保护最小动作电流 $I_{op.0}$ 按躲开变压器额定负荷时的最大不平衡电流整定。

$$I_{op.0} \geqslant K_{rel}(K_{er} + \Delta U + \Delta m)I_{tn}/n_a \tag{3-13}$$

式中：K_{rel} 为可靠系数，可取 1.3~1.5；K_{er} 为电流互感器的比误差，10P 型取 0.03×2，5P 型、TP 型取 0.01×2；ΔU 变压器调压引起的误差，取调压范围中偏离额定值的最大值（百分值）；Δm 由于电流互感器与保护装置内的辅助电流互感器变比未完全匹配产生的误差，一般取 0.05，微机保护可取 0.02；I_{tn} 为变压器基准侧额定电流；n_a 为该侧电流互感器变比。在工程实用整定计算中可选取 $I_{op.0} = (0.3 \sim 0.6)I_{tn}/n_a$。根据实际情况（如现场实测不平衡电流），最小动作定值必要时也可以大于 $0.6 I_{tn}/n_a$。

2）制动特性拐点的制动电流 $I_{res.0}$（也称起始制动电流）整定。当保护最小动作电流按式（3-13）整定时，在变压器负荷电流或外部短路电流等于或小于变压器额定电流情况下，差动保护的不平衡电流将小于按式（3-13）整定的保护最小动作电流，此时保护不必具有制动特性。故制动特性拐点的制动电流 $I_{res.0}$ 可取为

$$I_{res.0} = (0.4 \sim 1.0)I_{tn}/n_a \tag{3-14}$$

另外，在内部短路时保护并不需要带制动特性，特别在内部短路电流较小时，从提高保护灵敏度考虑，希望保护动作电流仅取决于短路电流而不受制动电流的影响，即希望制动电流不起作用，由此考虑，$I_{res.0}$ 可取较大的数值。但在外部短路时，差动保护的不平衡电流将随短路电流增大而增加，并需考虑暂态误差引起的不平衡电流，短路电流的非周期分量将加重电流互感器的饱和程度。故当按式（3-13）整定保护最小动作电流时，为保证在外部电流或发电机正常运行时保护不动作，制动特性拐点的制动电流 $I_{res.0}$ 不宜大于式（3-14）的计算值。

3）制动特性斜率 S 的整定计算。制动特性斜率 S 按变压器外部最大短路电流时保护不误动进行计算整定。故整定的制动特性，应使得变压器外部最大短路电流对应的保护动作电流大于

此时流过保护的不平衡电流。

a. 变压器外部最大短路电流时流过保护的不平衡电流计算。对两绕组变压器和三绕组变压器，有不同的计算公式。

两绕组变压器外部最大短路电流时流过保护的不平衡电流 $I_{\text{unb.max}}$ 可计算为

$$I_{\text{unb.max}} = (K_{\text{ap}}K_{\text{cc}}K_{\text{er}} + \Delta U + \Delta m)I_{\text{k.max}}/n_{\text{a}} \tag{3-15}$$

式中：K_{ap} 为考虑非周期分量影响系数，两侧同为 TP 级的电流互感器取 1.0，两侧同为 P 级的电流互感器取 1.5～2.0；K_{cc} 为电流互感器同型系数，取 1.0；K_{er} 为电流互感器的比误差，取 0.1；ΔU 为变压器调压引起的误差，取调压范围中偏离额定值的最大值（百分值）；Δm 为变压器两侧电流互感器及保护装置内的辅助电流互感器的二次电流经平衡系数平衡后，由于变比尚未完全匹配产生的误差，一般取 0.05，微机保护可取 0.02；$I_{\text{k.max}}$ 为外部短路时，最大穿越短路电流周期分量；n_{a} 为电流互感器变比。

三绕组变压器外部最大短路电流时流过保护的不平衡电流 $I_{\text{unb.max}}$ 可计算为（以低压侧外部短路为例说明）

$$I_{\text{unb.max}} = K_{\text{ap}}K_{\text{cc}}K_{\text{er}}I_{\text{k.l.max}}/n_{\text{a}} + \Delta U_{\text{h}}I_{\text{k.h.max}}/n_{\text{a.h}} + \Delta U_{\text{m}}I_{\text{k.m.max}}/n_{\text{a.m}}$$
$$+ \Delta m_{\text{I}}I_{\text{k.I.max}}/n_{\text{a.h}} + \Delta m_{\text{II}}I_{\text{k.II.max}}/n_{\text{a.m}} \tag{3-16}$$

式中：K_{ap}、K_{cc}、K_{er} 含义及取值同式（3-15）；ΔU_{h}、ΔU_{m} 为变压器高、中压侧调压引起的相对误差（相对额定电压），取调压范围中偏离额定值的最大值（百分值）；Δm_{I}、Δm_{II} 为电流互感器及保护装置内的辅助电流互感器的二次电流经平衡系数平衡后，由于变比尚未完全匹配产生的误差，一般取 0.05，微机保护可取 0.02；$I_{\text{k.l.max}}$ 为外部短路时，流过靠近故障侧（本例为低压侧）电流互感器的最大穿越短路电流周期分量；$I_{\text{k.h.max}}$、$I_{\text{k.m.max}}$ 为（低压侧）外部短路时，流过高、中压侧电流互感器的短路电流周期分量；$I_{\text{k.I.max}}$、$I_{\text{k.II.max}}$ 为外部短路时，流过非靠近故障点两侧电流互感器的短路电流周期分量；n_{a}、$n_{\text{a.m}}$、$n_{\text{a.h}}$ 为低、中、高压侧电流互感器变比。

b. 制动特性斜率 S 计算。在变压器外部最大短路电流为 $I_{\text{k.max}}$ 时，保护制动电流 $I_{\text{res.max}}$ 由式（3-1）或式（3-2）可计算为

$$I_{\text{res.max}} = I_{\text{k.max}}/n_{\text{a}} \tag{3-17}$$

按变压器流过外部最大短路电流时保护的动作电流大于不平衡电流整定的制动特性斜率 S，对如图 3-2 所示的一段固定斜率的制动特性，可计算为

$$S = \frac{K_{\text{rel}}I_{\text{unb.max}} - I_{\text{op.0}}}{I_{\text{res.max}} - I_{\text{res.0}}} = \frac{K_{\text{rel}}I_{\text{unb.max}} - I_{\text{op.0}}}{(I_{\text{k.max}}/n_{\text{a}}) - I_{\text{res.0}}} \tag{3-18}$$

式中：K_{rel} 为可靠系数，取 1.3～1.5。一般取 $S=0.3～0.5$。

制动电流 I_{res} 的选择原则应使外部故障时保护得到较大的制动电流，而内部故障时整定电流较小。两段不同斜率制动特性或变斜率制动特性的比率制动式差动保护，可按照相关产品制造厂的技术要求进行整定。

4）保护灵敏系数计算。纵差保护的灵敏系数按最小运行方式下差动保护区内变压器引出线上两相金属性短路计算。根据计算的最小短路电流 $I_{\text{k.min}}^{(2)}$ 和相应的制动电流 I_{res}，在制动特性曲线上查到对应的动作电流 I_{op}'，则灵敏系数可计算为

$$K_{sen} = \frac{I_{k.min}^{(2)}}{I'_{op} n_a} \tag{3-19}$$

要求式中 $K_{sen} \geqslant 1.5$。

（2）差动速断的整定。差动速断动作电流 I_{op} 按躲过变压器可能产生的最大励磁涌流或外部短路最大不平衡电流 $I_{unb.max}$ 整定，一般取

$$I_{op} = K I_{tn} / n_a \tag{3-20}$$

式中：I_{tn} 为变压器基准侧额定电流；K 为倍数，视变压器容量和系统电抗大小的推荐值（见 DL/T 684）6300kVA 及以下为 7～12，6300～31500kVA 为 4.5～7.0，40000～120000kVA 为 3.0～6.0，120000kVA 及以上为 2.0～5.0。差动速断保护的灵敏系数按正常运行方式保护安装处电源侧两相短路计算灵敏系数，$K_{sen} \geqslant 1.2$。

（3）二次谐波及间断角涌流闭锁整定。

1）二次谐波涌流闭锁的整定。变压器纵差保护以差动电流中的二次谐波含量来识别励磁涌流，并在变压器出现励磁涌流时，闭锁差动保护。判别方程为

$$I_{op.2} > K_2 I_{op.1} \tag{3-21}$$

式中：$I_{op.2}$ 为差动电流中的二次谐波电流；$I_{op.1}$ 为差动电流中的基波电流；K_2 通常称为二次谐波制动系数。按照 DL/T 684，二次谐波制动系数可整定为 15%～20%，一般推荐整定为 15%。当某相差动电流中的二次谐波电流满足式（3-21）时，闭锁三相或本相差动保护。

2）间断角涌流闭锁的整定。对以差动电流中的间断角来识别励磁涌流的变压器纵差保护，DL/T 684 推荐闭锁角整定值可取为 60°～70°。当某相差动电流出现大于整定值的间断角时，闭锁三相或本相差动保护。

（4）过励磁闭锁（5 次谐波闭锁）整定。变压器纵差保护以差动电流中的 5 次谐波含量来识别变压器过励磁，并在变压器过励磁时，闭锁差动保护。判别方程为

$$I_{op.5} > K_5 I_{op.1} \tag{3-22}$$

式中：$I_{op.5}$ 为三个相的差动电流中最大的 5 次谐波电流；$I_{op.1}$ 为三个相的差动电流中最大的基谐波电流；K_5 通常称为 5 次谐波制动系数，一般可整定为 25%～35%。当差动电流中的 5 次谐波电流满足式（3-22）时，闭锁三相差动保护。

3.2.1.6 变压器纵联差动保护逻辑图示例

图 3-5 是微机型比率制动式变压器纵差保护装置产品的逻辑图示例（未表示硬、软连接片投入的相关逻辑）。保护装置输入为变压器差动保护的各侧电流互感器二次电流（最多为六侧）。变压器各侧电流互感器二次侧均采用 Y 接线，变压器 YNd、Yd 接线产生的两侧电流相位差，以及两侧电流互感器变比不同产生的稳态误差，均由微机保护装置进行补偿修正。

5 次谐波闭锁、电流互感器断线可通过投退控制字进行投退，通过选择控制字可选择二次谐波闭锁或波形畸变闭锁，电流互感器断线投入闭锁差动保护与否可通过闭锁控制字可进行选择。比率差动、差动速断均设置启动条件，当三相最大差动电流大于 0.8 倍最小动作电流时，差动启动元件动作，允许比率差动保护出口；速断启动元件在三相最大差动电流大于 0.8 倍速断整定值时动作，允许速断保护出口。

电流互感器断线判别程序在任一相差动电流大于 0.15 倍额定电流时启动，当满足下列三条

件时认为电流互感器断线：本侧三相电流中至少一相电流不变，最大相电流小于1.2倍的额定电流，本侧三相电流中至少有一相电流为0。

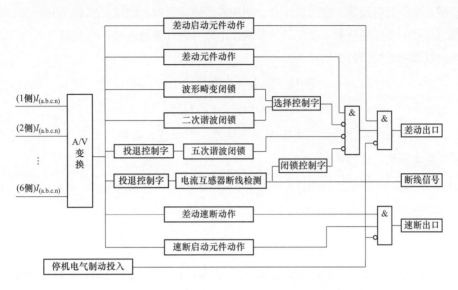

图 3-5　微机型比率制动式变压器纵差保护逻辑图示例

3.2.2　变压器的分侧差动保护

分侧差动保护是对变压器按一侧每相绕组设置差动保护，保护以比较一侧每相绕组两端引出线电流对变压器该侧的相间及单相接地短路故障进行保护，有较高的灵敏度及可靠性，适用于需要提高保护灵敏度及可靠性的、每个绕组两端有引出的大型变压器。此时绕组的两端需分别装设电流互感器（宜采用类型及变比相同的电流互感器），如图 3-6 所示，双绕组变压器高压绕组分侧差动的电流输入取自图中的电流互感器 TA2、TA3。

由于分侧差动保护仅接入变压器的一个绕组两端引出线电流，保护的不平衡电流不含变压器励磁电流，无须考虑变压器励磁涌流、过励磁造成的不平衡电流，也不需考虑变压器调压对不平衡电流的影响，对双绕组变压器，绕组两侧可采用同型同变比的电流互感器。故相对于接入变压器各侧电流的变压器纵差动保护，分侧差动保护可整定较小的整定值，有较高的灵敏度，保护的整定、逻辑及接线简单，有较好的可靠性。

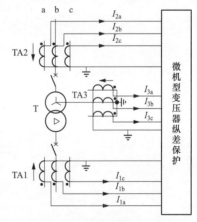

图 3-6　带分侧差动的双绕组
变压器纵差保护

由于变压器绕组内部的匝间短路电流不在绕组两端的引出线出现，故分侧差动不能反映绕组的匝间短路故障。变压器的瓦斯保护可对匝间短路进行保护，但其反应通常比较迟缓。因此对装设分侧差动保护的绕组，尚需装设可快速切除匝间短路故障的保护。通常在装设分侧差动保护的同时，对变压器设置包括各侧绕组的可反应相间、接地及匝间短路的纵差保护，以使装设分侧差动保护绕组的匝间短路故障得到快速的切除。如图 3-6 所示，分侧差动保护仅在高压侧绕组设置，变压器仍设置了包括高压及△侧绕组的纵差保护，电流互感器共用。

比率制动式的变压器分侧差动保护的及动作电流（也称差动电流）I_{op} 及制动电流 I_{res} 的取值计算式为（以双绕组变压器为例）

$$\left.\begin{aligned} I_{op} &= |\dot{I}_1 + \dot{I}_2| \\ I_{res} &= \max\{|\dot{I}_1|, |\dot{I}_2|\} \end{aligned}\right\} \tag{3-23}$$

式中：$\dot{I}_1$、$\dot{I}_2$ 为被保护绕组两端引出线电流互感器二次电流，若两端电流互感器变比不相同，电流值需经平衡调整，见 3.2.1。

采用一段固定斜率制动特性的保护动作判据（动作方程）是

$$\left.\begin{aligned} I_{op} &\geqslant I_{op.0} & I_{res} &\geqslant I_{res.0} \\ I_{op} &\geqslant I_{op.0} + S(I_{res} - I_{res.0}) & I_{res} &> I_{res.0} \end{aligned}\right\} \tag{3-24}$$

式中：$I_{op.0}$ 为差动保护最小动作电流整定值；$I_{res.0}$ 为最小制动电流整定值；S 为制动特性斜线段的斜率。

采用一段固定斜率制动特性的变压器比率制动式分侧差动保护制动特性见图 3-7。保护整定计算需要对制动特性中的最小动作电流 $I_{op.0}$、起始制动电流 $I_{res.0}$ 及制动特性的斜率 S 进行整定，并对保护灵敏度进行计算。按照 DL/T 684《大型发电机变压器继电保护整定计算导则》，其整定值可计算如下：

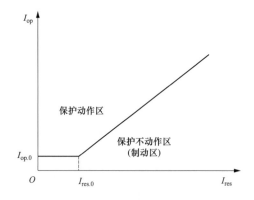

图 3-7　分侧差动保护的制动特性

（1）最小动作电流 $I_{op.0}$ 的整定。$I_{op.0}$ 按躲过分侧差动回路中正常运行时的最大不平衡电流 $I_{unb.0}$ 整定

$$\left.\begin{aligned} I_{op.0} &= K_{rel} I_{unb.0} \\ &= K_{rel} \times 2 \times 0.03 I_n \\ \text{或} \quad &= K_{rel}(K_{ap} K_{cc} K_{cr} + \Delta m) I_{tn}/n_a \end{aligned}\right\} \tag{3-25}$$

式中：K_{rel} 可靠系数，取 1.3～1.5；I_n 电流互感器的二次额定电流；K_{ap} 为非周期分量系数，取

$1.5\sim2.0$；K_{cc}为电流互感器同型系数，同型号取 0.5，不同型号取 1.0；K_{cr}为电流互感器的比误差，取 0.1；Δm 为由于电流互感器变比未完全匹配产生的误差，取 0.05；I_{tn}为变压器基准侧的额定电流；n_a 为该侧电流互感器变比。工程中一般取 $I_{op.0}=(0.2\sim0.5)I_{tn}/n_a$，根据实际情况（现场实测不平衡电流）的需要，$I_{op.0}$ 也可取大于 $0.5I_{tn}/n_a$。

（2）起始制动电流 $I_{res.0}$ 的整定。起始制动电流 $I_{res.0}$ 整定的考虑与 3.2.1 的变压器纵差保护相同。可整定为

$$I_{res.0}=(0.5\sim1.0)I_{tn}/n_a \tag{3-26}$$

（3）制动特性斜率 S 的整定。制动特性斜率 S 按变压器分侧差动保护装设侧外部最大短路电流时保护不误动进行计算整定。故整定的制动特性，应使得变压器外部最大短路电流对应的保护动作电流大于此时流过保护的不平衡电流。

1）变压器分侧差动保护装设侧外部最大短路电流时流过保护的不平衡电流 $I_{unb.max}$ 计算。$I_{unb.max}$ 可计算为

$$I_{unb.max}=K_{ap}K_{cc}K_{cr}I_{k.max}/n_a \tag{3-27}$$

式中：K_{ap}为非周期分量系数，TP 级电流互感器取 1.0，P 级电流互感器取 $1.5\sim2.0$；K_{cc}为电流互感器同型系数，同型号取 0.5，不同型号取 1.0；K_{cr}为电流互感器的比误差，取 0.1；$I_{k.max}$为变压器保护侧外部最大短路电流；n_a 电流互感器变比。

2）制动特性斜率 S 计算。变压器保护装设侧外部最大短路电流为 $I_{k.max}$ 时保护的制动电流 $I_{res.max}$，可由式（3-23）计算为 $I_{res.max}=I_{k.max}/n_a$。按保护装设侧外部最大短路电流时保护的动作电流大于不平衡电流整定的制动特性斜率 S，对图 3-7 所示的一段固定斜率的制动特性，可计算为

$$S=\frac{K_{rel}I_{unb.max}-I_{op.0}}{I_{res.max}-I_{res.0}}=\frac{K_{rel}I_{unb.max}-I_{op.0}}{(I_{k.max}/n_a)-I_{res.0}} \tag{3-28}$$

式中：K_{rel}可靠系数，取 1.5。工程中推荐取 $S=0.3\sim0.5$。

（4）保护灵敏系数计算。纵差保护的灵敏系数按最小运行方式下差动保护区内变压器引出线上两相金属性短路计算。根据计算的最小短路电流 $I_{k.min}^{(2)}$ 和相应的制动电流 I_{res}，在制动特性曲线上查到对应的动作电流 I_{op}'，则灵敏系数可计算为

$$K_{sen}=\frac{I_{k.min}^{(2)}}{I_{op}'n_a} \tag{3-29}$$

要求式中 $K_{sen}\geq2.0$。

3.2.3　压器的零序差动保护

变压器的零序差动保护装于变压器中性点接地侧，以比较一侧绕组两端（或自耦变压器的高、中压侧及中性点引出线）的零序电流对变压器该侧的单相接地短路故障进行保护。保护通常用于单相接地灵敏度不足或为提高保护可靠性的大型变压器。

图 3-8 是中性点接地的高压侧带零序差动的双绕组变压器纵差保护接线示例。零序差动保护反映高压绕组两侧零序电流差动作，保护通常从设置于高压侧及中性点侧的三相电流互感器取得本侧的零序电流，中性点侧零序电流也可以在中性点引出线上设置电流互感器提供。

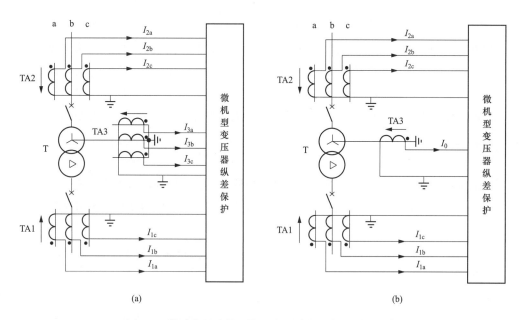

图 3-8　带零序差动的双绕组变压器纵差保护接线示例

与分侧差动类似，由于零序差动保护仅接入变压器的一个绕组两端电流，保护的不平衡电流不含变压器励磁电流，无需考虑变压器励磁涌流、过励磁造成的不平衡电流，也不需考虑变压器调压对不平衡电流的影响，对两绕组变压器，差动保护两侧可采用同型同变比的电流互感器。故相对于接入变压器各侧电流的变压器纵差动保护，零序差动保护可整定较小的整定值，有较高的灵敏度，保护的整定、逻辑及接线简单可靠。按照 GB/T 14285《继电保护和安全自动装置技术规程》，为提高切除自耦变压器内部单相接地短路故障的可靠性，可增设只接入高、中压侧和公共绕组回路电流互感器的星形接线电流分侧差动保护或零差保护。

由于变压器绕组内部的匝间短路电流不在绕组两端的引出线出现，故零序差动仅能反应装设侧的单相接地短路故障，不能反应相间及绕组内部匝间短路故障。故在装设零序差动保护的同时，变压器尚需设置包括各侧绕组的可反应相间、接地及匝间短路的纵差保护。如图 3-8 所示，零序差动保护仅在 Y 侧绕组设置，变压器仍设置了包括 Y 侧及 D 侧绕组的纵差保护，电流互感器共用。

比率制动式的变压器零序差动保护的动作电流（也称差动电流）I_{op} 及制动电流 I_{res} 的取为（以图 3-8 所示的双绕组变压器为例）

$$\left.\begin{aligned} I_{op} &= |3I_{0.h} + 3I_{0.n}| \\ I_{res} &= \max\{|I_A|, |I_B|, |I_C|\} \end{aligned}\right\} \tag{3-30}$$

式中：$I_{0.h}$、$I_{0.n}$ 分别为变压器高压侧、中性点零序二次电流；I_A、I_B、I_C 分别为变压器高压侧三相二次电流。若高压侧、中性点电流互感器变比不相同，电流值需经平衡调整，参见 3.2.1。

采用一段固定斜率制动特性的零序差动保护动作判据（动作方程）是

$$\left.\begin{aligned} I_{op} &\geqslant I_{op.0} & I_{res} &\leqslant I_{res.0} \\ I_{op} &\geqslant I_{op.0} + S(I_{res} - I_{res.0}) & I_{res} &> I_{res.0} \end{aligned}\right\} \tag{3-31}$$

式中：$I_{\text{op.0}}$ 为差动保护最小动作电流整定值；$I_{\text{res.0}}$ 为最小制动电流整定值；S 为制动特性斜线段的斜率。

采用一段固定斜率制动特性的变压器比率制动式零序差动保护制动特性同图 3-7。保护整定计算需要对制动特性中的最小动作电流 $I_{\text{op.0}}$、起始制动电流 $I_{\text{res.0}}$ 及制动特性的斜率 S 进行整定，并对保护灵敏度进行计算。按照 DL/T 684《大型发电机变压器继电保护整定计算导则》，其整定值可计算如下：

(1) 最小动作电流 $I_{\text{op.0}}$ 的整定。$I_{\text{op.0}}$ 按躲过零序差动回路中正常运行时的最大不平衡零序电流 $I_{\text{unb.0}}$ 整定为

$$
\left.
\begin{aligned}
I_{\text{op.0}} &= K_{\text{rel}} I_{\text{unb.0}} \\
&= K_{\text{rel}} \times 2 \times 0.1 I_{\text{n}} \\
\text{或} \quad &= K_{\text{rel}}(K_{\text{ap}} K_{\text{cc}} K_{\text{er}} + \Delta m) I_{\text{tn}}/n_{\text{a}}
\end{aligned}
\right\}
\tag{3-32}
$$

式中：K_{rel} 可靠系数，取 $1.3 \sim 1.5$；I_{n} 电流互感器的二次额定电流；K_{ap} 为非周期分量系数，取 $1.5 \sim 2.0$；K_{cc} 为电流互感器同型系数，同型号取 0.5，不同型号取 1.0；K_{er} 为电流互感器的比误差，取 0.1；Δm 为由于电流互感器变比未完全匹配产生的误差，取 0.05；I_{tn} 为基准侧的变压器额定电流；n_{a} 为该侧电流互感器变比。工程中一般取 $I_{\text{op.0}} = (0.3 \sim 0.5) I_{\text{tn}}/n_{\text{a}}$，根据实际情况（现场实测不平衡电流）的需要，$I_{\text{op.0}}$ 也可取大于 $0.5 I_{\text{tn}}/n_{\text{a}}$。

(2) 起始制动电流 $I_{\text{res.0}}$ 的整定。起始制动电流 $I_{\text{res.0}}$ 整定的考虑与 3.2.1 的变压器纵差保护相同。可整定为

$$
I_{\text{res.0}} = (0.5 \sim 1.0) I_{\text{tn}}/n_{\text{a}}
\tag{3-33}
$$

工程中一般取 $I_{\text{res.0}} = (0.6 \sim 0.8) I_{\text{tn}}/n_{\text{a}}$。

(3) 制动特性斜率 S 的整定。制动特性斜率 S 按变压器外部接地短路流过零序差动保护装设侧为最大零序不平衡电流时保护不误动进行计算整定。故当设保护有最大零序不平衡电流时的变压器外部接地短路电流为 $I_{\text{k.max}}$ 电流，则整定的制动特性，应使得 $I_{\text{k.max}}$ 对应的保护动作电流大于此时流过保护的不平衡零序电流。

1) 变压器零序差动保护装设侧外部接地短路时流过保护的最大不平衡电流 $I_{\text{unb.max}}$ 计算。$I_{\text{unb.max}}$ 可计算为

$$
I_{\text{unb.max}} = (K_{\text{ap}} K_{\text{cc}} K_{\text{er}} + \Delta m) 3 I_{\text{k0.max}}
\tag{3-34}
$$

式中：K_{ap}、K_{cc}、K_{er}、Δm 的含义及取值同式（3-32）；$I_{\text{k0.max}}$ 为变压器外部接地短路时流过保护装设侧的最大零序电流（二次值）。

2) 制动特性斜率 S 计算。变压器外部接地短路电流为 $I_{\text{k.max}}$ 时，保护的制动电流 $I_{\text{res.max}}$ 可由式（3-30）计算为 $I_{\text{res.max}} = I_{\text{k.max}}/n_{\text{a}}$。按保护的制动电流为 $I_{\text{res.max}}$ 时保护的动作电流大于不平衡电流整定的制动特性斜率 S，对图 3-7 所示的一段固定斜率的制动特性，可计算为

$$
S = \frac{K_{\text{rel}} I_{\text{unb.max}} - I_{\text{op.0}}}{I_{\text{res.max}} - I_{\text{res.0}}} = \frac{K_{\text{rel}} I_{\text{unb.max}} - I_{\text{op.0}}}{(I_{\text{k.max}}/n_{\text{a}}) - I_{\text{res.0}}}
\tag{3-35}
$$

式中：K_{rel} 可靠系数，取 $1.5 \sim 2.0$；工程中 S 一般可取 $0.4 \sim 0.5$。

(4) 保护灵敏系数计算。保护的灵敏系数按正常运行方式下（对 220kV 系统）或最小运行

方式下（对 500kV 系统）零序差动保护区内金属性接地短路校验（通常按中性点接地侧引出线单相金属性接地短路计算），可计算为

$$K_{sen} = \frac{I_{op.k}}{I'_{op}} \geqslant 1.2 \tag{3-36}$$

式中：$I_{op.k}$ 为保护灵敏系数校验的运行方式下，零序差动保护区内发生金属性接地短路时，流过零序差动保护的动作电流；I'_{op} 为制动电流为零序差动保护区内金属性接地短路电流时（归算至基准侧的二次电流），在制动特性曲线上对应的动作电流。要求式中 $K_{sen} \geqslant 1.2$。

在大电流接地系统中，220kV 系统为保证系统中零序保护的灵敏度，正常运行情况下通过改变变压器中性点接地的台数和布局，使系统的单相接地短路电流维持在基本不变，故可取正常运行方式对保护灵敏度进行校验。500kV 系统变压器中性点为直接接地或经小电抗接地，系统的单相接地短路电流随运行方式变化，故保护灵敏度需取最小运行方式进行校验。

3.2.4 变压器的瓦斯、温度及压力保护

变压器内部发生电气短路故障或非电气故障时（如铁芯叠片间的绝缘破坏产生的铁芯短路、变压器油箱漏油故障、冷却故障、内部导线接触不良等），变压器绕组及油浸变压器油箱内的变压器油将出现局部温度升高或过热，变压器油及其他绝缘材料在短路电流或电弧及变压器内部局部过热作用下将分解产生气体。局部温度升高将使绝缘加速老化，恶性的过热将使绝缘损坏而导致短路事故，内部短路产生的大量气体或轻微故障产生气体的累积将引起油箱过压，威胁变压器的安全。由于温度及压力故障可能由非电气故障造成，或由于轻微的电气故障（如在电气保护的死区内的故障）所致，故变压器在设置电气短路故障保护的同时，需按有关规程要求装设瓦斯保护、绕组及油温度保护及油箱压力等保护，这些保护作为变压器油箱内故障的主保护之一，每种保护通常设置发信号及跳闸两级动作整定值，达跳闸整定值时，保护动作瞬时跳变压器各侧断路器。保护的整定值通常由变压器制造厂家提供。

按照有关规程的要求，主变压器、厂用高压变压器、启动变压器等的非电量保护宜以单套配置，同时作用于断路器的两个跳闸线圈，并采用独立的电源回路及跳闸出口，与电气保护完全分开。非电量保护和涉及直接跳闸的重要回路中间继电器应由 110V 或 220V 直流启动，启动功率大于 5W，动作电压为 55%～70% 额定电压，动作时间不应小于 10ms。按 NB/T 35010《水力发电厂继电保护设计规范》标准的要求，220kV 及以上电压或 100MVA 及以上容量的变压器非电量保护应相对独立，并具有独立的电源回路和跳闸出口回路。

（1）瓦斯保护。瓦斯保护可反应变压器油箱内电气或非电气故障，通常设置轻瓦斯及重瓦斯两级保护。当油箱内故障产生轻微瓦斯或油面下降时，轻瓦斯保护瞬时动作于信号；在产生大量瓦斯时，重瓦斯保护瞬时动作于跳变压器各侧断路器。按照 GB/T 14285《继电保护和安全自动装置技术规程》的规定，0.4MVA 及以上车间内油浸式变压器和 0.8MVA 及以上油浸变压器，均应装设瓦斯保护。带负荷调压变压器的充油调压开关及嵌入变压器油箱的高压电缆终端盒亦应装设瓦斯保护。瓦斯继电器由变压器制造厂家配置与变压器一起成套提供。变压器保护采用微机保护时，瓦斯继电器的引入应采用隔离措施及屏蔽电缆。由于电气保护存在保护死区

且不能对非电气故障进行保护（如铁芯故障），故油浸变压器在装设电气保护的同时，需按规程要求装设瓦斯保护。瓦斯保护可反应油箱内的电气或非电气故障，但对电气故障的反应较迟缓，且不能反应油箱外的变压器套管及引线故障，故瓦斯保护不能取代变压器的电气保护。

（2）变压器温度保护。在 JB/T 2426《发电厂和变电所自用三相变压器技术参数和要求》中，规定 630kVA 及以上的干式变压器应装设绕组温度监视，800kVA 及以上的变压器应装有带触点的测温装置。对油浸变压器通常尚需对油温进行监测。温度探测器（RTD，也可以包括温度报警装置）由变压器制造厂家配置与变压器一起成套提供，温度探测器通常采用铂金属电阻温度探测器，0℃时电阻为 100Ω。温度保护通常设置温度异常升高报警及温度过高跳闸两级保护。温度过高保护动作瞬时跳变压器各侧断路器（对励磁变压器作用于停机）。

（3）压力保护。在 GB/T 6451《油浸式电力变压器技术参数和要求》中，规定 800kVA 及以上的油浸电力变压器宜装设气体继电器并应装有压力保护装置。保护反应油箱内压力，通常设压力异常升高报警及压力过高跳闸两级保护。压力过高保护动作瞬时跳变压器各侧断路器。压力保护装置由变压器制造厂家配置与变压器一起成套提供。

3.2.5　变压器的电流速断保护

按照 GB/T 14285《继电保护和安全自动装置技术规程》及 NB/T 35010《水力发电厂继电保护设计规范》，变压器电流速断保护用于 10kV 及以下、容量 10MVA 及以下的变压器，6.3MVA 以下的厂用变压器，发电机励磁变压器，作为变压器内部、套管及引出线短路故障的主保护。

在大中型水电厂中，变压器的电流速断保护主要用于厂用电或厂区用电变压器及励磁变压器，通常为双绕组降压变压器，高压侧为电源侧，为中性点不直接接地系统，保护装在变压器的电源侧，其交流回路接线例见图 3-9。按照 NB/T 35010 要求，电流速断保护采用两相三电流元件式（也可以采用三相三电流元件式）接线，以便在变压器低压侧两相或单相接地短路故障时，有较好的灵敏度及较大的保护范围（此时对 Yd、Dyn、Yyn 接线的变压器，低压侧两相或单相接地短路故障时，电源侧引出线有一相电流为 $2I_k$，参见附录 C 图 C-6）。变压器的电流速断保护在任一电流元件达整定值时动作。对各侧均设置断路器的变压器，电流速断保护动作跳

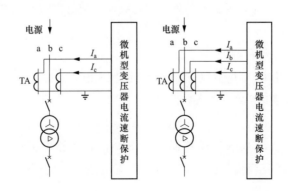

图 3-9　变压器的电流速断保护交流回路接线例

各侧断路器；对直接与发电机母线连接的（高压侧不设置断路器）厂用变压器，电流速断保护动作停机及跳厂用变压器低压侧断路器；励磁变压器按有关标准要求为直接接于发电机母线，电流速断保护动作于停机。

采用电流速断保护的普通变压器及厂用电变压器，其低压侧通常设置供电母线（0.4kV母线），以母线的引出线对包括电动机等用电设备供电。电流速断保护通常需要躲过低压母线三相短路进行整定，以与低压母线引出线保护配合，保证变压器速断保护的选择性。故电流速断保护不能对整个变压器进行保护，仅能对变压器高压侧引线及部分绕组故障进行快速切除，其余部分包括低压侧引线故障需由变压器过电流进行保护。采用电流速断保护的励磁变压器仅供发电机励磁，副方负载仅有励磁功率整流器及发电机转子绕组，速断保护按躲开发电机强励时的变压器电流整定，速断保护的保护范围可包括整个变压器及励磁变压器的低压侧及功率整流器至发电机转子的引线（包括转子滑环）。励磁变压器的速断保护在转子滑环短路时通常能快速切除短路故障，故当励磁变压器按要求需装设差动保护时，尚宜保留带短时限的电流速断保护。

变压器电流速断保护的整定，普通变压器及厂用变压器与励磁变压器有不同的整定计算方法，按 DL/T 1502《厂用电继电保护整定计算导则》及 NB/T 35010 可整定如下。

（1）普通变压器及厂用变压器电流速断保护整定。

1）电流速断保护动作电流 I_{op} 取以下条件计算的较大值。

a. 按躲过外部短路整定

$$I_{op} = K_{rel} I_{k.\,max}^{(3)} / n_a \tag{3-37}$$

式中：K_{rel} 为可靠系数，取 $1.3 \sim 1.4$；$I_{k.\,max}^{(3)}$ 为最大运行方式下，变压器低压侧母线上三相短路时，流过保护安装处（通常为变压器高压侧）的最大短路电流；n_a 为电流互感器变比。

b. 按躲过变压器励磁涌流整定

$$I_{op} = K I_{tn} / n_a \tag{3-38}$$

式中：倍数 K 取值见式（3-20）；I_{tn} 为变压器额定电流；n_a 为电流互感器变比。

2）灵敏系数 K_{sen} 计算。

$$K_{sen} = I_{k.\,min}^{(2)} / (n_a I_{op}) \geqslant 2 \tag{3-39}$$

式中：$I_{k.\,min}^{(2)}$ 为最小运行方式下，保护安装处两相短路时，流过电流互感器的短路电流；n_a 为电流互感器变比。要求 $K_{sen} \geqslant 2$。

（2）励磁变压器电流速断保护整定。

1）电流速断保护动作电流 I_{op} 取以下条件计算的较大值。

a. 按低压侧两相短路有 2 倍灵敏系数整定

$$I_{op} = 0.5 I_{k.\,min}^{(2)} / n_a \tag{3-40}$$

式中：$I_{k.\,min}^{(2)}$ 为流过保护安装处的变压器低压侧最小两相短路电流；n_a 为电流互感器变比。当励磁变压器低压出线端至励磁功率整流器的交流电缆较长时，$I_{k.\,min}^{(2)}$ 可计及交流电缆的电抗进行计算。

励磁变压器的速断保护应对转子滑环短路有足够的灵敏度。由于在忽略直流电缆阻抗对短路电流的影响时，转子滑环短路时流过变压器的短路电流可认为相当于变压器低压侧三相短路电流，一般而言，按式（3-40）计算的整定值对转子滑环短路已有足够的灵敏度。在整流器至发电机转子滑环的直流电缆较长时，也可以用计及直流电缆阻抗计算的滑环短路时流过保护安装处的短路电流，对式（3-40）计算的整定值进行保护灵敏度校验。

b. 按强励时保护不动作整定

$$I_{op} = K_{rel} I_{tc} \qquad (3-41)$$

式中：K_{rel} 为可靠系数，取 1.3；I_{tc} 为强励达顶值电流时保护安装处电流互感器二次电流。

2）动作时限取 0.1～0.3s。

3.3　变压器相间短路的后备保护

变压器需按有关规程的规定装设相间短路的后备保护，作为变压器及相邻元件（母线和与母线连接的线路等）相间短路的后保护，并应能对电流互感器与断路器间进行保护，对变压器各侧母线的相间短路应有符合要求的灵敏度，作为相邻线路远后备时，可适当降低对保护灵敏度的要求，当为满足远后备而使接线大为复杂化时，允许缩短对相邻线路的后备保护范围。

变压器相间短路后备保护的一般配置方案可参考表3-7，根据变压器的类型（双或三绕组或自耦变压器）及应用环境（升压、降压，各侧电源及相邻元件保护配置情况，主接线及运行方式等），后备保护在变压器各侧有不同的配置方案。三绕组（自耦）变压器通常尚需要根据系统的要求，考虑在变压器某一侧断开时变压器及相邻元件后备保护的要求，双绕组升压变压器也可能有类似的要求。按 DL/T 559《220kV～750kV 电网继电保护装置运行整定规程》，主电源侧的相间后备保护主要作为变压器故障的后备保护，其他各侧的后备保护可作为本侧相邻元件的后备保护，并尽可能在变压器故障时起保护作用。配置于非电源侧的相间短路后备保护，通常只作为本侧母线和线路等保护的远后备。

表 3-7　　　　　　　　　　变压器相间短路后备保护的一般配置方案

方案序号	装设侧别	保护装置	方向指向	第一时限及作用于	第二时限及作用于	备注
一、双绕组的升压变压器（无发电机断路器）						
1	低压侧	—	—	大于变压器相邻元件后备保护动作时间跳高压侧断路器	大于第一时限一个时限级，解列停机	共用发电机相间短路后备保护，高压侧一般不再设置
2	低压侧	—	—	同一、方案1	同一、方案1	共用发电机相间短路后备
	高压侧（断路器外侧）	4	本侧母线（或变压器）	与本侧相邻元件主保护或后备相配合跳母联或分段缩小故障范围	大于第一时限一个时限级，解列停机	特性偏移部分可作为变压器（或本侧母线）相间后备保护

续表

方案序号	装设侧别	保护装置	方向指向	第一时限及作用于	第二时限及作用于	备注
二、双绕组的升压变压器（有发电机断路器）						
1	低压侧	—	—	大于变压器相邻元件后备保护动作时间跳高压侧断路器	大于第一时限一个时限级，解列停机	共用发电机相间短路后备保护
2	低压侧	—	—	同二、方案1	同二、方案1	共用发电机相间短路后备
	高压侧（断路器外侧）	1、2、3、4	无方向或带指向变压器方向	与本侧相邻元件后备保护配合（采用阻抗保护时可与主保护配合），跳高压侧断路器	—	仅在需考虑变压器于发电机断路器断开下运行（如倒送电等）的后备保护时装设
3	同一、方案2（根据电网保护间配合要求或低压侧后备保护不能满足灵敏度要求时装设）					
三、单侧电源的三绕组（自耦）升压变压器						
1	低压侧	—	—	大于变压器未装后备保护侧相邻元件后备保护动作时间。跳未装后备保护侧断路器	大于第一时限一个时限级，跳各侧断路器、停机	共用发电机相间短路后备保护
	主负荷侧	1、2、3	—	与本侧相邻元件后备相配合（采用阻抗保护时可与主保护），跳本侧断路器	—	
四、中压侧无电源的三绕组（自耦）升压变压器						
1	低压侧		—	大于中压侧后备保护动作时间，跳高压侧断路器	大于第一时限一个时限级，跳各侧断路器、停机	共用发电机相间短路后备保护
	中压侧		—	与本侧相邻元件后备相配合，跳中压侧断路器	—	仅作为本侧外部短路的后备保护
2	低压侧	1、2、3、4（4仅对高压侧）	—	与中压侧相邻元件后备相配合，跳中压侧断路器	大于高压侧后备保护时限或第一个时限一个时限级，跳各侧并停机	共用发电机相间短路后备保护
	高压侧		阻抗元件正方向指向变压器	与中压侧相邻元件后备（采用阻抗保护时可与主保护）相配合，跳中压侧断路器	与本侧相邻元件后备相配合，跳本侧断路器	
五、三侧有电源的三绕组（自耦）升压变压器						

方案序号	装设侧别	保护装置	方向指向	第一时限及作用于	第二时限及作用于	备注
1	低压侧	—	—	与高压侧相邻元件后备保护相配合，跳中、高压侧断路器	大于第一时限一个时限级，跳低压侧，停机	共用发电机相间短路后备保护
	高（或中）压侧（备注1），带方向及不带方向	1、2、3	见备注2	与方向指向侧相邻元件后备相配合，跳该侧断路器（设为中压侧）	大于第一时限一个时限级，跳各侧断路器	（1）仅在高、中压侧中电源较大和断开机会较少的一侧装设（现假定为高压侧）。
			—	大于方向后备保护时限一个时限级，跳中压侧断路器	发电机退出时，大于第一时限一个时限级，跳高压侧断路器	（2）方向指向相邻元件后备保护时限较短一侧外母线
2	低压侧	—	—	同五、方案1的低压侧	同五、方案1低压侧	同五、方案1的低压侧
	中压侧	1、2、3	见备注1	不带方向保护与本侧相邻元件后备相配合，跳本侧断路器	以低压侧后备保护第二时限，跳各侧断路器	（1）相邻元件后备保护时限较小的一侧（现假设为高压侧）带指向外母线方向，另一侧不带方向。
	高压侧			方向保护与本侧相邻元件后备配合，跳本侧断路器	—	（2）方案2可用在方案1不满足灵敏度要求时
3	低压侧	—	—	同五、方案1的低压侧	同五、方案1低压侧	同五、方案1的低压侧
	中压侧	1、2、3	本侧母线	与本侧相邻元件后备配合，跳本侧断路器	—	方案3可用在方案1不满足灵敏度求时
	高压侧		本侧母线	与本侧相邻元件后备配合，跳本侧断路器	—	
			—	以低压侧后备保护第二时限跳各侧断路器	—	若发电机退出变压器仍需运行，需加设不带方向保护
4	低压侧	—	—	同五、方案1的低压侧	同五、方案1低压侧	同五、方案1的低压侧
	中压侧	中、高压侧选用装置4	变压器	与方向指向侧（高压侧）相邻元件主保护配合，跳该侧断路器	大于第一时限一个时限级，跳各侧断路器	（1）阻抗特性偏移（5%）部分作本侧相邻元件后备保护。
	高压侧		变压器	与方向指向侧（中压侧）相邻元件主保护配合，跳该侧断路器	大于第一时限一个时限级，跳各侧断路器	（2）本方案可用在上述方案不满足灵敏度要求时
六、双绕组（自耦）联络变压器						
1	每侧分别设置	1、2、3、4	变压器或本侧母线	与方向指向侧相邻元件后备（采用阻抗保护时可与主保护）相配合，跳该侧母联或分段断路器	大于第一时限一个时限级，跳各侧断路器	若不满足稳定要求或配合原则，第一时限可跳变压器本侧断路器

续表

方案序号	装设侧别	保护装置	方向指向	第一时限及作用于	第二时限及作用于	备注
七、高、中压有电源的大容量三绕组变压器及联络变压器						
1	高、中压侧分别设置	1、2、3、4	高、中压侧均设指向变压器方向	与方向指向侧相邻元件后备（采用阻抗保护时与主保护）相配合跳该侧母联或分段，或该侧断路器	大于第一时限一个时限级，跳各侧断路器	330kV及以上的系统联络变压器，高、中压侧宜采用装置4（偏移特性阻抗保护）
	低压侧	1、2、3	—	与低压侧相邻元件后备保护相配合，跳低压侧母线分段，或该侧断路器	大于第一时限一个时限级，跳各侧断路器	
八、双绕组降压变压器						
1	电源侧，电压（需要时）取低压侧母线TV	1、2、3	—	与低压侧相邻元件主保护相配合，跳低压侧母线分段	大于第一时限一个时限级，跳各侧断路器	低压为分段母线，无专用母线保护时
			—	与低压侧相邻元件主保护相配合，跳变压器低压侧断路器	大于第一时限一个时限级，跳高压侧断路器	低压母线设专用母线保护时
九、中、低压侧无电源的三绕组降压变压器						
1	电源侧	1、2、3	—	大于变压器低压侧后备保护时限一个时限级跳中压侧断路器	大于第一时限一个时限级，跳各侧断路器	
	低压侧		—	与低压侧相邻元件主保护配合跳本侧断路器	—	
十、高、中压侧有电源的三绕组降压变压器						
1	高、中压的主电源一侧，带及不带方向	1、2、3、4	变压器	与方向指向侧相邻元件后备相配合，跳该侧断路器	—	（1）方向也可以指向相邻元件后备保护时限较小侧。（2）若本方案不满足灵敏度要求，可在三侧均设后备保护
			—	大于方向后备保护时限一个时限级跳另一侧断路器	大于第一时限一个时限级，跳各侧断路器	
	低压侧	1、2、3	—	与低压侧相邻元件主保护配合跳本侧断路器	—	

注 1. 保护装置：1为过电流；2为复合电压（负序电压和线间电压）启动过电流；3为复合电流（负序电流和单相式电压启动过电流）保护；4为带偏移特性的方向阻抗。阻抗保护的方向是指阻抗元件的正方向。保护装置的选用要求见表3-1。发电机相间短路后备保护见2.3节。

2. 变压器各侧的相邻元件通常指与该侧相连接的母线及与母线连接的出线等。第一时限的动作延时除表中的要求外，尚需根据具体变压器及系统情况，确定动作延时是否需考虑躲过系统振荡周期。

3. 装于三绕组升压变压器的中、高侧的后备保护，以及双绕组（自耦）联络变压器两侧的后备保护可采用变压器套管电流互感器。后备保护的电压信号，除表中已标明外，其余通常取自后备保护装设侧（母线）电压互感器。

4. 实际应用时，变压器相间短路后备保护的段数、时限及方向指向的确定，尚需考虑各地区后备保护的配合原则或要求。

5. 220kV及以下多绕组变压器，后备保护可根据容量和主接线进行简化，除电源侧外，其他各侧可仅作为相邻元件的后备保护。

变压器相间短路后备保护可采用过电流保护、复合电压启动过电流保护或负序电流和单相低压启动过电流（简称复合电流）保护。110～500kV降压或升压变压器、联络变压器，用过电流保护不能满足灵敏度要求时，宜采用复合电压启动的过电流保护，或负序电流和单相式低压启动过电流保护。当上述保护不能满足灵敏度要求，或根据电网保护间配合的要求，或某侧的后备保护需同时作为变压器和本侧外部母线及线路的后备时，可采用阻抗保护。35～66kV及以下中小容量的降压变压器，宜采用过电流保护。为满足选择性的要求或为降低后备保护的动作时间，后备保护可带方向，当设置于变压器某侧的后备保护只作为（采用偏移阻抗元件时主要作为）本侧相邻元件保护的远后备时，保护方向（或带偏移特性阻抗元件的正方向）通常指向本侧母线；其余情况（作为变压器和对侧相邻元件后备保护）一般指向变压器。

变压器采用过电流、复合电压启动过电流或复合电流的相间短路后备保护的整定值，通常伸入至变压器该侧相邻元件的后备保护区域，采用阻抗保护时通常也伸入至变压器相邻元件的主保护区，故变压器相间后备保护的动作延时需与相邻元件的后备保护相配合，采用阻抗保护时也可与主保护相配合，以延时保证后备保护的选择性。若后备保护在系统振荡时可能动作，延时尚应满足避免振荡误动所需的时间，一般应不小于 $1.0～1.5s$，采用阻抗保护时不小于$1.5s$，按此考虑整定的保护延时，通常可以躲过变压器的励磁涌流。当设置于变压器某侧的后备保护只作为本侧相邻元件保护后备时，保护通常可设置一个时限，其余情况一般可设置两个时限。第一时限通常动作于缩小故障影响，尽量缩小被切除范围（如动作于断开母线分段或母联，或跳本侧断路器）；第二时限跳变压器各侧断路器。也可设3个时限，分别为缩小被切除范围、跳本侧断路器、跳各侧断路器。若不满足稳定要求或配合原则，可以考虑第一时限先断开本侧（对侧）断路器，再断开其他各侧断路器，或仅断开本侧断路器。

按照 GB/T 14285《继电保护和安全自动装置技术规程》及 NB/T 35010《水力发电厂继电保护设计规范》的要求，并参照 DL/T 684《大型发电机变压器继电保护整定计算导则》，各种类型变压器相间短路后备保护常用的一般配置可有如表 3-7 所示的方案。实际应用时，尚需考虑具体电力系统的后备保护配合原则或要求，来确定变压器相间短路后备保护的时段数及方向指向。

下面分别叙述变压器相间短路后备保护各保护装置的保护原理、接线及整定计算。

3.3.1　变压器的复合电压启动过电流保护

复合电压启动过电流保护通常用于升压变压器、系统联络变压器和过电流保护不能满足灵敏度要求的降压变压器，作为变压器相间短路的后备保护。复合电压元件通常由负序电压和低电压（三个线电压）判据组成，电流元件为三相式，以反映系统的不对称及对称相间短路故障。电流、电压通常取自变压器保护装设侧的电流、电压互感器，并采用三相式输入。保护设电压互感器断线闭锁，闭锁保护动作输出。

3.3.1.1　工作原理

变压器高压侧相间短路后备采用复合电压启动过电流保护的接线及逻辑图例见图 3-10。本例发电机与升压变压器间设发电机断路器，变压器低压侧接厂用变压器，有倒送电要求，变压器相间短路后备保护配置采用表 3-7 中二、2 方案，低压侧及高压侧均配置变压器相间短路后备保护，低压侧共用发电机的相间短路后备保护，高压侧采用带方向的复合电压启动过电流保护，方向指向变压器，作为变压器并网运行但发电机断路器断开时的变压器后备保护（如发电机断路器断开后变压器对厂用电倒送电、机组采用发电机断路器开机并列过程及停机过程等运行工况）。

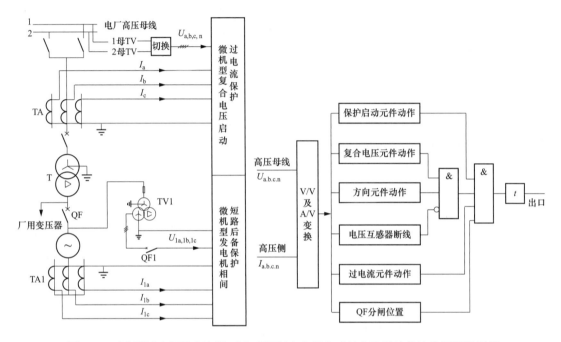

图 3-10　变压器高压侧相间短路后备采用复合电压启动过电流保护的接线及逻辑图例

　　发电机正常发送电时，变压器的相间短路后备保护由发电机的相间短路后备保护完成。发电机的相间短路后备保护采用带电流记忆（保持）的低压过电流保护，见图 3-10，保护电流取自发电机中性点 TA1 三相电流，电压取自机端 TV1 三相电压，设两段时限，第一时限大于变压器后备保护的动作时间及躲过系统振荡周期跳变压器高压侧断路器，第二时限大于第一时限一个时限级解列停机。其原理及整定见 2.3 节。

　　带方向的复合电压启动过电流保护的电流取自变压器高压侧 TA 三相电流，电压取自高压母线 TV（经母线电压切换装置）三相电压，保护方向指向变压器，保护设一段时限，与高压侧主保护相配合，跳变压器高压侧断路器。后备保护的 TA 设置在变压器高压侧断路器与外母线间，保护范围包括了变压器的引出套管及高压断路器（变压器高压断路器两侧均设置保护用电流互感器，高压母线保护接于断路器与变压器间的电流互感器）。复合电压启动过电流保护中的复合电压元件由负序电压和低电压判据组成，以反映系统的不对称及对称相间短路故障。在满足下列条件之一时，复合电压元件动作，即

$$\left.\begin{array}{l} U_2 > U_{2.\mathrm{op}} \\ U < U_{\mathrm{op}} \end{array}\right\} \tag{3-42}$$

式中：U_2、$U_{2.\mathrm{op}}$ 分别为负序电压及其整定值；U 为三个线电压中的任一个；U_{op} 为低电压整定值。

复合电压启动过电流保护中的过电流元件在任一相电流满足下列条件时动作，即

$$I > I_{op} \tag{3-43}$$

式中：I 为三个相电流中的任一个；I_{op} 为过电流整定值。

保护启动元件在方向元件、复合电压及过电流元件均满足保护整定值要求时动作。

装于变压器高压侧的作为发电机断路器断开后变压器并网运行时的变压器相间后备保护，也可以不设置方向元件，而采用在后备保护出口回路中串接发电机断路器合闸后断开的断路器辅助触点，使后备保护仅在发电机断路器断开后才能投入使用。

3.3.1.2 保护的整定计算

按照 DL/T 684《大型发电机变压器继电保护整定计算导则》，其整定值可按如下方法计算。

1. 过电流元件的动作电流整定

过电流元件的动作电流 I_{op} 按躲过变压器的额定电流整定，即

$$I_{op} = \frac{K_{rel} I_{tn}}{K_r n_a} \tag{3-44}$$

式中：K_{rel} 为可靠系数，取 $1.2 \sim 1.3$；I_{tn} 为变压器额定电流；K_r 为返回系数，取 $0.85 \sim 0.95$；n_a 为电流互感器变比。

2. 低电压元件的动作电压整定

低电压元件的动作电压 U_{op} 按躲过电动机自启动的电压降条件整定，即

$$U_{op} = (0.5 \sim 0.6)U_{tn}/n_v \tag{3-45}$$

式中：U_{tn} 为装设侧的额定线电压；n_v 为电压互感器变比。

当电压取自发电机机端电压时，低电压元件的动作电压 U_{op} 按躲过发电机失磁运行时出现的低电压整定，即

$$U_{op} = (0.6 \sim 0.7)U_{tn}/n_v \tag{3-46}$$

3. 负序电压元件的动作电压整定

负序电压元件的动作电压 $U_{op.2}$ 按躲过正常运行时出现的不平衡电压整定。不平衡电压值可通过实测确定，无实测值时，若元件的负序电压整定值为相电压，可按式（3-47）计算，即

$$U_{op.2} = (0.06 \sim 0.08)U_{tn}/n_v \sqrt{3} \tag{3-47}$$

负序电压整定值为线电压时，式（3-47）无 $\sqrt{3}$。

4. 灵敏系数校验

（1）过电流元件的灵敏系数按后备保护区末端两相金属短路时流过保护的最小短路电流 $I_{k.min}^{(2)}$ 进行校验，即

$$K_{sen} = \frac{I_{k.min}^{(2)}}{I_{op} n_a} \tag{3-48}$$

要求 $K_{sen} \geq 1.3$（近后备）或 ≥ 1.2（远后备）。

（2）相间低电压元件灵敏系数按式（3-49）校验，即

$$K_{sen} = \frac{U_{op}}{U_{r.max}/n_v} \tag{3-49}$$

式中：$U_{\text{r.max}}$ 为计算运行方式下，灵敏系数校验点发生金属性相间短路时，保护安装处的最高电压；n_v 为电压互感器变比。要求 $K_{\text{sen}} \geqslant 1.3$（近后备）或 $\geqslant 1.2$（远后备）。

（3）负序电压元件灵敏系数按式（3-50）校验，即

$$K_{\text{sen}} = \frac{U_{\text{k2.min}}}{U_{\text{op.2}} n_v} \tag{3-50}$$

式中：$U_{\text{k2.min}}$ 为后备保护区末端两相金属短路时，保护安装处的最小负序电压值。要求 $K_{\text{sen}} \geqslant 2.0$（近后备）或 $\geqslant 1.5$（远后备）。

复合电压启动过电流保护的动作时间整定见表 3-7。

3.3.2 变压器的复合电流保护

变压器的复合电流相间短路后备保护，由负序电流和单相低压启动过电流构成。以负序电流元件反应两相短路，单相式低压启动过电流反应三相短路，保护通常用于升压变压器。保护的电流、电压通常取自变压器保护装设侧的电流、电压互感器。对设置有发电机断路器的升压变压器，相间短路后备保护采用表 3-7 中二、方案 2 配置时，变压器也可采用高压侧带方向的复合电流相间短路后备保护、低压侧共用发电机相间短路后备的保护方案，接线图同图 3-10，保护在配置、动作方向等方面的考虑与 3.3.1 采用复合电压启动过电流保护相同。变压器高压侧的带方向的复合电流保护逻辑图见图 3-11，保护启动元件在方向元件、负序电流元件或低电压过电流元件均满足保护整定值要求时动作。

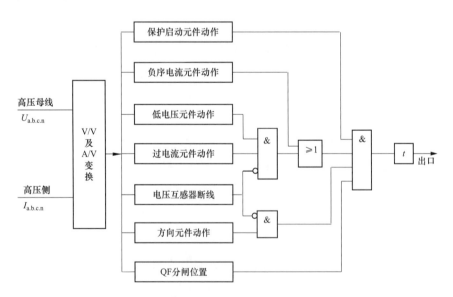

图 3-11 变压器高压侧带方向的复合电流保护逻辑框图

保护的整定计算如下。

1. 负序电流元件动作电流整定

负序电流元件动作电流 $I_{\text{op.2}}$ 需考虑下列条件整定：

（1）躲开变压器最大负荷运行时，伴随系统频率的变化，负序滤过器输出的不平衡电流。根据电力系统的频率偏差，此数值不会超过变压器额定电流的 20%。

（2）当相间后备保护按远后备原则配置时，应躲过被保护变压器所连接的线路发生一相断线时，流过保护安装处的负序电流，并与线路零序过电流保护的后备段在灵敏度上配合，防止负序过电流保护非选择性动作。

由于整定计算比较复杂，在实际工程中可以粗略选取 $I_{op.2} = (0.5 \sim 0.6) I_{tn}/n_a$，其中 I_{tn} 为变压器额定电流，n_a 为电流互感器变比。若灵敏度不满足要求，再按上述要求进行计算整定。负序过电流保护的灵敏系数，按最小运行方式下后备保护区末端不对称相间短路时，流经保护处的负序电流 $I_{k2.min}$ 校验，即

$$K_{sen} = \frac{I_{k2.min}}{I_{op.2} n_a} \tag{3-51}$$

要求 $K_{sen} \geqslant 2.0$（近后备）或 $\geqslant 1.5$（远后备）。

2. 单相式低电压启动过电流保护整定计算

单相式低电压启动过电流保护按式（3-44）～式（3-46）计算整定，保护灵敏系数按后备保护末端三相金属性短路校验。

复合电流保护的动作时间整定见表 3-7。

3.3.3　变压器的阻抗保护

当过电流保护、复合电压启动过电流保护或复合电流保护不能满足灵敏度和选择性要求时，或根据电网保护间配合的要求，变压器相间短路后备保护可采用阻抗保护，通常用于大型变压器。在水电厂的变压器保护中，主要采用带偏移特性的阻抗保护（见图 3-12），特性圆内为动作区，圆周为动作边界圆。阻抗元件反映元件安装处至故障点的阻抗，当测量阻抗小于整定阻抗 Z_{op} 时，阻抗元件动作。变压器相间短路后备采用阻抗保护时的配置及保护方向要求见表 3-7。带偏移特性的阻抗保护主要用于升压变压器的高压侧或中压侧及联络变压器，作为变压器及本侧外母线及线路相间短路的后备保护。阻抗保护作为变压器相间短路后备保护时，由于其动作阻抗较小，且有一定的延时，一般可躲开

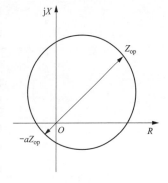

图 3-12　变压器的阻抗保护特性

电力系统振荡不产生误动，通常可不设振荡闭锁。与采用全阻抗特性相比，在相同的动作阻抗值 Z_{op} 下，偏移阻抗特性的动作边界圆较小，因而受振荡的影响较小，可以用较短的延时躲过振荡，故变压器的高、中压侧的相间短路后备的阻抗保护通常采用偏移阻抗特性。当保护正方向指向变压器时，此时偏移特性阻抗元件的反方向阻抗（反方向为外母线侧，通常为正向阻抗的 3%～10%）通常不伸出外母线相邻元件的主保护范围（如线路距离保护 1 段），故阻抗保护的动作延时可按与该侧相邻元件的主保护相配合整定，而可有较小的延时。根据系统要求，保护正方向也可指向变压器外侧母线，如要求变压器后备保护主要作为本侧相邻元件保护的远后备时。

高中压侧采用阻抗保护、低压侧共用发电机相间后备保护的三绕组升压变压器相间后备保护的电流电压回路接线示例（见表 3-7 中五、方案 4）见图 3-13。阻抗保护采用带偏移特性的阻

抗元件，正方向指向变压器，阻抗特性的偏移部分作为本侧高压母线及线路的相间短路后备保护。3个阻抗元件采用线电压、相电流差的0°接线，构成三相阻抗保护。阻抗元件电流取自本侧电流互感器，电压取自本侧外母线电压（经电压切换装置）。阻抗保护的逻辑图见图3-14。在三相电流中任一相电流大于相电流启动值时，阻抗保护开放。阻抗保护启动元件于测量阻抗小于整定值时动作。另外，若高、中压侧阻抗保护正方向取为指向外母线，由于阻抗元件偏移特性的反方向阻抗较小，可能仅可对变压器该侧绕组的端部及引出线进行保护，不能作为变压器绕组内部相间短路保护后备。

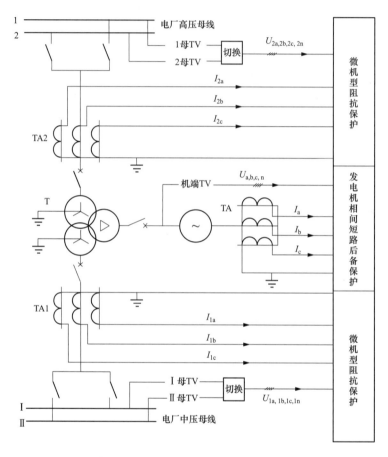

图 3-13 变压器高中压侧相间短路后备采用阻抗保护电流电压接线示例

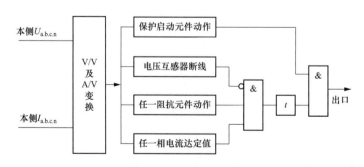

图 3-14 阻抗保护的逻辑框图

按照 DL/T 684《大型发电机变压器继电保护整定计算导则》，对不同配置的后备保护，其整定值可计算如下。

（1）作为变压器及本侧相邻元件（外母线及外系统）后备保护且阻抗保护的正方向指向变压器时，其阻抗整定值整定可考虑如下。

1）正方向阻抗元件的动作整定值 Z_{op} 按不伸出变压器其他侧母线、躲过本变压器对侧母线故障整定，即

$$Z_{op} = K_{rel} Z_t \tag{3-52}$$

式中：K_{rel} 为可靠系数，取 0.7；Z_t 为变压器的高、中压侧阻抗和。

2）反方向阻抗的动作整定值可按正方向阻抗动作值 Z_{op} 的 3% ~ 5% 整定，或按与本侧出线距离保护Ⅰ段（或Ⅱ段）、纵联保护相配合进行整定，即

$$Z_{op} = K_{rel} K_b Z_L \tag{3-53}$$

式中：K_{rel} 为可靠系数，取 0.8；K_b 为分支系数，见 5.2.3.3，取各种运行方式下的最小值；Z_L 为与之配合的本侧引出线路距离保护Ⅰ段（或Ⅱ段）的整定阻抗，与纵联保护相配合时 Z_L 取线路阻抗。

（2）作为变压器及本侧相邻元件（外母线及外系统）后备保护且阻抗保护的正方向指向外母线时，其阻抗保护动作整定值整定可考虑如下。

1）正方向阻抗元件的动作值 Z_{op} 与本侧母线上与之配合的引出线阻抗保护段相配合，整定值按式（3-54）计算，即

$$Z_{op} = K_{rel} K_b Z \tag{3-54}$$

式中：K_{rel} 为可靠系数，取 0.8；K_b 为分支系数，见 5.2.3.3，取各种运行方式下的最小值；Z 为与之配合的本侧引出线路距离保护段（通常考虑为Ⅰ段）动作阻抗。

2）反方向阻抗的动作整定值按不伸出变压器其他侧母线整定，通常为正向阻抗的 3% ~ 10%。

（3）作为变压器和对侧相邻元件（外母线及外系统）后备保护、阻抗保护的正方向指向变压器时，其动作阻抗整定值整定可考虑如下。

1）正方向阻抗穿过变压器，阻抗动作整定值 Z_{op} 可整定为

a. 按对侧母线故障有灵敏度整定，则

$$Z_{op} \geqslant K_{sen} Z_t \tag{3-55}$$

式中：K_{sen} 为灵敏系数，取 ≥1.3；Z_t 为变压器的高、中压侧阻抗和。

b. 按与对侧出线距离保护Ⅰ段（或Ⅱ段）、纵联保护相配合进行整定，则

$$Z_{op} \leqslant 0.7 Z_t + 0.8 K_b Z_{dz} \tag{3-56}$$

式中：K_b 为分支系数，见 5.2.3.3，取各种运行方式下的最小值；Z_{dz} 为与之配合的对侧引出线路距离保护Ⅰ段（或Ⅱ段）的整定阻抗，对与纵联保护相配合时 Z_{dz} 取线路阻抗。

2）反方向阻抗的动作整定值可按正方向阻抗动作值 Z_{op} 的 3% ~ 5% 整定，或按与本侧出线距离保护Ⅰ段（或Ⅱ段）、纵联保护相配合进行整定，则

$$Z_{op} \leqslant 0.8 K_b Z_L \tag{3-57}$$

式中：K_b、Z_L 含义见式（3-53）。

（4）阻抗保护动作时间的整定见表 3-7。阻抗保护未设置振荡闭锁时，阻抗保护的动作时间应可保证在振荡过程中不误动，最小应选用 1.5s 延时。

阻抗保护的启动元件、阻抗元件的灵敏角通常由装置制造厂家设定。

3.3.4　变压器的过电流保护

过电流保护为变压器相间短路后备保护的选择方案之一。按照 GB/T 14285《继电保护和安全自动装置技术规程》的规定，35～66kV 及以下中小容量的降压变压器，其相间短路的后备保护宜采用过电流保护，过电流保护的整定值要考虑变压器可能出现的过负荷。其在各种使用场合及各类型变压器保护中的应用和配置要求见表 3-7。

由附录 C 可见，在两相短路及单相接地短路时，对不同接线组别的变压器，短路电流在变压器两侧引线上有不同的分布。过电流保护主要用于 35～66kV 及以下中小容量的高压侧中性点非直接接地系统的降压变压器。为使变压器低压侧两相或单相接地短路故障时，保护有较好的灵敏度，变压器过电流保护宜采用两相三电流单元接线或三相三电流单元接线，变压器的过电流保护在任一电流元件达整定值时动作，其延时及跳闸对象见表 3-7。

在大中型水力发电厂中，变压器的过电流保护主要用于厂用电或厂区用电变压器及励磁变压器，通常为双绕组降压变压器，高压侧为电源侧，为中性点不直接接地系统，保护装在变压器的电源侧。其交流回路接线示例类同图 3-9。厂用变压器或厂区用电变压器低压侧通常设置供电母线，以母线的引出线对用户供电。过电流保护通常需要躲过流过变压器的最大负荷电流进行整定，动作时间与低压母线引出线保护配合，以保证保护的选择性。过电流保护设两段时限，第一时限与相邻元件主保护相配合，动作于变压器低压侧母线分段断路器跳闸；第二时限大于第一时限一个时限级，动作于变压器各侧断路器跳闸。对直接与发电机母线连接的（高压侧不设置断路器）的厂用变压器，过电流保护第二时限动作于变压器各侧断跳闸并动作于停机。励磁变压器按有关标准要求为直接接于发电机母线，变压器仅供发电机励磁，副方负载仅有励磁功率整流器及发电机转子绕组，过电流保护按躲开发电机强励时的变压器电流整定，保护范围可包括整个变压器及励磁变压器的低压侧及功率整流器至发电机转子的引线（包括转子滑环），励磁变压器的过电流保护仅作为变压器速断保护的后备，带时限动作于停机。

变压器过电流保护的整定，普通变压器及厂用变压器与励磁变压器有如下不同的整定计算方法。

1. 普通变压器及厂用变压器过电流保护整定

（1）过电流保护动作电流 I_{op} 按躲过可能流过变压器的最大负荷电流 $I_{l.max}$ 整定，即

$$I_{op} = \frac{K_{rel} I_{l.max}}{n_a} \tag{3-58}$$

式中：K_{rel} 为可靠系数，取 1.15～1.25；n_a 为电流互感器变比。

最大负荷电流 $I_{l.max}$ 可按以下情况计算并取其最大值。

1）对并联运行的变压器，应考虑切除一台时，余下变压器所产生的过负荷电流。当各台变

压器容量相等时，可按式（3-59）计算，即

$$I_{1.\,\mathrm{max}} = \frac{m}{m-1} I_{\mathrm{tn}} \tag{3-59}$$

式中：m 为并联运行变压器最少台数；I_{tn} 为每台变压器的额定电流。

当并联运行的变压器容量不等时，应考虑容量最大的一台变压器断开后引起的过负荷。

2）当降压变压器低压侧接有电动机时，最大负荷电流 $I_{1.\,\mathrm{max}}$ 尚应考虑电动机的自启动电流，则

$$I_{1.\,\mathrm{max}} = K_{\mathrm{ss}} I_{\mathrm{tn}} \tag{3-60}$$

式中：K_{ss} 为电动机的自启动系数，其值与负荷性质及与电源间的电气距离有关，特殊情况，如接有大型电动机负荷的变压器，应视具体情况而定。K_{ss} 按式（3-61）计算，即

$$K_{\mathrm{ss}} = 1 \Big/ \Big(\frac{u_{\mathrm{k}}\%}{100} + \frac{S_{\mathrm{tn}}}{K_{\mathrm{s}} S_{\mathrm{ss}}} \Big) \tag{3-61}$$

式中：$u_{\mathrm{k}}\%$ 为以变压器额定电压的百分数表示的变压器阻抗电压；S_{tn} 为变压器额定容量；K_{s} 为电动机启动电流倍数平均值，一般可取 5；S_{ss} 为需自启动的电动机总容量。

3）对两台分列运行的降压变压器，在负荷侧母线分段断路器上装有备用电源投入装置时，应考虑备用电源自动投入后负荷的增加

$$I_{1.\,\mathrm{max}} = I_{11.\,\mathrm{max}} + K_{\mathrm{ss}} K_{\mathrm{rem}} I_{21.\,\mathrm{max}} \tag{3-62}$$

式中：$I_{11.\,\mathrm{max}}$ 为所在母线段正常运行时的最大负荷电流；$I_{21.\,\mathrm{max}}$ 为另一母线段正常运行时的最大负荷电流；K_{rem} 为剩余系数，母线停电后切除不重要负荷，保留下来的负荷与原来负荷之比。

4）与下一级过电流保护相配合，则

$$I_{1.\,\mathrm{max}} = 1.1 I_{1.\,\mathrm{op}} + I_{\mathrm{m.\,1.\,max}} \tag{3-63}$$

式中：$I_{1.\,\mathrm{op}}$ 为变压器低压侧分段断路器或与之相配合的馈线过电流保护的动作电流；$I_{\mathrm{m.\,1.\,max}}$ 为变压器所在母线段正常运行时最大负荷电流。对三绕组降压变压器，过电流保护装设在电源侧（高压侧）时，$I_{1.\,\mathrm{op}}$ 取低压侧过电流保护的动作电流，$I_{\mathrm{m.\,1.\,max}}$ 取中压侧负荷电流。各电流均应归算为流入保护电流。

（2）灵敏系数 K_{sen} 校验为

$$K_{\mathrm{sen}} = \frac{I_{\mathrm{k.\,min}}^{(2)}}{I_{\mathrm{op}} n_{\mathrm{a}}} \tag{3-64}$$

式中：$I_{\mathrm{k.\,min}}^{(2)}$ 为最小运行方式下变压器低压母线上两相金属性短路时，流过保护安装处的最小短路电流；n_{a} 为电流互感器变比。要求 $K_{\mathrm{sen}} \geqslant 1.3$（近后备）或 1.2（远后备）。

2. 励磁变压器过电流保护整定

（1）过电流保护动作电流 I_{OP} 按强励时保护不动作整定，即

$$I_{\mathrm{op}} = K_{\mathrm{rel}} I_{\mathrm{tc}} / K_{\mathrm{r}} n_{\mathrm{a}} \tag{3-65}$$

式中：K_{rel} 为可靠系数，取 $1.1 \sim 1.2$；I_{tc} 为强励时保护安装处电流，$I_{\mathrm{tc}} = 0.816 I_{\mathrm{fc}}$；$I_{\mathrm{fc}}$ 为强励时发电机转子电流；0.816 为整流系数（励磁功率整流器交流侧电流/直流侧电流）；K_{r} 为返回系数，取 $0.85 \sim 0.95$；n_{a} 为电流互感器变比。

（2）动作时限取 1~2s。

3.4 110kV 及以上系统变压器单相接地短路的后备保护

对与 110kV 及以上中性点直接接地电网连接的降压变压器、升压变压器和系统联络变压器，需按有关规程的规定装设单相接地的后备保护，作为变压器绕组和引出线及相邻元件接地故障的后备保护，并对外部单相接地短路引起的变压器过电流及对因失去接地中性点引起的变压器中性点的电压升高进行保护。保护宜反应电流互感器与断路器之间的接地故障，并在灵敏度及动作时间上应与相邻元件（母线和线路）相配合。变压器接地后备保护的保护方式与变压器的型式、中性点接地方式及连接系统的中性点接地方式等密切相关，有关规程对变压器相间短路故障后备保护的配置及要求见 3.1 节。按照 GB/T 14285《继电保护和安全自动装置技术规程》及 NB/T 35010《水力发电厂继电保护设计规范》的要求，并参照 DL/T 684《大型发电机变压器继电保护整定计算导则》、NB/T 35010，110kV 及以上中性点直接接地变压器单相接地短路后备保护具体的一般配置可有如表 3-8 所示的方案。表中有关保护的段数、时限数及方向，具体的电力系统可能有不同的要求。变压器单相接地后备保护的保护方式及接线与整定计算，与变压器的型式、中性点接地方式等有关，详见后述。

表 3-8　110kV 及以上中性点直接接地变压器单相接地短路后备保护的一般配置方案

方案序号	变压器类型及应用	保护装置	保护装设侧/电流（电压）取自	段数	保护方向	第一时限及作用于		第二时限及作用于
一、中性点直接接地的普通变压器								
1	110kV、220kV 双绕组升压变压器	零序过电流	高压侧/中性点引出线 TA	I	—	与高压侧相邻元件接地保护 I 段或 II 段、快速主保护相配合	动作于缩小故障影响范围（跳分段、母联），或跳本侧[①]	大于第一时限一个时限级，跳各侧断路器
				II	—	与高压侧相邻元件接地保护后备段相配合		
2	330kV 及以上的双绕组变压器	零序过电流	高压侧/中性点引出线 TA	I	—	与高压侧相邻元件接地保护 I 段或 II 段或快速主保护相配合跳本侧断路器		—
				II	—	大于第一时限一个时限级跳各侧断路器		
3	三绕组（高、中压侧中性点均直接接地）	零序方向过电流	高、中压侧/本侧 TA、TV[②]	I	本侧母线或变压器	与对侧相邻元件接地保护 I 段或 II 段或快速主保护相配合	动作于缩小故障影响范围（跳分段、母联），或跳本侧[①]	大于第一时限一个时限级，跳各侧断路器
				II		与对侧相邻元件接地保护后备段相配合		

方案序号	变压器类型及应用	保护装置	保护装设侧/电流(电压)取自	段数	保护方向	第一时限及作用于	第二时限及作用于
二、自耦变压器							
1	方案1	零序方向过电流	高、中压侧/本侧TA、TV②	Ⅰ	变压器	与对侧相邻元件接地保护Ⅰ段或快速主保护相配合	动作于缩小故障影响范围(跳分段、母联),或跳本侧① 大于第一个时限一个时限级,跳各侧断路器
				Ⅱ		与对侧相邻元件接地保护后备段相配合	
		零序过电流	中性点/中性点TA	Ⅰ	—	大于高、中压侧零序过电流保护动作时间中最长者(最长第二时限)的一个时限级跳各侧断路器	—
2	方案2	零序方向过电流	高、中压侧/本侧TA、TV②	Ⅰ	指向本侧母线	与本侧相邻元件接地保护Ⅰ段或快速主保护相配合	动作于缩小故障影响范围(跳分段、母联),或跳本侧① 大于第一时限一个时限级,跳各侧断路器
				Ⅱ		与本侧相邻元件接地保护后备段相配合	
		零序过电流	高、中压侧/本侧TA	Ⅰ	—	与本侧及对侧相邻元件接地保护后备段相配合	
			中性点/中性点TA	Ⅰ	—	大于高、中压侧零序过电流保护动作时间中最长者(最长第二时限)的一个时限级跳各侧断路器	—
三、中性点可能接地或不接地的变压器③							
1	全绝缘变压器	零序过电流				同一、中性点直接接地的普通变压器(方案1~3)	
		零序过电压	接地侧/中性点接地侧母线TV	Ⅰ	—	经本侧中性点零序电流元件闭锁,过电压且无电流时,保护延时0.3~0.5s跳各侧断路器	—
2	分级绝缘变压器	中性点设放电间隙	零序过电流			同中性点可能接地或不接地的全绝缘变压器序1项	
			零序过电压				
			间隙零序过电流 / 间隙放电电流回路TA	Ⅰ	—	瞬时动作跳各侧断路器	—

方案序号	变压器类型及应用	保护装置	保护装置设侧/电流(电压)取自	段数	保护方向	第一时限及作用于	第二时限及作用于
3	分级绝缘变压器	中性点无放电间隙				同一、中性点直接接地的普通变压器(方案1~3)	

注 变压器高、中压侧相邻元件通常指母线和与母线连接的出线。

① 接地后备保护带指向本侧母线方向时,可以第一时限跳本侧分段或母联断路器,经 Δt(时间级差)跳本侧断路器,再经 Δt 跳各侧断路。带指向变压器方向时,可以第一时限跳对侧分段或母联,经 Δt 跳本侧断路器,再经 Δt 跳各侧断路断路器。接地后备保护不带方向时,可以第一时限跳本侧分段或母联,经 Δt(时间级差)跳本侧断路器,再经 Δt 跳各侧断路器;或第一时限跳本侧断路器,经 Δt 跳各侧断路器。若动作于缩小故障影响范围跳分段或母联不满足稳定要求或配合原则,或跳分段或母联后母线所在系统将成为无接地变压器系统时,保护可改为先跳本侧断路器,再跳各侧断路器,或仅跳开本侧断路器。

② 方向元件取本侧 TA 及母线 TV 电压。按 GB/T 14285 规定,零序电压应采用自产零序电压,不应采用剩余绕组电压(开口三角形电压)。按 DL/T 559 规定,中性点直接接地的变压器各侧零序电流最末一段可不带方向。

③ 本项主要针对 110、220kV 低压侧有电源的变压器。

3.4.1　中性点直接接地的普通变压器单相接地短路后备保护

按 GB/T 14285 的规定,变压器的中性点直接接地侧应装设零序过电流保护,作为变压器该侧绕组及引出线和相邻线路元件的单相接地短路后备保护,保护宜能反应电流互感器与断路器间的接地故障。保护可由两段组成,Ⅰ段动作电流与相邻元件接地保护Ⅰ段或Ⅱ段或快速主保护相配合,Ⅱ段动作电流与相邻元件接地保护的后备段配合;每段保护可设两个时限,以较短时限动作于缩小故障影响范围,或动作于跳本侧断路器,以较长时限动作于断开变压器各侧断路器。对330、500kV变压器,为降低零序过电流保护的动作时间和简化保护,高压侧零序Ⅰ段可只带一个时限,动作于断开高压侧断路器;零序Ⅱ段也只带一个时限,动作于断开变压器各侧断路器。中性点直接接地的普通变压器的零序过电流保护,宜接到变压器中性点引出线回路的电流互感器。对高、中压侧均直接接地的三绕组变压器,为满足选择性要求,可增设零序方向元件,保护方向根据电网要求可指向本侧外母线或指向变压器。中性点直接接地的普通变压器单相接地短路后备保护的一般配置方案见表 3-8。

中性点直接接地普通变压器的单相接地后备保护接线示例见图 3-15。三绕组变压器高、中压侧零序方向过电流保护的零序方向元件采用本侧母线电压互感器电压的自产零序电压,零序电流由保护装置从输入的本侧三相电流产生,方向指向变压器(也可指向外母线)。为防止保护在变压器励磁涌流下误动,保护装置可配置零序电流二次谐波闭锁,当零序电流二次谐波和零序基波的比值大于设定值时闭锁零序过电流保护动作,谐波闭锁用零序电流通常用变压器中性点电流互感器电流(图 3-15 中未表示)。保护装置示例尚可配置零序电压闭锁,当保护侧的零序电压小于某一定值时(一般为 5V,为保护装置内部设置值),闭锁零序过电流Ⅰ段动作,电压闭锁用电压通常取自产电压。中性点直接接地普通变压器的单相后备接地保护逻辑框图见图 3-16(未表示闭锁元件的投退控制)。

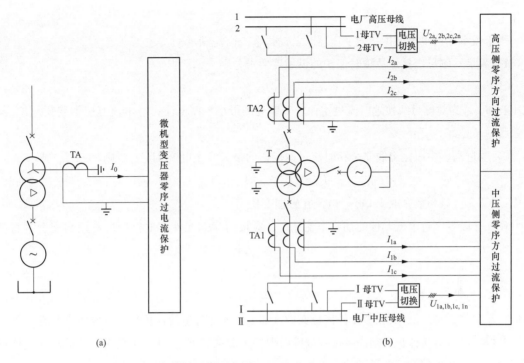

图 3-15   中性点直接接地普通变压器的单相接地后备保护接线示例

（a）零序过电流保护；（b）零序方向过电流保护

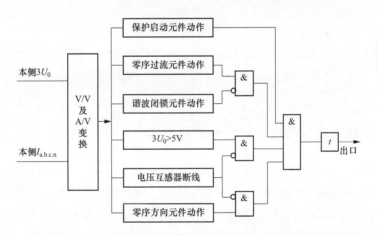

图 3-16   中性点直接接地普通变压器的单相后备接地保护逻辑框图

按照 DL/T 684《大型发电机变压器继电保护整定计算导则》，变压器的单相接地后备保护的整定值的计算如下。

（1）Ⅰ段零序过电流元件的动作电流 $I_{\text{op}.0.\text{I}}$ 应按与相邻元件接地保护第Ⅰ或第Ⅱ段或快速主保护相配合进行整定，即

$$I_{\text{op}.0.\text{I}} = K_{\text{rel}} K_{\text{br}.\text{I}} I_{\text{op}.0.\text{II}} \tag{3-66}$$

式中：K_{rel} 为可靠系数，取 1.1；$K_{\text{br}.\text{I}}$ 为零序电流分支系数，见 5.2.2.3，取各种运行方式的最大值；$I_{\text{op}.0.\text{II}}$ 为与之配合的相邻元件接地保护（如线路零序过电流保护）相关段（Ⅰ或Ⅱ段）

动作电流。

当Ⅰ段零序过电流保护指向变压器时，动作电流尚需满足：

1）满足对侧母线接地故障时保护的灵敏度要求，则

$$I_{op.0.Ⅰ} \leqslant 3I_{k0.min}/n_a K_{sen} \tag{3-67}$$

式中：$3I_{k0.min}$为对侧母线接地时流过本保护安装处的最小零序电流；n_a电流互感器变比；K_{sen}灵敏系数，$K_{sen} \geqslant 1.3$。

2）躲过高、中压侧出线非全相时流过本保护的最大零序电流$3I_{fo.max}$，则

$$I_{op.0.Ⅰ} \geqslant K_{rel} 3I_{fo.max}/n_a \tag{3-68}$$

式中：K_{rel}为可靠系数，取1.2；n_a电流互感器变比。

（2）Ⅱ段零序过电流元件的动作电流$I_{op.0.Ⅱ}$应按与相邻元件接地保护后备段相配合进行整定，则

$$I_{op.0.Ⅱ} = K_{rel} K_{br.Ⅱ} I_{op.0.Ⅲ} \tag{3-69}$$

式中：K_{rel}为可靠系数，取1.1；$K_{br.Ⅱ}$为零序电流分支系数（见5.2.2.3），取各种运行方式的最大值；$I_{op.0.Ⅲ}$为与之配合的相邻元件接地保护（如线路零序过电流保护）后备段动作电流。

Ⅱ段零序过电流保护必须满足母线故障时保护灵敏系数$K_{sen} \geqslant 1.5$的要求，为此动作电流可不与线路接地距离保护后备段的动作阻抗相配合，但在时间上必须互相配合。

（3）灵敏系数校验公式为

$$K_{sen} = \frac{3I_{k0.min}}{I_{op.0} n_a} \tag{3-70}$$

式中：$3I_{k0.min}$为Ⅰ段（或Ⅱ段）保护区末端（通常取为末端母线）接地短路时流过保护安装处的最小零序电流；$I_{op.0}$为Ⅰ段（或Ⅱ段）零序过电流保护的动作电流；n_a电流互感器变比。要求$K_{sen} \geqslant 1.5$。

3.4.2　自耦变压器单相接地短路后备保护

自耦变压器高、中压侧有共同接地的中性点，并直接接地。在高、中压侧电网发生接地故障时，零序电流可在自耦变压器的高、中压侧间流动，而流经接地中性点的零序电流数值及相位，随系统的运行方式不同会有较大的变化，故自耦变压器应分别在高、中压侧配置零序过电流保护，作为变压器高、中压绕组和引出线及相邻元件接地故障保护的后备，保护宜能反应电流互感器与断路器间的接地故障。保护可由两段组成，Ⅰ段动作电流与相邻元件零序过电流保护Ⅰ段或Ⅱ段或快速主保护相配合，Ⅱ段动作电流与相邻元件零序过电流保护的后备段配合；每段保护可设两个时限，以较短时限动作于缩小故障影响范围，或动作于跳本侧断路器，以较长时限动作于断开变压器各侧断路器。为满足选择性要求，可增设零序方向元件，保护方向根据电网要求可指向本侧外母线或变压器。当高、中压侧零序方向过电流保护方向取指向本侧外母线时，高、中压侧尚需分别装设不带方向的零序过电流保护，动作电流与本侧及对侧相邻元件零序过电流保护及接地距离保护后备段相配合，时限设置与带方向的零序过电流相同，作为变压器及相邻元件接地故障保护的后备。为增加切除单相接地短路故障的可靠性，在自耦变压

器未装设零序差动保护或采用方向零序过电流保护时，或零序过电流保护灵敏度不够时（如在自耦变压器高压或中压侧断开时，未断开侧零序过电流保护的灵敏度），宜在自耦变压器中性点回路增设零序过电流保护，作为变压器接地故障保护的后备，动作电流按躲过正常运行中性点回路不平衡电流整定，设一段时限，动作时限大于方向后备保护第二时限一个时限级跳各侧断路器。自耦变压器单相接地后备保护配置的一般方案见表3-8。

自耦变压器单相接地后备保护的接线示例见图3-17。高、中压侧分别配置零序方向过电流

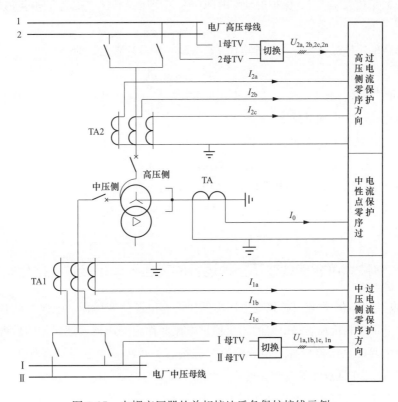

图 3-17　自耦变压器的单相接地后备保护接线示例

保护，并在中性点侧配置中性点零序过电流保护。方向零序过电流保护的配置与 3.4.1 节相同，零序方向元件采用本侧母线电压互感器电压的自产零序电压，零序电流由保护装置从输入的本侧三相电流产生，方向指向变压器（也可指向外母线）。为防止保护在变压器励磁涌流下误动，保护装置可配置零序电流二次谐波闭锁，当零序电流二次谐波和零序基波的比值大于设定值时闭锁零序过电流保护动作，谐波闭锁用零序电流通常用变压器中性点电流互感器电流。本保护示例尚可配置零序电压闭锁，仅当保护侧的零序电压小于某一定值时（一般为5V，为保护装置内部设置值），闭锁零序过电流Ⅰ段动作，电压闭锁用电压通常取自产电压。逻辑图见图3-16（未表示闭锁元件的投退控制）。

按照 DL/T 684《大型发电机变压器继电保护整定计算导则》自耦变压器单相接地的后备保护的整定计算如下。

自耦变压器的高、中压侧带方向的零序过电流保护整定计算，除Ⅰ段为与本侧出线零

序过电流保护Ⅰ段或快速主保护相配合外，其余与中性点直接接地的普通变压器相同，见 3.4.1。

高、中压侧不带方向的零序过电流保护的动作电流按与本侧及对侧母线上线路的零序过电流保护及接地距离保护后备段相配合进行整定，并应满足母线接地短路灵敏系不小于 1.5 的要求。灵敏系数不能满足要求时，动作电流可不与接地距离后备段的动作阻抗相配合，但在时间上必须互相配合。当以对侧校验的灵敏系数不满足要求时，可校核本侧母线电源供给本侧零序保护的灵敏系数是否大于 1.5。保护的动作时间应大于变压器高、中压侧方向零序过电流保护的动作时间。

中性点回路的零序过电流保护动作电流 $I_{\text{op.0}}$ 按式（3-71）整定，即

$$I_{\text{op.0}} = K_{\text{rel}} I_{\text{unb.0}} / n_a \tag{3-71}$$

式中：K_{rel} 为可靠系数，取 1.5～2；$I_{\text{unb.0}}$ 为正常运行情况（包括最大负荷时）中性点回路出现的最大不平衡电流；n_a 为电流互感器变比。

灵敏系数 K_{sen} 按式（3-72）计算，即

$$K_{\text{sen}} = 3I_{\text{k0.min}} / (I_{\text{op.0}} n_a) \tag{3-72}$$

式中：$I_{\text{k0.min}}$ 为自耦变压器断开侧出线端单相接地故障流过变压器中性点的最小零序电流。

动作时限大于高、中压侧零序过电流保护动作时间中最长者（最长第二时限）的一个时限级跳各侧断路器。

3.4.3 中性点可能接地或不接地运行的变压器单相接地短路后备保护

对 110kV、220kV 中性点直接接地电网中低压侧有电源的变压器，中性点可能接地或不接地运行时，对外部单相接地短路引起的变压器过电流和作为变压器接地保护的后备，以及因失去接地中性点引起的变压器中性点电压升高，应按有关规程要求装设后备保护，其要求详见表 3-1。此时变压器中性点经隔离开关接地或经隔离开关与放电间隙并联接地，变压器通常需要配置用于变压器中性点接地运行状态和用于变压器中性点不接地运行状态的两种接地保护，保护的配置、整定等与变压器中性点的接地方式及绝缘水平（全绝缘或分级绝缘）等有关，具体配置详见表 3-8。

1. 中性点全绝缘变压器

按照 GB/T 14285《继电保护和安全自动装置技术规程》的要求，对中性点可能接地运行或不接地运行的中性点全绝缘变压器，变压器单相接地后备保护除应按中性点直接接地的普通变压器装设零序过电流保护外，还应增设零序过电压保护，当变压器所连接的电力网在失去接地中性点情况下发生接地时，零序过电压保护经 0.3～0.5s 时限动作断开变压器各侧断路器。零序过电压保护接于本侧电压互感器的剩余绕组（开口三角形），通常经本侧中性点侧电流互感器的零序电流元件闭锁，当无零序电流流过中性点侧，且出现零序电压时，保护才动作。中性点可能接地或不接地的全绝缘变压器零序过电压保护接线示例见图 3-18。按中性点直接接地的普通变压器装设的零序过电流保护见 3.4.1。

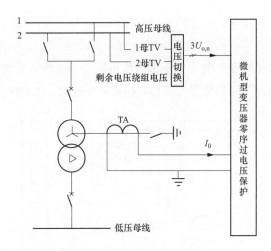

图 3-18　中性点可能接地或不接地的全绝缘变压器零序过电压保护接线示例

按照 DL/T 684《大型发电机变压器继电保护整定计算导则》，变压器的零序过电压保护的整定值的计算如下。

零序过电压保护的动作整定值 $U_{\text{op.0}}$ 按式（3-73）计算，即

$$3U_{\text{k0.max}} < U_{\text{op.0}} \leqslant 3U_{\text{k0.min}} \tag{3-73}$$

式中：$3U_{\text{k0.max}}$ 为部分中性点接地系统发生单相接地时，保护安装处电压互感器剩余绕组（开口三角形）的最大电压（3 倍零序电压）；$3U_{\text{k0.min}}$ 为系统失去接地中性点且发生单相接地时，保护安装处电压互感器剩余绕组（开口三角形）的最低电压（3 倍零序电压）。

系统中性点接地时的零序电压 $U_{\text{k0.max}}$ 计算式为

$$3U_{\text{k0.max}} = \frac{3X_0}{X_0 + X_1 + X_2} U_{\text{p}} = \frac{3\alpha U_{\text{p}}}{(2+\alpha)n_{\text{v}}} \tag{3-74}$$

式中：X_0、X_1、X_2 为系统零序、正序、负序阻抗，并假定 $X_1 = X_2$，接地系数 $\alpha = X_0/X_1$；U_{p} 为最大运行相电压；n_{v} 为电压互感器一次对剩余绕组侧的变比。考虑系统中性点直接接地时的接地系数一般不大于 3，当取 $\alpha = 3$ 及 $U_{\text{p}}/n_{\text{v}} = 100\text{V}$ 时，由式（3-74）可计算 $3U_{\text{0.max}} = 180\text{V}$。故建议取 $U_{\text{op.0}} > 180\text{V}$。

在电网发生单相接地，中性点接地的变压器已全部断开的情况下，零序过电压保护不再需要与其他保护相配合，故其保护动作时间只需躲过电网有中性点接地变压器情况下发生接地短路时的暂态过电压时间，可取 0.3s。

2. 分级绝缘且中性点装设放电间隙的变压器

分级绝缘且中性点装设放电间隙的变压器，其单相接地后备保护除应按中性点直接接地的普通变压器装设零序过电流保护外，还应配置零序过电压保护，并增设反映间隙放电电流的间隙零序过电流保护，作为变压器中性点经放电间隙接地时的接地保护。按中性点直接接地的普通变压器装设的零序过电流保护见 3.4.1。零序过电压和间隙放电电流保护接线示例见图 3-19。间隙放电电流保护的零序电流取自间隙放电回路的 TA，零序过压保护的零序电压取自本侧母线 TV 的剩余绕组（开口三角形）。当变压器所接的电网失去接地中性点，又发生单相接地故障时，

间隙零序过电流、零序过电压保护动作后经一较短延时（躲过暂态过电压时间）断开变压器各侧断路器，延时可取为 0.3～0.5s，间隙零序电流保护延时也可考虑与出线接地后备保护时间配合。由于间隙在击穿过程中，零序电压与零序电流可能交替出现，为使保护能可靠动作，保护装置在零序电压元件或间隙零序电流元件动作后保持一段时间，以确保保护可靠动作。

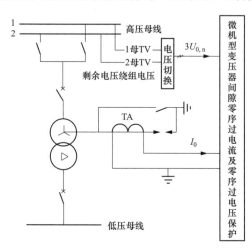

图 3-19 中性点设放电间隙的分级绝缘变压器间隙零序过电流及零序过电压保护

按照 DL/T 684《大型发电机变压器继电保护整定计算导则》，变压器的零序过电压保护的整定同中性点全绝缘变压器，整定值按式（3-73）计算。间隙零序过电流保护的动作电流与变压器的零序阻抗、间隙放电的电弧电阻等因素有关，较难准确计算，根据工程经验，间隙电流保护的一次电流可取 100A。

3. 分级绝缘且中性点不装设放电间隙的变压器

GB/T 14285《继电保护和安全自动装置技术规程》中说明，分级绝缘变压器，为限制变压器中性点不接地时可能出现的中性点过电压，在变压器中性点应装设放电间隙。分级绝缘且中性点不装设放电间隙的变压器，在系统中通常按接地运行方式考虑，故 DL/T 684《大型发电机变压器继电保护整定计算导则》规定，对分级绝缘且中性点不装设放电间隙的变压器，单相接地后备保护装设两段零序过电流保护，用于中性点直接接地运行情况。其动作电流整定及灵敏度校验同 3.4.1。

3.5 变压器中性点非有效接地侧及 0.4kV 侧单相接地故障保护

3.5.1 变压器中性点非有效接地侧单相接地故障保护

GB/T 14285《继电保护和安全自动装置技术规程》规定，对变压器中性点非有效接地侧的单相接地故障需装设保护。发电机机端与升压变压器间设置断路器时，升压变压器低压侧应配置单相接地保护；无发电机断路器时，可共用发电机定子绕组单相接地保护，变压器不再设置。对其他中性点非有效接地的变压器，单相接地故障可共用该侧引接母线设置的单相接地保护，变压器（包括励磁变压器）不再单独设置。

升压变压器低压侧的单相接地故障通常采用接于升压变压器低压侧电压互感器的开口三角

侧的基波零序过电压保护，保护带时限动作于发信号。变压器中性点非有效接地侧单相接地保护接线示例见图 3-20。

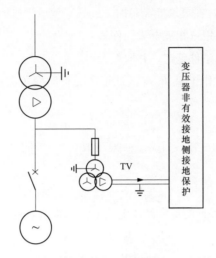

图 3-20　变压器中性点非有效接地侧单相接地保护接线示例

零序过电压保护整定如下。

（1）零序过电压保护的动作电压 U_{op} 按躲过正常运行时电压互感器的开口三角绕组的最大不平衡电压 $U_{uab.max}$ 整定，即

$$U_{op} = K_{rel}U_{uab.max} \tag{3-75}$$

式中：U_{op} 一般可取 15～35V；K_{rel} 为可靠系数，取 1.2～1.3；$U_{uab.max}$ 为实测不平衡电压。

（2）保护动作时限 t 与相邻中性点直接接地电网变压器接地短路后备保护第二段第二时限 t_4 相配合（$t = t_4 + \Delta t$）。

3.5.2　变压器 0.4kV 侧单相接地短路保护

按照 GB/T 14285，对变压器中性点直接接地的 0.4kV 侧的单相接地短路，需装设零序过电流保护。保护电流取自变压器 0.4kV 直接接地侧中性点引出线电流互感器，见图 3-21。保护设

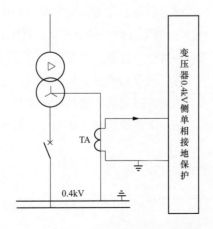

图 3-21　变压器 0.4kV 侧的单相接地保护

两个或一个时限，第一时限与下一级元件配合跳 0.4kV 母线分段，第二时限大于第一时限一个时限级跳变压器各侧断路器。0.4kV 母线无分段时，保护时限与下一级元件配合跳变压器各侧断路器。对 Y－Y 接线变压器，在灵敏度满足时，0.4kV 侧单相接地短路保护也可共用高压侧相间过电流保护（此时保护应采用三相三电流元件式）。

零序过电流保护按下列两条件整定，并取最大值。

（1）零序过电流保护的动作电流 I_{op} 按躲过正常运行时变压器中性线上的最大不平衡电流 $I_{uab.max}$ 整定，即

$$I_{op} = K_{rel} I_{uab.max}/n_a \tag{3-76}$$

式中：K_{rel} 为可靠系数，取 $1.3\sim1.5$；$I_{uab.max}$ 一般可取 $0.2\sim0.5 I_{tn}$，I_{tn} 为变压器 0.4kV 侧额定电流；n_a 电流互感器变比。

（2）零序过电流保护的动作电流 I_{op} 按与下一级元件的保护动作电流相配合整定。

1）与下一级零序过电流保护的最大动作电流 $I_{op.0.max}$ 配合，则

$$I_{op} = K_{co} I_{op.0.max}/n_a \tag{3-77}$$

式中：K_{co} 为配合系数，取 $1.15\sim1.20$；n_a 为电流互感器变比。

2）下一级无零序过电流保护时，与相电流保护最大动作电流 $I_{op.p.max}$ 配合，则

$$I_{op} = K_{co} I_{op.p.max} \tag{3-78}$$

式中：K_{co} 为配合系数，取 $1.15\sim1.20$。

（3）灵敏系数 K_{sen} 计算式为

$$K_{sen} = \frac{I_{k.min}^{(1)}}{I_{op}n_a} \tag{3-79}$$

式中：$I_{k.min}^{(1)}$ 最小运行方式下变压器低压侧母线上单相接地短路时，流经变压器中性线电流互感器的电流；n_a 电流互感器变比。

3.6 变压器过负荷保护

电网中运行的变压器可能由于电网故障或负荷变化等而在超过额定负荷下运行，致使变压器绕组温度升高，加速绝缘老化，缩短寿命，并可能发展成为变压器内部故障。为防止变压器受到过负荷的损害，在 GB/T 14285《继电保护和安全自动装置技术规程》中，规定了 0.4MVA 及以上数台并列运行的变压器或作为其他负荷备用电源的单台运行变压器，根据实际可能出现过负荷情况，应装设过负荷保护。自耦变压器及多绕组变压器，过负荷应能反应公共绕组及各侧过负荷情况。变压器一般可考虑为对称过负荷，过负荷保护接一相电流，具有定时限或反时限的动作特性，对有人值班的厂、站，动作于信号，在无经常值班人员的变电站，保护可动作于跳闸或切除部分负荷。

变压器过负荷的配置及整定通常有如下考虑。

3.6.1 双绕组及三绕组变压器的过负荷及保护配置

双绕组变压器的过负荷保护通常设置在电源侧。发电机-变压器组通常仅设置发电机过负荷

保护，变压器不再单独设置。励磁变压器通常不再设置过负荷保护，由发电机励磁系统设置的过励磁限制器，在发电机过励磁时对励磁系统进行控制并发信号。

三绕组升压变压器的高、中、低压三个绕组额定容量的配置主要有 100/100/100、100/50/100 及 100/100/50 三种，三绕组降压变压器主要有后两种。根据变压器实际应用场合的特点，三绕组变压器过负荷的设置通常可作如下考虑：对三绕组升压变压器，当三侧有电源时，各侧均需装设过负荷保护；有一侧无电源时，可仅在发电机侧及无电源侧装设过负荷保护。对三绕组降压或联络变压器，两侧有电源时各侧均需装设过负荷保护；仅单侧有电源时，若三绕组额定容量相同可仅在电源侧装设过负荷保护；三绕组容量不同时，需在容量较小侧及电源侧分设过负荷保护。

3.6.2　自耦变压器的过负荷及保护配置

有低压、中压及高压三侧电压的自耦变压器（称三绕组自耦变压器，接线见图 3-22），其高、中压侧可看作是将三绕组变压器中的中压侧 a—x 绕组变成高压 A—X 绕组的一部分而构成自耦变压器，此时 a—x 绕组成为高、中压侧共有而称为自耦变压器的公共绕组，绕组 Aa 则称为串联绕组。对高、中压侧，自耦变压器的电磁感应作用（变压器作用），仅存在于绕组 Aa 与 ax 两部分绕组间。自耦变压器的额定容量 S_{tn}（也称通过容量）通常是指其高、中压侧的额定容量（端口 1、端口 2，额定容量相同），公共绕组与低压绕组一般有相同的额定容量（也称计算容量、标准容量或设计容量），并通常低于自耦变压器的额定容量。

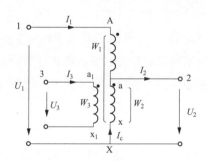

图 3-22　三绕组自耦变压器等值接线（一相）

除了大容量的自耦升压变压器外，自耦变压器的负荷能力决定于高压侧、中压侧、公共绕组与低压绕组的额定容量。大容量的自耦升压变压器的低压绕组通常布置于高压与公共绕组之间，在低压绕组断开运行时，高压及公共绕组间的漏磁增加，由此产生很大的附加损耗，使变压器的传输容量由于过热而受限制，最大传输容量可能被限制到自耦变压器额定容量的 70%。

1. 自耦变压器各侧及公共绕组的额定容量及传变关系

对于图 3-22 所示的三绕组自耦变压器，当低压绕组为空载（未断开、电流 I_3 为 0）、高压侧以容量 S_1（$S_1 = I_1U_1$）向中压送电时，中压侧端口 2 的输出容量 S_2 及公共绕组容量 S_c 可计算为（以下分析均忽略变压器内部损耗，并以一相进行分析）

$$S_2 = U_2 I_2 = U_2(I_1 + I_c) = U_2 I_1 + U_2 I_c \tag{3-80}$$

$$S_c = U_2 I_c = U_2(I_2 - I_1) = \frac{U_1}{k_a}(k_a I_1 - I_1)$$

$$= I_1\left(U_1 - \frac{U_1}{k_a}\right) = I_1(U_1 - U_2) = U_{Aa} I_1 \tag{3-81}$$

式中：k_a 为自耦变压器高、中压侧的变比，$k_a = U_{1n}/U_{2n} = W_1/W_2$，在 $I_3 = 0$ 时，$k_a = I_{2n}/I_{1n}$。

由式（3-80）及式（3-81）可知，在忽略变压器内部损耗时，高压侧传变至中压侧的容量 S_2 由两部分组成：直接电传输的容量 $U_2 I_1$，通过串联绕组 Aa 与公共绕组 ax 的电磁感应传变的容量 $U_2 I_c$。式（3-81）尚可表达为（$I_3 = 0$ 时）

$$S_c = I_1\left(U_1 - \frac{U_1}{k_a}\right) = I_1 U_1\left(1 - \frac{1}{k_a}\right) = S_1\left(1 - \frac{1}{k_a}\right) \tag{3-82}$$

通常以高压侧向中压侧传输自耦变额定容量 S_{tn} 时通过公共绕组传输的容量，作为自耦变压器公共绕组的额定容量 S_{cn} 由式（3-82）有

$$S_{cn} = S_{tn}\left(1 - \frac{1}{k_a}\right) \tag{3-83}$$

由于 k_a 通常大于1，故由式（3-83）可知，公共绕组的额定容量小于自耦变压器的额定容量。当 $k_a = 2$ 时，自耦变压器公共绕组的额定容量（即自耦变压器的计算容量）为自耦变额定容量的 50%。

2. 自耦变压器过负荷保护的配置

自耦变压器高、中压侧与公共绕组及低压绕组有不同的额定容量，变压器的过负荷保护，应按在实际运行中可能发生过负荷的变压器侧或绕组均得到监视进行配置。

自耦变压器在不同的应用及不同的运行方式下，可能过负荷侧或绕组将不尽相同，过负荷保护也有不同的配置。下面分析变压器在各种运行方式下的过负荷及过负荷保护的配置，分析时忽略变压器的内部损耗。

（1）升压自耦变压器。

1）低压侧和高压侧向中压侧送电时。当低压侧以 S_3 和高压侧以 S_1 向中压侧送电时，由图 3-22 有 $S_3 + S_1 = S_2$ 及 $I_c = I_2 - I_1$，此时公共绕组的容量为

$$S_c = U_2 I_c = U_2(I_2 - I_1) = U_2 I_2 - U_2 I_1 = U_2 I_2 - \frac{U_1 I_1}{k_a}$$

$$= S_2 - \frac{S_1}{k_a} = S_1 + S_3 - \frac{S_1}{k_a} = S_3 + S_1\left(1 - \frac{1}{k_a}\right) \tag{3-84}$$

由于低压侧与公共绕组通常有相等的额定容量，故在输送容量增加时，由式（3-84）可知，公共绕组总先于低压侧达额定容量或过负荷（在高压侧输送电容量为0时，为同时达到）。另由公共绕组额定容量的计算式（3-83），可知由式（3-84）计算的公共绕组容量，在输送容量增加且低压侧有输送容量时，公共绕组总先于高压侧达额定容量或过负荷（在低压侧输送电容量为0时，为同时达到）。故公共绕组需要装设过负荷保护。

另外，由式（3-84），在公共绕组达额定容量时，有

$$S_2 = S_1 + S_3 = S_{cn} + \frac{S_1}{k_a} = S_{tn}\left(1 - \frac{1}{k_a}\right) + \frac{S_1}{k_a} = S_{tn} - \frac{1}{k_a}(S_{tn} - S_1) \qquad (3\text{-}85)$$

由式（3-85）可知，在输送容量增加使公共绕组达额定容量时，中压侧容量 S_2 并未达到其额定容量 S_{tn} 而尚有 $(S_{tn} - S_1)/k_a$ 的差额，在发生过负荷时，公共绕组将先于中压侧过负荷。

故在低压侧和高压侧向中压侧送电时，需在公共绕组装设过负荷保护。

2）低压侧和中压侧向高压侧送电时。在低压侧和中压侧向高压侧送电运行方式时，有 $S_3 + S_2 = S_1$，图 3-22 中的 I_1、I_2 与图示反向。由于中压侧的一部分传送容量为通过公共绕组 ax 与串联绕组 Aa 电磁感应传送，相应的公共绕组电流 $I_{c(2)}$ 的方向，按图 3-22 中所标示的各绕组同极性端可知也与图 3-22 中反向；而低压侧向高压侧通过电磁感应传送时，$I_{c(3)}$ 方向与图 3-22 所示相同。故在低压侧和中压侧同时向高压侧送电时，公共绕组电流 I_c 将为 $I_{c(2)}$ 与 $I_{c(3)}$ 之差，方向按差值的正负与图 3-22 所示相反或相同。

当 I_c 方向与图 3-22 所示相反时，则有 $I_c = I_2 - I_1$，此时公共绕组的容量为

$$S_c = U_2 I_c = U_2(I_2 - I_1) = U_2 I_2 - U_2 I_1$$
$$= S_2 - \frac{S_1}{k_a} = S_2 - \frac{S_2 + S_3}{k_a} = S_2\left(1 - \frac{1}{k_a}\right) - \frac{S_3}{k_a} \qquad (3\text{-}86)$$

分析式（3-86）并由式（3-83）可知，对低压侧和中压侧向高压侧送电运行方式，中压达额定容量时，公共绕组并未达到额定容量（在低压侧输送电容量为 0 时，为同时达到）。低压侧与公共绕组有相同的额定容量值，在 I_c 方向与图 3-22 所示相同时（此时有 $I_c = I_1 - I_2$），类同式（3-86)的分析，可知在低压侧达额定容量时，公共绕组并未达到额定容量。另外，由于此时有 $S_1 = S_3 + S_2$ 且中压侧与高压侧额定容量相同，在送电容量增加时，高压侧总在中压侧前达到额定容量或过负荷（在低压侧送电容量为 0 时，为同时达到），故在高压侧设置过负荷保护后，中压侧可不设置过负荷保护。

故在低压侧和中压侧向高压侧送电时，需要在低压侧及高压侧装设过负荷保护。

3）升压自耦变压器过负荷保护的配置。由于自耦变压器低压侧与公共绕组的额定容量小于高压侧额定容量，而中压侧与高压侧有相同的额定容量，故在升压自耦变压器的其他运行方式下，如低压侧向高压侧、中压侧送电，中压侧向高压侧、低压侧送电［类同式（3-85）的分析］等运行方式下，中压侧均不会先于其他侧过负荷。因此，按上述的分析，升压自耦变压器的过负荷保护通常配置在高压侧、低压侧及公共绕组。

（2）降压自耦变压器。

1）仅高压侧有电源的降压自耦变压器。降压自耦变压器高压侧同时向中压侧及低压侧送电时，有 $S_2 + S_3 = S_1$。I_c 的方向与低压侧和中压侧向高压侧送电类同。在 $I_c = I_2 - I_1$ 时，公共绕组容量的计算与式（3-86）相同，在高压侧达额定值时（$S_1 = S_{tn}$），有

$$S_c = S_2 - \frac{S_{tn}}{k_a} = S_{tn} - S_3 - \frac{S_{tn}}{k_a} = S_{tn}\left(1 - \frac{1}{k_a}\right) - S_3 = S_{cn} - S_3 \qquad (3\text{-}87)$$

由式（3-87）可知，在高压侧达额定容量及低压侧输送容量不为 0 时，公共绕组将低于额定容量，即高压侧总先于公共绕组达到额定容量或过负荷（在向低压侧送电容量为 0 时，为同时达到），故在高压侧设置过负荷保护后，公共绕组可不设置过负荷保护。在 $I_c = I_1 - I_2$ 时，分

析及结论与3.6.2中2.（1）2）相同。另外，由于此时有 $S_1 = S_3 + S_2$ 且中压侧与高压侧额定容量相同，在送电容量增加时，高压侧总在中压侧前达到额定容量或过负荷（在向低压侧送电容量为0时，为同时达到），故在高压侧设置过负荷保护后，中压侧可不设置过负荷保护。此时由于 $S_3 = S_1 - S_2$ 且低压侧的额定容量总小于高压侧额定容量［见式（3-83）及 $k_a > 1$］，故在高压侧对低压侧及中压侧送电时，低压侧有可能在高压侧未达额定值前达额定值或过负荷，而需要设过负荷保护。

因此，仅高压侧有电源的降压自耦变压器，需在高压侧及低压侧设置过负荷保护。

2）高压侧及中压侧有电源的降压自耦变压器。在高压侧及中压侧同时向低压侧送电时有 $S_3 = S_1 + S_2$ 及 $I_c = I_1 + I_2$，公共绕组容量的计算式为

$$S_c = U_2 I_c = U_2 (I_1 + I_2) = U_2 I_1 + U_2 I_2$$
$$= \frac{S_1}{k_a} + S_2 = \frac{S_1}{k_a} + (S_3 - S_1) = S_3 - S_1 \left(1 - \frac{1}{k_a}\right) \tag{3-88}$$

分析式（3-88）可知，由于 $k_a > 1$，且公共绕组与低压绕组有相同的额定容量，故 S_3 将总先于公共绕组到达其额定容量，先过负荷，而需要装设过负荷保护。由于低压侧的额定容量总小于高压侧和中压侧额定容量，故在高压侧及中压侧向低压侧送电时，仅需要在低压侧装设过负荷保护。

在中压侧向高压侧及低压侧送电时有 $S_2 = S_1 + S_3$ 及 $I_c = I_2 - I_1$，过负荷情况与升压自耦变压器的低压侧与高压侧向中压侧送电运行方式相同，即需要在公共绕组装设过负荷保护。

由于自耦变压器中压侧与高压侧有相同的额定容量，在高压侧仅向中压侧送电的运行方式下，中压侧过负荷可由高压侧的过负荷进行监视。在中压侧仅向低压侧送电时，由于低压侧额定容量总小于中压侧，低压侧总先于中压侧过负荷。

故高压侧及中压侧有电源的降压自耦变压器，需在高压侧、低压侧及公共绕组配置过负荷保护。

（3）自耦变压器过负荷保护的配置。除仅高压侧有电源的降压自耦变压器外，自耦变压器需在高压侧、低压侧及公共绕组配置过负荷保护，仅高压侧有电源的降压自耦变压器需在高压侧、低压侧配置。过负荷保护目前一般动作于报警，自耦变压器某一侧过负荷后，仍在运行的变压器其他侧可能发生后续过负荷。大型自耦变压器在高压侧、中压侧、低压侧及公共绕组通常均配置保护用电流互感器，采用微机保护时，配置过负荷保护也较简单，为更好地监视变压器的过负荷情况，也可以在自耦变压器的三侧及公共绕组均配置过负荷保护。

另外，对大容量升压自耦变压器，过负荷保护需满足自耦变压器在低压侧断开运行时，对自耦变压器的传输能力的限制要求，通常是在低压侧断开运行时，使过负荷保护的整定值切换至按此时允许的通过容量整定的整定值。

3.6.3　变压器过负荷保护的整定计算

按照 DL/T 684《大型发电机变压器继电保护整定计算导则》，变压器过负荷保护的动作电流 I_{op} 按躲过安装侧绕组的额定电流整定，即

$$I_{op} = \frac{K_{rel}I_{tn}}{K_r n_a} \tag{3-89}$$

式中：K_{rel} 为可靠系数，取 1.05；I_{tn} 为按额定容量计算的安装侧额定电流；K_r 为返回系数，取 0.85～0.95；n_a 为电流互感器变比。变压器长期允许负荷电流大于 I_{tn} 时，式（3-89）应以长期允许电流取代 I_{tn} 进行计算。

保护延时应与变压器允许的过负荷时间相配合，并应大于相间及接地故障后备保护的最大动作时间。

表 3-9 所示为某一大型油浸变压器允许过负荷特性示例，环氧树脂浇注干式变压器过负荷特性曲线示例见图 3-23。

表 3-9   大型油浸变压器允许过负荷特性示例

过负荷倍数	1.1	1.15	1.2	1.25	1.3
允许时间 t（min）	连续	1440	376	160	92

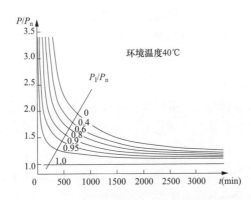

图 3-23   干式变压器允许过负荷特性曲线示例

P—变压器负荷；P_n—变压器额定容量；P_1—变压器初始负荷

3.7   变压器过励磁保护

变压器运行在低频或/和过电压下将引起定子铁芯工作磁通密度过高而饱和，使铁芯谐波磁通密度增强，漏磁增加，附加损耗增大，引起局部过热，损伤绝缘介质并加速其老化，或引起局部变形。变压器的低频或过电压，可能由电力系统或发电机的过电压或频率的不正常降低所引起。为防止变压器受过励磁的损害，在 GB/T 14285《继电保护和安全自动装置技术规程》中规定，对高压侧为 330kV 及以上的变压器，应装设过励磁保护。保护应具有定时限特性或反时限特性并与被保护变压器的过励磁特性相配合。定时限保护由两段组成，低定值动作于信号，高定值动作于跳闸。过励磁保护的返回系数应不低于 0.96。无发电机断路器的发电机-变压器组接线的变压器过励磁保护可利用发电机过励磁保护，变压器可不再单独设置。

变压器过励磁保护一般是通过检测变压器的电压/频率（U/f）比值来确定铁芯的饱和程

度，电压及频率信号取自变压器的高压侧或低压侧的电压互感器。

按照 DL/T 684《大型发电机变压器继电保护整定计算导则》，变压器过励磁保护可整定如下。

1. 变压器定时限过励磁保护

（1）变压器定时限过励磁保护第一段动作值可按过励磁倍数为 1.1～1.2 进行整定。类同 2.12 节的分析，过励磁倍数 n 为以标幺值表示的电压/频率（U/f）的比值，可计算为

$$n = \frac{B}{B_n} = \frac{U/f}{U_{tn}/f_n} = \frac{U/U_{tn}}{f/f_n} \tag{3-90}$$

式中：B、B_n 为变压器铁芯磁通密度实际运行值及额定值；U、U_{tn} 为变压器运行电压及额定电压；f、f_n 为变压器运行频率及额定频率。

定时限过励磁保护第一段的动作延时，可根据变压器在整定的过励磁倍数 n 值下允许的过励磁时间，考虑运行人员有足够的时间处理变压器过励磁，并按防止变压器短时过励磁时保护不必要的发信号进行整定。

（2）变压器定时限过励磁保护第二段动作值可按过励磁倍数为 1.25～1.35 进行整定。定时限过励磁保护第二段的动作跳闸的延时时间，可按适当小于变压器在整定的过励磁倍数 n 值下允许的过励磁时间进行整定，以保证变压器的安全。

2. 变压器反时限过励磁保护

反时限过励磁保护的动作特性（整定值及延时），按与变压器允许的过励磁能力曲线相配合整定，并可以从时间或动作定值上（两者取其一）考虑其配合。从时间上考虑时，可以考虑整定时间为变压器允许过励磁曲线时间的 60%～80%；从动作整定值考虑时，可以考虑整定定值为变压器允许过励磁曲线定值除以 1.05，最小定值应可以躲过系统正常运行时过励磁的最大值。

某一大型变压器允许过励磁特性见图 3-24 及表 3-10。

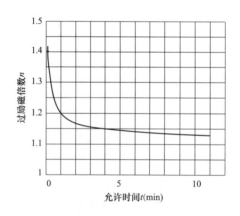

图 3-24 变压器允许过励磁特性曲线

表 3-10 大型变压器过励磁特性

过励磁倍数 n	<1.12	1.12	1.13	1.14	1.15	1.2	1.25	1.3	1.35	1.4
允许时间 t（min）	连续	20	15	7	4	1	0.5	0.3	0.2	0.13

3.8 断路器失灵、三相不一致、断口闪络保护

3.8.1 变压器高压断路器失灵保护

与变压器连接的高压断路器，需按有关规程的要求装设断路器失灵保护，在保护动作跳断路器时，若断路器失灵拒跳，变压器断路器失灵保护应动作，经短延时再跳本断路器及发信号，再经一延时跳开与断路器相邻的有电源回路的断路器及发信号，及时从电力系统切除事故元件，避免事故扩大。对无发电机断路器的升压变压器，失灵保护动作尚应使发电机灭磁停机。根据 NB/T 35010《水力发电厂继电保护设计规范》的规定，变压器的 220～750kV 断路器应装设断路器失灵保护，110kV 断路器根据电力系统要求也可装设断路器失灵保护，对 220～750kV 分相操作的断路器，失灵保护可仅考虑断路器单相拒动情况。

从系统及故障设备的安全考虑，要求失灵保护应尽可能快动作；由于失灵保护动作将跳开较多的断路器及切除相当数量的运行设备，故要求失灵保护应有很高的可靠性。按 GB/T 14258 等规程的要求，失灵保护由变压器电气保护及与变压器高压侧断路器连接元件的保护出口触点和能快速动作与返回的相过电流或负序电流或零序电流判别元件启动。判别元件宜与变压器保护独立，启动失灵的保护出口触点也应为快速返回。故障切除后启动失灵的保护出口返回时间应不大于 30ms，判别元件的动作时间和返回时间均不应大于 20ms。变压器非电量保护不启动断路器失灵。失灵保护启动后，应经短延时动作跳变压器高压侧断路器一次，再经较长延时跳开与高压侧断路器相邻的其他有电源支路的断路器及变压器有电源侧断路器（或各侧断路器）。变压器有电源侧断路器通常应包括升压变压器的发电机断路器（无发电机断时应跳发电机磁场断路器使发电机灭磁停机），宜包括接于变压器低压侧母线的厂用变压器的高压侧断路器（厂用变压器无高压侧断路器时跳低压侧断路器）。对接于双母线或分段单母线的变压器高压侧断路器，失灵保护经短延时重跳本断路器后，也可经延时先跳母联断路器或分段断路器，再经延时跳相邻的其他有电源支路的断路器及变压器有电源侧断路器（或各侧断路器）。按有关规程要求，双重化配置的失灵保护的启动和跳闸回路均应使用各自独立的电缆。单套配置的断路器失灵保护动作后应同时作用于断路器的两个跳闸线圈，如断路器只有一组跳闸线圈，失灵保护装置工作电源应与相对应的断路器操作电源取自不同的直流电源系统。

为保证判别元件快速动作及返回，除判别元件需具有快速动作与返回性能外，相应地判别元件的输入电流不应取自有较大时间常数的铁芯带气隙的电流互感器（如 TPY 类型），可选用 P 类电流互感器。失灵保护动作后再跳变压器高压侧断路器一次，将有利于保证失灵保护的可靠性，在再跳闸成功时，失灵保护将返回，可避免失灵保护误动跳相邻断路器。

变压器经高压侧断路器接于单或双母线时，变压器高压侧断路器失灵保护通常与母线保护一起置于母线保护屏；对接于一个半断路器接线的变压器高压侧断路器，变压器高压侧断路器失灵保护通常与变压器保护一起置于变压器保护屏，见 3.10 节。断路器失灵保护按每断路器配置。

图 3-25 所示为变压器高压侧断路器失灵保护的逻辑图示例。图中 t_1 延时出口动作于跳本变压器高压侧断路器，t_2 出口动作于跳相邻断路器。t_1 延时应躲开高压侧断路器的开断时间及失灵保护装置返回时间之和；t_2 与 t_1 延时的差值，也应按躲开高压侧断路器的开断时间及失灵保护装置返回时间之和考虑，以便在再跳成功时失灵保护能可靠返回而不再去误跳相邻的其他断路器。按照 NB/T 35010，失灵保护可仅考虑断路器单相拒动情况，故断路器合闸位置应采用三相触点并联输入，并宜采用断路器机械联锁的辅助触点，以提高失灵保护的可靠性。根据电流判据灵敏度的要求，逻辑图中的电流判据或门逻辑可增加零序电流判据。按照 GB/T 14258，变压器失灵保护通常不设闭锁回路，见 6.1 节。

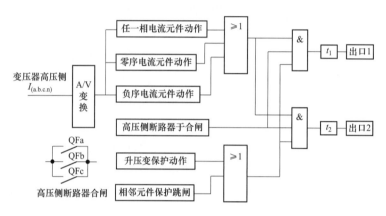

图 3-25　变压器高压侧断路器失灵保护逻辑框图示例

按照 DL/T 684《大型发电机变压器继电保护整定计算导则》，变压器高压侧断路器失灵保护可整定如下。

（1）过电流判据应考虑最小运行方式下的各侧三相短路故障灵敏度，并尽量躲过变压器正常运行时的最大负荷电流，过电流判据的动作电流 I_{op} 宜取

$$I_{op} = \frac{I_{k.min}^{(3)}}{K_{sen} n_a}, \qquad 或 \qquad I_{op} = K_{rel} I_{tn}/n_a \qquad (3-91)$$

式中：$I_{k.min}^{(3)}$ 为最小运行方式下变压器失灵保护装设侧三相短路电流；K_{sen} 为灵敏系数，取 $1.5 \sim 2$；n_a 为电流互感器变比；K_{rel} 为可靠系数，取 $1.1 \sim 1.2$；I_{tn} 为变压器该侧额定电流。

当启动失灵保护的电流判据仅考虑过电流判据时，过电流判据应考虑最小运行方式下的各侧三相短路故障灵敏度。

（2）负序或零序电流按躲过变压器正常运行时的最大不平衡电流整定，动作电流 $I_{2.op}$、$I_{0.op}$ 宜取

$$I_{2.op} = K_{rel.2} I_{tn}/n_a \qquad (3-92)$$

$$I_{0.op} = K_{rel.0} I_{tn}/n_a \qquad (3-93)$$

式中：$K_{rel.2}$、$K_{rel.0}$ 为可靠系数，取 $0.15 \sim 0.25$；n_a 电流互感器变比。

（3）失灵保护再跳本断路器动作出口延时（t_1）应躲开变压器高压断路器开断时间及启动失灵保护的保护返回时间之和。再以 $t_2 = 2t_1$ 跳升压变压器高压侧断路器的相邻有源支路断路器。

3.8.2　变压器高压断路器三相不一致保护

　　与变压器连接的采用分相操作的高压断路器，可能由于机械或电气或操作上的原因使三相不同时合闸或跳闸而形成三相不一致运行，在变压器高压侧将出现负序及零序电流，对升压变压器，低压侧的发电机也将出现负序电流，影响发电机及变压器设备的安全。由于变压器及发电机反应负序电流的保护为动作时间较长的后备保护，此时尚可能导致相邻线路保护先动作跳闸，使故障扩大。在 GB/T 14258《继电保护和安全自动装置技术规程》中，要求 220kV 及以上电压分相操作的断路器应附有三相不一致（也称非全相）保护回路。故变压器高压侧为 220kV 及以上电压的分相操作的高压断路器，应设置断路器三相不一致保护，保护由断路器分相位置触点组成的断路器三相不一致信号及零序或负序电流判据启动，带时限跳本断路器并发出"断路器非全相"信号。电流判据采用快速返回的负序或零序电流元件，相应地保护的输入电流不应取自有较大时间常数的铁芯带气隙的电流互感器（如 TPY 类型），可选用 P 类电流互感器。断路器三相不一致信号，由断路器并联的三相合闸位置触点（QFa、QFb、QFc）与并联的三相跳闸位置触点串联的回路提供，该回路通常在断路器汇控柜实现。变压器高压侧断路器三相不一致保护逻辑框图例见图 3-26。

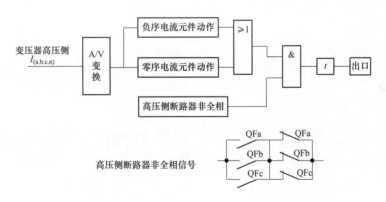

图 3-26　变压器高压侧断路器三相不一致保护逻辑框图例

　　按照 DL/T 684《大型发电机变压器继电保护整定计算导则》，变压器高压侧断路器三相不一致保护可整定如下。

　　（1）零序或负序电流判据应躲过变压器正常运行时可能产生的最大不平衡电流，动作电流 $I_{0.\,op}$、$I_{2.\,op}$ 宜取

$$I_{0.\,op} = K_{rel.\,0}\,I_{tn}/n_a \tag{3-94}$$

$$I_{2.\,op} = K_{rel.\,2}\,I_{tn}/n_a \tag{3-95}$$

式中：$K_{rel.\,2}$、$K_{rel.\,0}$ 为可靠系数，取 $0.15\sim0.25$；I_{tn} 为变压器高压侧额定电流；n_a 电流互感器变比。

　　（2）保护延时 t 应可靠躲过断路器不同期合闸的最长时间，一般取 $0.3\sim0.5\text{s}$。

3.8.3 变压器高压侧断路器断口闪络保护

断路器断口闪络保护用于发电机-变压器组与高压电网并列期间及与电网刚解列期间对断路器断口过电压闪络故障进行保护。此期间，变压器高压侧断路器断口上的电压将随发电机与电力系统等效电动势间的角度差而变化，在角度差达 $180°$ 时，为两电动势之和，断口电压可达两倍额定电压或以上，可能导致断口过电压闪络，损坏断路器并可能使事故扩大，影响系统稳定运行。由于闪络通常在一或两相断口上发生，发电机将出现冲击转矩及负序电流，影响发电机的安全。故在 GB/T 14258《继电保护和安全自动装置技术规程》中，要求发电机-变压器组需根据发电机组的特点及电力系统运行的要求装设高压侧断路器断口闪络保护。在发电机-变压器组接入 220kV 及以上系统时，变压器高压断路器通常应配置断口闪络保护（见 DL/T 684《大型发电机变压器继电保护整定计算导则》）。

变压器高压侧断路器断口闪络保护在断路器处于断开位置情况下出现负序电流时启动，逻辑框图见图 3-27（未表示连接片及控制字逻辑）。保护经短延时（t_1）动作于跳发电机断路器（若有）。未设置发电机断路器时，t_1 出口跳发电机磁场断路器灭磁，发电机断路器未跳或灭磁无效时由延时 t_2 出口启动高压侧断路器失灵保护。负序电流元件应可快速返回，相应地保护的输入电流不应取自有较大时间常数的铁芯带气隙的电流互感器（如 TPY 类型），可选用 P 类电流互感器。

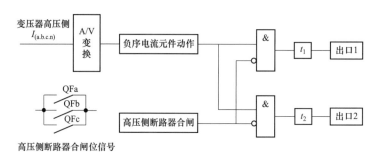

图 3-27 变压器高压侧断路器断口闪络保护逻辑框图

按照 DL/T 684《大型发电机变压器继电保护整定计算导则》，变压器高压侧断路器断口闪络保护可整定如下。

（1）负序电流元件的动作电流 $I_{2.op}$ 应躲过变压器正常运行时可能产生的最大不平衡电流，一般可取

$$I_{2.op} = 10\% \times I_{tn}/n_a \tag{3-96}$$

式中：I_{tn} 为变压器高压侧额定电流；n_a 为电流互感器变比。

（2）保护动作延时需躲过变压器高压侧断路器合闸三相不一致时间，动作于跳发电机断路器（若有）或磁场断路器及停机（无发电机断路器时）的延时 t_1 一般整定为 0.1~0.2s。启动高压侧断路器失灵保护的延时 t_2，为 t_1 加上发电机断路器（若有）开断时间及闪络保护启动元件返回时间，无发电机断路器时，加上动作灭磁至发电机电压降低至断路器断口不再闪络的灭磁

时间，并考虑一定的时间裕度。

3.9 发电机-变压器组公共纵差保护

对发电机-变压器组的保护配置，按照 GB/T 14285《继电保护和安全自动装置技术规程》的规定，发电机定子绕组及其引出线的相间短路故障的主保护及变压器内部、套管及引出线短路故障的主保护，容量 100MW 及以上的发电机-变压器组，应装设双重主保护，每套主保护宜具有发电机纵联差动保护及变压器纵联差动保护，100MW 以下（1MW 以上）的发电机-变压器组，当发电机与变压器之间有断路器时，发电机与变压器宜分别装设单独的纵差保护。故发电机-变压器组的发电机和变压器共用一套公共纵差保护的配置方式，即发电机-变压器组公共纵差保护（或称发电机-变压器组纵差保护），仅宜用于容量 100MW 以下（1MW 以上）且发电机未设置发电机断路器的发电机-变压器组，其他情况下发电机与变压器均宜分别装设单独的纵差保护。采用公共纵差保护的发电机-变压器组的其他保护，仍按有关标准的规定配置，见表 2-1 及表 3-1。

发电机-变压器组公共完全纵差保护的交流接线示例见图 3-28。保护对不经断路器而直接接于发电机母线的励磁变压器、机组自用变压器（若有），与发电机及变压器单独装设纵差保护时相同，通常不将其电流纳入发电机-变压器组纵差的差动电流回路。由于采用公共纵差保护的发电机-变压器组的容量通常在 100MW 以下，容量相对较小，厂用变压器（若有）高压侧通常经断路器接至发电机-变压器组间的发电机电压母线，发电机-变压器组纵差的保护范围通常不包括厂用变压器，而将其电流纳入发电机-变压器组纵差保护的电流差动回路。本例变压器高压侧断路器两侧均配置保护用电流互感器（图中未表示），纵差保护的电流互感器布置在断路器外侧，对厂用变压器支路作同样考虑（通常仅一侧配置电流互感器），使发电机-变压器组纵差保护的保护范围包括变压器高压侧断路器及厂用变压器高压侧断路器，发电机-变压器组纵差保护不出现保护死区。

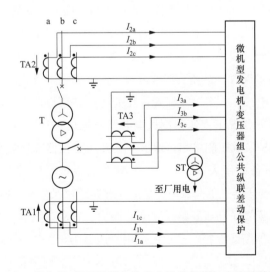

图 3-28 发电机-变压器组公共完全纵差保护的交流接线示例

为防止纵差保护在不平衡电流下误动及减少或避免不平衡电流对保护整定值的影响，与变压器单独装设纵差保护时相同，发电机-变压器组纵差保护采用带外部短路电流或其相关量制动原理及设置涌流闭锁，采用比率制动式纵联差动保护、标积制动式纵联差动保护及故障分量比率制动式纵差保护等具有制动特性的保护，并在变压器出现涌流期间闭锁纵差保护动作，避免保护误动。

发电机-变压器组纵差保护应能同时满足对发电机及变压器内部及引出线和变压器套管短路故障的保护要求。由于正常运行情况下变压器差动保护电流差动回路的不平衡电流通常大于发电机。故按照 DL/T 684《大型发电机变压器继电保护整定计算导则》，发电机-变压器组纵差保护应按变压器单独装设纵差保护时的相同整定方法进行整定，见 3.2.1。采用公共纵差保护的发电机-变压器组的其他保护，仍按有关标准的规定配置及整定，见表 2-1 及表 3-1。

由于发电机-变压器组纵差保护的最小动作电流需按变压器单独装设纵差保护时的整定方法进行整定，而在发电机-变压器组中，变压器纵差保护整定的最小动作电流 $I_{op.0}$ 将可能成倍地大于发电机单独设置纵差保护时的整定值。发电机及变压器单独设置纵差保护时，按照 DL/T 684，工程上一般可取：发电机 $I_{op.0} \geqslant （0.2 \sim 0.3） I_{gn}$ 或（$0.1 \sim 0.2$）I_{gn}，变压器 $I_{op.0} = （0.3 \sim 0.6） I_{tn}$。可见发电机-变压器组纵差保护对发电机内部短路故障的保护，相对于发电机单独设置纵差保护，将有较大的保护死区及较低的保护灵敏度。故按照 GB/T 14285 的规定，发电机-变压器组纵差保护仅宜配置在容量 100MW 以下（1MW 以上）且发电机未设置发电机断路器的发电机-变压器组。

3.10　变压器保护的配置及接线示例

图 3-29 所示为双绕组升压变压器保护配置及电流、电压输入接线示例（一次接线仅表示与变压器保护相关的部分）。升压变压器（也称主变压器）为油浸式、强迫油循环水冷，中性点直接接地，高压侧设断路器，两相邻发电机-变压器组经各自的高压断路器在高压侧并联后经短引线接入采用一个半断路器接线的电厂 500kV 高压母线。发电机与升压变压器低压侧间设断路器，发电机断路器与升压变压器低压侧间的母线连接有电厂厂用电变压器，厂用变压器高压侧不设断路器。

变压器保护按有关规程的要求（见表 3-1～表 3-3）配置。本例升压变压器为大容量高压升压变压器，内部故障主保护配置了纵差及零差保护。发电机-变压器组设有发电机断路器，相间短路后备保护采用表 3-7 中二、方案 2 的配置，在变压器高压侧配置了复合电压启动过电流保护，作为发电机断路器断开情况下变压器倒送电时及开停机过程变压器的相间短路后备保护；按表 3-1 配置了过励磁保护及低压侧单相接地保护。升压变压器高压侧为 500kV 中性点直接接地电网，单相接地短路后备采用表 3-8 中一、方案 2 配置了零序过电流保护。其他按 GB/T 14285 的要求配置了升压变压器过负荷保护、电流互感器断线保护及瓦斯、温度、压力保护和冷却器全停的非电量保护，配置了高压断路器故障及保护装置故障（含失电）监视。根据保护装置的需要配置了电压互感器断线保护。本示例厂用变压器为干式变压器，高压侧电压为 20kV，容量接近 10MVA，按 GB/T 14285 的规定对厂用变压器内部故障主保护配置了纵差保护，并配置了过电流、过负荷、电流互感器断线保护及温度保护。

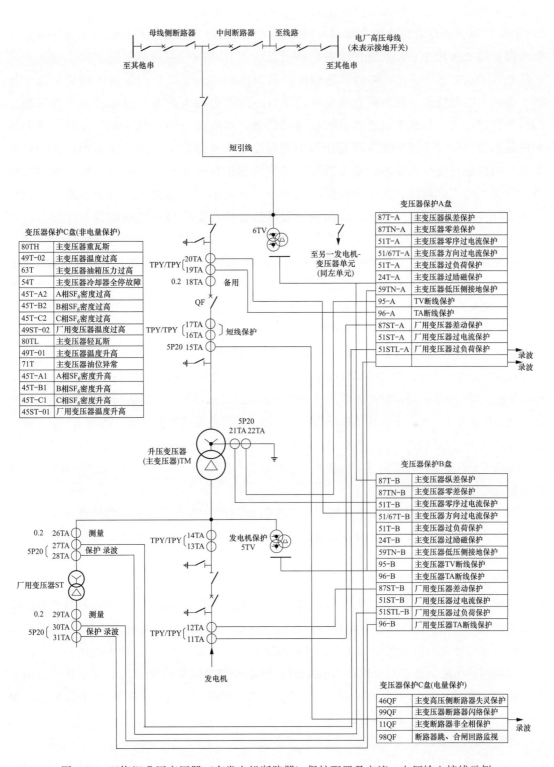

图 3-29 双绕组升压变压器（有发电机断路器）保护配置及电流、电压输入接线示例

本示例的升压变压器高压侧电压为 500kV，变压器采用微机保护，按照 GB/T 14285《继电保护和安全自动装置技术规程》的规定，除变压器非电量保护及断路器保护外，变压器保护按双重化配置，双重化配置的两套保护配置相同，并均包括完整的主保护及后备保护，分别布置于 A、B 两盘。每套保护的交流电流、电压分别取自不同的电流互感器、电压互感器绕组。保护的直流电源由取自不同蓄电池组的电厂直流控制电源以独立的两个回路提供，每盘中设置各自的电源断路器、双电源自动切换及电源监视。两套保护的跳闸出口分别作用于变压器高压断路器及发电机断路器的一组跳闸线圈，并均作用于跳厂用变压器低压断路器。双重化配置的两套保护任一套异常退出检修时，将不影响另一套保护的正常运行。本示例的厂用变压器高压侧不设断路器，厂用变压器保护也采用双重化并置于变压器保护盘，厂用变压器事故时将跳变压器各侧断路器及厂用变压器低压断路器。

变压器非电量保护及高压侧断路器失灵、三相不一致保护、断口闪络保护、合闸和跳闸回路监视以及保护装置故障监视以一套设置，布置在 C 盘。高压侧断路器失灵、三相不一致保护及断口闪络保护电流判据的电流信号取自 P 级电流互感器，以保证判别元件快速动作及返回。保护直流电源的供电方式与 A、B 盘相同。保护以两个跳闸出口同时作用于变压器高压与低压断路器的第一和第二跳闸线圈，并跳厂用变压器低压断路器。

双绕组升压变压器保护的外部触点输入接线及交直流电源接线示例见图 3-30。输入触点信号为保护的辅助判据及外部跳变压器高压侧断路器的跳闸信号等，直接从设备的控制柜或保护盘以电缆连接方式引入，不经其他系统转接，也不采用其他系统转换或重复的触点，以保证保护工作的可靠性及独立性。在保护 C 盘设置断路器操作箱。发电机保护及其他相邻元件保护跳变压器高压侧断路器的跳闸触点，均接入 C 盘的断路器操作箱，由操作箱输出跳闸命令，通过断路器现地控制柜执行跳闸。

图 3-31 所示为双绕组升压变压器保护动作输出触点及断路器直流电源接线侧。保护动作输出触点从保护 A、B、C 盘分别以电缆连接方式直接接至设备的控制或保护盘柜，如断路器控制柜、发电机保护盘、机组现地控制单元盘、录波盘等。保护动作信号至机组现地单元控制盘及录波盘的触点输出见表 3-11。变压器保护 A、B 盘跳高压侧断路器的跳闸触点，均接入 C 盘的断路器操作箱，由操作箱输出跳闸。变压器保护 A、B 侧盘跳发电机断路器及其他相邻断路器的输出触点，均由 C 盘断路器操作箱引出。变压器高压侧断路器的合、跳闸位置信号通常可取自操作箱（合、跳闸回路监视继电器触点），用作失灵保护、断路器闪络保护判据的断路器合闸位置信号宜取用断路器控制柜的断路器辅助触点，并应采用三相并联接线方式（图 3-31 中未表示）。三相不一致保护的断路器三相不一致信号也宜取用断路器控制柜的断路器辅助触点。

各保护盘分别以单以太网与保护信息管理系统通信（图 3-31 中未表示），向系统传送信息（包括保护动作、保护投退、装置整定值、装置故障等）、接受系统指令及时间同步的网络时间报文（年/月/日/时/分/秒）。

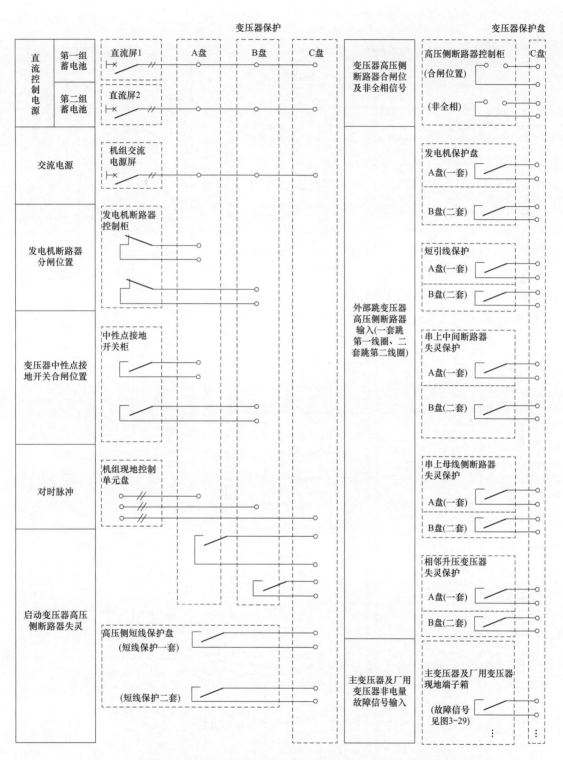

图 3-30 双绕组升压变压器保护的外部触点信号输入及交直流电源接线示例

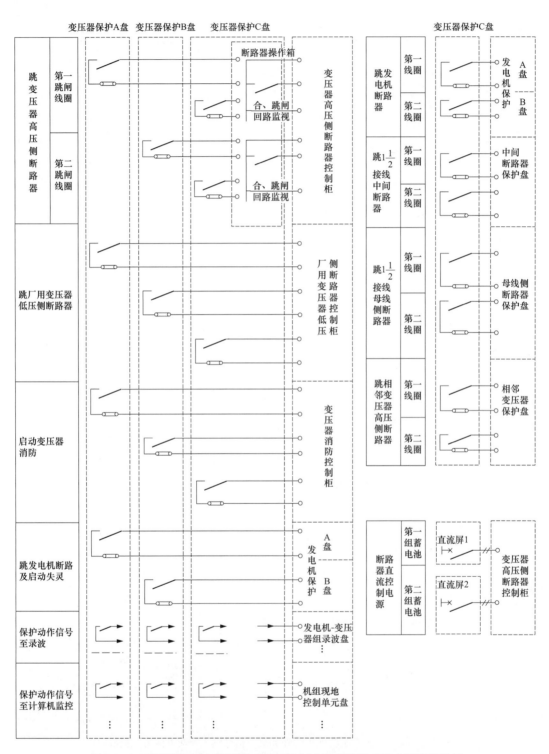

图 3-31 双绕组升压变压器保护动作输出触点及断路器直流电源接线示例

表 3-11 保护动作信号至机组现地单元盘及录波盘的触点输出

序号	保护名称	所在盘	动作信号至		序号	保护名称	所在盘	动作信号至	
			监控	录波				监控	录波
1	主变压器纵差保护	A、B	√	√	18	主变压器油箱压力过高	C	√	√
2	主变压器零差保护	A、B	√	√	19	主变压器冷却器全停	C	√	√
3	主变压器零序过电流保护	A、B	√	√	20	A 相 SF$_6$ 密度过高	C	√	
4	主变压器方向过电流保护	A、B	√	√	21	B 相 SF$_6$ 密度过高	C	√	
5	主变压器过励磁保护	A、B	√	√	22	C 相 SF$_6$ 密度过高	C	√	
6	主变压器低压侧接地保护	A、B	√	√	23	厂用变压器温度过高	C	√	√
7	主变压器电压互感器断线保护	A、B	√	√	24	主变压器轻瓦斯保护	C	√	
8	主变压器电流互感器断线保护	A、B	√	√	25	主变压器温度升高	C	√	
9	厂用变压器差动保护	A、B	√	√	26	主变压器油位异常	C	√	
10	厂用变压器过电流保护	A、B	√	√	27	A 相 SF$_6$ 密度升高	C	√	
11	厂用变压器过负荷保护	A、B	√	√	28	B 相 SF$_6$ 密度升高	C	√	
12	厂用变压器电流互感器断线	A、B	√	√	29	C 相 SF$_6$ 密度升高	C	√	
13	主变压器高压侧断路器失灵	C	√	√	30	厂用变压器温度升高	C	√	
14	主变压器高压断路器断口闪络	C	√	√	31	保护装置故障	C	√	
15	主变压器高压侧断路器三相不一致	C	√	√	32	高压侧断路器合/跳闸 1 回路故障	C	√	
16	主变压器重瓦斯	C	√	√	33	高压侧断路器跳闸 2 回路故障	C	√	
17	主变压器温度过高	C	√	√					

注 1. 保护动作信号至监控，为接至电厂计算机监控系统的机组现地控制单元盘；至录波为至发电机-变压器组录波盘。

2. 所在盘为 A、B 时，两盘的保护动作信号为分别输出。

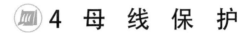

4 母 线 保 护

4.1 母线保护的配置及要求

电厂及变电站的户外及户内配电装置中的母线，通常连接着多条线路或多台变压器或发电机，是电力系统中电能集中与分配枢纽，其正常运行通常关系着系统运行的稳定性及供电质量。母线可能因设备损坏、套管闪络、误操作、异物挂飘或碰撞等外部原因引发事故，此时由于需切除母线上所有的连接回路，故将造成大面积停电，严重影响系统电力的供需平衡、电力潮流分布及其他母线电压，高压母线的事故甚至可能导致电力系统稳定的破坏或事故扩大。故电厂及变电站的母线，需按有关规程的规定设置母线保护，以快速切除母线故障。

4.1.1 母线保护的配置要求

按照 GB/T 14285《继电保护和安全自动装置技术规程》及 NB/T 35010《水力发电厂继电保护设计规范》的规定，表 4-1 所列的电厂及变电站母线应设置母线保护（专用母线保护），其他不太重要的电厂及变电站母线（通常为 35kV 及以下电压的母线），可以利用与母线连接的供电设备的后备保护来反应并切除（以小延时）母线故障，3～66kV 母线应装设单相接地监视装置。

表 4-1　　　　　　　　　　　　　　母线保护的配置要求

序号	母线电压	配置要求	其他
1	220～500kV	应装设快速有选择性切除故障的母线保护： （1）对一个半断路器接线，每组母线应装设两套母线保护。 （2）对双母线、双母线分段等接线，为防止母线保护因检修退出而失去保护，母线发生故障会危及系统稳定和使事故扩大时，应装设两套母线保护	
2	35～110kV	（1）在下列情况下应装设专用母线保护： 1）110kV 双母线。 2）110kV 单母线、重要发电厂或 110kV 以上重要变电站的 35～66kV 母线，需要快速切除母线上的故障时。 3）35～66kV 电力网中，主要变电站的 35～66kV 双母线或分段单母线需快速而有选择性地切除一段或一组母线上的故障，以保证系统安全稳定运行和可靠供电。 （2）35～66kV 母线应装设单相接地监视装置，监视装置反应零序电压，保护动作于信号	

续表

序号	母线电压	配置要求	其他
3	3～10kV	（1）发电厂和主要变电站的 3～10kV 分段母线及并列运行的双母线，一般可由发电机和变压器的后备保护实现对母线的保护。在下列情况下，应装设专用母线保护： 1）需快速而有选择性地切除一段或一组母线上的故障，以保证发电厂及电力网系统安全运行和重要负荷的可靠供电时。 2）当线路断路器不允许切除线路电抗器前的短路时。 （2）3～10kV 母线应装设单相接地监视装置，监视装置反应零序电压，保护动作于信号	对 3～10kV 分段母线宜采用不完全电流差动保护，保护仅接入有电源支路的电流。保护装置由两段组成，第一段采用无时限或带时限的电流速断保护，当灵敏系数不符合要求时，可采用电压闭锁电流速断；第二段采用过电流保护，当灵敏系数不符合要求时，可将一部分负荷较大的配电线路接入差动回路，以降低保护的启动电流

注 在我国，3～66kV 的电力系统为中性点非有效接地系统，110kV 及以上的电力系统为中性点直接接地系统。

4.1.2 母线保护的保护范围及要求

母线保护的保护范围通常应包括母线及与母线连接的各断路器，并通常将母联及分段断路器保护、双断路器之间的母线保护归入母线保护系统，置于母线保护装置中，如母联或分段断路器的过电流、三相不一致、失灵保护等。除一个半断路器接线母线、角形接线母线外，其他接线方式的母线上各断路器失灵保护，由于其跳闸对象与母线保护系统相同而通常置于母线保护装置中，也可单独组屏。一个半断路器接线母线、角形接线母线的断路器失灵通常在各断路器的断路器保护装置中配置。

由于母线在电力系统中的地位十分重要，其故障对电力系统的安全稳定运行将造成严重威胁，要求母线保护能快速切除母线故障并应有很高的工作安全性和可靠性。母线外部短路时，通常有较大的短路电流且短路电流有较大的直流分量衰减时间常数，可能使电流互感器出现严重饱和；母线运行方式变化及倒闸操作较多，并有多种接线方式，要求母线保护装置需采取与之相适应的措施。根据母线保护的这些特点，在 GB/T 14285《继电保护和安全自动装置技术规程》中，规定了专用母线保护应满足下列要求：

（1）保护应能正确反应母线保护区内的各种类型故障，并动作于跳闸。

（2）对各种类型区外故障，母线保护不应由于短路电流中的非周期分量引起电流互感器的暂态饱和而而误动作。

（3）对构成环路的各类母线（如一个半断路器接线、双母线分段接线等），保护不应因母线故障时流出母线的短路电流影响而拒动。

（4）母线保护应能适应被保护母线的各种运行方式：

1）应能在双母线分组或分段运行时，有选择性地切除故障母线。

2）应能自动适应双母线连接元件运行位置的切换，切换过程中保护不应误动作，不应造成电流互感器开路，切换过程中母线发生故障，保护应能正确动作切除故障，切换过程中区外发生故障，保护不应误动作。

3）母线充电合闸于有故障的母线时，母线保护应能正确动作切除故障母线。

（5）双母线接线的母线保护应设有电压闭锁元件。

1）对数字式母线保护装置，可在启动出口继电器的逻辑中设置电压闭锁回路，而不在跳闸出口触点回路上串接电压闭锁触点。

2）对非数字式母线保护装置，电压闭锁触点应分别与跳闸出口触点串接，母联或分段断路器的跳闸回路可不经电压闭锁触点控制。

（6）双母线的母线保护，应保证：

1）母联与分段断路器的跳闸出口时间不应大于线路及变压器断路器的跳闸出口时间。

2）能可靠切除母联及分段断路器与电流互感器之间的故障。

（7）母线保护仅实现三相跳闸出口，且应允许接于本母线的断路器失灵保护共用其跳闸出口回路。

（8）母线保护动作后，除一个半断路器接线外，对不带分支且有纵联保护的线路，应采取措施，使对侧断路器能速断跳闸。

（9）母线保护应允许使用不同变比的电流互感器。

（10）当交流电流回路不正常或断线时应闭锁母线差动保护，并发出告警信号，对一个半断路器接线可以只发告警信号不闭锁母线差动保护。

（11）闭锁元件启动、直流消失、装置异常、保护动作跳闸应发出信号。此外，应具有启动遥信及事件记录触点。

（12）在旁路断路器和兼作旁路的母联断路器或分段断路器上，应装设可代替线路保护的保护装置。

在旁路断路器代替线路断路器期间，如必须保持线路纵联保护运行，可将该线路的一套纵联保护切换到旁路断路器上，或采取其他措施，使旁路断路器仍有纵联保护在运行。

（13）在母联或分段断路器上，宜配置相电流或零序电流保护，保护应具备可瞬时和延时跳闸的回路，作为母线充电保护，并兼作为新线路投运时（母联或分段断路器与线路断路器串接）的辅助保护。

（14）对各类双断路器的接线方式，当双断路器所连接的线路或元件退出运行而双断路器之间仍连接运行时，应设置短母线保护以保护双断路器之间的连线故障。

按照近后备方式，短母线保护应为互相独立的双重化配置。

对中性点直接接地电网，母线保护应采用三相式接线，以反应相间及单相接地短路；对中性点非直接接地电网，母线保护只需反应相间短路，可采用两相式接线。

母线保护应接在电流互感器专用的二次绕组上，该绕组一般不接入其他的保护装置或测量表计。母线保护的直流电源应为专用的供电回路。

4.1.3 母线保护的类型

目前常用的母线保护（指专用母线保护，下同）主要采用与母线连接支路的电流信息（通常尚辅以母线的其他运行状态参数信息）对母线故障进行识别及保护，可适用于各种电压等级的母线，另对中低压系统，尚有利用母线短路弧光信息实现的电弧光母线保护。采用电流信息实现的母线保护，在母线保护技术的发展过程中，按实现母线保护的原理分类时，主要有电流差动原理、母线各连接支路电流相位比较（简称电流比相）原理、母联电流相位比较原理（仅对双母线）的母线保护。采用电流差动原理的母线保护按母线保护电流互感器二次侧回路中的阻抗（在采用环流原理的差动保护中为差动回路阻抗）大小分类时，有低阻抗型、中阻抗型及高阻抗型母线保护。电流差动母线保护按母线连接支路电流互感器接入保护的完整情况可划分为母线完全差动保护及不完全差动保护，母线各连接支路的电流互感器均接入差动保护时称为完全差动，仅将有源连接支路的电流互感器接入差动保护时为不完全差动。目前广泛应用的微机母线保护，主要为采用电流差动原理的低阻抗型母线保护。

下面的 4.2 节~4.4 节将分述各种类型母线保护的原理，包括其接线及整定，并在随后的各节中给出各种接线母线保护系统的配置、技术要求及接线。

4.2　母线电流差动保护

电流差动保护为目前应用较广泛的母线保护。在母线保护技术的发展过程中，母线电流差动保护主要有带速饱和变流器的母线差动保护、比率制动式母线差动保护、高阻抗型母线差动保护等类型，比率制动式母线保护又有低阻抗（微机）型及中阻抗型两种。在微机保护出现前，尚有仅用于双母线的母联电流相位比较型母线差动保护。带速饱和变流器的母线差动保护曾在早期使用，属低阻抗型。

母线电流差动保护通常按相设置差动元件，以每相流入及流出母线电流的差值（称差动保护动作电流或差动电流）识别母线故障。如图 4-1 所示的单母线完全差动保护，正常运行或保

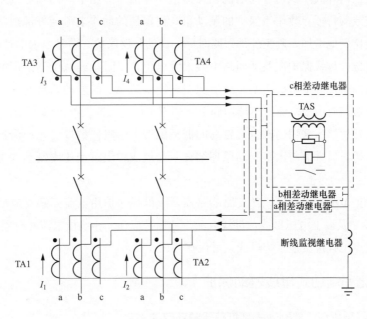

图 4-1　带速饱和变流器的母线差动保护

护区外部短路时，这个电流的差值为 0，流过母线保护的差动电流仅为保护电流测量误差等造成的不平衡电流，母线保护不动作。母线故障时，对侧有电源支路提供的短路电流均为母线的流入电流，而对侧无电源的支路不提供短路电流，母线保护感受电流差值而动作。正如前面所述，在外部短路暂态过程中，保护的不平衡电流将随短路电流增大及电流互感器的饱和而增加，差动电流可能达到保护整定值使保护误动，需要采取措施避免保护误动。母线保护区外短路时，母线各支路通常流过不同的短路电流，与短路系统联络的支路短路电流最大，为其他支路短路电流之和。母线外部短路的这个特点，使支路各电流互感器可能出现不同程度的饱和并使与短路系统联络支路的电流互感器可能发生严重饱和，而出现很大的不平衡电流使保护误动，这种情况很难靠改善电流互感器的特性来解决，需要从保护原理及整定上采取相应的措施来保证母线保护正确动作，避免误动。

为避免母线保护外部短路误动，在保护原理方面早期曾采用带速饱和变流器的母线差动保护，如图 4-1 所示应用例。差动保护的执行继电器经带速饱和变流器 TAS 接在保护的差动回路上，外部短路的暂态过程中，含有非周期分量的不平衡电流流过 TAS 的一次绕组使变流器迅速饱和，TAS 的传变能力变坏，使执行继电器此时仅感受很少的不平衡电流而避免误动。由于在保护区内短路时，TAS 在差动电流流过时也会产生饱和，使保护动作延缓，如延时 $1 \sim 2$ 周波（动作延时主要取决于短路电流非周期分量衰减时间常数），故带速饱和变流器的母线差动保护难以满足高压系统对母线保护速动性的要求。

目前，母线保护装置在降低不平衡电流对保护的影响避免保护在外部短路时误动，及保证内部短路时保护的速动性及灵敏度方面的措施，主要是采用具有制动特性的比率制动式母线差动保护，或采用提高差动回路阻抗的母线差动保护，并在微机型母线保护装置中设置如电流互感器饱和检测及区内外故障识别等抗电流互感器饱和等措施。比率制动式母线差动保护采用母线外部短路电流或其特征参数作为保护的制动量，使保护的动作电流随外部短路电流增大，即随不平衡电流成比例地增加，避免外部短路时保护误动并使保护有满足要求的速动性及灵敏度。提高差动回路阻抗的母线保护在差动回路中接入大电阻，以阻止或减少不平衡电流流入差动继电器，通常分为高阻抗及中阻抗两型。高阻抗型母线差动保护的差动回路通常接入数千欧姆电阻，以阻止外部短路时由于电流互感器饱和引起的不平衡电流流入差动继电器，避免保护误动，此时保护用电流互感器需采用励磁阻抗较高的低漏磁型。中阻抗型母线差动保护的差动回路电阻一般为几百欧姆，通常需与比率制动原理结合一起组成中阻抗型比率制动式母线保护，详见4.2.1.2。

由于母线保护范围需包括母线各支路断路器，故母线保护用电流互感器应配置在支路断路器外侧。对 110kV 及以上电压母线，母线电流差动保护应在三相装设电流互感器，35kV 及以下电压等级的中性点不直接接地系统母线，可仅在两相装设。

4.2.1 比率制动式母线差动保护

4.2.1.1 低阻抗型比率制动式微机母线差动保护

低阻抗型比率差动式母线差动保护包括早期使用的电磁型及大部分整流型及集成电路的母

线差动保护，以及当前普遍使用的微机母线保护，这些母线保护的差动回路或电流互感器二次侧回路为数值不大的低阻抗。采用微机型的单母线完全差动保护的交流回路接线例见图 4-2。

图 4-2 中，各支路电流互感器极性的同名端置于母线侧（实际应用时应据保护装置生产厂家的要求确定），各支路各相电流互感器二次侧电流直接接引至微机母线保护装置，接入装置中的电抗变压器，在保护装置中形成保护的差动电流及制动电流。保护装置允许各支路电流互感器有不同的变比。母线差动保护的各支路电流互感器中性点通常均分别引至保护屏端子排接地。

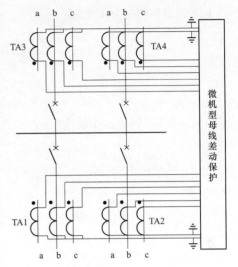

图 4-2　单母线完全差动保护的
交流回路接线例

微机型的比率制动式母线差动保护利用计算机技术，在保护的比率制动原理、抗电流互感器饱和措施等方面，相对于以往的母线保护有了重要的改进；通过接收与母线保护相关的一次系统信息，使保护能更好识别及适应各种接线的母线运行方式的变化；保护可允许使用变比不同的电流互感器；装置通常设置故障自检、输入信息监测（包括电流回路检查及闭锁、对双母线尚有电压回路断线检查及闭锁）、事故和故障记录、故障录波、时间同步、与监控系统通信、与保护及故障信息管理系统通信、运行维护的人机界面及接口等辅助功能，使微机母线保护与传统的母线保护相比，具有更高的可靠性及对母线运行方式的适应性，能更好地满足电厂运行、维护及管理自动化的要求。

下面叙述其主要工作原理及整定计算。

4.2.1.1.1　微机型母线差动保护的比率制动原理

目前在微机型比率差动式母线保护中，主要有瞬时值算法的比率制动、复式比率制动和故障分量比率制动三种原理，构成三种原理的比率式差动保护。

1. 瞬时值算法的比率制动

瞬时值算法比率制动式母线差动保护直接采用母线各支路电流的瞬时值进行差动运算和比较判断。保护可通过适当地提高采样率，增加计算比较次数，来提高保护的动作速度和可靠性。

保护的动作电流（也称差动电流）I_{op} 取母线各支路同相电流矢量和的绝对值，制动电流 I_{res} 取各支路同相电流矢量的绝对值之和，当各支路电流互感器极性的同名端置于母线侧且以一次侧电流从同名端流入电流互感器（相应的二次电流从同名端流出）为电流正方向时，差动保护的动作电流 I_{op} 及制动电流 I_{res} 的计算式可表示为

$$\left.\begin{aligned} I_{\mathrm{op}} &= \left| \sum_{j=1}^{n} i_j \right| \\ I_{\mathrm{res}} &= \sum_{j=1}^{n} | i_j | \end{aligned}\right\} \tag{4-1}$$

式中：i_j 为母线 j 支路的电流矢量，当各支路电流互感器变比相同时为该支路电流互感器的二

次侧电流，各支路电流互感器变比不相同时为经变比换算后的二次侧电流（变比换算由保护内部完成）；n 为被保护母线的支路数。

保护的动作判据为同时满足

$$\left. \begin{array}{l} I_{op} = \left| \sum_{j=1}^{n} i_j \right| > I_{op.0} \\[3mm] I_{op} = \left| \sum_{j=1}^{n} i_j \right| > SI_{res} = S\sum_{j=1}^{n} |i_j| \end{array} \right\} \tag{4-2}$$

式中：$I_{op.0}$ 为差动保护最小动作电流；S 为制动特性斜线段的斜率，$S<1$，由于特性过坐标原点，故也可以制动系数 k_{res} 取代式（4-2）中的 S，$k_{res} = I_{op}/I_{res}$。瞬时值算法的母线差动保护的制动特性见图 4-3。保护的动作区为过原点的 $I_{op} = I_{res}$ 线与 $I_{op} = SI_{res}$ 线之间 $I_{op} > I_{op.0}$ 的区域。当母线各支路同相电流相位相同时，$I_{op} = I_{res}$ 线为母线内部故障线，该线的左上方为母线运行不可能出现的无意义区域。当特性的斜率按大于区外故障流过保护的最大不平衡电流整定时，保护能可靠地防止区外故障误动。

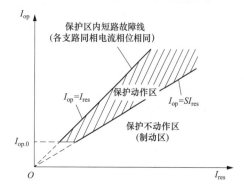

图 4-3 瞬时值算法的母线差动保护的制动特性

式（4-1）及式（4-2）适用于微机保护的每次采样值。为使保护有较好的速断性及可靠性和抗干扰能力，可提高采样率及计算比较次数，如采样率取 40 点/周，连续判断 8 个点，若有 6 个点满足式（4-2），则判断为母线内部故障，保护动作跳闸。故障检测时间约需 5ms。

瞬时值算法比率制动式母线差动保护算法简单，在区外故障时保护不动作，区内故障有相当的灵敏度，目前在母线差动保护中有较多的应用。但由于保护动作电流为母线各支路同相电流矢量和，在保护区内故障时若有电流流出母线，保护灵敏度将下降；制动电流包括负荷电流，使保护的灵敏度受负荷电流影响（降低）；制动特性的斜率需按躲过母线外部故障时由于电流互感器变换的误差产生的最大不平衡电流整定，而通常有较小的斜率；保护灵敏度通常随母线接地故障过渡阻抗的增大而降低。

2. 复式比率制动

复式比率制动式母线差动保护也是采用母线各支路电流的瞬时值进行差动运算和比较判断，保护的动作电流 I_{op} 与瞬时值算法比率制动式母线差动保护相同，取母线各支路同相电流矢量和的绝对值，但制动量取为各支路同相电流矢量的绝对值之和与动作电流之差，即瞬时值算法中的制动电流 I_{res} 与动作电流 I_{op} 之差。当电流互感器极性及电流正方向的规定同式（4-1）时，保护的动作判据为同时满足[5]

$$\left. \begin{array}{l} I_{op} = \left| \sum_{j=1}^{n} i_j \right| > I_{op.0} \\[3mm] I_{op} > S\left(\sum_{j=1}^{n} |i_j| - I_{op}\right) = S(I_{res} - I_{op}) \end{array} \right\} \tag{4-3}$$

式中各参数见式（4-1）及式（4-2）。复式比率制动式母线差动保护的制动特性见图 4-4。

保护区外短路时，若忽略电流互感器误差，有 $I_{op}=0$，制动量为 $\left|\sum\limits_{j=1}^{n}i_j\right|-I_{op}=\left|\sum\limits_{j=1}^{n}i_j\right|\neq0$，由式（4-3）可知保护能可靠地防止区外故障误动。保护区内短路时，当认为各支路电流相位相同，有 $\left|\sum\limits_{j=1}^{n}i_j\right|-I_{op}=0$，保护的制动量为零，由式（4-3）可知，保护可在较小的动作电流下动作，而有较好的灵敏度。

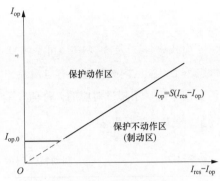

图 4-4 复式比率制动母线差动保护的制动特性

由上可见，复式比率制动的母线差动保护在区内及区外故障时，保护的制动量将出现明显变化，保护可对母线区内外故障进行明确的区分。另由下面的分析可见，复式比率制动的差动保护对区内故障时有电流流出的母线及电流互感器的传变误差，尚具有较好的适应能力。

如图 4-5（a）所示，I_3 为母线故障时母线的流出电流。电流互感器传变无误差时，对应支路一次电流 I_1、I_2、I_3 的二次电流分别为 i_1、i_2、i_3。设母线故障时支路 3 电流 $i_3=\alpha(i_1+i_2)$，系数 α 为母线故障时总流出电流与总流入电流之比。由式（4-3），当复式比率制动的母线差动保护制动特性斜率 S 按下式整定，在母线故障有比例为 α 的流出电流时，可保证保护可靠正确动作，即

$$(i_1+i_2-i_3)\geqslant S[(i_1+i_2+i_3)-(i_1+i_2-i_3)] \tag{4-4}$$

以 $\alpha(i_1+i_2)$ 取代 i_3 并整理得

$$S<\frac{1-\alpha}{2\alpha} \tag{4-5}$$

如图 4-5（b）所示，设在区外故障时，支路 3 电流互感器误差为 δ，当忽略母线其他连接支路电流互感器的误差时，有 $i_3=(i_1+i_2)(1-\delta)$，δ 为以百分数表示的电流互感器电流误差。由式（4-3），当复式比率制动的母线差动保护的制动特性斜率 S 按下式整定，在区外故障支路电流互感器误差达 δ 时，可保证保护可靠不动作，即

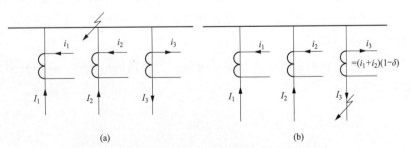

图 4-5 母线电流流出及外部短路时的二次侧电流

（a）母线故障时有电流流出；（b）外部短路时电流互感器二次侧电流

$$I_{op}=\left|\sum\limits_{j=1}^{n}i_j\right|=|[i_1+i_2-(i_1+i_2)(1-\delta)]|<S\left(\sum\limits_{j=1}^{n}|i_j|-I_{op}\right)$$
$$=S\{[2(i_1+i_2)-\delta(i_1+i_2)]-[i_1+i_2-(i_1+i_2)(1-\delta)]\} \tag{4-6}$$

即

$$S > \frac{\delta}{2(1-\delta)}$$

由式（4-5）及式（4-6）可见，复式比率制动的母线差动保护可通过正确的整定保护制动特性斜率 S，在区内故障母线有电流流出时能保证母线保护可靠动作；在区外故障电流互感器有传变误差时（不超过对应的允许值）能可靠地保证保护不动作。制动特性斜率 S 整定值与允许的最大 α 及 δ 关系见表4-2。

表 4-2　　　　　　　　制动特性斜率 S 整定值与允许的最大 α 及 δ 关系

序号	S整定值	允许的最大α（%）	允许的最大δ（%）
1	1	33.3	66.7
2	2	20	80
3	3	14.2	85
4	4	11.1	88

3. 故障分量比率制动

为减少保护性能受故障前母线负荷的影响，并提高保护抗短路过渡电抗能力，母线差动保护可采用故障分量比率制动原理，采用母线各支路故障电流与故障前负荷电流之差电流（此差电流称故障分量电流）进行差动运算和比较判断，保护的动作电流 ΔI_{op} 取母线各支路同相故障分量电流和的绝对值，制动电流 $I_{\Delta res}$ 取各支路同相故障分量电流的绝对值之和。当各支路电流互感器极性的同名端置于母线侧且以一次侧电流从同名端流入（相应的二次电流从同名端流出）为电流正方向时，有

$$\left. \begin{array}{l} \Delta I_{op} = \left| \sum_{j=1}^{n} \Delta i_j \right| \\[2mm] \Delta I_{res} = \sum_{j=1}^{n} |\Delta i_j| \end{array} \right\} \tag{4-7}$$

式中：Δi_j 为母线 j 支路短路电流的故障分量，$\Delta i_j = i_j - i_{j1}$，$i_j$ 为母线 j 支路的短路电流，i_{j1} 为母线故障前 j 支路的负荷电流，当各支路电流互感器变比相同时为该支路电流互感器的二次侧电流，各支路电流互感器变比不相同时为经变比换算后的二次侧电流（变比换算由保护内部完成）；n 为被保护母线的支路数。

保护动作判据采用与瞬时值算法比率制动差动保护类同的形式时，动作判据为同时满足式（4-8）中的两方程

$$\left. \begin{array}{l} \Delta I_{op} = \left| \sum_{j=1}^{n} \Delta i_j \right| > \Delta I_{op.0} \\[2mm] \Delta I_{op} = \left| \sum_{j=1}^{n} \Delta i_j \right| > S\Delta I_{res} = S\sum_{j=1}^{n} |\Delta i_j| \end{array} \right\} \tag{4-8}$$

式中：$\Delta I_{op.0}$ 为差动保护最小动作电流；S 为比率制动母线差动保护制动特性斜率。此时保护有与图4-3类同的特性，仅以 ΔI_{op}、ΔI_{res} 取代图中的 I_{op}、I_{res}。

故障分量的提取及应用尚有其他形式，如采用故障分量中的工频分量（称工频变化量，可参见5.3.3）进行差动运算和比较判断的工频变化量母线差动保护，读者可参见其相关产品的技术

说明。

4.2.1.1.2 电流互感器饱和检测及区内外故障识别

电流互感器的励磁电流及传变误差将随其铁芯饱和程度增大（见附录 D），在差动保护区外短路致电流互感器出现饱和时，传变误差形成的动作电流（或称差动电流）可能达到满足保护动作判据要求的数值而使保护误动。短路时母线上各支路电流互感器通常由于流过不同的短路电流而有不同的饱和程度，使母线差动保护在区外短路时可能有更大的差动电流而增加保护误动的概率。故母线差动保护通常设置抗电流互感器饱和措施，利用计算机技术，根据短路发生后电流互感器暂态饱和过程的特征，对电流互感器饱和进行检测，对母线区内外故障进行识别，在外部短路互感器饱和可能致保护误动时闭锁保护动作，内部短路时快速动作，切除母线故障，以满足母线保护对保护可靠性、速动性及选择性的要求。目前在微机母线差动保护产品中，对电流互感器饱和检测及母线区内外故障有多种识别方法，下面介绍国内微机母线保护装置常用的同步识别法、差动电流间断识别法及谐波识别法，其他识别方法可参见相应厂家产品的技术资料。

分析与试验（见附录 D）表明，电流互感器暂态饱和过程通常有下面的几个特征：①由于电力系统及电流互感器激磁回路具有时间常数，短路发生后电流互感器的励磁电流，由较小值上升至使电流互感器饱和值有一个时间过程，存在一个自短路发生时开始的能正确传变的时间段，在这个时间段后，电流互感器随励磁电流的上升才逐渐出现饱和；②出现饱和后的电流互感器，在一次短路电流过零点附近，存在一个励磁电流较小的、互感器未饱和的、能正确传变的区域及相应的时间段，在这个时间段后，电流互感器随一次电流（及相应的励磁电流）的上升才逐渐出现饱和；③由于电流互感器出现饱和后的非线性传变，将使电流互感器二次电流及相应的母线保护差动电流出现包含有高次谐波的波形畸变。目前微机母线差动保护抗电流互感器饱和原理，主要利用短路发生后电流互感器暂态饱和过程的这些特征，对电流互感器饱和进行检测及对母线区内外故障进行识别，包括保护区外故障后续发生区内故障的识别。

1. 区内外故障同步识别法

（1）母线保护区内外故障识别。母线保护区外短路时，进出母线回路的电流互感器一次短路电流相等，在短路发生开始后的电流互感器可正确传变的时间段内，保护的差动电流仅为数值较小的不平衡电流，不满足保护动作判据的要求。此后随励磁电流的上升及电流互感器饱和程度的增加，不平衡电流也随之迅速增大，使保护差动电流可能出现满足保护动作判据的数值致保护误动。因此，母线保护区外短路时，差动电流满足保护动作判据的出现时间总是滞后于短路发生时间。故当差动电流满足保护动作判据的出现时间滞后于短路发生时间时，即可判断是由于母线区外短路引起电流互感器饱和所致，使母线保护受闭锁不动作。

母线保护区内短路时，各支路的短路电流均流入母线而成为差动保护的动作电流，在短路发生开始后的电流互感器可正确传变的时间段内，即可出现使保护动作的差动电流。因此，母线保护区内短路时，差动电流满足保护动作判据条件的出现时间总是与短路发生时间同步（基本上为同时发生）。故当差动电流满足保护动作判据条件的出现时间与短路发生时间同步时，即可判断是母线发生区内短路，使母线保护动作出口。

对母线是否发生短路的识别，目前主要以检测母线电压（三相电压或复合电压）突变、差动电流突变或制动电流突变等进行判断，当这些量之一发生突变时，即判断此时母线发生短路。

（2）区外故障后续发生区内故障识别。在电力系统的实际运行中，在母线区外故障后可能继发区内故障，称为转换性或发展性故障。母线区外故障后是否继发区内故障的识别，通常可利用电流互感器在一次短路交流电流过零点附近存在正确传变区（时间段），而饱和总在此时间段后出现的这个暂态饱和过程特征，在区外故障发生后的每个周波里，通过检测满足保护动作判据条件的出现时间与电流互感器一次短路交流电流过零点是否同步，对区外故障后是否继发区内故障进行识别。若检测表明满足保护动作判据条件的出现时间与交流过零点时间同步时，即判断是母线继发区内故障，保护动作出口；若满足保护动作判据条件的出现时间滞后于交流电流过零点时间，则判断是母线仍为区外故障，闭锁保护动作，并继续检测判断，至差动电流消失（区外故障被切除）。

上述利用电流互感器暂态饱和过程的特征，以满足保护动作判据条件的出现时间与短路发生时间（或与电流互感器一次短路交流电流过零点）是否同步对母线区内外故障进行识别的方法，通常称为同步识别法。

2. 差动电流波形间断识别法

母线保护区内外短路故障识别，也可以在电流互感器正确传变时段通过检测保护差动电流波形是否出现间断进行判断。母线保护区外短路时，差动电流仅为数值较小的不平衡电流，在电流互感器正确传变时段，保护的差动电流很小，可近似认为接近于零，即差动电流波形出现间断。母线保护区内短路时，在电流互感器正确传变时段即有可使保护动作的差动电流，故在电流互感器正确传变时段若差动电流无间断时，则判断为内部故障。

3. 电流互感器饱和的差动电流谐波识别法

电流互感器是否出现饱和可采用检测差动电流谐波方法判断。进入饱和的电流互感器将出现非线性传变，使此时电流互感器二次电流及母线保护差动电流出现波形畸变，含有大量高次谐波。故当保护检测到差动电流波形失真出现谐波分量时，即可认为互感器出现饱和，闭锁母差保护。

4.2.1.1.3 电流互感器断线闭锁及告警

母线保护按规程规定需设置电流互感器断线闭锁及告警，交流电流回路不正常或断线时应闭锁母线差动保护，并发出告警信号，对一个半断路器接线可以只发告警信号不闭锁母线差动保护。电流互感器断线有多种检查及判别方法。如采用差动电流判别，当差流越限且母线电压正常时判断为电流互感器断线；或采用检查母线每连接支路的三相电流判别，当母线某连接支回路一或两相电流为零而另两或一相有负荷电流时判断为电流互感器断线等。

4.2.1.1.4 电压互感器断线监测及告警

双母线接线的母线保护，按规程规定应设有电压闭锁元件，母线电压需引入母线保护，母线保护需设置电压回路断线监测，在电压回路断线时母线保护发告警信号并退出电压闭锁的负序电压元件及断线相的低压元件，保留健全相的低压元件，以保证在电压互感器断线时复合电压闭锁仍能动作。电压互感器断线有多种检查及判别方法。如采用自产零序电压与由外部引入的零序电压（如电压互感器的零序电压）比较，若两者相差较大则判断为电压断线等。

4.2.1.1.5　差动保护制动特性的整定

以采用瞬时值算法的比率制动式母线差动保护为例。比率制动式微机母线差动保护制动特性的整定，包括差动保护最小动作电流 $I_{op.0}$ 及制动特性斜率 S（或制动系数 k_{res}，数值上 $S=k_{res}$），通常按保护装置生产厂家要求进行整定。比率制动式微机母线差动保护通常设置电流互感器饱和检测及母线保护区内外故障识别功能，故 $I_{op.0}$ 可按躲过正常运行时可能产生的最大不平衡电流、躲过母线连接支路中最大电流支路断线时引起的差动电流及保证母线最小运行方式下母线发生最小故障类型时有满足要求的灵敏度（灵敏系数≥1.5）进行整定。某些装置的生产厂家建议制动系数 k_{res} 一般可取 0.7。

4.2.1.2　中阻抗型比率制动式母线差动保护

中阻抗型比率制动式母线差动保护是保护差动回路有较大阻抗并采用比率制动原理的差动保护，保护差动回路电阻一般为几百欧，低于高阻抗母线差动保护差动回路的电阻值（可达数千欧）但大于低阻抗型母线差动保护差动回路的电阻（通常仅数欧）。由下面的分析可知，在母线外部短路时，阻抗较大的差动回路可以阻止或减少电流互感器饱和引起的不平衡电流流入差动继电器。由于中阻抗差动保护差动回路阻抗的取值仍不足够大，在母线保护区外部短路时，电流互感器饱和引起的不平衡电流仍有部分流入差动继电器，保护装置需采用比率制动原理以防止保护误动，即组成中阻抗型比率制动式母线保护。中阻抗型比率制动式母线保护具有较好的制动特性，可有效地防止区外短路电流互感器饱和引起的保护误动，并由于差动回路接入电阻不太高，保护可采用一般的保护用电流互感器，不一定需要采用励磁阻抗较高的低漏磁型。由于差动回路阻抗较高，保护区内短路时，电流互感器二次侧将有较高的电动势，在电流互感器参数选择时，需要按实际使用条件对互感器的二次极限电动势进行校验。

4.2.1.2.1　基本原理

如图 4-6 所示，采用电流互感二次侧电流环流原理的差动保护，在保护区外部电流时，差动回路中采用阻抗较高的差动继电器或串接入大电阻，可以减少或阻止由于电流互感器饱和引起的不平衡电流流入差动继电器。设母线保护区外故障时，与故障点系统连接的支路电流互感器 TA2 深度饱和，其他支路电流互感器未饱和并以一等值支路及 TA1 表示。当忽略电流互感器原方漏阻抗及副方绕组的漏电抗时，母线差动保护有如图 4-6 所示的等值图（TA 的等效电路可参见附录 D），图 4-6 中，R_{e1}、R_{e2}、L_{e1}、L_{e2}、R_{TA1}、R_{TA2}、R_{l1}、R_{l2} 分别为 TA1、TA2 励磁回路电阻、励磁回路电感、副方绕组电阻、副方引线电缆电阻，差动继电器 87K 串接于差动回路，并认为由短路非周期分量引起的深度饱和的电流互感器 TA2 的励磁阻抗等效于短路[9]。由图 4-6 可求得流过差动继电器的电流为

$$I_{87k} = \frac{R_{TA2} + R_{l2}}{R_{87k} + R_{TA2} + R_{l2}} I_{ct1} \cong \frac{R_{TA2} + R_{l2}}{R_{87k}} I_{TA1} \tag{4-9}$$

式中：I_{TA1} 为外部故障时 TA1 的副方电流，此时 TA1 的原方电流等于 TA2 原方电流（即外部短路电流）；R_{87k} 为差动继电器回路电阻（包括继电器及其串联回路电阻的总电阻）。若差动继电器回路电阻较大，则式（4-9）的近似表达式成立，即增加差动继电器回路的电阻（即差动回路的

电阻），可以减小外部短路时流过差动继电器的不平衡电流。

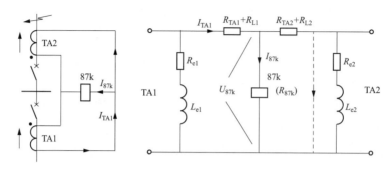

图 4-6　TA2 饱和时母线差动保护的等值电路

图 4-7 所示为中阻抗型比率制动式母线差动保护接线例（一相的接线）。母线各支路设辅助电流互感器 TAX（其变比可选择以适应母线各支路电流互感器不同变比），各 TAX 副方同极性端接入一个多回路全波整流桥（V_{11}、V_{12}、…）的交流端，整流桥的输出端（T、L）接至由两个 $R_s/2$ 串联电阻组成的制动电阻，其上电压为保护的制动电压 U_s。由两个 $R_s/2$ 串联回路的 d 点引出的保护的差动回路接有 R_{d11}、差动电流变流器 T_{Md}、R_{d1} 及电流回路断线闭锁继电器 K_1，保护差动回路阻抗可通过 R_{d11} 进行调整。差动电流 I_d 整流后产生使差动继电器 K_d 动作的电压 U_{op}。差动继电器采用快速干簧继电器（动作时间为 1～3ms），保护可利用短路故障发生后电流互感器饱和前的正确传变期间（传统的 TA 约 2ms）对故障进行检测并启动跳闸，整组保护可在故障发生后半周内（5～10ms）动作出口（故称为半周母线保护）。该母线保护允许选用不同变比的保护用 TA，可用于 35～500kV 各种接线方式的母线保护。图 4-7 中 K_s 为保护启动继电器。图中未表示电流互感器二次回路的接地。

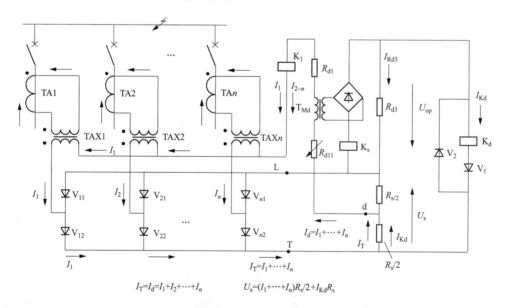

$$I_T = I_d = I_1 + I_2 + \cdots + I_n \qquad U_s = (I_1 + \cdots + I_n)R_s/2 + I_{Kd}R_s$$

图 4-7　中阻抗型比率制动式母线差动保护接线例
（母线各支路的电流流向为母线内部短路时）

4.2.1.2.2　动作方程及制动特性

差动继电器 K_d 在 $U_{op} > U_s$ 且流过其线圈的电流大于动作电流时动作。设差动继电器 K_d 的动作电流为 $I_{Kd.op}$，由图 4-7 可得到差动继电器的动作条件为

$$(U_{op} - U_s) \geqslant I_{Kd.op} R_k + U_{V1} \tag{4-10}$$

式中：R_k 为差动继电器 K_d 的电阻；U_{V1} 为二极管 V1 的正向电压降。

差动继电器动作时，R_{d3} 上的动作电压 U_{op} 由图 4-7 可计算为

$$U_{op} = [n_d I_{d(op)} - I_{Kd.op}] R_{d3} \tag{4-11}$$

式中：n_d 为差动回路变流器 T_{Md} 的变比；$I_{d(op)}$ 为差动继电器动作时流过差动回路的差动电流。

差动继电器动作时的制动电压 U_s，对母线外部短路或正常运行、内部短路两种情况下有不同的计算式，相应地保护也有不同的动作方程式及制动特性。

1. 母线外部短路或正常运行

为方便分析，与图 4-6 的分析相同，将正常运行或外部短路时电流流入、流出母线各支路电流互感器分别以等值 TA1、TA2 表示，并省略辅助变流器，此时图 4-7 可简化为图 4-8。此时流入及流出母线的电流（即 TA1、TA2 的一次电流）大小相等，在电流互感器未饱和时，其副方电流为 I_1、I_2，并由于电流互感器的传变等误差有差流（不平衡电流）$I_d = I_1 - I_2$。如图 4-8（a）所示，I_1、I_2 以相同的方向分别流经制动电阻的下、上电阻（$R_s/2$），产生制动电压 U_s，其差电流 I_d 经差动回路的 T_{md} 变换整流后在 R_{d3} 出现 U_{op}。在 $U_{op} > U_s$ 及流过差继电器的电流为其动作电流 $I_{Kd.op}$ 时，由图 4-8（a）可求得差动继电器动作时的制动电压 U_s 为

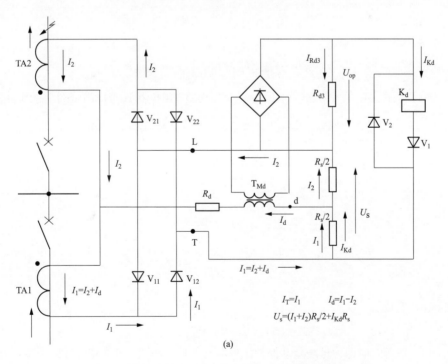

(a)

图 4-8　外部短路或正常运行时图 4-7 的简化接线（一）

（a）TA 未饱和

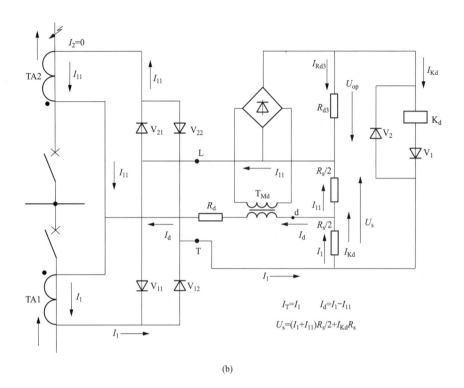

$$I_T = I_1 \qquad I_d = I_1 - I_{11}$$
$$U_s = (I_1 + I_{11})R_s/2 + I_{Kd}R_s$$

(b)

图 4-8 外部短路或正常运行时图 4-7 的简化接线（二）

（b）TA2 饱和

$$U_s = I_1 \frac{R_s}{2} + \left[I_1 - I_{d(op)} \right] \frac{R_s}{2} + I_{Kd.op}R_s$$

$$= I_T \frac{R_s}{2} + \left[I_T - I_{d(op)} \right] \frac{R_s}{2} + I_{Kd.op}R_s \tag{4-12}$$

将式（4-11）、式（4-12）代入式（4-10），整理后得差动继电器 K_d 的动作条件（动作方程）为

$$I_{d(op)} \geqslant \left[\frac{R_s}{n_d R_{d3} + \dfrac{R_s}{2}} I_T + \frac{I_{Kd.op}(R_s + R_k + R_{d3}) + U_{V1}}{n_d R_{d3} + \dfrac{R_s}{2}} \right] \tag{4-13}$$

令

$$S = \frac{R_s}{n_d R_{d3} + \dfrac{R_s}{2}}$$

$$I_{d.k} = \frac{I_{Kd.op}(R_s + R_k + R_{d3}) + U_{V1}}{n_d R_{d3} + \dfrac{R_s}{2}}$$

此时式（4-13）变成

$$I_{d(op)} \geqslant S I_T + I_{d.k} \tag{4-14}$$

式（4-14）取等式时即为母线差动保护比率制动特性方程式，S 为特性线的斜率，外部短路或正常运行时，保护的特性曲线见图 4-9 直线②，与轴 I_d 交点为 $I_{d.k}$，特性曲线的上部为保护可动作区，特性曲线下为制动区，保护不能动作。由于差动电流 I_d 可能的最大值为 I_T（如外部短

路使 TA_2 深度饱和时，参见图 4-6），故③直线 $I_d＝I_T$ 上方的动作区无意义，仅直线②之上直线③之下的区域为保护的动作区。直线②与直线③的交点对应的差动电流为保护的最小动作电流 $I_{d.min}$。直线①为 $I_{d(op)}＝SI_T$，称为保护安全运行边界线。

外部短路时，若母线某些支路 TA［如图 4-8（b）所示的短路电流流出支路等效电流互感器 TA2］出现饱和，此时可认为 TA2 的励磁阻抗等效于短路（见图 4-6），而可得到如图 4-8（b）所示的电流流向。由图 4-8 可见，此时保护的制动电压 U_s 有与式（4-12）相同的计算式，故也有与图 4-9 相同的制动特性。由

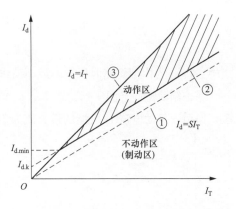

图 4-9　外部短路时中阻抗型比率
制动式母线差动保护的制动特性

于中阻抗母线差动保护的差动回路有较高的阻抗，故其他支路等效电流互感器 TA1 的副方电流 I_1 的绝大部分（I_{11}）将流过 TA2 副方，进入差动回路的差动电流 I_d 很小。

外部短路（或正常运行）时，保护的不平衡电流 I_d 通常将随负荷电流或外部短路电流的增大而增大，由图 4-8 及式（4-12）可知，此时保护的制动电压 U_s 也随之增加。通过装置参数的设计及整定，可使保护在外部短路（或正常运行）时的 U_{op}、U_s 不满足式（4-10）的条件，使保护工作在制动特性的不动作的制动区而不会误动。

2. 保护区内部短路

母线短路时，若各支路电流互感器未饱和，其原方及副方电流流向如图 4-7 所示。短路电流在交流正半周时，各支路互感器的副方电流 $I_1 \sim I_n$ 以同方向经 T 端子流经下方的制动电阻（$R_s/2$），产生制动电压 U_s，再经 d 端子流入差动回路，经差动回路的 T_{md} 变换整流后在 R_{d3} 出现 U_{op}。差动回路电流 I_d 等于流过 T 端子电流 I_T，即 $I_d＝I_T＝I_1＋I_2＋\cdots＋I_n$。由图 4-7 可求得差动继电器动作时的制动电压 U_s 为

$$U_s = I_T \frac{R_s}{2} + I_{Kd.op} R_s \tag{4-15}$$

将式（4-11）、式（4-15）代入式（4-10），整理后得差动继电器 K_d 的动作条件（动作方程）为

$$\left.\begin{array}{r} I_{d(op)} \geqslant \left[\dfrac{R_s/2}{n_d R_{d3}} I_T + \dfrac{I_{Kd.op}(R_s + R_K + R_{d3}) + U_{V1}}{n_d R_{d3}} \right] \\ \text{或} \quad I_{d(op)} \geqslant S' I_T + I'_{dk} \end{array}\right\} \tag{4-16}$$

式中

$$S' = \frac{R_s/2}{n_d R_{d3}}$$

$$I'_{dk} = \frac{I_{Kd.op}(R_s + R_K + R_{d3}) + U_{V1}}{n_d R_{d3}}$$

母线内部短路时，有 $I_T＝I_d$，代入式（4-16）可得动作方程为

$$I_{\text{d(op)}} \geqslant \frac{I_{\text{Kd. op}}(R_{\text{s}} + R_{\text{K}} + R_{\text{d3}}) + U_{\text{V1}}}{n_{\text{d}}R_{\text{d3}} - \dfrac{R_{\text{s}}}{2}} = I_{\text{dk. min}} \tag{4-17}$$

式中：$I_{\text{dk. min}}$ 为内部短路时保护的最小动作电流。

保护制动特性见图 4-10。在 I_{d}、I_{T} 坐标平面上差动电流 I_{d} 大于 $I_{\text{dk. min}}$ 的区域均为保护动作区。但由于差动电流 I_{d} 可能的最大值为 I_{T}，故③直线 $I_{\text{d}} = I_{\text{T}}$ 上方的动作区无意义，仅线②之上

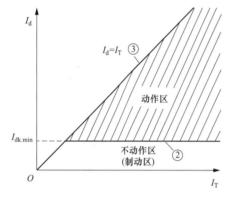

图 4-10　内部短路时中阻抗型比率
制动式母线差动保护制动特性

直线③之下的区域为保护的动作区。由于差动继电器的动作电流很小，$I_{\text{dk. min}}$ 数值较小。与图 4-9 相比，保护动作区域有很大的增加且动作电流不受 I_{T} 的影响，可见保护在母线内部故障时将有较好的灵敏度。

短路电流于负半周时，图 4-7 中各支路电流 $I_1 \sim I_n$、I_{d} 与图中所示相反，各支路电流均流经差动回路并由 d 端子流经上方的制动电阻（$R_{\text{s}}/2$），由 L 端子流入多路整流桥。可见，此时差动继电器动作时的制动电压 U_{s} 计算式与式（4-15）相同，保护制动特性与图 4-10 相同。通过装置参数的设计及整定，可使保护在内部短路的 U_{op}、U_{s} 满足式（4-10）的条件，使保护可靠动作而不会拒动。

母线短路时，若与母线连接的电流互感器出现饱和，由于保护可在短路故障发生后电流互感器饱和前的正确传变期间（传统的 TA 约为 2ms）对故障进行检测并启动跳闸，并在故障发生后半周内（5～10ms）动作出口，可保证保护能可靠动作。

4.2.2　高阻抗型母线差动保护

高阻抗型母线差动保护是在差动回路接入很大的阻抗（通常为串接电阻，可达数千欧姆，远高于中阻抗母线差动保护）的差动保护。由 4.2.1.2 的分析及式（4-8），差动回路接入大电阻，在母线保护区外部短路时，可以减少或阻止由于电流互感器饱和引起的不平衡电流流入差动回路及差动继电器。当差动回路的阻抗足够大时，外部短路时流过差动回路的仅有很小的不平衡电流，使得母线差动继电器动作值按大于最大外部短路电流的不平衡电流整定时（保证保护不误动），母线差动保护仍可保证有满足要求的很好的灵敏度。内部短路时，如图 4-11 所示，母线各支路电流互感器的二次侧电流均以母线差动继电器为回路，流过差动继电器的差动电流为各支路电流互感器的二次侧电流之和，使母线差动保护动作。为保证母线最小短路电流时母线差动保护动作的灵敏度，母线差动继电器整定的动作值应小于母线最小短路电流时流过差动回路的差动电流。

图 4-11 给出采用高阻抗母线差动保护接线例，差动继电器为反应正比于差动电流的电压动作，各支路电流互感器通常要求有相同的变比与特性。

母线外部短路时，流入与流出母线的短路电流相等，电流互感器未饱和时流过差动继电器为不平衡电流，施加于差动继电器 87k 仅有较低的电压。若电流互感器饱和，如图 4-6 中与母线

外部故障点连接支路的 TA2 发生饱和，类同 4.2.1.2 的分析，当忽略流过高阻抗差动继电器 87k 的电流 I_{87k} 时，施加于 87k 的电压 U_{87k} 为 TA1 二次电流 I_{TA1}（即母线外部短路电流 I_k，二次值）流过 TA2 二次绕组回路电阻中的电压，即

$$U_{87k} = I_{TA1}(R_{TA2} + R_{l2}) = I_k(R_{TA2} + R_{l2})$$

式中：R_{TA2}、R_{l2} 分别为 TA2 副方绕组电阻、副方引线电缆电阻。

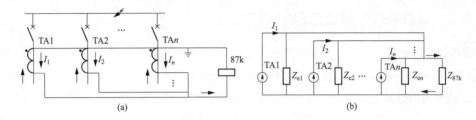

图 4-11　高阻抗母线差动保护接线及等效图

（a）交流回路接线；（b）母线内部短路时的等效图

故为保证母线外部短路时保护不误动，差动继电器动作电压应按大于母线最大外部短路电流 $I_{k.max}$ 时施加于继电器的电压值整定。

母线内部短路时，如图 4-11 所示，母线各支路电流互感器的二次侧电流均以母线差动继电器为回路，流过差动继电器的差动电流为各支路电流互感器的二次侧电流之和，施加于差动继电器 87k 有较高的电压使保护动作。在计算母线内部短路施加于差动继电器 87k 的电压时，由于差动继电器阻抗及电流互感器的励磁阻抗较大，电流互感器原、副方绕组漏电抗和电阻及副方引线电缆电阻可以忽略，电流互感器等值电路按差动继电器阻抗 Z_{87k} 与电流互感器励磁阻抗 Z_e 并联考虑。当假定各支路 TA 的 Z_e 相等、母线为 n 支路及内部短路电流为 I_k 时，差动继电器 87k 的电压可计算为

$$U_{87k} = I_k(Z_{87k}Z_e/n)/(Z_{87k} + Z_e/n)$$

为保证母线最小内部短路电流时母线差动保护动作的灵敏度，母线差动继电器的动作电压值应按小于母线最小短路电流 $I_{k.min}$ 时施加于差动继电器的电压整定。

参照 DL/T 866《电流互感器和电压互感器选择及计算规程》，高阻抗母线保护的动作电压 U_{op} 可整定为

$$\left.\begin{aligned} U_{op} &< I_{k.min}\frac{Z_{87k} \cdot Z_e/n}{Z_{87k} + Z_e/n} = I_{k.min}\frac{Z_{87k} \cdot Z_e}{nZ_{87k} + Z_e} \\ U_{op} &> I_{k.max}(R_{TA} + k_{cr}R_L) \end{aligned}\right\} \tag{4-18}$$

式中：$I_{k.min}$ 为母线内部最小短路电流；$I_{k.max}$ 为母线最大外部短路电流，均为按电流互感器变比计算至二次侧的电流，母线各支路变比相同；Z_{87k} 为差动继电器（回路）阻抗（见图 4-11）；Z_e、R_{TA} 为母线保护用电流互感器励磁阻抗、二次绕组电阻；n 为母线支路数；R_L 为电流互感器引出端子至二次电流汇总端子箱引线的最大电阻；k_{cr} 为接线系数，母线保护电流互感器通常采用三相星形接线，对三相短路 $k_{cr}=1$、单相对地短路 $k_{cr}=2$。阻抗值通常可仅考虑电阻。

高阻抗型母线差动保护的特点是不需要采取其他特别措施防止外部故障电流互感器饱和时保护误动，并有很快的动作速度（小于 10ms）。在母线内部短路时，母线各支路电流互感器的

二次电流均通过高阻抗的差动回路，使电流互感器二次侧将有较高的电压，故母线保护需采用励磁阻抗较高、有较高拐点电动势的低漏抗电流互感器，并在保护装置及二次回路设计时及运行维护时对此给予考虑，如电流互感器引接线汇总点宜位于开关场，尽量降低电流互感器二次回路电阻，以减小外部故障及互感器饱和时加于继电器的电压。母线各支路电流互感器通常也要求有相同的励磁特性及相同的变比。

4.2.3 母联相位比较型双母线电流差动保护

母联相位比较型双母线保护原理接线例见图 4-12，保护采用传统的电流互感器二次电流环流原理，母线内部故障时，无论短路发生在母线 1 段或母线 2 段，差动保护的差动电流总为如图 4-12 所示方向，而流过母联的电流方向在母线 1 段短路和在母线 2 段短路时则相差 180°。故通过比较差动总电流 I_d 与母联电流 I_{cp} 的相位，可实现母线故障段的识别，由此构成母联相位比较型双母线保护，如图 4-12 所示（假设各支路对侧均有电源，未表示母联死区、充电、三相不一致等保护）。保护由双母线完全差动保护（差动继电器 k_d）、母联电流相位比较元件及相关继电器等元部件组成。由图 4-12，在 1 段母线故障时，母联电流与总差流同相位，相位元件的继电器 k_{1f} 动作，当差动继电器 k_d 及 1 段母线低电压闭锁继电器（接于 1 段母线电压互感器，图中未表示）k_{1v} 也同时动作时，判断为 1 段母线故障，中间继电器 k_1 动作跳与 1 段母线连接的各支路断路器（QF1、QF2）；2 段母线故障时，母联电流与总差流相位相差 180°，相位元件的继电器 k_{2f} 动作，当差动继电器 k_d 及 2 段母线低电压闭锁继电器（接于 2 段母线电压互感器，图中未表示）k_{2v} 也同时动作时，判断为 2 段母线故障，中间继电器 k_2 动作跳与 2 段母线连接的各支路断路器（QF3、QF4）。

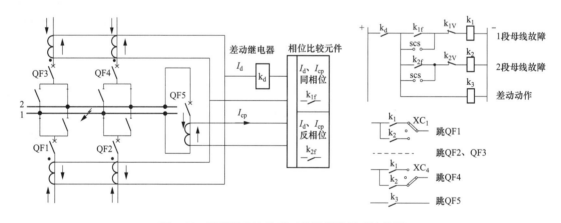

图 4-12 母联相位比较型双母线保护原理接线例

保护装置对双母线各支路与母线段连接状况的识别，通常采用支路与母线连接的隔离开关的位置重复继电器进行切换，使保护跳闸回路的连接与该支路连接的母线段相一致，或采用手动切换各支路的保护跳闸切换片（$XC_1 \sim XC_4$），见图 4-12。

母联相位比较型双母线差动保护为在微机保护出现前曾使用的双母线保护。保护对母线故障段的识别方式，仅在母线短路时母联有电流的条件下才能进行。双母线在母联断开运行时，母线短路时母联无电流流过，某一母线各支路的对侧均无电源时，也会出现母联短路时母联无电流情况，此时相位比较元件将无法工作而不能对故障母线段进行识别及给出跳闸允许条件。为此，母联相位比较差动保护通常设置相关的开关 SCS（或连接片），在母线于这些工况下运行时，手动操作开关（或连接片）将相位比较的允许跳闸出口条件短接。此时母线保护仅能利用每段母线设置的低电压闭锁对故障母线进行判别及对与故障母线连接的支路断路器给出跳闸命令。

4.2.4 不完全电流差动母线保护

按照 GB/T 14285 的规定，发电厂和主要变电站的 3～10kV 电压系统的分段母线及并列运行的双母线，一般可由发电机和变压器的后备保护实现对母线的保护。但在系统需快速而有选择性地切除一段或一组母线上的故障，以保证发电厂及电力网系统安全运行和重要负荷的可靠供电时，或在线路断路器不允许切除线路电抗器前的短路时，应装设专用母线保护。对 3～10kV 分段母线宜采用不完全电流差动保护，保护仅接入有电源支路的电流。保护装置由两段组成，第一段采用无时限或带时限的电流速断保护，当灵敏系数不符合要求时，可采用电压闭锁电流速断；第二段采用过电流保护，当灵敏系数不符合要求时，可将一部分负荷较大的配电线路接入差动回路，以降低保护的启动电流。图 4-13 所示为发电厂发电机电压母线的不完全电流差动母线保护。发电机经升压变压器向电力系统送电，发电机电压母线上接有带电抗器的对侧无电源的出线。母线差动保护仅接入发电机、升压变压器回路的电流，并采用电流互感器二次侧电流环流原理，差动继电器反应差动电流而动作，并设速断及过电流两段保护，过电流作为速断的后备。在发电机、变压器及其高压侧短路时，母线保护差动回路仅有不平衡电流，母线保护不动作。由于出线上装设有电抗器，电流速断按躲开出线电抗器后的短路电流整定，过电流按躲过出线最大负荷整定。当出线断路器不能开断电抗器前的短路电流时（此时出线为带时限速断及过电流保护），母线保护为无时限速断及过电流，在母线及电抗器前短路时，母线速断保护无延时动作，跳开各有源支路断路器。当出线断路器按可开断电抗器前的短路电流选择时（此时出线通常为不带时限速断及过电流保护），母线保护为带时限速断及过电流，时限速断的时限按大于电抗器出线速断保护动作时间的一个时间段整定，带时限跳开各有源支路断路器。过电流时限按大于未接差动保护各出线过电流保护动作时间中最大时限的一个时间段整定，带时限动作跳开各有源支路断路器。

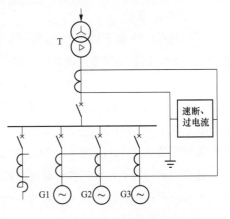

图 4-13 发电厂发电机电压
母线的不完全差动保护

不完全电流差动母线保护具体整定如下。

1. 电流速断保护

（1）电流速断保护动作电流 I_{op} 整定为

$$I_{op} = K_{rel}[I_{k.max}^{(3)} + k_1 I_{1.max}]/n_a \qquad (4\text{-}19)$$

式中：K_{rel} 为可靠系数，取 1.2；$I_{k.max}^{(3)}$ 为未接入差动保护的出线短路时（对带电抗器的出线时为电抗器后短路）出线的最大短路电流；k_1 为负荷系数，取 1.2～1.3；$I_{1.max}$ 为被保护的母线段上电流未接入差动保护的各出线总负荷的最大值，并应考虑备用电源投入及其他某一母线段故障切除等引起总负荷的增加；n_a 为电流互感器变比。

（2）灵敏系数 K_{sen} 为

$$K_{sen} = I_{k.min}^{(2)}/n_a I_{op} \geqslant 1.5 \tag{4-20}$$

式中：$I_{k.min}^{(2)}$ 为最小运行方式下，被保护的母线的两相短路电流；n_a 为电流互感器变比。

当带电抗器出线的断路器不能开断电抗器前的短路电流时，母线电流速断不设时延。带电抗器出线的断路器可开断电抗器前的短路电流或出线无电抗器，且出线设有速断保护时，母线保护为限时速断，动作时限按大于出线（含电抗器出线，若有）速断保护动作时间的一个时间段整定。

2. 电压闭锁电流速断

（1）电流元件动作电流 I_{op} 整定为

$$I_{op} = I_{k.min}^{(2)}/n_a K_{sen} \tag{4-21}$$

式中：$I_{k.min}^{(2)}$ 为最小运行方式下，被保护的母线的两相短路电流；K_{sen} 为灵敏系数，取 1.5；n_a 为电流互感器变比。为防止电压回路断线时保护误动，I_{op} 尚应大于被保护的母线段上电流未接入差动保护的各出线的总负荷的最大值，即 $I_{op} > I_{1.max}$，$I_{1.max}$ 见式（4-19）的说明。

（2）电压元件的动作电压。按 DL/T 584《3kV～110kV 电网继电保护装置运行整定规程》的规定，电压闭锁元件整定值按躲过母线正常最低运行电压整定，一般可整定为母线额定运行电压的 0.6～0.7 倍。

3. 过电流保护

过电流保护的动作电流 $I_{op.t}$ 按被保护的母线段上电流未接差动保护的各出线的总负荷于最大值 $I_{1.max}$ 时，保护能可靠返回整定，即

$$I_{op.t} = K_{rel} k_1 I_{1.max}/n_a K_r \tag{4-22}$$

式中：K_{rel} 为可靠系数，取 1.2；k_1 为负荷系数，取 1.2～1.3；$I_{1.max}$ 见式（4-19）；K_r 为返回系数，取 0.85；n_a 为电流互感器变比。

灵敏系数 K_{sen} 计算同式（4-20），要求 $K_{sen} \geqslant 1.2$。

过电流带时限动作跳开各有源支路断路器，其时限按大于母线段上电流未接差动保护各出线过电流保护动作时间中最大时限的一个时间段整定。

4.3 电流比相式母线保护

母线正常或外部短路时，至少有一个支路的电流相位与其他支路的电流相位相反；而在母线内部短路时，所有各支路都向短路点提供短路电流，在理想条件下，所有支路的电流相位相同。电流比相式母线保护就是利用母线在外部故障和内部故障时，母线各连接支路电流相位将发生变化的这个特征，实现对母线故障的保护。

图 4-14 给出单母线的电流比相式母线保护原理接线例,以及在母线正常运行和外部短路、内部短路时的电流相位比较波形[5]。母线各支路电流互感器二次电流分别经中间变流器 TAM 及检波二极管(V1~V4)后接至公共的小母线。

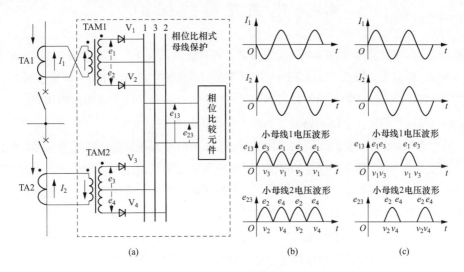

图 4-14 电流比相式母线保护接线例及电流比相波形

(a) 接线例;(b) 母线正常运行或外部短路波形;(c) 母线内部短路波形

母线正常运行和外部短路时,一次回路及电流互感器二次回路的电流方向如图 4-14(a)所示。当 TA 的二次电流以从 TA 标有同极性符号的端子流出为正方向时,此时 TA1 与 TA2 的二次电流 I_1 与 I_2 相位相反。设 $t=0$ 后 I_2 出现正半周,则 I_1 在 $t=0$ 后为出现负半周,相应的分别有 V3、V2 导通,小母线 1-3、2-3 间出现 e_3、e_2。I_2 负半周时(I_1 为正半周),有 V4、V1 导通,小母线 2-3、1-3 间出现 e_4、e_1。小母线电压波形如图 4-14(b)所示,为连续的正电压波形。故当小母线出现连续的正电压波形时,母线保护判断为外部故障而不动作。

母线内部短路时,各支路短路电流均流入母线,TA1 与 TA2 一次电流及二次电流 I_1 与 I_2 相位相同,设 $t=0$ 后 I_1 与 I_2 出现正半周,则分别有 V1、V3 导通,小母线 1-3 间出现 e_1、e_3,小母线 2-3 间无电压。I_1 与 I_2 负半周时,有 V2、V4 导通,小母线 2-3 间出现 e_2、e_4,小母线 1-3 间无电压。小母线电压波形如图 4-13(c)所示,为间断的正电压波形。当小母线出现断续的正电压波形时,母线保护判断为内部故障而动作。

图 4-14 中小母线电压波形的相位关系,是基于电流为理想变换的情况考虑,即在母线正常和外部短路时,两中间变流器输出的电流相位差(也是图中 e 的相位差)为 $180°$,在内部短路时为 $0°$。实际上由于电流互感器及变流器存在相位误差,使小母线上的电压波形在母线正常和外部短路时出现间断,此间断角最大可达 $60°$。通常在保护装置的相位比较判别中采用经延时回路出口来防止在这种情况下保护误动,延时回路时间大于对应 $60°$ 的 3.33ms。

电流比相式母线保护是在母线保护技术的发展过程中,未出现微机母线保护前常用的母线保护。保护采用基于电流相位比较原理,与幅值无关,无须考虑电流互感器饱和引起的幅值误差,有较好的灵敏度;并可允许母线各连接支路采用不同变比、不同型号的电流互感器。其缺点是外部短路时，短路电流中的非周期分量有很大偏移时，电流相位将发生畸变，故需采取滤波措施使保护只反应工频分量的相位。

4.4 电弧光母线保护

电弧光母线保护反应母线短路时的弧光信息实现母线故障保护。目前主要用作 35kV 及以下的中低压系统，作为快速切除母线故障的专用母线保护，保护装置的动作时间通常仅有 7～10ms。

电弧光母线保护系统结构及动逻辑图例见图 4-15。被保护的一次接线为由降压变压器供电的配电系统的单母线，包括各支路断路器。电弧光母线保护由主控单元、I/O 单元、光传感器（弧光探头）及电流单元组成，它们之间均采用光纤通信。I/O 单元采集弧光传感器的母线短路弧光信息并传送给主控单元，降压变压器的电流信息由电流单元采集后送至主控单元。主控单元根据母线短路弧光信息及电流信息进行逻辑判断，在母线短路出现弧光且降压变压器电流超过设定值时，母线保护动作，对各 I/O 单元给出断路器跳闸指令，由 I/O 单元对相关的断路器输出跳闸命令，保护逻辑见图 4-15。电流判据可设定为电流突变量或常量，可采用 3 相电流或两相及接地电流。根据需要，保护也可以实现仅以弧光信息作判据动作跳闸。保护尚有其他辅助功能，如弧光定位、故障报警、录波、与外部通信、时钟同步等功能，均由主控单元完成。弧光母线保护装置通常均包括断路器失灵保护。在传感器较多的系统，主控单元与 I/O 单元间可设置扩展单元。

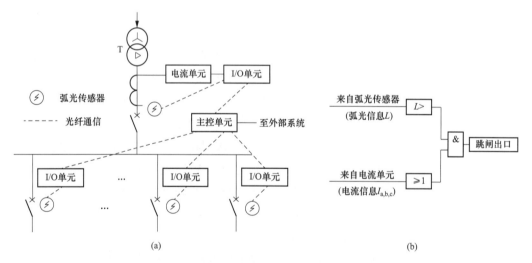

图 4-15 电弧光母线保护系统结构及动作逻辑图例

（a）保护系统结构；（b）动作逻辑

中低压系统的电气设备通常采用户内开关柜式布置，公共母线、断路器、引出母线或电缆头、电压互感器等一次设备均按安装单元分别布置在各开关柜内。为使弧光信息能正确反应母线短路点的部位，母线保护通常根据柜内设备的情况，在每柜内配置一个或多个弧光传感器，母联柜应配 2 个传感器（内有两段母线）。每个弧光传感器应正对保护对象，其间视野不应受阻挡，不能安装在光源下，或暴露在太阳光或其他强光直射下。弧光母线保护应用在开放式布置的中低压系统时，弧光传感器的布置也有相类似的要求。

I/O单元通常按每开关柜或每间隔（开放式布置时）设置。主控单元一般可按每母线段设置，对以母联断路器连接的两（或三）段母线系统可相应设置两（或三）个主控单元，通过单元间的通信实现母线故障时对相关母线联络断路器进行跳闸。

3~10kV系统母线及一般的35kV系统母线，母线故障对电力系统稳定性的影响有限，按规程要求可不配置快速的专用母线保护，而通常由相邻元件（降压变压器、发电机）的后备保护进行保护，或采用不完全电流差动母线保护，使母线故障的切除有较大的延时，这种延时从系统运行稳定性考虑通常是允许的，但将严重地增加了电气设备的损坏程度。研究表明，类同35kV及以下的中低压电气设备，在短路燃弧持续时间不大于35ms时一般无显著损坏，可在检查绝缘电阻后投入运行；持续时间不大于100ms损坏较小，可在清洁或小修后投入运行；持续时间大于500ms，设备将严重损坏，或致电缆或母线燃烧，需更换设备才能再投入运行，并对现场人员产生严重损害。故从电气设备及人身安全考虑，35kV及以下的中低压母线宜配置快速动作的专用母线保护。具有快速动作的弧光母线保护，可在几十毫秒内切除母线故障，能较好地满足中低压电系统快速切除母线故障的要求，而不需要在母线各出线回路中配置母线保护用电流互感器。

4.5 单母线保护

单母线的典型接线见图4-16，常用在水电厂中厂用电和35kV及以下的地区用电系统，以及中小电厂中发电机电压母线。这些母线需根据有关规程的规定装设专用母线保护或采用相邻元件的后备保护进行保护。本节讨论采用专用母线保护时的单母线保护。

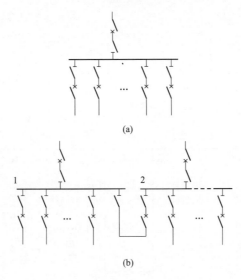

(a)

(b)

图4-16　单母线的典型接线

（a）单母线；（b）单母线分段

　　带分段断路器的两段单母线，通常有分列运行及电源互为备用、并列运行单电源或双电源等运行方式。分段断路器通常尚作为母线充电断路器，在母线检修后投入运行前，通过分段断路器对母线进行充电。故对带分段断路器的单母线分段接线，除对两段母线分别配置母线保护外，尚需配置分段断路器的充电保护，以便在被充电母线存在故障时能快速切除故障，使作为充电电源的母线段保持正常运行。

　　母线保护的保护范围包括母线及与母线连接的隔离开关、断路器和其间的母线，母线保护用电流互感器布置在断路器外侧。按相关规程的要求，母线保护应能正确反应母线保护区内的各种类型故障动作跳闸；区外故障时，母线保护不应由于短路电流中的非周期分量引起电流互感器的暂态饱和而误动作；保护不应因母线故障时流出母线的短路电流影响而拒动；母线保护应允许使用不同变比的电流互感器；交流电流回路不正常或断线时应发出告警信号，不闭锁母线差动保护；闭锁元件启动、直流消失、装置异常、保护动作跳闸应发出信号。此外，应具有启动遥信及事件记录触点。

　　分段断路器充电保护通常采用电流速断及过电流保护，或可设定为速断或带延时的过电流保护，过电流整定值按最小运行方式下被充电母线故障时有满足要求的灵敏度（灵敏系数 ≥ 1.5）整定，一般采用开关或连接片投入，任一相电流超过整定值时保护动作跳开母联（或分段）断路器（不经母线电压闭锁）。

　　图 4-17 所示为带分段断路器的 35kV 单母线接线保护配置例。两段母线分别设置一套差动保护，差动保护用电流互感器置于与母线连接的各断路器外侧，使母差保护范围包括与母线相连的各断路器，母线故障均可由母差保护动作跳相连的各断路器快速切除，在某支路退出运行时，母线不出现母差保护死区。本例母线各支路电流互感器仅在断路器的一侧配置，电流互感器与断路器间仅属母线保护范围而支路保护未能包括，此段区间故障时，支路保护将不启动，

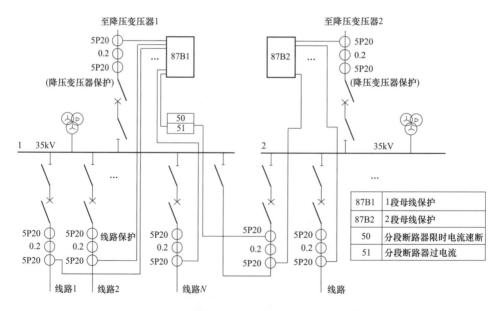

图 4-17　带分段断路器的 35kV 单母线分段接线保护配置例

母线保护动作跳支路断路器后，若该支路对侧有电源，故障可由线路（故障支路为线路时）对侧保护动作跳对侧断路器切除，或由母线保护动作变压器跳闸（故障支路为变压器时）切除。母线分段断路器设置电流速断及过电流保护作为充电保护。

4.6 双 母 线 保 护

双母线一般为两段母线接线，两段母线间设母联断路器。大型多支路开关站可采用带分段断路器的两组母线，此时的双母线为4段母线接线，并设两个母联断路器，见图4-18。双母线保护的保护范围包括与母线连接的隔离开关、断路器及其间的母线。与母线连接的各支路断路器的失灵保护通常可作为母线保护的一个功能置于母线保护装置。下面主要以两段母线的双母线进行讨论。

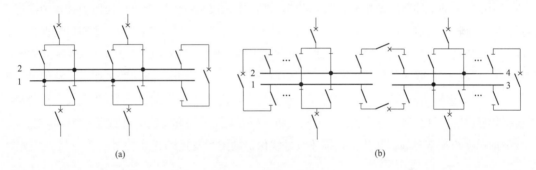

图 4-18 双母线典型接线

（a）由两段母线构成的双母线；（b）由两组带分段断路器母线构成的双母线

双母线有其接线上的特点，在系统中有多种的运行方式。双母线的母联断路器正常状态下通常于合闸状态，使两段母线（1、2段）并列运行，某一段母线故障时，保护动作仅切除故障母线段，另一母线段仍可保持正常运行。根据系统要求，双母线也可在母联断路器断开下分列运行。母线上的各支路，可通过隔离开关接至1段或2段母线上运行。在母联断路器投入运行时，与母线连接的支路可在电流不中断情况下由某一段母线切换至另一段，此切换过程将出现支路同时接至两段母线的短时运行状态，即所谓的双跨运行。母联断路器通常需作为充电断路器对检修后的母线段或母线的某一支路进行充电。某些开关站尚可能要求母联断路器作为线路断路器的旁路断路器使用。故双母线保护除需满足一般母线保护的要求外，尚需考虑双母线的特点及母线各种运行方式的要求。满足规程要求的适应双母线特点及运行方式要求的双母线保护，在具体的保护装置中通常有下面的考虑。

（1）双母线保护应能在母线的各种运行方式下正确地对故障母线段进行识别（1段或2段）。目前主要采用对每段母线分别设置母线差动保护，早期有采用母联相位比较对故障母线进行识别（见4.2.3）。

（2）保护应能适应母线连接支路在母线段间连接的切换，切除与故障母线段连接的支路。目前在母线保护中主要采用引入母线各连接支路及母联与母线连接的隔离开关及母联断路器位置信号，在保护装置中设置母线运行方式识别，自动识别各支路与母线的连接状况及双母线的运行状态，以自动适应方式使保护适应运行方式的变化。

（3）为防止母线保护误动，双母线保护通常设置启动元件及母线电压闭锁元件。仅当母线故障使启动元件动作及电压闭锁开放时，才允许母线差动保护动作出口。

（4）对母联及分段断路器设置相关的保护，通常包括母联（或分段）断路器充电保护、母联（分段）死区保护、断路器三相不一致保护、断路器失灵保护。对要求兼作旁路的母联或分段断路器，尚应设置可代替线路保护的保护装置。

（5）交流电流回路不正常或断线时应闭锁母线差动保护，并发出告警信号。

（6）对 220～500kV 双母线（包括带分段断路器的双母线），按相关规程要求装设两套母线保护，采用双重化配置（具体要求见 1.2 节）。

（7）满足相关规程规定的对母线保护的其他一般要求，见 4.5 节。

双母线保护的上述要求及相关的保护功能，通常作为成套装置置于双母线保护装置中（可不包括母联或分段断路器兼作旁路的功能），各支路断路器的失灵保护，通常也作为双母线保护装置中的一个功能设置，与母线保护共用母线运行方式识别及出口跳闸回路。故双母线保护通常需配置母线差动保护、母联（或分段）保护（包括死区保护、充电保护、断路器三相不一致保护、失灵保护）、各支路断路器的失灵保护及保护启动元件，并需设置包括故障母线段识别及支路与母线段连接状况识别的母线运行方式识别、电压闭锁、交流电压回路和交流电流回路监视等功能。

下面以微机型双母线保护为例，描述双母线保护的配置及接线。

1. 母线故障段识别

为识别双母线中的故障母线段，微机双母线差动保护通常在每段母线分别设置差动保护（也称小差动，见图 4-19，为完全差动），并设置包括支路与母线段连接状况识别及保护自适应

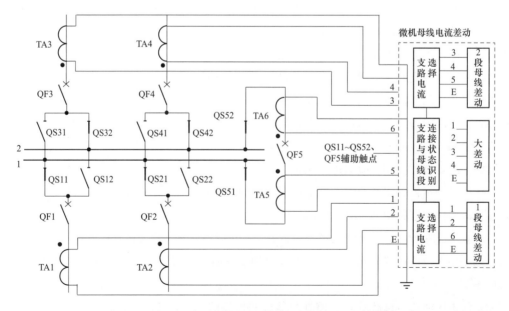

图 4-19　微机母线差动保护的母线故障段识别（一相接线）

逻辑，自动识别与母线段连接的支路，将与母线连接的支路电流互感器电流及断路器保护跳闸回路自动纳入该段母线的差动保护，以自动适应母线连接支路在两段母线间的运行切换。如某支路由 1 段母线切换到 2 段母线时，该支路的母线保护用电流互感器电流将自动切换至 2 段母线的差动保护，该支路断路器的保护跳闸也自动连接到 2 段母线差动保护出口。如母线于图 4-19 的连接状态时，由连接状态识别自动将 1、2 支路及母联电流接入 1 段母线差动，3、4 支路及母联电流接入 2 段母线差动。

2. 母线保护的启动元件

双母线微机保护通常以双母线的完全电流差动（大差动）作为启动元件。如图 4-19 所示，大差动电流包括双母线的各支路电流（不包括母联电流），三相分设，母线故障使任一相总差动电流大于设定值时，差动元件动作允许母线差动保护动作出口，在启动元件动作后展宽一个时间段（如 0.5s）。

启动元件尚可采用母线电压工频变化量元件，按母线段分设，当任一相工频电压变化量大于设定值时，电压工频变化量元件动作允许母线差动保护动作出口，动作后展宽开一个时间段。

3. 双母线运行方式识别及自适应

为使双母线保护自动适应母线运行方式的变化，微机双母线保护通常设置母线运行方式识别及相应的保护自适应逻辑，并引入母线各支路及母联与母线连接的隔离开关位置、母联断路器位置信息。

运行方式识别通常包括各支路与 1 段母线或 2 段母线的连接识别、倒闸过程中的双跨状态识别、双母线并列或分列运行状态识别等。

保护的自适应可包括：

（1）支路与母线段连接切换后，支路电流接入母线段差动保护的自动切换及支路断路器保护跳闸接至母线段差动保护的自动切换（见本小节上述 1）。

（2）某一支路于双跨状态时，任一段母线故障时，自动将双母线差动（大差动）保护切换为跳双母线各支路断路器，由大差动动作切除两段母线。

（3）双母线由并列切换为分列运行时。

1）自动改变大差动保护的制动系数，以使大差动在母线内部故障时有足够的灵敏度。

2）自动使母联电流退出母线段差动保护（小差），小差保护不计入母联电流，使母联断路器与电流互感器间的母线归属于本母线段的差动保护范围，在母联断开运行及该处母线故障时，由故障段母线差动保护切除故障而不影响另一母线段的正常运行，使该处不再成为母线差动保护的死区。

4. 母线保护的复合电压闭锁

为防止母线差动保护出口继电器误动或母线断路器失灵保护误启动造成母线连接支路误跳闸，按照 GB/T 14285 的规定，双母线接线的母线保护应设置电压闭锁元件，对数字式母线保护装置，可在启动出口继电器的逻辑中设置电压闭锁回路，而不在跳闸出口触点回路上串接电压闭锁触点。对非数字式母线保护装置，电压闭锁触点应分别与跳闸出口触点串接，母联或分段断路器的跳闸回路可不经电压闭锁触点控制。

微机母线电压闭锁按每段母线设置，通常采用复合电压闭锁，母线故障时复合电压闭锁开放允许保护动作出口。母线保护电压闭锁通常采用由各相低电压、零序电压和负序电压判据组成的复合电压闭锁，也可再增加电压突变判据，四判据以或门输出短时开放（如800ms）母线差动保护出口。低电压判据取母线三相电压中任一相电压；零序及负序电压由保护装置取三相电压自产，零序电压也可采用电压互感器的开口三角形电压；电压突变通常取本周波与前一周波采样值的比较值。当用在大接地电流系统时，低电压闭锁判据采用的是相电压。当用在小接地电流系统时，低电压闭锁判据采用线电压，并且取消零序电压判据。

（1）母线保护复合电压闭锁各判据的整定通常有下列考虑。

1）低电压定值。按母线发生对称短路故障时有足够灵敏度并在母线最低运行电压下不动作进行整定，故障切除后能可靠返回。通常整定 $60\% \sim 70\% U_n$（U_n 为母线额定电压）。

2）零序电压定值。按母线发生不对称短路故障时有足够灵敏度并躲过母线正常运行时最大不平衡零序电压进行整定。通常整定为 $4 \sim 6V$。

3）负序电压定值。按母线发生不对称短路故障时有足够灵敏度并躲过母线正常运行时最大不平衡负序电压进行整定。通常整定为 $4 \sim 8V$。

（2）当线路断路器失灵保护与母线差动保护共用出口跳闸及复合电压闭锁回路时，保护装置的复合电压判据需设置两组整定值。一组用于线路断路器失灵未启动时闭锁母线差动保护跳闸出口，整定值按上述母线差动保护复合电压闭锁判据整定方法整定；另一组用于线路断路器失灵启动后闭锁母线差动保护跳闸出口。后一组复合电压闭锁各判据的整定通常有下列考虑。

1）失灵低电压定值。按母线连接的最长线路末端发生对称短路故障时有足够灵敏度并在母线最低运行电压下不动作进行整定，故障切除后应能可靠返回。

2）失灵零序电压定值。按母线连接的最长线路末端发生不对称短路故障时有足够灵敏度进行整定，并应躲过母线正常运行时最大不平衡电压的零序分量。

3）负序电压定值。按母线连接的最长线路末端发生不对称短路故障时有足够灵敏度进行整定，并应躲过母线正常运行时最大不平衡电压的负序分量。

5. 母联（或分段）死区保护

当母联（或分段）电流归入所连接的母线段差动保护（小差），且母联（或分段）断路器仅在一侧装设电流互感器时，电流互感器与母联断路器间的母线将成为母线段差动保护的死区，如图4-20所示。母联（或分段）断路器与电流互感器间的母线属于2段母线差动保护范围，此间母线发生短路时，2段母线差动保护动作跳母联及本段各支路后，短路点仍未能切除，由于短路点位于故障母线1段差动保护范围外，故障母线1段差动保护不能动作，为该母线段差动保护死区。为消除保护死区，目前通常采用下面的保护方案：

（1）在双母线保护中设置母联（或分段）死区保护，任一母线段差动动作跳开母联断路器经延时后（大于母联断路器跳闸时间与保护返回时间和），若大差动仍动作且母联电流越限，则跳开双母线上所有支路，以切除母联（或分段）断路器与电流互感器间的母线故障。

（2）在母联断路器于分闸位置时（通常采用母联断路器跳闸时闭合的辅助触点三相串联接线判别），自动使母联电流退出母线段差动保护（小差），小差保护不计入母联电流，使母联断路器与电流互感器间的母线归属于本母线段的差动保护范围，不再存在保护死区。在母联投入运行母联断路器与电流互感器间母线发生故障时，含短路电流的母线段小差动作跳母联后，母联电流退出母线段差动，故障母线段小差动在母联跳闸后即可动作跳开母线段上各支路切除母线故障。在母联断开运行时，由于母线段小差保护已不计入母联电流，母联断路器与电流互感器间的母线属本母线的小差保护范围，其故障由本段小差动作切除，另一段母线差动无短路电流而不会动作（小差计入母联电流时，此时将切除两段母线）。

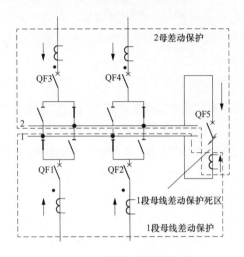

图 4-20　母线差动保护的死区

当上述带延时的死区保护不能满足电力系统快速切除母线故障的要求时，可在母联（或分段）断路器两侧均装设差动保护用电流互感器（见图 4-19），母联电流互感器与断路器间的母线故障时，两段母线差动保护均动作切除双母线，不再出现差动保护死区。此时母线保护不需要设置死区保护，但仍需在母联断路器于分闸位置时自动使小差保护不计入母联电流，以使在母联断路器与电流互感器间的母线故障时仅切除故障母线。

6. 母联（或分段）充电保护

双母线的某一母线新投入或检修后投入时，需要通过母联断路器对空母线进行充电试验，为此需设置母联（或分段）充电保护，以便在被充电母线存在故障时能快速切除故障，使作为充电电源的母线段保持正常运行。保护一般采用开关或连接片投入。

母联（或分段）充电保护通常采用相电流及零序电流保护，可设定为速断或带延时，过电流整定值按最小运行方式下被充电母线故障时有满足要求的灵敏度（灵敏系数≥1.5）整定，任一相电流超过整定值时或零序电流超过整定值，保护动作跳开母联（或分段）断路器（不经母线电压闭锁）。充电保护逻辑通常设置可选择投切的充电期间闭锁母线差动保护功能，当需要避免充电过程母线差动保护动作时可人为选择其投入。

7. 母联（或分段）断路器失灵保护

母联（或分段）需按 GB/T 14258《继电保护和安全自动装置技术规程》的规定装设断路器失灵保护。按 GB/T 14258 规定，220～500kV 断路器，以及重要的 110kV 断路器应装设一套断路器失灵保护。

失灵保护由跳母联（或分段）断路器的母线差动保护及母联（或分段）充电保护启动，保护发跳闸令后，经整定延时（第一延时）若母联（或分段）电流仍大于失灵保护整定值，失灵保护经两母线电压闭锁（两母线电压闭锁均开放）动作跳母联（或分段）断路器，并以第二时限切除两母线上所有元件。

失灵保护的电流整定值按母线故障时流过母联（或分段）的最小故障电流整定，并需考虑母线保护动作后系统变化时对最小故障电流的影响。第一延时按大于母联断路器跳闸时间及保护返回时间和整定，第二延时取 2 倍的第一延时时限值。失灵保护动作后应同时作用于断路器的两个跳闸线圈；断路器只有一组跳闸线圈时，失灵保护装置工作电源应与相对应的断路器操作电源取自不同的直流电源系统。

8. 母联（或分段）三相不一致保护

按照 GB/T 14258《继电保护和安全自动装置技术规程》规定，220kV 及以上电压分相操作的断路器应附有三相不一致（也称非全相）保护回路，故高压侧为 220kV 及以上电压的分相操作的母线联络断路器，应设置断路器三相不一致保护。保护由断路器三相位置触点组成的断路器三相不一致信号及电流判据启动，以第一时限跳本断路器并发出"断路器三相不一致"信号，经延时后若断路器故障仍然存在，则启动断路器失灵保护。电流判据采用快速返回的负序或零序电流元件，相应地保护的输入电流不应取自有较大时间常数的铁芯带气隙的电流互感器（如TPY 类型），可选用 P 类电流互感器。断路器三相不一致信号由断路器并联的三相合闸位置触点与并联的三相跳闸位置触点串联的回路提供，该回路通常在断路器汇控柜实现。保护整定及逻辑框图例类同变压器高压侧断路器三相不一致保护，见 3.8 节及图 3-26，不同的是由于双母线的母联断路器失灵保护设置有电压闭锁，故逻辑图需设 t_1、t_2 两个出口，其中 t_1 按可靠躲过断路器不同期合闸的最长时间考虑，一般取 0.3～0.5s，延时出口动作于跳本母联断路器；在跳本母联断路器后，经 t_2 延时出口启动母联断路器的失灵保护并解除失灵保护的电压闭锁，t_2 按大于母联断路器开断时间及三相不一致保护的返回时间之和整定。

9. 双母线电流差动保护逻辑图例

图 4-21 所示为微机型双母线电流差动保护逻辑图例，主接线见图 4-18，本例母联电流互感器仅于断路器一侧设置。保护的输入为母线各连接支路及母联三相电流，1、2 段母线三相相电压，母线上各隔离开关及母联断路器位置触点。保护在母联投入两段母线正常运行时，若母线大差动动作及 1 段或 2 段母线电压闭锁开放，则保护动作跳母联；在某段母线小差动、母线大差动同时动作及本段母线电压闭锁开放时动作跳本段母线各支路；母线倒闸于双跨状态时，若母线大差动动作及 1 段或 2 段母线电压闭锁开放，则保护动作跳 1 段及 2 段母线各支路。接入小差动电流的回路（包括母联电流）、每段母线保护动作跳闸的回路、倒闸双跨运行状态、大差动制动系数的切换等，均由保护设置的运行方式识别及自适应逻辑自动完成切换或状态识别。

10. 与双母线连接支路的断路器失灵保护

双母线接线的各支路断路器（不含母联及分段断路器）失灵保护，在微机双母线保护装置中通常作为一个功能设置，与母线保护共用母线运行方式识别及出口跳闸回路，如图 4-22 所示。根据需要也可以单独组屏。

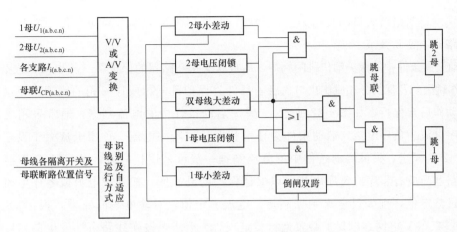

图 4-21　微机型双母线电流差动保护逻辑图例（未包括母联死区、充电、非全相、失灵等保护）

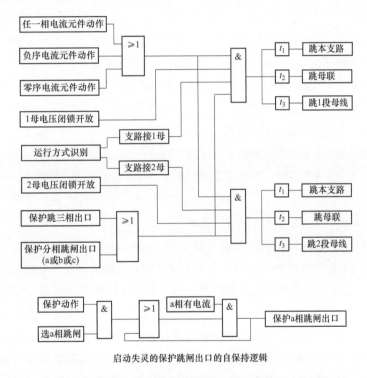

图 4-22　双母线的断路器失灵保护逻辑例（某一支路）

断路器失灵保护的启动条件是母线连接支路的保护动作跳闸及支路电流大于设定值，通常由各支路的保护提供。根据具体需要，也可由母线保护实现启动条件中的电流判据。失灵保护启动后，若失灵电压闭锁动作（开放），则经重跳延时 t_1（大于支路断路器跳闸时间及该支路保护返回时间和）再跳该支路断路器一次，经跳母联延时 t_2（通常取 $t_2 = 2t_1$，如 $0.25 \sim 0.35\mathrm{s}$）跳母联断路器，经失灵跳闸延时 t_3（大于母联断路器跳闸时间及该支路保护返回时间和，如 $0.5 \sim 0.6\mathrm{s}$）跳该支路连接的母线段各支路断路器（也可以在 t_2 跳该支路连接母线段各断路器）。断路器失灵支路连接的母线段，由母线保护中的母线运行方式识别进行判别。当断路器失灵的支路为变压器时，断路器失灵动作后尚应动作于断开变压器有源侧断路器，见 3.8 节。

启动失灵条件中的保护动作跳闸判据，通常取支路断路器的保护跳三相出口（包括由母线保护动作跳闸）及保护分相跳闸出口，启动条件为保护跳三相或任一相的跳闸出口动作（通常设有动作后自保持，如图 4-22 所示）。失灵启动条件中的电流判据，通常采用支路相电流、零序电流、负序电流，启动条件为任一相电流或零序电流、负序电流大于设定值。按 GB/T 14285 规定，失灵启动条件中的电流判据一般可采用相电流，发电机-变压器组或变压器断路器尚应有零序或负序电流，以保证保护的灵敏度。任一相电流或零序电流、负序电流超过整定值，则失灵电流判据满足。电流整定值，对输电线断路器，根据 DL/T 559《220kV～750kV 电网继电保护装置运行整定规程》要求，按在线路末端发生单相接地短路时有足够灵敏度（≥1.3）整定，并尽可能躲过正常运行的负荷电流；对变压器高压侧断路器，参见 3.8 节。

按 GB/T 14285 规定，有专用跳闸出口回路的单母线及双母线断路器失灵保护应装设闭锁元件；与母线差动保护共用跳闸出口回路的失灵保护不装设独立的闭锁元件，应共用母差保护闭锁元件。失灵电压闭锁通常采用母线段的相电压、零序电压、负序电压，任一相电压小于设定值或零序电压、负序电压大于设定值时，失灵电压闭锁元件开放（见本小节上述 4）。对中性点不接地系统，电压判据采用三相线电压，失灵电压闭锁元件在任一线电压小于设定值开放。相（或线）电压整定值按母线连接的最长支路末端发生对称短路时保证有足够灵敏度（≥1.3）整定；零序电压、负序电压整定值按母线连接的最长支路末端发生不对称短路时保证有足够灵敏度（≥1.5）整定。

双母线接线的各支路断路器（不含母联）失灵保护也可置于各支路的保护屏，失灵保护动作跳闸出口接入母线保护，通过母线保护的跳闸出口执行跳闸。

11. 采用微机保护的双母线保护配置及接线例

图 4-23 所示为采用微机保护的 220kV 双母线保护配置及接线示例（电流回路仅表示一相）。保护用电流互感器置于与母线连接的各断路器外侧，使母差保护范围包括与母线相连的各断路器，母线故障均可由母差保护动作跳相连的各断路器快速切除，在某支路退出运行时，母线不出现母差保护死区。本例母线各支路电流互感器仅在断路器的一侧配置，电流互感器与断路器间仅属母线保护范围而支路保护未能包括，此段区间故障时，支路保护将不启动，母线保护动作跳支路断路器后，若该支路对侧有电源，可根据系统要求采取快速切除措施，如启动线路远跳（故障支路为线路时）对侧断路器切除，或由母线保护动作变压器跳闸（故障支路为变压器时）切除。

保护按 GB/T 14285、NB/T 35010 要求，装设两套母线保护，采用双重化配置，每套保护的交流电压、电流取自电压互感器和电流互感器相互独立的绕组，独立供电的控制电源，并有各自用于母线保护的断路器和隔离开关辅助触点；每套保护均包括完整的母线差动保护、母联保护，并安置在各自的保护屏内；两套保护分别动作于断路器的一组跳闸线圈。双母线各支路及母联断路器失灵保护、母联三相不一致保护及充电保护仅在其中一套中设置。

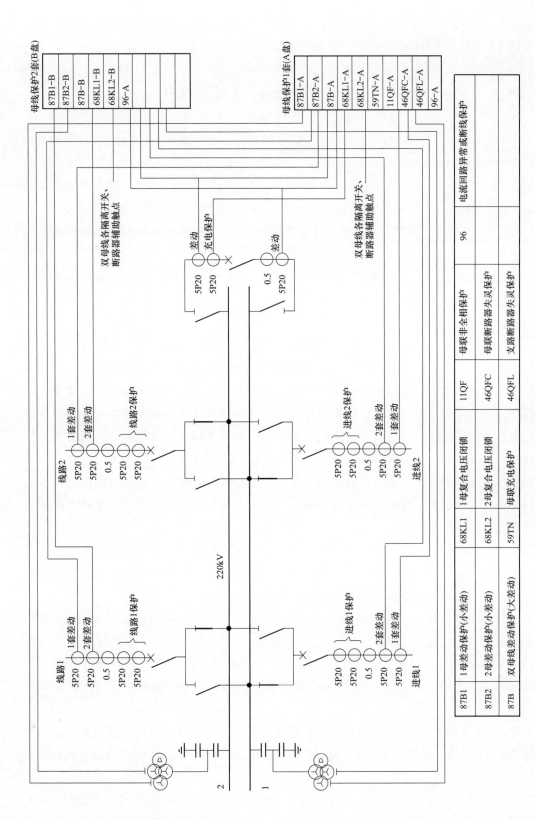

图 4-23 220kV双母线保护配置及接线示例

87B1	1母差动保护(小差动)	68KL1	1母复合电压闭锁	11QF	母联断路器	母联非全相保护	96	电流回路异常或断线保护
87B2	2母差动保护(小差动)	68KL2	2母复合电压闭锁	46QFC	母联断路器失灵保护			
87B	双母线差动保护(大差动)	59TN	母联充电保护	46QFL	支路断路器失灵保护			

本例无母联保护死区，不设母死区保护。对仅在母联一侧装设电流互感器的双母线，宜在每套母线保护中均装设母联死区保护，构成双重化保护。

4.7　一个半断路器接线母线保护

一个半断路器接线的母线保护配置及交流接线例见图 4-24，开关站采用带分段断路器的两组母线，每组母线的两段母线间以 3 个断路器组成的若干母线串连接，每串连接两个回路。也可采用 2 个断路器组成一串，一串连接一个回路。一般回路较少的开关站可只采用由两段母线组成的一组母线接线。一个半断路器接线母线中，系统的传输功率可以在各并联串间交换，正常运行时通常要求母线上各串保持于连接状态。回路故障时，需同时跳开连接的两个断路器。由于任一回路均通过断路器分别与两段母线连接，任一母线故障或任一断路器跳闸，不影响母线各回路的连续运行；某段母线或某一断路器检修时，不需要进行复杂的倒闸操作，隔离开关仅作为检修隔离使用。相对于双母线，一个半断路器接线有较高的可靠性及运行操作和维护检修的方便性。

一个半断路器接线的保护包括母线保护、母线连接串的保护、分段断路器保护（若有），见图 4-24。母线连接串的保护通常包括断路器间短母线保护（也称 T 区保护）及断路器保护（三相不一致、失灵等保护）。母线分段断路器保护通常包括三相不一致、失灵、充电等保护。断路器间母线保护主要用于回路（如线路或升压变压器高压侧进线）保护检修退出时，作为回路连接的两个断路器间短母线保护，在回路隔离开关打开后，通常需将回路连接的两个断路器合上，以保持该串的连通，故断路器间母线保护仅在对应的输电线或进线检修保护退出时投入。输电线或进线（短引线）检修后，投入运行前可能需通过串上的断路器进行充电试验，对有此要求的断路器需设置充电保护，以便在被充电母线存在故障时能快速切除故障。

按相关规程要求，对 220～500kV 一个半断路器接线的每段母线，应装设两套母线保护，采用双重化配置，具体要求见 1.2 节。一个半断路器接线的断路器间短母线线保护也按两套装设，双重化配置。母线保护尚应满足相关规程规定的其他一般要求，见 4.5 节。

由于一个半断路器接线中的各个断路器可独立检修而不影响其他相邻元件的运行，在输电线或进线短线退出运行时，相关断路器通常需要投入运行以维持接线中各串的连通，故一个半断路器接线通常按每断路器设置一个断路器保护屏，布置断路器保护、断路器间母线保护、重合闸（若有）。一个半断路器接线的母线保护通常按母线段及每套单独组屏。

另外，一个半断路器接线中靠母线侧断路器的失灵保护，其动作跳与母线连接断路器通常是通过母线保护执行，由断路器失灵保护出口启动母线保护，由母线保护跳与母线连接的各断路器。

图 4-24 所示为采用一个半断路器接线的大型水电厂 500kV 升压开关站的母线保护配置及交流接线例（线路电压互感器置于载波通信阻波器的线路侧，图中未表示阻波器）。按相关规程要

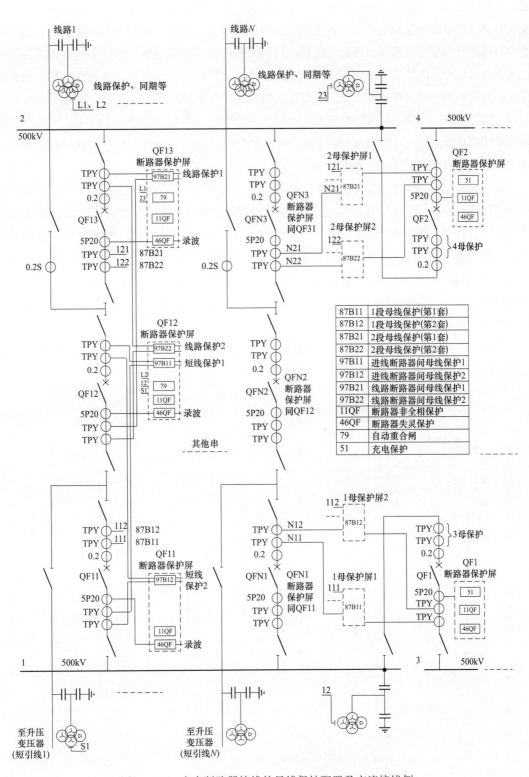

图 4-24 一个半断路器接线的母线保护配置及交流接线例

求，每段母线、断路器间母线均装设两套母线差动保护，采用双重化配置，每套保护的交流电流取自电流互感器独立的绕组，有独立供电的控制电源；每套母线保护分别安装在各自的保护屏内；两套断路器间母线保护分别安装在连接两个断路器的断路器保护屏中；每套母线保护的跳闸出口作用于断路器的一组跳闸线圈。断路器失灵保护、三相不一致（也称非全相）保护及分段断路器的充电保护按一套设置，安装在各自的断路器保护屏中。本例输电线不考虑由电厂侧断路器对线路进行充电，故线路断路器不设置充电保护。线路断路器保护屏引入电压互感器电压供线路重合闸使用，在 QF11 退出运行时，中间断路器供重合闸用的母线侧电压需切换至升压变压器高压侧电压互感器电压。

电流互感器配置在断路器的两侧，相邻元件主保护相互交叉，使母线不出现主保护死区。母线保护、线路保护、短线及断路器间母线保护，按 DL/T 866《电流互感器和电压互感器选择及计算规程》的规定，均采用 TPY 型电流互感器，断路器失灵保护的断路器未断开的电流判别元件采用 5P 型电流互感器。按照有关规程要求，在各段母线及线路上分别设置电压互感器。本例尚在升压变压器短引线上设置电压互感器，供同期等使用，以简化同期电压切换接线（否则需采用发电机电压母线上的电压互感器电压）；在线路侧设电能计量专用电流互感器。

图 4-25、图 4-26 分别给出图 4-24 接线第 1 段母线保护的外部触点信号输入及交直流电源接线例、保护输出触点接线例。

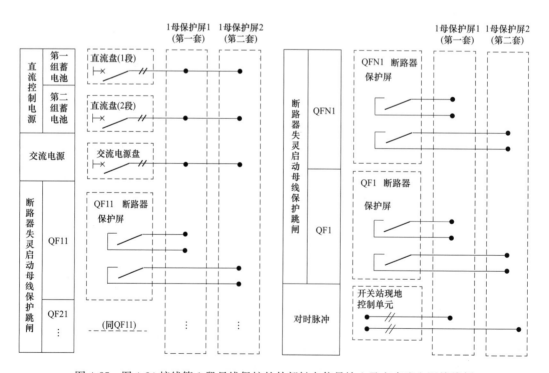

图 4-25　图 4-24 接线第 1 段母线保护的外部触点信号输入及交直流电源接线例

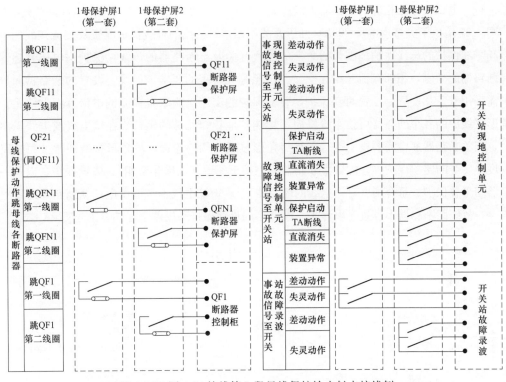

图 4-26 图 4-24 接线第 1 段母线保护输出触点接线例

4.8 角形母线保护

220kV 四角形接线的母线保护配置及交流接线见图 4-27（线路电压互感器置于载波通信阻波器的线路侧，图中未表示阻波器），常用在机组台数及输电线较少的大中型水电厂，作为电厂升压变电站高压母线接线。对输电线及进线总数为三回的电厂，可采用三角形接线。

四角形母线通常在一个对角上分别连接一台升压变压器，另一对角分别连接一条输电线。正常运行时，通常要求角形母线 4 个边均投入运行。角两个边上的断路器为与之相连的升压变压器高压侧引线（也称进线）或输电线断路器，任一断路器检修，不影响电厂及输电线的正常运行。升压变压器（或其进线）或输电线故障时，保护需同时跳开其相连的两个断路器。正常运行时每个角两边断路器间的母线，均属升压变压器（或进线）保护或输电线保护范围，升压变压器（或进线）保护及输电线保护构成了对整个角形母线的保护。在输电线路或升压变压器及其进线检修时，通常要求其相连的两个断路器投入，保持角形母线接线，仅角上外部隔离开关断开。此时检修的输电线或升压变压器（或其高压侧引线）的保护已退出，其保护用电流互感器间的母线需设置另外的保护，称为断路器间母线保护（也称 T 区保护），该保护仅在对应的输电线或进线检修保护退出时投入。故角形母线接线通常仅需配置各角上的对应的断路器间母线保护，以及对各边上的断路器配置断路器保护，后者通常包括断路器三相不一致、失灵及充电保护（若需要）。当输电线或进线（短引线）检修后，投入运行前需要通过角形母线边上的断路器进行充电试验，故相应的断路器需设置充电保护，以快速切除故障的被充电线路或短引线。

图 4-27 给出了大型水电厂 220kV 升压开关站四角形接线的母线保护配置及交流接线例，断路器间母线保护的母线保护范围包括角上的隔离开关及至断路器的母线，保护用电压互感器布置在断路器的外侧，相邻保护区相互交叉。按照有关规程的要求，母线上设置的断路器间母线保护需采用双重化配置，设置两套保护，每套保护的交流电流取自独立的电流互感器绕组。由于角形接线中的各个断路器可独立检修而不影响其他相邻元件的运行，在输电线或进线退出运行时，相关断路器通常需要投入运行以维持角形接线各侧的连通，故角形接线通常按每断路器分别设置一个断路器保护屏，配置本断路器的三相不一致（也称非全相）、失灵保护，以及一套断路器间母线保护、重合闸（对输电线的断路器）。本例输电线不考虑由电厂侧断路器对线路进行充电，故线路断路器不设置充电保护。断路器间母线保护采用差动保护。

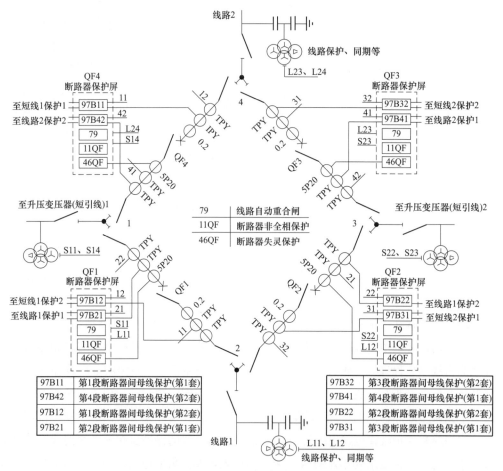

图 4-27　220kV 四角形接线的母线保护配置及交流接线

4.9　短母线保护

在水电厂中，短母线保护主要用于升压变压器高压侧断路器与一个半断路器接线或角形接线间短连接线的保护，以及用于一个半断路器接线或角形接线中两断路器连接的线路或短引线检修保护退出运行时，作为断路器间的母线保护。保护通常采用比率制动式差动保护，对 220kV 及以上系统，需按有关规程的要求采用双重化配置。微机型短母线差动保护交流接线及制动特性例见图 4-28，一个半断路器接线断路器间短母线保护的交流回路接线见图 4-24，保护动作后跳短母线两侧断路器。作为短母线保护的一个典型示例，比率制动式的微机型短线差动保护主要由启动元件、分相差动元件及电流互感器断线监视元件组成。保护启动元件采用差电流突变量启动，当任一相差流突变量连续 3 次大于整定值时，保护启动。差动元件的制动特性如图 4-28 所示，为一段固定斜率的制动特性。保护的动作电流（也称差动电流）I_{op} 取流入、流出短母线同相电流 I_1、I_2 和的绝对值，制动电流 I_{res} 取流入、流出短母线同相电流绝对值中之最大值，短母线两端电流互感器极性的同名端见图 4-28，当取一次侧电流从同名端流入电流互感器（相应的二次电流从同名端流出）为电流正方向时，差动保护的动作判据为同时满足下面两条件，即

$$
\left.\begin{array}{c}
|I_1 + I_2| \geqslant I_{op.0} \\
\max(|I_1|, |I_2|) \geqslant I_{res.0} \text{ 且} (|I_1 + I_2| - I_{op.0}) \geqslant S[\max(|I_1|, |I_2|) I_{res.0}] \\
\text{或} \max(|I_1|, |I_2|) < I_{res.0}
\end{array}\right\} \quad (4\text{-}23)
$$

式中：$I_{op.0}$ 为差动保护动作电流整定值，也是差动保护的最小动作电流；S 为制动特性斜线段的斜率；$I_{res.0}$ 为最小制动电流整定值。

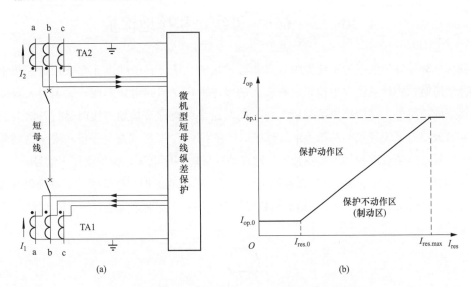

图 4-28 微机型短母线差动保护交流接线及制动特性例
（a）交流回路接线；（b）制动特性

短母线差动保护制动特性设置差动速断，当某一相动作电流（即差动电流）I_{op} 大于差动速断的整定值 $I_{op.i}$ 时，保护瞬时动作跳各侧三相断路器而不受制动电流的影响，快速地切除短路故障。

短母线差动保护制动特性的整定包括差动保护动作电流 $I_{op.0}$、制动特性斜率 S 及差动速断电流 $I_{op.i}$ 的整定，通常按保护装置生产厂家要求进行整定。按照 DL/T 559《220kV～750kV 电

网继电保护装置运行整定规程》要求，$I_{op.0}$ 按可靠躲过区外故障时的最大不平衡电流及短母线合闸时的充电电流整定，同时保证短母线发生内部故障时有足够的灵敏度，灵敏系数大于2。

短母线保护装置设电流互感器断线监视，电流回路不正常或断线时投入闭锁保护并发出告警信号，或仅发信号。

短母线差动保护逻辑例见图4-29。

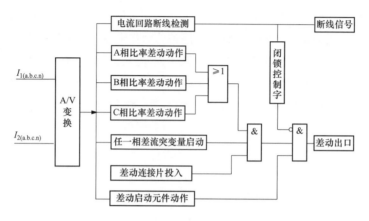

图 4-29　短母线差动保护逻辑例

4.10　3~66kV 母线单相接地保护

在我国，3~66kV 的电力系统为中性点非有效接地系统。在中性点非有效接地系统中发生单相接地故障时，中性点将发生位移，有较高的零序电压，但线电压不变，除了对人身或设备安全有要求的情况外，一般用户可继续工作，电网通常可允许带接地点短时运行。对 3~66kV 中性点非有效接地系统母线的单相接地故障保护，在 GB/T 14285《继电保护和安全自动装置技术规程》中规定应装设单相接地监视装置，监视装置反应零序电压，保护动作于信号。

图 4-30 所示为 35kV 中性点非有效接地系统母线单相接地保护交流接线例。系统母线装设带剩余绕组的三相电压互感器，单相接地监视装置接于电压互感器剩余绕组，触点输出至报警系统。

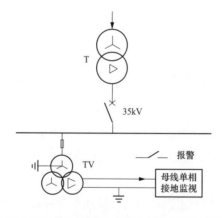

图 4-30　35kV 中性点非有效接地系统母线单相接地保护交流接线例

5 输电线及并联电抗器保护

5.1 3～66kV 线路保护

5.1.1 保护的配置及要求

5.1.1.1 3～10kV 线路保护的配置及要求

3～10kV 系统在我国为中性点非有效接地系统，中性点通常不接地（对地绝缘）或经消弧线圈接地或经低电阻接地。对 3～10kV 输电线保护的配置及要求，在 GB/T 14285《继电保护和安全自动装置技术规程》中有如表 5-1 所示的规定。

表 5-1   3～10kV 线路保护配置及要求

序号	保护名称	线路类型	配置要求	其他
1	相间短路故障保护	（1）单侧电源线路	（1）装设两段过电流保护，第一段为不带时限的电流速断保护；第二段为带时限的过电流保护，保护可采用定时限或反时限特性。 （2）带电抗器的线路，如其断路器不能切断电抗器前的故障，则不应装设电流速断保护，此时，应由母线保护或其他保护切除电抗器前的故障。 （3）自发电厂母线引出的不带电抗器的线路，应装设无时限电流速断保护，其保护范围应保证切除所有使该母线残余电压低于额定电压 60% 的短路。为满足这一要求，必要时，保护可无选择性动作，并以自动重合闸或备用电源自动投入来补救。 （4）保护装置仅装在线路的电源侧。 （5）必要时，可配置光纤电流差动保护作为主保护，带时限的过电流保护为后备保护	（1）保护应接于两相电流互感器上，并在同一网络的所有线路上，均接于相同两相的电流互感器上。 （2）相间短路的后备保护采用远后备方式。 （3）线路短路使发电厂厂用母线或重要用户母线电压低于额定电压的 60% 以及线路导线截面过小，不允许带时限切除故障时，应快速切除故障。 （4）过电流保护的时限不大于 0.5～0.7s，且没有上述（3）所列情况，或没有配合上的要求时，可不装设瞬动的电流速断保护
		（2）双侧电源线路	（1）可装设带方向或不带方向的电流速断保护和过电流保护。 （2）短线路、电缆线路、并联连接的电缆线路，并列运行的平行线路宜采用光纤电流差动保护作为主保护，带方向或不带方向的电流保护作为后备保护。平行线路宜分列运行	
		（3）环形网络线路	3～10kV 不宜出现环形网络的运行方式，宜开环运行。如必须环网运行时，为简化保护，可采用故障时将环网自动解列而后恢复的方法，对不宜解列的线路，可参照双侧电源线路装设保护	
		（4）发电厂厂用电源线路（包括带电抗器的电源线路）	宜装设纵联差动保护和过电流保护	

序号	保护名称	线路类型	配置要求	其他
2	单相接地故障保护	（1）输电线路	应按下列规定装设保护： （1）有条件安装零序电流互感器的线路，如电缆线路或经电缆引出的架空线，当单相接地电流能满足保护的选择性和灵敏性要求时，应装设动作于信号的单相接地保护。 （2）不能安装零序电流互感器的线路，当单相接地保护能够躲过电流回路中的不平衡电流的影响，例如单相接地电流较大，或保护反应接地电流的暂态值等，也可将保护装置接于三相电流互感器构成的零序回路中。 （3）中性点经低电阻接地的单侧电源单回线路，除配置相间故障保护外，还应装设两段零序电流保护，第一段为零序电流限时速断，时限与下一级线路零序电流Ⅰ段相配合，第二段为零序过电流，时限与相间过电流保护相同。若零序限时速断保护不能保证选择性需要，也可以配置两套零序过电流保护。 （4）出线或回路数不多难以装设选择性单相接地保护的线路，可利用母线的单相接地监视装置，在发生单相接地时，用依次断开线路的方法寻找故障线路（不必在每回线路装设单独的单相接地保护）	根据人身和设备安全的要求，必要时，应装设动作于跳闸的单相接地保护
		（2）发电厂和变电站母线	应装设单相接地监视装置。装置反应零序电压，动作于信号	
3	过负荷保护	电缆线路或电缆与架空线混合线路	对可能出现过负荷的电缆线路或电缆与架空线混合线路，应装设过负荷保护，保护宜带时限动作于信号，必要时可动作于跳闸	
4	互感器断线保护		（1）保护装置在电流互感器二次回路不正常或断线时，应发告警信号。 （2）保护装置在电压互感器二次回路一相、两相或三相同时断线、失压时，应发告警信号，并闭锁可能误动的保护	

5.1.1.2 35～66kV 线路保护的配置及要求

35～66kV 系统在我国为中性点非有效接地系统，中性点通常不接地（对地绝缘）或经消弧线圈接地，对 35kV 系统尚有经低电阻接地。对 35～66kV 输电线保护的配置及要求，在 GB/T 14285《继电保护和安全自动装置技术规程》中有如表 5-2 所示的规定。

5.1.2 3～66kV 线路相间故障的电流电压保护

由表 5-1 及表 5-2 可知，3～66kV 输电线的相间故障保护，根据线路的类型可采用不带方向的阶段式电流保护、带方向的阶段式电流保护，在某些情况下可采用光纤电流差动保护，保护采用远后备方式；对 35～66kV 输电线在某些情况下尚需要采用电流电压保护（不带方向或带方向）或距离保护。本节主要描述阶段式电流保护及电流电压保护（无时限及定时限保护）的原理、具体应用及整定，相关的描述适用于 3～110kV 输电线的相间故障保护。

表 5-2   35～66kV 线路保护配置及要求

序号	保护名称	线路类型	配置要求	其他
1	相间短路故障保护	(1) 单侧电源线路	装设一段或两段式电流速断保护和过电流保护,必要时可增设复合电压闭锁元件。中性点经低电阻接地线路采用三相式电流保护。由几段线路串联的单侧电源线路及分支线路,如上述保护不能满足选择性、灵敏性和速动性的要求时,速断保护可无选择性地动作,但应以自动重合闸来补偿。此时,速断保护应躲开降压变压器低压母线的短路	(1) 相间短路的后备保护采用远后备方式。(2) 下列情况应快速切除故障:1) 线路短路使发电厂厂用母线电压低于额定电压的60%时;2) 如切除线路故障时间长,可能导致线路失去热稳定时;3) 城市配电网络的直馈线路,为保证供电质量需要时;4) 与高压电网邻近的线路,如切除故障时间长,可能导致高压电网产生稳定问题时;5) 串联供电的几段线路,在线路故障时,可采用前加速方式同时跳闸,并用顺序重合闸和备用电源自动投入装置来提高供电可靠性
		(2) 复杂网络的单回线路	(1) 装设一段或两段式电流速断保护和过电流保护,必要时可增设复合电压闭锁元件和方向元件。如不满足选择性、灵敏性和速动性要求或保护构成过于复杂时,宜采用距离保护。(2) 电缆及架空短线路,如果采用电流电压保护不能满足选择性、灵敏性和速动性要求时,宜采用光纤电流差动保护作为主保护,以带方向或不带方向的电流电压保护作为后备保护。(3) 环形网络宜开环运行,并辅以重合闸和备用电源自动投入装置来增加供电可靠性。如必须环网运行,为了简化保护,可采用故障时先将网络自动解列而后恢复的方法	
		(3) 平行线路	平行线路宜分列运行,如必须并列运行时,可根据其电压等级、重要程度和具体情况按下列方式之一装设保护,整定有困难时,允许双回线延时段保护之间的整定配合无选择性:(1) 装设全线速动保护作为主保护,以阶梯式距离保护作为后备保护。(2) 装设有相继动作功能的阶梯式距离保护作为主保护和后备保护	
2	单相接地故障保护	(1) 输电线路	应按下列规定装设保护:(1) 有条件安装零序电流互感器的线路,如电缆线路或经电缆引出的架空线,当单相接地电流能满足保护的选择性和灵敏性要求时,应装设动作于信号的单相接地保护。(2) 不能安装零序电流互感器的线路,当单相接地保护能够躲过电流回路中的不平衡电流的影响,例如单相接地电流较大或保护反应接地电流的暂态值等,也可将保护装置接于三相电流互感器构成的零序回路中。(3) 中性点经低电阻接地的单侧电源线路,应装设一段或两段零序电流保护,作为接地故障的主保护和后备保护。(4) 出线回路数不多或难以装设选择性单相接地保护的线路,可利用母线的单相接地监视装置,在发生单相接地时,用依次断开线路的方法寻找故障线路(不必在每回线路装设单独的单相接地保护)	根据人身和设备安全的要求,必要时,应装设动作于跳闸的单相接地保护
		(2) 发电厂和变电站母线	应装设单相接地监视装置。装置反应零序电压,动作于信号	

续表

序号	保护名称	线路类型	配置要求	其他
3	过负荷保护	电缆线路或电缆与架空线混合线路	对可能出现过负荷的电缆线路或电缆与架空线混合线路，应装设过负荷保护，保护宜带时限动作于信号，必要时可动作于跳闸	
4	互感器断线保护	（1）保护装置在电流互感器二次回路不正常或断线时，应发告警信号。 （2）保护装置在电压互感器二次回路一相、两相或三相同时断线、失压时，应发告警信号，并闭锁可能误动的保护		

5.1.2.1 不带方向的电流保护及电流电压保护

不带方向的电流保护及电流电压保护主要用于3~110kV单侧电源供电线路，当线路保护整定值可与母线背侧保护相配合时（如电流速断保护整定值大于背侧最大三相短路电流时），也可用于3~110kV双侧电源供电线路。在电流电压保护中又可采用电流闭锁电压速断保护、电流电压联锁速断保护及电压闭锁的过电流保护。

5.1.2.1.1 不带方向的电流保护

1. 基本原理

线路保护采用不带方向的及不带电压信号的电流保护时，为使线路保护在满足保护的选择性的同时具有良好的速断性，并为相邻线路保护提供后备（远后备），保护通常采用三段式或两段式电流保护（也称阶段式电流保护），三段式的第一段为电流速断保护，第二段为限时电流速断保护，第三段为过电流保护（通常为定时限过电流保护）。

单侧电源辐射形供电电网采用三段两相式电流保护配置示例见图5-1。由变电站A、B引出的线路1a、1b均采用三段式保护。以线路1a为例，不带时限的第一段电流速断保护的动作电流按躲过本线路末端最大三相短路电流整定，在本线路距A母线一定长度范围内发生相间故障

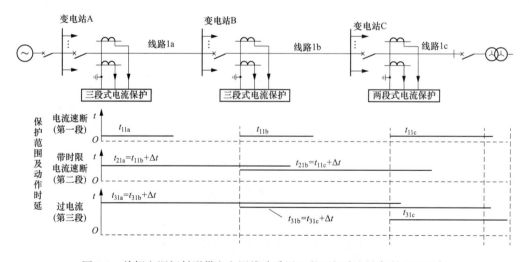

图5-1　单侧电源辐射形供电电网线路采用三段两相式电流保护配置示例

时实现无时限跳闸（以保护装置本身固有的动作时间跳闸）。第二段限时速断保护按与相邻线路的电流速断保护相配合整定，实现对本线路全线的相间故障限时跳闸，并作为变电站 B 出线一部分长度的后备保护（远后备），第二段与第一段一起构成本线路的主保护；对本例，动作电流及动作时间按大于变电站 B 的出线电流速断保护的动作电流及动作时间整定。第三段过电流保护按与相邻线路过电流保护相配合及躲过本线路最大负荷电流整定，实现对本线路及相邻线路全线的后备保护；对本例，动作电流按大于变电站 B 出线的过电流保护动作电流及躲过本线路最大负荷电流、动作时间大于变电站 B 线路过电流的动作时间的一个时间阶段（Δt）整定。

电网中的输电线并不一定都需要装设三段式电流保护。如图 5-1 所示变电站 C 线路 1c 的线路-变压器出线，线路保护第一段电流速断通常按躲过变压器低压侧母线短路整定，保护范围已达变压器内部，变压器设置有速断保护（如差动保护），故线路 1c 保护无须设置限时电流速断而仅配置电流速断及过电流两段保护。

2. 关于电流互感器回路接线

按照 GB/T 14285 的规定，3～10kV 输电线保护应接于两相电流互感器上，并在同一网络的所有线路上，均接于相同两相的电流互感器上。

35～110kV 输电线的相间故障保护的电流互感器接线有两相式及三相式。对中性点不接地或经消弧线圈接地的 35～66kV 电网输电线通常采用两相式，同一网络的各线路电流互感器装设在相同的两相上；中性点经低阻接地的电网，按照 GB/T 14285 的要求，需采用三相式；中性点直接接地的 110kV 电网输电线通常采用三相式。

对中性点不接地或经消弧线圈接地的 3～66kV 电网，在电网发生单相接地故障时，由于单相接地电流较小，通常可允许电网短时继续运行，有利于保证供电的可靠性。分析表明，电网输电线的相间保护采用两相式保护，在同一变电站母线上引出的两条线路同时发生不同相的两点接地故障时，有 2/3 的机会只切除一条线路，使电网转为单相接地故障，允许另一线路短时继续运行。如图 5-2 所示，由于 b 相未装设电流互感器，接地点为 b 相的线路 2 保护将不反应

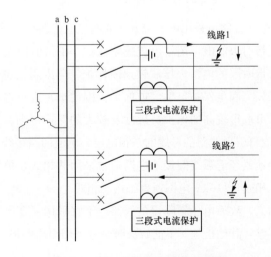

图 5-2 同一母线引出线两点接地

此时的两点接地短路电流而不会动作，短路电流仅通过线路 1 保护使线路 1 跳闸。故在两相各一点接地的各种组合中，有 2/3 机会仅切除一条线路。此时若采用三相式保护，在两线路电流保护的时限有相同的整定值时，线路 1、2 保护将同时动作，将两线路切除。

但对如图 5-3 所示的串联线路的不同相两点接地故障时，两相式接线由于线路 2 保护不动作而由线路 1 保护动作将两线路切除，而采用三相式电流保护时，按阶段式电流保护的选择性此时将仅切除线路 2，而允许线路 1 作短时运行。

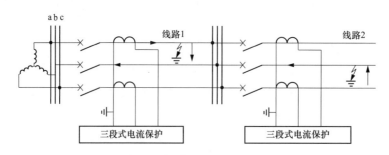

图 5-3　串联线路上两点接地

在电网的实际运行中，发生图 5-2 两点接地的概率通常大于图 5-3，且图 5-2 接线较为简单，故中性点不接地或经消弧线圈接地的电网线路保护通常采用如图 5-2 所示的两相式接线，并在同电压级的电网上将所有线路保护均安装在相同的两相上（一般为 a、c 相，即保护用电流互感器仅在 a、c 相装设）。根据电网的要求，相间故障保护也可以采用三相式。

对中性点经低阻接地的电网，在电网发生单相接地故障时，单相接地电流较大，通常需快速切除故障，按照 GB/T 14285 的要求，输电线保护电流互感器需采用三相式。中性点直接接地的 110kV 电网有很大的单相接地短路电流，要求快速切除故障，输电线保护电流互感器通常采用三相式，根据电网具体情况也可以采用两相式，110kV 线路保护通常设有零序电流保护。

5.1.2.1.2　不带方向的电流电压保护

35～66kV 及 110kV 电网线路可采用由不带方向的电流电压保护构成的阶段式保护。通常应用的主要有不带时限的及带时限的电压闭锁电流速断保护、不带时限及带时限的电流闭锁电压速断保护、不带时限的及带时限的电流电压联锁速断保护、电压闭锁过电流保护。可根据电网线路的具体情况或要求（如为满足保护灵敏度或保护范围要求）进行选用。相对于仅采用电流保护，电流电压保护通常可取得较高的保护灵敏度及较大的保护范围。保护的交流回路的一般接线见图 5-4，电压信号取自引出线路的母线的三相电压，电流回路接线与不带方向的三段式电流保护的考虑相同，不接地或经消弧线圈接地电网通常采用两相式，根据系统要求也可采用三相式，低阻接地电网用三相式，110kV 电网通常采用三相式。

对正常运行电压波动大、故障电压下降慢的线路，不宜采用复合电压闭锁过电流保护。当采用过电流保护灵敏度不够，其他措施又不能解决时，宜采用距离保护。

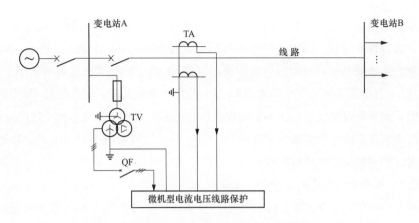

图 5-4　两相式线路电流电压保护交流回路的一般接线

5.1.2.2　带方向的电流保护及电流电压保护

5.1.2.2.1　基本原理

5.1.2.1描述的不带方向的三段式电流或电流电压保护，通常适用于单侧电源的简单电网，此时短路电流总是从母线流向短路点，线路保护及线路断路器可仅在一侧装设。对多电源的复杂电网，这种保护方案通常不能完全满足电网输电线保护的要求，需要采用带方向的电流保护或电流电压保护，或其他类型保护，见表5-1。

如图 5-5 所示，变电站 A、C 有电源，线路 1a、1b 两端（图中 1~4 处）均装设保护及断路器。在线路 1a 发生短路故障时，按选择性要求应由 1a 保护动作切除本线路。但由于由变电站 C 电源提供的短路电流也通过线路 1b 的保护 3，可能使保护 3 误动作跳闸。例如，若线路 1b 的保护 3 采用不带方向三段式保护且短路电流 $I_{k.C}$ 大于 1b 速断保护整定值时，或 1b 保护 3 的过电流保护动作时限小于 1a 保护 2 过电流保护动作时限时，保护 3 均有可能在保护 2 动作前动作使断路器 3 跳闸。为消除这种无选择性的误动，可以在线路 1b 保护 3 增设一个方向元件，方向指向本线路，方向元件仅在短路电流由变电站 B 母线流向线路时动作，即短路功率方向指向线路时，允许保护跳闸出口，在短路电流由线路流向变电站 B 母线时，方向元件不动作，闭锁保护出口。当图 5-5 各线路两侧的保护均分别设置方向指向线路的方向元件时，图 5-5 所示的两侧电源保护就可以看作两个单侧电源的网络保护，其中 1、3 保护为反应变电站 A 电源供给的短路电流（$I_{k.A}$）而动作，而 2、4 保护则反应变电站 C 电源供给的短路电流（$I_{k.C}$）而动作，两组保护间不要求有配合关系。故电网的方向性保护，实际上是在 5.1.2.1 的保护基础上增加一个短路功率方向判别元件，使保护在反方向故障时不动作。

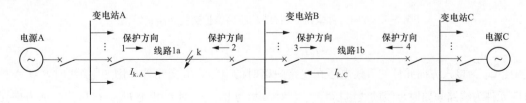

图 5-5　两侧电源的辐射形网络接线及保护配置

多电源复杂电网的输电线，当采用 5.1.2.1 所述的不带方向的电流保护或电流电压保护已能满足保护的选择性要求时，线路保护可不再需要设置方向元件。如图 5-5 所示，若在线路 1a 发生短路故障时，由变电站 C 侧电源提供的通过线路 1b 的保护 3 的短路电流总小于 1b 速断保护整定值，或 1b 过电流保护动作时限大于 1a 过电流保护动作时限，则在线路 1b 保护 3 的反方向相间故障时，保护 3 速断及过电流不会动作，从而可采用不带方向的速断及过电流保护。

带方向的电流保护或电流电压保护通常用于多电源的辐射形网络和单电源的环形网络的线路保护，此时保护可保证动作的选择性。

5.1.2.2.2 功率方向元件的工作原理及接线

由上面的分析可知，功率方向元件应在电网发生保护所考虑的各种故障下能正确地判别短路功率方向，在短路功率方向为保护动作的方向时（通常称正方向，如图 5-5 所示，正方向为由母线指向线路）应可靠动作，而在反方向时可靠不动作，并对保护所考虑的保护范围内的各种故障应有满足要求的灵敏度。

相间故障保护用的功率方向元件通常按相设置，仅对本相的电流保护或电流电压保护进行闭锁，输入为相电流及线电压并采用 90°接线。功率方向元件采用 90°接线的线路保护交流回路接线例见图 5-6，A 相方向元件输入为电流 I_A 及线电压 U_{BC}，在系统对称运行及功角 $\cos\varphi=1$ 时，I_A 与 U_{BC} 相位差为 90℃。C 相功率方向元件接 I_C 及 U_{AB}，I_C 与 U_{AB} 相位差为 90°（相应的采用 90°接线的 B 相功率方向元件接 I_B 及 U_{CA}，本例无）。线路短路时，某相功率方向元件反应的短路功率（有功功率）可由式（5-1）计算，并当假定短路电流由母线流向线路的方向为正向，则在短路电流流向为正向时，有式（5-1）的计算值大于 0，方向元件动作，即方向元件的动作方程为

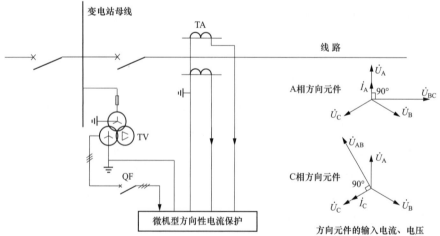

图 5-6 方向元件采用 90°接线的线路保护交流回路接线例

$$U_k I_k \cos(\varphi+\alpha) > 0 \tag{5-1}$$

式中：U_k 为接入方向元件的母线电压在线路短路时的电压，方向元件采用 90°接线时，对 A 相方向元件为线路短路时母线的线电压 $U_{k.BC}$，对 B 相为 $U_{k.CA}$，对 C 相为 $U_{k.AB}$；I_k 为接入方向元件的短路相电流，对 A 相方向元件为 A 相短路电流 $I_{k.A}$，对 B 相为 $I_{k.B}$，对 C 相为 $I_{k.C}$；φ 为 I_k

与 U_k 的相位差角，I_k 滞后 U_k 时 φ 为正，I_k 超前 U_k 时 φ 为负，对具体的系统，φ 随相间短路的类型、具体线路及短路点在线路中的位置变化；α 为功率元件的内角，由产品设定。

图 5-7 是动作方程为式（5-1）的方向元件动作特性。方向元件的动作条件或动作方程（在 U_k 不为 0 且大于方向元件的动作死区时）由式（5-1）有

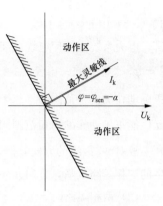

图 5-7　式（5-1）的方向元件动作特性

$$\left.\begin{array}{l} -90° < (\varphi + \alpha) < 90° \\ \text{或} -(90° + \alpha) < \varphi < (90° - \alpha) \end{array}\right\} \tag{5-2}$$

当 $\varphi = -\alpha$ 时，由式（5-1）有 $\cos(\varphi + \alpha) = 1$，此时功率方向元件反应的短路功率为最大值，方向元件为最灵敏，因此 $\varphi = -\alpha$ 时的角度值称为功率方向元件的最大灵敏角（φ_{sen}）。产品通常设定为 $-30°$ 或 $-45°$（I_k 超前于母线电压 U_k 的角度）。

下面的分析表明[5]，功率方向元件采用 90°接线并适当选择功率方向元件的内角 α 后，对线路上发生的各种相间故障，在 U_k 不为 0 且大于方向元件的动作死区时，方向元件都能满足式（5-2）的要求而正确动作。另外，功率方向元件尚应采取相关措施，使保护安装处附近发生三相短路 U_k 为 0 或较小数值时不出现动作死区。

1. 各种相间短路时功率方向元件正确动作的内角范围

（1）三相短路时。图 5-8 给出在线路保护的正方向发生三相短路时的等值系统图及保护安装处的电流、电压矢量图，此时短路电流及保护安装处电压（母线电压）为三相对称。以 A 相方向元件（接入电流 I_A 及线电压 U_{BC}）为例，短路电流 $\dot{I}_{k.A}$ 滞后于母线 A 相电压 $\dot{U}_{k.A}$ 角度为 φ_k，$\dot{I}_{k.A}$ 与 $\dot{U}_{k.BC}$ 间的角度 φ 由图 5-8（$\dot{I}_{k.A}$ 超前于母线电压 $\dot{U}_{k.BC}$）为

$$\varphi = -(90° - \varphi_k) = \varphi_k - 90° \tag{5-3}$$

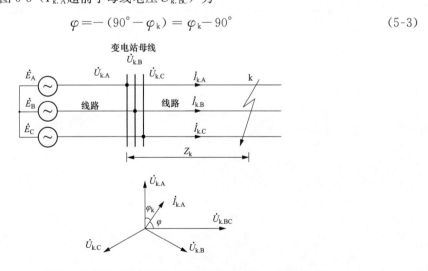

图 5-8　三相短路时的等值系统图及保护安装处的电流、电压矢量图

由图 5-8，此时短路点 A 相电压为 0，$\dot{U}_{k.A} = \dot{I}_{k.A} Z_k$，$Z_k$ 为母线至短路点间的线路阻抗，故

式（5-3）中的 φ_k 等于母线至短路点间的线路阻抗角，随具体线路及短路点位置而变化。一般而言，电力系统中任何电缆或架空线路短路时的阻抗角（包括含有过渡电阻短路的情况），都位于 $0°<\varphi_k<90°$ 之间，由式（5-3）相应地有 $-90°<\varphi<0°$，由式（5-2）可得到相应的方向元件能正确动作的内角范围为 $0°<\alpha<90°$。类同的分析方法用于 B 相及 C 相方向元件时，可得到方向元件能正确动作的内角范围同样为 $0°<\alpha<90°$。

故对 90°接线的方向元件，当内角于 $0°<\alpha<90°$ 范围内选择时，在任何线路的保护正方向发生的三相短路故障，方向元件均能正确动作。

（2）两相短路时。图 5-9 给出在线路保护的正方向发生 BC 相短路时，等值系统图及保护安装处的电流、电压（母线电压）矢量图，此时短路电流流过 B 相及 C 相方向元件。短路电流 $\dot{I}_{k.B}=-\dot{I}_{k.c}$ 由电源电势 $\dot{E}_{BC}$ 产生，$\dot{I}_{k.B}$ 滞后 $\dot{E}_{BC}$ 的角度为 $\varphi_k^{(2)}$；短路点 B 相及 C 相电压 $\dot{U}_{KB}=\dot{U}_{Kc}=-\dot{E}_A/2$，$\dot{E}_A$ 为电源 A 相电动势。母线电压可计算为

$$\left.\begin{array}{l}\dot{U}_{k.B}=\dot{U}_{kB}+\dot{I}_{k.B}Z_k=(-\dot{E}_A/2)+\dot{I}_{k.B}Z_k\\\dot{U}_{k.C}=\dot{U}_{kC}+\dot{I}_{k.C}Z_k=(-\dot{E}_A/2)+\dot{I}_{k.C}Z_k\end{array}\right\} \tag{5-4}$$

由式（5-4）可知，两相短路时的母线电压随 Z_k 或短路点在线路中的位置而变化。

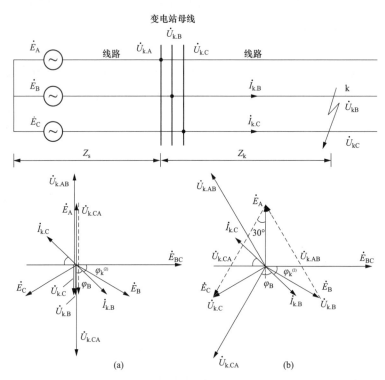

图 5-9　两相短路时的等值系统及矢量图

（a）保护安装处短路；（b）远处短路

1）当短路发生在保护安装地附近时，可认为 $Z_k\approx0$，由式（5-4）母线电压为 $\dot{U}_{k.B}=\dot{U}_{k.C}=-\dot{E}_A/2$，如图 5-9（a）所示。对 B 相方向元件，$\dot{U}_{k.CA}$ 滞后 $\dot{E}_{BC}$ 为 90°，$\dot{I}_{k.B}$ 与 $\dot{U}_{k.CA}$ 间（$\dot{I}_{k.B}$ 超前

$\dot{U}_{\mathrm{k.CA}}$）的角度$\varphi_{\mathrm{B}}=-[90°-\varphi_{\mathrm{k}}^{(2)}]=\varphi_{\mathrm{k}}^{(2)}-90°$；同样，对 C 相方向元件，$\dot{I}_{\mathrm{k.C}}$ 与 $\dot{U}_{\mathrm{k.AB}}$ 间（$\dot{I}_{\mathrm{k.C}}$ 超前 $\dot{U}_{\mathrm{k.AB}}$）的角度 $\varphi_{\mathrm{C}}=-[90°-\varphi_{\mathrm{k}}^{(2)}]=\varphi_{\mathrm{k}}^{(2)}-90°$。可见 φ_{B} 及 φ_{C} 的计算式与式（5-3）类同，故如同三相短路的分析，由于任何线路短路时的阻抗角都位于 $0°<\varphi_{\mathrm{k}}^{(2)}<90°$ 之间，为使在 $0°<\varphi_{\mathrm{k}}^{(2)}<90°$ 的范围内方向元件均能正确动作，需要选择的内角范围为 $0°<\alpha<90°$。

2）当短路点远离保护安装地时，且系统容量很大时，可认为 $Z_{\mathrm{k}}\gg Z_{\mathrm{s}}$，极限时可取 $Z_{\mathrm{s}}\approx0$，由图 5-9，此时母线电压有 $\dot{U}_{\mathrm{k.B}}\approx\dot{E}_{\mathrm{B}}$ 及 $\dot{U}_{\mathrm{k.C}}\approx\dot{E}_{\mathrm{C}}$，如图 5-9（b）所示。对 B 相方向元件，$\dot{U}_{\mathrm{k.CA}}$ 滞后 $\dot{E}_{\mathrm{BC}}$ 为（$90°+30°$），$\dot{I}_{\mathrm{k.B}}$ 与 $\dot{U}_{\mathrm{k.CA}}$ 间的角度 $\varphi_{\mathrm{B}}=-[90°+30°-\varphi_{\mathrm{k}}^{(2)}]=\varphi_{\mathrm{k}}^{(2)}-120°$。由式（5-2），当 $0°<\varphi_{\mathrm{k}}^{(2)}<90°$ 时，方向元件均能正确动作的条件为 $30°<\alpha<120°$。同样，对 C 相方向元件，$\dot{I}_{\mathrm{k.C}}$ 与 $\dot{U}_{\mathrm{k.AB}}$ 间的角度 $\varphi_{\mathrm{C}}=-[90°-30°-\varphi_{\mathrm{k}}^{(2)}]=\varphi_{\mathrm{k}}^{(2)}-60°$。由式（5-2），当 $0°<\varphi_{\mathrm{k}}^{(2)}<90°$ 时，方向元件均能正确动作的条件为 $-30°<\alpha<60°$。

3）综合上面两种极限情况可得出，在线路正方向任何地点 BC 两相短路时，B 相方向元件能够正确动作的条件是 $30°<\alpha<90°$，C 相方向元件为 $0°<\alpha<60°$。

同理分析 AB 和 CA 两相短路，相应的结论见表 5-3。

表 5-3 正方向各种相间短路时方向元件正确动作的内角变化范围

方向元件及接线	三相短路	AB 相短路	BC 相短路	CA 相短路
A 相（I_{A}，U_{BC}）		$30°<\alpha<90°$	—	$0°<\alpha<60°$
B 相（I_{A}，U_{CA}）	$0°<\alpha<90°$	$0°<\alpha<60°$	$30°<\alpha<90°$	—
C 相（I_{A}，U_{AB}）		—	$0°<\alpha<60°$	$30°<\alpha<90°$

（3）相间短路时功率方向元件正确动作的内角范围。由上面的分析，方向元件采用 $90°$ 接线时，在线路保护正方向发生各种相间短路时，功率方向元件正确动作的内角范围见表 5-3。

由表 5-3 可知，在线路正方向任何地点发生相间短路时（即 $0°<\varphi_{\mathrm{k}}<90°$ 时），方向元件能够正确动作的条件是 $30°<\alpha<60°$。用于相间短路的功率方向元件一般都提供 α 为 $30°$ 或 $45°$ 的内角。在产品技术参数中，方向元件设定的内角以方向元件的灵敏度角 $-30°$ 或 $-45°$ 给出，即以 $\varphi=-\alpha=-30°$ 或 $-45°$ 给出，此时方向元件的电流超前电压 $-30°$ 或 $-45°$（例如，对采用 $90°$ 接线的 A 相方向元件，为 $\dot{I}_{\mathrm{k.A}}$ 超前 $\dot{U}_{\mathrm{k.BC}}$ 的角度）。

2. 功率方向元件的死区及消除措施

在保护安装处附近发生三相短路时，方向元件的输入电压 U_{k} 为 0 或很小，功率方向元件感受的短路功率为 0 或在元件的动作死区以内，若不采取技术措施，此时方向元件将不能动作，为方向元件的动作死区。

目前常用的消除功率方向元件动作死区的措施，是在方向元件的电压输入回路中设置电压记忆回路，在保护安装处附近三相短路外部输入电压突然降低至 0 或附近时，该回路的电压不立即消失而有一个逐渐衰减的过程，使方向元件保持正确动作，而不出现保护死区。

方向元件尚有采用比较与短路阻抗及整定阻抗相关的两个阻抗量或电压量幅值的方式构成，或采用比较与短路阻抗及整定阻抗相关的两个电压量相位的方式构成，其在复数阻抗平面上有与图 5-7 相同的动作特性，以及与式（5-2）相同的以相位表示的动作方程。

5.1.2.3 电流保护及电流电压保护的整定

按照 DL/T 584《3kV～110kV 电网继电保护装置运行整定规程》，3～66kV 及 110kV 线路的电流保护及电流电压保护可整定如下。

5.1.2.3.1 三阶段式电流保护的整定

三阶段式电流保护的电流速断、限时电流速断及过电流保护按 DL/T 584 可整定如下。

1. 电流速断

为保证保护的选择性，对单侧电源线路或方向电流速断保护的线路，电流速断的动作电流 I_{op1} 按躲过本线路末端短路时流过本线路的最大三相短路电流 $I_{k.max}^{(3)}$ 整定；对双侧电源线路无方向电流速断保护，整定值 I_{op1} 尚应躲过本线路引出母线背侧短路时，流过保护装置的最大短路电流，即按躲过图 5-10 中 k_2 短路时流过保护装置 1 的短路电流中的最大值 $I_{k.max}^{(3)}$ 整定；对接入供电变压器的终端线路（含 T 接供电变压器）且变压器有差动保护时（如图 5-1 所示变电站 C 的线路 1c），I_{op1} 按躲过变压器其他侧母线三相短路时流过保护装置的最大短路电流 $I_{k.max}^{(3)}$ 整定；对双回线路，应以单回运行作为计算的运行方式，对环网线路，应以开环方式作为计算的运行方式。计算式为

$$I_{op1} = K_{rel} I_{k.max}^{(3)} / n_a \tag{5-5}$$

式中：K_{rel} 为可靠系数，考虑短路电流中非周期分量对保护的影响及计算整定误差等，取 $K_{rel} \geqslant 1.3$；n_a 为电流互感器变比。

图 5-10　双侧电源线路的短路电流

电流速断动作后无时延跳闸，保护动作跳闸时间为保护装置的动作时间 t_1（对图 5-1 中的 1a 线路，电流速断保护的动作时间为 t_{11a}）。当线路上装设有管型避雷器时，t_1 应躲过避雷器的放电时间（一般的放电时间为 10～30ms）。

按照 DL/T 584 的规定，电流速断保护的灵敏系数按被保护线路出口校核，在常见的运行大方式下，三相短路的灵敏系数不小于 1 即可投入。对双侧电源线路无方向电流速断保护，若按式（5-5）整定时，保护灵敏度不能满足要求，或背侧最大短路电流大于线路末端最大短路电流（图 5-10 中 $I_{k2} > I_{k1}$），线路电流速断保护（图 5-10 的 A-B 间线路保护 1）应带方向。

按照 DL/T 584 的规定，对有振荡误动可能的 66～110kV 线路，电流速断的整定电流尚应可靠地躲过线路的振荡电流。

2. 限时电流速断

（1）限时电流速断动作电流。对单侧电源线路或方向限时电流速断保护，限时电流速断动作电流 I_{op2} 应对本线路末端故障有规定的灵敏系数，并应按与相邻线路速断保护的测量元件整定值相配合整定。

1）当相邻线路为电流速断保护或电压闭锁电流速断保护时，I_{op2}按大于线路对侧变电站出线电流速断保护动作电流整定。以图 5-1 的变电站 A 线路 1a 为例，线路 1a 的限时速断动作电流$I_{op2.1a}$整定为

$$I_{op2.1a} = K_{rel} K_b I_{op1.b}/n_a \qquad (5-6)$$

式中：K_{rel}为可靠系数，考虑经速断的延时后短路电流非周期分量已有较大的衰减，取 $K_{rel} \geqslant$ 1.1；K_b 为分支系数；$I_{op1.b}$ 为线路 1a 对侧变电站 B 各出线电流速断动作电流整定值中的最大值。

2）相邻线路速断保护为不带时限的电流闭锁电压速断保护时，则以相邻线路的电压速断保护动作时流过保护安装处的最大三相短路电流取代式（5-6）的 $I_{op1.b}$ 对 $I_{op2.1a}$ 进行计算，此时整定计算不受分支回路影响，式（5-6）中的分支系数 $K_b = 1$。

3）相邻线路速断保护为不带时限的电流电压联锁速断保护时，限时电流速断保护动作电流整定值 I_{op2}按上述 1）、2）计算，并取其中的最大值作为整定值。

双侧电源线路采用不带方向的限时电流速断保护时，整定值尚应考虑与背侧线路保护相配合。

（2）限时电流速断保护的动作时间。限时电流速断保护的动作时间按大于线路对侧变电站出线电流速断保护的动作时间一个时间阶段 Δt 整定。以图 5-1 的变电站 A 线路 1a 为例，线路 1a 限时速断的动作时间 t_{21a} 整定为 $t_{21a} = t_{11b} + \Delta t$，$t_{11b}$ 为变电站 A 线路 1a 对侧变电站出线电流速断保护的动作时间，时间阶段（也称时间级）$\Delta t = 0.3 \sim 0.5s$，应不小于对侧变电站出线（图 5-1 中 1b）断路器的开断时间及本线路（1a）限时电流速断保护的返回时间之和，并考虑一定的时间裕度。

双侧电源线路采用不带方向的限时电流速断保护时，动作时间尚应考虑与背侧线路保护相配合。

（3）灵敏系数校验。按照 DL/T 584 的规定，限时电流速断保护的灵敏系数 K_{sen}按本线路末端故障校验，则

$$K_{sen} = I_{k.min}^{(2)}/n_a I_{op2} \qquad (5-7)$$

式中：$I_{k.min}^{(2)}$为最小运行方式下本线路末端两相短路电流（对图 5-1 线路 1a 为变电站 B 母线两相短路）；n_a 为电流互感器变比。

灵敏系数 K_{sen}，对长度 50km 以上的线路 K_{sen}应不小于 1.3，20～50km 的线路应不小于 1.4，20km 以下的线路应不小于 1.5。

3. 过电流保护

（1）动作电流。单侧电源线路或方向过电流保护的动作电流 I_{op3}按大于线路对侧变电站出线过电流保护（对线路-变压器的线路为变压器过电流保护）动作电流及躲过本线路最大负荷电流$I_{l.max}$整定。最大负荷应考虑负荷自启动、备用电源投入、电网事故过负荷、环网解环等情况下的最大负荷。以图 5-1 的变电站 A 线路 1a 为例，线路 1a 的过电流保护动作电流 $I_{op3.1a}$按大于线路对侧变电站出线过电流保护动作电流整定为（以图 5-1 的变电站 A 线路 1a 为例）

$$I_{op3.1a} = K_{rel} K_b I_{op3.b}/n_a \qquad (5-8)$$

式中：K_{rel}为可靠系数，取 $K_{rel} \geqslant 1.1$；K_b 为分支系数，见下述 4；$I_{op3.b}$ 为线路 1a 对侧变电站 B 各出线过电流保护动作电流整定值中的最大值。

按躲过本线路最大负荷电流 $I_{L.max}$ 整定为

$$I_{op3.1a} = \frac{K_{rel} I_{L.max}}{K_{re} n_a} \qquad (5-9)$$

式中：K_{rel} 为可靠系数，取 $K_{rel} \geqslant 1.2$；K_{re} 为线路 1a 过电流保护装置的返回系数，取 $K_{re} = 0.85 \sim 0.95$；n_a 为电流互感器变比。

线路 1a 的过电流保护动作电流 $I_{op3.1a}$ 取式（5-8）及式（5-9）计算的最大值。

双侧电源线路采用不带方向的过电流保护时，整定值尚应考虑与背侧线路保护相配合。

（2）动作时间。过电流保护的动作时间 t_3 按大于线路对侧变电站出线过电流保护的动作时间一个时间阶段 Δt 整定。以图 5-1 的变电站 A 线路 1a 为例，线路 1a 过电流保护的动作时间 t_{31a} 整定为

$$t_{31a} = t_{31b} + \Delta t \qquad (5-10)$$

式中：t_{31b} 为变电站 A 线路 1a 对侧变电站出线过电流保护的动作时间；Δt 为时间阶段（也称时间级），$\Delta t = 0.3 \sim 0.5s$，应不小于对侧变电站出线（图 5-1 中线路 1b）断路器的开断时间及本线路（1a）过电流保护的返回时间之和，并考虑一定的时间裕度。

双侧电源线路采用不带方向的过电流保护时，动作时间尚应考虑与背侧线路保护相配合。

（3）灵敏系数校验。按照 DL/T 584 的规定，过电流保护的灵敏系数 K_{sen} 按本线路末端故障及相邻线路末端故障校验

$$K_{sen} = I_{k1a.min}^{(2)} / n_a I_{op3.1a} \text{ 及 } K_{sen} = I_{k1b.min}^{(2)} / n_a I_{op3.1a} \qquad (5-11)$$

式中：$I_{k1a.min}^{(2)}$ 为最小运行方式下本线路末端两相短路电流（对图 5-1 线路 1a 为变电站 B 母线两相短路）；n_a 为电流互感器变比；$I_{k1b.min}^{(2)}$ 为最小运行方式下相邻线路末端两相短路电流（对图 5-1 线路 1a 为变电站 B 的线路 1b 末端两相短路）。

要求灵敏系数 K_{sen}，对本线路 K_{sen} 应不小于 1.5，对相邻线路力争不小于 1.2。

4. 分支电流对电流保护的影响及分支系数

保护安装处与短路点间有分支回路时，分支电流将成为保护的助增电流或汲出电流，对按与相邻线路电流保护整定值相配合整定的电流限时速断保护及过电流保护，在保护整定计算时，需以分支系数来计及分支电流对电流保护整定值的影响。

（1）助增电流的影响。如图 5-11 所示，保护 1 安装处与短路点间有带电源 $\dot{E}_2$ 的分支，在变

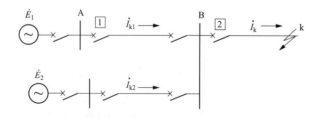

图 5-11 助增电流对电流保护的影响

电站 B 至变电站 C 的线路 k 处发生短路时，由 $\dot{E}_1$ 提供的流过保护 1 的短路电流为 I_{k1}，而流过保护 2 的短路电流 $I_k = I_{k1} + I_{k2}$，比流过保护 1 的短路电流增加了 I_{k2}，I_{k2} 为由分支电源 $\dot{E}_2$ 提供的短路电流，称之为助增电流。由于线路保护 2 的无时限电流速断保护为按躲过线路末端的最大短路电流 I_k 整定，而此时流过保护 1 的短路电流为 I_{k1}，小于 I_k，故按与保护 2 速断保护整定值相配合整定的保护 1 限时电流速断的整定值，应取保护 2 速断保护整定值的 I_{k1}/I_k 倍计算，以保证保护 1 限时电流速断的保护范围，并定义分支系数为 $K_b = I_{k1}/I_k$，其中 I_{k1}、I_k 取配合段（图 5-11 保护 2 的无时限速断保护区）末端三相短路电流，为简化计算也可取相邻线路（图 5-11 保护 2 所保护的线路）末端的三相短路电流计算。在有助增的分支电流时，$K_b < 1$。整定计算时 [见式（5-6）]，K_b 应取为各种运行方式下的最大值，使保护 1 限时电流速断有满足要求的选择性及保护范围。显然，若此时保护 1 限时电流速断仍按大于保护 2 速断保护整定值整定，将使保护 1 限时电流速断的整定值过大，使其保护范围缩小。

另外，保护 2 过电流需按大于本线路的最大负荷整定，流过保护 2 的负荷电流由 $\dot{E}_1$ 及 $\dot{E}_2$ 提供，而仅 $\dot{E}_1$ 提供的负荷电流流过保护 1。故按与保护 2 过电流保护整定值相配合整定的保护 1 过电流 [见式（5-8）]，也同样需考虑分支系数的影响，此时分支系数 $K_b = I_1/I$，I、I_1 分别为某一运行方式下流过线路 2、线路 1 的负荷电流。整定计算时 K_b 的取值及相关的考虑与上相同。

由上面的分析可知，助增电流对保护 1 的电流速断保护整定没有影响。

（2）汲出电流的影响。当保护安装处与短路点间有连接负荷的分支时，电流保护需考虑汲出电流的影响。如图 5-12 所示，变电站 B 与 C 间为平行线路，线路 2 在 k 处短路时，流过保护 2 的短路电流为 I_k，由 $\dot{E}_1$ 提供的流过保护 1 的短路电流 I_{k1}，由图有 $I_k = I_{k1} - I_{k2}$，流过变电所 B 至短路点间的短路电流 I_k 比流过保护 1 的短路电流减少了 I_{k2}，I_{k2} 为线路 2 短路时非故障分支线路电流，称之为汲出电流。类同对助增电流的分析，按与保护 2 速断保护整定值相配合整定的保护 1 限时电流速断保护应取分支系数 $K_b = I_{k1}/I_k$ 按式（5-6）进行计算，此时 $K_b > 1$，整定计算时，K_b 应取为各种运行方式下的最大值，使保护 1 限时电流速断有满足要求的选择性及保护范围。

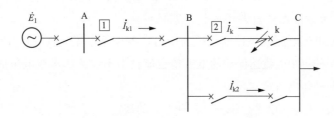

图 5-12 汲出电流对电流保护的影响

与保护 2 过电流保护整定值相配合整定的保护 1 过电流保护整定计算式中的分支系数 [见式（5-8）] $K_b = I_1/I$，I、I_1 分别为某一运行方式下流过线路 2、线路 1 的负荷电流，整定计算时，K_b 应取为各种运行方式下的最大值。

5.1.2.3.2 电流电压保护的整定

电流电压保护通常应用的主要有不带时限的及带时限的电流闭锁电压速断保护、不带时限的及带时限的电流电压联锁速断保护、电压闭锁电流保护（包括带时限的不带时限的及带时限的电压闭锁电流速断保护、带时限的电压闭锁过电流保护），按 DL/T 584 可整定如下。

1. 无时限的及带时限的电流闭锁电压速断保护

无时限及带时限电流闭锁电压速断保护在线路故障电流达保护电流整定值时，电流闭锁动作允许电压速断出口，此时若引出线路的母线电压低于保护电压整定值，电压速断动作出口跳闸。

（1）无时限电流闭锁电压速断。按照 DL/T 584 的规定，无时限电流闭锁电压速断的动作电流 I_{op} 按保证本线路末端两相短路有满足要求的灵敏系数整定，动作电压 U_{op} 按可靠躲过本线路末端两相短路时保护安装处的残压整定，则

$$
\left. \begin{array}{l}
I_{op} = I_{k.\,min}^{(2)}/(K_{sen.\,i} n_a) \\
U_{op} = 2 I_{k.\,min}^{(2)} Z_1/(K_{rel} n_v) = U_{r.\,min}/(K_{rel} n_v)
\end{array} \right\}
\tag{5-12}
$$

式中：$I_{k.\,min}^{(2)}$ 为最小运行方式下本线路末端（对图 5-1 的线路 1a，为变电站 B 母线）两相短路电流；$K_{sen.\,i}$ 为电流保护灵敏系数，$K_{sen.\,i} \geqslant 1.5$；$n_a$ 为电流互感器变比；Z_1 为本线路的正序阻抗；K_{rel} 为电压保护的可靠系数，$K_{rel} \geqslant 1.3$；n_v 为电压互感器变比；$U_{r.\,min}$ 为最小运行方式下本线路末端（对图 5-1 的线路 1a，为变电站 B 母线）两相短路时保护安装处的最低残压。

电流闭锁电压速断保护使用在双侧电源线路上时应设置方向元件，整定值同上。

（2）带时限的限时电流闭锁电压速断。带时限的限时电流闭锁电压速断的动作电流 I_{op} 的整定与无时限电流闭锁电压速断的动作电流相同，见式（5-12）。

动作电压 U_{op} 按保证本线路末端故障有规定的灵敏系数整定，并应与相邻线路保护测量元件定值相配合，具体计算式见 DL/T 584。保护灵敏系数校验同阶段式限时电流速断保护（5.1.2.3.1 中 2）。

限时电流闭锁电压速断的动作时间按大于线路对侧变电站出线速断保护的动作时间一个时间阶段 Δt 整定。Δt 取值考虑同不带方向的阶段式电流保护。

限时电流闭锁电压速断保护使用在双侧电源线路上时应设置方向元件，整定值同上。

2. 无时限的及带时限的电流电压联锁速断保护

无时限及带时限电流电压联锁速断保护动作出口条件是电流元件及电压元件均同时动作，在线路故障流经保护的短路电流达保护的电流整定值且引出线路的母线电压低于保护电压整定值时，电流电压速断动作出口跳闸。

（1）无时限电流电压联锁速断。按照 DL/T 584 的规定，无时限电流电压联锁速断的动作电流 I_{op} 按可靠躲过正常运行方式下本线路末端三相短路电流整定，动作电压 U_{op} 按躲过正常运行方式下，本线路末端三相短路时引出母线的残压整定，即

$$
\left. \begin{array}{l}
I_{op} = I_{k(L/K)}^{(3)}/n_a \\
U_{op} = U_{k(L/K)}/n_v
\end{array} \right\}
\tag{5-13}
$$

式中：$I_{k(L/K)}^{(3)}$ 为正常运行方式下距引出母线为 L/K 处的三相短路电流，L 为本线路长度，可靠系数 $K \geqslant 1.3$；$U_{k(L/K)}$ 为正常运行方式下线路 L/K 处三相短路时，引出母线的电压；n_a、n_v 为电流、电压互感器变比。

电流闭锁电压速断保护使用在双侧电源线路上时应设置方向元件，整定值同上。

（2）带时限的电流电压联锁速断。带时限的电流电压联锁速断的动作电流 I_{op} 的动作电压 U_{op} 及动作时间按与相邻线路保护相配合整定，根据相邻线路电流电压保护的配置情况可整定如下：

1）相邻线路为电流电压联锁速断保护时，I_{op} 按与相邻线路保护无时限电流电压联锁速断的动作电流整定值配合整定（以图 5-1 的变电站 A 线路 1a 为例），则

$$I_{op2.1a} = K_{rel} K_b I_{op1.b} / n_a \tag{5-14}$$

式中：K_{rel} 为可靠系数，取 $K_{rel} \geqslant 1.1$；K_b 为分支系数；$I_{op1.b}$ 为线路 1a 对侧变电站 B 各出线电流电压联锁速断动作电流整定值中的最大值。

U_{op} 按与相邻线路保护无时限电流电压联锁速断的电压整定值配合整定，具体计算式见 DL/T 584。

2）相邻线路为电压闭锁电流速断保护时，I_{op} 按与相邻线路保护无时限电压闭锁电流速断的动作电流整定值 $I_{op1.b}$ 配合整定，计算式同式（5-14）（以图 5-1 的变电站 A 线路 1a 为例）。

动作电压 U_{op} 按常见运行方式下，本线路末端故障时有与电流元件相同的最低灵敏系数整定，也可以采用与相邻线路电流元件整定值配合整定，具体计算式见 DL/T 584。

3）相邻线路为电流闭锁电压速断保护时，I_{op} 按常见运行方式下，本线路末端故障时有与电压元件相同的灵敏系数整定，即

$$I_{op} = I_{k.min}^{(2)} / (K_{sen} n_a) \tag{5-15}$$

式中：$I_{k.min}^{(2)}$ 为最小运行方式下本线路末端（对图 5-1 的线路 1a，为变电站 B 母线）两相短路电流；K_{sen} 为本线路电压元件灵敏系数；n_a 为电流互感器变比。

动作电压 U_{op} 按与相邻线路保护电压元件整定值相配合整定，I_{op} 也可以采用与相邻线路电压元件整定值配合整定，具体计算式见 DL/T 584。

限时电流电压联锁速断的动作时间按大于线路对侧变电站出线速断保护的动作时间一个时间阶段 Δt 整定。Δt 取值考虑同不带方向的阶段式电流保护。保护使用在双侧电源线路上时应设置方向元件，整定值同上。

带时限的限时电流电压联锁速断整定值的灵敏系数校验同阶段式限时电流速断保护（见5.1.2.3.1 中 2）。

3. 电压闭锁的电流保护

电压闭锁的电流保护，通常可包括不带时限与带时限的电压闭锁电流速断保护及电压闭锁过电流保护，并通常采用低电压和负序电压的复合电压闭锁。

（1）不带时限的电压闭锁电流速断保护。

1）电压整定值按保测量元件范围末端故障时有足够的灵敏系数整定。为简化计算，可以按躲过正常运行的低电压和不平衡负序电压、保证本线路末端故障时有足够的灵敏系数整定。

低电压整定值 U_{op} 及负序电压整定值 $U_{op(2)}$ 按式（5-16）计算，即

$$U_{op} = K_{rel}U_1/n_v \atop U_{op(2)} = (0.04 \sim 0.08)U_n/n_v \right\} \tag{5-16}$$

式中：K_{rel} 为可靠系数，$K_{rel}=0.8\sim0.85$；U_1 为保护安装处的最低运行电压；U_n 为线路的额定电压；n_v 为电压互感器变比。

整定值 U_{op} 及 $U_{op(2)}$ 应保证本线路末端故障时有足够的灵敏系数（$K_{sen}\geqslant1.5$）。

2）电流整定值 I_{op} 同式（5-5）。

（2）带时限的电压闭锁电流速断保护。动作电压整定值同式（5-16），动作电流整定值及动作时限同三段式电流保护的限时电流速断整定，见5.1.2.3.1中2。

双侧电源线路采用不带方向的带时限的电压闭锁电流速断保护时，尚应考虑与背侧线路保护相配合。

保护灵敏系数校验同阶段式限时电流速断保护（见5.1.2.3.1中2）。

（3）电压闭锁过电流保护。带时限的电压闭锁过电流保护，在引出线路的母线电压低于保护的电压整定值时，电压闭锁动作，允许过电流动作出口，此时若线路电流达保护的电流整定值，过电流保护动作出口跳闸。

过电流保护的动作电流及时间按阶段式过电流保护整定（见5.1.2.3.1中3）。I_{op} 按大于线路对侧变电站出线过电流保护（对线路-变压器的线路为变压器过电流保护）动作电流及躲过本线路最大负荷电流 $I_{l.max}$ 整定，计算式同式（5-8）及式（5-9），最大过负荷的考虑与不带方向的阶段式电流保护相同，但可不考虑负荷自启动。根据电网的要求，动作电流也可按躲过线路正常持续负荷考虑。

电压闭锁元件的动作电压 U_{op} 按躲过保护安装处的最低运行电压 U_1 整定，即

$$U_{op} = K_{rel}U_1/n_v \tag{5-17}$$

式中：通常 $U_{op}=0.6\sim0.7U_n$，其中，U_n 为线路额定电压；K_{rel} 为可靠系数，取 $K_{rel}=0.8\sim0.85$；n_v 为电压互感器变比。

动作电流与动作电压在被保护线路末端故障时有灵敏系数大于或等于1.5，在相邻线路末端故障时力争大于或等于1.2。采用负序电压闭锁时，U_{op} 按躲过不平衡负序电压整定为（0.04～0.08）U_n/n_v。

过电流保护的动作时间按大于线路对侧变电站出线过电流保护的动作时间一个时间阶段 Δt 整定。Δt 取值考虑同不带方向的阶段式电流保护。

双侧电源线路采用不带方向的电压闭锁过电流保护时，动作时间尚应考虑与背侧线路保护相配合。

5.1.3　3～66kV 线路单相接地故障保护

3～66kV 电网为中性点非有效接地系统，除3～35kV 电网有可能采用中性点经低电阻接地外，一般均为中性点不接地或经消弧线圈接地，属小接地电流系统，其接地零序电流很小，线路单相接地保护目前主要采用小电流接地选线保护。3～35kV 电网采用中性点经低电阻接地时，

其中性点接地电阻在我国通常为十多欧姆，接地零序电流相对较大，线路接地故障可采用零序过电流保护，装设两段零序电流保护，第一段为零序时限电流速断，第二段为零序过电流，若零序时限速断保护不能保证选择性需要，也可以配置两套零序过电流保护。

1. 中性点不接地或经消弧线圈接地系统线路的单相接地故障保护

图 5-13 给出 3～35kV 的小接地电流系统目前常用的小电流接地选线保护交流接线例。接地选线装置的输入为母线零序电压及各输电线的零序电流，装置可反应母线及各出线接地故障，可区分故障为母线或线路，并可判断出故障线路，给出报警信号及相关信息。选线装置的零序电压取自母线电压互感器的剩余绕组。零序电流取自各回线路的零序电流，输电线为电缆线路或经电缆引出的架空线可装设零序电流互感器对选线装置提供零序电流；对不能安装零序电流互感器的线路，但单相接地保护能够躲过电流回路中的不平衡电流的影响时（如单相接地电流较大或保护为反应接地电流的暂态值等），选线装置的零序电流可取自三相电流互感器构成的零序回路。目前小电流接地选线保护可有多种不同的原理方案，如反应接地电流或电压稳态过程的接地选线保护（如零序功率方向、5 次谐波分析等），反应暂态过程的接地选线保护（如暂态

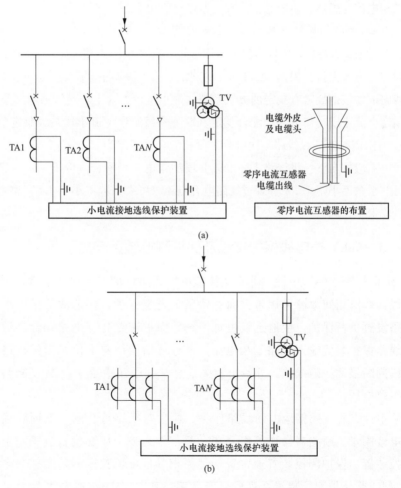

图 5-13　小电流接地选线保护交流接线例

（a）采用零序电流互感器接线；（b）采用三相电流互感器接线

231

电流的首半波幅值、暂态零序电流和零序电压的首半波方向等），某些方案的选线装置可能仅适用于与零序电流互感器或专用零序电流互感器配合使用。

小电流接地选线保护采用零序电流互感器接线时，电缆头及电缆外皮的接地线必须穿过零序电流互感器，且电流互感器应套装在电缆出线方向侧（见图 5-13），以使得在发生电缆芯对电缆外皮单相接地短路时，电流互感器能正确地反应接地相的短路电流。此时，短路电流的流通路径为电源-经接地相电缆芯-在短路点流入电缆皮-经电缆皮接地线-至电缆皮接地点。当电缆皮接地点及接地线按图 5-13 安装时，可使流过电缆芯的、电缆皮的及接地线的接地短路电流均成为零序电流互感器的一次电流，但流过电缆外皮的与流过接地线的短路电流大小相等而方向相反，故电流互感器的一次电流仅反应接地相的接地电流。

小电流接地选线保护尚可采用外加信号法实现，在系统中外加一对地的特定频率的信号，该信号通过电压互感器二次侧输入，耦合到一次侧，再从母线流向接地线路接地点，故接地线路将有特定频率信号电流流过，非接地线路则无。在每线路的始端安装一个信号检测器，当信号检测器检测到特定信号时，判定该线路接地。此时，各线路可不需要为接地选线安装零序电流互感器或三相电流互感器。装置通常具有接地点定位功能。

2. 中性点经低电阻接地线路的单相接地故障保护

按照 GB/T 14285 的要求，中性点经低电阻接地的单侧电源线路，除配置相间故障保护外，还应装设两段零序电流保护。根据 DL/T 584 的规定，第 I 段零序电流限时速断保护，动作电流应按保证本线路末端接地故障有规定的灵敏系数（最小运行方式下，灵敏系数不小于 2），并与下一级线路零序电流 I 段动作电流相配合整定（取下一级零序电流 I 段最大整定值，可靠系数不小于 1.1），时限需与下一级线路零序电流 I 段相配合（级差为 0.2～0.5s）；第二段零序过电流保护，动作电流应按与下一级线路零序电流 II 段动作电流相配合（取下一级零序电流 II 段最大整定值，可靠系数不小于 1.1）并躲过线路电容电流（可靠系数不小于 1.5）整定，时限与本线路相间过电流保护相同。

5.1.4　3～66kV 输电线保护接线及保护测控装置产品示例

图 5-14 所示为 3～66kV 中性点非有效接地电网线路保护交流接线示例。本例为架空线路，双侧电源，线路相间故障采用带方向的阶段式电流保护，接地故障采用小电流接地选线保护，线路设过负荷保护。接地选线由每回线路保护装置与变电站综合自动化上位机共同完成，各线路保护装置输入线路三相电流，通过通信网络向上位机提供线路零序电流信息，由上位机判断接地故障线路，并给出相关信息。电压互感器 TV1 提供断路器同期及重合闸所需的线路电压。

3～66kV 中性点非有效接地电网线路保护，通常与线路重合闸及低周减载等安全自动控制装置、电气测量、断路器操作等组合在一起，作为一个成套设备置于一个装置中，称之为保护测控装置。保护测控装置通常置于开关柜（也可单独成屏）。表 5-4 给出用于 3～66kV 各种类型线路保护测控装置系列成套产品例，其中序 1～5 保护装置尚可用于 110kV 线路。

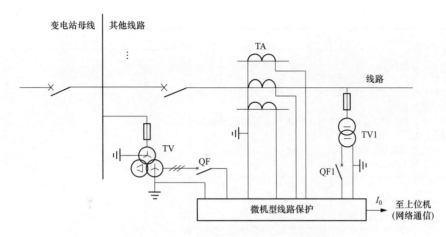

图 5-14 3～66kV 线路保护交流接线示例

表 5-4　　　　　　　　　　3～66kV 线路保护测控装置系列成套产品例

系列	基本配置	输入及输出
1	一、保护配置 （1）二段式定时限过电流保护； （2）零序过电流保护/小电流接地选线； （3）三相一次重合闸（检无压或不检）； （4）过负荷保护； （5）合闸前加速或后加速； （6）低周减载； （7）故障录波； （8）独立的操作回路。 二、测控配置 （1）9路遥信开入采集，装置变位、事故遥信； （2）正常断路器遥控分合、小电流接地选线遥控分合； （3）有功功率、无功功率、三相电流、三相相电压、三个线电压、零序电压、频率、功率因数等14模拟量遥测； （4）开关事故分合次数统计及事件SOE等； （5）4路脉冲输入	一、模拟量输入 （1）母线三相电压。 （2）线路电压（单相）。 （3）保护和测量TA（三相）电流 二、开关量输入 （1）手动跳闸； （2）外部保护跳闸； （3）断路器合闸； （4）断路器合、跳位置； （5）断路器弹簧未储能； （6）断路器故障闭锁重合闸； （7）断路器于检修状态； （8）投低周减载； （9）信号复归。 三、开关量输出 1. 保护出口 （1）保护跳闸出口； （2）重合闸出口。 2. 信号输出 （1）事故总信号； （2）保护动作； （3）重合闸信号； （4）装置报警； （5）控制回路断线
2	一、保护配置 （1）三段式定时限过电流保护； （2）三段式零序过电流保护/小电流接地选线。其余同系列1中一、（3）～（8）。 二、测控配置 （1）7路遥信开入采集，装置变位、事故遥信； （2）其余同系列1	
3	一、保护配置 （1）三段式可经低电压闭锁的定时限方向过电流保护； （2）三相一次重合闸（检无压、同期或不检）。其余同系列1中一、（2）、（4）～（8）。 二、测控配置 同系列1中二	

系列	基本配置	输入及输出
4	一、保护配置 （1）三段式可经低电压闭锁的定时限方向过电流保护； （2）三段式零序过电流保护（可选择经方向闭锁）/小电流接地选线； （3）三相一次/二次重合闸（检无压、同期或不检）。其余同系列 1 中一、（4）～（8）。 二、测控配置： 同系列 1 中二	
5	一、保护配置 （1）短线光纤纵差保护； （2）三段式可经低电压闭锁的定时限方向过电流保护； （3）三相一次重合闸（检无压、同期或不检）。其余同系列 1 中一、（4）～（8）。 二、测控配置 （1）7 路遥信开入采集，装置变位、事故遥信； （2）其余同系列 1	
6	一、保护配置 （1）三段式相间距离保护及三段式相间定时限过电流保护； （2）不对称故障相继速动； （3）三相一次重合闸（检无压、同期或不检）。其余同系列 1 中一、（2）、（4）～（8）。 二、测控配置 （1）7 路遥信开入采集，装置变位、事故遥信； （2）其余同系列 1 中二	

注 1. 通信接口：两路独立的 RS-485，通信接口标准为 DL/T 667《远动设备及系统 第 5 部分：传输规约 第 103 篇：继电保护设备信息接口配套标准》（idt IEC 60870-5-103），通信介质为屏蔽双绞线。其中一路可选配为光纤，建议一路为测控网络，另一路构成录波网络。另有一路 RS-232 装置打印和调试接口。
2. 对时方式：综合使用软件对时及硬件脉冲对时。软件对时通过网络进行，精度为 10ms；脉冲对时精度为 1ms，各测控装置共用一个对时总线（屏蔽双绞线，可用通信电缆中剩余的一对双绞线），以差分信号输入。
3. 其他技术数据：
(1) 直流电源：220V/110V，功耗小于或等于 25W；
(2) 交流电压功耗小于 0.5VA/相；交流电流功耗小于 0.5VA/相（额定 1A）、小于 1VA/相（额定 5A）；
(3) 距离元件最小精确工作电流为 $0.1I_n$、最大精确工作电流为 $25I_n$、精确工作电压为 0.25V；
(4) 整定值误差：电流及电压小于±5%整定值；频率小于 0.01Hz；时间小于±5%。

5.2　110kV 线路保护

5.2.1　保护的配置及要求

110kV 系统在我国为中性点直接接地系统。对 110kV 输电线保护的配置及要求，在 GB/T 14285《继电保护和安全自动装置技术规程》中有如表 5-5 所示的规定。

由表 5-5 可知，根据输电线的类型，110kV 输电线需配置的保护主要有阶段式相电流保护和零序电流保护、阶段式相间和接地距离保护、光纤电流差动保护及其他纵联保护等。下面主要分述阶段式零序电流保护及距离保护的原理、具体应用及整定，包括不带方向的及带方向的阶段式零序电流保护。

表 5-5   **110kV 线路保护配置及要求**

序号	保护名称	线路类型	配置要求	其他
1	相间短路及接地故障保护	1. 单侧电源线路	(1) 可装设阶段式相电流和零序电流保护，作为相间和接地故障保护，如不能满足要求，则应装设阶段式相间和接地距离保护，并辅之用于切除经电阻接地故障的一段零序电流保护。 (2) 对多级串联或采用电缆的单侧电源线路，为满足快速性和选择性的要求，可装设全线速动保护作为主保护	(1) 110kV 线路的后备保护宜采用远后备方式。 (2) 对需要装设全线速动保护的电缆线路及架空短线路，宜采用光纤电流差动保护作为全线速动主保护。对中长线路，有条件时宜采用电流光纤差动保护作为全线速动主保护，并以阶段式相间距离保护和接地距离保护、阶段式零序方向电流保护作后备保护。 (3) 线路保护装置，应具有测量故障点距离功能。对金属性短路的测距误差不大于线路全长的±3%
		2. 双侧电源线路	(1) 可装设阶段式相间和接地距离保护，并辅之用于切除经电阻接地故障的一段零序电流保护。 (2) 符合下列条件之一时，应装设一套全线速动保护。 1) 根据系统稳定要求有必要时； 2) 线路发生三相短路，如使发电厂厂用电母线电压低于允许值（一般为 60% 额定电压），且其他保护不能无时限和有选择性地切除短路时； 3) 如电网的某些线路采用全线速动保护后，不仅改善本线路保护性能，而且能改善整个电网保护的性能	
		3. 并列运行的平行线	宜装设与一般双侧电源线路相同的保护	
		4. 带分支的线路	对带分支的线路，可装设与不带分支时相同的保护，但应考虑下述特点，并采取必要的措施 (1) 线路侧保护对线路分支上的故障，应首先满足速动性，对分支变压器故障，允许跳线路侧断路器； (2) 如分支变压器低压侧有电源，还应对高压侧线路故障装设保护装置，有解列点的小电源侧按无电源处理，可不装设保护； (3) 分支线路上当采用电力载波闭锁式纵联保护时，应按下列规定执行。 1) 不论分支侧有无电源，当纵联保护能躲开分支变压器的低压侧故障，并对线路及其分支上故障有足够灵敏度时，可不在分支侧另设纵联保护，但应装设高频阻波器。当不符合上述要求时，在分支侧可装设变压器低压侧故障启动的高频闭锁发信装置。当分支侧变压器低压侧有电源且须在分支侧快速切除故障时，宜在分支侧也装设纵联保护。 2) 母线差动保护和断路器位置触点，不应停发高频闭锁信号，以免线路对侧跳闸，使分支线与系统解列。 (4) 对并列运行的平行线上的平行分支，如有两台变压器，宜将变压器分接于每一分支上，且高、低压侧都不允许并列运行	
		5. 电气化铁路供电线路	采用三相电源对电铁负荷供电的线路，可装设与一般线路相同的保护。采用两相电源对电铁负荷供电的线路，可装设两段式距离、两段式电流保护，同时还应考虑下述特点，采取必要的措施 (1) 电气化铁路供电产生的不对称分量和冲击负荷可能会使线路保护装置频繁启动，必要时，可增设保护装置快速复归的回路； (2) 电气化铁路供电在电网中造成的谐波分量可能导致线路保护装置误动，必要时，可增设谐波分量闭锁回路	

序号	保护名称	线路类型	配置要求	其他
2	过负荷保护	电缆或电缆架空混合线路	电缆或电缆架空混合线路，应装设过负荷保护，保护宜动作于信号，必要时可动作于跳闸	
3	互感器断线保护		(1) 保护装置在电流互感器二次回路不正常或断线时，应发告警信号。 (2) 保护装置在电压互感器二次回路一相、两相或三相同时断线、失压时，应发告警信号，并闭锁可能误动的保护	

5.2.2　零序电流保护

零序电流保护用于中性点直接接地的110kV及以上电压的电网及3~35kV中采用中性点经低电阻接地电网（见5.1.3），作为线路接地故障保护，与5.1.2.1的相间短路的电流保护类似，通常采用阶段式保护。单侧电源线路的零序电流保护通常采用三段式，双侧或多侧电源复杂电网线路，零序电流保护一般为四段式，并通常需带方向，设置零序方向元件。阶段式零序电流保护的第Ⅰ段（简称零序电流Ⅰ段或零序Ⅰ段）为零序电流速断保护，作为线路的一部分长度接地故障的主保护；第Ⅱ段（零序Ⅱ段）为定时限零序速断保护，实现对本线路全线接地故障的保护，并作为相邻线路一部分长度接地故障的后备保护（远后备），第Ⅱ段与第Ⅰ段一起构成本线路接地故障的主保护；第Ⅲ段（零序Ⅲ段）、第Ⅳ（零序Ⅳ段）为带时限零序过电流保护，实现对本线路及相邻线路全线接地故障的后备保护。终端线路一般可采用两段式，第Ⅰ段零序电流速断保护的保护范围可伸入线路末端变压器（或T接变压器），作为线路及变压器一部分绕组接地故障的主保护；末段的零序过电流保护作为本线路经电阻接地故障和线路末端变压器接地故障的后备保护。根据电网的实际情况，零序电流保护配置和应用可适当简化，如仅取满足高阻接地故障保护要求的第Ⅳ段或第Ⅲ段，使用了阶段式接地距离保护的复杂电网，零序电流保护宜适当简化。

对110kV线路，零序各段保护动作后均作用于线路断路器三相跳闸。220kV及以上线路，零序Ⅰ段通常动作于选相跳闸；零序Ⅱ段及四段式的零序Ⅲ段通常可根据电网情况或要求，选择为动作于选相跳闸或跳三相并闭锁重合闸；末段（如作为后备保护的三段式的Ⅲ段及四段式的Ⅳ段）通常动作于跳三相并闭锁重合闸。

中性点直接接地电网线路的零序电流保护，通常采用无时限和限时零序电流速断及定时限零序过电流的阶段式保护，也可以采用反时限零序过电流保护。下面主要描述无时限及定时限阶段式零序电流保护的原理、具体应用及整定。反时限零序过电流保护原理及整定，读者可参考相关文献。

5.2.2.1　不带方向的阶段式零序电流保护

不带方向的阶段式零序电流保护主要用于单侧电源供电线路，当线路保护整定值可与母线背侧保护相配合时（如零序电流速断保护整定值，大于背侧短路时流过保护安装处的最大零序电流时），也可用于双侧电源供电线路。

不带方向的阶段式零序电流保护在单侧电源辐射形供电电网中的配置例见图5-15。变电站A、B的线路1a、1b均采用三段式保护。不带时限的第Ⅰ段零序电流速断保护的动作电流按躲过本线路末端接地故障最大零序电流整定，在本线路距A母线一定长度范围内发生接地故障时实现无时限跳闸（以保护装置本身固有的动作时间跳闸）。第Ⅱ段限时零序速断保护按与相邻线路（图5-15变电站B的线路1b）零序电流Ⅰ段（或Ⅱ段）配合整定，实现对本线路全线的接地故障限时跳闸，并作为变电站B出线一部分长度的接地故障后备保护（远后备），第Ⅱ段与第Ⅰ段一起构成本线路接地故障的主保护；对本例，动作电流及动作时间按大于变电站B的出线零序电流Ⅰ段保护的动作电流及动作时间整定。第Ⅲ段零序过电流保护按与相邻线路（图5-15变电站B的线路1b）零序第Ⅱ段（或第Ⅲ段）相配合整定，实现对本线路及相邻线路全线接地故障的后备保护；对本例，动作电流按大于变电站B出线的零序过电流保护动作电流、动作时间大于变电站B线路零序过电流的动作时间的一个时间阶段（Δt）整定。

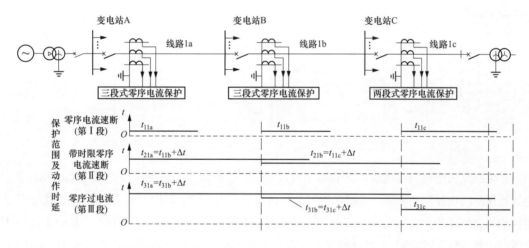

图5-15 不带方向的阶段式零序电流保护在单侧电源辐射形供电电网中的配置侧

变电站C的终端线路1c的线路-变压器出线，配置零序电流速断及零序过电流两段保护。零序电流速断的动作电流按躲过变压器另一侧母线接地故障最大零序电流整定，保护范围允许伸入变压器，作为本线路及变压器部分绕组接地故障的主保护；零序过电流按躲过变压器其他侧母线三相短路时流过保护装置的最大不平衡电流整定，作为本线路及变压器接地故障的后备保护，当保护范围伸出变压器另一侧母线时，保护整定需考虑与变压器零序保护相配合。

双侧电源复杂电网的线路，在需要改善配合条件，压缩动作时间时，零序电流保护宜采用4段式保护。

线路配置三相电流互感器，零序电流保护的零序电流由输入保护装置的线路三相电流产生。

5.2.2.2 带方向的阶段式零序电流保护

1. 基本原理

在线路两侧或多侧有电源的中性点接地的复杂电网线路中，零序电流保护通常需经方向元件控制，才能保证动作的选择性。如图 5-16 所示，线路的两电源侧变压器中性点均直接接地，当线路 1a 发生接地短路时，按选择性要求应由保护 1、保护 2 动作切除故障，但线路 1b 保护 3 也有零序电流流过，可能使保护 3 误动作跳闸。例如，在线路 1a 接地短路时，若流过保护 3 的零序电流大于线路 1b 保护 3 无时限零序速断整定值，或大于保护 3 零序第Ⅱ或Ⅲ段的整定值且保护 3 零序第Ⅱ或Ⅲ段动作时间小于线路 1a 保护 2 相应段零序保护动作时间，则不带方向的保护 3 均有可能在保护 2 动作前动作，使断路器 3 跳闸。为消除这种无选择的误动，可以在线路 1b 保护 3 增设一个零序功率方向元件，动作方向（正方向）指向本线路，方向元件仅在正方向（线路 1b）接地故障时动作，允许保护 3 出口，反方向接地故障时，方向元件不动作，闭锁保护出口。当图 5-16 中各线路两侧的保护均分别设置方向指向线路的方向元件时，图 5-16 的两侧电源保护就可以看作两个单侧电源的网络保护，其中 1、3 保护为反应变电站 A 电源 1 供给的短路电流（$I_{k,a}$）而动作，而 2、4 保护则反应方向元件变电站 C 电源供给的短路电流（$I_{k,c}$）而动作，两组保护间不要求有配合关系，每组保护可按单侧电源的整定计算进行整定。故电网的零序方向保护，实际上是在 5.2.2.1 的保护基础上增加一个零序功率方向判别元件，使保护在反方向故障时不动作。

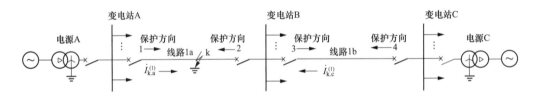

图 5-16　两电源侧变压器中性点均直接接地的线路接地短路及零序方向保护

多电源复杂电网的输电线，当采用 5.2.2.1 所述的不带方向的电流保护或电流电压保护已能满足保护的选择性要求时，线路保护可不宜再设置方向元件。如图 5-16 所示，若在线路 1a 发生接地短路故障时，由变电站 C 侧电源提供的通过线路 1b 的保护 3 的零序电流总小于线路 1b 速断保护整定值，或线路 1b 过电流保护时限大于线路 1a 保护跳闸时限，则在线路 1b 保护 3 的反方向接地故障时，保护 3 的零序速断及零序过电流不会动作，从而可采用不带方向的零序速断及零序过电流保护。对应用两段及以上的零序电流保护，零序Ⅳ段可不经方向元件控制；仅采用零序Ⅳ段时，则应经方向元件控制。

阶段式零序电流保护的方向元件应有足够的灵敏系数，在被保护段末端故障时，零序电压不应小于方向元件最低动作电压的 1.5 倍，零序功率不小于方向元件实际动作功率的 2 倍。

2. 零序方向元件

零序方向元件应可正确地反应零序保护动作的方向（通常称正方向，如图 5-16 所示，正方向为由母线指向线路）。与 5.1.2.2 反应相间短路功率方向元件类似，以反应零序功率方向构成的零序功率方向元件，功率方向元件的输入电压 U_k 及电流 I_k 为保护安装处（母线）的零序电压 $3U_0$ 及线路的零序电流 $3I_0$，在零序功率方向为保护动作的方向时方向元件动作，允许零序保护动作出口，而在反方向时不动作。零序功率方向元件的交流回路接线、特性及接地故障时的零序网络见图 5-17。对微机保护，按 GB/T 14285 的要求，零序功率方向元件应取装置自产的零序电压，不应接入电压互感器的开口三角电压。

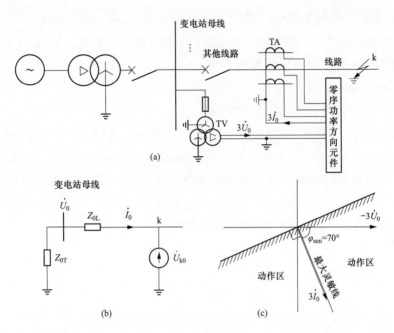

图 5-17 零序功率方向元件的交流回路接线、特性及接地故障时的零序网络

(a) 交流接线（非微机保护）；(b) 零序网络；(c) 方向元件特性

零序方向元件的动作条件或动作方程与反应相间短路的功率方向元件的式（5-2）相同，为 $-90° < \varphi + \alpha < 90°$ 或 $-(90° + \alpha) < \varphi < 90° - \alpha$。对零序方向元件，$\varphi$ 为 $3I_0$ 与 $3U_0$ 的相位差，$3I_0$ 滞后 $3U_0$ 时 φ 为正，$3I_0$ 超前 $3U_0$ 时 φ 为负。

当取零序电流、电压的正向为图 5-17（b）所示的方向时，由图可得到线路在保护正向发生接地故障时，保护安装处的零序电压 U_0 及零序电流 I_0 的计算式为

$$\left.\begin{aligned}
\dot{U}_0 &= -\dot{I}_0 Z_{0T} \\
\dot{I}_0 &= -\frac{\dot{U}_{k0}}{Z_{0T} + Z_{0L}}
\end{aligned}\right\} \tag{5-18}$$

式中：Z_{0T} 为保护安装处背后网络的零序阻抗，对图 5-17，为变压器的零序阻抗；Z_{0L} 为保护安装处至接地短路点间线路的零序阻抗；$\dot{U}_{k0}$ 为接地短路点的零序电压，也是短路网络中的最高零序电压，图 5-17 线路 k 点短路时，实际零序电流的流向与图 5-17（b）所示方向相反。

由式（5-18），保护安装处的零序电流 $\dot{I}_0$ 与零序电压 $-\dot{U}_0$ 的角度等于保护安装处背后零序阻抗的阻抗角 φ_{0T}，相应的零序电压 $\dot{U}_0$ 与零序电流 $\dot{I}_0$ 的角度 $\varphi = 180° - \varphi_{0T}$。保护安装处背后的零序阻抗角 φ_{0T} 一般在 $70° \sim 85°$ 之间（$\dot{I}_0$ 滞后于 $-\dot{U}_0$），故线路接地短路时，零序电流 $\dot{I}_0$ 超前零序电压 $\dot{U}_0$ 的角度 φ 一般为 $95° \sim 110°$。由于零序方向元件在接入的零序电流电压间的角度等于方向元件的最大灵敏角时工作最为灵敏，故对在产品技术条件中最大灵敏角设定为 $70° \sim 85°$ 之间

的零序方向元件，应采用 $3\dot{I}_0$ 与 $-3\dot{U}_0$ 的接入方式，以使零序方向元件在线路接地短路时工作在最灵敏条件下，如图 5-17 （c）[13] 所示。

5.2.2.3 阶段式零序电流保护的整定

按照 DL/T 584《3kV～110kV 电网继电保护装置运行整定规程》及 DL/T 559《220kV～750kV 电网继电保护装置运行整定规程》，阶段式零序电流保护可整定如下（以图 5-15 或图 5-16 变电站线路 1a 保护为例）。

5.2.2.3.1 零序电流Ⅰ段（零序电流速断）

对单侧电源线路或方向零序电流速断保护的非终端线路，零序电流速断的动作电流 $I_{op1.1a}$ 按躲过本线路末端故障时流过保护安装处的最大零序电流 $3I_{k0.max}$ 及躲过本线路断路器合闸三相不同步最大零序电流整定；对采用单相重合闸的线路，整定值尚应按躲过本线路非全相运行最大零序电流整定；对双侧电源采用无方向零序电流速断保护的线路，整定值尚应躲过本线路引出母线背侧故障时，流过保护的最大零序电流。动作电流计算式为

$$I_{op1.1a} = K_{rel}3I_{0.max}/n_a \tag{5-19}$$

式中：n_a 为电流互感器变比。

可靠系数 K_{rel} 及 $I_{0.max}$ 的取值可作如下考虑：

（1）按躲过本线路末端或本线路引出母线背侧接地短路接地故障最大零序电流整定计算时，可靠系数取 $K_{rel} \geqslant 1.3$；$I_{0.max}$ 需分别对单相接地短路时的零序电流 $I_{k0}^{(1)}$（每相）、两相接地时的零序短路电流 $I_{k0}^{(1,1)}$（每相）进行计算并取其中最大值，可按网络正序阻抗 Z_1 与负序阻抗 Z_2 相等计算，即

$$I_{k0}^{(1)} = \frac{E}{2Z_1 + Z_0}; \quad I_{k0}^{(1,1)} = \frac{E}{Z_1 + 2Z_0} \tag{5-20}$$

式中：E 为系统等值电动势；Z_0 为网络零序阻抗。

（2）按躲过本线路断路器合闸三相不同步最大零序电流整定计算时取 $K_{rel} \geqslant 1.2$。断路器一相闭合或两相闭合时产生的零序电流，可按系统两相或一相断线时的零序等值序网计算，$I_{0.max}$ 取其中最大值。

（3）对采用单相重合闸的线路，按躲过本线路非全相运行又发生振荡时出现的最大零序电流整定，计算时，$I_{0.max}$ 按实际摇摆角计算时取 $K_{rel} \geqslant 1.2$，$I_{0.max}$ 按 180°摇摆角计算时取 $K_{rel} \geqslant 1.1$，发电厂直接引出线路应适当加大可靠系数。

终端线路的零序电流Ⅰ段保护范围允许伸入线路末端变压器（或 T 接变压器），变压器故障时线路保护的无选择性动作由重合闸来补救。

零序电流速断动作后无时延跳闸，保护动作跳闸时间为保护装置的动作时间 t_1（对图 5-15 中的 1a 线路，零序电流速断保护的动作时间为 t_{11a}）。当线路上装设有管型避雷器时，t_1 应躲过避雷器的放电时间（一般的放电时间为 10～30ms）。

零序电流Ⅰ段的保护范围应不小于被保护线路长度的 15%～20%。

由于按上述（3）的整定电流通常较大，使零序Ⅰ段保护范围较小。为充分发挥零序Ⅰ段的作用，在采用综合重合闸的线路上，可设置两个零序Ⅰ段保护。一个是按上述（1）、（2）要求整定的不能躲过非全相零序电流的零序灵敏Ⅰ段，对全相运行下的接地故障进行保护，整定值

较小，有较大的保护范围，该段保护在单相重合闸启动后自动退出，恢复全相运行后自动投入。另一段按上述（3）条件整定的不灵敏零序Ⅰ段，主要是对单相重合闸过程中，其他两相又发生接地故障时进行保护。

5.2.2.3.2 零序电流Ⅱ段（限时零序电流速断）

1. 动作电流整定

对单侧电源或方向限时零序电流速断保护的非终端线路，当相邻线路采用全线速动保护（线路纵联保护）能长期投入运行时，零序电流Ⅱ段的电流整定值按与相邻线路全线速动保护配合，躲过相邻线路末端故障时流过保护的最大零序电流 $3I_{k0.max}$ 整定，否则按与相邻线路在非全相运行中不退出运行的零序电流Ⅰ段配合整定。对采用单相重合闸的线路，整定值尚应按躲过本线路非全相运行最大零序电流 $3I_{0.max}$ 整定。动作电流 $I_{op2.1a}$ 计算式为

$$I_{op2.1a} = K_{rel1} K_b 3I_{k0.max}/n_a \text{ 或 } I_{op2.1a} = K_{rel2} K_b I_{op1.1b} \text{ 或 } I_{op2.1a} = K_{rel3} 3I_{0.max}/n_a \quad (5-21)$$

式中：可靠系数取 $K_{rel1} \geqslant 1.2$，$K_{rel2} \geqslant 1.1$，$K_{rel3} \geqslant 1.2$；$I_{op1.1b}$ 为相邻线路（图5-15变电站B的线路1b）的零序电流Ⅰ段整定值；K_b 为最大分支系数，$K_b = I_{k10}/I_{k0}$，为相邻线路零序Ⅰ段保护范围末端故障时，流过被保护线路（线路1a）的零序电流 I_{k10} 与流经故障线路（线路1b）的零序电流 I_{k0} 之比（见图5-18），取常见各种运行方式下的最大值。按躲过本线路非全相运行最大零序电流整定时，式（5-21）中 $K_b = 1$，$I_{0.max}$ 的计算与零序电流Ⅰ段相同。

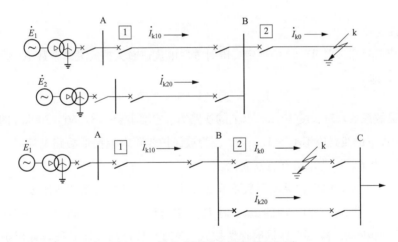

图5-18 带分支回路电网的接地短路

对终端线路，零序电流Ⅱ段保护范围一般不应伸出线路末端变压器另一侧母线。整定值按躲过变压器另一侧母线接地故障时流过保护的零序电流整定，可靠系数 $K_{rel} \geqslant 1.3$。

双侧电源线路采用不带方向的限时零序电流速断保护时，整定值尚应考虑与背侧线路保护相配合。

对采用单相重合闸的线路，为充分发挥零序Ⅱ段的作用，与零序Ⅰ段类似，可设置两段零序Ⅱ段保护。灵敏Ⅱ段不考虑躲过非全相运行最大零序电流整定，重合闸启动后可使保护退出运行或使零序电流Ⅱ段保护动作时间延长至1.5s以上。不灵敏Ⅱ段按躲过非全相运行最大零序电流整定，重合闸过程中不退出运行。

2. 动作时间整定

(1) 对 110kV 线路，当零序电流 Ⅱ 段电流整定与相邻线路零序 Ⅰ 段配合时，动作时间按大于线路对侧变电站出线零序 Ⅰ 段（零序电流速断）保护的动作时间一个时间阶段 Δt 整定。以图 5-15 的变电站 A 线路 1a 为例，线路 1a 限时零序电流速断的动作时间 t_{21a} 整定为

$$t_{21a} = t_{11b} + \Delta t \tag{5-22}$$

式中：t_{11b} 为变电站 A 线路 1a 对侧变电站出线零序电流速断保护的动作时间；Δt 为时间阶段（也称时间级），$\Delta t = 0.3 \sim 0.5 s$。

(2) 对 220kV 及以上电压的线路。对采用单相重合闸的线路，若零序 Ⅱ 段整定值躲过本线路非全相运行最大零序电流，动作时间可取 1.0s；若整定值未能躲过，动作时间可取 1.5s；对采用 0.5s 快速重合闸的线路，动作时间可取 1.0s。

对采用三相重合闸的线路，零序 Ⅱ 段动作时间可取 1.0s；若相邻线路采用动作时间为 1.0s 左右的单相重合闸，且被配合的相邻线路保护段无法躲过非全相运行最大零序电流时，动作时间可取 1.5s。

(3) 其他。

1) 对接入变压器的终端线路，动作时间可与变压器的差动保护相配合。

2) 双侧电源线路采用不带方向的限时零序电流速断保护时，动作时间尚应考虑与背侧线路保护相配合。

3. 灵敏系数校验

按照 DL/T 584 及 DL/T 559 的规定，限时零序电流速断保护的灵敏系数 K_{sen} 按本线路末端接地故障校验，即

$$K_{sen} = 3I_{k0.min} / (n_a I_{op2.1a}) \tag{5-23}$$

式中：K_{sen} 为灵敏系数，对长度 200km 以上的线路 K_{sen} 应不小于 1.3，50～200km 的线路应不小于 1.4，50km 以下的线路应不小于 1.5；$I_{k0.min}$ 为被保护线路末端接地短路电流时，流过保护安装处的最小零序电流；n_a 为电流互感器变比。

若按式 (5-21) 整定时保护灵敏系数不满足要求，$I_{op2.1a}$ 可按与相邻线路零序电流 Ⅱ 段配合整定，即以 $I_{op2.1b}$ 取代式 (5-21) 中的 $I_{op1.1b}$ 对 $I_{op2.1a}$ 进行计算，动作时间大于相邻线路零序电流 Ⅱ 段动作时间一个时间阶段 Δt。或同时保留按式 (5-21) 整定的零序 Ⅱ 段，即保护 1 设两个零序 Ⅱ 段：一个按式 (5-21) 定值较大动作延时较小、一个按与相邻线路零序电流 Ⅱ 段配合整定的整定值较小而动作时间较长的零序 Ⅱ 段，前者在正常或最大运行方式下，以较短的延时切除本线路接地故障；后者可保证在最小运行方式下线路末端接地时保护有足够的灵敏度。

5.2.2.3.3 零序电流 Ⅲ 段（定时限零序过电流保护）

1. 动作电流整定

单侧电源或带方向的零序电流 Ⅲ 段保护的非终端线路，动作电流 $I_{op3.1a}$ 按与相邻线路（图 5-15 变电站 B 的线路 1b）的零序 Ⅱ 段相配合整定，即

$$I_{op3.1a} = K_{rel} K_b I_{op2.1b} \tag{5-24}$$

式中：K_{rel} 为可靠系数，取 $K_{rel} \geqslant 1.1$；K_b 为最大分系数，其计算及取值考虑同式 (5-21)；$I_{op2.1b}$

为相邻线路 1b 的零序电流Ⅱ段整定值。

三段式的零序电流Ⅲ段电流整定值 $I_{op3.1a}$ 不应超过 300A（一次值），以适应线路经过渡电阻接地时保护动作灵敏系数的要求。

对接入变压器的终端线路的零序电流Ⅲ段定时限零序过电流保护，$I_{op3.1a}$ 应按躲过变压器其他侧母线三相短路时流过保护装置的最大不平衡电流整定，并需校核保护范围是否伸出线路末端变压器其他侧母线，伸出时需考虑与变压器零序保护相配合，在配合有困难时，可与该侧出线的保证全线有灵敏系数的保护段配合（必要时可与该侧母线和线路速动段保护配合）。

双侧电源线路采用不带方向的零序过电流保护时，整定值尚应考虑与背侧线路保护相配合。

2. 动作时间整定

三段式保护的零序电流Ⅲ段动作时间按大于相邻线路（图 5-15 变电站 B 的线路 1b）零序Ⅱ段的动作时间一个时间阶段 Δt 整定。以图 5-15 的变电站 A 线路 1a 为例，线路 1a 定限时过电流保护的动作时间 t_{31a} 整定为

$$t_{31a} = t_{21b} + \Delta t \tag{5-25}$$

式中：t_{21b} 为变电站 A 线路 1a 对侧变电站出线零序Ⅱ段（限时零序电流速断）保护的动作时间；Δt 为时间阶段（也称时间级），$\Delta t = 0.3 \sim 0.5s$。

对采用单相重合闸且本线路零序电流Ⅲ段跳闸后启动单相重合闸的线路，若零序Ⅲ段整定值不能躲过本线路非全相运行最大零序电流，则重合闸启动后可使零序电流Ⅲ段保护退出运行或使零序电流Ⅲ段保护动作时间延长至躲过非全相运行周期。

对接入变压器的终端线路，动作时间可与变压器的差动保护相配合。

双侧电源线路采用不带方向的零序电流保护时，动作时间尚应考虑与背侧线路保护相配合。

3. 灵敏系数校验

零序过电流保护的灵敏系数 K_{sen} 按本线路末端故障及相邻线路末端故障校验，即

$$K_{sen} = 3I_{k0.1a.min}/(n_a I_{op3.1a}) \ 及 \ K_{sen} = I_{k0.1b.min}/(n_a I_{op3.1a}) \tag{5-26}$$

式中：$I_{k0.1a.min}$ 为最小运行方式下被保护线路末端接地短路时的零序电流（对图 5-15 线路 1a 为变电站 B 母线接地短路）；n_a 为电流互感器变比。

对被保护线路末端故障，要求灵敏系数 K_{sen}：对长度 50km 以上的线路应不小于 1.3，20～50km 的线路应不小于 1.4，20km 以下的线路应不小于 1.5。$I_{k0.1b.min}$ 为最小运行方式下相邻线路末端接地短路时的零序电流（对图 5-15 线路 1a，为变电站 B 的线路 1b 末端接地短路）；对相邻线路末端故障，要求三段式零序电流保护Ⅲ段的灵敏系数 $K_{sen} \geq 1.2$，有困难时可按相继动作校核灵敏系数，四段式零序电流保护Ⅲ段对相邻线路末端故障的灵敏系数不作规定。

若按式（5-24）整定，保护灵敏系数不满足要求时，$I_{op3.1a}$ 及 t_{31a} 可按与相邻线路零序电流Ⅲ段配合整定，以 $I_{op3.1b}$ 取代式（5-24）中的 $I_{op2.1b}$ 对 $I_{op3.1a}$ 进行计算。

5.2.2.3.4 零序电流Ⅳ段（定时限零序过电流保护）

1. 动作电流整定

单侧电源或带方向的零序电Ⅳ段保护的非终端线路，动作电流 $I_{op4.1a}$，按与相邻线路（图 5-15 变电站 B 的线路 1b）零序Ⅲ段相配合整定，即

$$I_{op4.1a} = K_{rel}K_b I_{op3.1b}/n_a \tag{5-27}$$

式中：K_{rel} 为可靠系数，取 $K_{rel} \geqslant 1.1$；$I_{op3.1b}$ 相邻线路 1b 的零序电流 Ⅲ 段整定值；K_b 最大分系数，其计算及取值考虑同式（5-21）；n_a 为电流互感器变比。

四段式的零序电流 Ⅳ 段电流整定值 $I_{op3.1a}$ 不应超过 300A（一次值），以适应线路经过渡电阻接地时保护动作灵敏系数的要求。

接入变压器的终端线路的零序电流 Ⅳ 段定时限零序过电流保护动作电流 $I_{op4.1a}$，按接入变压器的终端线路的零序电流 Ⅲ 定时限零序过电流保护整定值 $I_{op3.1a}$ 整定。

双侧电源线路采用不带方向的零序过电流保护时，整定值尚应考虑与背侧线路保护相配合。

2. 动作时间整定

非终端线路的四段式保护的零序电流 Ⅳ 段动作时间按大于相邻线路（图 5-15 变电站 B 的线路 1b）零序 Ⅲ 段的动作时间一个时间阶段 Δt 整定。以图 5-15 的变电站 A 线路 1a 为例，线路 1a 零序电流 Ⅳ 段的动作时间 t_{41a} 整定为

$$t_{41a} = t_{31b} + \Delta t \tag{5-28}$$

式中：t_{31b} 为变电站 A 线路 1a 对侧变电站出线零序 Ⅲ 段（限时零序电流速断）保护的动作时间；Δt 为时间阶段（也称时间级），$\Delta t = 0.3 \sim 0.5s$。

对采用单相重合闸的线路，零序电流 Ⅳ 段动作时间尚应大于线路单相重合闸周期加一个时间级差。

对接入变压器的终端线路，动作时间可与变压器的差动保护相配合。

双侧电源线路采用不带方向的零序电流保护时，动作时间尚应考虑与背侧线路保护相配合。

3. 灵敏系数校验

零序过电流保护的灵敏系数 K_{sen} 按本线路末端故障及相邻线路末端故障校验，即

$$K_{sen} = 3I_{k0.1a.min}/(n_a I_{op4.1a}) \text{ 及 } K_{sen} = I_{k0.1b.min}/(n_a I_{op4.1a}) \tag{5-29}$$

式中：$I_{k0.1a.min}$ 为最小运行方式下被保护线路末端接地短路时的零序电流（对图 5-15 线路 1a 为变电站 B 母线接地短路）。对被保护线路末端故障，要求灵敏系数 K_{sen} 对长度 50km 以上的线路应不小于 1.3，20～50km 的线路应不小于 1.4，20km 以下的线路应不小于 1.5。$I_{k0.1b.min}$ 为最小运行方式下相邻线路末端接地短路时流过本线路的零序电流（对图 5-15 线路 1a 为变电站 B 的 1b 线路末端接地短路）；对相邻线路末端故障，要求灵敏系数 $K_{sen} \geqslant 1.2$，有困难时可按相继动作校核灵敏系数。

若按式（5-27）整定时，保护灵敏系数不满足要求时，$I_{op4.1a}$ 及 t_{41a} 可按与相邻线路零序电流 Ⅳ 段配合整定，以 $I_{op4.1b}$ 取代式（5-27）中的 $I_{op3.1b}$ 对 $I_{op4.1a}$ 进行计算。

按照 DL/T 584 的规定，采用前加速的零序电流保护各段整定值可以不与相邻线路保护配合，其整定值根据需要整定，线路保护的无选择性动作由重合闸来补救。

5.2.3 距离保护

前面两节描述的电流保护或电流电压保护接线简单、工作可靠，一般情况下可满足 35～66kV 线路的相间故障保护要求。但由于保护的整定值、保护范围及灵敏系数等方面均直接受电

网接线方式及系统运行方式的影响，在某些系统中可能不能满足选择性、灵敏性和速动性要求，此时可采用距离保护。距离保护在35～66kV中性点非有效接地系统中作为相间故障（含异相两点接地）主保护，在110kV及以上电压的中性点直接接地系统中作为相间故障及单相接地故障保护。

5.2.3.1 距离保护的基本原理

距离保护是反应保护安装处至故障点的距离（阻抗），并根据这一距离的远近而确定动作时限的一种保护装置。保护通过测量安装处至短路点的阻抗 Z 来反应安装处至短路点的距离，并在短路点距安装处较近测量阻抗较小时以较小的时限动作跳闸。为满足速动性、选择性及灵敏性的要求，目前通常采用三段动作范围及阶梯时限的距离保护，分别称为距离保护的Ⅰ、Ⅱ、Ⅲ段。图5-19所示为单侧电源线路的三段式距离保护。变电站A线路1a距离保护Ⅰ段的动作阻抗按躲过线路末端短路故障时的测量阻抗（即线路全长的阻抗）整定，在本线路距A母线一定长度范围内发生故障时实现无时限跳闸（以保护装置本身固有的动作时间跳闸）；距离保护Ⅱ段的动作阻抗及动作时间按与相邻线路距离Ⅰ段相配合整定，对本例为与变电站B的出线距离保护Ⅰ段在动作阻抗及动作时间上相配合整定，实现对本线路全线、变电站B母线和出线的一部分的故障限时跳闸，距离保护Ⅱ段与Ⅰ段一起构成本线路的主保护，并作为变电站B出线一部分长度的后备保护（远后备）；距离保护Ⅲ段的动作阻抗及动作时间按与相邻线路（对本例为变电站B的出线）距离Ⅱ段相配合整定，对相间距离尚需按躲过本线路最小负荷阻抗整定，实现对本线路及相邻线路全线的后备保护。可见，三段式距离保护对各段保护的保护范围及时限的考虑与三段式电流保护类同。

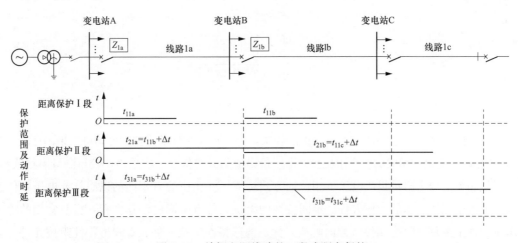

图 5-19 单侧电源线路的三段式距离保护

距离保护通过阻抗测量元件测量安装处直至短路故障点的阻抗，并与整定阻抗比较，在测量阻抗满足设定的动作方程时（如小于整定阻抗时）保护动作。为提高保护的可靠性，线路的整套距离保护通常设置有保护启动元件及相关的回路，启动元件可采用电流（或电流增量）元件、负序电流元件、零序电流元件或阻抗元件，仅在启动元件动作时，才允许阻抗测量元件动作出口跳闸。另外，在电力系统发生同步或异步振荡时，阻抗测量元件有可能误动，需要根据有关规程及系统的要求在整套距离保护中设置振荡闭锁元件。在电压互感器二次回路断线时，阻抗元件在负荷电流作用下可能误动，在距离保护装置中也需要设置电压回路断线闭锁。

阻抗测量元件按比较原理不同可分为幅值比较式和相位比较式，按输入电流电压量不同分为单相式（或称单相补偿式）及多相式（或称多相补偿式）。目前，距离保护主要采用微机型单相式阻抗元件。下面主要描述单相式阻抗元件的原理及特性。

5.2.3.2 单相式阻抗元件

单相式阻抗元件只输入一个电压 $\dot{U}_k$ 和一个电流 $\dot{I}_k$，$\dot{U}_k$ 和 $\dot{I}_k$ 的比值称为阻抗元件的测量阻抗 Z_k，即

$$Z_k = \dot{U}_k / \dot{I}_k \tag{5-30}$$

式中：$\dot{U}_k$ 为保护安装处电压，可以是相电压或线电压；$\dot{I}_k$ 为流过保护的电流，可以是相电流或两相电流差或有零序电流补偿的相电流，阻抗元件有满足各种类型故障保护要求的多种接线方式，见图 5-20 及本节中 7。线路等元件保护通常要求阻抗元件的测量阻抗应正确反映保护安装处至短路点的阻抗，如线路短路时，阻抗元件的测量阻抗 Z_k 应为（或正比于）保护安装处至短路点的线路阻抗。

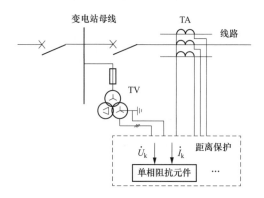

图 5-20　单相式阻抗元件原理接线例

阻抗元件有多种动作特性以适应保护的要求，每种动作特性的阻抗元件均可以采用比较与测量阻抗或/和整定阻抗相关的两个阻抗量或电压量幅值的方式构成，或采用比较与测量阻抗或/和整定阻抗相关的两个阻抗量或电压量相位的方式构成，并相应的有不同的以阻抗或电压幅值或以阻抗或电压相位表示的动作方程。不同特性的阻抗元件有不同的动作方程。目前常用的单相式阻抗元件主要是全阻抗元件、方向阻抗元件、偏移特性阻抗元件、直线形特性阻抗元件、多边形特性阻抗元件等，某些距离保护装置尚提供由这些元件中的两个或几个构成组合特性的综合阻抗元件。下面分别描述各单相式阻抗元件的动作方程及动作特性[5,13]。

1. 全阻抗元件

采用幅值比较方式构成的全阻抗元件，在测量阻抗小于整定阻抗时动作。以阻抗表示的幅值比较式全阻抗元件的动作方程是

$$|Z_k| \leqslant |Z_{set}| \tag{5-31}$$

由于阻抗 Z 可以写成 $Z=R+jX$ 的复数形式，矢量 Z 的端点在阻抗复平面上的轨迹为圆，圆心位于坐标的原点、半径为 $z=\sqrt{R^2+X^2}$。故对应于式（5-31）的全阻抗元件的动作特性可表示如图 5-21 所示的圆心位于坐标原点、半径为 Z_{set} 的圆特性。测量阻抗 Z_k 位于圆内时，式（5-31）满足，保护动作，即圆内为动作区，圆外为不动作区，圆周上为动作临界状态。全阻抗元件不具有方向性。

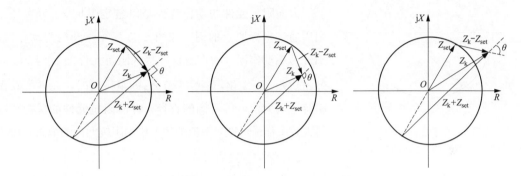

图 5-21　全阻抗元件动作特性及相位角

对式（5-31）两边乘以 $\dot{I}_k$，即得到以电压表示的幅值比较式全阻抗元件的动作方程为

$$\left.\begin{array}{r}|\dot{I}_k Z_k| \leqslant |\dot{I}_k Z_{set}| \\ 或\ |\dot{U}_k| \leqslant |\dot{I}_k Z_{set}|\end{array}\right\} \tag{5-32}$$

式中：$\dot{U}_k = \dot{I}_k Z_k$ 为线路短路时保护安装处电压。

全阻抗元件可采用相位比较方式构成。由图 5-21，当测量阻抗 Z_k 位于圆周上时，矢量 (Z_k+Z_{set}) 超前 (Z_k-Z_{set}) 的角度 $\theta=90°$；Z_k 位于圆内时，$\theta>90°$，变化范围为 $90°\sim270°$；Z_k 位于圆外时，$\theta<90°$。故以阻抗表示的相位比较式全阻抗元件的动作方程为

$$270° \geqslant \arg \frac{Z_k+Z_{set}}{Z_k-Z_{set}} \geqslant 90° \tag{5-33}$$

式中：$\arg \dfrac{Z_k+Z_{set}}{Z_k-Z_{set}}$ 表示 (Z_k+Z_{set}) 超前 (Z_k-Z_{set}) 的角度。

对式（5-33）分子分母分别乘以 $\dot{I}_k$，即得到以电压表示的相位比较式全阻抗元件的动作方程为

$$270° \geqslant \arg \frac{\dot{U}_k+\dot{I}_k Z_{set}}{\dot{U}_k-\dot{I}_k Z_{set}} \geqslant 90° \quad 或\ 270° \geqslant \arg \frac{\dot{U}_p}{\dot{U}'} \geqslant 90° \tag{5-34}$$

式中：$\dot{U}_p = \dot{U}_k + \dot{I}_k Z_{set}$，一般称为极化电压（也称参考电压）；$\dot{U}' = \dot{U}_k - \dot{I}_k Z_{set}$，称为补偿后的电压，简称补偿电压（也称工作电压）；$\arg \dfrac{\dot{U}_p}{\dot{U}'}$ 表示 $\dot{U}_p$ 超前 $\dot{U}'$ 的角度。由式（5-34）可知，阻抗继电器的动作条件仅取决于 $\dot{U}_p$ 和 $\dot{U}'$ 的相位差，而与其电压的大小无关，故可认为阻抗元件的作用是以 $\dot{U}_p$ 为参考矢量来测量故障时电压矢量 $\dot{U}'$ 的相位。

式（5-33）及式（5-34）也可以表示为

$$-90° \leqslant \arg \frac{Z_{set} - Z_k}{Z_{set} + Z_k} \leqslant 90° \tag{5-35}$$

式中：负角度表示矢量（$Z_{set} + Z_k$）超前（$Z_{set} - Z_k$）。此时全阻抗元件动作特性上的相位角见图5-22。

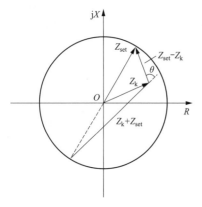

图5-22　式（5-35）对应的动作特性

2. 方向阻抗元件

方向阻抗元件的动作特性是以整定阻抗 Z_{set} 为直径的圆周通过坐标原点的圆，如图5-23所示。圆内为动作区，圆外为不动作区。动作阻抗随接入阻抗元件的 $\dot{U}_k$ 与 $\dot{I}_k$ 间的相位差 φ 而变化，当 φ 等于 Z_{set} 的阻抗角时，元件的动作阻抗达最大值，等于圆的直径，此时阻抗元件的保护范围最大，工作最灵敏，对应的角度称为阻抗元件的最大灵敏角 $\varphi_{sen.max}$，保护装置通常提供由制造厂设定的若干个 $\varphi_{sen.max}$ 供用户选择（如 65°、72°、80°），实际选用的阻抗元件最大灵敏度角应接近保护范围的线路阻抗角。阻抗元件具有方向性，在反方向短路测量阻抗于第Ⅲ象限时，保护不动作。

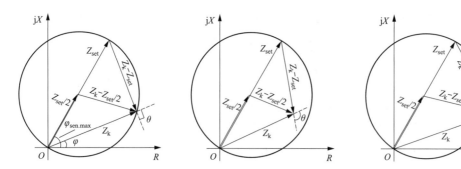

图5-23　方向阻抗元件动作特性及相位角

由图5-23可得到采用幅值比较方式构成的方向阻抗元件的以阻抗表示的动作方程为

$$\left| Z_k - \frac{1}{2} Z_{set} \right| \leqslant \left| \frac{1}{2} Z_{set} \right| \tag{5-36}$$

对式（5-36）两边乘以 $\dot{I}_k$，即得到以电压表示的幅值比较式方向阻抗元件的动作方程为

$$\left| \dot{U}_k - \frac{1}{2} \dot{I}_k Z_{set} \right| \leqslant \left| \frac{1}{2} \dot{I}_k Z_{set} \right| \tag{5-37}$$

式中：$\dot{U}_k = \dot{I}_k Z_k$ 为线路短路时保护安装处电压。

分析图5-23的动作特性及动作区内外相位角的变化，可得到采用相位比较方式构成的方向阻抗元件的动作方程。当测量阻抗 Z_k 位于圆周上时，矢量 Z_k 超前（$Z_k - Z_{set}$）的角度 $\theta = 90°$；Z_k 位于圆内时，$\theta > 90°$，变化范围为 90°～270°；Z_k 位于圆外时，$\theta < 90°$。故以阻抗表示的相位比较式方向阻抗元件的动作方程为

$$270° \geqslant \arg \frac{Z_k}{Z_k - Z_{set}} \geqslant 90° \tag{5-38}$$

对式（5-38）分子分母分别乘以 $\dot{I}_k$，即得到以电压表示的相位比较式方向阻抗元件的动作

方程是

$$270° \geqslant \arg \frac{\dot{U}_k}{\dot{U}_k - \dot{I}_k Z_{set}} \geqslant 90° \text{ 或 } 270° \geqslant \arg \frac{\dot{U}_p}{\dot{U}'} \geqslant 90° \tag{5-39}$$

式中：$\dot{U}_p = \dot{U}_k$，为极化电压；$\dot{U}' = \dot{U}_k - \dot{I}_k Z_{set}$，为补偿后的电压。

相位比较式方向阻抗元件的动作方程也可以采用 $90° \sim -90°$ 相位角的表达方式

$$\left. \begin{aligned} -90° \leqslant \arg \frac{Z_{set} - Z_k}{Z_k} \leqslant 90° \\ \text{及} -90° \leqslant \arg \frac{\dot{I}_k Z_{set} - \dot{U}_k}{\dot{U}_k} \leqslant 90° \end{aligned} \right\} \tag{5-40}$$

式中：负角度表示矢量 Z_k 超前 $(Z_{set} - Z_k)$。此时方向阻抗
元件动作特性上的相位角见图 5-24。

3. 偏移特性的阻抗元件

偏移特性阻抗元件的动作特性及相位角如图 5-25 所示，
是直径通过坐标原点并在负方向有一个等于 αZ_{set} 偏移的圆特
性，$0 < \alpha < 1$（通常 $\alpha = 0.1 \sim 0.2$），Z_{set} 为正方向整定阻抗。
圆内为动作区，圆外为不动作区。圆的直径为 $|Z_{set} + \alpha Z_{set}|$，
圆心的坐标为矢量 Z_o 的端点，$Z_o = (Z_{set} - \alpha Z_{set})/2$。

由图 5-25 可得到采用幅值比较方式构成的偏移特性阻
抗元件的以阻抗表示的动作方程为

$$|Z_k - Z_o| \leqslant |Z_{set} - Z_o| \tag{5-41}$$

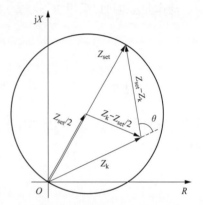

图 5-24 式（5-40）对应的
动作特性及相位角

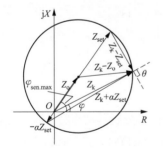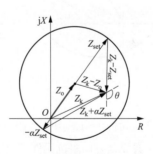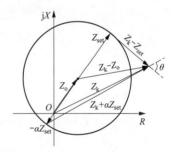

图 5-25 偏移特性阻抗元件的动作特性及相位角

对式（5-41）两边乘以 $\dot{I}_k$，即得到以电压表示的幅值比较式偏移阻抗元件的动作方程为

$$\left. \begin{aligned} |\dot{U}_k - Z_o \dot{I}_k| \leqslant |\dot{I}_k (Z_{set} - Z_o)| \\ \text{或} \left| \dot{U}_k - \frac{1}{2} \dot{I}_k (1 - \alpha) Z_{set} \right| \leqslant \left| \frac{1}{2} \dot{I}_k (1 + \alpha) Z_{set} \right| \end{aligned} \right\} \tag{5-42}$$

采用相位比较方式构成的偏移特性阻抗元件，其以阻抗表示的动作方程由图 5-25 可得

$$270° \geqslant \arg \frac{Z_k + \alpha Z_{set}}{Z_k - Z_{set}} \geqslant 90° \tag{5-43}$$

对式（5-43）分子分母分别乘以 $\dot{I}_k$，即得到以电压表示的相位比较式偏移阻抗元件的动作方程为

$$270° \geqslant \arg \frac{\dot{U}_k + \alpha \dot{I}_k Z_{set}}{\dot{U}_k - \dot{I}_k Z_{set}} \geqslant 90° \text{ 或 } 270° \geqslant \arg \frac{\dot{U}_p}{\dot{U}'} \geqslant 90° \tag{5-44}$$

式中：$\dot{U}_p = \dot{U}_k + \alpha \dot{I}_k Z_{set}$，为极化电压；$\dot{U}' = \dot{U}_k - \dot{I}_k Z_{set}$，为补偿后的电压。

当式（5-44）的 $\alpha = 1$ 时，则成为式（5-34）；$\alpha = 0$ 时，则为式（5-39）。可见偏移特性阻抗元件是动作特性介于全阻抗元件与方向阻抗元件之间的阻抗元件。与方向阻抗元件类同，通过圆心的 Z_{set} 的阻抗角为阻抗元件的最大灵敏角 $\varphi_{sen.max}$。

动作方程也可以采用 $90° \sim -90°$ 相位角的表达方式，即

$$\left. \begin{array}{c} -90° \leqslant \arg \dfrac{Z_{set} - Z_k}{Z_k + \alpha Z_{set}} \leqslant 90° \\[3mm] \text{及} -90° \leqslant \arg \dfrac{\dot{I}_k Z_{set} - \dot{U}_k}{\dot{U}_k + \alpha \dot{I}_k Z_{set}} \leqslant 90° \end{array} \right\} \tag{5-45}$$

式中：负角度表示矢量 $(Z_k + \alpha Z_{set})$ 超前 $(Z_{set} - Z_k)$。此时方向阻抗元件动作特性上的相位角见图 5-26。

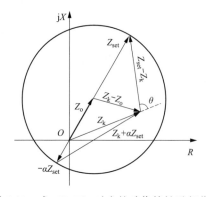

图 5-26　式（5-45）对应的动作特性及相位角

4. 功率方向元件

5.1.2.2 描述的相间短路的功率方向元件，当采用复数阻抗平面来分析其动作特性时，可以看成是方向阻抗元件整定阻抗 Z_{set} 趋向无穷大时的特例。此时方向阻抗元件的动作特性圆为趋于和直径 Z_{set} 垂直的一条圆的切线 AA'，如图 5-27 所示，只要测量阻抗 Z_k 位于切线 AA' 的正方向，元件均可动作而不管其阻抗数值的大小。

当用幅值比较来分析功率方向元件的动作特性时，可在最大灵敏角的方向上取两个矢量 Z_o 和 $-Z_o$。由图 5-27，当测量阻抗 Z_k 位于切线 AA' 的正方向时，可得到下列动作方程，即

$$|Z_k - Z_o| \leqslant |Z_k + Z_o| \tag{5-46}$$

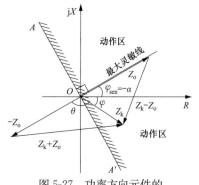

图 5-27　功率方向元件的
动作特性及相位角

对式（5-46）两边乘以 $\dot{I}_k$，即得到以电压表示的功率方向元件的动作方程为

$$|\dot{U}_k - \dot{I}_k Z_o| \leqslant |\dot{U}_k + \dot{I}_k Z_o| \tag{5-47}$$

用相位比较来分析功率方向元件的动作特性时，θ 角取 Z_k 与 $-Z_o$ 矢量间角度，其以阻抗表示的动作方程由图 5-27 可得

$$270° \geqslant \arg \frac{Z_k}{-Z_o} \geqslant 90° \tag{5-48}$$

对式（5-48）分子分母分别乘以 $\dot{I}_k$，即得到以电压表示的动作方程为

$$270° \geqslant \arg \frac{\dot{U}_k}{-\dot{I}_k Z_o} \geqslant 90° \text{ 或 } 270° \geqslant \arg \frac{\dot{U}_p}{\dot{U}'} \geqslant 90° \tag{5-49}$$

式中：$\dot{U}_p = \dot{U}_k$，为极化电压；$\dot{U}' = -\dot{I}_k Z_o$，为补偿后的电压。

由图 5-27，有 $\theta = 180° - (\alpha + \varphi)$，代入式（5-48）或式（5-49），即可得到以式（5-2）表示的功率方向元件动作方程式。

同样，对 5.2.2.2 描述的对接地短路的方向元件，也可类同上面对相间短路的功率方向元件的分析，得到类似的动作方程，所不同的是动作方程中输入至方向元件的电流 $\dot{I}_k$、电压 $\dot{U}_k$ 对零序方向元件为 $3\dot{I}_0$ 及 $3\dot{U}_0$。

5. 直线特性的阻抗元件

当要求阻抗元件的动作特性为任一直线（斜线）时，可由 O 点作动作特性线的垂线，其矢量表示为 Z_{set}，测量阻抗 Z_k 位于特性线的左侧为动作区，右侧为不动作区，如图 5-28（a）所示。

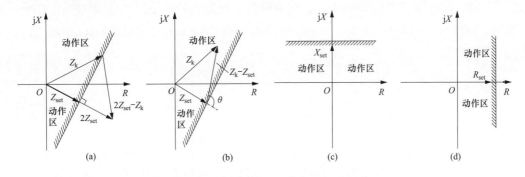

图 5-28　直线特性阻抗元件动作特性及相位角

(a) 直线元件（幅值比较）；(b) 直线元件（相位比较）；(c) 电抗元件；(d) 电阻型元件

由图 5-28（a）可得到用幅值比较来分析的以阻抗表示的直线特性阻抗元件动作方程为

$$|Z_k| \leqslant |2Z_{set} - Z_k| \tag{5-50}$$

对式（5-50）两边乘以 $\dot{I}_k$，即得到以电压表示的直线特性阻抗元件的动作方程为

$$|\dot{U}_k| \leqslant |2\dot{I}_k Z_{set} - \dot{U}_k| \tag{5-51}$$

用相位比较来分析直线特性阻抗元件的动作特性时，θ 角取 Z_{set} 与 $Z_k - Z_{set}$ 间角度，其以阻抗表示的动作方程由图 5-28（b）可得

$$270° \geqslant \arg \frac{Z_{set}}{Z_k - Z_{set}} \geqslant 90° \tag{5-52}$$

对式（5-52）分子分母分别乘以 $\dot{I}_k$，即得到以电压表示的动作方程为

$$270° \geqslant \arg \frac{\dot{I}_k Z_{set}}{\dot{U}_k - \dot{I}_k Z_{set}} \geqslant 90° \text{ 或 } 270° \geqslant \arg \frac{\dot{U}_p}{\dot{U}'} \geqslant 90° \tag{5-53}$$

式中：$\dot{U}_p = Z_{set}\dot{I}_k$，为极化电压；$\dot{U}' = \dot{U}_k - Z_{set}\dot{I}_k$，为补偿后的电压。

上面各式取 $Z_{set} = jX$ 或 $Z_{set} = R$，可得到电抗型或电阻型特性阻抗元件的动作方程，动作特性见图 5-28（c）或图 5-28（d）。此时只要测量阻抗 Z_k 的 X 部分小于 X_{set}（对电抗型）或 R 部分小于 R_{set}（对电阻型），元件即可动作。

6. 折线及多边形特性的阻抗元件

上面描述的阻抗元件动作的角度范围均采用 $270° \geqslant \arg \dfrac{\dot{U}_p}{\dot{U}'} \geqslant 90°$，在复数平面上的动作特性为圆或直线。若使动作的角度范围不大于 $180°$，则功率方向元件动作方程式（5-49）变成

$$240° \geqslant \arg \frac{\dot{U}_k}{-\dot{I}_k Z_o} \geqslant 120° \text{ 或 } 240° \geqslant \arg \frac{\dot{U}_p}{\dot{U}'} \geqslant 120° \tag{5-54}$$

相应的动作特性变成图 5-29 的折线。

由折线特性元件及直线特性元件的组合，可得到四边形（或多边形）动作特性的阻抗元件。如图 5-29 所示，图 5-29 中 AOC 段可由动作角度范围不大于 $180°$ 的功率方向元件来实现，AB 段由电抗型特性阻抗元件、BC 段由电阻型阻抗元件实现，三个元件组成与门的输出，即得到图 5-29 的四边形特性。电抗型及电阻型特性可根据需要带一定的倾斜度。四边形特性（或多边形）也可以仅采用直线元件构成或其他方式构成。四边形特性阻抗元件与圆特性阻抗元件相比（如图 5-23 的方向阻抗元件），在测量阻抗角偏离最大灵敏度角时，元件的灵敏度变化较小，对短路点过渡电阻有较好的适应能力，此时短路点的电弧电阻可能使测量阻抗矢量偏向 R 轴。

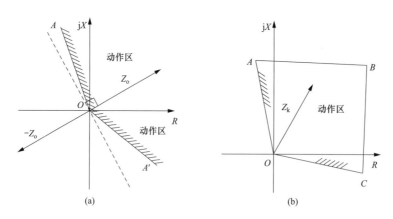

图 5-29　阻抗元件的折线形及四边形动作特性

（a）折线形；（b）四边形动作特性

7. 阻抗元件的接线方式

阻抗元件的接线是指其输入电压（$\dot{U}_k$）相别及输入电流（$\dot{I}_k$）相别的组合。由阻抗元件的测量阻抗 Z_k 计算式（5-30）及相关的描述可知，$\dot{U}_k$ 可以是相电压或是线电压，$\dot{I}_k$ 是相电流或

两相电流之差或有零序电流补偿的相电流。阻抗元件的测量阻抗，取决于 $\dot{U}_k$ 与 $\dot{I}_k$ 输入量的组合，即取决于阻抗元件的接线。对同一故障点，不同接线的同一阻抗元件将给出不同的测量阻抗。根据距离保护的工作原理及其他元件阻抗保护的要求，阻抗元件的接线，其接入电流、电压的组合，应使得阻抗元件的测量阻抗在被保护元件（线路等）的各种类型短路故障下，正确反映保护安装处至短路点的阻抗。常用的接线方式主要有反应相间故障及反应接地故障两种接线方式，分别应用于相间距离保护及接地距离保护。反应相间故障的接线方式又主要有 0°接线及 ±30°接线方式，每种接线方式的接入电压、电流及可反应的故障类型见表 5-6[13]。例如，采用 0°接线接于 AB 相的反应相间故障的阻抗元件，在线路保护正方向距保护安装处阻抗为 Z_{kf} 点发生三相短路时，接入电压为 $\dot{U}_k=\dot{U}_{AB}=\dot{U}_{kA}-\dot{U}_{kB}=\dot{I}_{kA}Z_{kf}-\dot{I}_{kB}Z_{kf}$，$\dot{U}_{kA}$、$\dot{U}_{kB}$、$\dot{I}_{kA}$、$\dot{I}_{kB}$ 分别为短路时保护安装处的电压及流过保护的电流；接入电流为 $\dot{I}_k=\dot{I}_A-\dot{I}_B=\dot{I}_{kA}-\dot{I}_{kB}$；阻抗元件的测量阻抗 $Z_k=\dot{U}_k/\dot{I}_k=[(\dot{I}_{kA}-\dot{I}_{kB})Z_{kf}]/(\dot{I}_{kA}-\dot{I}_{kB})=Z_{kf}$，可见该元件的接线此时可正确反应保护安装处至短路点的阻抗。

表 5-6　　　　　　　　　　阻抗元件常用的接线方式及可反应的故障类型

序号	接入电压 U_k	接入电流 I_k	反应的故障类型	序号	接入电压 U_k	接入电流 I_k	反应的故障类型
一、反应相间短路的 0°接线方式				三、反应相间短路的 −30°接线方式			
1	$\dot{U}_{AB}$	$\dot{I}_A-\dot{I}_B$	$K^{(3)}$、$K_{AB}^{(2)}$、$K_{AB}^{(1,1)}$	1	$\dot{U}_{AB}$	$-\dot{I}_B$	$K^{(3)}$、$K_{AB}^{(2)}$
2	$\dot{U}_{BC}$	$\dot{I}_B-\dot{I}_C$	$K^{(3)}$、$K_{BC}^{(2)}$、$K_{BC}^{(1,1)}$	2	$\dot{U}_{BC}$	$-\dot{I}_C$	$K^{(3)}$、$K_{BC}^{(2)}$
3	$\dot{U}_{CA}$	$\dot{I}_C-\dot{I}_A$	$K^{(3)}$、$K_{CA}^{(2)}$、$K_{CA}^{(1,1)}$	3	$\dot{U}_{CA}$	$-\dot{I}_A$	$K^{(3)}$、$K_{CA}^{(2)}$
二、反应相间短路的 +30°接线方式				四、反应接地故障接线方式			
1	$\dot{U}_{AB}$	$\dot{I}_A$	$K^{(3)}$、$K_{AB}^{(2)}$	1	$\dot{U}_A$	$\dot{I}_A+3K\dot{I}_0$	$K_A^{(1)}$、$K_{AB}^{(1,1)}$、$K_{AC}^{(1,1)}$
2	$\dot{U}_{BC}$	$\dot{I}_B$	$K^{(3)}$、$K_{BC}^{(2)}$	2	$\dot{U}_B$	$\dot{I}_B+3K\dot{I}_0$	$K_B^{(1)}$、$K_{BC}^{(1,1)}$、$K_{AB}^{(1,1)}$
3	$\dot{U}_{CA}$	$\dot{I}_C$	$K^{(3)}$、$K_{CA}^{(2)}$	3	$\dot{U}_C$	$\dot{I}_C+3K\dot{I}_0$	$K_C^{(1)}$、$K_{AC}^{(1,1)}$、$K_{BC}^{(1,1)}$

注　1. 反应的故障类型中，$K^{(3)}$ 为三相短路故障，$K_{AB}^{(2)}$ 为 AB 相间短路，$K_A^{(1)}$ 为 A 相接地短路，$K_{AB}^{(1,1)}$ 为 AB 两相接地短路，其余类推。
　　2. K 为零序电流补偿系数，$K=(Z_0-Z_1)/3Z_1$，Z_1、Z_0 分别为线路单位长度（如 km）的正序阻抗、零序阻抗。
　　3. 接入电压 $\dot{U}_{AB}$、$\dot{U}_{BC}$、$\dot{U}_{CA}$ 及 $\dot{U}_A$、$\dot{U}_B$、$\dot{U}_C$ 分别为保护安装处的线电压及相电压，接入电流 $\dot{I}_A$、$\dot{I}_B$、$\dot{I}_C$ 及 $\dot{I}_0$ 分别为流过保护的相电流及零序电流。

由表 5-6 可见，为反应各种相间短路，需要在 AB、BC、CA 相各接入一个阻抗元件，即采用三元件配置；为反应各种接地短路，需要在 A、B、C 相各接入一个阻抗元件，也采用三元件配置。

8. 阻抗元件的主要参数

（1）最小精确工作电流及最大精确工作电流。阻抗元件的精确工作电流是阻抗元件实际动作阻抗与整定阻抗之差不超过整定阻抗的 10% 时，允许的最小输入电流及最大输入电流，分别称为阻抗元件的最小精确工作电流 $I_{ac.min}$ 及最大精确工作电流 $I_{ac.max}$。由于实际动作阻抗与整定阻抗的误差将影响保护的保护范围，故精确工作电流是距离保护正确动作的主要性能指标之一。由下面的分析可知，阻抗元件的输入电流将直接影响实际动作阻抗与整定阻抗的误差。

上述分析中列出的阻抗元件动作方程，均从元件的理想情况考虑。如幅值比较式全阻抗元件的动作方程，是认为输入到元件的电流、电压满足 $|Z_k| \leqslant |Z_{set}|$ 或 $|\dot{U}_k| \leqslant |Z_{set}\dot{I}_k|$ 时元件即可动作 [其中 $\dot{U}_k = Z_k\dot{I}_k$，见式 (5-31) 及式 (5-32)]，临界动作的测量阻抗值等于 Z_{set}。实际的保护装置，是电压 $|Z_{set}\dot{I}_k|$ 需大于 $|\dot{U}_k|$ 一个电压值 $\dot{U}_\Delta$ 时才能动作，即实际动作条件为

$$\dot{U}_\Delta \leqslant |\dot{I}_k Z_{set}| - |\dot{U}_k| \tag{5-55}$$

式 (5-55) 两边除以 $\dot{I}_k$ 得

$$(\dot{U}_\Delta / \dot{I}_k) \leqslant |Z_{set}| - |Z_k| \tag{5-56}$$

即当元件的输入电压、电流满足式 (5-56) 时，保护动作，而 $(\dot{U}_\Delta / \dot{I}_k) = |Z_{set}| - |Z_{op}|$ 为元件的临界动作状态，此时的测量阻抗为元件的动作阻抗 Z_{op}，并有

$$|Z_{op}| = |Z_{set}| - (\dot{U}_\Delta / \dot{I}_k) \tag{5-57}$$

由式 (5-57) 可见，阻抗元件的实际动作阻抗并不等于而是小于整定阻抗，有一个与输入阻抗元件的测量电流相关的差值，输入的测量电流越小，差值越大，如图 5-30 所示。元件动作

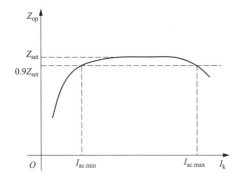

图 5-30　阻抗元件动作阻抗与输入电流关系及精确工作电流

阻抗的下降，将使元件的实际保护范围缩小，过大的误差将可能影响保护的正确动作及与相邻线路保护的配合。为使保护的正确工作，通常要求阻抗元件的动作阻抗不应低于整定阻抗的 90%，并将动作阻抗等于整定阻抗的 90% 时对应的输入电流称为阻抗元件的最小精确工作电流 $I_{ac.min}$。在阻抗元件的输入电流大于最小精确工作电流时，阻抗元件的实际动作阻抗将不低于整定阻抗的 90%。阻抗元件的最小精确工作电流通常在产品的技术文件中作为一个性能参数给出（如等于 $0.1I_{sn}$，I_{sn} 为电流互感器额定二次电流）。

阻抗元件实际动作阻抗在大电流输入时也将出现误差，如电抗变压器在大电流下可能由于磁路饱和而偏离线性工作范围，误差随输入电流增大而增大。故阻抗元件规定了实际动作阻抗与整定阻抗之差不超过整定阻抗的 10% 时允许的最大输入电流，即最大精确工作电流 $I_{ac.max}$，并在产品技术文件中给出（如等于 $30I_{sn}$）。

（2）精确工作电压。精确工作电压 U_{ac} 是最小精确工作电流 $I_{ac.min}$ 与整定阻抗 Z_{set} 的乘积，即

$$U_{ac} = I_{ac.min} Z_{set} \tag{5-58}$$

由式 (5-58) 可知，阻抗元件的 U_{ac} 及 $I_{ac.min}$ 将决定了保护的最小整定阻抗 Z_{set}，也就是被保护线路的最小长度，它可能关系着距离 I 段的应用。作为阻抗元件产品，$U_{ac} = 0.25V$。

（3）最大灵敏角。此参数仅用于方向性阻抗元件。在具有方向性的阻抗元件的动作特性上，元件的动作阻抗随接入阻抗元件的 $\dot{U}_k$ 与 $\dot{I}_k$ 间的相位差 φ 而变化。对具有圆动作特性的阻抗元件，当 φ 等于 Z_{set} 的阻抗角时，元件的动作阻抗达最大值，等于圆的直径，此时阻抗元件的保护范围最大，工作最灵敏，对应的角度称为阻抗元件的最大灵敏角 $\varphi_{sen.max}$，通常由装置制造厂设定，如圆特性的阻抗元件设定为 70° 或 65°、72°、80°（可调整）。对多边形动作特性的阻抗元件，

通常以一个范围给出，如 $55°\sim90°$。

9. 记忆电压下方向性阻抗元件的动作特性[5,13]

在保护安装处或附近发生相间短路时，相应的相间电压为 0 或很低，此时方向性阻抗元件由于输入电压（也是阻抗元件的极化电压）为 0 或很低而不能工作，出现保护死区。消除保护死区的措施目前主要采用故障前电压记忆方法，保护装置设电压记忆功能，短路故障发生后，在保护安装处母线电压较低时，将故障前保护安装处母线的正序电压 $\dot{U}_B$ 作为阻抗元件的极化电压与补偿后电压 $\dot{U}'$ 进行相位比较，使阻抗元件的动作方程由式（5-39）变为

$$270° \geqslant \arg\frac{\dot{U}_B}{\dot{U}_k - \dot{I}_k Z_{set}} \geqslant 90° \text{ 或 } 270° \geqslant \arg\frac{\dot{U}_P}{\dot{U}'} \geqslant 90° \tag{5-59}$$

阻抗元件的补偿后电压 $\dot{U}'$ 仍与式（5-39）相同。

下面分析以记忆电压 $\dot{U}_B$ 作为极化电压时，阻抗元件在保护正方向及反方向短路时的动作特性。可见，此时阻抗元件在保护范围内将不再出现保护死区并有正确的方向性。

（1）保护正方向短路时。分析方向阻抗元件动作特性的系统接线见图 5-31。保护正方向 k 处发生短路，流经阻抗元件的短路电流由 $\dot{E}$ 提供。当短路电流按从保护安装处母线流向线路为正方向时，由图可得 $\dot{U}_k = \dot{I}_k Z_k$ 及 $\dot{E} = \dot{I}_k (Z_s + Z_k)$ 或 $\dot{I}_k = \dot{E}/(Z_s + Z_k)$，并有

$$\dot{U}' = \dot{U}_k - \dot{I}_k Z_{set} = \frac{Z_k - Z_{set}}{Z_k + Z_s}\dot{E} \tag{5-60}$$

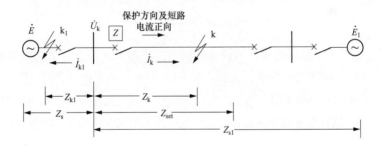

图 5-31　分析方向阻抗元件动作特性的系统接线

将式（5-60）代入式（5-59），可得

$$270° \geqslant \arg\frac{Z_k + Z_s}{Z_k - Z_{set}} \frac{\dot{U}_B}{\dot{E}} \geqslant 90°$$

$$\text{或 } 270° + \arg\frac{\dot{E}}{\dot{U}_B} \geqslant \arg\frac{Z_k + Z_s}{Z_k - Z_{set}} \geqslant 90° + \arg\frac{\dot{E}}{\dot{U}_B} \tag{5-61}$$

假定短路前为空载，$\dot{U}_B = \dot{E}$，则 $\arg(\dot{E}/\dot{U}_B) = 0$，由式（5-61）可得到阻抗元件采用记忆电压 $\dot{U}_B$ 作为极化电压时的动作方程为

$$270° \geqslant \arg\frac{Z_k + Z_s}{Z_k - Z_{set}} \geqslant 90° \tag{5-62}$$

与式（5-62）对应的以记忆电压作为极化电压的阻抗元件动作特性，见图 5-32（a）中的圆 2，该特性又称为阻抗元件的暂态特性（也有称为动态特性），而相应的记忆电压消失后阻抗元件的动作特性（圆 1）称为稳态特性。由图 5-32（a）可见，圆 2 包括了圆 1 的所有动作阻抗，相对于稳态特性，暂态特性有包括坐标原点的更大的工作范围，此对消除保护死区及减小短路过渡电阻对保护的影响都是有利的。下面的分析表明，包括第Ⅲ象限区域的暂态特性，并不意味具有记忆电压的方向阻抗元件在反向短路时误动作而失去方向性。

（2）保护反方向短路时。分析的系统接线见图 5-31。保护反方向 k_1 处发生短路，流经阻抗元件的短路电流由 $\dot{E}_1$ 提供。当短路电流按从保护安装处母线流向线路为正方向时，由图可得 $\dot{U}_k = \dot{I}_{k1} Z_{k1}$ 及 $\dot{E}_1 = \dot{U}_k - \dot{I}_{k1} Z_{s1} = \dot{I}_{k1} (Z_k - Z_{s1})$ 或 $\dot{I}_{k1} = \dot{E}_1 / (Z_k - Z_{s1})$，并有

$$\dot{U}' = \dot{U}_k - \dot{I}_{k1} Z_{set} = \frac{Z_k - Z_{set}}{Z_k - Z_{s1}} \dot{E}_1 \tag{5-63}$$

将式（5-63）代入式（5-59），可得

$$\left. \begin{array}{l} 270° \geqslant \arg \dfrac{Z_k - Z_{s1}}{Z_k - Z_{set}} \dfrac{\dot{U}_B}{\dot{E}_1} \geqslant 90° \\[3mm] \text{或 } 270° + \arg \dfrac{\dot{E}_1}{\dot{U}_B} \geqslant \arg \dfrac{Z_k - Z_{s1}}{Z_k - Z_{set}} \geqslant 90° + \arg \dfrac{\dot{E}_1}{\dot{U}_B} \end{array} \right\} \tag{5-64}$$

假定短路前为空载，$\dot{U}_B = \dot{E}_1$，则 $\arg(\dot{U}_B / \dot{E}_1) = 0$，由式（5-64）可得到阻抗元件以记忆电压 $\dot{U}_B$ 作为极化电压时，在反方向短路时的动作方程为

$$270° \geqslant \arg \frac{Z_k - Z_{s1}}{Z_k - Z_{set}} \geqslant 90° \tag{5-65}$$

与式（5-65）对应的以记忆电压作为极化电压的方向阻抗元件在反方向短路时的动作特性见图 5-32（b）的圆 2，圆内为动作区。由图 5-32（b）可见，反方向短路时，阻抗元件可动作的条件是测量阻抗必须出现于第Ⅰ象限，但在反方向短路时，阻抗元件测量到的短路阻抗是位于第Ⅲ象限（图中的 $-Z_k$）。故在反方向短路时，以记忆电压作为极化电压的方向阻抗元件不可能动作。

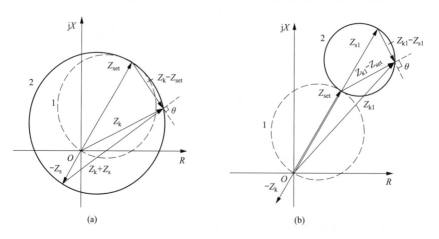

图 5-32　记忆电压下方向阻抗元件的动作特性

（a）正方向短路；（b）反方向短路

因此，具有电压记忆功能的方向阻抗元件，不仅可以消除保护安装处或附近正方向相间短路时的保护死区，尚可防止反方向相间短路时保护误动作（包括保护安装处或附近的相间短路），具有明确的方向性。

5.2.3.3 影响距离保护正确工作的因素及防止方法

1. 电力系统振荡对距离保护的影响及振荡闭锁

电力系统发生同步振荡或非同步振荡时，系统各点的电流、电压及功率的幅值和相位以及相应的距离保护的阻抗测量元件的测量阻抗将发生周期性变化，在测量阻抗进入动作区域时，保护将误动作。防止距离保护在系统振荡时误动的措施，是在距离保护中按有关规程的要求设置振荡闭锁，由振荡闭锁感知系统振荡并按保护装置的设定闭锁保护动作出口。

（1）振荡闭锁的配置要求。在 DL/T 584《3kV～110kV 电网继电保护装置运行整定规程》及 DL/T 559《220kV～750kV 电网继电保护装置运行整定规程》中，对振荡闭锁的设置有如下规定：

1）35kV 及以下线路距离保护一般不考虑系统振荡误动问题。

2）除下列情况不应经振荡闭锁外，其他有振荡误动可能的线路距离保护段应经振荡闭锁控制。不应经振荡闭锁控制情况为：

a. 66～110kV 单侧电源线路的距离保护。

b. 当系统最大振荡周期为 1.5s 及以下时，动作时间不小于 0.5s 的距离Ⅰ段、不小于 1.0s 的距离Ⅱ段和不小于 1.5s 的距离Ⅲ段。

若无电网具体数据，除大区系统间的弱联系线外，系统最长振荡周期可按 1.5s 考虑。

（2）对振荡闭锁的要求及其实现。振荡闭锁通常应满足下列要求：

1）对应经振荡闭锁控制的保护段，在系统发生振荡而没有故障时，振荡闭锁应可靠将保护闭锁，直至振荡停息。

2）在系统振荡过程中发生短路故障时，应保证保护不受闭锁，有选择地可靠切除故障，但可适当降低对保护装置速动性的要求。

3）先故障而后发生振荡时，保护应不受闭锁，应保证有选择地可靠切除故障。

4）若系统振荡过程中发生不接地的多相短路故障，应保证可靠切除故障，但允许个别的相邻线路相间距离保护无选择性动作。

保护的振荡闭锁主要是利用系统振荡过程的特征来实现。如利用振荡时三相是完全对称、而短路故障时总出现负序（或和零序）分量（三相短路时为在短路发生后的暂态过程中短时出现）并在保护区内短路时有较大数值的这些特征，使保护仅在系统出现较大负序（或和零序）分量（或其增量）时，才短时允许保护出口，其余情况下，包括系统振荡致阻抗元件动作时，由于振荡时不出现负序（或和零序）分量，保护出口被闭锁使保护不致误动。又如利用振荡情况下电流、电压或测量阻抗变化速度与短路情况下不相同等特征来实现对保护的闭锁，在系统振荡且振荡中心位于保护范围内时，阻抗元件感受的为逐渐减少的测量阻抗，三段式距离保护阻抗元件的动作顺序将是Ⅲ段-Ⅱ段-Ⅰ段，且两段间有动作时间差，而在保护区内故障时，测量阻抗将是突然减小，三段元件同时动作，利用这个特征，在Ⅲ段元件先动并经设定时间后

Ⅱ段、Ⅰ段才动作时，使振荡闭锁将保护出口闭锁，不允许保护出口跳闸。

2. 短路暂态过程对相位比较式阻抗元件的影响及暂态超越

上面分析的相位比较式阻抗元件，比较相位的两个电压（极化电压 $\dot{U}_\mathrm{p}$ 与补偿后电压 $\dot{U}'$）是采用稳态条件下的正弦工频电压。但在短路发生后的暂态过渡过程中，由于短路非周期分量及谐波分量等的影响，使系统及输入阻抗元件的电流、电压波形产生偏移及畸变，可能使阻抗元件出现超范围动作，在保护范围外故障时误动。

如图 5-33（a）所示，保护区外故障时，稳态情况下，极化电压 $\dot{U}_\mathrm{p}$ 与补偿后电压 $\dot{U}'$ 间的相位差 θ 小于 90°，保护不动作。但由于暂态过渡过程中非周期分量的影响，$\dot{U}'$ 波形向上偏移，使 θ 增大并可能大于 90° 致保护误动，如图 5-33（b）所示。这种由于短路暂态过程造成阻抗元件的超保护范围动作，称为"暂态超越"，需采取防止措施，如采用正、负半周比相与门输出方式，仅当两个电压瞬时值同时为正和同时为负的相位差都大于 90°（或时间差都大于 5ms）时，允许保护动作；或采用滤波等方法。一般要求在最大灵敏角下，暂态超越范围不大于整定值的 5%。

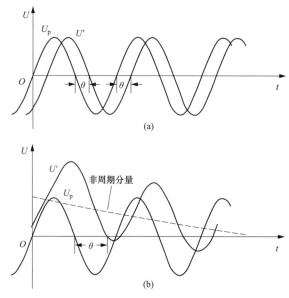

图 5-33　短路非周期分量对阻抗元件的影响

（a）稳态下的电压波形；（b）暂态过程的电压波形

3. 短路点过渡电阻对距离保护的影响及减少影响的方法

短路点过渡电阻是指短路电流从一相流到另一相或从相导体流入地的途径中的电阻，包括电弧电阻、中间物质的电阻、相导体与地之间的接触电阻、金属杆塔的接地电阻等。目前我国对 500kV 线路接地短路的最大过渡电阻按 300Ω 估计，220kV 线路按 100Ω 估计。

短路点的过渡电阻将影响距离保护阻抗元件的测量阻抗，影响保护段的保护范围，在某些情况下可能导致保护无选择性动作，下面分别以单侧电源供电线路和两侧电源线路分析其对距离保护的影响。

单侧电源线路经过渡电阻短路如图 5-34 所示，在保护 2 的距离保护 Ⅰ 段内发生经过渡电阻 R 短路，此时应由保护 2 的 Ⅰ 段动作切除。但若 R 较大，使保护 2 的测量阻抗增加（相对于 $R=0$ 时）

至超出其距离Ⅰ段整定的特性范围致使Ⅰ段拒动,则需由其距离Ⅱ段动作切除故障。由于短路点又可能属保护1的距离Ⅱ段保护范围,故若保护1、保护2距离Ⅱ段动作时间相同,保护1、保护2Ⅱ段将同时动作跳闸;若保护1距离Ⅱ段动作时间小于保护2,则将由保护1动作切除故障,此两种情况均使保护失去选择性。另外,对单侧电源供电线路,短路点的过渡电阻将使短路阻抗角减小,使测量阻抗偏向+R轴,对动作特性为圆并在第Ⅲ象限无面积或占面积较小的阻抗元件,短路点的过渡电阻更有可能使测量阻抗超出距离Ⅰ段整定的动作特性,使距离Ⅰ段拒动。

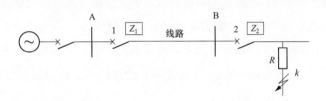

图 5-34 单侧电源线路经过渡电阻短路

对两侧电源线路,如图 5-35 所示,经过渡电阻 R 的短路故障发生在保护 2 安装处附近,应

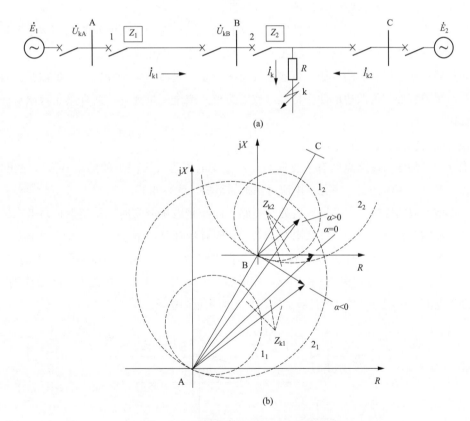

图 5-35 两侧电源线路经过渡电阻短路

(a) 电网接线;(b) 动作特性分析

由保护 2 距离Ⅰ段动作跳闸。此时流经过渡电阻的短路电流 $\dot{I}_k = \dot{I}_{k1} + \dot{I}_{k2}$,A、B 母线的残压 $\dot{U}_{kA}$、$\dot{U}_{kB}$ 分别为 $\dot{U}_{kA} = \dot{I}_{k1} Z_{AB} + \dot{I}_k R$、$\dot{U}_{kB} = \dot{I}_k R$,保护 1 及保护 2 的测量阻抗分别为[5,13]

$$Z_{k1} = \frac{\dot{U}_{kA}}{\dot{I}_{k1}} = \frac{I_k}{I_{k1}} \mathrm{Re}^{j\alpha} + Z_{AB} \tag{5-66}$$

$$Z_{k2} = \frac{\dot{U}_{kB}}{\dot{I}_{k1}} = \frac{I_k}{I_{k1}} \mathrm{Re}^{j\alpha} \tag{5-67}$$

式中：$\alpha = \arg\dfrac{\dot{I}_k}{\dot{I}_{k1}}$，$\dot{I}_k$ 超前 $\dot{I}_{k1}$ 时角度 α 为正。

由式（5-66）、式（5-67），线路两侧有电源时，短路过渡电阻将使测量阻抗增加，类同对单侧电源线路的分析，此时保护将有可能失去选择性。对两侧有电源线路，在 $\dot{I}_{k2} \neq 0$ 时，有 $I_k/I_{k1} > 1$，可知两侧有电压时，短路过渡电阻对距离保护的正确工作有更大的影响。另外，两侧电源的测量阻抗与 $\dot{I}_k$、$\dot{I}_{k1}$ 间的角度 α 有关，α 随短路后的系统情况可能为正或负值，或为 0。当 α 为正值，Z_{k1} 和 Z_{k2} 的电抗部分将增大。α 为负时，Z_{k1} 和 Z_{k2} 的电抗部分将减小，在保护安装处 B（或附近）短路时，测量阻抗端点 Z_{k2} 可能出现在第Ⅲ象限，于保护 2 距离Ⅰ、Ⅱ段动作特性圆 1_2、2_2 外〔见图 5-35（b），圆 1_1、2_1 为保护 1 距离Ⅰ、Ⅱ段动作特性圆〕，使保护 2 不动作，而需由保护 1 的距离Ⅱ段动作跳闸，保护失去选择性。

另外，短路过渡电阻一般随短路持续时间增长而增大，对动作时间很小的距离Ⅰ段影响相对较小。不同特性的阻抗元件受短路过渡电阻影响的程度也不相同。

减小短路过渡电阻影响的方法，目前主要是采用承受过渡电阻动作能力强的阻抗元件，如采用在第Ⅲ象限有面积的四边形动作特性（或多边形）或全阻抗元件，或在第Ⅲ象限有较大面积的方向阻抗元件。

4. 分支电流对距离保护的影响

距离保护安装处与短路点间有分支回路时，分支电流将成为保护的助增电流或汲出电流，在距离保护实际应用时需要考虑分支电流对保护的影响，分述如下。

（1）助增电流的影响。当保护安装处与短路点间有带电源分支时，距离保护需考虑助增电流的影响。如图 5-36 所示，保护 1 安装处与短路点间有带电源 E_2 的分支，在变电站 B 的引出线路 k 处发生短路时，由 E_1 提供的流过保护 1 的短路电流为 I_{k1}，而流过变电站 B 至短路点间的短路电流 $I_k = I_{k1} + I_{k2}$，比流过保护 1 的短路电流增加了 I_{k2}，I_{k2} 为由分支电源 E_2 提供的短路电流，称之为助增电流。由图（5-36）可计算此时保护 1 的测量阻抗 Z_{k1} 为

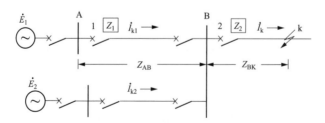

图 5-36　分析助增电流影响的电网接线

$$Z_{k1} = \frac{\dot{I}_{k1} Z_{AB} + \dot{I}_k Z_{BK}}{\dot{I}_{k1}} = Z_{AB} + \frac{\dot{I}_k}{\dot{I}_{k1}} Z_{BK} = Z_{AB} + K_b Z_{BK} \tag{5-68}$$

式中：$K_b = \dfrac{\dot{I}_k}{\dot{I}_{k1}}$ 称为分支系数，存在助增电流的情况下，有 $I_k = I_{k1} + I_{k2}$，故 $K_b > 1$，此时的分支系数也称助增系数。一般情况下 $\dot{I}_k$ 与 $\dot{I}_{k1}$ 同相位，K_b 为实数。

由式（5-68）及 $K_b > 1$，故在有助增电流时，保护 1 的测量阻抗将增大，使保护 1 距离 Ⅱ 段的保护长度缩短。故为保证保护 1 距离 Ⅱ 段的保护范围，在有助增电流情况的保护 1 距离 Ⅱ 段动作阻抗的整定计算中，需引入大于 1 的分支系数 K_b，以适当增大保护的动作阻抗。此时 K_b 应取为各种运行方式下的最小值，以避免在出现最大值时使距离 Ⅱ 段失去选择性。

另外，在保护 1 的距离 Ⅲ 段需作为相邻线路末端短路的后备保护时，考虑到助增电流的影响，在校验灵敏系数时，所引入的分支系数应取最大运行方式下的数值。

由上面的分析可知，助增电流对保护 1 的距离 Ⅰ 段没有影响，也不影响与下一级线路保护距离 Ⅰ 段配合的选择性。

（2）汲出电流的影响。当保护安装处与短路点间有连接负荷的分支时，距离保护需考虑汲出电流的影响。如图 5-37 所示，变电站 B 与 C 间为平行线路，线路 2 在 k 处短路时的短路电流为 I_k，由 E_1 提供的流过保护 1 的短路电流 I_{k1}，由图有 $I_k = I_{k1} - I_{k2}$，流过变电站 B 至短路点间的短路电流 I_k 比流过保护 1 的短路电流减少了 I_{k2}，I_{k2} 为非故障分支线路的负荷电流，称之为汲出电流。由图 5-37 可得到与式（5-68）相同的保护 1 的测量阻抗 Z_{k1} 计算式，其分支系数也同样的计算为 $K_b = \dfrac{\dot{I}_k}{\dot{I}_{k1}}$，但此时分支电流为汲出电流为 $I_k = I_{k1} - I_{k2}$，故有 $K_b < 1$。即在有汲出电流时，保护 1 的测量阻抗将减小，使保护 1 距离 Ⅱ 段的保护长度伸长，有可能伸到保护 2 的距离 Ⅱ 段的保护范围，造成保护无选择性动作。故为保证保护 1 距离 Ⅱ 段的保护范围，在有汲出电流情况的保护 1 距离 Ⅱ 段动作阻抗的整定计算中，需引入此时的分支系数 K_b，并取其实际可能的最小值。

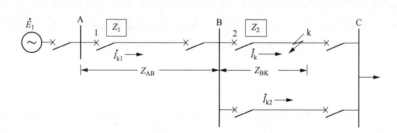

图 5-37　分析汲出电流影响的电网接线

对接地距离保护，由于其阻抗元件输入电流为有零序电流补偿的相电流，需同时考虑正序分支电流及零序分支电流对接地距离保护的影响，以系统的正序网络及零序网络分别计算正序分支系数及零序分支系数，并取正序分支系数和零序分支系数中较小者进行整定计算，见 5.2.3.4。

5. 电压回路断线闭锁

距离保护可能由于电压互感器二次回路断线等原因失去测量电压，在负荷电流的作用下，阻抗元件可能误动。故距离保护需按照有关规程要求，装设电压回路断线闭锁，在失去测量电压时闭锁保护动作出口并发告警信号。

对电压回路断线失压闭锁的要求是在电压回路发生包括断线失压的各种可能使保护误动的故障时，应能可靠地将保护闭锁，动作时间应小于保护装置动作时间，并发出告警信号；当保护的线路故障时，不因故障电压的畸变等情况错误地将保护闭锁和发告警信号。

电压互感器断线有多种检查及判别方法。如利用电压回路断线后出现零序电压，且不出现零序及负序电流作为电压回路 1 相或 2 相故障判断条件，以零序及负序电流区别是否为被保护线路故障情况；以电压降低且不出现电流突变作为三相电压回路故障判断条件等。

若距离保护的启动元件在电压回路断线失压故障时不会启动，如启动元件采用负序和零序电流启动或它们的增量启动时，电压回路断线失压故障将不会造成距离保护误动。

6. 线路非全相运行的影响

分析表明，反应相间短路和反应接地短路的阻抗元件，在线路两相运行时若发生系统振荡可能误动，而在两相运行状态下发生短路时可能拒动。故对距离保护，需要对其在非全相运行状态下的动作行为进行计算分析，若不能正确工作，则在线路出现非全相运行期间可使距离保护退出工作。

5.2.3.4 距离保护的整定计算

距离保护的整定，通常包括启动元件的整定、各段距离保护的整定及振荡闭锁等的整定，对相间距离及接地距离，各段距离保护尚有不同的整定计算方法。按照 DL/T 584《3kV～110kV 电网继电保护装置运行整定规程》及 DL/T 559《220kV～750kV 电网继电保护装置运行整定规程》，有如下面的整定原则要求及计算方法。

1. 启动元件的整定

启动元件的整定值按保证本线路末端或保护动作区末端非对称故障时有足够的灵敏系数，并保证在本线路末端发生三相短路时能可靠启动整定。灵敏系数规定如下：

(1) 负序电流分量启动元件在本线路末端金属性两相短路故障时，灵敏系数大于 4。

(2) 单独的零序或负序电流分量启动元件在本线路末端金属性单相和两相接地故障时，灵敏系数大于 4。

(3) 负序电流分量启动元件在距离Ⅲ段动作区末端金属性两相短路故障时，灵敏系数大于 2。

(4) 单独的零序或负序电流分量启动元件在距离Ⅲ段动作区末端金属性单相和两相接地故障时，灵敏系数大于 2。

(5) 相电流突变量启动元件在本线路末端各类金属性短路故障时，灵敏系数大于 4；在距离Ⅲ段动作区末端各类金属性故障时，灵敏系数大于 2。

2. 相间距离保护的整定

相间距离保护的整定包括各段动作阻抗整定值、动作时间整定、灵敏系数校验及阻抗元件最小精确工作电流的校验。

(1) 相间距离Ⅰ段。非终端线路的相间距离Ⅰ段动作阻抗整定值 Z_{op1} 按可靠躲过本线路末端相间故障整定；对线路-变压器的终端线路按躲过变压器另一侧母线短路整定，保护范围可伸入至变压器内部。

对非终端线路，则

$$Z_{op1} = K_{rel}Z_l \tag{5-69}$$

对线路-变压器的终端线路，则

$$Z_{op1} = K_{rel}Z_l + K_{rel.T}Z_T \tag{5-70}$$

式中：Z_l、Z_T 分别为本线路、变压器的正序阻抗；可靠系数 $K_{rel}=0.8\sim0.85$，$K_{rel.T}\leqslant0.7$。

1）距离 I 段无时限动作，保护的动作时间取决于保护装置的动作时间。

2）距离 I 段的灵敏系数用保护范围表示，要求的保护范围大于线路全长的 $80\%\sim85\%$。

（2）相间距离 II 段。非终端线路相间距离 II 段动作阻抗整定值 Z_{op2} 按保证本线末端发生金属性相间故障有不小于规定的灵敏系数整定，并与相邻线路相间距离 I 段或纵联保护配合，若配合困难时（灵敏系数不能满足要求时），可与相邻线路相间距离 II 段配合整定；对线路相邻为变压器的线路-变压器终端线路，按与变压器保护（纵差保护）相配合整定。动作时间按配合关系整定。

1）非终端线路按与相邻线路距离 I 段配合整定，并考虑分支电流的影响，则

$$Z_{op2} = K_{rel}Z_l + K'_{rel}K_bZ'_{op1} \tag{5-71}$$

式中：Z_l 为本线路正序阻抗；Z'_{op1} 为相邻线路距离 I 段整定值，可按两阻抗的阻抗角相等计算；可靠系数 $K_{rel}=0.8\sim0.85$，$K'_{rel}\leqslant0.8$；K_b 为分支系数，取值计算见 5.2.3.3 中 4。

动作时限按大于相邻线路距离保护 I 段动作时间一个阶段时限 Δt 整定（II 段的动作时间一般取 0.5s 左右）。

距离 II 段的灵敏系数 $K_{sen.2}$ 按下式计算

$$K_{sen.2} = \frac{Z_{op.2}}{Z_l} \tag{5-72}$$

按照 DL/T 584 及 DL/T 559 规定，$K_{sen.2}$ 应满足表 5-7 的要求。

表 5-7　　　　　　　　　　相间距离 II 段灵敏系数要求

序号	线路电压等级	线路长度	灵敏系数	序号	线路电压等级	线路长度	灵敏系数
1	$3\sim110kV$	20km 以下	$\geqslant1.5$	2	$220\sim250kV$	$50\sim100km$	$\geqslant1.4$
		$20\sim50km$	$\geqslant1.4$			$100\sim150km$	$\geqslant1.35$
		50km 以上	$\geqslant1.3$			$150\sim200km$	$\geqslant1.3$
2	$220\sim750kV$	50km 以下	$\geqslant1.45$			200km 以上	$\geqslant1.25$

注　线路保护后加速段灵敏系数的要求与上相同。

2）若按上述 1）整定时，保护的灵敏系数不能满足要求，则按躲开相邻线路距离 II 段整定，并考虑分支电流的影响，则

$$Z_{op2} = K_{rel}Z_l + K'_{rel}K_bZ'_{op2} \tag{5-73}$$

式中：Z_l 为本线路的正序阻抗；Z'_{op2} 为相邻线路距离 II 段整定阻抗，可按两阻抗的阻抗角相等计算；可靠系数 $K_{rel}=0.8\sim0.85$，$K'_{rel}\leqslant0.8$；K_b 为分支系数，取值计算见 5.2.3.3 中 4。

动作时限 t_{II} 按大于相邻线路距离保护 II 段动作时间 t'_{II} 一个阶段时限 Δt 整定，即 $t_{II}\geqslant t'_{II}+\Delta t$。

灵敏系数校验及要求同上 1)。

3) 终端线路按躲过变压器另一侧母线短路整定，并考虑分支电流的影响，则

$$Z_{op2} = K_{rel} Z_l + K_{rel.T} K_b Z_T \tag{5-74}$$

式中：Z_l 为本线路的正序阻抗；Z_T 为变压器正序阻抗，可按两阻抗的阻抗角相等计算；可靠系数 $K_{rel} = 0.8 \sim 0.85$，$K_{rel.T} \leqslant 0.7$；K_b 为分支系数，取值计算见 5.2.3.3 中 4。

动作时限及灵敏系数校验及要求同上 1)。

(3) 相间距离Ⅲ段。距离Ⅲ段动作阻抗整定值按可靠躲过本线路的最大事故过负荷电流对应的最小阻抗整定，并与相邻线路相间距离Ⅱ段相配合。若配合困难（灵敏系数不能满足要求时），可按与相邻线路相间距离Ⅲ段配合整定。动作时间按配合关系整定，对有可能振荡的线路，动作时间应大于系统振荡周期。

1) 按躲过本线路的最大事故过负荷电流 $I_{l.max}$ 对应的最小负荷阻抗整定。最小负荷阻抗 $Z_{l.min}$ 按实际可能最不利的系统频率下阻抗元件所遇到的事故过负荷最小负荷阻抗整定，可按下式计算，则

$$Z_{l.min} = \frac{(0.9 \sim 0.95) U_N / \sqrt{3}}{I_{l.max}} \tag{5-75}$$

式中：U_N 为被保护线路额定电压。

动作阻抗 Z_{op3} 整定为

$$Z_{op3} = K_{rel} Z_{l.min} \tag{5-76}$$

式中：可靠系数 $K_{rel} \leqslant 0.7$。

动作时间 $t_Ⅲ$ 按大于系统振荡周期，并与相邻元件第Ⅲ段动作时间 $t'_Ⅲ$ 按阶梯原则配合 $t_Ⅲ = t'_Ⅲ + \Delta t$。

距离Ⅲ段的灵敏系数 K_{sen3} 按作为本线路近后备及相邻线路远后备进行校验，以下式计算，即

$$\left. \begin{array}{l} K_{sen3.1} = \dfrac{Z_{op.3}}{Z_l} \geqslant 1.2 \text{（本线路近后备）} \\[3mm] K_{sen3.2} = \dfrac{Z_{op.3}}{Z_l + K_b Z'_l} \geqslant 1.2 \text{（相邻线路远后备）} \end{array} \right\} \tag{5-77}$$

式中：Z_l 为本线路（全段）阻抗；Z'_l 为相邻线路（全段）阻抗；K_b 为分支系数，计算见 5.2.3.3 中 4，取相邻线路末端短路时，实际可能的最大值。

对灵敏系数 $K_{sen3.1}$ 的要求同表 5-7，对相邻线路末端相间故障的灵敏系数 $K_{sen3.2} \geqslant 1.2$。

2) 按与相邻线路相间距离Ⅱ段相配合整定，当相邻元件为变压器时，按与相邻变压器相间短路后备保护相配合整定，并考虑分支电流的影响，则

$$\left. \begin{array}{l} Z_{op3} = K_{rel} Z_l + K'_{rel} K_b Z'_{op2} \\[2mm] \text{或 } Z_{op3} = K_{rel} Z_l + K'_{rel} K_b Z'_T \end{array} \right\} \tag{5-78}$$

式中：Z_l 为本线路正序阻抗；Z'_{op2} 为相邻线路距离Ⅱ段整定值；Z'_T 为变压器相间后备保护最小动作范围对应的阻抗值，可按各阻抗的阻抗角相等计算；可靠系数 $K_{rel} = 0.8 \sim 0.85$，$K'_{rel} \leqslant 0.8$；K_b 为分支系数，取值计算见 5.2.3.3 中 4。

动作时间 $t_Ⅲ$ 按下面两种情况考虑：

a. 按与相邻线路相间距离Ⅱ段相配合整定且保护Ⅲ段的保护范围未超出相邻变压器另一侧母线时，动作时间应大于相邻线路不经振荡闭锁的距离保护Ⅱ段动作时间 $t'_{\text{Ⅱ}}$ 一个阶段时限 Δt 整定，$t_{\text{Ⅲ}} = t'_{\text{Ⅱ}} + \Delta t$。

b. 按与相邻线路相间距离Ⅱ段相配合整定且保护Ⅲ段的保护范围伸出相邻变压器另一侧母线时，或相邻元件为变压器按与相邻变压器相间短路保护后备相配合整定时，动作时间应大于相邻变压器短路后备保护动作时间 t'_{T} 一个阶段时限 Δt 整定，$t_{\text{Ⅲ}} = t'_{\text{T}} + \Delta t$。

灵敏系数校验及要求同式（5-77）。取式（5-76）和式（5-78）计算的最小值作为距离Ⅲ段的整定值。

3）若按上述 1）、2）整定时，保护的灵敏系数不能满足要求，则按与相邻线路相间距离Ⅲ段配合整定，并考虑分支电流的影响，则

$$Z_{\text{op3}} = K_{\text{rel}}Z_1 + K'_{\text{rel}}K_{\text{b}}Z'_{\text{op3}} \tag{5-79}$$

式中：Z'_{op3} 为相邻线路距离Ⅱ段整定值，其余见式（5-78）。

动作时间按大于相邻线路相间距离Ⅲ段动作时间 $t'_{\text{Ⅲ}}$ 一个阶段时限 Δt 整定，$t_{\text{Ⅲ}} = t'_{\text{Ⅲ}} + \Delta t$。

灵敏系数校验及要求同式（5-77）。当灵敏系数不满足要求时，可采用四边形特性的方向阻抗等元件。

3. 接地距离保护的整定

接地距离保护的整定包括各段动作阻抗整定、动作时间整定、灵敏系数校验及阻抗元件最小精确工作电流的校验。

（1）接地距离Ⅰ段。非终端线路的接地距离Ⅰ段动作阻抗整定值 Z_{op1} 按可靠躲过本线路对侧母线接地故障整定；对单侧电源单回路连接终端变压器的线路，按躲过变压器另一侧母线接地故障整定，保护范围可伸入至变压器内部，以快速切除线路变压器单元故障

$$\left. \begin{array}{ll} Z_{\text{op1}} = K_{\text{rel1}}Z_1 & \text{（非终端线路）} \\ Z_{\text{op1}} = K_{\text{rel2}}Z_1 + K_{\text{rel.T}}Z_{\text{T}} & \text{（终端线路 - 变压器）} \end{array} \right\} \tag{5-80}$$

式中：Z_1、Z_{T} 分别为本线路、变压器的正序阻抗；可靠系数 $K_{\text{rel1}} \leqslant 0.7$，$K_{\text{rel2}} = 0.8 \sim 0.85$，$K_{\text{rel.T}} \leqslant 0.7$。

接地距离Ⅰ段无时限动作，保护的动作时间取决于保护装置的动作时间。接地距离Ⅰ段的保护范围应大于线路全长的70%。

（2）接地距离Ⅱ段。接地距离Ⅱ段动作阻抗整定值 Z_{op2} 按保证本线末端发生金属性故障有不小于规定的灵敏系数整定，并与相邻线路接地距离Ⅰ段或与相邻线路纵联保护配合整定，配合有困难时（灵敏系数不能满足要求时）可与相邻线路接地距离Ⅱ段相配合整定；当相邻线路无接地距离时，可与相邻线路零序电流Ⅰ段（有困难时取Ⅱ段）配合整定；对相邻为变压器的线路，接地距离Ⅱ段保护范围一般不应超过相邻变压器的其他各侧母线，阻抗整定值按躲过变压器其他侧三相短路故障整定（对中性点非有效接地系统侧，即小电流接地系统侧）或躲过其他侧母线接地故障整定（对中性点直接接地系统）。具体整定计算如下。

1）按与相邻线路接地距离Ⅰ段（或Ⅱ段）配合整定为

$$Z_{\text{op2}} = K_{\text{rel}}Z_1 + K_{\text{rel}}K_{\text{b}}Z'_{\text{op1}} \quad \text{或} \quad Z_{\text{op2}} = K_{\text{rel}}Z_1 + K_{\text{rel}}K_{\text{b}}Z'_{\text{op2}} \tag{5-81}$$

式中：Z_1 为本线路正序阻抗；Z'_{op1}（Z'_{op2}）为相邻线路接地距离 I 段（或 II 段）动作阻抗整定值，可按两阻抗的阻抗角相等计算；可靠系数 $K_{rel}=0.7\sim0.8$；K_b 为分支系数，见 5.2.3.3 中 4，计算取正序分支系数与零序分支系数中的较小值。

动作时限对与相邻线路接地距离 I 段配合时取 1.0s；与相邻线路接地距离 II 段配合时，取大于相邻线路接地距离保护 II 段动作时间 t'_{II} 一个阶段时限 Δt 整定，$t_{II}=t'_{II}+\Delta t$。

接地距离 II 段的灵敏系数 $K_{sen.2}$ 按下式计算，即

$$K_{sen2} = \frac{Z_{op.2}}{Z_1} \tag{5-82}$$

按照 DL/T 584 及 DL/T 559 规定，灵敏系数 K_{sen}，对长度 50km 以下的线路 K_{sen} 应不小于 1.45，50～100km 的线路应不小于 1.4，100～150km 的线路应不小于 1.35，150～200km 的线路应不小于 1.3，200km 以上的线路应不小于 1.25。

2）按与相邻线路纵联保护配合，躲过相邻线路末端接地故障整定，则

$$Z_{op2} = K_{rel}Z_1 + K_{rel}K_b Z'_1 \tag{5-83}$$

式中：Z_1 为本线路正序阻抗；Z'_1 为相邻线路正序阻抗，可按两阻抗的阻抗角相等计算；可靠系数 $K_{rel}=0.7\sim0.8$；K_b 为分支系数，见 5.2.3.3 中 4，计算取正序分支系数与零序分支系数中的较小值。

动作时限取 1.0s。灵敏系数 $K_{sen.2}$ 计算及要求同式（5-82）。

3）按与相邻线路零序电流 I 段（或 II 段）配合（只考虑单相接地故障），则

$$Z_{op2} = K_{rel}Z_1 + K_{rel}K_b Z' \tag{5-84}$$

式中：Z_1 为本线路正序阻抗；Z' 为相邻线路零序电流 I 段（或 II 段）保护范围末端的正序阻抗，可按两阻抗的阻抗角相等计算；可靠系数 $K_{rel}=0.7\sim0.8$；K_b 为分支系数，见 5.2.3.3 中 4，计算取正序分支系数与零序分支系数中的较小值。

动作时限对与相邻线路零序电流 I 段配合取 1.0s；与相邻线路零序电流 II 段配合时，取大于相邻线路零序电流 II 段动作时间 t'_{II} 一个阶段时限 Δt 整定，$t_{II}=t'_{II}+\Delta t$。

灵敏系数 $K_{sen.2}$ 计算及要求同式（5-82）。

4）按与相邻变压器保护配合整定。

a. 相邻变压器另一侧为中性点非有效接地系统时，按躲过变压器另一侧母线三相短路整定，即

$$Z_{op2} = K_{rel}Z_1 + K_{rel}K_b Z'_T \tag{5-85}$$

式中：Z_1 为本线路的正序阻抗；Z'_T 为相邻变压器正序阻抗，可按两阻抗的阻抗角相等计算；可靠系数 $K_{rel}=0.7\sim0.8$；K_b 为正序分支系数，取值计算见 5.2.3.3 中 4。

动作时限取 1.0s。灵敏系数 $K_{sen.2}$ 计算及要求同式（5-82）。

b. 相邻变压器另一侧为中性点直接接地系统时，按躲过变压器另一侧母线单相及两相接地故障整定，即

$$\left.\begin{array}{l} Z_{op1} = K_{rel}\dfrac{E+2U_2+U_0}{2I_1+(1+3K)I_0}（单相接地） \\[3mm] Z_{op1} = K_{rel}\dfrac{a^2U_1+aU_2+U_0}{a^2I_1+aI_2+(1+3K)I_0}（两相接地） \end{array}\right\} \tag{5-86}$$

式中：可靠系数 $K_{rel}=0.7\sim0.8$；U_1、U_2、U_0、I_1、I_2、I_0 为变压器另一侧母线接地时，在保护安装处的各正序、负序、零序电压、电流；E 为保护安装处母线的等值电源电动势，取额定值；零序电流补偿系数 $K=(Z_0-Z_1)/3Z_1$，Z_1、Z_0 分别为线路单位长度（如 km）的正序阻抗、零序阻抗。

动作时间取 1.0s。灵敏系数 $K_{sen.2}$ 计算及要求同式（5-82）。

（3）接地距离Ⅲ段。接地距离Ⅲ段动作阻抗整定值按可靠躲过本线路的最大事故过负荷电流对应的最小阻抗并与相邻线路接地距离Ⅱ段相配合整定。若配合困难（灵敏系数不能满足要求时），可按与相邻线路接地距离Ⅲ段配合整定。当本线路设有阶段式零序电流保护作为接地故障的基本保护时，接地距离Ⅲ段可退出运行。与相邻线路接地距离Ⅱ段相配合整定的接地距离Ⅲ段动作阻抗 Z_{op3} 按下式计算，即

$$Z_{op3} = K_{rel}Z_1 + K_{rel}K_b Z'_{op2} \tag{5-87}$$

式中：Z_1 为本线路正序阻抗；Z'_{op2} 为相邻线路接地距离Ⅱ段动作阻抗整定值；可靠系数 $K_{rel}=0.7\sim0.8$；K_b 为分支系数，计算及取值同式（5-84）。

与相邻线路接地距离Ⅲ段相配合整定时，Z_{op3} 以相邻线路接地距离Ⅲ段动作阻抗 Z'_{op3} 取代式（5-87)中的 Z'_{op2} 进行计算。

按可靠躲过本线路的最大事故过负荷电流对应的最小阻抗整定计算同相间距离Ⅲ段，见式（5-75）、式（5-76）。

动作时间取大于相邻线路接地距离Ⅱ段（与Ⅱ段配合时）或Ⅲ段（与Ⅲ段配合时）动作时间 t'_{II}（或 t'_{III}）一个阶段时限 Δt 整定，$t_{II}=t'_{II}+\Delta t$ 或 $t_{II}=t'_{III}+\Delta t$。

接地距离Ⅲ段灵敏系数 K_{sen3} 的计算类同式（5-77）。对本线路，K_{sen3} 的要求同式（5-82）。对相邻线路末端接地故障，K_{sen3} 力争不小于 1.2。

4. 阻抗元件精确工作电流校验

上述计算整定的各段的动作阻抗整定值，尚需分别按各段保护范围末端短路时的最小短路电流校验各段阻抗元件的精确工作电流，按照 DL/T 584 及 DL/T 559 的要求，应保证在其相应的保护动作区末端金属性相间短路的最小短路电流大于该段距离保护阻抗元件的最小精确工作电流的两倍。

5.2.4　110kV 输电线保护接线、产品技术参数

图 5-38 所示为 110kV 中性点直接接地电网线路保护交流接线例。本例线路为双侧电源，线路按规程要求采用阶段式相间和接地距离保护，并辅之用于切除经电阻接地故障的一段零序电流保护。保护用交流电压取自母线电压互感器 TV，电流互感器为三相设置，置于断路器的线路侧。线路设电压互感器 TV1，提供断路器同期及重合闸所需的线路电压。TV1 置于载波通信阻波器的线路侧（图中未表示阻波器）。

110kV 线路重合闸、断路器操作、故障记录及录波等功能通常与线路保护一起组合在保护装置中，110kV 线路保护装置成套产品技术参数例见表 5-8。

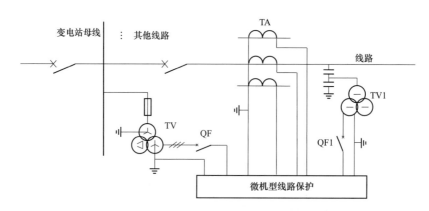

图 5-38　110kV 中性点直接接地电网线路保护交流接线例

表 5-8　　　　　　　　　　110kV 线路保护装置成套产品技术参数例

序号	项目	配置方案及内容或技术参数
1	保护配置及监控功能	（1）配置方案 1：三段式相间距离保护和接地距离保护、三（四）段式零序方向电流保护、过负荷、三相一次重合闸、电压互感器断线检查、电流互感器断线检查、断路器操作、交流电压切换、保护动作及事件报告记录、故障录波。 （2）配置方案 2：要求全线速动保护时，以纵联距离和零序方向保护，取代上面的阶段式距离及零序保护，其余同（1）。 （3）配置方案 3：要求全线速动保护时，以分相电流差动和零序电流差动为主保护，以三段式相间距离保护和接地距离保护、四段式零序方向电流保护作后备保护，其余同（1）
2	输入交流电流	（1）三相，5A 或 1A。 （2）过载能力：2 倍额定电流连续工作、10 倍额定电流 10s、40 倍额定电流 1s。 （3）功耗：1VA/相（I_n=5A），0.5VA/相（I_n=1A）
3	输入交流电压	（1）三相，$100/\sqrt{3}$V。 （2）过载能力：1.5 倍额定电流、连续工作。 （3）功耗：0.5VA/相
4	直流电源	（1）220V 或 110V。 （2）允许偏差：＋15%，－20%。 （3）功耗：正常时小于 35W，跳闸时小于 50W
5	启动元件	电流变化量、零序过电流、负序过电流
6	距离保护	（1）整定范围：0.01～25Ω（I_n=5A），0.05～125Ω/相（I_n=1A）。 （2）整定值误差：＜5%。 （3）精确工作电压：＜0.25V。 （4）最小精确工作电流：$0.1I_n$。 （5）最大精确工作电流：$30I_n$。 （6）整组动作时间：＜30ms（距离Ⅰ段）。 （7）暂态超越（距离Ⅰ段）：＜5%。 （8）延时整定范围：0～10s
7	零序电流保护	（1）整定范围：0.1～$20I_n$。 （2）整定值误差：＜5%。 （3）延时整定范围：1～10s。 （4）整定时间误差：≤1%＋20ms

序号	项目	配置方案及内容或技术参数
8	三相一次重合闸	(1) 可设定为检同期、检无压（线路或母线）、快速直接重合。 (2) 一次重合闸时间间隔：15s。 (3) 同期元件整定范围：$10°\sim60°$，误差$\leq\pm3°$。 (4) 重合闸延时整定范围：$0.3\sim10s$，误差$\leq\pm1s+30ms$。 (5) 无压整定：30V，平均误差$\leq\pm5\%$
9	故障录波	启动前 4 个周波，启动后 6 个周波的所有电流、电压；正常记录 10 个周波的电流、电压
10	报告记录	可存储 200 次保护事件报告、100 次保护动作报告
11	通信	RS-485（双绞线或光纤）或以太网，或 lonworks，支持 IEC 60870-5-103 通信规约
12	对时方式	外部脉冲对时、RS-485 同步时钟秒对时；监控系统时间对时报文对时

5.3　220kV 线路保护

5.3.1　保护的配置及要求

220kV 系统在我国为中性点直接接地系统。在 GB/T 14285《继电保护和安全自动装置技术规程》中，要求 220kV 输电线保护应按加强主保护简化后备保护的基本原则配置和整定，并规定了如表 5-9 的具体配置及要求。

表 5-9　　　　　　　　　　　　　　　220kV 线路保护配置及要求

序号	保护名称		配置要求	其他
1	相间短路及接地故障保护	1. 线路的主保护	应按下列要求装设两套全线速动保护，按双重化配置： (1) 每一套全线速动保护的功能完整，对全线内发生的各种类型故障，均能快速动作，切除故障。 (2) 两套全线速动保护的交流电流、电压回路和直流电源彼此独立。对双母线接线，两套保护可合用交流电压回路。 (3) 对要求实现单相重合闸的线路，两套全线速动保护应具有选相功能。 (4) 两套主保护应分别动作于断路器的一组跳闸线圈。 (5) 两套全线速动保护分别使用独立的远方信号传输设备。 (6) 具有全线速动保护的线路，其主保护的整组动作时间应为：对近端故障$\leq20ms$，对远端故障$\leq30ms$（不包括通道时间）。 (7) 当线路在正常运行中发生不大于 100Ω 电阻的单相接地故障时，全线速动保护应有尽可能强的选相能力，并能正确动作跳闸。 (8) 在旁母断路器代线路运行时，至少应保留一套全线速动保护运行。 (9) 在单相重合闸跳单相后至重合前，健全相发生故障时保护应快速动作三相跳闸	(1) 220kV 线路的后备保护宜采用近后备方式，某些能实现远后备的线路，则宜采用远后备或同时采用远、近结合的后备方式。 　全线速动及不带时限的线路 I 段保护均是线路主保护，两套全线速动保护可以互为近后备保护，线路 II 段是全线速动保护的近后备保护，线路 III 段是全线路的延时近后备保护，同时尽可能作为相邻线路的远后备保护。 (2) 对需要装设全线速动保护的电缆线路及架空短线路，宜采用光纤电流差动保护作为全线速动主保护。对中长线路，有条件时宜采用电流光纤差动保护作为全线速动主保护。

序号	保护名称		配置要求	其他
1	相间短路及接地故障保护	2. 线路的后备保护	主保护装设了两套全线速动保护的线路，还应按下面规定装设后备保护和辅助保护。 （1）对相间短路，应按下列规定装设后备保护。 1）宜装设阶段式相间距离保护。 2）为快速切除中长线路出口短路故障，在保护配置中宜有专门反应近端相间故障的辅助保护功能。 （2）对接地短路，应按下列规定装设后备保护。 1）宜装设阶段式接地距离保护并辅之用于切除经电阻接地故障的一段定时限和/或反时限零序电流保护。 2）可装设阶段式接地距离保护、阶段式零序电流保护或反时限零序电流保护，根据具体情况使用；如双重化配置的主保护均有完善的距离后备保护，则可不使用零序Ⅰ、Ⅱ段保护，仅保留用于切除经不大于100Ω电阻接地故障的一段定时限和/或反时限零序电流保护。 3）当接地电阻不大于100Ω时，保护应能可靠地切除故障。 4）为快速切除中长线路出口短路故障，在保护配置中宜有专门反应近端接地故障的辅助保护功能。 （3）带延时的相间和接地Ⅱ、Ⅲ段保护（包括相间和接地距离、零序电流保护），允许与相邻线路和变压器的主保护配合，以简化动作时间的配合整定	（3）微机线路保护除具有全线速动的纵联保护功能外，还应至少具有三段式相间、接地距离保护，反时限和/或定时限零序方向电流保护的后备保护功能。 （4）对各类双断路器接线方式的线路，其保护应按线路为单元装设，重合闸装置及失灵保护等应按断路器为单元装设。 （5）系统振荡时，保护不应误动，对各类不对称短路应有选择性动作，纵联保护应快速动作。全相振荡过程中发生三相短路时，保护应可靠动作，并允许带短延时。 （6）有独立选相功能的线路保护发出的跳闸命令，应能直接送至相关断路器的分相跳闸执行回路。 （7）微机线路保护装置应具有测量故障点距离功能。对金属性短路的测距误差不大于线路全长的±3%
		3. 并列运行的平行线保护	（1）宜装设与一般双侧电源线路相同的保护。 （2）对电网稳定影响较大的同杆并架双回路线路，宜配置分相电流差动或其他具有跨线故障选相功能的全线速动保护，以减少同杆双回线路同时跳闸的可能性	
		4. 带分支的线路保护	不宜在电网的联络线上接入分支线路或分支变压器。对带分支的线路，可装设与不带分支时相同的保护，但应考虑下述特点，并采取必要的措施。 （1）线路侧保护对线路分支上的故障，应首先满足速动性，对分支变压器故障，允许跳线路侧断路器。 （2）如分支变压器低压侧有电源，还应对高压侧线路故障装设保护装置，有解列点的小电源侧按无电源处理，可不装设保护。 （3）分支线路上当采用电力载波闭锁式纵联保护时，应按下列规定执行。 1）不论分支侧有无电源，当纵联保护能躲开分支变压器的低压侧故障，并对线路及其分支上故障有足够灵敏度时，可不在分支侧另设纵联保护，但应装设高频阻波器。当不符合上述要求时，在分支侧可装设变压器低压侧故障启动的高频闭锁发信装置。当分支侧变压器低压侧有电源且须在分支侧快速切除故障时，宜在分支侧也装设纵联保护。 2）母线差动保护和断路器位置触点，不应停发高频闭锁信号，以免线路对侧跳闸，使分支线与系统解列。 （4）对并列运行的平行线上的平行分支，如有两台变压器，宜将变压器分接于每一分支上，且高、低压侧都不允许并列运行	

序号	保护名称		配置要求	其他
1	相间短路及接地故障保护	5. 电气化铁路供电线路保护	采用三相电源对电铁负荷供电的线路，可装设与一般线路相同的保护。采用两相电源对电铁负荷供电的线路，可装设两段式距离、两段式电流保护，同时还应考虑下述特点，并采取必要的措施。 (1) 电气化铁路供电产生的不对称分量和冲击负荷可能会使线路保护装置频繁启动，必要时，可增设保护装置快速复归的回路。 (2) 电气化铁路供电在电网中造成的谐波分量可能导致线路保护装置误动，必要时，可增设谐波分量闭锁回路	
2	远方跳闸保护		一般情况下 220kV 线路在下列故障应传送跳闸命令，使相关线路对侧断路器跳闸切除故障：一个半断路器接线的断路器失灵保护动作、高压侧无断路器的线路并联电抗器保护动作、线路变压器组的变压器保护动作	
3	过负荷保护	电缆或电缆架空混合线路	电缆或电缆架空混合线路，应装设过负荷保护，保护宜动作于信号，必要时可动作于跳闸	
4	互感器断线保护		(1) 保护装置在电流互感器二次回路不正常或断线时，应发告警信号。 (2) 保护装置在电压互感器二次回路一相、两相或三相同时断线、失压时，应发告警信号，并闭锁可能误动的保护	

由表 5-9 可知，根据输电线的类型，220kV 输电线需配置的保护主要有全线速动保护、阶段式相间和接地距离保护、阶段式零序电流保护，并按规定配置远方跳闸保护，全线速动保护目前主要采用包括输电线电流差动保护的各种纵联保护。另外，为加快切除线路故障，在220kV 及以上电压的线路保护装置中，通常配置工频故障分量距离作为快速动作的主保护。线路保护（屏）一般不配置线路断路器的失灵保护，线路接于单、双母线时通常置于母线保护并与之组屏，接于一个半断路器时，置于断路器保护屏。

采用纵联保护的输电线路两端或各端（对多端线路）需通过通信通道互联，各端的保护通过互联通道向对端传送保护所需的信息及接受对端发来的信息，根据本端测量的信息及对端送来的信息，对故障位置是否在本线路范围内进行判断，确定是否切除线路，以此实现输电线全线范围内的速动保护。目前，用于纵联保护的通信通道主要有光纤、电力载波通道（也称高频通道）、微波通道及导引线（金属导线），常用的输电线纵联保护主要有电流差动纵联保护（包括分相电流差动保护及零序电流差动保护）、方向比较式纵联保护（也称高频方向保护）、距离纵联保护（也称高频距离保护），早期尚有相位比较式纵联保护（也称高频相差保护）。不同类型的纵联保护有不相同的原理，在通道上有不同的传输信息，也有不同的应用特点。

5.3.2 输电线的电流差动纵联保护

5.3.2.1 基本原理

电流差动纵联保护在高压输电线中通常用作输电线相间及接地故障的全线速动主保护。电流差动保护一般包括分相电流差动保护及零序电流差动保护,零序电流差动保护对经高过渡电阻的接地故障有较高的灵敏度。基本原理与发电机等差动保护类同,通常也采用带制动特性的差动保护。电流差动纵联保护在输电线的两端(或三端)分别设置差动保护装置(见图5-39),每端的差动保护装置通过通信通道将本端电流信息传给对端并接受对端传来的对端电流信息。由设置在各端的差动保护装置,根据对端及本端的电流信息,计算差动电流及制动电流,按差动保护整定的动作特性,确定故障是否在本输电线内,在输电线内部故障时保护动作,跳开本端断路器,切除输电线路,并通过通信通道向对端发出联跳信号,实现输电线的全线速动保护。由于输电线电流差动纵联保护所需的电流信息为通过通道传送,差动保护需要解决电流信息在线路两端(或各端)间的准确传输及电流值发生时间的同步(采样同步)问题,以保证差动保护正确工作。

输电线电流差动纵联保护原理及动作方程与发电机等差动保护类似,可参见第2~4章的有关分析。由于输电线特别是远距离高压输电线有较大的分布的电容电流,线路纵联差动保护需要考虑电容电流对保护的影响,电容电流将产生差动保护的不平衡电流,故对较长的未采用并联补偿的输电线,通常需要在差动保护中设置电容电流补偿。

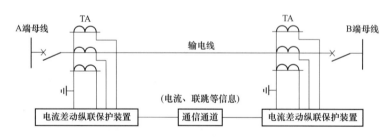

图 5-39 输电线的电流差动纵联保护

为适应高压输电线单相接地故障时保护单相跳闸的要求,电流差动纵联保护设置选相功能,零序电流差动保护经选相元件跳闸,分相差动动作时,该选相元件动作,仅跳开故障相。

为防止电流互感器断线或通道故障时差动纵联保护误动,保护设置启动元件,如采用电流变化量、零序过电流等启动,仅当启动元件动作时,允许差动保护动作出口跳闸。

目前常用电流差动纵联保护,各端间的通信通常为光纤通道,采用数字通信,保护为微机保护装置,传输的电流信息为瞬时采样值,各端电流的采样同步采用 GPS(全球定位系统)同步法、时钟校正法等,称之为数字式光纤电流差动保护。通信通道也可采用微波,短输电线通常采用光纤或导引线通道。

输电线电流差动纵联保护可保证保护的选择性并有较好的灵敏度,在电力系统振荡时不会误动,在线路单相跳闸后的两相运行时也能正常工作,能较好地适应单相高阻接地故障,保护工作不受线路串补电容的影响，不受线路两端电源强、弱的影响，保护具有选相能力，为具有光纤通道或微波通道的输电线首选的纵联保护。

5.3.2.2　电流数据采样的同步

目前常用的电流差动纵联保护主要为数字式，其比较的是线路两端（或各端）的同一时刻的电流采样值。由于各端的电流采样各自独立进行，故需要对各端保护装置的电流采样进行同步，才能实现电流差动的纵联保护。实现电流采样同步有多种方法，如 GPS（全球定位系统）同步法、时钟校正法、参考矢量同步法、采样数据修正法、采样时刻调整法等。下面主要介绍常用的 GPS 同步法、时钟校正法。

1. GPS（全球定位系统）同步法

GPS 同步法是由输电线各端的保护装置接受全球定位系统卫星发送的时间信息对保护装置的采样时钟进行时间同步（时间同步误差通常不超过 2μs），使各端保护均以与 GPS 时间同步的时间作为电流采样数据的时间标签，保证有相同时间标签的电流采样值为同步采集，差动保护运算时，取时间标签有相同时间的电流值进行计算，便可保证计算的正确性。

采用 GPS 同步法时，各端保护通常需设置 GPS 接收机接收定位系统卫星发送的时间信息，并以时间基准的秒脉冲信号（1PPS）及 IRIG-B 时间码输出至保护的电流采样时钟，使采样时钟与 GPS 时间同步。1PPS 信号以脉冲的准时沿提供时间基准，时间的准确度优于 1μs，通过硬布线的电缆芯传输；IRIG-B 时间码可提供年、月、日、时、分、秒的时间信息，通过通信口传送。GPS 同步法与纵联保护通信路由无关，可适应各通信系统，精度很高，计算工作量也较少。

2. 时钟校正法

时钟校正法是将线路的一端设为时钟的基准端，或称为参考端，其他端为同步端。通过周期性的通信，检测各同步端时钟与基准端的时间误差，有误差的同步端按照该端的误差值调整其保护装置的时钟，直至与基准端同步。仅当满足同步时才进行采样。采样得到的数据均带上时间标签，有相同时间标签的电流采样值为同步采集，差动保护运算时，取时间标签有相同时间的电流值进行计算，便可保证计算的正确性。

各同步端进行时钟误差检测时（通常在采样间隔中进行），由同步端向参考端发送（在同步端 t_{s1} 时刻）报文，参考端收到后在回复报文中将收到时刻（参考端 t_{r2} 时刻）及回复时刻（参考端 t_{r3} 时刻）发送给同步端，同步端收到（同步端 t_{s4} 时刻）参考端的回复报文后，根据发、收时刻计算出通道的实际传输延时时间，若此时间不等于由参考端收到报文时刻计算的通道传输延时时间，其时间差即为同步端与参考端时钟的偏差，同步端以此偏差对本端时钟进行校正，直至与参考端时钟同步。

若两端通信的收、发路由距离相同，通道的实际传输延时 T' 可由两端的发、收时刻计算为

$$T' = |(t_{s4} - t_{s1}) - (t_{r3} - t_{r2})|/2$$

若两端时钟无误差，则通道的传输延时 $T = t_{r2} - t_{s1}$。若 $T' \neq T$，则同步端与参考端的时钟有偏差 Δt，$\Delta t = T' - T$，即

$$\Delta t = T' - T = \left[|(t_{s4} - t_{s1}) - (t_{r3} - t_{r2})|/2\right] - (t_{r2} - t_{s1})$$

$$= \left[(t_{s1} + t_{s4}) - (t_{r2} + t_{r3}) \right]/2$$

时钟校正法可保证输电线各端为同步采样，使差动保护的算法处理较简单。缺点是同步的调整过程较长，不利于失步后的再同步。同步的时间误差通常是通过计算通信的传输延迟取得，并要求通信的收发路由距离相等，故这种同步方法不适用收发路由不同的通信系统。

5.3.2.3　电流差动纵联保护的整定

DL/T 559《220kV～750kV电网继电保护装置运行整定规程》对电流差动纵联保护有如下的整定要求。

（1）装置的零序电流启动元件按躲过最大负荷下的不平衡电流整定，并能在下列的短路点过渡电阻值条件下满足灵敏系数大于2.5：220kV线路为100Ω，330kV线路为150Ω，500kV线路为300Ω，750kV线路为400Ω。

（2）突变量启动元件按被保护线路运行时的最大不平衡电流整定，灵敏系数大于1.5。

（3）零序差动电流保护差流整定值，对切除高阻接地故障灵敏度不小于1.5。若无零序电流差动保护的分相电流差动保护的差流低定值，对切除高阻接地故障灵敏度不小于1.3；若有零序电流差动保护的分相电流差动保护的差流低定值，对切除高阻接地故障灵敏度不小于1。

（4）分相电流差动保护的差流低定值按可靠躲过线路稳态电容电流整定，可靠系数不小于4。零序差动电流保护差流整定值和分相电流差动差流低定值躲不过线路稳态电容电流时须经线路电容电流补偿。

5.3.2.4　电流差动纵联保护的动作逻辑示例

输电线电流差动纵联保护逻辑示例如图5-40所示，A、B、C相差动元件包括分相差动、零

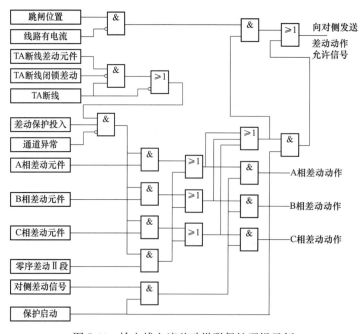

图 5-40　输电线电流差动纵联保护逻辑示例

序差动Ⅰ段（经 100ms 延时）及选相元件，零序差动Ⅱ段经 250ms 延时。本侧断路器三相于跳闸位置或差动保护动作时，向对侧发差动动作允许信号，使对侧启动跳闸。本侧同样可接受对侧差动动作信号启动跳闸。TA 断线时，断线侧的保护启动及差动元件可能动作，但由于 TA 断线侧对侧的启动元件此时不动作，不会向 TA 断线侧发差动保护动作信号，从而保证纵联差动不会动作。故"TA 断线闭锁差动"可选择为投入闭锁电流差动或不投入；若选择为不投入，且该相差流大于 TA 断线差动元件整定值时，电流差动保护仍开放，不受闭锁。保护启动开放元件包括电流变化量启动、零序电流启动、纵联差动或远跳启动等。

5.3.3 纵联方向保护

5.3.3.1 基本原理

纵联方向保护也称方向比较式纵联保护，是基于比较输电线两端保护对故障点方向的判断结果来确定故障位置是否在输电线内、保护是否动作的输电线保护。如图 5-41 所示，若规定短路功率从母线流向线路为正方向，线路内部故障（k_1）时，必有 A、B 端的短路功率均为正方向；线路外部故障时，A 或 B 端总有一端出现反方向的短路功率（k_2，B 端）。故通过比较两端短路功率的方向，可对线路内、外部故障进行判断。

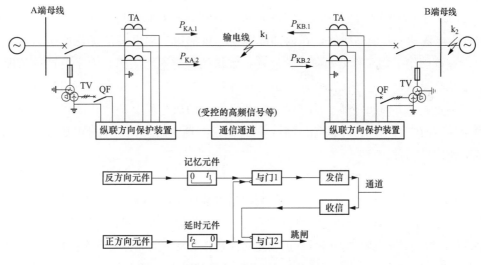

图 5-41　输电线的纵联方向保护原理示意例

纵联方向保护有多种构成方案，如有闭锁式、允许式、解除闭锁式等。

1. 闭锁式的纵联方向保护

图 5-41 给出闭锁式的纵联方向保护（或称高频闭锁方向保护）原理示意及逻辑图例。在输电线的 A、B 端均设置保护装置，两端保护装置通过通信通道互联，并均配置启动发信的方向元件及作用于跳闸的方向元件。启动发信的方向元件仅在短路功率为反方向时启动（下称该元件为反方向元件），作用于跳闸的方向元件仅在短路功率为正方向时启动（下称该元件为正方向元件）。两端对短路点方向的判断信息以通道有无高频信号来传递，当通道有高频信号时，表示

A 或 B 端总有一端出现反方向的短路功率，为外部故障，保护被闭锁；通道无高频信号时，保护不受闭锁，可由各端作用于跳闸的方向元件动作跳开本端断路器。

正常运行时，正、反方向元件均不动作。内部故障时，A、B 端短路功率为正方向，两端的正方向元件动作，反方向元件不动作，通道无高频信号，与门 2 未被闭锁，作用于跳闸的正方向元件动作延时 t_2 后经与门 2 出口跳开本端断路器。在 B 端的外侧发生外部短路时，短路功率对 B 端为反方向，B 端正方向元件不启动，与门 1 无闭锁信号，B 端的反向元件启动，经与门 1 向 A 端发高频信号；此时短路功率对 A 端为正方向，A 正方向元件动作，但在延时 t_2 前，A 端由于收到通道的高频闭锁信号使与门 2 被闭锁，保护不能动作出口。

图 5-41 的逻辑图中 t_2 延时元件的设置，是为使一端（如 B 端）的高频信号能可靠地实现对另一端（A 端）跳闸的闭锁，在 A 端作用于跳闸的正方向元件启动后，需经延时（t_2）出口，以保证 A 端对 B 端发送的高频信号的接收及跳闸闭锁的完成，$t_2 > t_c + \Delta t$，t_c 为高频信号由 B 端传送到 A 端所需的时间，Δt 为 A 端正方向元件与 B 端反方向元件动作时间之差。t_1 记忆元件（或称延时返回元件）的设置，是为防止外部故障切除后，近短路点的一端（如 B 端）启动发信的反方向元件先返回停止发信，而 A 端的启动跳闸的正方向元件后返回，造成 A 端因无高频闭锁信号使保护误动作跳闸，故在 B 端反元件启动后，若外部故障切除启动条件消失，记忆元件将保持于动作状态，在 t_1 时间内（延时返回时间）继续向对端发出高频信号，t_1 应大于 B 端发信启动的反方向元件返回时间与 A 端启动跳闸的正方向元件返回时间之差。

对一端电源功率较弱的线路，在内部故障时，可能由于弱电源端提供的短路功率不足以使该端应该动作于跳闸的正方向元件启动，致该端保护不能跳闸。为避免这种情况的发生，弱电源侧需装设弱电源保护，通常由电压保护构成，当有一相电压或相间电压低于整定值且本侧正、反方向元件都不动作时，则弱电源端的弱电源保护动作闭锁发信（使对端可以跳闸），并在确认对侧无闭锁信号后，跳开线路本侧断路器。对单侧电源线路的无电源端，也需作同样设置。

2. 允许式的纵联方向保护

纵联方向保护也可以采用允许式。由一端根据本端对故障方向的判断等情况，通过通道向对端发允许跳闸信号，对端收到允许跳闸信号后，允许保护出口跳闸。通常在本端于下列情况时启动发信向对端发出跳闸允许信号：正方向元件动作而反方向元件不动作；其他保护或外部保护动作跳闸；断路器三相已跳闸且无电流；弱电源或无电源端有一相电压或相电压（或与电流）低于整定值且正、反方向元件均不动作。

3. 解除闭锁式的纵联方向保护

纵联方向保护也可以采用解除闭锁式。正常运行情况下，线路两端均向对端连续发出闭锁信号。内部故障时，两端正方向元件动作，均停止发闭锁信号，保护可以跳闸。外部故障时，近故障点端反方向元件动作，不停止闭锁信号，两端保护均不允许跳闸。正常运行时，闭锁信号可同时作为通道工作状态监视，若收不到闭锁信号且保护启动元件未启动，则证明通道有故障，经延时将保护闭锁。对弱电源或无电源端，类同闭锁式纵联方向保护，需增设弱电源保护，在内部故障时，由弱电压保护动作停止发信（使对端保护无高频闭锁信号而出口跳闸）及跳开弱电源端断路器。

纵联方向保护可用于 220kV 及以上电压输电线作为全线速动保护。其中闭锁式或解除闭锁式纵联方向保护在内部故障时不需要发出高频闭锁信号，在内部故障伴随通道故障时（如通道所在相断线或接地等），保护装置仍能正确工作。但在外部故障伴随通道故障时，保护将误动。

5.3.3.2　纵联方向保护的方向元件

纵联方向保护的方向元件应能正确地反应线路的各种故障，快速动作，不对称故障时，非故障相的元件不误动，不受电力系统振荡的影响。目前较多应用的方向元件有负序方向元件及零序方向元件、工频故障分量方向元件、正序故障分量方向元件，另外，尚有相电压补偿式方向元件、行波方向元件及暂态能量方向元件等。

1. 负序方向元件及零序方向元件

负序方向元件反应负序功率的方向，零序方向元件反应零序功率的方向，其原理、特性及相关的分析与 5.1.2.2 及 5.2.3.2 的功率方向元件类同。

对负序方向元件，式（5-1）中 φ 为母线负序电压 $\dot{U}_2$ 和线路负序电流 $\dot{I}_2$ 之间的角度，最大灵敏角 φ_{sen} 通常取为 $\dot{U}_2$ 超前 $-\dot{I}_2$ 的角度（如 70°），负序方向元件特性见图 5-42，此时负序电流的正方向指定为由母线流向线路。零序方向元件与之类似，此时元件的输入零序电压为母线零序电压 $3\dot{U}_0$，输入电流为线路零序电流 $3\dot{I}_0$。

在单侧电源及负荷较小、负序阻抗较大的线路内部发生接地故障时，无电源端的负序电流很小，负序方向元件可能灵敏度不足，使保护不能动作，故为提高保护对接地短路的灵敏度，采用负序方向元件的纵联方向保护通常同时配置零序方向元件以反应接地故障。由于在三相短路的初始时间里总存在三相短路电流的不对称，此时出现短时衰减的负序电压、电流，通常能满足快速动作的纵联保护正确工作的要求。

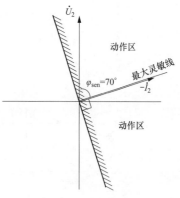

图 5-42　负序方向元件特性

由于电力系统振荡时不出现负序及零序分量，故负序方向元件与零序方向元件在系统振荡时不会误动（而反应全电流的功率方向元件此时可能误动）。

2. 工频故障分量方向元件

工频故障分量（也称工频变化量）方向元件是利用故障时电压电流故障分量中的工频正序和负序分量判断故障方向的一种方向元件。

正如在 2.2.1.5 中的描述，故障电流分量是故障电流与故障前负荷电流之差，是故障前后电流的变化量。故障时电压、电流中的这个变化量，称故障分量（也称故障变化量、突变量），可以用叠加原理进行分析。图 5-43 中的两侧电源系统，以故障点电压为零的金属性短路为例，在线路 M 端线路保护正方向 k_f 短路（或反方向 k_b 短路）时，k_f 点（或 k_b 点）电压为零，其等效网络相当于在 k_f 点（或 k_b 点）接入一个与故障前该处电压大小相等、方向相反的附加电势源。如对正方向短路点 k_f，故障前（$t=0$）k_f 点对地电压为 $\dot{U}_{kf(0)}$，k_f 点对地金属性短路时，其等效网络相当于在 k_f 点接入一个与故障前 k_f 点对地电压 $\dot{U}_{\mathrm{kf}(0)}$ 大小相等、方向相反的附加电势源 $\Delta\dot{E}_{\mathrm{kf}}=-\dot{U}_{\mathrm{kf}(0)}$，见图 5-43（c）[图中 $\dot{U}_{\mathrm{kf}(0)}$ 以电势源表示]。故障前后流经保护的电流、电压变化量 $\Delta\dot{I}$、$\Delta\dot{U}$ 由附加电势源产生，如图 5-43（d）、图 5-43（e）所示。故障后的电流、电压的故障分量包含有工频分量及各种频率的暂态分量。工频故障分量方向元件仅反应故障分量中的工频（正弦）分量，即工频故障分量（也称为工频故障变化量、突变量）。下面分析工频故障分量方向元件的工作原理及动作方程，分析时规定电流正方向为由母线流向线路（如图 5-43 所示，也是线路 M 端保护的正方向），电流、电压故障分量以其符号前加 Δ 表示。

（1）正方向短路时。在正方向 k_f 短路时，线路 M 端线路保护感受的电流故障分量为 $\Delta\dot{E}_{\mathrm{kf}}$ 提供的电流，方向与规定的电流正方向相反，其中 A 相的故障分量电流 $\Delta\dot{I}_\mathrm{A}$ 为

$$\Delta\dot{I}_\mathrm{A}=-(\Delta\dot{I}_1+\Delta\dot{I}_2+\Delta\dot{I}_0) \tag{5-88}$$

式中：$\Delta\dot{I}_1$、$\Delta\dot{I}_2$、$\Delta\dot{I}_0$ 为 A 相故障电流分量的正序、负序、零序分量。

正方向 k_f 短路时，M 端线路保护感受的电压故障分量，对 A 相（$\Delta\dot{U}_\mathrm{A}$）为

$$\Delta\dot{U}_\mathrm{A}=-(\Delta\dot{I}_1 Z_{1\mathrm{m}}+\Delta\dot{I}_2 Z_{2\mathrm{m}}+\Delta\dot{I}_0 Z_{0\mathrm{m}}) \tag{5-89}$$

式中：$Z_{1\mathrm{m}}$、$Z_{2\mathrm{m}}$、$Z_{0\mathrm{m}}$ 为线路 M 端保护安装处到保护反方向的系统中性点（$\dot{E}_\mathrm{m}$ 的中性点）的正序、负序及零序阻抗。

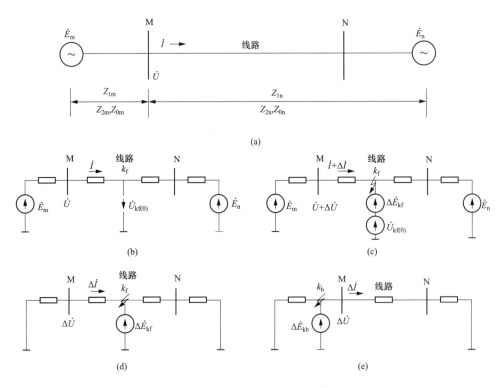

图 5-43　工频故障分量方向元件原理分析图

（a）系统接线；（b）正向故障前状态；（c）正向短路的等效故障状态；

（d）正向短路仅有故障分量时；（e）反向短路仅有故障分量时

在式（5-88）、式（5-89）表示的故障分量中分别减去零序分量后，得到仅反应正序及负序成分的电流、电压工频故障分量 $\Delta\dot{I}'_A\Delta\dot{U}'_A$。正方向 k_f 短路时，$\Delta\dot{I}'_A$、$\Delta\dot{U}'_A$ 为

$$\left.\begin{aligned}\Delta\dot{I}'_A&=-(\Delta\dot{I}_1+\Delta\dot{I}_2)\\\Delta\dot{U}'_A&=-(\Delta\dot{I}_1 Z_{1m}+\Delta\dot{I}_2 Z_{2m})\end{aligned}\right\} \tag{5-90}$$

若设定方向元件的参考阻抗为 Z_d（阻抗角通常取为 $80°$），类同 5.2.3.2 对功率方向元件的分析，以测量阻抗与参考阻抗比相来判断故障方向。当保护动作范围的两个角度设置为 φ_1、φ_2 时，正方向 k_f 短路时 A 相工频故障分量方向元件的以电压表示的相位比较式动作判据可表示为

$$\varphi_1<\arg\frac{\Delta\dot{U}'_A}{-\Delta\dot{I}'_A Z'_d}<\varphi_2 \tag{5-91}$$

电力系统的正、负序阻抗通常相近，当设 $Z_{1m}=Z_{2m}$ 时，式（5-90）可表示为

$$\left.\begin{aligned}\Delta\dot{I}'_A&=-(\Delta\dot{I}_1+\Delta\dot{I}_2)\\\Delta\dot{U}'_A&=-(\Delta\dot{I}_1+\Delta\dot{I}_2)Z_{1m}=-\Delta\dot{I}'_A Z_{1m}\end{aligned}\right\} \tag{5-92}$$

以式（5-92）代入式（5-91），可得到正方向 k_f 短路时，A 相工频故障分量方向元件的以阻抗表示的相位比较式的动作判据表示式为

$$\varphi_1<\arg\frac{Z_{1m}}{Z_d}<\varphi_2 \tag{5-93}$$

类同 A 相的分析及设定，按对称分量法可得到正方向 k_f 短路时，B、C 相电流、电压的工频故障分量 $\Delta\dot{I}'_B$、$\Delta\dot{U}'_B$ 及 $\Delta\dot{I}'_C$、$\Delta\dot{U}'_C$ 为

$$\left.\begin{aligned}\Delta\dot{I}'_B&=-(a^2\Delta\dot{I}_1+a\Delta\dot{I}_2);\quad \Delta\dot{I}'_C=-(a\Delta\dot{I}_1+a^2\Delta\dot{I}_2)\\\Delta\dot{U}'_B&=-\Delta\dot{I}'_B Z_{1m};\qquad\qquad \Delta\dot{U}'_C=-\Delta\dot{I}'_C Z_{1m}\end{aligned}\right\} \tag{5-94}$$

由式（5-94）及类同 A 相的分析可知，正方向 k_f 短路时，B、C 相工频故障分量方向元件的动作判据与 A 相相同为式（5-93）。

（2）反方向短路时。在反方向 k_b 短路时，M 端线路保护感受的电流故障分量为 $\Delta\dot{E}_{kb}$ 提供的电流，电流方向为规定的电流正方向，对 A 相

$$\Delta\dot{I}_A=\Delta\dot{I}_1+\Delta\dot{I}_2+\Delta\dot{I}_0 \tag{5-95}$$

M 端线路保护感受的电压故障分量在反方向 k_b 短路时为（对 A 相）

$$\Delta\dot{U}_A=\Delta\dot{I}_1 Z_{1n}+\Delta\dot{I}_2 Z_{2n}+\Delta\dot{I}_0 Z_{0n} \tag{5-96}$$

类同正方向的分析及假定，设 $Z_{1n}=Z_{2n}$，可得到反方向 k_b 短路时，三相电流、电压的工频故障分量 $\Delta\dot{I}'_A$、$\Delta\dot{U}'_A$ 和 $\Delta\dot{I}'_B$、$\Delta\dot{U}'_B$ 及 $\Delta\dot{I}'_C$、$\Delta\dot{U}'_C$ 为

$$\left.\begin{aligned}\Delta\dot{I}'_A&=\Delta\dot{I}_1+\Delta\dot{I}_2;\quad \Delta\dot{I}'_B=a^2\Delta\dot{I}_1+a\Delta\dot{I}_2;\quad \Delta\dot{I}'_C=a\Delta\dot{I}_1+a^2\Delta\dot{I}_2\\\Delta\dot{U}'_A&=\Delta\dot{I}'_A Z_{1n};\qquad \Delta\dot{U}'_B=\Delta\dot{I}'_A Z_{1n};\qquad \Delta\dot{U}'_C=\Delta\dot{I}'_C Z_{1n}\end{aligned}\right\} \tag{5-97}$$

反方向 k_b 短路时，A、B、C 三相工频故障分量方向元件的动作判据相同，为

$$\varphi_1<\arg\frac{Z_{1n}}{-Z_d}<\varphi_2 \tag{5-98}$$

（3）电压补偿。在大电源长线路情况下，由于电源阻抗（如 Z_{1n}）较小，线路末端故障时，电压回路灵敏度可能不够，此时可在工频故障分量方向元件中设置电压补偿，补偿电压通常取电流工频故障分量在线路中某一点的电压降。补偿后的电压工频故障分量 $\Delta\dot{U}'_A$、$\Delta\dot{U}'_B$ 和 $\Delta\dot{U}'_C$ 如下。

对正方向故障由式（5-92）~式（5-94）为

$$\Delta\dot{U}'_A = -\Delta\dot{I}'_A Z_{1m} - C\Delta\dot{I}'_A Z_{1L}; \Delta\dot{U}'_B = -\Delta\dot{I}'_B Z_{1m} - C\Delta\dot{I}'_B Z_{1L}; \Delta\dot{U}'_C = -\Delta\dot{I}'_C Z_{1m} - C\Delta\dot{I}'_C Z_{1L} \tag{5-99}$$

以及

$$\varphi_1 < \arg\frac{Z_{1m} + CZ_{1L}}{Z_d} < \varphi_2 \tag{5-100}$$

对反方向故障由式（5-95）及式（5-97）为

$$\Delta\dot{U}'_A = \Delta\dot{I}'_A Z_{1n} - C\Delta\dot{I}'_A Z_{1L}; \Delta\dot{U}'_B = \Delta\dot{I}'_B Z_{1n} - C\Delta\dot{I}'_B Z_{1L}$$

$$\Delta\dot{U}'_C = \Delta\dot{I}'_C Z_{1n} - C\Delta\dot{I}'_C Z_{1L} \tag{5-101}$$

$$\varphi_1 < \arg\frac{Z_{1n} - CZ_{1L}}{-Z_d} < \varphi_2 \tag{5-102}$$

式中：C 为补偿系数，可取 $0\sim1$，某些产品取 0.5；Z_{1L} 为被保护线路正序阻抗。

Z_{1L} 和 Z_{1m} 的阻抗角通常差别不大，当忽略其差别时，有 $\arg\dfrac{Z_{1m} + CZ_{1L}}{Z_d} = \arg\dfrac{Z_{1m}}{Z_d}$ 及 $\arg\dfrac{Z_{1m} - CZ_{1L}}{-Z_d} = \arg\dfrac{Z_{1m}}{-Z_d}$，故采取电压补偿后，通常不会改变工频故障分量方向元件原来的分析结果。由于补偿后的电压工频故障分量有较大的数值，在 Z_{1m} 较小时，可使电压回路的灵敏度得到较好的改善。

（4）方向性及特点。由工频故障分量方向元件在正、反方向短路的动作判据方程式（5-93）及式（5-98）可见，在正方向短路时，工频故障分量方向元件的动作区 $\varphi_1\sim\varphi_2$ 为 Z_{1m} 与 Z_d 间相位角，反方向短路时，动作区 $\varphi_1\sim\varphi_2$ 为 Z_{1n} 与 $-Z_d$ 间相位角，基准矢量分别为反相位（相位相差 $180°$）的 Z_d、$-Z_d$，而系统综合正序阻抗 Z_{1m} 和 Z_{1n} 通常有相近的阻抗角，可知方向元件有明确的方向性。

工频故障分量方向元件可适应各种相间及接地故障，由于故障分量仅在故障时出现，正常为 0，其灵敏度较高，动作速度较快；方向元件的判别式仅涉及保护安装点两侧线路及系统的正序及负序阻抗，故方向元件的灵敏度等一般不受故障点过渡电阻、零序网络的影响，一般也不受电源助增等的影响。

由于线路单相接地时故障通常有发展过程，特别在经过渡电阻接地时，在故障电流逐渐增大过程中电流变化量可能不明显，但其对零序电流影响有限，故纵联方向保护通常采用工频故障分量方向元件同时配置零序方向元件方案，以保证方向元件的快速正确动作。

3. 正序故障分量方向元件

正序故障分量方向元件是利用正序故障分量实现故障方向判别。类同工频故障分量方向元件的分析，对 M 端的保护，当式（5-92）、式（5-94）、式（5-97）取消负序电流项及其相关项时，可得到正方向故障时 A、B、C 相电流、电压的正序故障分量为 $\Delta \dot{I}_{A1}$、$\Delta \dot{U}_{A1}$ 和 $\Delta \dot{I}_{B1}$、$\Delta \dot{U}_{B1}$ 及 $\Delta \dot{I}_{C1}$、$\Delta \dot{U}_{C1}$ 为

$$正向短路\begin{cases}\Delta \dot{I}_{A1} =- \Delta \dot{I}_1; \quad \Delta \dot{I}_{B1} =-a^2\Delta \dot{I}_1; \quad \Delta \dot{I}_{C1} =-a\Delta \dot{I}_1; \\ \Delta \dot{U}_{A1} =- \Delta \dot{I}_{A1} Z_{1m}; \quad \Delta \dot{U}_{B1} =- \Delta \dot{I}_{B1} Z_{1m}; \quad \Delta \dot{U}_{C1} =- \Delta \dot{I}_{C1} Z_{1m}\end{cases}$$
$$反向短路\begin{cases}\Delta \dot{I}_{A1} = \Delta \dot{I}_1; \quad \Delta \dot{I}_{B1} = a^2\Delta \dot{I}_1; \quad \Delta \dot{I}_{C1} = a\Delta \dot{I}_1; \\ \Delta \dot{U}_{A1} = \Delta \dot{I}_{A1} Z_{1n}; \quad \Delta \dot{U}_{B1} = \Delta \dot{I}_{B1} Z_{1n}; \quad \Delta \dot{U}_{C1} = \Delta \dot{I}_{C1} Z_{1n}\end{cases} \tag{5-103}$$

正序故障分量方向元件通常取比较同相电流电压的相位差或取参考阻抗 Z_d（阻抗角通常取为 90°）以式（5-104）作为故障方向的判据，即

$$\left.\begin{aligned}0° < \arg \frac{\Delta \dot{U}_{A1}}{- \Delta \dot{I}_{A1}} < 180° \quad （正方向）\\ 180° < \arg \frac{\Delta \dot{U}_{A1}}{- \Delta \dot{I}_{A1}} < 360° \quad （反方向）\end{aligned}\right\} \tag{5-104}$$

当考虑实际情况下可能出现的相位误差，为避免方向元件误判，可适当缩小正、反方向动作区，相应的判据为

$$\left.\begin{aligned}\theta° < \arg \frac{\Delta \dot{U}_{A1}}{- \Delta \dot{I}_{A1}} < 180°-\theta \quad （正方向）\\ 180°+\theta < \arg \frac{\Delta \dot{U}_{A1}}{- \Delta \dot{I}_{A1}} < 360°-\theta \quad （反方向）\end{aligned}\right\} \tag{5-105}$$

式中：θ 为方向元件的闭锁角，可根据实际条件确定。

正序故障分量方向元件通常可满足一般输电线保护的要求，在对故障点过渡电阻的适应性及灵敏度等方面也具有与工频故障分量方向元件相同的性能，其特点是不会出现由于系统正、负序阻抗或电流不相等而产生的误差。对长线路的大电源端，与工频故障分量方向元件类似，可能需要采用电压补偿。

5.3.3.3 纵联方向保护的整定

DL/T 559《220kV～750kV 电网继电保护装置运行整定规程》对纵联方向保护有如下面的整定要求。

（1）反应各种短路故障的高定值启动元件按被保护线路末端发生金属性故障时灵敏系数大于 2 整定，低定值启动元件按躲过最大负荷电流下的不平衡电流整定，并保证在被保护线路末端故障时灵敏系数大于 4。

（2）方向判别元件在被保护线路末端发生金属性故障时灵敏系数应大于 3，若采用方向阻抗元件作为方向判别元件，灵敏系数大于 2。

（3）故障测量元件的定值按被保护线路末端故障时灵敏系数大于 2 整定，若采用阻抗元件作为故障测量元件，灵敏系数大于 1.5。

（4）对高频闭锁方向零序电流或高频闭锁距离保护：

1）启动发信元件按本线路末端故障有足够灵敏度整定，并与本侧停信元件相配合。

2）停信元件按被保护线路末端发生金属性故障灵敏系数大于1.5～2整定。

（5）独立的速断跳闸元件按躲过线路末端故障整定。

（6）以反方向元件启动发闭锁信号的方向高频闭锁保护，其反方向动作元件在反方向故障时应可靠动作，闭锁正向跳闸元件，并与线路对侧正方向动作元件灵敏度相配合。

5.3.4 纵联距离保护

1. 基本原理

纵联距离保护（也可称距离纵联保护）的原理及结构与纵联方向保护基本类同，其中作用于跳闸的正方向元件对纵联距离保护为采用距离保护的有方向性的阻抗元件。由5.3.3的描述，纵联方向保护的正向方向元件的动作范围都必须超过被保护线路全长并有相当的裕度，称为超范围整定。由于具有方向性的阻抗元件除能判别故障方向外，尚具有固定的动作范围，使纵联距离保护的构成方案，除了有与纵联方向保护相同的超范围的闭锁式、解除闭锁式及允许式纵联距离保护外，还有欠范围的直接跳闸式及允许跳闸式。纵联距离保护的各种构成方案的交流回路接线与图5-41类同。

超范围的闭锁式、解除闭锁式及允许式纵联距离保护的原理，与闭锁式、解除闭锁式及允许式的纵联方向保护基本相同。作用于跳闸的正方向阻抗元件采用方向性阻抗元件并也按超范围整定（类同距离保护Ⅱ段），动作逻辑的示意图同闭锁式的纵联方向保护（见图5-41）。纵联距离的启动元件与纵联方向相同，通常采用方向元件。纵联距离保护原理及方案上的其他有关描述，可参见5.3.3。

欠范围的直接跳闸式及允许跳闸式纵联距离保护，两端均设置有采用欠范围整定的距离Ⅰ段正向阻抗元件，且两端距离Ⅰ段的动作范围要相互交叉。启动元件也与纵联方向相同，通常采用方向元件。

对欠范围的直接跳闸式纵联保护，两端仅设作用跳闸的距离Ⅰ段正向阻抗元件。正常运行时两端均向对端发出闭锁对端和通道连续监视信号。内部故障时，总有一端的阻抗方向元件动作，跳开本端断路器并将闭锁信号切换为跳闸信号向对端发送，对端接到跳闸信号后跳开其断路器（不经过该端的作用于跳闸的方向阻抗元件）。外部故障时，两端欠范围整定的方向阻抗元件均不会动作。欠范围的直接跳闸式纵联保护接线简单，内部故障时动作速度快。但在线路一端为弱电源或无电源（单侧电源线路）及断路器跳开的情况下，线路发生内部故障时，该端的正向阻抗元件将不能动作，不能向对端发出跳闸信号，此时若故障点发生在对端动作范围外的输电线内部，对端的正向阻抗元件也将不能动作，将致使对端不能动作跳闸。此时通常需要作与纵联方向保护相同的考虑，加设置弱电源保护，见5.3.3。

欠范围允许跳闸式纵联距离保护，两端均设作用跳闸的欠范围整定的距离Ⅰ段及超范围整定的距离Ⅱ段正向阻抗元件。在正常运行时两端均向对端发出闭锁对端和通道连续监视信号。内部故障点在一端的Ⅰ段动作范围时，该端距离Ⅰ段动作跳开本端断路器并向对端发送允许跳闸信号。在一端的欠范围正向阻抗元件（距离Ⅰ段）动作范围外的内部故障时，则该端需在收到对端允许信号后，才允许超范围的方向阻抗元件（距离Ⅱ段）动作跳闸。对线路一端为弱电源或无电源（单侧电源线路）及断路器跳开情况的考虑同欠范围的直接跳闸式纵联距离保护。本方案的安全性较欠范围直接跳闸式好，不易受干扰而误跳，但接线相对稍复杂，内部故障时动作可靠性和远故障点一端的动作速度相对稍差。

2. 纵联距离保护的整定

DL/T 559《220kV～750kV电网继电保护装置运行整定规程》对纵联距离保护有如下的整定要求。

（1）线路超范围纵联保护本侧反向（或启动）元件的灵敏度应高于对侧正序灵敏度，灵敏系数不小于1.6。

（2）纵联距离（相间和接地）保护灵敏系数的要求如下：50km以下线路，不小于1.7；50～100km线路，不小于1.6；100～150km线路，不小于1.5；150～200km线路，不小于1.4；200km以上线路，不小于1.3。

5.3.5 工频故障分量距离保护

在220kV及以上电压的线路保护装置中，通常配置工频故障分量距离（也称工频变化量距离）作为快速动作的主保护，保护采用工频故障分量阻抗元件（也称距离元件）。正如5.3.3的描述，工频故障分量是指故障分量中的工频（正弦）分量，也称为工频变化量、突变量。工频故障分量距离保护能快速切除线路故障，在线路保护安装处附近的动作时间仅为3～10ms（纵联保护动作时间一般为25ms），有利于系统的暂态稳定；保护仅反应本侧电气量，不依赖通道，比较简单、可靠。工频故障分量距离保护的保护范围与常规的距离保护Ⅰ段保护范围相同，通常取为线路全长的80%。

由5.2.3.2可知，单相式距离保护的阻抗元件可采用比较与测量阻抗或/和整定阻抗相关的两个阻抗量或电压量幅值的方式构成，或采用比较与测量阻抗或/和整定阻抗相关的两个阻抗量或电压量相位的方式构成。如常规的偏移特性阻抗元件，以比较补偿电压（也称工作电压）$\Delta \dot{U}'$ 与极化电压（也称参考电压）的相位构成时，补偿电压取为 $\dot{U}' = \dot{U}_k - \dot{I}_k Z_{set}$（见5.2.3.2）。其中 $\dot{U}_k$ 为阻抗元件的输入电压，取保护安装处的电压，可以是相电压或线电压，$\dot{I}_k$ 为阻抗元件的输入电流，取流经保护的电流，可以是相电流或两相电流差或有零序电流补偿的相电流，详见表5-6；Z_{set} 为元件的整定阻抗，通常取为保护安装处至保护范围末端之间的线路阻抗值。阻抗元件通常设置电压记忆功能，将故障前保护安装处母线的正序电压 $\dot{U}_B$ 作为阻抗元件的极化电压。

工频故障分量阻抗元件则采用比较与测量阻抗相关的电压工频故障分量和整定的电压量的幅值方式构成。与测量阻抗相关的电压量，采用类似常规的偏移特性阻抗元件的补偿电压并取其工频故障分量，为 $\Delta \dot{U}' = \Delta \dot{U}_k - \Delta \dot{I}_k \times Z_{set}$，$\Delta \dot{U}_k$、$\Delta \dot{I}_k$ 为阻抗元件输入电压、电流的工频故障分量，分别为保护安装处电压的工频故障分量、流过保护电流的工频故障分量。与之比较的整定电压 U_{set}，取为线路短路前阻抗元件保护范围末端线路电压 $\dot{U}_{kset(0)}$，$\dot{U}_{set} = \dot{U}_{kset(0)}$。

下面以故障点电压为零的金属性短路为例，对图5-44装设于M端的以电压幅值比较构成的工频故障分量阻抗元件进行分析，图5-44中电流方向为该处电流的正方向。图5-44（b）、

图 5-44（c）为仅有附加电源 ΔE 时的故障等效网络。

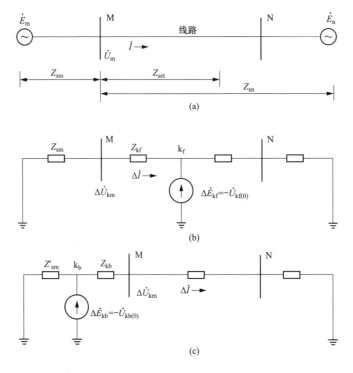

图 5-44　工频故障分量阻抗元件原理分析

（a）系统接线；（b）正方向短路等效接线；（c）反方向短路等效接线

线路保护正方向 k_f 处短路时，由图 5-44（b），安装于母线 M 处的工频故障分量阻抗元件的补偿电压（也称工作电压）$\Delta \dot{U}'$ 可计算为

$$\Delta \dot{U}' = \Delta \dot{U}_k - \Delta \dot{I}_k \times Z_{set} = \Delta \dot{U}_{km} - \Delta \dot{I}_{kf} \times Z_{set} = -\Delta \dot{I}_{kf} \times Z_{sm} - \Delta \dot{I}_{kf} \times Z_{set}$$

$$= -\Delta \dot{I}_{kf}(Z_{sm} + Z_{set}) = -\frac{(Z_{sm} + Z_{set})\Delta \dot{E}_{kf}}{Z_{sm} + Z_{kf}} = \frac{(Z_{sm} + Z_{set})\dot{U}_{kf(0)}}{Z_{sm} + Z_{kf}} \tag{5-106}$$

式中：$\Delta \dot{I}_k = \Delta \dot{I}_{kf}$ 为此时流过保护的电流故障分量，$\Delta \dot{I}_{kf} = \Delta \dot{E}_{kf} / (Z_{sm} + Z_{kf}) = -\dot{U}_{kf(0)} / (Z_{sm} + Z_{kf})$；$\Delta \dot{U}_k = \Delta \dot{U}_{km}$ 为此时保护安装处的电压故障分量，$\Delta \dot{U}_{km} = -\Delta \dot{I}_k Z_{sm}$，$\Delta \dot{I}_{kf}$ 前的负号是因 $\Delta \dot{I}_{kf}$ 流向与图中规定的电流正向相反；Z_{kf} 为保护安装处至短路点 k_f 的线路阻抗，也是阻抗元件的测量阻抗；Z_{sm} 为保护安装处至系统等效电源 E_m 的阻抗；Z_{set} 为阻抗元件的整定阻抗，取为保护安装处至保护范围末端间的线路阻抗值；$\Delta \dot{E}_{kf}$ 为 k_f 处短路时短路点的附加电源，$\Delta \dot{E}_{kf} = -\dot{U}_{kf(0)}$，$\dot{U}_{kf(0)}$ 为线路短路前短路点 k_f 处的电压，见 5.3.3。

工频故障分量阻抗元件通常作为线路距离 I 段保护，正常运行及忽略负荷等对线路电压的影响时，保护范围内线路上各点电压可认为近似相等，即线路短路前各点电压相同。当认为短路前线路各点电压等于阻抗元件保护范围末端短路前的电压时，即 $\dot{U}_{kf(0)} = \dot{U}_{kset(0)} = \dot{U}_{set}$ 或 $|\dot{U}_{kf(0)}| = U_{set}$。由式（5-106）得

$$\Delta \dot{U}' = \Delta \dot{U}_{k} - \Delta \dot{I}_{k} \times Z_{set} = \frac{(Z_{sm} + Z_{set})\dot{U}_{set}}{Z_{sm} + Z_{kf}} \tag{5-107}$$

线路在正方向于阻抗元件保护范围内短路时，保护安装处至短路点阻抗有 $Z_{kf} < Z_{set}$，通常可认为 Z_{kf}、Z_{set}、Z_{sm} 阻抗角近似相同，而有 $[(Z_{sm} + Z_{set})/(Z_{sm} + Z_{kf})] > 1$。此时阻抗元件应动作，由式（5-107），此时阻抗元件的补偿电压 $\Delta \dot{U}'$ 的幅值与 $\dot{U}_{set}$ 的幅值应有如下关系式，即

$$|\Delta \dot{U}'| = |(\Delta \dot{U}_{k} - \Delta \dot{I}_{k} Z_{set})| > |\dot{U}_{set}|, \text{或} |\Delta \dot{U}'| > U_{set} \tag{5-108}$$

式（5-108）为工频故障分量阻抗元件以比较两个电压幅值方式表示的动作方程，阻抗元件在其补偿电压 $\Delta \dot{U}'$ 的幅值大于设定电压幅值时动作。

为使阻抗元件的测量阻抗在被保护线路的各种类型短路故障下，能正确反映保护安装处至短路点的阻抗，与常规的阻抗元件的考虑类同（见 5.2.3.2 及表 5-6），工频故障分量阻抗元件的输入电压（$\Delta \dot{U}_{k}$）相别及输入电流（$\Delta \dot{I}_{k}$）相别也有其相应的组合接线，并采用三个单相阻抗元件配置，当相间阻抗元件及接地阻抗元件的补偿电压 $\Delta \dot{U}'$ 分别以 $\Delta \dot{U}'_{\varphi\varphi}$、$\Delta \dot{U}'_{\varphi}$ 表示时，其接线组合为

$$\left.\begin{array}{l} \Delta \dot{U}'_{\varphi\varphi} = \Delta \dot{U}_{\varphi\varphi} - \Delta \dot{I}_{\varphi\varphi} Z_{set} \\ \Delta \dot{U}'_{\varphi} = \Delta \dot{U}'_{\varphi} - (\Delta \dot{I}_{\varphi} + 3K\dot{I}_{0}) Z_{set} \end{array}\right\} \tag{5-109}$$

式中：$\varphi\varphi$ 分别表示 AB、BC、CA；φ 分别表示 A、B、C；$\dot{I}_{0}$ 为零序电流；K 为零序电流补偿系数，$K = (Z_{0} - Z_{1})/3Z_{1}$，$Z_{1}$、$Z_{0}$ 分别为线路单位长度（如 km）的正序阻抗、零序阻抗；$\Delta \dot{U}_{\varphi\varphi}$、$\Delta \dot{U}_{\varphi}$、$\Delta \dot{I}_{\varphi\varphi}$、$\Delta \dot{I}_{\varphi}$ 分别为保护安装处的电压故障分量、流过保护的电流故障分量。

以阻抗形式表示的阻抗元件动作方程，可由式（5-107）在满足 $|\Delta \dot{U}'| > |\dot{U}_{set}|$ 时求得

$$|(Z_{sm} + Z_{set})| > |(Z_{sm} + Z_{kf})| \tag{5-110}$$

由式（5-110）可得到正方向短路时工频故障分量阻抗元件在阻抗复平面上的动作特性，如图 5-45 所示，为圆心位于 $-Z_{sm}$ 的端点、半径为 $Z_{sm} + Z_{set}$ 的一个圆，圆内为动作区。阻抗元件在正方向于保护范围外短路时，有 $Z_{kf} > Z_{set}$，由式（5-107）有 $|\Delta \dot{U}'| < \dot{U}_{set}$，保护不动作。

线路反方向 k_{b} 处短路时，由图 5-44（c）可得到工频故障分量阻抗元件的补偿电压 $\Delta \dot{U}'$ 为

$$\Delta \dot{U}' = \Delta \dot{U}_{k} - \Delta \dot{I}_{k} \times Z_{set} = \Delta \dot{I}_{k} \times Z_{sn} - \Delta \dot{I}_{k} \times Z_{set}$$

$$= \Delta \dot{I}_{k}(Z_{sn} - Z_{set}) = -\frac{(Z_{sn} - Z_{set})\dot{U}_{kb(0)}}{Z_{sn} + Z_{kb}} \tag{5-111}$$

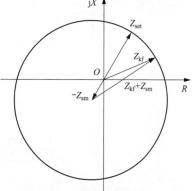

图 5-45　工频故障分量阻抗元件
在阻抗复平面上的动作特性

式中：$\Delta \dot{I}_{k} = \Delta \dot{I}_{kb} = \Delta \dot{E}_{kb}/(Z_{sn} + Z_{kb}) = -\dot{U}_{kb(0)}/(Z_{sn} + Z_{kb})$；$\Delta \dot{U}_{k} = \Delta \dot{U}_{km} = \Delta \dot{I}_{kb} Z_{sn}$，此时 ΔI_{kb} 流向与图 5-45 中的电流正方向相同；Z_{kb} 为保护安装处至短路点 k_{b} 阻抗；Z_{sn} 为保护安装处至系统等效电源 E_{n} 的阻抗；$\Delta \dot{E}_{kb}$ 为 k_{b} 处短路时短路点的附加电源，$\Delta \dot{E}_{kb} = -\dot{U}_{kb(0)}$，$\dot{U}_{kb(0)}$ 为线路短路前短路点 k_{b} 处的电压，Z_{set} 见式（5-106）。

类似前面的分析，可认为 $|\dot{U}_{kb(0)}| = |\dot{U}_{kset(0)}| = U_{set}$，但由于式（5-111）中总有 $[(Z_{sn} - Z_{set})/(Z_{sn} + Z_{kb})] < 1$ 可见，故反方向短路时总有 $|\dot{U}'| < U_{set}$，保护不动作。

实际应用时，$\dot{U}_{set}$ 通常取为装置可以容易取得的保护安装处故障前的电压（即记忆电压）$\dot{U}_{m(0)}$，即 $\dot{U}_{set} = \dot{U}_{m(0)}$。工频故障分量阻抗元件反应故障的变化量，有很好的速断动性，不受负荷及振荡影响，在保护安装处出口短路时不存在死区，由图 5-45 的动作特性可见，保护有很强的抗短路点过渡电阻能力，此时短路点的电弧电阻可能使测量阻抗矢量偏向 R 轴。

5.3.6 220kV 输电线保护接线、产品技术参数示例

图 5-46 所示为 220kV 中性点直接接地电网双母线变电站的线路保护交流接线例。线路保护按规程要求装设两套全线速动保护，按双重化配置，并按规程要求设置后备保护。线路保护采用两套 220kV 保护装置，每套均配置一套全线速动保护、快速主保护（工频故障分量距离Ⅰ段保护）及后备保护。每套分别组屏（图中的 A、B 套）。每套保护的电流回路取自断路器线路侧的不同的电流互感器绕组，本例交流电压回路取自母线电压互感器经电压切换后的输出电压，两套保护的交流电压取自同一电压互感器绕组（按 GB/T 14285，对双母线接线，两套保护可合用交流电压回路）。图 5-46 中线路设单相电压互感器 TV3，提供断路器同期及重合闸所需的线路电压，220kV 线路重合闸通常与线路保护一起组合在线路保护装置中。TV3 置于载波通信阻波器的线路侧（图 5-46 中未表示阻波器）。

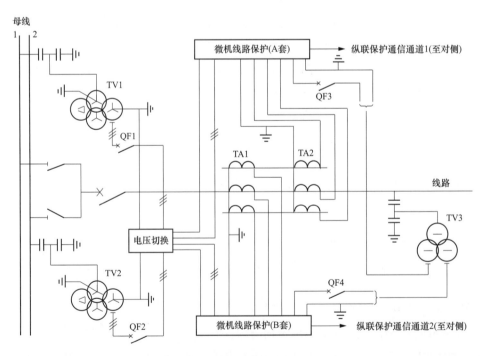

图 5-46　220kV 中性点直接接地电网双母线变电站的线路保护交流接线例

当与母线连接的各元件保护、同期等不需要从母线电压互感器的剩余电压绕组取得零序

电压时（如保护用零序电压可在保护装置内部由三相电压产生），母线电压互感器二次绕组可不带剩余绕组，仅设置两个主绕组。每套保护的纵联保护，通过各自的保护通道与对侧的保护通信。

根据电力系统的要求，保护的交流电压也可以取自线路电压互感器，此时图 5-46 中 TV3 需要改为三相电压互感器，并通常具有 4 个二次绕组（A、B 套保护各一、测量和同期、剩余绕组），每套保护的交流电压由线路电压互感器不同的绕组提供。若线路保护用零序电压可在保护装置内部由三相电压产生，不需要由线路电压互感器的剩余电压绕组提供零序电压，线路电压互感器可不带剩余绕组，二次绕组仅设置 3 个主绕组。

220kV 线路故障记录及录波等功能通常与线路保护一起组合在保护装置中，保护装置成套产品技术参数例见表 5-10，表 5-10 中给出的产品，均可应用于 330~500kV 输电线路保护。

表 5-10 　　　　　　　　　　220kV 及以上电压的线路保护装置成套产品技术参数例

序号	项目	配置方案及内容或技术参数
1	保护配置及监控功能	（1）配置方案 1：分相电流差动和零序电流差动纵联保护（全线速动快速主保护）、工频故障分量距离 I 段保护（快速主保护）、三段式相间距离保护和接地距离保护及可多达四段的零序方向电流保护（后备保护）、过电压保护（仅用于 330~500kV 输电线）、过负荷、一次重合闸、电压互感器断线检查、电流互感器断线检查、断路器监控、交流电压切换、保护动作及事件报告记录、故障录波、故障点测距。 （2）配置方案 2：全线速动快速主保护采用纵联方向和零序方向保护，其余同方案 1。 （3）配置方案 3：全线速动快速主保护采用纵联距离和零序方向保护，其余同方案 1
2	启动元件	电流变化量、零序过流
3	距离保护	（1）整定范围：0.01~25Ω（$I_n=5A$），0.05~125Ω（$I_n=1A$）。 （2）整定值误差：<5%。 （3）精确工作电压：<0.25V。 （4）最小精确工作电流：$0.1I_n$。 （5）最大精确工作电流 $30I_n$。 （6）暂态超越（快速保护）：<2%。 （7）延时整定范围：0~10s
4	零序电流保护	（1）整定范围：$0.1~20I_n$。 （2）整定值误差：<5%。 （3）延时整定范围：1~10s。 （4）整定时间误差：≤1%+20ms
5	一次重合闸	配置有单相重合、三相重合和综合重合闸，三相重合闸有检同期、检无压（线路或母线）、快速直接重合，运行时设定。 （1）一次重合闸时间间隔为 15s。 （2）同期元件整定范围：10°~60°，误差≤±3°。 （3）重合闸延时整定范围：0.3~10s，误差≤±1s+30ms。 （4）无压整定：30V，误差≤±1s+20ms
6	故障录波	启动前 4 个周波，启动后 6 个周波的所有电流、电压；正常记录 10 个周波的电流、电压
7	报告记录	可存储 200 次保护事件报告、100 次保护动作报告
8	纵联保护通道	可采用专用光纤或经 PCM 机复接与对侧通信，或采用载波通道（专用或复用）、微波通道等各种通道。对采用电流差动纵联保护的短线路，通道还可采用导引线

序号	项目	配置方案及内容或技术参数
9	通信接口	(1) 两个 RS-485（双绞线或光纤接口），或以太网接口，与监控系统或保护管理系统通信，支持 IEC 60870-5-103 或 LFP（V2.0）规约；一个用于 GPS 对时的 RS-485 双绞线接口；一个打印接口（可选 RS-485 或 RS-232）；一个调试 RS-232 的接口。 (2) 光纤接口：通过专用光纤（单模）或经 PCM 机复接与对侧通信。采用光纤时，接受灵敏度为 −45dBm（64kbit/s）或 −35dBm（2048kbit/s），传输距离 <100kM（64kbit/s）或 <60kM（2048kbit/s）。经 PCM 机复接时，信道可为数字光纤或微波（可多次转接），接口标准为 64kbit/s 的 G.703 或 2048kbit/s 的 E1，单向传输时延要求 <15ms
10	对时方式	外部脉冲秒对时、RS-485 同步时钟秒对时；或监控系统时间对时报文对时
11	整组动作时间	(1) 纵联电流差动 <25ms（差流 >1.5 倍差动电流高定值）。 (2) 纵联方向、纵联距离：带专用收发讯机 <30ms。 (3) 工频故障分量距离：近处 3～10ms，末端 <30ms。 (4) 距离 Ⅰ 段 ≈20ms
12	输入交流电流	(1) 三相，5A 或 1A。 (2) 过载能力：2 倍额定电流连续工作、10 倍额定电流 10s、40 倍额定电流 1s。 (3) 功耗：1VA/相（I_n=5A），0.5VA/相（I_n=1A）
13	输入交流电压	(1) 三相，$100/\sqrt{3}$V。 (2) 过载能力：1.5 倍额定电流、连续工作。 (3) 功耗：0.5VA/相
14	直流电源	(1) 220V 或 110V。 (2) 允许偏差：+15%，−20%。 (3) 功耗：正常时 <35W，跳闸时 <50W

注 1. 过电压保护通常和远跳就地判据构成独立的装置，线路保护的其他功能则置于线路保护装置中。
2. 线路断路器单独设置断路器保护屏时（如在一个半断路器接线的线路断路器），线路保护配置方案中无重合闸功能，该功能置于线路断路器保护屏。

5.4　330～500kV 线路保护

5.4.1　保护的配置及要求

330～500kV 系统在我国为中性点直接接地系统。在 GB/T 14285《继电保护和安全自动装置技术规程》中，对 330～500kV 输电线保护的具体配置及技术性能要求有如表 5-11 所示的规定。

比较表 5-9 和表 5-11 可知，330～500kV 输电线保护除根据电力系统情况增加过电压保护外，其余的配置及技术要求与 220kV 输电线基本相同。与 220kV 输电线相同，全线速动保护采用各种纵联保护，后备保护采用阶段式相间和接地距离保护，以及阶段式零序电流保护，另外，为加快切除线路故障，通常配置工频故障分量距离作为快速动作的主保护。线路保护（屏）一般不配置线路断路器的失灵保护，线路接于单、双母线时通常置于母线保护并与之组屏，接于一个半断路器时，置于断路器保护屏。

表 5-11   330～500kV 线路保护配置及要求

序号	保护名称		配置要求	其他
1	相间短路及接地故障保护	(1) 线路的主保护	应按下列原则实现主保护双重化。 (1) 设置两套完整、独立的全线速动主保护。 (2) 两套全线速动保护的交流电流、电压回路和直流电源互相独立（对双母线接线，两套保护可合用交流电压回路）。 (3) 每一套全线速动保护的功能完整，对全线路内发生的各类型故障，均能快速动作，切除故障。 (4) 对要求实现单相重合闸的线路，两套全线速动保护应有选相功能，线路正常运行中发生接地电阻不大于 150Ω（330kV 线路）或 300Ω（500kV 线路）的单相接地故障时，保护应有尽可能强的选相能力，并能正确动作跳闸。 (5) 每套全线速动保护应分别动作于断路器的一组跳闸线圈。 (6) 每套全线速动保护应分别使用互相独立的远方信号传输设备。 (7) 具有全线速动保护的线路，其主保护的整组动作时间应为：对近端故障≤20ms，对远端故障≤30ms（不包括通道传输时间）。 (8) 在单相重合闸跳单相后至重合前，健全相发生故障时保护应快速动作三相跳闸	(1) 对各类双断路器接线方式的线路，其保护应按线路为单元装设，重合闸装置及失灵保护等应按断路器为单元装设。 (2) 系统振荡时，保护不应误动，对各类不对称短路应有选择性动作，纵联保护应快速动作。全相振荡过程中发生三相短路时，保护应可靠动作，并允许带短延时。 (3) 微机线路保护除具有全线速动的纵联保护功能外，还应至少具有三段式相间、接地距离保护，反时限和/或定时限零序方向电流保护的后备保护功能。 (4) 有独立选相功能的线路保护发出的跳闸命令，应能直接送至相关断路器的分相跳闸执行回路。 (5) 微机线路保护装置，应具有测量故障点距离功能。对金属性短路的测距误差不大于线路全长的±3%
		(2) 线路的后备保护	应按下列原则设置后备保护。 (1) 采用近后备方式。 (2) 后备保护应能反应线路的各种类型故障。 (3) 接地后备保护应保证在接地电阻不大于150Ω（330kV 线路）或 300Ω（500kV 线路）时，有尽可能强的选相能力，并能正确动作跳闸。 (4) 为快速切除中长线路出口短路故障，在保护配置中宜有专门反应近端接地故障的辅助保护功能。 (5) 当双重化的每套主保护装置都具有完善的后备保护时，可不再另设后备保护。只要其中一套主保护装置不具有后备保护时，则必须再设一套完整、独立的后备保护。 (6) 按 220kV 线路后备保护的配置要求，对后备保护和辅助保护进行配置，见表 5-9	
		(3) 同杆并架线路保护	同杆并架线路发生跨线故障时，根据电网的具体情况，当发生跨线异名相瞬时故障允许双回线同时跳闸时，可装设与一般双侧电源线路相同的保护；对电网稳定影响较大的同杆并架线路，宜配置分相电流差动或其他具有跨线故障选相功能的全线速动保护，以减少同杆双回线路同时跳闸的可能性	
		(4) 装有串联补偿电容的线路和相邻线路保护	应按一般线路的要求装设线路主保护和后备保护［见上述（1）和（2）项］，并应考虑下述特点对保护的影响，采取必要的措施防止不正确动作： (1) 由于串联电容的影响可能引起故障电流、电压的反相； (2) 故障时串联电容保护间隙的击穿情况； (3) 电压互感器装设位置（在电容器的母线侧或线路侧）对保护装置工作的影响	

序号	保护名称	配置要求	其他
2	过电压保护及远方跳闸保护	（1）根据一次系统过电压要求装设电压保护，保护的整定值和跳闸方式根据一次系统确定。 （2）过电压保护应测量保护安装处的电压，并作用于跳闸。当本侧断路器已断开而线路仍然过电压时，应通过发送远方跳闸信号跳线路对侧断路器	装设线路过电压保护的线路，需同时配置远方跳闸保护
3	互感器断线保护	（1）保护装置在电流互感器二次回路不正常或断线时，应发告警信号。 （2）保护装置在电压互感器二次回路一相、两相或三相同时断线、失压时，应发告警信号，并闭锁可能误动的保护	

5.4.2　线路远方跳闸保护及过电压保护

1. 远方跳闸保护的配置及技术要求

（1）对输电线远方跳闸保护的配置，在 GB/T 14285《继电保护和安全自动装置技术规程》中有如下规定：一般情况下 220～500kV 线路，下列故障应传送远方跳闸命令，使相关线路对侧断路器跳闸切除故障：

1）一个半断路器接线的断路器失灵保护动作。

2）高压无断路器的线路并联电抗器保护动作。

3）线路过电压保护动作。

4）线路变压器组的变压器保护动作。

5）线路串联补偿电容器的保护动作且电容器旁路断路器拒动或电容器平台故障。

另外，输电线的远方跳闸通常尚需根据电力系统及相关保护的要求进行配置。

（2）GB/T 14285《继电保护和安全自动装置技术规程》对输电线远方跳闸保护的技术要求有如下规定：

1）对采用近后备方式的，远方跳闸方式应双重化。

2）远方跳闸保护的出口跳闸回路应独立于线路保护跳闸回路。

3）远方跳闸应闭锁重合闸。

4）传送跳闸命令的通道，可结合工程具体情况选取：光缆通道、微波通道、电力载波通道、控制电缆通道、其他混合通道，一般宜复用线路保护的通道来传送跳闸命令，有条件时，优先采用光缆通道。

5）为提高远方跳闸的安全性，防止误动作，对采用非数字通道的，执行端应设置故障判别元件。对采用数字通道的，执行端可不设置故障判别元件。

6）可以作为就地故障判别元件启动量的有低电流、过电流、负序电流、低功率、负序电压、低电压、过电压等。按 DL/T 559《220kV～750kV 电网继电保护装置运行整定规程》的要求，就地故障判别启动元件在系统最小运行方式下，应保证对其保护范围内的线路或电力设备故障有足够灵敏度。

2. 线路过电压保护

线路过电压远方跳闸保护逻辑示意例见图 5-47。过电压元件按相设置，电压信号取自线路电压互感器，线路过电压在三相均过电压时启动，也可以选择为任一相过电压时启动。过电压启动后经设定延时跳开本侧断路器，若本侧断路器已断开（本侧断路器三相的跳闸位置监视电器 KTP 触点均闭合，对一个半断路器接线的线路为两个线路断路器的三相的 KTP 触点均闭合），但线路仍然过电压，则启动远方跳闸向对侧发送远方跳闸信号。对方远跳本侧断路器时，本侧收到对侧的远跳信号后，若本侧就地判据满足（本例远跳通道未采用数字通道），则本侧远方跳闸保护动作跳开本侧线路断路器。本例的本侧就地判据采用电流、电压判据，需取用线路电流、电压信号。

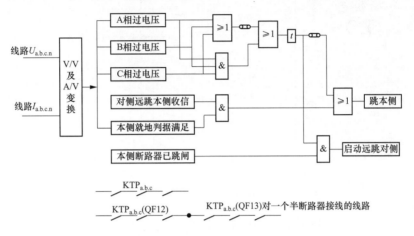

图 5-47　线路过电压远方跳闸保护逻辑示意例

过电压及远方跳闸保护装置的成套产品可提供输电线过电压保护及远方跳闸的就地判据及相关的接口，包括过电压保护动作跳本侧断路器出口及启动远跳对侧断路器的远跳出口、与对侧远跳保护装置通信的通信接口（光纤接口，可使用专用光纤或复接，复用通道也可为微波、载波通道）。装置提供多种就地判据，可满足 GB/T 14285 规定的各种故障远方跳闸对就地判据的要求，包括输电线过电压、电抗器故障跳闸、一个半断路器接线的断路器失灵等。

5.4.3　500kV 输电线保护接线例

图 5-48 所示为 500kV 中性点直接接地电网一个半断路器接线的变电站线路保护交流接线例。线路保护按双重化要求配置两套 500kV 成套设备（图中的 A、B 套），每套均按规程要求配置一套全线速动纵联保护、后备保护、过电压及远跳保护，每套分别组屏。两套保护均采用表 5-10 中方案 1 的配置（无过负荷保护及重合闸）。全线速动保护采用分相电流差动和零序电流差动纵联保护，设置工频故障分量距离 I 段快速主保护，后备保护为相间距离保护、接地距离保护、零序方向电流保护，以上保护置于成套保护设备的线路保护装置中。过电压保护与远方跳闸单独自成一过电压远跳装置，与线路保护装置一起配置在线路保护屏上。线路过电压动作跳开本侧线路断路器后，若线路仍然过电压，则保护启动发信，向对端传输远跳信号，跳对侧断路器。对端发送的远跳本侧断路器信号，由过电压远跳装置接收，输出跳本侧线路断路器。每套保护的电流回路取自线路两个断路器两侧的不同的电流互感器绕组，交流电压回路取自线路电压互感器不同绕组。每套保护的纵联保护及过电压远跳，以各自的通信口通过复用保护光纤通道与对侧的保护通信。

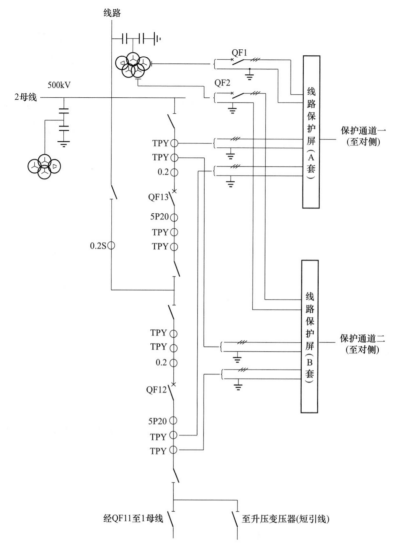

图 5-48　500kV 线路保护交流接线例

图 5-48 中的线路侧电压互感器设置了 4 个二次绕组（A 套和 B 套保护各一、测量和同期、剩余绕组），若线路保护用零序电压可在保护装置内部由三相电压产生，不需要由线路电压互感器的剩余电压绕组提供零序电压，线路电压互感器可不带剩余绕组，二次绕组仅设置 3 个主绕组。线路电压互感器置于载波通信阻波器的线路侧（图 5-48 中未表示阻波器）。

正如 4.7 节所述，一个半断路器接线通常对每一断路器单独设置断路器保护屏，布置断路器保护、断路器间母线保护、重合闸（若有）等装置。线路保护装置中不再设置重合闸。一个半断路器接线断路器保护接线见 4.7 节及 6.3 节。

图 5-49、图 5-50 给出图 5-48 线路保护的外部触点信号输入及交直流电源接线例、保护输出触点接线例。每套保护屏的保护装置和过电压远跳装置分别从以太网接口与电厂的保护信息管理系统通信，交换信息。330～500kV 输电线保护装置产品技术参数例见表 5-10。线路断路器单独设置断路器保护屏时（如在一个半断路器接线的线路断路器），线路保护配置方案中无重合闸功能。

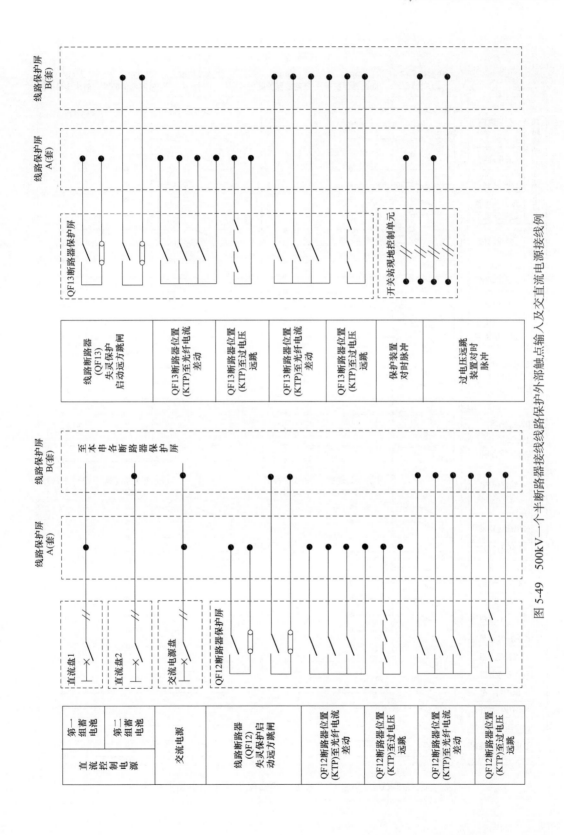

图 5-49 500kV 一个半断路器接线线路保护外部触点输入及交直流电源接线例

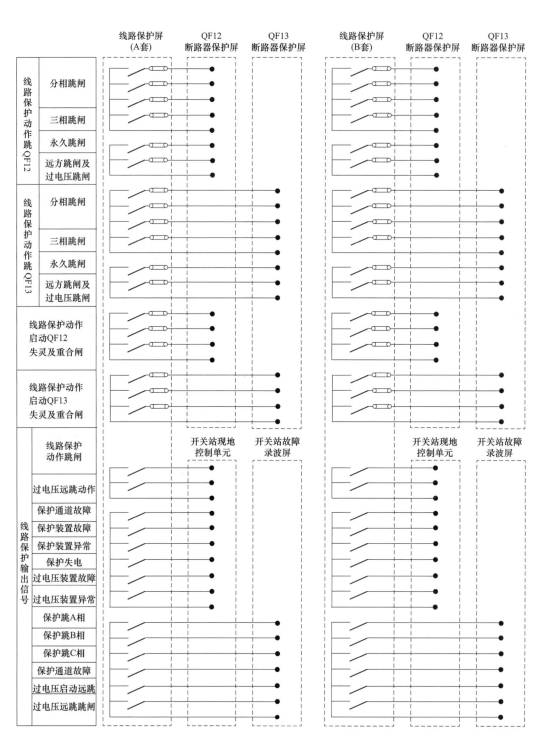

图 5-50　500kV 一个半断路器接线线路保护动作输出触点接线例

5.5 并联电抗器保护

5.5.1 保护的配置及要求

对输电线路的并联电抗器（其高压侧通常不设置断路器），应按照 GB/T 14285《继电保护和安全自动装置技术规程》及 NB/T 35010《水力发电厂继电保护设计规范》的要求，对油浸式并联电抗器的下列故障及异常运行配置相应的保护。

（1）绕组的单相接地和匝间短路及其引出线的相间短路和单相接地短路。

（2）瓦斯及油面降低（对油浸式电抗器）。

（3）温度升高和冷却系统故障。

（4）过负荷。

GB/T 14285、NB/T 35010 对并联电抗器保护配置及要求的规定见表 5-12。

表 5-12　　　　　　　　　　　　　并联电抗器保护的配置及要求

序号	保护名称	配置要求及保护动作出口
1	瓦斯保护	油浸式并联电抗器应装设瓦斯保护。当并联电抗器油箱内部产生大量瓦斯时，瓦斯保护应动作于跳闸，产生轻微瓦斯或油面下降时，瓦斯保护应动作于信号
2	电抗器内部及其引出线的相间短路、匝间短路和单相接地短路故障保护、过负荷保护	对电抗器内部及其引出线的相间短路、匝间短路和单相接地短路故障，按下列规定装设相应的保护： （1）66kV 及以下并联电抗器，应装设电流速断保护，瞬时动作于跳闸。 （2）66kV 及以下干式并联电抗器，应装设零序过电压保护作为单相接地保护，动作于信号。 （3）220～750kV 并联电抗器，应装设纵联差动保护，瞬时动作跳闸。 （4）220～750kV 并联电抗器，除非电量保护外，应装设双重化保护。 （5）并联电抗器应装设过电流保护，作为速断保护和差动保护的后备，带时限动作于跳闸。 （6）220～750kV 并联电抗器，应装设匝间短路保护，宜不带时限动作于跳闸。 （7）220～750kV 并联电抗器，当电源电压可能升高并引起并联电抗器过负荷时，应装设过负荷保护，带时限动作于信号
3	温度升高和冷却系统故障保护	对并联电抗器温度升高和冷却系统故障，应装设动作于信号或带时限动作于跳闸的保护。220kV 及以上电压或 100MVA 及以上容量的电抗器非电量保护应相对独立，并具有独立的电源回路和跳闸出口回路
4	并联电抗器中性点的接地电抗器保护	应按下列规定装设保护： （1）对于油浸式接地电抗器应装设瓦斯保护。当产生大量瓦斯时，保护动作于跳闸；当产生轻微瓦斯或油面下降时，保护动作于信号。 （2）对三相不对称等原因引起的接地电抗器过电流，宜装设过电流保护，带时限动作于跳闸。 （3）对三相不平衡引起的接地电抗器过负荷，宜装设过负荷保护，带时限动作于信号
5	远方跳闸	330～750kV 线路并联电抗器无专用断路器时，其动作于跳闸的保护，除断开线路的本侧断路器外，还应启动远方跳闸装置，断开线路对侧断路器
6	互感器断线保护	（1）保护装置在电流互感器二次回路不正常或断线时，应发告警信号。 （2）保护装置在电压互感器二次回路一相、两相或三相同时断线、失压时，应发告警信号，并闭锁可能误动的保护

5.5.2 保护原理

并联电抗器通常在线路两端或母线的三相上以相-地方式装设，通过吸收系统对地电容产生的容性无功功率，以限制系统的操作过电压或线路的潜供电容电流。高压输电线的并联电抗器一般为单相油浸式、铁芯带空气隙。较低电压的并联电抗器尚可为干式、无铁芯、三相式，干式电抗器的最高电压通常仅达 35kV。按表 5-12 要求需配置的电抗器各个保护的原理、接线，基本上与上述相关章节的叙述类同。

1. 纵差保护

三相并联电抗器纵差保护通常作为 220～750kV 中性点直接接地系统并联电抗器相间短路、单相接地短路故障保护，并通常采用比率制动式纵差保护，可参见 2.2.1.2。

电抗器在投入突加电压时或外部短路电压恢复时将产生励磁涌流，但电抗器的励磁涌流不像变压器那样成为纵差保护的差动电流（见 3.2.1）。电抗器的励磁涌流是差动保护的穿越性电流，原则上不妨碍电抗器纵差保护的正常工作；电抗器外部短路时，也没有像发电机或变压器外部短路时那样有很大的穿越性电流。故电抗器纵差保护可取较小的动作电流。

对三相式并联电抗器，电抗器每相绕组的中性点引出线有时无电流互感器，此时可在三相中性点引出线装设电流互感器，采用零序差动保护。保护不反应三相对称短路，但考虑到三相故障初始大都为不对称短路，零序差动保护通常能动作，且尚有过电流保护作为其后备。

2. 匝间故障保护

当电抗器采用每相两个并联分支时，类同发电机，其匝间故障应采用高灵敏度的单元件横差保护，其原理接线参见 2.2.3.1。

对每相一个绕组的电抗器，其匝间故障可采用带补偿的零序功率方向保护。类同发电机匝间故障的分析，电抗器发生匝间故障时将出现零序分量。分析表明[3]，电抗器匝间短路时，其高压端的零序电压为领先零序电流，而电抗器内部或外部发生单相接地时，为零序电流领先零序电压，即电抗器的零序功率有不同的流向。故电抗器匝间故障可采用零序功率方向进行保护，零序功率的零序电压取自电抗器接入的线路或母线电压互感器，电流取自电抗器。为更好地适应小匝数的匝间故障，零序功率方向元件通常引入补偿电压，补偿电压为零序电流与补偿电抗之积，补偿电抗通常取为电抗器零序电抗的 0.6～0.8。零序功率方向保护动作后带时限作用于跳闸，其时限需考虑外部短路暂态过程、线路断路器三相分/合不同步、邻近大变压器合闸等系统操作情况下短时产生的零序电压、电流对保护的影响。

通常尚以零序过电流保护作为匝间故障的后备保护。

3. 非电量保护

可参见 3.2.4。

5.5.3 保护的整定

按照 DL/T 584《3kV～110kV 电网继电保护装置运行整定规程》及 DL/T 559《220kV～750kV 电网继电保护装置运行整定规程》，有如下面的整定原则要求及计算方法。

（1）差动保护。

1）差动保护特性曲线（参见图 3-2）整定：最小动作电流 $I_{\text{op.0}}$ 按可靠躲过电抗器额定负载时的最大不平衡电流整定，可取为 $0.2\sim0.5I_{\text{N}}$，I_{N} 为电抗器额定电流（二次电流），并应实测差动回路的不平衡电流，必要时可适当放大；起始制动电流 $I_{\text{res.0}}$ 宜取为 $0.5\sim1.0I_{\text{N}}$；特性折线斜率 S 的整定，应使得保护的制动电流在动作特性上对应的动作电流大于外部短路时流过差动回路的不平衡电流。

2）灵敏系数 $K_{\text{sen}}=\left[I_{\text{k.min}}^{(2)}/n_{\text{a}}I_{\text{op}}\right]\geqslant2$，$I_{\text{k.min}}^{(2)}$ 为最小运行方式下差动保护区内电抗器引出线上两相金属性短路电流；n_{a} 为电流互感器变比；I_{op} 为动作特性曲线上制动电流为 $I_{\text{k.min}}^{(2)}$ 时对应的动作电流。

3）差动速断按可靠躲过线路非同期合闸产生的最大不平衡电流整定，一般可取 $3\sim6I_{\text{N}}$。

（2）定时限过电流按躲过在暂态过程中电抗器可能产生的过电流，可取为 $1.5I_{\text{N}}$，动作时间一般取 $0.5\sim1.0\text{s}$。

电流速断保护按躲过电抗器投入时产生的励磁涌流整定，可取为 $4\sim8I_{\text{N}}$，在常见的运行方式下，电抗器端部引线故障时灵敏系数不小于 1.3。

反时限过电流保护的上限设最小延时定值，以便与快速保护配合；保护的下限设最小动作电流定值，按与定时过负荷配合的条件整定。

（3）零序过电流按躲过正常运行中出现的零序电流整定，也可近似按中性点电抗器额定电流整定，其时限按与线路接地保护的后备段相配合整定。

接于低电阻接地系统的电抗器的零序电流保护按在最小接地故障电流时有不小于 2 的灵敏系数及躲过电流互感器断线的零序电流整定，一般不小于 $1.1I_{\text{N}}$。动作时间一般整定为 $0.5\sim1.0\text{s}$。

（4）中性点电抗器过电流按躲过线路非全线相运行的电流及时间整定。

5.5.4 保护装置产品及接线例

保护装置有满足有关规程规范要求的成套产品，表 5-13 给出 220～500kV 线路并联电抗器保护装置成套产品技术数据例，保护配置可根据电抗器及所在系统的具体情况及有关规程规范的要求选配。

表 5-13　　　　　　　　220～500kV 线路并联电抗器保护成套产品技术参数例

序号	项目	配置内容或技术参数
1	保护功能配置（可选配）	（1）纵差保护。比率制动、三段折线制动特性、带差动速断。 （2）零序差动保护。比率制动、二段折线特性、带差动速断，零序电流由输入三相电流自产。 （3）匝间故障保护。提供两种方案： 　1）主判据为带零序电压补偿的零序功率方向元件（灵敏度角为 $90°\pm5°$，动作范围为 $20°\sim160°$），辅助判据为突变量和稳态量判据，可更好地适应小匝数的匝间故障。 　2）单元横差保护。 （4）过电流保护。定、反时限过电流特性。 （5）过负荷保护。 （6）零序过电压保护。 （7）过电压保护，可作为线路装设有过电压保护时后备保护。 （8）绕组开断保护。 （9）电流互感器异常、电压互感器异常保护。 （10）中性点电抗器的过电流、过负荷保护。 （11）非电量保护（单独机箱）
2	故障录波及记录	启动前 4 个周波、启动后 6 个周波的所有电流、电压；正常记录 10 个周波的电流、电压

序号	项目	配置内容或技术参数
3	通信接口	以太网接口或 lonWorks 网与监控系统或保护管理系统通信，支持 IEC 60870-5-103 或 LFP (V2.0) 规约；一个调试 RS-232 的接口
4	对时方式	外部脉冲对时或监控系统时间对时报文对时
5	整组动作时间	(1) 差动速断≤20ms（＞1.5倍整定电流）；比率制动差动（＞2倍整定电流）≤30ms，零序差动相同。 (2) 匝间保护。 1) 零序功率方向保护：最快动作时间 45ms。 2) 单元横差保护≤70ms
6	输入交流电流	(1) 三相：5A 或 1A。 (2) 过载能力：2 倍额定电流连续工作、10 倍额定电流 10s、40 倍额定电流 1s。 (3) 功耗：1VA/相（I_n=5A），0.5VA/相（I_n=1A）
7	输入交流电压	(1) 三相：100/$\sqrt{3}$V。 (2) 过载能力：1.5 倍额定电流、连续工作。 (3) 功耗：0.5VA/相
8	直流电源	(1) 220V 或 110V。 (2) 允许偏差：+15%，−20%。 (3) 功耗：正常时＜35W，跳闸时＜50W

500kV 并联电抗器保护交流接线及保护动作跳闸和远跳输出例见图 5-51。电抗器为 3 个单相油浸式，高压侧无断路器。除电量保护外，保护采用双重化配置，两套保护交流回路分别取自不同的电流互感器、电压互感器绕组，电流互感器采用 P 类互感器。每套保护的直流电源取自不同蓄电池组供电的直流母线段，并经专用的自动开关提供。电抗器的电气保护采用表 5-13

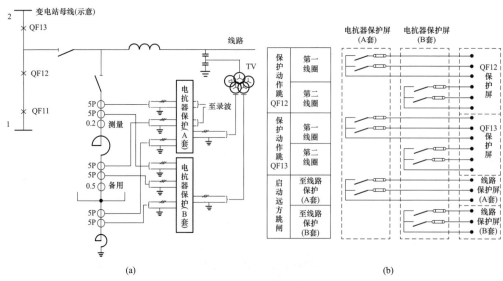

图 5-51　500kV 并联电抗器保护交流接线及保护动作跳闸和远跳输出例

（a）交流接线；（b）跳闸和远跳输出

的配置，装设具有比率制动特性的纵联差动保护，其原理类同变压器保护，见 3.2.1 及 3.2.2。两套保护布置在同一个屏，电气保护装置布置及接线在屏上分开，保证一套可退出维护，不影响另一套正常运行。非电量保护为独立的机箱。本例电抗器不设断路器，电抗器动作跳闸的保护动作时，除断开线路的本侧断路器外，还启动置于线路保护屏的远方跳闸装置，远跳线路对侧断路器。两套保护与外部系统（输出至电厂监控系统和故障录波系统、外部输入）的接口见表 5-14、表 5-15。另有通信接口与电厂保护及故障信息管理系统通信。

表 5-14　　　　　　　　　保护动作信号至开关站现地控制单元及录波的触点输出

序号	保护名称	序号	保护名称	序号	保护名称
一、至开关站现地控制单元					
1	A 套分相差动	12	A 套差流越限	23	B 套 TA 断线
2	A 套零序差动	13	B 套分相差动	24	B 套差流越限
3	A 套匝间保护	14	B 套零序差动	25	重瓦斯
4	A 套分相过电流	15	B 套匝间保护	26	压力释放
5	A 套零序过电流	16	B 套分相过电流	27	绕组温度过高
6	A 套中性点电抗过电流	17	B 套零序过电流	28	油温过高
7	A 套过负荷	18	B 套中性点电抗过电流	29	轻瓦斯
8	A 套装置故障	19	B 套过负荷	30	冷却器故障
9	A 套装置异常	20	B 套装置故障	31	温度升高
10	A 套 TA 断线	21	B 套装置异常	32	油位异常
11	A 套 TA 断线	22	B 套 TA 断线	33	装置电源故障
二、至故障录波					
1	A 套分相差动	7	B 套分相差动	13	重瓦斯
2	A 套零序差动	8	B 套零序差动	14	压力释放
3	A 套匝间保护	9	B 套匝间保护	15	绕组温度过高
4	A 套分相过电流	10	B 套分相过电流	16	油温过高
5	A 套零序过电流	11	B 套零序过电流		
6	A 套中性点电抗过电流	12	B 套中性点电抗过电流		

表 5-15　　　　　　　　　电抗器本体信号至电抗器保护装置的触点输入

序号	保护名称	序号	保护名称	序号	保护名称
1	重瓦斯（A、B、C 三相）	7	油温升高（A、B、C 三相）	13	中性点电抗油温过高
2	压力释放（A、B、C 三相）	8	油位异常（A、B、C 三相）	14	中性点电抗轻瓦斯
3	绕组温度过高（A、B、C 三相）	9	直流电源故障	15	中性点电抗油温升高
4	油温过高（A、B、C 三相）	10	交流电源故障	16	中性点电抗油位异常
5	轻瓦斯（A、B、C 三相）	11	中性点电抗重瓦斯		
6	冷却器故障	12	中性点电抗压力释放		

当电抗器设置断路器时，跳闸的顺序通常要求先跳开线路断路器，再断开电抗器断路器。特别是在线路过电压时，在线路断路器断开前断开电抗器断路器，将使线路电压变得更高。

5.6 输电线继电保护通道

5.6.1 对通道的要求

输电线继电保护的通道应根据电力系统通信网条件，与通信专业协商，合理安排，并通常与电力系统安全自动装置一起考虑。对继电保护和安全自动装置通道配置及要求，在 GB/T 14285《继电保护和安全自动装置技术规程》中，有如下的规定：

（1）通道的传输媒介一般采用光纤（不宜采用自承式光缆及缠绕式光缆）、微波、电力线载波、导引线电缆。具有光纤通道的线路，应优先采用光纤作为传输信息的通道。

（2）按双重化原则配置的继电保护和安全自动装置，传输信息的通道按以下原则考虑：

1）两套装置的通道应互相独立，且通道及加工设备的电源也应互相独立。

2）具有光纤通道的线路，两套装置宜均采用光纤通道传输信息，对短线路宜分别使用专用光纤芯；对中长线路，宜分别独立使用 2Mbit/s 口，还宜分别使用独立的光端机。具有光纤迂回通道时，两套装置宜使用不同的光纤通道。

对双回线路，若仅其中一回线路有光纤通道，且该回线按上述原则采用光纤通道传输信息，则另一回线传输信息的通道宜采用下列方式：

a. 如为同杆并架双回线，两套装置均采用光纤通道传送信息，并分别使用不同的光纤芯或 PCM 终端；

b. 如非同杆并架双回线，其一套装置采用另一回线的光纤通道，另一套装置采用其他通道，如电力载波、微波或光纤的其他迂回通道等。

3）当两套装置均采用微波通道时，宜使用两条不同路由的微波通道，在不具备两条路由条件而仅有一条微波通道时，应使用不同的 PCM 终端，或其中一套采用电力载波传送信息。

4）当两套装置均采用电力载波通道传送信息时，应由不同的载波机、远方信号传输装置或远方跳闸装置传送信息。

（3）当采用电力载波通道传送允许式命令信号时，应采用相－相耦合方式；传送闭锁信号时，可采用相-地耦合方式。

（4）有条件时，传输系统安全稳定控制信息的通道可与传输保护信息的通道合用。

（5）传输信息的通道设备应满足传输时间、可靠性的要求。其传输时间应符合下列要求：

1）传输线路纵联保护信息的数字式通道应不大于 12ms，点对点的数字式通道传输时间应不大于 5ms。

2）传输线路纵联保护信息的模拟式通道，对允许式应不大于 15ms；对采用专用信号传输设备的闭锁式应不大于 5ms。

3）系统安全稳定控制信息的通道传输时间应根据实际控制要求确定。原则上应尽可能快。点对点传输时，传输时间要求应与线路纵联保护相同。

（6）信息传输接收装置在对侧发信信号消失后收信输出的返回时间应不大于通道传输时间。

另外，按我国电网反事故措施的要求，保护室与通信室间信号优先采用光缆传输，若使用电缆，应采用双绞线双屏蔽电缆（对绞分屏加总屏蔽电缆），并可靠接地。

5.6.2 各种通道的特点

继电保护和安全自动装置的通信通道，目前常用的主要有光纤通道、电力载波通道、微波通道及导引线通道。

1. 光纤通道

光纤通道通常随输电线架设光缆，作为通信通道，常用的有与高压输电线的架空地线结合一起的架空地线光缆、沿输电线路敷设的光缆，包括普通光缆及与输电线同杆敷设的自承式光缆（ADSS，保护通道按 GB/T 14285 的要求，不宜采用自承式光缆及缠绕式光缆）。按光在光纤中的传输模式可分为单模光纤及多模光纤，单模光纤的传输频带宽、容量大、损耗小，适用于大容量长距离的光纤通信。按光纤的工作波长可分为 850、1300、1550nm。光纤通道不需中继站的传输距离：850nm（多模）为 1km，1300nm（多模）为 33.7km，1300nm（单模）为 67.5km，1550nm（单模）为 90km。光纤通信为单方向，收、发需各自一芯光纤。

光纤通道具有通道容量大、敷设方便、抗腐蚀不受潮、不怕雷击、不受外界电磁场干扰、通信可靠性高等特点，为目前纵联保护常用的通道。

2. 电力载波通道

电力载波通道（也称高频通道）是在输电线上用载波方法传输 30～500kHz 的高频信号的通信通道。高频通道可用输电线的一相导线和大地构成，在一相上装设阻波器并在相-地间装设耦合电容器及结合滤波器（称为"相-地"通道或"相-地"耦合）。也可用输电线的两相导线构成，在两相上装设阻波器并在相-相间装设耦合电容器及结合滤波器（称为"相-相"通道或"相-相"耦合）。"相-地"方案仅需在一相上装设通道设备，比较简单与经济，缺点是相对于"相-相"通道，其高频信号能量衰耗及受到的干扰较大，并在耦合相发生接地故障时安全性较差。500kV线路一般采用"相-相"耦合方式。

电力载波高频通道在国内外有广泛的应用，特别在中长距离的未敷设光纤的输电线。在要求双重化纵联保护的线路上，通常为被选用的保护通道。

3. 微波通道

微波通信是利用 150MHz～20GHz 间的电磁波进行无线通信，在这个频带内可以同时传送多个带宽为 4kHz 的音频信号，通信容量大。微波通道独立于输电线，不受输电线故障的影响，没有载波高频信号的反射、差拍等现象，通常可用于传送允许信号和直接跳闸信号的纵联保护。微波通道通常需要每隔一定的距离（50km 左右）设置中继站，微波信号的衰减与天气有关，空气中水蒸气含量较大时衰减增大，在实际应用时需予以考虑。

4. 导引线通道

导引线是指和被保护的输电线路平行敷设的金属导线，通常作为纵联差动保护通道。

导引线的纵向电阻和电抗将增大电流互感器的负担，影响电流的准确传变；横向分布电导和电容产生有功漏电流和电容电流影响差动保护的正确工作；导引线尚需要有过电压保护措施、防止电力线和雷电感应的过电压损坏保护装置及导引线；对较长的线路，导引线通道将需要较大的投资。故导引线通道通常只用于短输电线（如 5～7km）的纵联保护。

6 断路器失灵保护及三相不一致保护

6.1 断路器失灵保护

断路器失灵保护是在断路器接受保护跳闸令后拒跳时，作为切除短路故障点的保护。

6.1.1 断路器失灵保护的配置及要求

对断路器失灵保护的配置、启动条件、动作时间及作用对象、闭锁元件的设置要求等，GB/T 14285《继电保护和安全自动装置技术规程》、NB/T 35010《水力发电厂继电保护设计规范》、DL/T 559《220kV～750kV电网继电保护装置运行整定规程》和 DL/T 684《大型发电机变压器继电保护整定计算导则》有如下的具体规定。

1. 失灵保护的配置

在 220～500kV 电力网中，以及 110kV 电力网的个别重要部分，应按下列原则装设一套断路器失灵保护：

（1）线路或电力设备的后备保护采用近后备方式。

（2）线路保护采用远后备方式，如由其他线路或变压器的后备保护切除故障将扩大停电范围，并引起严重后果时。

（3）若断路器与电流互感器之间发生故障不能由该回路主保护切除形成保护死区，而其他线路或变压器后备保护切除又扩大停电范围，并引起严重后果时（必要时，可为该保护死区增设保护，以快速切除该故障）。

（4）对 220～500kV 分相操作的断路器，可仅考虑断路器单相拒动的情况。

（5）220～750kV 断路器及 300MW 及以上发电机出口断路器应装设断路器失灵保护，100～300MW 发电机出口断路器宜装设断路器失灵保护，110kV 断路器根据电力系统要求也可装设断路器失灵保护。

（6）断路器失灵保护按每断路器配置。

2. 失灵保护启动条件及判别元件要求

为提高动作的可靠性，断路器失灵保护必须同时具备下列条件方可启动：

（1）故障线路或电力设备保护能瞬时复归的出口继电器动作后不返回（故障切除后，启动失灵的保护出口返回时间应不大于 30ms）。

（2）断路器未断开的判别元件动作后不返回。若主设备保护出口继电器返回时间不符合要求时，判别元件应双重化。

失灵保护的判别元件一般应为相电流元件；发电机-变压器组或变压器断路器失灵保护的判别元件还应采用零序电流元件或负序电流元件。判别元件的动作时间和返回时间均不应大于20ms。

为保证判别元件快速动作及返回，除判别元件需具有快速动作与返回性能外，相应地判别元件的输入电流不应取自有较大时间常数的铁芯带气隙的电流互感器（如 TPY 类型），可选用P 类或 TPS 类电流互感器（见 10.2.1）。

（3）不允许由非电量保护动作启动失灵保护。电力系统稳定控制装置动作跳闸通常不应启动失灵保护。

（4）双重化配置的断路器失灵保护，每套保护的启动回路应使用各自独立的电缆。

3. 动作时间及作用对象

（1）断路器失灵保护动作宜经短时限动作于本断路器跳闸，再经一时限动作于断开相邻断路器。

（2）一个半断路器接线的断路器失灵保护动作可经短时限再次动作于本断路器的两组跳闸线圈跳闸，再经一时限动作于断开相邻断路器（对输电线断路器，包括启动远跳线路对侧断路器）；也可直接经一时限跳本断路器三相及与拒动断路器相关联的所有断路器，包括远跳线路对侧断路器。

单、双母线的失灵保护，可经短时限动作于断开与拒动断路器相关的母联及分段断路器，再经一时限动作于断开与拒动断路器连接在同一母线上的所有有源支路的断路器；也可以仅经一时限动作于断开与拒动断路器连接在同一母线上的所有有源支路的断路器；对支路为变压器断路器的失灵保护还应动作于断开变压器接有电源一侧的断路器，对无发电机断路器的升压变压器，失灵保护动作尚应使发电机灭磁停机。

（3）变压器高压侧断路器失灵保护启动后，应经短延时动作跳变压器高压侧断路器一次，再经一延时跳开与高压侧断路器相邻的其他有电源支路的断路器及变压器有电源侧断路器（或各侧断路器），对无发电机断路器的升压变压器，失灵保护动作尚应使发电机灭磁停机。对接于双母线或分段单母线的变压器高压侧断路器，失灵保护重跳本断路器后，也可经一延时先跳母联断路器或分段断路器，再经延时跳相邻的其他有电源支路的断路器及变压器有电源侧断路器（或各侧断路器）。

（4）发电机断路器失灵保护启动后，通常经短延时再跳发电机断路器一次，再经一延时跳升压变压器高压侧断路器、发电机磁场断路器及相邻有电源支路断路器。

（5）单套配置的断路器失灵保护，动作后应同时作用于断路器的两组跳闸线圈；断路器只有一组跳闸线圈时，失灵保护装置工作电源应与相对应的断路器操作电源取自不同的直流电源系统。双重化配置的断路器失灵保护，每套保护出口跳闸回路单独作用于断路器的一组跳闸线圈，并应使用各自独立的电缆。

（6）对远方跳对侧断路器的，宜利用两个传输通道传送跳闸命令。

（7）失灵保护动作跳闸应闭锁重合闸。

4. 装设闭锁元件的原则

（1）一个半断路器接线的失灵保护不装设闭锁元件。

（2）有专用跳闸出口回路的单母线及双母线断路器失灵保护应装设闭锁元件。

（3）与母线差动保护共用跳闸出口回路的失灵保护不装设独立的闭锁元件，应共用母差保护闭锁元件，闭锁元件的灵敏度应按失灵保护的要求整定；对数字式保护，闭锁元件的灵敏度宜按母线及线路的不同要求分别整定。

（4）设有闭锁元件的，闭锁原则与双母线保护的电压闭锁相同，即对数字式保护装置，可在启动出口的逻辑中设置电压闭锁回路，而不在跳闸出口触点回路上串接电压闭锁触点；对非数字式保护装置，电压闭锁触点应分别与跳闸出口触点串接，母联或分段断路器的跳闸回路可不经电压闭锁触点控制。

（5）发电机、变压器及高压电抗器断路器的失灵保护，为防止闭锁元件灵敏度不足，应采取相应措施或不设闭锁回路。

5. 双母线的失灵保护

双母线的失灵保护应能自动适应连接元件运行位置的切换。

6.1.2 断路器失灵保护原理逻辑及组屏

断路器失灵保护的原理逻辑及组屏，常随断路器所在的主接线不同而不尽相同。发电机断路器失灵保护（见2.16节）置于发电机保护屏，发电机保护按双重化配置时，通常均在每套配置；变压器高压侧断路器的失灵保护通常置于变压器保护屏或单、双母线保护屏，见3.8节；单、双母线上各断路器失灵保护见4.6节，通常与母线保护一起置于母线保护屏，母线保护按双重化配置时，通常均在每套配置；一个半断路器接线的断路器失灵保护通常与本断路器保护一起置于本断路器保护屏。

一个半断路器接线线路断路器（靠母线侧）失灵保护逻辑示例见图6-1。失灵保护的启动条件是保护动作跳闸、断路器电流大于设定值及零序电流或相电流突变量元件动作。启动条件在本断路器保护屏内完成。失灵保护启动后，经重跳延时 t_1（大于回路断路器跳闸时间及该回路保护返回时间和）动作再跳该断路器一次，经失灵跳闸延时 t_2（$t_2=2t_1$）跳相邻断路器，包括与2段母线连接的其他断路器及远跳线路对侧断路器，后者由失灵保护启动2段母线保护执行跳闸。失灵保护启动条件中的保护动作跳闸条件，包括了动作于跳单相的保护动作跳闸及动作于跳三相的保护动作跳闸。启动条件中，以断路器电流大于设定值作为断路器未断开的判别条件；对动作于跳单相的保护动作跳闸，判别电流取跳闸相电流；对动作于跳三相的保护动作跳闸，判别电流为三相电流中任一相电流，在任一相电流大于设定值时，允许失灵启动。失灵保护启动条件中相电流突变量启动条件的设置，是为避免线路重负荷时负荷电流大于失灵启动电流整定值情况下，失灵保护启动元件不能复归的缺点，相电流突变量启动元件整定值按其灵敏高于线路保护突变量启动定值的灵敏度整定。此时失灵保护在无电流突变量、零序电流小于零序电流启动值、未收到保护跳闸信号三个条件均满足时复归。零序电流启动条件的设置，是为了防止线路零序Ⅳ段定值高于相电流突变量整定值时（如在线路高阻接地时），可能出现零序Ⅳ段跳闸而相电流突变未能启动的情况，零序电流启动元件整定值按其灵敏度高于线路保护零序Ⅳ段整定值的灵敏度整定。

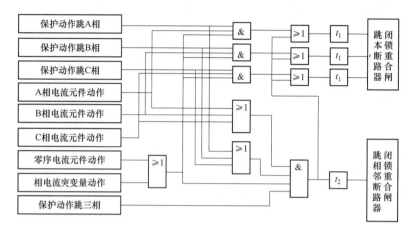

图 6-1　一个半断路器接线线路断路器（靠母线侧）失灵保护逻辑示例

一个半断路器接线线路断路器的中间断路器，失灵保护与图 6-1 相同，仅经 t_2 出口跳闸的相邻断路器为靠母线的两个断路器。

一个半断路器接线中连接升压变压器引出短线的靠母线侧断路器的失灵保护，其原理逻辑与图 6-1 类似。但跳断路器的保护仅有动作于跳三相的保护，无跳单相跳闸的保护；一般也不需设置相电流突变量及零序电流启动条件；断路器无重合闸。也可以采用 3.8 节的逻辑方案。

角形接线断路器失灵保护的原理逻辑与一个半断路器线路侧断路器相同。

6.1.3　断路器失灵保护的整定

发电机断路器、变压器高压侧断路器、双母线上各断路器的断路器失灵保护可分别参见 2.16 节、3.8 节及 4.6 节，一个半断路器接线与变压器连接的靠母线侧的断路器失灵保护，可按 3.8 节进行整定。一个半断路器接线及角形接线的线路断路器失灵保护，可按照 DL/T 559《220kV～750kV 电网继电保护装置运行整定规程》、DL/T 684《大型发电机变压器继电保护整定计算导则》整定如下。

（1）相电流判别元件的动作电流 I_{op}，按保证在本线路末端或变压器低压侧单相接地故障时有足够的灵敏度整定，并尽可能躲过正常运行负荷电流，即

$$I_{op} = I_{k.\,min}^{(1)} / K_{sen}$$

式中：$I_{k.\,min}^{(1)}$ 为本线路末端或变压器低压侧单相接地故障单相接地电流（最小运行方式下）；K_{sen} 为灵敏系数，大于 1.3。

（2）相电流突变量启动元件整定值按其灵敏度高于线路保护突变量启动定值的灵敏度整定。零序电流启动元件整定值按其灵敏度高于线路保护零序Ⅳ段整定值的灵敏度整定。

（3）断路器失灵保护的动作时间（从启动失灵保护算起）整定。断路器失灵保护动作再次跳闸本断路器时间（图 6-1 中的 t_1），按大于本断路器开断时间及启动失灵的保护返回时间之和，

并考虑一定的时间裕度整定。失灵保护动作跳相邻断路器（包括远跳线路对侧断路器）时间（图 6-1 中的 t_2），按 $t_2=2t_1$ 整定。

6.2　断路器三相不一致保护

三相不一致保护是反应分相操作的断路器一相或两相断开的故障保护，保护动作跳断路器三相。GB/T 14285《继电保护和安全自动装置技术规程》对断路器三相不一致保护（也称非全相保护）的设置及要求有如下的具体规定：220kV 及以上电压分相操作的断路器应附有三相不一致保护回路。三相不一致保护动作时间为 0.5～4.0s 可调，以躲开单相重合闸动作周期。

断路器三相不一致保护逻辑示例见图 6-2。保护的启动有两种方式：由断路器控制柜中以断路器辅助触点构成的三相不一致保护动作触点启动；由断路器三个相的分相跳闸位置继电器触点（KTP）及各相电流判别元件构成的三相不一致判别逻辑启动。为提高保护工作的可靠性，在保护逻辑中设置了零序电流（或零序及负序电流）判别元件，在零序（或零序及负序电流）大于设定值时，允许三相不一致保护启动。三相不一致保护启动后，经延时动作跳本断路器三相，并闭锁重合闸。

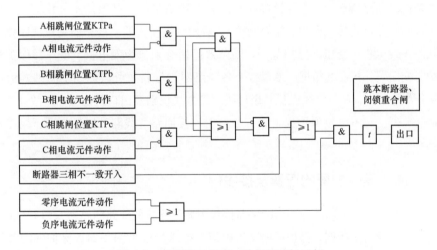

图 6-2　断路器三相不一致保护逻辑示例

按照 NB/T 35010《水力发电厂继电保护设计规范》，断路器三相不一致故障应尽可能采用断路器本体的三相不一致保护，不再另设三相不一致保护；若断路器本体无三相不一致保护，则应为断路器配置三相不一致保护。

电流判据采用快速返回的负序或零序电流元件，相应地保护的输入电流不应取自有较大时间常数的铁芯带气隙的电流互感器（如 TPY 类型），可选用 P 类电流互感器。当失灵保护设置有复合电压闭锁时，三相不一致保护在跳本断路器后，需再经延时解除断路器失灵保护的复合电压闭锁及启动断路器失灵。断路器发生三相不一致故障时，一般不出现电压闭锁开放条件（母线低电压等）。

按照 DL/T 559《220kV～750kV 电网继电保护装置运行整定规程》及 DL/T 684《大型发电

机变压器继电保护整定计算导则》的规定，断路器三相不一致保护可整定如下。

（1）电流判据按躲过正常运行时可能产生的最大不平衡电流整定，零序或负序电流判据在非全相运行时应有足够的灵敏度、负序或零序电流元件在断路器断开时应保证可靠返回。

（2）保护延时 t，对有重合闸的断路器，按可靠躲过单相重合闸的时间整定，并考虑一定的时间裕度；对无重合闸的断路器，按可靠躲过断路器不同期合闸的最长时间考虑，一般取 $0.3\sim$ $0.5\mathrm{s}$。

变压器高压侧断路器三相不一致保护及整定见 3.8 节。

6.3　断路器保护屏、配置及接线例

6.3.1　断路器保护屏

断路器失灵保护及三相不一致保护的组屏，随断路器在电力系统接线中的位置有所不同。一个半断路器接线及角形接线中，各个断路器可独立检修而不影响其他相邻元件的运行，在输电线、短线退出运行时，相关断路器一般需要投入运行以维持接线中各串的连通，故一个半断路器接线通常按每断路器设置一个断路器保护屏，布置断路器失灵保护及三相不一致保护及其他相关保护（如断路器间母线保护、重合闸等）。对发电机断路器、变压器高压侧断路器，断路器均分别从属于发电机、变压器保护范围，断路器保护分别作为发电机、变压器保护配置，与发电机保护、变压器保护一起组屏。双母线上各断路器（母联及分段断路器除外）失灵保护见4.6节，由于失灵保护需要与母线保护共用母线运行方式识别及出口跳闸回路，故通常置于母线保护屏，而断路器三相不一致保护通常置于断路器连接回路（线路、短线、升压变压器）的保护屏中。

6.3.2　断路器保护屏的配置及接线例

图 6-3 及图 6-4 给出图 4-24 一个半断路器接线中靠母线侧的线路断路器 QF13 保护屏的触点输入、输出及对外通信接线例，保护屏的交流电流、电压接线见图 4-24。保护屏配置了断路器失灵保护、三相不一致保护、一套断路器间短母线保护（另一套布置于 QF12 保护屏）、线路重合闸等，断路器失灵保护、三相不一致保护为单套配置，保护屏设置有断路器操作箱，跳本断路器的各保护动作跳闸，均经操作箱执行。

启动失灵保护的断路器未断开判别元件的电流取自 5P20 型电流互感器。启动失灵保护的保护分相跳闸、保护三相跳闸信号及启动接线在屏内完成。本例三相不一致保护置于断路器汇控柜，其动作触点接入断路器保护屏执行跳闸。断路器失灵保护、三相不一致保护动作后，均同时作用于跳相关断路器的两个跳闸线圈，失灵保护动作启动 2 段母线保护跳闸，由母线保护跳与母线相连的各断路器。失灵保护动作跳本断路器及闭锁重合闸均在屏内完成。断路器两相跳闸联跳三相接线在线路保护屏设置。

断路器间短母线保护 97B21 的电流取自 TPY 型电流互感器。该保护在输电线检修保护退出运行时投入，保护屏引入线路隔离开关位置，作为保护的投切条件。

断路器的手动合、跳，由开关站现地控制单元输出（经断路器保护屏端子转接）直接作用于断路器汇控柜中的合、跳闸继电器。断路器就地汇控柜设置有防跳跃闭锁接线，可对断路器的就地及远方操作进行防跳跃保护。

断路器失灵保护、三相不一致保护（也称非全相保护）、死区保护、充电保护及过电流保护动作均闭锁重合闸，其闭锁接线在屏内完成。

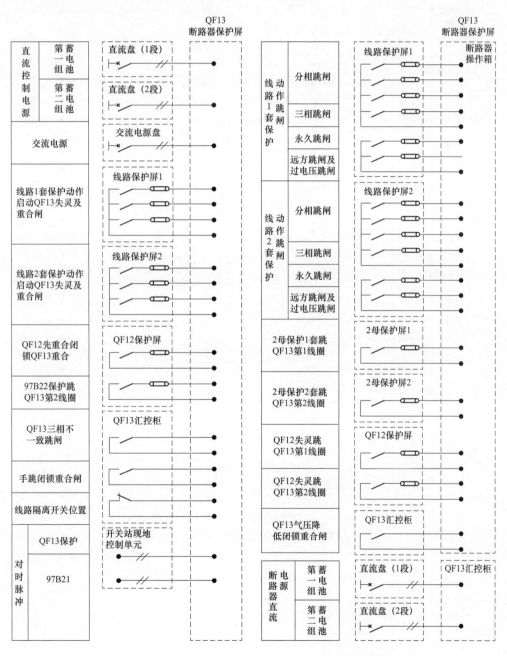

图 6-3　断路器保护屏的触点输入及断路器电源接线例

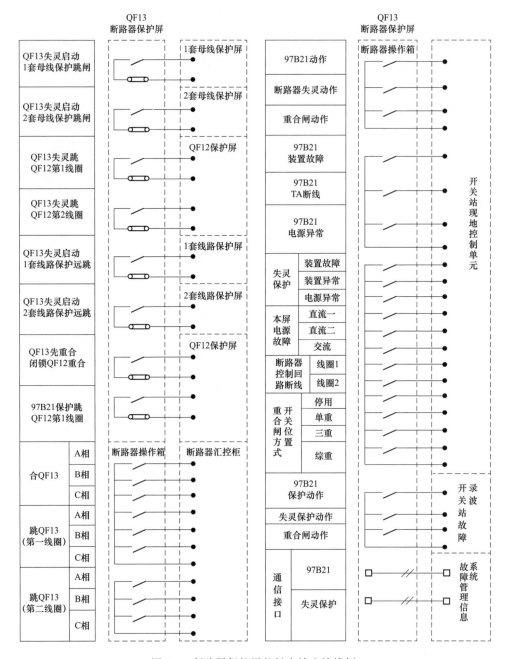

图 6-4　断路器保护屏的触点输出接线例

7 自动重合闸、厂用电备用电源自动投入及厂用电动机保护

7.1 自动重合闸方式及其配置和要求

电力系统故障绝大部分为输电线（尤其是架空线路）故障，且其中主要是暂时性的，在保护动作跳开线路断路器后，故障将消失，此时若将跳开的断路器重新投入，线路将可恢复正常供电。故输电线自动重合闸的设置，可以提高供电的可靠性，对高压输电线，可提高系统的稳定性，这已为实际运行所证明。

7.1.1 自动重合闸方式及其应用

自动重合闸方式通常可分为三相重合闸、单相重合闸及综合重合闸。下面分述其工作方式、特点及应用。

1. 三相重合闸

三相重合闸是指发生相间或单相短路时保护均跳开断路器三相，由重合闸装置重合三相。一般仅允许重合一次，若重合后保护再跳开三相，一般不再重合。

三相重合闸按其重合方式又可分为检同期、检无压、不检查三种重合方式，在经单回输电线与系统连接的中、小水电厂的发电机，尚可采用自同期（自同步）的三相重合方式。检同期三相重合闸，是在断路器两侧电压满足设定的同期条件时才允许重合，通常是检查断路器两侧电压的相角差是否小于设定值。检无压三相重合闸通常是检查线路或母线无压时才允许重合。不检查是指断路器不经检查同期也不检查无压，在断路器三相跳开后经设定的延时进行重合。自同期的三相重合，如对在发电机母线上并列的通过升压变压器以单回线路与系统连接的水电厂发电机，是在水电厂与系统连接的输电线故障时，线路保护动作于线路断路器及发电机断路器三相跳闸，并跳开发电机磁场断路器对发电机灭磁（不停机），线路重合成功后，发电机以自同期方式与系统并列：在发电机转速（频率）与系统频率差（称滑差）在设定的范围内时，合上发电机断路器将未带励磁的发电机投入系统，然后合磁场断路器对发电机励磁，使发电机在原动机力矩及同步转矩等作用下拉入同步，与系统并列运行。

三相重合闸是在断路器跳开三相后进行重合，当故障跳开的断路器两侧有电源，且两侧系统无另外输电线联系或仅为弱联系时，则在断路器跳开后，两系统间将不能维持同步运行，断路器的两端电压将出现相角差，若此时重合断路器，将使电力系统及重合的断路器承受非同步的合闸冲击电流，严重时将可能影响系统的稳定及设备的安全。另外，在相间永久性故障下跳三相后的三相重合，将使电力系统及相关设备再次承受包括三相短路的相间短路电流的冲击，

需要考虑电力系统稳定及设备此时的承受能力。故需要根据系统的具体结构及设备情况等来确定三相重合闸的应用，以及在实际应用时确定其重合方式，包括断路器的检同期、检无压、不检重合方式，或在某些线路中对相邻的断路器采用解列重合或顺序重合。

检同期、检无压重合通常应用在两侧电源的输电线。检查同期的三相重合闸，重合的冲击电流较小，不会重合到永久性故障线路，系统可免受短路电流的再次冲击；但对线路跳闸开断后断路器两侧系统无联系或为弱联系的两侧有电源线路，线路跳闸后两侧系统将不可能或需经较长时间才能同步，使检同期重合闸不可能成功或需经较长的时间才能重合，或影响重合闸的成功率。检查无压三相重合闸在有电源侧重合到永久性故障线路时，将出现较大的合闸冲击电流；对两侧有电源的线路，仅在两侧断路器均无拒动时重合闸才可能成功；对高压长输电线（如750kV及以上的线路），其相-地或故障相-非故障相间的分布电容较大，无压下合空线路可能产生很高的过电压，需要采取相关的抑制措施。由于在断路器两侧断路器跳闸后线路将出现无压，故无压重合通常有较短的重合时间。

不检查同期的三相重合闸，通常也有较短的重合时间，但对断路器两侧有电源且两侧系统无另外输电线联系或仅为弱联系的输电线，断路器可能在断路器两侧电压的相位角相差 $180°$ 下非同步重合，系统将承受很大的合闸电流冲击，这通常是系统及设备所不允许的。故这种重合方式通常仅用于单侧电源线路，以及有多回线紧密联系的两侧电源线路，或系统及设备允许进行非同期重合闸的线路。

某些线路，为避免重合闸对系统稳定的影响或避免及减小重合电流冲击，可采用按预先规定的顺序对相邻断路器进行重合，即采用顺序重合闸方式。例如，对线路的某一侧重合于故障线路时可能影响系统稳定而另一侧无影响的线路，为避免线路重合闸影响系统稳定，可使无影响侧先重合，另一侧在对侧重合成功后以检同期方式重合；对一个半断路器接线及角形接线线路的两个断路器，可采用先后重合方式，以避免对系统可能产生的更大的合闸冲击和影响系统稳定，并在线路为永久性故障时避免两断路器均承受短路电流的再次冲击；对单侧电源辐射结构的几段串联线路，可采用自电源侧的顺序重合，以补救电流速断等瞬动保护的无选择性动作。

对某些受端变电站有小电源、采用检同期重合闸可能性不大又不能采用非同期重合闸的两侧有电源的输电线，可采用解列重合闸方式。线路故障时，保护跳开主电源侧断路器并使小电源与系统解列后，线路检无压重合，受端变电站恢复供电后，小电源以同期方式合断路器与系统并列。解列重合闸可避免重合闸对系统的冲击，可较快恢复受端变电站的供电，适用于线路受端为小电源情况。

在经单回输电线与系统连接的且地区负荷较小的中、小水电厂的发电机，可采用自同期三相重合闸使水电厂机组在线路故障后较快地重新投入系统，加快系统恢复正常运行。但自同期重合闸过程中未励磁发电机投入系统将产生较大的合闸冲击电流，且发电机需从系统吸收无功功率，使系统电压降低。故自同期三相重合闸的应用，需要根据具体的发电机及系统进行相关的计算，在保证发电机及系统安全条件下使用。对发电机，通常要求合闸的冲击电磁力矩不超过发电机出口三相短路时的数值，冲击电流在定子绕组端部引起的电动力不超过三相短路时的 $1/2$，或冲击电流不超过三相短路电流的 $1/\sqrt{2}$。

对需要考虑防止三相重合于多相故障时可能导致系统稳定破坏的线路，可采用线路单相故障跳三相重合三相的重合闸方式，在线路多相故障时跳三相后不再重合。但对线路三相跳闸后将引起电网大面积停电或使重要负荷停电的线路，单相故障时不宜采用跳三相及三相重合闸方式，应仅跳开故障相并采用单相重合闸。

2. 单相重合闸

单相重合闸是指线路发生单相短路时，保护只跳开故障相，然后（经设定的延时）进行单相重合；重合不成功而系统又不允许长期非全相运行时，保护将跳开三相，不再重合；线路发生相间短路时，保护均跳开三相不再重合。由于输电线仅跳开一相，非故障的两相仍在正常运行，继续传送同步功率，故断路器可在经设定的延时后重合，重合闸有较短的时间，并有较小的合闸冲击电流，重合闸对系统稳定及相关设备安全的影响较小，仅在故障为永久性时系统及相关设备需承受单相短路电流的再次冲击。故对由于系统稳定或设备安全要求不宜采用（或在某些运行方式下不宜选用）三相重合闸的高压线路，通常均选用单相重合闸。分析及实际运行表明，高压输电线采用单相重合闸，有利于提高电力系统稳定。显然，单相重合闸仅能应用在断路器为分相操作且保护在线路单相故障时可分相跳闸的线路。

线路单相接地故障时，故障相两侧断路器跳开后，非故障的两相将通过其与故障相之间的电容（C_M）与互感（M）耦合（E_M 为耦合产生的互感电动势），向故障点提供短路电流（通常称为潜供电流，如图 7-1 所示），对暂时性的单相接地短路故障，通常为电弧电流，该电流在一个系统电压周期内两次经过零点，提供了熄灭电弧的机会。由非故障相提供的潜供电流将延长电弧的熄灭，而重合闸仅在短路点电弧熄灭、绝缘强度恢复后才可能重合成功，使重合闸的动作时间需要考虑潜供电流对熄弧的影响，与三相重合闸相比，单相重合闸通常有较长的动作时间。潜供电流通常主要为电容性电流，正如 5.5 节的叙述，在线路两端以相-地方式装设并联电抗器，通过吸收系统对地电容产生的容性无功功率，可以限制系统线路潜供电容电流，加快故障点短路电弧的熄灭及单相重合闸的过程，采用换位输电线也可有相同的效果。另外，单相重合闸过程将使系统出现非全相运行，在重合闸不成功时将使非全相运行延续，线路采用单相重合闸时，需要考虑非全相运行对系统设备、继电保护及线路附近通信的影响及承受能力，或需要采取消除影响的相关措施；对高压长输电线（如 750kV 及以上的线路），其相-地或故障相-非故障相间的分布电容较大，单相重合闸时，先合端在无压下合空线路可能产生很高的过电压，需要采取相关的措施；对一个半断路器接线及角形接线的双断路器线路的单相重合闸，与三相重合闸的考虑相同，线路两个断路器需要采用先后重合方式。

3. 综合重合闸

综合重合闸是在单相短路时采用单相重合闸、相间短路时采用三相重合闸的重合闸方式。装设综合重合闸装置的线路，通常可由运行人员根据电力系统的要求通过切换开关选择为单相重合闸方式、三相重合闸方式、综合重合闸方式或退出重合闸。

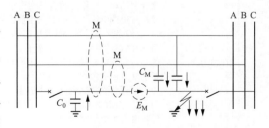

图 7-1　单相跳闸后的潜供电流示意图

7.1.2　自动重合闸的配置及要求

对输电线自动重合闸的配置、重合闸方式的选择及相关的技术要求，在 GB/T 14285《继电保护和安全自动装置技术规程》中有如表 7-1 所示的规定。

表 7-1　　　　　　　　　　　　　输电线自动重合闸的配置及要求

序号	项目	配置要求
1	需配置自动重合闸的场合	自动重合闸应按下列规定装设： （1）3kV 及以上的架空线路及电缆与架空线混合线路，在具有断路器的条件下，如用电设备允许且无备用电源自动投入时，应装设自动重合闸装置。 （2）旁路断路器与兼作旁路的母线联络断路器，应装设自动重合闸装置。 （3）当变电站母线设有专用母线保护，必要时，可采用母线重合闸。当重合于永久性故障时，母线保护应能可靠动作，切除故障。 （4）5.6MVA 及以上低压侧不带电源的单组降压变压器，如其电源侧装有断路器和过电流保护，且变压器断开后将使重要用电设备断电，可装设变压器重合闸装置。当变压器内部故障，瓦斯或差动（或电流速断）保护动作应将重合闸闭锁
2	基本要求	应符合下列基本要求： （1）自动重合闸装置可由保护启动和/或断路器控制状态与位置不对应启动。 （2）用控制开关或通过遥控装置将断路器断开或将断路器投于故障线路上并随即有保护将其断开时，自动重合闸装置均不动作。 （3）在任何情况下（包括装置本身的元件损坏，以及重合闸输出触点的黏住），自动重合闸装置的动作次数应符合预先的规定（如一次重合闸只应动作一次）。 （4）自动重合闸装置动作后，应能经整定的时间后自动复归。 （5）自动重合闸装置应能在重合闸后加速继电保护的动作。必要时，可在重合闸前加速继电保护动作。 （6）自动重合闸装置应具有接收外来闭锁信号的功能。 （7）重合闸应按断路器配置。 （8）采用单相重合闸时，应考虑下列问题并采取相应措施： 1）重合闸过程中出现的非全相运行状态，如引起本线路或其他线路的保护装置误动作时，应采取措施予以防止。 2）如电力系统不允许长期非全相运行，为防止断路器一相断开后，由于单相重合闸装置拒绝合闸而造成非全相运行，应具有断开三相的措施，并应保证选择性。 （9）使用于电厂出口线路的重合闸装置，应有措施防止重合于永久性故障，以减少对发电机可能造成的冲击。 （10）当一组断路器设置有两套重合闸装置（例如线路的两套保护装置均有重合闸功能）且同时投运时，应有措施保证线路故障后仍仅实现一次重合闸
3	重合闸的动作时限	重合闸的动作时限应符合下列要求： （1）对单侧电源线路上的三相重合闸装置，其动作时限应大于下列时间。 1）故障点灭弧时间（计及负荷侧电动机反馈对灭弧时间的影响）及周围介质去游离时间。 2）断路器及操动机构准备好再次动作的时间。 （2）对双侧电源线路上的三相重合闸装置及单相重合闸装置，其动作时限除应考虑上述（1）的要求外，还应考虑： 1）线路两侧继电保护以不同时限切除故障的可能性。 2）故障点潜供电流对灭弧时间的影响。 （3）电力系统稳定的要求

序号	项目	配置要求
4	110kV 及以下单侧电源线路的重合闸方式	110kV 及以下单侧电源线路的自动重合闸方式应按下列规定设置： （1）采用三相一次重合闸方式。 （2）当断路器断流容量允许时，下列线路可采用两次重合闸方式： 1）无经常值班人员变电站引出的无遥控的单回线。 2）给重要负荷供电，且无备用电源的单回线。 （3）由几段串联线路构成的电力网，为了补救速动保护无选择性动作，可采用带前加速的重合闸或顺序重合闸方式
5	110kV 及以下双侧电源线路的重合闸方式	110kV 及以下双侧电源线路的自动重合闸方式应按下列规定设置： （1）并列运行的发电厂或电力系统之间，具有 4 条以上联系的线路或三条紧密联系的线路，可采用不检查同步的三相重合闸方式。 （2）并列运行的发电厂或电力系统之间，具有两条联系的线路或 3 条联系不紧密的线路，可采用同步检定和无电压检定的三相重合闸方式。 （3）双侧电源的单回线路，可采用下列重合闸方式： 1）解列重合闸方式，即将一侧电源解列，另一侧装设无电压检定的重合闸方式。 2）当水电厂条件许可时，可采用自同步重合闸方式。 3）为避免非同步重合及两侧电源均重合于故障线路上，可采用一侧无电压检定，另一侧采用同步检定的重合闸方式
6	220～500kV 线路的重合闸方式	（1）对 220kV 单侧电源线路，采用不检查同步的三相重合闸方式。 （2）对 220kV 线路，当并列运行的发电厂或电力系统之间，具有 4 条以上联系的线路或 3 条紧密联系的线路时，可采用不检查同步的三相重合闸方式。 （3）对 220kV 线路，当并列运行的发电厂或电力系统之间，具有两条联系的线路或 3 条不紧密联系的线路，且电力系统稳定要求能满足时，可采用检查同步的三相重合闸方式。 （4）对不符合上述条件的 220kV 线路，应采用单相重合闸方式。 （5）对 330～500kV 线路，一般情况下应采用单相重合闸方式。 （6）对可能发生跨线故障的 330～500kV 同杆并架双回线路，如输送容量较大，且为了提高电力系统安全稳定运行水平，可考虑采用按相自动重合闸方式。 上述三相重合闸方式也包括仅在单相故障时的三相重合闸
7	带分支线路上分支侧的单相重合闸方式	在带有分支的线路上使用单相重合闸装置时，分支侧的自动重合闸采用下列方式： （1）分支处无电源时。 1）分支处变压器中性点接地时，装设零序电流启动的低电压选相的单相重合闸装置。重合后，不再跳闸。 2）分支处变压器中性点不接地，但所带负荷较大时，装设零序电压启动的低电压选相的单相重合闸装置。重合后，不再跳闸。当负荷较小时，不装设重合闸装置，也不跳闸。 如分支处无高压电压互感器，可在变压器（中性点不接地）中性点处装设一个电压互感器，当线路接地时，由零序电压保护启动，跳开变压器低压侧三相断路器，重合后，不再跳闸。 （2）分支处有电源时。 1）如分支处电源不大，可用简单的保护将电源解列后，按上述分支无电源的规定处理。 2）如分支处电源较大，则在分支处装设单相重合闸装置

注 单侧电源负荷端装设有同步调相机和大型同步电动机时，线路重合闸方式及动作时限的选择，宜按双侧电源线路的规定执行。

对设置断路器保护屏的断路器，自动重合闸通常按每断路器一套配置。对重合闸与保护置于同一装置并以双重化配置两套装置的线路断路器，在运行时重合闸仅投入一套。

7.2 自动重合闸的原理及动作逻辑

7.2.1 重合闸的启动

重合闸通常采用保护启动和/或断路器位置不对应启动方式，并在不应该启动的情况下闭锁重合闸启动，采用单相重合闸或综合重合闸时，宜采用保护启动及不对应启动方式。保护启动是在保护动作跳闸同时启动断路器重合闸；断路器位置不对应启动是在断路器的控制状态（如控制开关的位置）与断路器运行状态（分闸或合闸位置）不对应时启动重合闸。按有关规程的规定或电力系统的要求，不应该启动而需要闭锁重合闸的情况通常包括：

（1）由值班人员手动（包括通过遥控装置）将断路器断开。

（2）断路器手动合闸后随即由保护将其断开。此时表明线路在无压下存在故障，大多数为永久性故障。

（3）断路器由失灵保护动作跳闸。此时相邻断路器已失灵，重合闸不可能成功（重合必再跳）。

（4）断路器由远跳跳闸。由 5.4.2，启动远跳的故障为永久性故障。

（5）断路器不具备合闸或跳闸条件，如操动机构的气压或液压降低、弹簧未储能、控制回路断线等。

（6）根据电力系统的要求需要闭锁重合闸的情况。如高压系统母线保护、一个半断路器接线的断路器间（又称 T 区）母线保护、断路器三相不一致保护（也称非全相保护）、双母线的母联断路器的死区保护及充电保护等保护动作跳断路器后，通常不允许启动重合闸，需要闭锁重合闸。电力系统稳定控制装置动作跳闸后通常不应启动重合闸。

重合闸采用保护启动时，由于保护动作跳闸很快，在保护复归前重合闸可能来不及启动，故重合闸装置通常对保护启动重合闸采取固定措施（如自保持、记忆等），以保证重合闸能可靠启动。

7.2.2 重合闸与继电保护的配合

继电保护与重合闸的配合通常主要包括两个方面：设置重合闸的线路保护，利用重合闸提供的条件，在保护中采用重合闸前加速保护或后加速保护的方式，加速线路故障的切除；对设置有单相重合闸的线路，继电保护需考虑在单相重合闸的非全相过程中及单相合闸时，防止可能误动的保护误动。

1. 重合闸前加速保护

重合闸前加速保护主要用于 35kV 及以下的输电线（包括辐射状串联输电线）以及发电厂或变电站母线的直配线。这些线路通常设置三相一次重合闸。

输电线中的重合闸前加速保护，是在设置重合闸的线路保护中，在线路故障重合闸动作前使带延时的线路保护段加速跳闸，无时限（也是无选择性的）跳开线路断路器，然后进行重合，若为暂时性故障，则线路重新恢复正常运行。若为永久性故障，线路保护按与相邻元件配合关系（包括整定值及时限）有选择性地动作，使故障切除。对采用电流保护的输电线，重合闸前加速保护尚可采用在线路保护中专设可独立整定动作电流（相电流及零序电流）及时间的重合闸前加速保护的方式设置。

在输电线中应用重合闸前加速，可加快故障的切除，在暂时性故障时可加快线路的重合，恢复供电。在由发电厂或变电站母线引出的不带电抗器的直配线，线路短路将使母线电压下降，影响甚至威胁系统及电厂的安全运行，故通常要求设置有前加速保护的三相重合闸。重要的输电线也通常有同样的要求。对单侧电源的辐射状多段串联的几条输电线，采用重合闸前加速时，三相重合闸通常可仅需在靠电源的输电线的电源端断路器设置。

由于重合闸前加速保护为无选择性保护，是基于系统可允许采用重合闸来补救这种无选择性保护的条件下使用，若在保护无选择性动作跳闸后，因重合闸元件故障不能启动重合闸或断路器拒动，使线路不能重合，则将扩大停电范围，使事故扩大。故需根据网络结构及负荷等条件考虑其应用。一般不在高压线路中使用。

2. 重合闸后加速保护

重合闸后加速保护可用于 35kV 以上的输电线，在重合闸或手动合闸合于永久性故障线路时，加速切除故障。

线路故障时，线路保护有选择性动作使线路跳闸，然后进行重合，若重合于永久性故障，合闸后加速保护使带时限动作的保护段加速动作，无时限跳开线路断路器。通常用于加速带有动作时限的保护Ⅱ段，也可以加速Ⅲ段，在重合闸合闸后若保护Ⅱ段（或Ⅲ段）启动，则无时限动作断路器跳闸。手动合闸合于永久性故障线路时，同样使保护Ⅱ段（或Ⅲ段）无时限跳闸。对采用单相重合闸方式的输电线，重合闸后加速为分相加速，若系统不允许线路长期非全相运行，重合闸后加速保护将跳开三相。

三相重合闸的后加速及单相重合闸的分相后加速，应加速对线路末端故障有足够灵敏度的保护段。若加速的保护不能躲开线路后重合的一侧合闸时三相不同步产生的零序电流，则线路两侧的后加速在整个重合闸周期中均应带 0.1s 延时。

设置重合闸后加速保护的线路保护，在重合闸动作前保护为选择性动作跳闸，不受重合闸后加速的影响。重合至永久性故障时，重合闸后加速的无时限跳闸，也符合保护选择性的要求，不会类似重合闸前加速保护出现扩大停电范围的情况，故通常随重合闸设置。

3. 防止继电保护在单相重合闸非全相过程中误动

单相重合闸过程中，线路将出现非全相运行，主要可能引起零序电流保护误动。在 DL/T 559《220kV～750kV 电网继电保护装置运行整定规程》中，对零序电流保护与单相重合闸的配合有如下的规定：

（1）允许线路后备保护延时段设定为动作后跳断路器三相不重合时。

1）能躲过非全相运行最大零序电流的零序电流Ⅰ段，非全相运行中不退出工作。不能躲过非全相运行时，在重合闸启动后退出工作。

2）零序电流Ⅱ段整定值应躲过非全相运行最大零序电流，在单相重合闸过程中不动作。

3）零序电流Ⅲ、Ⅳ段均三相跳闸不重合。

（2）线路后备保护延时段设定为动作后启动单相重合闸时。

1）能躲过非全相运行最大零序电流的零序电流Ⅰ段，非全相运行中不退出工作；不能躲过非全相运行时，在重合闸启动后退出工作。

2）能躲过非全相运行最大零序电流的零序电流Ⅱ段，非全相运行中不退出工作；不能躲过非全相运行时，在重合闸启动后退出工作；也可将零序电流Ⅱ段的动作时间延长至1.5s及以上，或躲过非全相运行周期，非全相运行中不退出工作。

3）不能躲过非全相运行最大零序电流的零序电流Ⅲ段，在单相重合闸启动后退出工作；也可依靠较长的动作时间躲过非全相运行周期，非全相运行中不退出工作或直接三相跳闸不启动重合闸。

4）零序电流Ⅳ段直接三相跳闸不启动重合闸。

（3）零序电流保护的速断段，在恢复三相带负荷时，不得因断路器的短时三相不同步而误动作，若整定值不能躲过，则应在重合闸后增加0.1s的时延。

7.2.3　重合闸的动作逻辑例

图7-2所示为可用于220kV及以上输电线（不包括双断路器的输电线）的综合重合闸动作逻辑图例，运行人员可通过切换开关选择为单相重合闸方式、三相重合闸方式、综合重合闸方式或退出重合闸。

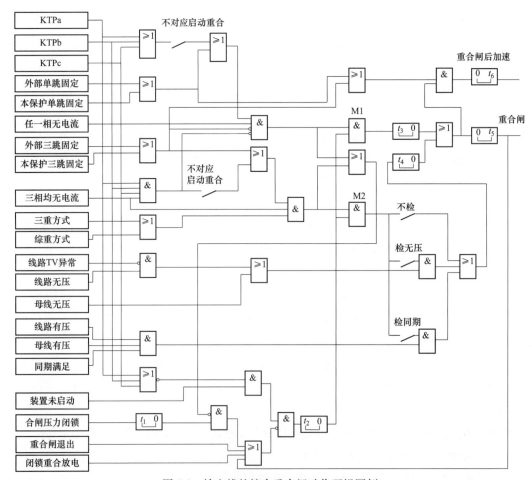

图7-2　输电线的综合重合闸动作逻辑图例

重合闸采用保护及断路器位置不对应启动。保护启动包括本线路保护及外部保护、单跳及三跳保护。为保证保护复归前能使重合闸可靠启动，对保护启动输入采取固定措施。断路器位置不对应启动由跳闸位置继电器触点与重合闸充放电逻辑共同完成，以断路器跳闸而重合闸充电完成作为不对应条件。在重合闸动作逻辑中，设置模拟重合闸电容器放电的 t_2 延时元件（计数器），当有包括手动跳闸等其他不应该启动重合闸需闭锁重合闸的"闭锁重合放电"信号输入时，即动作使 t_2 延时元件输出为 0（计数器清零或称"放电"），使与门 M1 或 M2 无动作条件而闭锁重合闸输出。t_2 为重合闸充电时间，通常取为 15～25s。图 7-2 中的 KTPa、KTPb、KTPc 为断路器 A、B、C 相跳闸位置继电器触点（断路器于跳闸位置时触点闭合），断路器手动合闸正常运行后（KTPa、KTPb、KTPc 触点断开，且重合闸未启动），若无闭锁信号且重合闸未退出，则经 t_2 时间后重合闸即充电完成，t_2 延时元件输出为 1，M1 或 M2 具备输出条件，重合闸处于准备好的待用状态。重合闸启动后，与门 M1 或 M2 输出为 1，经重合闸动作延时（t_3 或 t_4）输出合闸脉冲（脉冲宽度 t_5 按保证断路器可靠合闸考虑，如取 120ms），并同时使 t_2 延时元件（计数器）置 0（计数器清零），保证仅一次重合。合闸压力闭锁的输入加延时 t_1（如取 200ms），以防压力暂时波动误动。

7.3　重　合　闸　的　整　定

重合闸的整定主要包括重合闸动作延时整定、重合闸复归时间整定。在 DL/T 584《3kV～110kV 电网继电保护装置运行整定规程》及 DL/T 559《220kV～750kV 电网继电保护装置运行整定规程》中，有相关的整定原则要求及计算方法。

1. 重合闸动作时间整定

重合闸动作时间 t_{op} 是指从重合闸启动到发出重合闸脉冲的时间，即重合闸的动作延时（图 7-2 中的 t_3 或 t_4）。延时的整定，应使得重合闸在故障点熄弧且绝缘恢复后尽快使断路器重新合闸，通常按大于故障点熄弧且周围介质去游离绝缘恢复所需的时间，并大于断路器触头间灭弧介质绝缘强度恢复和操动机构复归原状准备好再次合闸的时间整定。故 t_3 或 t_4 也是保证重合闸能成功重合所需的延时。在整定重合闸动作时间 t_{op} 时，重合闸按由保护启动考虑。

故障点的电弧仅在线路断电后才开始熄灭，故障点周围介质绝缘也仅在线路断电期间才能恢复。故障点熄弧并使周围介质去游离恢复绝缘所需的时间，也称为重合闸要求的线路最小断电时间 t_{off}，简称重合闸断电时间。对单侧电源线路，线路故障时，在电源侧线路保护动作跳闸断路器开断后线路开始断电，重合闸过程中线路的断电时间，为从断路器开断至重新合闸（主触头闭合）的时间，此时间包括了重合闸发出断路器重合脉冲至断路器主触头闭合的时间，即包括了断路器的合闸时间。故对单侧电源线路，按满足断电时间要求的重合闸动作延时 t_{op} 应大于断路器开断时间 $t_{b.t}$ 与重合闸断电时间 t_{off} 之和，再减去断路器的合闸时间 $t_{c.t}$，即

$$t_{op} \geqslant t_{b.t} + t_{off} + t_{c.t} \tag{7-1}$$

对两侧电源线路，由于线路仅在两侧断路器均跳闸开断后故障点才能断电，重合闸动作延时尚需考虑由于两侧保护不同时动作及断路器开断时间不同，使对侧断路器开断迟后于本侧断

路器开断的时间 Δt（即本侧断路器开断后线路断电的延长时间）。故对两侧电源线路，按满足断电时间要求的重合闸动作延时 t_{op} 由式（7-1）可计算，即

$$t_{op} \geqslant t_{b.t} + t_{off} + \Delta t - t_{c.t} \tag{7-2}$$

式（7-1）和式（7-2）中，本侧断路器开断时间 $t_{b.t}$ 和合闸时间 $t_{c.t}$ 由断路器厂家提供。按 DL/T 584 及 DL/T 559 的要求，重合闸断电时间 t_{off}，对 220kV 及以下线路，三相重合闸不小于 0.3s，220kV 线路单相重合闸不小于 0.5s；330～750kV 线路，单相重合闸视线路长短及有无限制潜供电流辅助消弧措施（如设置有并联电抗器，带中性点电抗器）而定。中低压线路的 t_{off} 可能尚需要考虑负荷电动机向故障点电流反馈的影响。Δt 通常可按本侧为快速保护动作跳闸（如距离 I 段、电流速断）对侧为有足够灵敏度的延时段保护动作跳闸（如距离 II 段或 III 段）考虑，并计及两侧断路器的开断时间差（对侧大于本侧的时间）。

单相故障跳单相后，由非故障相提供的潜供电流将延长电弧的熄灭（见 7.1.1），故与三相重合闸相比，单相重合闸要求有较长的断电时间 t_{off}。

保护动作使断路器跳闸开断后，断路器复归原状及准备好再次合闸的时间由断路器厂家提供。

重合闸动作延时的整定值 t_{op} 应取为式（7-1）或式（7-2）计算值和断路器准备好再次合闸的时间值中的最大值。

2. 重合闸复归时间整定

重合闸复归时间是指重合闸从 0 充电至充电完成准备好动作的时间，即图 7-2 中的 t_2，也称为重合闸返回到准备动作状态的返回时间。重合闸复归时间按大于下列两个条件所需的时间整定：

（1）重合到永久性故障线路时，即使继电保护以最大时限（后备保护时限）动作再次跳闸，也不会发生断路器多次重合。

（2）重合闸成功后，断路器开断能力恢复到能够进行一个"跳-合"闸的间隔时间。一般为 8～10s。

一般取 t_2 为 15～25s，并通常已在重合闸装置中设定。

7.4　电厂厂用电备用电源自动投入

7.4.1　备用电源自动投入的配置及要求

电厂厂用电的供电关系着电厂的安全可靠运行，为保证供电的连续性，厂用电母线通常设置备用电源及备用电源自动投入。在 GB/T 14285《继电保护和安全自动装置技术规程》中，对备用电源自动投入装置的配置及技术要求有如下的规定。

（1）在下列情况下，应装设备用电源投入装置：

1）具有备用电源的发电厂厂用电源和变电站所用电源；

2）由双电源供电，其中一个电源经常断开作为备用电源；

3）降压变电站内有备用变压器或有互为备用的电源；

4）有备用机组的某些重要辅机。

（2）备用电源自动投入装置的设计应符合下列要求：

1）除发电厂备用电源快速切换外，应保证在工作电源或设备断开后，才投入备用电源或设备。

2）工作电源或设备上的电压，不论何种原因消失，除有闭锁信号外，备用电源自动投入装置均应动作。

3）备用电源自动投入装置应保证只动作一次。

4）当一个备用电源同时作为几个工作电源的备用时，如备用电源已代替一个工作电源后，另一工作电源又被断开，必要时，备用电源自动投入装置仍能动作。

5）有两个备用电源的情况下，当两个备用电源为两个彼此独立的备用系统时，应装设各自独立的备用电源自动投入装置；当任一备用电源能作为全厂各工作电源的备用时，备用电源自动投入装置应能使任一备用电源能对全厂各工作电源实行自动投入。

6）备用电源自动投入装置在条件可能时，宜采用带有检定同步的快速切换方式，并采用带有母线残压闭锁的慢速切换方式及长延时切换方式作为后备；条件不允许时，可仅采用带有母线残压闭锁的慢速切换方式及长延时切换方式。

7）当厂用母线速动保护动作、工作电源分支保护动作或工作电源由手动或计算机监控系统跳闸时，应闭锁备用电源自动投入。

（3）应校核备用电源或备用设备自动投入时过负荷及电动机自动启动的情况，如过负荷超过允许限度或不能保证自启动时，应有备用电源自动投入装置动作时自动减负荷的措施。

（4）当备用电源自动投入装置动作时，如备用电源或设备投于故障，应有保护加速跳闸。

另外，备用电源自动投入装置通常应要求能手动退出运行。为使厂用电动机在电压恢复后尽快恢复正常运行，通常要求备用电源投入装置应有尽可能短的动作时间；当备用电源投入前需要切除部分负荷时，备用电源投入可设置 0.1～0.5s 延时。备用电源投入后，恢复工作电源供电的操作通常可以设计为手动，根据系统要求也可以设计为自动。

7.4.2 备用电源自动投入接线

水电厂厂用电常用的一次接线见图 7-3。图 7-3 中各台变压器高压侧电源通常取自不同母线、正常情况下均投入运行，各母线分段断路器断开，对每一分段断路器设一套备用电源投入

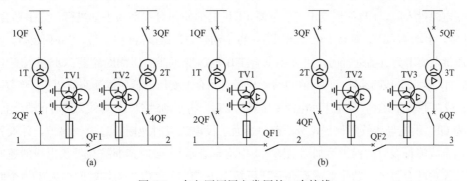

图 7-3 水电厂厂用电常用的一次接线

（a）两分段接线；（b）三分段接线

装置，图 7-3 中，各台变压器通常按满足两段母线负荷供电要求接线选择，对图 7-3 （b）接线，当 2T 变压器已作为另一段母线备用时，不能再作为第三段母线的备用电源。根据电厂的具体情况，图 7-3 （a）中两台变压器高压侧电源也可设计为取自同一母线，图 7-3 （b）中的变压器 2T 正常也可设计为仅作为备用，不投入运行。大型多机组水电厂，可将厂用电负荷分区，对每分区采用图 7-3 的供电接线。

图 7-4 所示为图 7-3 （a）接线采用继电器的备用电源自动投入装置的动作原理图例。本接线的变压器低压侧断路器（2QF、4QF）设联动跳闸及母线低压跳闸。变压器高压侧断路器 1QF（或 3QF）跳闸时，由 K1（或 K2）联动跳变压器低压侧断路器；1T（或 2T）变压器低压侧母线低电压 KV1、KV2（或 KV3、KV4）动断触点闭合且 2T（或 1T）变压器低压侧母线有电压 KV6（或 KV5）动合触点闭合时，由 KT1（或 KT2）经短延时跳开低电压母线的变压器低压侧断路器。K1、K2 为延时返回中间继电器，继电器失电后，动合（常开）触点延时打开，其延时可保证断路器可靠跳、合闸。KD1、KD2 为双位置继电器，有两个电流线圈及一个电压线圈；接于变压器低压侧断路器手动跳闸回路的电流线圈有电流时，继电器动断（常闭）触点打开，使备用电源动作合闸（KC）回路断开，不允许备用电源投入合闸；接于合闸回路的电流线圈有电流后，继电器动断（常闭）触点闭合，允许备用电源自动投入回路投入使用；KD1、KD2 的电压线圈为继电器的复归线圈。交流电压继电器 KV1、KV2、KV5 线圈接自 TV1，KV1、KV2 反应母线低电压，KV5 反应 1 母线有电压；KV3、KV4、KV6 线圈接自 TV2，KV3、KV4 反应 2 母线低电压，KV6 反应 2 母线有电压。为避免回路断线等情况下误动，低电压元件由两个电压继电器组成，触点串联，电压线圈分别接于母线电压互感器不同的相间上。

正常情况下两台变压器 1T 和 2T 均投入运行，1～4QF 于合闸位置、分段断路器 QF1 于断开位置，备用电源自动投入装置投、切开关 SCS 于投入运行位置。设变压器 1T 故障使变压器高压侧断路器 1QF 跳闸，断路器动断（常闭）辅助触点 1QF 闭合联跳 2QF；若非手动跳闸，KD1 的动断（常闭）触点于闭合状态，2QF 跳闸后，其动断（常闭）辅助触点使备用电源整定合闸继电器 KC 动作，合上分段断路器 QF1，1 段母线由 2T 供电。1QF 跳闸后 KT1 失电，经返回延时后其动合触点打开，断开合闸继电器 KC 线圈回路，直至变压器重新投入（1QF、2QF 均重新合闸），保证备用电源投入仅动作一次。1QF 跳闸后，KT1 动合触点经返回延时后断开了联动跳 2QF 回路，使联动跳闸仅在 1T 投入运行后 1QF 跳闸时，且仅发生一次联动。

备用电源投入后，1 母线恢复由工作电源 1T 供电的操作对本例为手动进行：先手动合 1QF，1T 正常后，手动跳 QF1，确认 1 母线无压后，再手动合 2QF，以避免 1T 与 2T 并列运行。当恢复工作电压供电要求为自动进行时，可在手动合工作电源变压器高压侧断路器 1QF 投入变压器后，经短延时自动跳开分段断路器 QF1，在母线无压后自动合上变压器低压侧断路器 2QF，恢复工作电压供电；或在手动合 1QF，确定工作电源变压器正常后，再手动跳 QF1，母线无压后自动合上 2QF。

作为 QF1 供电母线故障保护，分段断路器通常设电流限时速断及过电流保护，并设置备用电源合闸至故障母线时的保护后加速（图 7-4 中均未表示）。限时速断按与母线出线的速断保护及过电流保护配合整定，动作电流配合系数可按 1.1～1.15 考虑，动作时间取大于一个时间级配合。备用电源合闸后加速通常带 0.2～0.3s 延时，以躲开电动机最大自启动电流。

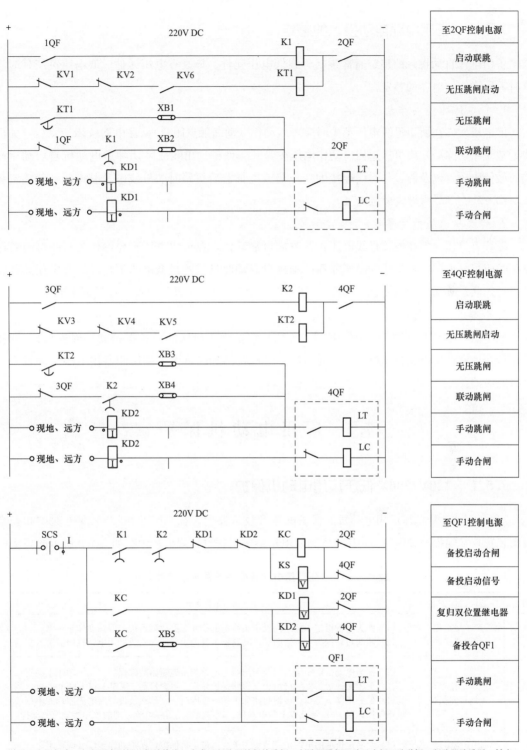

图 7-4　备用电源自动投入装置的动作原理图例

说明：本图仅表示与备用电源投入相关接线，未表示断路器的保护跳闸、断路器跳闸回路及合闸回路监视、断路器防跳跃、触点引出、电压继电器线圈的交流电压回路等接线。

7.4.3 备用电源自动投入的整定

备用电源自动投入的整定通常包括母线低电压元件、母线有电压元件、低电压跳闸延时及延时返回中间继电器的整定。

1. 低电压元件动作电压整定

低电压元件在所接母线电压消失时应可靠动作（动断触点闭合），在电网故障切除后（如出线近端短路切除后）应可靠返回。动作电压按躲开（低于）出线故障切除后电动机自启动时母线的最低电压，以及躲过与母线连接的变压器或电抗器后短路时的母线电压整定。一般整定为 $0.2\sim0.25U_n$，U_n 为母线额定电压。

2. 母线有电压元件整定

母线有电压元件在所接母线电压正常时应可靠动作，在母线电压不允许作为另一母线备用电源时应可靠返回，在出线故障切除后电动机自启动时母线的最低电压下，母线有电压元件应处于动作状态（动合触点闭合）。动作电压一般整定为 $0.6\sim0.7U_n$，U_n 为母线额定电压。

3. 低电压跳闸延时

低电压跳闸延时（图 7-4 中的 KT1、KT2）宜按大于出线的后备保护动作时间整定。高、低压母线均有备用电源自动投入时，低压侧低电压跳闸延时可大于高压侧备用电源自动投入一个时间级差。

7.5 厂用电动机保护

7.5.1 220V/380V 低压厂用电动机保护

对 220V/380V 低压厂用电动机的保护配置及技术要求，在 GB/T 14285《继电保护和安全自动装置技术规程》、NB/T 35010《水力发电厂继电保护设计规范》中有如表 7-2 所示的规定。

表 7-2　　　　　　　220V/380V 低压厂用电动机保护配置及技术要求

序号	应装设的保护名称	技术要求
1	定子绕组相间短路保护	（1）作为电动机定子绕组内及引出线上的相间短路故障保护。保护动作于跳闸。 （2）相间短路保护可由熔断器、断路器本身的短路脱扣器或专用电动机保护装置实现
2	定子绕组单相接地短路保护	（1）作为电动机定子绕组内及引出线上的单相接地短路故障保护。保护动作于跳闸。 （2）单相接地短路保护可由相间短路保护兼任。对容量为 55kW 及以上的电动机，当相间短路保护不能满足单相接地短路保护的灵敏度时，宜单独装设零序电流原理的单相接地短路保护。对 100kW 及以上的电动机，宜单独装设零序电流原理的单相接地短路保护
3	定子绕组过负荷保护	（1）对易过负荷的电动机应装设定子绕组过负荷保护，保护动作于信号或跳闸。 （2）过负荷保护可由热继电器、软起动器的过载保护或专用电动机保护装置实现
4	定子绕组低电压保护	下列电动机应装设低电压保护，保护应动作于断路器跳闸。 （1）当电源电压短时降低或短时中断后又恢复时，为保证重要电动机自启动而需要断开的次要电动机。

序号	应装设的保护名称	技术要求
4	定子绕组低电压保护	（2）当电源电压短时降低或短时中断后，不允许或不需要自启动的电动机。 （3）需要自启动，但为保证人身和设备安全，在电源电压长时间消失后，须从电力网中自动断开的电动机。 （4）属Ⅰ类负荷并装有自动投入装置的备用机械的电动机
5	定子绕组断相保护	（1）当电动机由熔断器作为定子绕组短路保护时，应装设断相保护。保护动作于信号或断开电动机主回路。 （2）断相保护可由软起动器或电动机保护装置实现

7.5.2　3～10kV高压厂用电动机保护

对3～10kV高压厂用异步电动机和同步电动机，应按照GB/T 14285《继电保护和安全自动装置技术规程》、NB/T 35010《水力发电厂继电保护设计规范》的规定，对电动机的下列故障及不正常运行状态，按表7-3的要求设置相应的保护。

（1）定子绕组相间短路。

（2）定子绕组单相接地短路。

（3）定子绕组过负荷。

（4）定子绕组低电压。

（5）同步电动机失步。

（6）同步电动机失磁。

（7）同步电动机出现非同步冲击电流。

（8）相电流不平衡及断相。

表 7-3　　　　　　　　　　　3～10kV高压厂用电动机保护配置及要求

序号	应装设的保护名称	技术要求
1	纵联差动保护	2MW及以上的电动机应装设纵联差动保护，作为电动机绕组内及引出线上的相间短路故障保护。对2MW以下中性点具有分相引线的电动机，当电流速断保护灵敏度不够时，宜装设纵联差动保护。保护瞬时动作于断路器跳闸，对于有自动灭磁装置的同步电动机保护还应动作于灭磁。 纵联差动保护应防止在电动机自启动过程中误动作
2	电流速断保护	对未装设纵联差动保护的电动机或纵联差动保护仅保护电动机绕组而不包括电缆时，应装设电流速断保护，保护瞬时动作于断路器跳闸，对于有自动灭磁装置的同步电动机保护还应动作于灭磁
3	过电流保护	电动机宜装设过电流保护，作为纵联差动保护的后备保护，保护带定时限或反时限动作于断路器跳闸。2MW及以上的电动机，为反应电动机相电流的不平衡，也作为短路故障的主保护的后备保护，可装设负序过电流保护，保护动作于信号或跳闸
4	单相接地保护	对单相接地，当接地电流大于5A时，应装设单相接地保护。单相接地电流为10A及以上时，保护动作于跳闸；单相接地电流为10A以下时，保护动作于信号或跳闸
5	过负荷保护	下列电动机应装设过负荷保护。 （1）生产过程易发生过负荷的电动机，保护装置应根据负荷特性，带时限动作于信号或跳闸。 （2）启动或自启动困难，需要防止启动或自启动时间过长的电动机，保护动作于跳闸

序号	应装设的保护名称	技术要求
6	低电压保护	按表 7-2 的序号 4 的规定执行
7	失步保护	同步电动机应装设失步保护，保护带时限动作，对重要电动机，动作于再同步控制回路，不能再同步或不需要再同步的电动机，则应动作于跳闸
8	失磁保护	对负荷变动大的同步电动机，当用反应定子过负荷的失步保护时，应增设失磁保护，失磁保护带时限动作于跳闸
9	非同步冲击的保护	对不允许非同步冲击的同步电动机，应装设防止电源中断在恢复时造成非同步冲击的保护。保护应确保在电源恢复前动作。重要电动机的保护，宜动作于再同步控制回路。不能再同步或不需要再同步的电动机，保护应动作于跳闸
10	相电流不平衡及断相保护	保护动作于信号或断开电动机主回路

DL/T 1502《厂用电继电保护整定计算导则》给出的保护整定计算如下。

1. 纵联差动保护

3～10kV 高压厂用电动机通常采用制动特性为一段固定斜率的比率差动保护，参见图 2-2。制动特性中的最小动作电流 $I_{op.0}$ 按躲过电动机正常运行时差动回路最大不平衡电流整定，可取 $0.3～0.5I_n$，I_n 为电动机二次额定电流；最小制动电流 $I_{res.0}$ 可取 $0.8I_n$；比率制动系数 K_{res} 按躲过电动机最大启动电流下差动回路不平衡电流整定，可取 $0.4～0.6$，$K_{res}=I_{op}/I_{res}$，I_{op}、I_{res} 分别为制动特性斜线段上任一点所对应的坐标值。保护灵敏系数 K_{sen} 按最小运行方式下差动保护区内两相金属性短路计算，要求 $K_{sen} \geqslant 1.5$。

2. 电流速断保护

动作电流 I_{op} 按躲过电动机最大启动电流整定，即

$$I_{op} = K_{rel}K_{st}I_n \tag{7-3}$$

式中：可靠系数 $K_{rel}=1.5$；K_{st} 为电动机启动电流倍数（在 6～8 之间），应取实测值。

3. 负序过电流保护

（1）无外部电流故障闭锁的负序过电流保护。通常装设两段保护。负序过电流Ⅰ段动作电流 $I_{op.2.1}$ 按躲过相邻设备两相短路时电动机的负序电流整定，动作时间取 0.2～0.4s，即

$$I_{op.2.1} = K_{rel}(3～4)I_n \tag{7-4}$$

式中：可靠系数 $K_{rel}=1.2～1.3$；I_n 为电动机二次额定电流。

负序过电流Ⅱ段动作电流 $I_{op.2.2}$ 按躲过正常运行时的不平衡电压产生的负序电流及电流互感器断线整定，动作时间 $t_{op.2.2}$ 按躲过高压系统非全相运行和母线上相邻设备相间故障保护后备段时间整定，即

$$\left. \begin{array}{l} I_{op.2.2} = (0.5～1)I_n \\ t_{op.2.2} = t_2 + \Delta t \end{array} \right\} \tag{7-5}$$

式中：t_2 为厂用高压系统相间后备段动作时间；Δt 为时间级差；I_n 为电动机二次额定电流。

（2）有外部电流故障闭锁的负序过电流保护。通常装设两段保护，负序过电流Ⅰ段、Ⅱ段动作电流 $I_{op.2.1}$、$I_{op.2.2}$ 均按躲过正常运行时的不平衡电压产生的负序电流及电流互感器断线整

定，取不同的整定值。Ⅰ段动作时间取 $0.2 \sim 0.4 \mathrm{s}$，动作于跳闸；Ⅱ段动作时间取 $2 \sim 5 \mathrm{s}$，动作于信号，即

$$\left.\begin{array}{l} I_{\mathrm{op.2.1}} = (0.5 \sim 1) I_{\mathrm{n}} \\ I_{\mathrm{op.2.2}} = (0.35 \sim 0.4) I_{\mathrm{n}} \end{array}\right\} \tag{7-6}$$

4. 单相接地保护

(1) 中性点不接地系统单相接地保护。

1) 动作电流 I_{op} 按躲过与电动机直接联系的其他设备发生单相接地时，流过保护安装处的单相接地电流 $I_{\mathrm{k}}^{(1)}$（二次值）整定，即

$$I_{\mathrm{op}} = K_{\mathrm{rel}} I_{\mathrm{k}}^{(1)} \tag{7-7}$$

式中：K_{rel} 为可靠系数，保护动作于跳闸时取 $K_{\mathrm{rel}} = 3 \sim 4$，动作于信号时取 $K_{\mathrm{rel}} = 2.0 \sim 2.5$；$I_{\mathrm{k}}^{(1)} = 3 I_{\mathrm{c}}$，$I_{\mathrm{c}}$ 为被保护设备的单相电容电流（二次值）。

灵敏度 K_{sen} 按式（7-8）计算，要求 $K_{\mathrm{sen}} \geqslant 1.5$，即

$$K_{\mathrm{sen}} = \left[I_{\mathrm{kc.\Sigma}}^{(1)} - I_{\mathrm{k}}^{(1)} \right] / I_{\mathrm{op}} \tag{7-8}$$

式中：$I_{\mathrm{kc.\Sigma}}^{(1)}$ 为被保护设备发生单相接地时，故障点总的接地电容电流（二次值）。

2) 保护动作时间：动作于跳闸时取 $0.5 \sim 1.0 \mathrm{s}$，动作于信号时取 $0.5 \sim 2.0 \mathrm{s}$。

(2) 中性点经小电阻接地系统单相接地保护。动作电流 I_{op} 按躲过区外单相接地电流 $I_{\mathrm{k}}^{(1)}$（二次值）及电动机启动时最大不平衡电流 I_{unb}（实测二次值）计算，取其中的最大值，即

$$\left.\begin{array}{l} I_{\mathrm{op}} = K_{\mathrm{rel.1}} I_{\mathrm{k}}^{(1)} \\ I_{\mathrm{op}} = K_{\mathrm{rel.2}} I_{\mathrm{unb}} \end{array}\right\} \tag{7-9}$$

式中：可靠系数取 $K_{\mathrm{rel.1}} = 1.1 \sim 1.15$，$K_{\mathrm{rel.2}} = 1.3$。

(3) 灵敏度校验。灵敏度按式（7-10）计算，要求 $K_{\mathrm{sen}} \geqslant 2$，即

$$I_{\mathrm{sen}} = I_{\mathrm{k.\Sigma}}^{(1)} / I_{\mathrm{op}} \tag{7-10}$$

式中：$I_{\mathrm{k.\Sigma}}^{(1)}$ 为电动机入口单相接地电流（二次值）。

5. 过负荷保护

过负荷保护动作电流 I_{op} 按躲过电动机额定电流整定，即

$$I_{\mathrm{sop}} = K_{\mathrm{rel}} I_{\mathrm{n}} / K_{\mathrm{r}} \tag{7-11}$$

式中：可靠系数 K_{rel} 取 $1.05 \sim 1.10$，返回系数 K_{r} 取 $0.85 \sim 0.95$；I_{n} 为电动机二次额定电流。

动作时间可取 1.1 倍最长启动时间。

6. 低电压保护

(1) 保护动作电压整定值（额定电压的百分数）：Ⅰ类高压电动机为 $45\% \sim 50\%$，Ⅱ、Ⅲ类电动机为 $65\% \sim 70\%$；Ⅰ类低压电动机为 $40\% \sim 45\%$，Ⅱ、Ⅲ类电动机为 $60\% \sim 70\%$。

(2) 动作时间：对Ⅰ类电动机并装有自动投入装置的备用机械的电动机，或为保证人身和设备安全，在电源电压长时间消失后须从电力网中自动断开的电动机，动作时间取 $9 \sim 10 \mathrm{s}$；对不要求自启动的Ⅱ、Ⅲ类电动机和不能自启动的电动机，动作时间取 $0.5 \mathrm{s}$ 时限。

(3) 涉及重大设备安全或公共安全的电动机，不宜投入低电压保护。

8 故障记录及继电保护信息管理

8.1 故 障 记 录

8.1.1 故障记录的配置及要求

在 GB/T 14285《继电保护和安全自动装置技术规程》、DL/T 553《电力系统动态记录装置通用技术条件》等标准中，对故障记录装置的技术要求均有详细的规定，其中有关故障记录装置的配置、功能、记录内容及与外部接口等与电厂设计相关的要求，有如下的规定。

8.1.1.1 故障记录装置的配置场合

对故障记录装置的配置场合，按照 GB/T 14285 的规定：为了分析电力系统事故和安全自动装置在事故过程中的动作情况，以及为快速判定线路故障点的位置，在主要发电厂、220kV 及以上变电站和 110kV 重要变电站应装设专用故障记录装置。单机容量为 200MW 及以上的发电机或发电机变压器组应装设专用故障记录装置。

8.1.1.2 故障记录装置的功能任务及基本技术要求

电力系统故障动态记录的主要任务是记录系统大扰动如短路故障、系统振荡、频率崩溃、电压崩溃等发生后的有关系统电参量的变化过程及继电保护与安全自动装置的动作行为。

对故障记录装置，有关规程有下列技术要求。

1. 一般技术要求

（1）当系统发生大扰动包括在远方故障时，能自动地对扰动的全过程按要求进行记录，并当系统动态过程基本终止后，自动停止记录。

（2）存储容量应足够大，当系统连续发生大扰动时，应能记录每次大扰动发生后的全过程数据，并按要求输出历次扰动后的系统电参数及保护装置和安全自动装置的动作行为。

（3）所记录的数据可靠安全，满足要求，不失真。其记录频率（每一工频周波的采样次数）和记录间隔（连续或间隔一定时间记录一次），以每次大扰动开始时为基准，宜分时段满足要求。其选择原则是：

1）适应分析数据的要求；

2）满足运行部门故障分析和系统分析的需要；

3）尽可能只记录和输出满足实际需要的数据。

（4）各安装点记录及输出的数据，应能在时间上同步，以适应集中处理系统全部信息的要求。

（5）记录装置本身可靠，便于维护，备品备件容易解决，具有自动测试功能；其绝缘试验标准及抗干扰要求与继电保护等同。

（6）分散式故障记录装置的录波主站容量应能适应该厂站远期扩建的数据采集单元的接入及故障分析处理。

（7）故障记录装置应有必要的信号指示灯及告警信号输出触点。

（8）故障记录装置应具有软件分析、输出电流、电压、有功、无功、频率的波形和故障测距的数据。

（9）故障记录装置的远传功能除应满足数据传送要求外，还应满足：

1）能以主动及被动方式、自动及人工方式传送数据。

2）能实现远方启动录波。

3）能实现远方修改定值及有关参数。

（10）故障记录装置应能接收外部同步时钟信号（如 GPS 的 IRIG-B 时钟同步信号）进行时间同步，全网故障录波系统的时钟误差应不大于1ms，装置内部时钟24h误差应不大于±5s。

（11）其他要求。

1）具有按反应系统发生大扰动的系统电参量幅度及变化率判据而自启动和反应系统动态过程基本结束而自动停止的功能；也能由外部命令启动和停止。

2）每次记录的数据必须随即快速地转出到中间载体，以迎接可能随之而来的下一次故障数据记录。其内存容量应满足连续在规定时间内发生规定次数的故障时能不中断地存入全部故障数据的要求。

3）有足够的抗干扰能力；满足规定的电气量线性测量范围；记录的数据可靠，不失真；记录的故障数据有足够安全性，不因供电电源中断或人为偶然因素丢失和抹去。

4）记录数据带有时标，并适应记录时间同步化要求。

5）按要求输出原始采样数据和经过处理取得的规定电参量值。

2. 对发电机-变压器组动态记录装置技术条件

（1）装置应具有记录发电机-变压器组正常运行数据的稳态记录功能，即对电压、电流（含负序电流）、有功功率、无功功率、频率等电气量在装置投入运行后即进行非故障启动的连续记录。

数据记录间隔可设定，最小间隔应不大于0.02s。稳态数据存储时间应大于3天，稳态数据文件的存储应便于查找和远方调用。

（2）装置应具有记录发电机-变压器组、电网的异常或故障数据的暂态记录功能。记录数据应能准确反应谐波、非周期分量等。

（3）记录数据应有足够的安全性，不会因装置连续多次启动、供电电源中断等偶然因素丢失。

（4）装置应具备保存外部电源中断前所采数据的能力。

（5）装置应具有必要的自动检测功能，当装置元器件损坏时，应能发出装置异常信号，并能指出有关装置发生异常的部位。

（6）装置应具有自复位功能，当软件工作不正常时，应能提供自复位电路自动恢复正常工作，装置应能对自复位命令进行记录。

8.1.1.3 故障记录装置记录内容及与外部接口

对变电站故障记录装置记录内容及与外部接口，有关规程有如下规定：

（1）故障动态过程记录设备应收集和记录全部规定的故障模拟量和直接改变系统状态的继电保护跳闸命令、安全自动装置的操作命令和纵联保护的通道信号。模拟量直接来自主设备，开关量则由相应装置用空触点送来。

（2）故障动态过程记录设备原则上应作为变电站监控系统中的故障数据收集及单个数据处理的一个组成单元，并按要求接受监控计算机命令输出相应数据。

（3）故障动态过程记录设备又是电网事故自动分析系统的一个组成单元，根据要求可经由专用的通信接口直接接受自动分析系统主站计算机的命令调出数据。

（4）为便于调度处理事故，在装设故障动态过程记录设备的变电站的配出线路或电力元件故障时，应立即直接输出有助于事故处理的极少量故障电参量。

（5）故障记录装置与调度端主站的通信宜采用专用数据网传送。

（6）故障记录装置记录的数据输出格式应符合 IEC 60255-24《量度继电器和保护装置　第24部分：电力系统暂态数据交换（COMTRATE）通用格式》要求。

（7）故障记录装置的数据通信应符合 DL/T 667《远动设备及系统　第5部分：传输规约　第103篇：继电保护设备信息接口配套标准》（idt IEC 60870-5-103）。

（8）在发电机或其配出线路故障时，故障记录装置应能输出简要的异常/故障信息，以便于运行人员的处理。输出信息至少应包括故障时间、设备名称、启动原因（第一个启动状态记录的判据名称）、保护及断路器跳合闸时间、保护和安全自动装置动作情况、开关量动作清单等。

（9）装置应具有同时利用数据网或调制解调器拨号等方式实现远方调用当前和历史数据的功能，并可按时段和记录通道实现选择性调用。

（10）装置屏柜端子不得与装置弱电系统（指 CPU 的电源系统）有电气上的直接联系。针对不同回路，应分别采用光电耦合、带屏蔽层的变压器磁耦合等隔离措施。

（11）记录的故障动态量内容。

1）220kV 变电站。

a. 每条 220kV 线路、母线联络断路器及每台变压器 220kV 侧的 3 个相电流和零序电流，220kV 母线电压互感器的 3 个相对地电压和零序电压（零序电压可以内部生成）。

b. 继电保护跳 220kV 断路器的跳闸命令、纵联保护的通信通道信号、安全自动装置操作命令（含重合闸命令）、空触点输入。

2）500kV 变电站。

a.220kV 部分按 220kV 变电站要求进行记录。

b.500kV 部分需记录的模拟量为 500kV 每条线路的 4 个电流量和 4 个线路电压量和每台变压器的 4 个电流量，每段母线的 3 相电压和零序电压。

c. 继电保护跳 500kV 断路器的跳闸命令、纵联保护的通信通道信号、安全自动装置操作命令（含重合闸命令）、空触点输入。

3) 330kV 变电站。按 220kV 和 550kV 变电站相关部分选择。

4) 发电机-变压器组。

a. 交流电压量：发电机端/中性点电压、主变压器各侧电压、高压厂用变压器低压侧各分支电压、主励磁机机端电压等。

b. 交流电流量：发电机定子电流、主变压器各侧电流、主变压器中性点/间隙电流、厂用变压器高压侧/低压侧各分支电流、主励磁机电流等。

c. 直流量：发电机转子电压/电流、主励磁机转子电压/电流、保护/控制用直流电源等。

d. 开关量：发电机组继电保护装置的跳闸触点、断路器辅助触点、灭磁开关辅助触点及其他影响机组运行的重要触点。

8.1.2　故障记录系统结构及记录内容例

1. 故障记录系统结构

图 8-1 所示为大型机组电厂故障记录系统结构示例，系统由中心分析站及信息采集单元及通信网络组成。

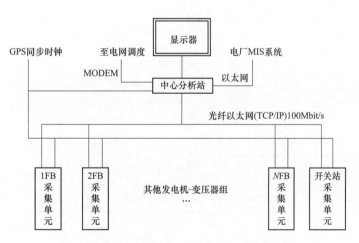

图 8-1　大型机组电厂故障记录系统结构示例

本例采集单元按每台发电机-变压器组（1FB、2FB～NFB）及开关站分设，全厂设一套中心分析站，中心分析站与各采集单元间采用光纤以太网通信。采集站负责所属发电设备运行信息采集（包括判断启动值及启动暂态记录），并通过以太网通信将收集的信息提供给中心分析站。中心分析站负责通过通信网络收集各采集单元的采集信息，进行信息处理、分析（包括波形分析）及数据库储存，形成电厂运行管理可用的数据信息，提供相关的人机界面，如图和表的显示、编辑及打印等，并与电网调度、电厂信息管理系统（MIS）等外部系统通信，向外部系统提供相关的数据信息。系统采用 GPS 时钟同步，根据电厂的具体情况，也可以采用电厂计算机监控系统的时钟同步系统进行时间同步，此时各采集单元的时间同步信息由对应的设备现地控制单元提供。

中心分析站布置在电厂中控室旁的辅助盘室，在中控室控制台布置分析站的显示器及键盘。采集单元布置在对应的设备附近，与机旁控制保护盘、开关站保护盘一起布置。

根据需要，在采集单元可配置现地分析单元，对本单元采集数据进行处理、分析，并提供有关的人机界面。

2. 故障记录系统的记录内容例

故障记录系统的记录内容应满足有关标准的规定及电厂运行管理的要求。图 8-2 所示为大

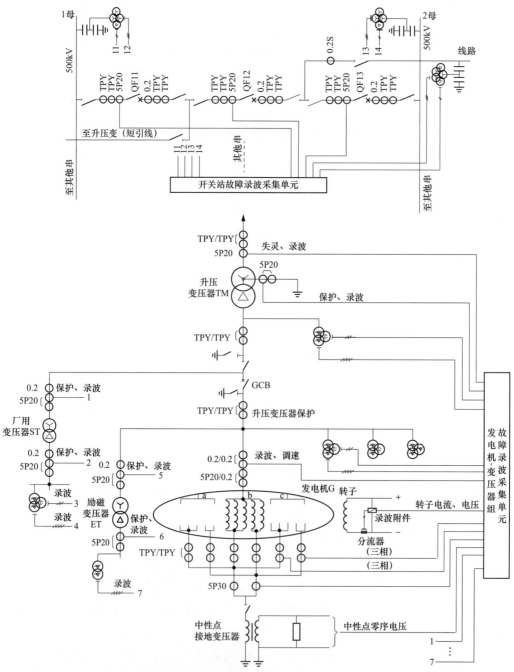

说明：1.本图仅表示录波采集单元与电压、电流互感器的连接。
　　　2.图中未表示录波与保护等共用电流互感器时，电流二次回路在其装置间的连接。
　　　3.图中未表示采集单元与电压互感器二次绕组连接的微型空气断路器。

图 8-2　大型电厂故障记录系统模拟量记录接线示例

型电厂故障记录系统模拟量记录接线示例，表 8-1 为模拟量及开关量记录内容及点数（每点占用记录装置一个回路）。电厂主接线为发电机-变压器组单元接入母线带分段断路器的一个半断路器的高压开关站接线，机端接励磁变压器及厂用变压器，设有发电机断路器。发电机定子为 5 并联分支绕组，发电机中性点经配电变压器接地。

表 8-1 大型电厂故障记录系统模拟量及开关量记录内容及点数

序号	记录内容	点数	序号	记录内容	点数
一、发电机-变压器组模拟量采集内容（每台）					
1	机端三相电流	3	8	励磁变压器高、低压侧三相电流	6
2	相分支中性点侧引出 1 三相电流	3	9	发电机端电压（断路器两侧）	8
3	相分支中性点侧引出 2 三相电流	3	10	发电机中性点零序电压	1
4	发电机分支中性点连线电流	1	11	厂用变压器低压侧电压	4
5	主变压器高压侧三相电流	3	12	励磁变压器低压侧电压	3
6	主变压器中性点零序电流	1	13	发电机励磁电压、电流	2
7	厂用变压器高、低压侧三相电流	6	14	0.4kV 机组自用电母线电压（2 段母线）	6
二、发电机-变压器组开关量采集内容（每台）					
1	主变压器高压侧断路器位置	2	7	发电机电气制动开关位置	2
2	发电机断路器位置	2	8	发电机保护动作信号（2 套）	49
3	厂用变压器低压侧断路器位置	2	9	主变压器保护动作信号（2 套）	22
4	磁场断路器位置	2	10	厂用变压器保护动作信号（2 套）	4
5	主变压器中性点接地开关位置	2	11	0.4kV 机组自用电备投动作	1
6	发电机中性点开关位置	2			
三、500kV 开关量站模拟量采集内容（母线及每串）					
1	每串 3 个断路器三相及零序电流	12/串	3	分段断路器三相及零序电流	8
2	各段母线三相及零序电压	4/段	4	每回线路三相及零序电流、三相及零序电压	8/回
四、500kV 开关量站开关量采集内容（母线及每串）					
1	各个断路器位置信号	2/个	5	断路器间短母线保护动作信号（2 套）	2/回
2	各断路器保护动作信号	2/个	6	各段母线保护动作信号（2 套）	2/段
3	各回线路断路器重合闸信号	2/回	7	各回线路保护动作信号（2 套）	16/回
4	至升压变短线保护动作信号（2 套）	2/回	8	系统安全稳定动作信号（2 套）	2/套

注 记录的开关量信号中，变压器包括电量及非电量保护动作信号，发电机仅记录电气量保护信号。

8.1.3 启动故障记录的参量、有关整定

1. 启动暂态记录（录波）的参量

故障记录装置的数据记录方式有稳态数据记录及暂态数据记录两种。

（1）稳态数据记录为记录设备或系统正常运行的数据，如发电机、变压器、母线或线路等的电流、电压、功率、频率等，通常在记录装置投入运行后即自动进行连续采集及记录。

（2）暂态数据记录为记录设备或电网故障大扰动时的数据，故障记录装置的采集单元设置暂态记录（录波）的各参量及其启动判据，当采集的设备运行参量满足设定的启动判据要求时，

采集单元即启动对相关参数进行暂态数据记录（录波），记录时间可设定。故障记录装置可提供启动暂态记录的参量通常有电压突变、电压越限、负序电压越限、零序电压越限、三次谐波电压、电流突变、电流越限、负序电流越限、过励磁、逆功率、频率越限或变化率、同相电流在某一时间段内（如0.5、1.5s）最大值与最小值之差、开关量变位、保护跳闸信号、现地手动、远方命令等。具体的启动参量，可根据具体设备的采集内容确定，表8-2为发电机-变压器组采集单元及开关站采集单元的暂态记录启动参量示例。

表8-2　　　　　　　　　　　　暂态记录（录波）启动参量示例

序号	启动暂态记录的参量	序号	启动暂态记录的参量
一、发电机-变压器组采集单元			
1	开关量	13	发电机转子过负荷
2	发电机完全差动电流	14	发电机负序过电流
3	发电机不完全差动电流	15	发电机定子过电流
4	发电机裂相差电流	16	发电机过电压
5	发电机横差电流	17	发电机-变压器组过激磁
6	发电机断路器位置	18	主变压器差动电流
7	发电机负序增量方向	19	主变压器零序过电流
8	发电机定子接地	20	励磁变压器差动电流
9	发电机低励失磁	21	厂用变压器过电流
10	发电机失步	22	励磁变压器过电流
11	发电机振荡	23	手动（现地、远方）
12	发电机定子过负荷		
二、开关站采集单元			
1	相电压突变量	8	1.5s内电流变差10%
2	零序电压突变量	9	相电流突变量
3	正序电压越限	10	相电流越限
4	负序电压越限	11	零序电流突变量
5	零序电压越限	12	零序电流越限
6	频率越限	13	负序电流越限
7	频率变化率	14	手动（现地、远方）

注　表中开关站启动暂态记录的电流、电压参量均指每一个电流、电压采集量，或由每组三相电流电压采集量产生的分量。

2. 故障记录装置的有关整定

对启动暂态记录（录波）参量的整定要求，在DL/T 559《220kV～750kV电网继电保护装置运行整定规程》中有如下的规定。

（1）变化量启动元件定值按最小运行方式下线路末端金属性故障最小短路校验灵敏度，灵敏系数不小于4。

（2）稳态量相电流启动元件按躲过最大负荷电流整定；负序和零序分量启动元件按躲过最大运行工况下的不平衡电流整定，按线路末端两相金属性短路校验灵敏度，灵敏系数不小于2。

8.2　继电保护信息管理系统

电厂设置继电保护信息管理系统，以全面、准确、实时地了解事故过程中继电保护装置的动作行为，对全厂继电保护装置实现在线监视、管理与维护，包括对保护装置运行信息（含故障信息及动作信息）的采集与管理，保护定值的整定、修改及管理等。电厂继电保护信息管理系统通常作为电力系统继电保护及故障信息管理系统的电厂端子系统设置，通过通信网络提供调度端系统所需的数据信息和接受调度端的有关指令。

图 8-3 所示为电厂继电保护信息管理系统的结构示例。系统由主站及与电厂保护装置的通信网络组成，主站设置保护工程师站及通信管理站。通信管理站负责实现与电厂计算机监控系统、电厂信息管理系统（MIS）及电力系统调度的通信，包括通信管理、规约的转换、数据交换等。保护工程师站通过通信网络采集各保护装置的信息，对信息进行分析处理与数据库储存；负责保护整定值的管理，包括保存与修改等；向电力系统调度、电厂计算机监控系统及 MIS 系统传送电厂继电保护运行动作等信息，并接受电力系统调度的如整定值修改等有关指令；提供运行监视及管理所需的人机界面，如画面、报表的显示、编辑、打印等。

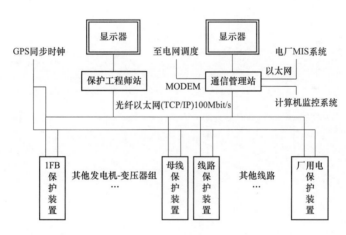

图 8-3　电厂继电保护信息管理系统的结构示例

系统采用 GPS 时钟同步，根据电厂的具体情况，也可以采用电厂计算机监控系统的时钟同步系统进行时间同步，此时各保护装置的时间同步信息由对应的设备现地控制单元提供。

保护工程师站及通信管理站通常布置在电厂中控室旁的辅助盘室，在中控室控制台布置保护工程师站的显示器及键盘。

对电力系统继电保护及故障信息管理系统的配置及要求，在 GB/T 14285《继电保护和安全自动装置技术规程》中有如下的规定。

（1）为使调度端能全面、准确、实时地了解系统事故过程中继电保护装置的动作行为，应逐步建立继电保护及故障信息管理系统。

（2）继电保护及故障信息管理系统的功能要求：

1）系统能自动直接接受直调厂、站的故障录波信息和继电保护运行信息；

2）能对直调厂、站的保护装置和故障录波装置进行分类查询、管理和报告提取等操作；

3）能够进行波形分析、相序相量分析、谐波分析、测距、参数修改等；

4）利用双端测距软件准确判断故障点，给出巡线范围；

5）利用录波信息分析电网运行状态及继电保护装置动作行为，提出分析报告；

6）子站端系统主要是完成数据收集和分类检出等工作，以提供调度端对数据分析的原始数据和事件记录量。

（3）故障信息传送原则要求：

1）全网的故障信息必须在时间上同步，在每一事件报告中应标定事件发生的时间；

2）传送的所有信息，均应采用标准规约。

9 电力系统短路、非全相断相及振荡计算

9.1 电力系统短路计算项目及计算条件

9.1.1 电力系统短路计算项目

电厂继电保护系统工程设计及运行，如电流、电压互感器设备的选择，继电保护运行整定值的整定及灵敏度校验等，需要对与电厂相关的电力系统短路进行计算，以实际工程短路计算结果作为依据。所需的电力系统短路计算项目，通常主要是电力系统在各种短路下的短路电流 I_k'' 及系统中某些相关节点电压的计算，I_k'' 是短路发生瞬间短路电流的交流对称分量（周期分量，指基频分量）有效值，也称短路起始次暂态电流（又称短路起始超瞬变或超瞬态电流），参见附录 D。

电力系统发生短路后的短路电流由交流对称分量（周期分量）及直流分量（非周期分量）组成。短路电流的非周期分量在短路发生后，以短路后的系统时间常数很快衰减，对带时限动作的保护没有影响。对需要考虑非周期分量影响的某些快速保护或保护系统设备（如电流互感器），为简化计算，通常采用设置一个系数（如短路电流冲击系数）或定义一个参数（如电流互感器的暂态面积系数）等方法来考虑其影响，而采用短路电流周期分量进行设计计算。另外，对离电源较远的短路，可认为短路对提供短路电流的系统等值电源影响较小，而认为短路过程中短路电流周期分量恒定或衰减很慢，可不考虑其衰减对保护影响；近电源处短路时，如在自并励发电机端或近处短路时，短路电流周期分量将以发电机励磁回路等效时间常数衰减，可能受影响的带时限动作的保护，如发电机后备保护，通常均采取相应的措施（如采用带电流记忆的低压过电流保护）避免保护受其影响；主保护一般均为快速动作，通常不受短路电流衰减的影响。故继电保护的电力系统短路计算，在水电厂各元件的继电保护设计的工程实用中通常仅需对短路电流的周期分量进行计算，并通常需对系统最大及最小运行方式下的短路进行分析计算。

本章主要叙述继电保护设计及运行中常用的采用解析计算法的电力系统短路计算，包括对各种短路类型的短路电流周期分量 I_k''、短路点电压及其正序、负序、零序分量的实用计算。短路发生后短路电流、电压变化过程其他项目的分析计算，包括非周期分量及周期分量的变化过程、采用自并励发电机的短路电流变化过程的分析计算，可参见相关文献。除有说明外，本书中的短路电流均指短路电流周期分量 I_k''，并为简化取消其电流符号右上角的 $''$ 标记，以 I_k 表示。

9.1.2　电力系统短路的计算条件

在工程实际应用中，为简化起见，通常采用下面的假设条件对电力系统短路进行计算。

（1）短路过程中，电力系统各电源的电动势相位相同，各同步电机间不发生摇摆。

（2）电力系统中各元件的阻抗值为恒定值。

（3）各元件电阻忽略不计（低压网络短路电流计算除外，此时通常可采用阻抗幅值作为电抗值进行计算）。

（4）短路为金属性，不计短路点阻抗。

（5）变压器的等值电路不计变压器的励磁阻抗，即视励磁阻抗为无穷大，三相三柱式变压器的零序等值电路除外。

（6）一般情况下，忽略输电线相间电容及相地电容的影响。

（7）电力系统正常运行时三相对称，各电源于额定负荷运行。

另外，对工程实际应用，短路计算通常可按电力系统在同一时间里仅在某一处于正常运行情况下发生一种类型短路的故障情况进行计算，并忽略短路电流中的倍频交流分量（通常很小）。

计算条件上述的这些假定使短路计算大为简化。如元件阻抗值恒定的假定，使短路电流、电压将具有线性关系，可采用叠加原理进行分析计算；元件电阻的忽略（即仅采用电抗计算），避免了复杂的复数计算。对电厂继电保护设计及运行整定，以及一般的工程实际应用，在上述假定下的短路计算可满足工程实用上要求的准确度。

9.2　对称分量法及电力系统短路计算

9.2.1　对称分量法

对称分量法是分析与计算三相不对称电路的一种方法。它是将不对称电路中不对称的三相相量分解成正序、负序及零序三组对称分量，使系统三相不对称运行方式的分析简化为对正序、负序及零序三相对称电路的分析。对称分量法在电力系统短路中分析计算的相量，通指短路过程中电流、电压的基波（50Hz 正弦）分量。

对称分量中的正序分量是指三个幅值相等、彼此相位差 120°、达到最大值的时间顺序（相量的旋转方向为逆时针）为 a、b、c 的三相对称分量；负序对称分量是指三个幅值相等、彼此相位差 120°、达到最大值的时间顺序为 a、c、b 的三相对称分量；零序对称分量是指三个幅值相等、彼此相位差为 0（相位相同）的一组三相相量，见图 9-1。图中，$\dot{F}_a$、$\dot{F}_b$、$\dot{F}_c$ 为三相不对称相量，$\dot{F}_{a1}$、$\dot{F}_{b1}$、$\dot{F}_{c1}$ 和 $\dot{F}_{a2}$、$\dot{F}_{b2}$、$\dot{F}_{c2}$ 及 $\dot{F}_{a0}$、$\dot{F}_{b0}$、$\dot{F}_{c0}$ 分别为三相不对称相量的正序、负序、零序分量。当假定正序、负序分量的旋转方向逆时针为正、顺时针为负时，三相不对称相量与各分量间有如下的关系式。

三相不对称分量分解为正序、负序及零序分量时，各相不对称分量可表示为

$$
\left.\begin{array}{l}
\dot{F}_{a} = \dot{F}_{a1} + \dot{F}_{a2} + \dot{F}_{a0} \\[2mm]
\dot{F}_{b} = \dot{F}_{b1} + \dot{F}_{b2} + \dot{F}_{b0} \\[2mm]
\dot{F}_{c} = \dot{F}_{c1} + \dot{F}_{c2} + \dot{F}_{c0}
\end{array}\right\} \tag{9-1}
$$

式（9-1）的相量图见图 9-1。

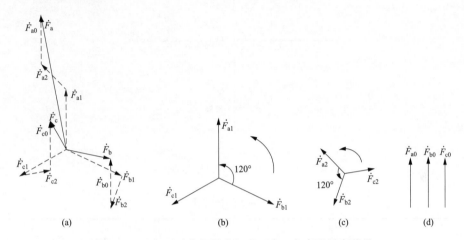

图 9-1 三相不对称相量分解为正序、负序及零序分量

（a）不对称向量及分解；（b）正序分量；（c）负序分量；（d）零序分量

根据三相正序、负序、零序分量的相互关系（可参见图 9-1），b、c 相的正序、负序及零序分量可由 a 相的正序、负序及零序分量计算，即

$$
\left.\begin{array}{lll}
\dot{F}_{b1} = \alpha^{2}\dot{F}_{a1}, & \dot{F}_{b2} = \alpha\dot{F}_{a2}, & \dot{F}_{b0} = \dot{F}_{a0} \\[2mm]
\dot{F}_{c1} = \alpha\dot{F}_{a1}, & \dot{F}_{c2} = \alpha^{2}\dot{F}_{a2}, & \dot{F}_{c0} = \dot{F}_{a0}
\end{array}\right\} \tag{9-2}
$$

将式（9-2）代入式（9-1），可得到以 a 相的正序、负序及零序分量表示的三相不对称相量的计算式，即

$$
\left.\begin{array}{l}
\dot{F}_{a} = \dot{F}_{a1} + \dot{F}_{a2} + \dot{F}_{a0} \\[2mm]
\dot{F}_{b} = \alpha^{2}\dot{F}_{a1} + \alpha\dot{F}_{a2} + \dot{F}_{a0} \\[2mm]
\dot{F}_{c} = \alpha\dot{F}_{a1} + \alpha^{2}\dot{F}_{a2} + \dot{F}_{a0}
\end{array}\right\} \tag{9-3}
$$

由式（9-3）可得到由三相不对称相量计算 a 相正序、负序及零序分量的计算式，即

$$
\left.\begin{array}{l}
\dot{F}_{a1} = \dfrac{1}{3}(\dot{F}_{a} + \alpha\dot{F}_{b} + \alpha^{2}\dot{F}_{c}) \\[3mm]
\dot{F}_{a2} = \dfrac{1}{3}(\dot{F}_{a} + \alpha^{2}\dot{F}_{b} + \alpha\dot{F}_{c}) \\[3mm]
\dot{F}_{a0} = \dfrac{1}{3}(\dot{F}_{a} + \dot{F}_{b} + \dot{F}_{c})
\end{array}\right\} \tag{9-4}
$$

上面各计算式中的 α 为运算子，它是一个复数，$\alpha = e^{j120°} = \dfrac{-1+j\sqrt{3}}{2} = -0.5 + j0.866$。当一个相量 F 乘以 α 或 α^{2} 时，相量将逆时针旋转 120° 或 240°，如图 9-2 所示。表 9-1 给出关于运算子

α 的一些常用的计算式。

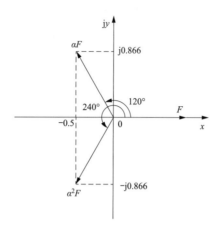

图 9-2   运算子 α 的相量图

表 9-1   **运算子 α 的计算式**

$\begin{aligned}\alpha &= e^{j120°} = \dfrac{-1+j\sqrt{3}}{2}\\ &= -0.5+j0.866\end{aligned}$	$\alpha^5 = \alpha^3 \cdot \alpha^2 = \alpha^2$	$\begin{aligned}1-\alpha^2 &= \sqrt{3}e^{j30°} = \dfrac{3+j\sqrt{3}}{2}\\ &= 1.5+j0.866\end{aligned}$
$\begin{aligned}\alpha^2 &= e^{j240°} = \dfrac{-1-j\sqrt{3}}{2}\\ &= -0.5-j0.866\end{aligned}$	$\alpha^{3n+m} = \alpha^m (n\text{ 为整数})$	$\alpha - \alpha^2 = \sqrt{3}e^{j90°} = j\sqrt{3}$
$\alpha^3 = e^{j360°} = e^{j0°} = 1$	$1+\alpha+\alpha^2 = 0$	$\alpha^2 - \alpha = \sqrt{3}e^{-j90°} = -j\sqrt{3}$
$\alpha^4 = \alpha^3 \cdot \alpha = \alpha$	$\begin{aligned}1-\alpha &= \sqrt{3}e^{-j30°} = \dfrac{3-j\sqrt{3}}{2}\\ &= 1.5-j0.866\end{aligned}$	

注   在数学上复数用 $x+iy$ 表示，虚部的虚单位用 i，$i^2 = -1 = e^{i180°}$ 或 $i = \sqrt{-1} = e^{i90°}$。在电工上应用时，为避免与电流的符号混淆，虚单位用 j，即电工中的复数以 $x+jy$ 表示，$j^2 = -1 = e^{j180°}$ 或 $j = \sqrt{-1} = e^{j90°}$；$e^{j\varphi} = \cos\varphi + j\sin\varphi$，$e^{-j\varphi} = \cos\varphi - j\sin\varphi$。

9.2.2   采用对称分量法的电力系统短路分析计算[14]

电力系统发生不对称短路时，故障点三相电压不再对称，但系统其他部分仍然是对称的。发生不对称短路故障的电网，如发生 a 相单相接地短路［见图 9-3（a）］，等效于短路前对称运行的电网中在故障点接入一组三相不对称电势源（$\dot{U}_{ka}$、$\dot{U}_{kb}$、$\dot{U}_{kc}$）的网络，电势源的各相电势与故障点的不对称电压大小相等、方向相反，见图 9-3（b）。当采用对称分量法将接入短路点的不对称电势源及电网电源电动势分解成正序、负序及零序三组对称分量时［按式（9-1）、式（9-3）、式（9-4），如将 $\dot{U}_{ka}$ 分解为 $\dot{U}_{ka1}$、$\dot{U}_{ka2}$、$\dot{U}_{ka0}$ 等］，可得到如图 9-3（c）所示的电动势和电势源以对称分量表示的等效网络。根据叠加原理，图 9-3（c）可视作由图 9-3（d）、图 9-3（e）、图 9-3（f）三个分别仅有正序、负序及零序对称分量网络的叠加，每个网络仅有本序的电动势、本序的电势源，各元件阻抗以序阻抗表示，通常将其称为序网络。序阻抗是电网元件在序网络中，在序电压、电流

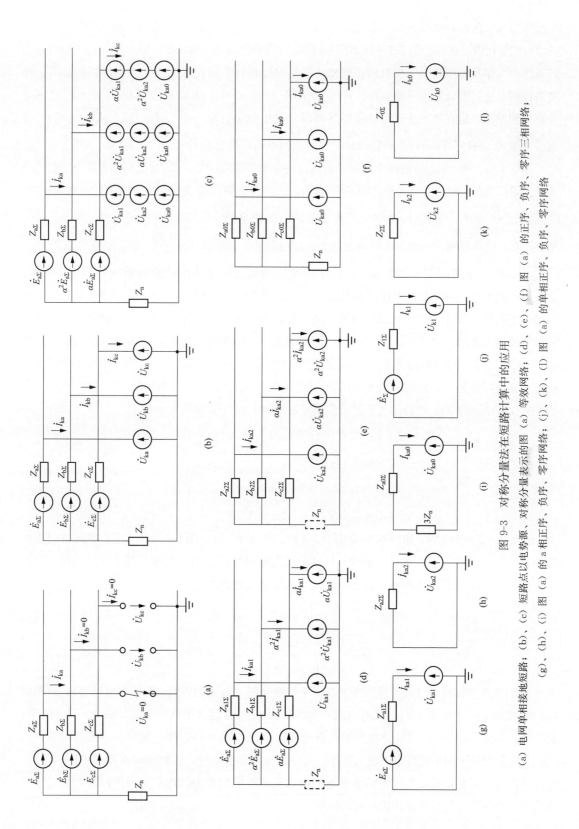

图 9-3 对称分量法在短路计算中的应用

(a) 电网单相接地短路；(b)、(c) 短路点以电势源、对称分量表示的图 (a) 等效网络；(d)、(e)、(f) 图 (a) 的正序、负序、零序三相网络；
(g)、(h)、(i) 图 (a) 的 a 相正序、负序、零序网络；(j)、(k)、(l) 图 (a) 的单相正序、负序、零序网络

作用下呈现的阻抗，如图 9-3 中的 $Z_{a1\Sigma}$、$Z_{a2\Sigma}$、$Z_{a0\Sigma}$，为元件两端某一序的电压降与通过元件的同一序电流的比值。这样，图 9-3（c）的不对称电网可分解成图 9-3（d）、图 9-3（e）、图 9-3（f）的正序、负序及零序三个三相对称网络，不对称短路计算转化为对三个对称序网的计算。序网络三相对称，可以采用单相电路计算［如图 9-3（g）、图 9-3（h）、图 9-3（i）］，由三个序网络计算得到的在短路点的正序、负序及零序电流、电压分量（$\dot{I}_{k1}$、$\dot{I}_{k2}$、$\dot{I}_{k0}$，$\dot{U}_{k1}$、$\dot{U}_{k2}$、$\dot{U}_{k0}$），叠加后［按式（9-4）］即得到不对称短路时短路点的电压、电流相量（$\dot{I}_k$、$\dot{U}_k$）。

图 9-3（a）中，$E_{a\Sigma}$ 为电网中相对于短路点的 a 相等值电动势，$Z_{a\Sigma}$ 为电网中短路点 a 相的输入等值阻抗（等值电动势对短路点的等值阻抗），b、c 相类同；Z_n 为等值电动势中性点对地阻抗；$\dot{U}_{ka}$、$\dot{U}_{kb}$、$\dot{U}_{kc}$ 及 $\dot{I}_{ka}$、$\dot{I}_{kb}$、$\dot{I}_{kc}$ 分别为短路点各相的故障电流、电压。在图 9-3（d）、图 9-3（e）、图 9-3（f）的各序网中，由于电网电源均为正序电动势，故仅图 9-3（d）正序网络有电源 $\dot{E}_{a\Sigma}$、$\alpha^2\dot{E}_{a\Sigma}$、$\alpha\dot{E}_{a\Sigma}$。正序网络中的阻抗 $Z_{a1\Sigma}$、$Z_{b1\Sigma}$、$Z_{c1\Sigma}$ 为正序网络中短路点的输入等值正序阻抗，由于三相的正序电流对称，中性线无电流，Z_n 上压降为 0，故在图 9-3（g）、图 9-3（j）的正序网络中不出现 Z_n。电网电源无负序及零序电动势，故在图 9-3（e）、图 9-3（f）负序、零序网络中无电源。负序网络中的阻抗 $Z_{a2\Sigma}$、$Z_{b2\Sigma}$、$Z_{c2\Sigma}$ 为负序网络中短路点的输入等值负序阻抗，三相的负序电流对称，负序网络不出现 Z_n。零序网络中的阻抗 $Z_{a0\Sigma}$、$Z_{b0\Sigma}$、$Z_{c0\Sigma}$ 为零序网络中短路点的输入等值零序阻抗，此时三相同相位的零序电流均流过中性点对地阻抗 Z_n。由图 9-3（d）、图 9-3（e）、图 9-3（f）可列出正序、负序及零序网络 a 相电压方程为

$$\left.\begin{aligned}
\dot{E}_{a\Sigma} - \dot{I}_{ka1} Z_{a1\Sigma} &= \dot{U}_{ka1} \\
0 - \dot{I}_{ka2} Z_{a2\Sigma} &= \dot{U}_{ka2} \\
0 - \dot{I}_{ka0} Z_{a0\Sigma} - (\dot{I}_{ka0} + \dot{I}_{kb0} + \dot{I}_{kc0}) Z_n & \\
= 0 - \dot{I}_{ka0}(Z_{a0\Sigma} + 3Z_n) &= \dot{U}_{ka0}
\end{aligned}\right\} \tag{9-5}$$

与式（9-5）相应的 a 相序网络见图 9-3（g）、图 9-3（h）、图 9-3（i）。由于序网络三相对称，式（9-5）及相关图中各量文字代号可取消相别标识号而适用于各相，当令 $Z_{0\Sigma} = Z_{a0\Sigma} + 3Z_n$ 时，由式（9-5）可得到下列的正序、负序及为零序电压方程式

$$\left.\begin{aligned}
\dot{E}_\Sigma - \dot{I}_{k1} Z_{1\Sigma} &= \dot{U}_{k1} \\
0 - \dot{I}_{k2} Z_{2\Sigma} &= \dot{U}_{k2} \\
0 - \dot{I}_{k0} Z_{0\Sigma} &= \dot{U}_{k0}
\end{aligned}\right\} \tag{9-6}$$

式中：E_Σ 为正序网络中（也是电网中）相对于短路点的等值电动势（也称综合电动势），可根据电网电源的配置情况及正序网络结构参数，由等效发电机定理（戴维宁定理）求得，见 9.4 节；$\dot{I}_{k1}$、$\dot{I}_{k2}$、$\dot{I}_{k0}$、$\dot{U}_{k1}$、$\dot{U}_{k2}$、$\dot{U}_{k0}$ 分别为短路点电流、电压（相）的正序、负序、零序分量；$Z_{1\Sigma}$、$Z_{2\Sigma}$、$Z_{0\Sigma}$ 分别为电网中短路点的输入正序、负序、零序等值阻抗，由短路时电网的正序、负序、零序网络通过网络化简求得。序网络是电网中各元件阻抗均取为该序阻抗时的网络，如正序网络为电网中各元件均取为正序阻抗时的网络。

在电力系统短路实用计算中仅计及电抗，则式（9-6）可表示为

$$\left.\begin{array}{r} \dot{E}_\Sigma - j\dot{I}_{k1}X_{1\Sigma} = \dot{U}_{k1} \\ 0 - j\dot{I}_{k2}X_{2\Sigma} = \dot{U}_{k2} \\ 0 - j\dot{I}_{k0}X_{0\Sigma} = \dot{U}_{k0} \end{array}\right\} \tag{9-7}$$

式中：$X_{1\Sigma}$、$X_{2\Sigma}$、$X_{0\Sigma}$ 分别为电网中短路点的输入正序、负序、零序等值电抗（或称正序、负序、零序综合电抗），见 9.4 节。

式（9-6）或式（9-7）又称序网方程，它确定了电网短路时，短路点每相各序电流与同一序别电压间的关系，可用于各种不对称短路及三相对称短路的分析计算，适用于各相。另外，由每种短路类型的短路故障条件（或称边界条件），通常可列出正序、负序、零序电流、电压的三个关系式，如图 9-3（a）的 a 相单相接地短路时，故障边界条件为 $\dot{U}_{ka}^{(1)} = 0$、$\dot{I}_{kb}^{(1)} = 0$、$\dot{I}_{kc}^{(1)} = 0$，按式（9-3）用对称分量表示有下列三个关系式，即

$$\left.\begin{array}{l} \dot{U}_{ka}^{(1)} = \dot{U}_{ka1}^{(1)} + \dot{U}_{ka2}^{(1)} + \dot{U}_{ka0}^{(1)} = 0 \\ \dot{I}_{kb}^{(1)} = \alpha^2 \dot{I}_{kb1}^{(1)} + \alpha \dot{I}_{kb2}^{(1)} + \dot{I}_{kb0}^{(1)} = 0 \\ \dot{I}_{kc}^{(1)} = \alpha \dot{I}_{kc1}^{(1)} + \alpha^2 \dot{I}_{kc2}^{(1)} + \dot{I}_{kc0}^{(1)} = 0 \end{array}\right\} \tag{9-8}$$

由式（9-7）或式（9-6）及由短路条件得到的类似式（9-8）的方程式，便可解出短路点电流、电压的各序分量，再以求得的正序、负序及零序分量按式（9-3）计算出各相短路电流及短路点电压。计算短路起始次暂态电流、电压时，式（9-7）的等值电抗取网络各元件的次暂态电抗计算、等值电动势取次暂态电动势计算，见后述。

可见，对称分量法的采用使电力系统短路的分析计算得到简化，使系统不对称短路的分析计算简化为对正序、负序及零序三相对称序网的分析计算。此时电网短路的分析计算的一般步骤为：计算电网各元件的各序阻抗（电抗），根据电网结构作出序网络，以短路点将序网简化，求取短路点对应的各序网络的等值电抗及等值电动势，根据故障边界条件关系式及序网方程式计算短路点各序电流电压，计算短路点的电流、电压（标幺值），根据需要计算短路时电网中某一点电压。由计算得到的短路点的电流、电压值（标幺值）乘以短路点处的电流、电压标幺值（见表 9-2），即得到短路点电流、电压的有名值。

上述基于对称分量叠加原理的分析及序网方程适用于电力系统各种类型的短路分析计算，包括系统的单相或相间短路、接地或不接地短路、电网中性点为直接接地或不接地等有效及非有效接地系统的短路。另外，对中性点直接接地电网，图 9-3 中无 Z_n。

9.3　有名单位制和标幺制及网络中主要元件的电抗

9.3.1　有名单位制和标幺制

电力系统短路计算中，网络中各元件参数及电气量通常可采用标幺制或有名单位制两种方式表示为标幺值或有名值。以有名单位制表示时，电流、电压、容量及电抗有名值的单位通常

取为 kA、kV、MVA 及 Ω，或 A、V、VA 及 Ω。

在标幺制中，元件参数或电气量的标幺值是其以有名单位制表示的实际值与基准值之比，基准值的单位与实际值相同，标幺值无单位。即

标幺值＝实际值（任意单位）/基准值（与实际值同单位）

电流、电压、容量及电抗的标幺值 I_{*b}、U_{*b}、S_{*b}、X_{*b} 的一般计算式为

$$I_{*b} = \frac{I}{I_b}; \quad U_{*b} = \frac{U}{U_b}; \quad S_{*b} = \frac{S}{S_b}; \quad X_{*b} = \frac{X}{X_b} \tag{9-9}$$

式中：I、U、S、X 为电流、电压、容量及电抗以有名单位制表示的实际值（即有名值，单位与基准值相同）；I_b、U_b、S_b、X_b 和 I_{*b}、U_{*b}、S_{*b}、X_{*b} 分别为电流、电压、容量及电抗的基准值和以此基准值为基准的标幺值。

电力系统短路采用标幺值计算时，通常取基准容量 $S_b = 100\text{MVA}$；电网的基准电压取为各级的平均电压 $U_b = 1.05U_n$，U_n 为各级的额定电压（kV 或 V）；发电机的基准电压通常取为发电机额定电压，即 $U_b = U_n$，U_n 为发电机额定电压（kV 或 V）。当 U_b 为线电压的基准值时，相应的基准电流 I_b（kA 或 A）及电抗（每相）的基准值（基准电抗）X_b（Ω）由下式计算，即

$$\left.\begin{array}{l} I_b = \dfrac{S_b}{\sqrt{3}U_b} \\[3mm] X_b = \dfrac{U_b}{\sqrt{3}I_b} = \dfrac{U_b^2}{S_b} \end{array}\right\} \tag{9-10}$$

式中：U_b 为线电压的基准值，分子、分母各参量的单位取 kA、kV、MVA 或取 A、V、VA。

当元件的标幺值及基准值为已知时，可由式（9-9）、式（9-10）求得元件每相电抗的有名值

$$X = X_{*b}X_b = X_{*b}\frac{U_b}{\sqrt{3}I_b} = X_{*b}\frac{U_b^2}{S_b}(\Omega) \tag{9-11}$$

式中的取值同式（9-10）说明。

每相电抗标幺值在不同基准容量间的转换计算式为

$$X_{*(2)} = X_{*(1)}\frac{S_{b(2)}}{S_{b(1)}} \tag{9-12}$$

式中的取值同式（9-10）说明。

基准容量 $S_b = 100\text{MVA}$ 时各级基准电压对应的 I_b、X_b 的数值见表 9-2。

表 9-2　　各级基准电压及对应的基准电流及基准电抗（I_b、X_b）（$S_b = 100\text{MVA}$ 时）

基准电压 U_b (kV)	3.15	6.3	10.5	13.8	15.75	18	20	37	115	230	345	525
基准电流 I_b (kA)	18.3	9.16	5.50	4.18	3.67	3.21	2.887	1.56	0.502	0.251	0.167	0.11
基准电抗 X_b (Ω)	0.0995	0.397	1.10	1.9	2.48	3.24	4.00	13.7	132	529	1190	2756

在本章的短路计算中，电流、电压以有名单位表示时，其数值均为电流、电压的有效值。

9.3.2　发电机、变压器、线路电抗的标幺值和有名值

9.3.2.1　发电机、变压器、电抗器电抗的标幺值和有名值

1. 一般计算式

发电机、变压器、电抗器等元件的生产厂家，通常给出的元件电抗值为额定情况下的电抗标幺值 X_{*n}，X_{*n} 的基准值是以这些元件的额定容量 S_n、额定线电压 U_n、额定电流 I_n 按式（9-10）进行计算的基准电抗值。由式（9-9）及式（9-10）可得到发电机、变压器、电抗器等元件额定情况下电抗标幺值 X_{*n} 的一般计算式为

$$X_{*n} = X\frac{\sqrt{3}I_n}{U_n} = X\frac{S_n}{U_n^2} \tag{9-13}$$

式中：X 为以有名值表示的发电机、变压器、电抗器等的实际阻抗值（Ω）。分子、分母各参量的单位取 kA、kV、MVA 或取 A、V、VA。

短路计算时通常需要将以元件额定值为基准的电抗标幺值 X_{*n}，转化为以短路计算用的基准容量 S_b 为基准的电抗标幺值 X_{*b}，由式（9-12）可得到其转换计算式为

$$X_{*b} = X_{*n}\frac{S_b}{S_n} = X_{*n}\frac{I_b}{I_n} \tag{9-14}$$

式中：I_b 为短路计算用的基准电流；分子、分母各参量的单位取 kA、MVA 或取 A、VA。

发电机、变压器、电抗器等元件阻抗的有名值，由式（9-13）可计算为

$$X = X_{*n}\frac{U_n}{\sqrt{3}I_n} = X_{*n}\frac{U_n^2}{S_n} \quad (\Omega) \tag{9-15}$$

式中：分子、分母各参量的单位取 kA、kV、MVA 或取 A、V、VA。

电力系统短路采用解析计算方法的实用计算时，通常需确定系统短路时各序的序网络及网络中各元件的正序、负序及零序电抗，以序网络对电力系统短路进行计算。另外，在计算初始对称短路电流时，网络各元件应取其次暂态参数（电动势、电抗）进行计算，系统中所有静止元件（如变压器、电抗器、输电线等）次暂态参数与稳态参数相同，仅旋转电机有不同的参数。

2. 发电机电抗的标幺值和有名值

在电力系统短路实用计算中，对初始对称短路电流的计算，发电机的正序电抗取为发电机的直轴次暂态电抗 x_d''（也称直轴超瞬变电抗或直轴超瞬态电抗）。x_d''、负序电抗 x_2 和零序电抗 x_0 均由发电机生产厂家以发电机额定情况下的电抗标幺值提供，并通常以小数或百分数方式给出，如 $x_d'' = 0.23$（无单位），或以 $x_d'' = X_d''\% = 23\%$ 形式，给出 $X_d'' = 23$，x_2、x_0 类同。由式（9-14）可得到以短路计算用的基准值为基准的发电机正序、负序和零序电抗标幺值的计算式为

$$\left.\begin{array}{l} X_{1*b} = x_d''\dfrac{S_b}{S_n} = \dfrac{X_d''}{100}\dfrac{S_b}{S_n} \\[2mm] X_{2*b} = x_2\dfrac{S_b}{S_n} = \dfrac{X_2}{100}\dfrac{S_b}{S_n} \\[2mm] X_{0*b} = x_0\dfrac{S_b}{S_n} = \dfrac{X_0}{100}\dfrac{S_b}{S_n} \end{array}\right\} \tag{9-16}$$

式中：X_{1*b}、X_{2*b}、X_{0*b}分别为以基准容量 S_b 为基准的发电机正序、负序和零序电抗标幺值；x_d''、x_2、x_0 为发电机额定情况下电抗的标幺值；X_d'' 为发电机的直轴次暂态电抗以 $x_d''=X_d''\%$ 给出时的 X_d''；X_2 为发电机负序电抗以 $x_2=X_2\%$ 给出时的 X_2；X_0 为发电机零序电抗以 $x_0=X_0\%$ 给出时的 X_0；S_n 为发电机额定容量，单位与 S_b 相同。

发电机正序、负序和零序电抗的有名值由式（9-15）可计算为

$$\left.\begin{array}{l} X_1 = x_d''\dfrac{U_n^2}{S_n} = \dfrac{X_d''}{100}\dfrac{U_n^2}{S_n}\,(\Omega) \\[2mm] X_2 = x_2\dfrac{U_n^2}{S_n} = \dfrac{X_2}{100}\dfrac{U_n^2}{S_n}\,(\Omega) \\[2mm] X_0 = x_0\dfrac{U_n^2}{S_n} = \dfrac{X_0}{100}\dfrac{U_n^2}{S_n}\,(\Omega) \end{array}\right\} \tag{9-17}$$

式中：X_1、X_2、X_0 分别为发电机正序、负序和零序电抗的有名值；U_n 为发电机额定线电压，S_n 单位取 MVA 时 U_n 单位为 kV，S_n 单位取 VA 时 U_n 单位为 V；其余各量同式（9-16）。

发电机负序电抗 x_2 也可由厂家提供的 x_d'' 及 x_q'' 以 $x_2=2x_d''x_q''/(x_d''+x_q'')\approx(x_d''+x_q'')/2$ 进行计算[14]，或近似取 $x_2\approx x_d''$。水轮发电机的负序零序电抗变化范围大致为 $x_0=(0.15\sim0.6)\,x_d''$。

3. 变压器的电抗标幺值和有名值

由电机学可知，变压器的正序、负序电抗相等，零序电抗与变压器的绕组结线方式、磁路结构及中性点接地方式有关。变压器电抗的次暂态参数与稳态参数相同。

（1）变压器的正（负）序电抗。电力系统短路计算时，变压器通常以表 9-3 中给出的忽略激磁电流（变压器励磁阻抗可视为无穷大）的正（负）序等值电路（每相）进入电力系统短路计算网络。由于电力系统短路实用计算忽略元件电阻，故等值电路中仅考虑变压器各绕组（或各侧）的电抗（漏电抗），电抗的标幺值由变压器的阻抗电压（也称短路电压）u_k 计算，对应的计算公式见表 9-3[19]。变压器的阻抗电压 u_k 由变压器生产厂以额定情况下的标幺值提供，u_k 通常以小数或百分数方式给出（如给出 $u_k=0.08$，或以 $u_k=U_k\%=8\%$ 形式给出 $U_k=8$）。对双绕组变压器，生产厂家给出的变压器阻抗电压 u_k 以变压器额定容量为基准容量给出。对三绕组（高压、中压、低压绕组）变压器，按同相一对绕组给出的三个阻抗电压分别为高压-中压（u_{k1-2}）、高压-低压（u_{k1-3}）、中压-低压（u_{k2-3}），通常以三绕组中的最大额定容量（也是三绕组变压器的额定容量）为基准给出。自耦变压器按高、中、低压侧每两侧给出的三个阻抗电压与三绕组变压器的表达相同，阻抗电压通常以变压器的额定容量为基准给出。故表 9-3 各等值电路中的各电抗 X_{*n} 均为以变压器额定容量为基准容量的标幺值；等值电路中各电抗计算式中的变压器阻抗电压 u_k，基准容量也为变压器额定容量，否则计算前需进行换算［按式（9-12）］。

在电力系统短路计算时，表 9-3 等值回路中以变压器额定容量 S_n 为基准容量的变压器正序、负序电抗标幺值 X_{*n}，需归算至短路计算用的基准容量 S_b。由式（9-14）可得到以短路计算用的基准容量为基准的变压器等值回路正序、负序电抗标幺值的计算式为

$$X_{1*b} = X_{2*b} = X_{*n}\dfrac{S_b}{S_n} \tag{9-18}$$

式中：X_{1*b}、X_{2*b}分别为图 9-3 的变压器等值回路中，以短路计算用基准容量 S_b 为基准的变压

器正序、负序电抗标幺值。S_n 的单位与 S_b 相同。

变压器正序、负序电抗的有名值由式（9-15）可计算为

$$X_1 = X_2 = X_{*n} \frac{U_n^2}{S_n} = X_{1*b} \frac{U_b^2}{S_b} (\Omega) \tag{9-19}$$

式中：X_1、X_2 分别为变压器等值回路正序、负序电抗的有名值；U_n 为变压器额定线电压，U_b 为短路计算选取的基准线电压，S_n 与 S_b 单位取 MVA 时，U_n 与 U_b 单位取 kV，S_n 与 S_b 单位取 VA 时 U_n 与 U_b 单位为 V；其余各量同式（9-18）。

表 9-3 变压器的正（负）序等值电抗

变压器类型		接线图及短路电压	正（负）序等值电路及电抗（每相）	正（负）序等值电抗计算式	备注
双绕组变压器	高、低压均为1个绕组	u_k	X_{*nI} X_{*nII} / X_{*n}	$X_{*n} = X_{*nI} + X_{*nII} = u_k$	u_k 为变压器阻抗电压（也称短路电压）；X_{*nI} 为绕组 I 漏电抗，X_{*nII} 为绕组 II 漏电抗；X_{*n} 为变压器等值电抗
	低压为两个分裂绕组	u_{kI-II} $u_{kII_1-II_2}$	X_{*nI} X_{*nII_1} X_{*nII_2}	$X_{*nI} = u_{kI-II} - \frac{1}{4} u_{kII_1-II_2}$ $X_{*nII_1} = X_{*nII_2} = \frac{1}{2} u_{kII_1-II_2}$	u_{kI-II} 为高压绕组与总的低压绕组间的穿越电抗；$u_{kII_1-II_2}$ 为分裂绕组间的分裂电抗；各 u_{*n} 为等值电抗
三绕组变压器		u_{kI-II} u_{kI-III} $u_{kII-III}$	X_{*nI} X_{*nII} X_{*nIII}	$X_{*nI} = \frac{1}{2}(u_{kI-II} + u_{kI-III} - u_{kII-III})$ $X_{*nII} = \frac{1}{2}(u_{kI-II} + u_{kII-III} - u_{kI-III})$ $X_{*nIII} = \frac{1}{2}(u_{kI-III} + u_{kII-III} - u_{kI-II})$	u_{kI-II} 为高、中压线圈的阻抗电压；u_{kI-III} 为高、低压线圈的阻抗电压；$u_{kII-III}$ 为中、低压线圈的阻抗电压；各 X_{*n} 为各绕组（自耦变压器为各侧）等值电抗
自耦变压器		u_{kI-II} u_{kI-III} $u_{kII-III}$			

注 1. 表中每类变压器的各阻抗电压、等值电抗均以变压器额定容量 S_n 为基准容量，三绕组变压器额定容量为三绕组中最大的额定容量。

2. 变压器正、负序等值电抗相等（$X_{1*n} = X_{2*n}$）。

（2）变压器的零序电抗。变压器是否以其零序阻抗与外部零序网络连接，或对零序网络呈现为无穷大零序阻抗（零序网络在变压器处断开），取决于变压器的绕组联结方式及中性点接地方式。当变压器以其零序阻抗与外部零序网络连接时，其零序阻抗可由变压器的零序等值电路计算，对不同绕组联结方式及中性点接地方式或不同结构的变压器，有不同的计算方法。

对 Y、D 接绕组，外部网络对其施加零序电压后不产生零序电流，对外部网络不提供零序电流回路，或从外部网络看，变压器零序电抗可视为无穷大，系统零序回路于 Y、D 接绕组引出端处开断。

对 YN 接绕组，外部网络对其施加零序电压时，零序电流可以流通，其他侧绕组将出现零

序电动势，是否产生零序电流，则取决于其他侧绕组的联结方式及中性点接地方式。当其他侧为 D 接绕组时，零序电动势形成的零序电流仅在三角形的三相绕组内部形成环流，各相绕组的零序电动势被零序电流在绕组漏抗上的电压降平衡，绕组两端电压为零，等效于 D 侧绕组的引出端与变压器等值中性点短接（等值中性点与地同电位时则为接地），变压器零序等值电路包括该侧绕组漏阻抗，外电路不出现零序电流，变压器零序等值电路在 D 侧出线端与外电路开断。其他侧为 Y 接绕组时，由于该侧不提供零序电流回路，变压器零序等值电路不含该侧绕组漏阻抗而在该侧 Y 接绕组引出端开断。其他侧为 YN 接绕组且该侧负荷为 YN 接线时，该侧绕组及其外电路将出现零序电流，变压器零序等值电路包括该侧绕组漏阻抗；其他侧为 YN 接绕组而负荷为 Y 接线时，该侧绕组及其外电路将不出现零序电流，变压器零序等值电路不包括该侧绕组漏阻抗而在该侧 YN 接绕组引出端开断。

D 侧有电源而另一侧为 YN 接绕组的变压器，在 YN 接绕组发生接地短路时，D 侧三相绕组将出现零序感应电动势而在绕组中形成零序电流环流，零序电流不在 D 侧外部系统中出现，即变压器零序网络在 D 侧接绕组引出端开断。

变压器零序阻抗可以由变压器的零序等值电路计算。由于变压器的等值电路为反应原、副方绕组间的电磁耦合关系，故正序、负序及零序等值电路形状相同，双绕组变压器的零序分量等值电路也可用 T 形电路表示。变压器绕组漏磁通的路径，主要为油（油浸变压器）或空气（干式变压器），与通过电流的序别无关，故零序等值电路中的变压器绕组漏电抗与正序、负序等值电路相同。零序等值电路中的励磁阻抗（忽略电阻时为电抗）取决于主磁通路径及其磁导，变压器通以正序或负序电流时，主磁通路径相同，故正序、负序励磁阻抗相等，三相同相位的零序电流产生的零序主磁通，其路径与变压器结构密切相关，而有不同的励磁阻抗。

变压器零序等值电路中励磁阻抗的数值与变压器零序主磁通的磁路路径不同有较大的差别，而与变压器的结构有关。对三个单相变压器组成的三相变压器（或称组式变压器）、三相四柱（或五柱）式变压器，由于零序主磁通可以经过变压器的铁芯形成回路，磁阻及零序电流很小，在电力系统短路实用计算时，其励磁阻抗可视为无穷大。三相三柱式变压器、三相同相的零序主磁通不能经过铁芯形成闭合回路，只能经过绝缘介质和变压器外壳形成回路，磁阻很大，所需的励磁电流也相应较大，励磁阻抗不能视为无穷大，其数值随接线方式有一定的变化范围（X_{0m*n} 为 0.3～1.0），故三相三柱式变压器零序等值电路通常包括变压器零序励磁阻抗，但由于其励磁阻抗相对于变压器漏电抗大得多，在电力系统短路计算时，变压器零序励磁阻抗也可按无穷大处理。即一般情况下变压器零序阻抗可按励磁阻抗为无穷大计算。

各类型变压器在各种结线方式下的零序等值电路和零序等值电抗见表 9-4～表 9-6。对 Y 接绕组中性点有接地阻抗的变压器，出现零序电流时，接地阻抗上将流过 3 倍零序电流并产生相应的电压降，故在单相零序等值电路中以 3 倍接地电抗接入。

变压器零序电抗的有名值由式（9-15）可计算为

$$X_0 = X_{0*n} \frac{U_n^2}{S_n} = X_{0*b} \frac{U_b^2}{S_b} (\Omega) \tag{9-20}$$

表 9-4   **双绕组变压器的零序等值电路和零序等值电抗**

变压器接线	零序等值电路	零序等值阻抗
	无零序回路	$X_{0*n} = \infty$
		$\begin{aligned} X_{0*n} &= X_{*n\text{I}} + X_{*n\text{II}} \\ &= X_{1*n} \end{aligned}$
		$\begin{aligned} X_{0*n} &= X_{*n\text{I}} + X_{*n\text{II}} + 3X_{R*n} \\ &= X_{1*n} + 3X_{R*n} \end{aligned}$

		（1）三个单相式、三相四柱（或五柱）式变压器为
		    $X_{0m*n} = \infty$
		（2）三相三柱式变压器也可视 $X_{0m*n} = \infty$，或按下式计算，即
		    $X_{0*n} = X_{*n\text{I}} + X_{0m*n}$

		$\begin{aligned} X_{0*n} &= X_{*n\text{I}} + X_{*n\text{II}} + \cdots \\ &= X_{1*n} + \cdots \end{aligned}$ （…表示 II 侧零序回路中负载的电抗）
		$X_{0*n} = X_{*n\text{I}} + X_{*n\text{II}}$

注 $X_{*n\text{I}}$ 为变压器绕组 I 漏电抗，$X_{*n\text{II}}$ 为变压器绕组 II 漏电抗，X_{0m*n} 为变压器零序励磁电抗，X_{R*n} 为变压器中性点电抗器电抗，X_{1*n} 为变压器正序等值电抗，X_{0*n} 为变压器零序等值电抗，各电抗均为以变压器额定容量为基准容量的标幺值。

表 9-5 　　　　　　　　三绕组变压器的零序等值电路和零序等值电抗

变压器接线	零序等值电路	零序等值阻抗
		$$X_{0*n} = X_{*n\mathrm{I}} + X_{*n\mathrm{III}}$$
		$$X_{0*n} = X_{*n\mathrm{I}} + \frac{X_{*n\mathrm{III}}\,(X_{*n\mathrm{II}} + \cdots)}{X_{*n\mathrm{II}} + X_{*n\mathrm{III}} + \cdots}$$ （…表示Ⅱ侧零序回路中负载的电抗）
		$$X_{0*n} = X_{*n\mathrm{I}} + \frac{X_{*n\mathrm{III}}\,(X_{*n\mathrm{II}} + 3X_{R*n} + \cdots)}{X_{*n\mathrm{II}} + X_{*n\mathrm{III}} + 3X_{R*n} + \cdots}$$ （…表示Ⅱ侧零序回路中负载的电抗）
		$$X_{0*n} = X_{*n\mathrm{I}} + \frac{X_{*n\mathrm{II}}\,X_{*n\mathrm{III}}}{X_{*n\mathrm{II}} + X_{*n\mathrm{III}}}$$

注 $X_{*n\mathrm{I}}$ 为变压器Ⅰ侧正（负）序等值电抗，$X_{*n\mathrm{II}}$ 为变压器Ⅱ正（负）序等值电抗，$X_{*n\mathrm{III}}$ 为变压器Ⅲ侧正（负）序等值电抗，见表 9-3；X_{R*n} 为变压器中性点电抗器电抗；X_{0*n} 为变压器零序等值电抗；各电抗为以变压器绕组中最大额定容量为基准容量的标幺值。

式中：X_0 为变压器零序电抗的有名值；X_{0*n} 为变压器零序等值电抗标幺值；U_n 为变压器额定线电压；U_b 为短路计算选取的基准线电压；S_n 为变压器额定容量，对三绕组变压器为最大额定容量绕组的额定容量；S_b 为短路计算用的基准容量；S_n 的单位与 S_b 相同，S_n 与 S_b 单位取 MVA 时，U_n 与 U_b 单位为 kV，S_n 与 S_b 单位取 VA 时 U_n 与 U_b 单位为 V。

表 9-6 　　　　　　　　　自耦变压器的零序等值电路和零序等值电抗

变压器接线	零序等值电路	零序等值阻抗
		$X_{0*n}=X_{*nI}+\dfrac{X_{*nII}\ (X_{*nII}+\cdots)}{X_{*nII}+X_{*nIII}+\cdots}$ （…表示 II 侧零序回路中负载的电抗）
		$X_{0*n}=X'_{*nI}+\dfrac{X'_{*nII}\ (X'_{*nII}+\cdots)}{X'_{*nII}+X'_{*nIII}+\cdots}$ （…表示 II 侧零序回路中负载的电抗） $X'_{*nI}=X_{*nI}+3X_{R*n}\left(1-\dfrac{U_I}{U_{II}}\right)$ $X'_{*nII}=X_{*nII}+3X_{R*n}\dfrac{(U_I-U_{II})\ U_I}{U_{II}^2}$ $X'_{*nIII}=X_{*nIII}+3X_{R*n}\dfrac{U_I}{U_{II}}$

注 　X_{*nI} 为自耦变压器 I 侧正（负）等值序电抗，X_{*nII} 为变压器绕组 II 侧正（负）序等值电抗，X_{*nIII} 为变压器绕组 III 侧正（负）序等值电抗，详见表 9-3。X_{R*n} 为变压器中性点电抗器电抗，X_{0*n} 为变压器零序等值电抗，各电抗均为以自耦变压器额定容量为基准容量的标幺值。U_I、U_{II} 分别为自耦变压器 I、II 侧额定电压。

4. 电抗器的电抗标幺值和有名值

电抗器的电抗主要决定于其自感，故在电力系统短路计算中，通常按其正序、负序及零序电抗相等考虑。电抗器电抗标幺值由生产厂家以电抗器额定情况下电抗的百分值 $x_{*n}\%$ 给出，有名值可按下式计算，即

$$X_1 = X_2 = X_0 = x_{*n}\% \cdot \frac{U_n}{\sqrt{3}\,I_n}(\Omega) \tag{9-21}$$

式中：X_1、X_2、X_0 分别为电抗器的正序、负序及零序电抗有名值；U_n、I_n 分别为电抗器的额定线电压、额定电流，U_n、I_n 单位为 kV、kA 或为 V、A。

以电力系统短路计算基准容量 S_b 为基准的电抗器标幺值 X_{*b}，可由式（9-14）由电抗器额定情况下电抗的百分值 $x_{*b}\%$ 计算为

$$X_{*b} = x_{*n}\% \cdot \frac{S_b}{S_n} \tag{9-22}$$

式中：S_n 为电抗器额定容量，S_n 与 S_b 单位取相同值。

电抗器电抗的次暂态参数与稳态参数相同。

9.3.2.2 输电线电抗的标幺值和有名值

水电厂的高压输电线电抗参数通常由电力系统设计单位提供。在缺乏系统提供的电抗值时，可选用表 9-7 中的平均值。输电线电抗的次暂态参数与稳态参数相同。

表 9-7 架空线路及电缆电抗每公里平均值 （Ω/km）[19,20]

序号	线路种类	正序及负序电抗 $X_1 = X_2$	零序电抗 X_0	备注
1	单回架空线	0.4	3.5 X_1	
			2.0 X_1	架空地线导电率很好时
2	双回架空线	0.4（每回线）	5.5 X_1	
			3.0 X_1	架空地线导电率很好时
3	6～10kV 电缆线路	0.08	4.6 X_1	三芯电缆
4	35kV 电缆线路	0.12	4.6 X_1	
5	110kV 电缆线路	0.18	3.5 X_1	单芯充油电缆

输电线的标幺值可由式（9-11）计算为

$$X_{*b} = X \frac{\sqrt{3} I_b}{U_b} = X \frac{S_b}{U_b^2} \tag{9-23}$$

式中：X_{*b} 为以短路计算用基准值为基准的线路电抗标幺值；X 为线路电抗有名值（Ω）；I_b、U_b、S_b 为短路计算用的基准电流、基准电压、基准容量，单位取 kA、kV、MVA 或取 A、V、VA。

9.4 序网络及其等值变换

9.4.1 序网络及其电源

序网络是电网中各元件阻抗均取为该序阻抗、各电源均取本序电动势时的网络。由于电力系统的电源仅有正序电动势，故仅正序网络为有电源网络，而负序网络及零序网络中电源电动势为 0。正如 9.2.2 所述，由于序网络为对称网络，电力系统短路计算可以采用单相电路计算，即采用单相序网络计算，下面提及的序网络，无特别说明时均指单相序网络。

正序网络中的电源，在电力系统短路计算中除电网中的发电机、电力系统等值电源外，电网中的（特别是大型的或在同一点的总容量超过 1000kVA 时）电动机及调相机以及个别需用等值电源表示的支路，需作为正序网络电源考虑。对初始对称短路电流的计算，正序网络中电源的等值电动势及等值电抗可作如下考虑。

1. 发电机

在初始对称短路电流的计算中，发电机的等值电动势 E_g 取为次暂态电动势 E_g''。在突然短路瞬间，同步发电机的次暂态电动势将保持短路发生前瞬间的数值，可计算为

$$E_{\mathrm{g}} = E_{\mathrm{g}}'' = \sqrt{(E_{\mathrm{q}}'')^2 + (E_{\mathrm{d}}'')^2} \approx \sqrt{(U_{\mathrm{gn}} + x_{\mathrm{d}}'' I_{\mathrm{gn}} \sin \varphi_{\mathrm{n}})^2 + (x_{\mathrm{d}}'' I_{\mathrm{gn}} \cos \varphi_{\mathrm{n}})^2}$$

$$\approx U_{\mathrm{gn}} + x_{\mathrm{d}}'' I_{\mathrm{gn}} \sin \varphi_{\mathrm{n}} \tag{9-24}$$

式中：E_{q}''、E_{d}'' 分别为发电机次暂态电动势的横轴、纵轴分量在短路发生前瞬间的数值，标幺值；x_{d}'' 为发电机次暂态电抗；U_{gn}、I_{gn}、φ_{n} 分别为发电机的机端电压、电流、功率因数的额定值，发电机短路前按额定运行考虑。电流、电压、电抗取以发电机额定容量为基准容量的标幺值。近似计算时，可取 $E_{\mathrm{g}} = E_{\mathrm{g}}'' = 1$。

正序网络中发电机的等值电抗 $X_{1*\mathrm{g}} = X_{1*\mathrm{b}}''$，取为发电机次暂态电抗以正序网络各参数统一采用的基准容量为基准的标幺值，$X_{1*\mathrm{b}}''$ 见式 (9-16)。

2. 电力系统

在电厂的短路计算中，电力系统有关部门通常可提供系统接入电厂高压母线的正序电抗标幺值 $X_{1*\mathrm{s}}$（如以基准容量 100MVA 给出）及等值电动势 E_{s}（或系统等值母线电压），并通常按系统最大、最小运行方式给出，近似计算时等值电动势可按 $E_{\mathrm{s}} = 1$ 考虑。未能取得具体数据时，也可从电厂母线与电力系统连接的断路器的极限遮断容量求取。当假定电力系统提供给电厂高压母线的短路容量 S_{k} 等于断路器的极限遮断容量时，$X_{1*\mathrm{s}}$ 可由下式计算，即

$$X_{1*\mathrm{s}} = \frac{S_{\mathrm{b}}}{S_{\mathrm{k}}} \text{ 或 } X = \frac{U_{\mathrm{b}}^2}{S_{\mathrm{k}}} (\Omega) \tag{9-25}$$

式中：S_{b}、U_{b} 为短路计算用的基准容量、基准电压；$X_{1*\mathrm{s}}$ 为系统接入电厂高压母线的正序电抗有名值。

3. 调相机

电网中的调相机的等值电动势的计算同式 (9-24)，等值电抗取值与发电机相同。

4. 异步电动机

异步电动机的等值电动势 E_{m} 取为次暂态电动势 E_{m}''，异步电动机的次暂态电动势可近似计算为

$$E_{\mathrm{m}} = E_{\mathrm{m}}'' \approx U - X'' I \sin \varphi \tag{9-26}$$

式中：X'' 为异步电动机次暂态电抗；U、I、φ 分别为短路前电动机的机端电压、电流和电压间的相角差。电流、电压、电抗取以电动机额定容量为基准容量的标幺值计算时，电动势为相同基准容量的标幺值。

正序网络中电动机的等值电抗 $X_{1*\mathrm{m}}$（以短路计算用的基准容量 S_{b} 为基准容量的标幺值），可由电动机的次暂态电抗 X''（以电动机额定容量 S_{n} 为基准容量的标幺值）计算为

$$X_{1*\mathrm{m}} = X'' \frac{S_{\mathrm{b}}}{S_{\mathrm{n}}} = \frac{1}{I_{\mathrm{st}}} \times \frac{S_{\mathrm{b}}}{S_{\mathrm{n}}} \tag{9-27}$$

式中：I_{st} 为异步电动机启动电流标幺值（以电动机额定容量为基准容量），一般为 4~7，故 $X'' \approx 0.2$。

5. 需用等值电源表示的支路

电力系统中的某些负荷支路，在发生短路的瞬间对短路点将提供短路电流，在正序网络中需以等值次暂态电抗及次暂态电动势表示，具体的数值，通常应由电力系统有关部门提供。在未取

得具体数据时，可按 $E''=0.8$ 及 $X''=0.35$ 考虑（以支路额定运行容量为基准容量的标幺值）。

9.4.2　序网络的等值变换（网络简化）

序网络的等值变换是以短路点将序网络进行简化，求取计算短路点短路电流、电压所需的各序网络的等值电抗及等值电动势（见 9.5 节）。等值变换主要采用电工学中的等值电路及等值发电机原理，常用的网络等值变换公式见表 9-8。网络等值变换前，网络中各元件电抗标幺值需转换为以短路计算用的基准容量 S_b 为基准的标幺值 X_{*b}。正序网络中的电源，等值变换时均假定各电源的相位相同。对初始对称短路电流进行近似计算时，可取正序网络的等值电动势 $E_\Sigma \approx 1$。

表 9-8　　　　　　　　　　　　　　常用的网络等值变换公式

序号	项目	变换前网络	变换后网络	变换后的网络电抗或电动势
1	串联回路			$x=x_1+x_2+x_3$
2	并联支路			$x=\dfrac{1}{\dfrac{1}{x_1}+\dfrac{1}{x_2}+\dfrac{1}{x_3}}$；对两支路 $x=\dfrac{x_1 x_2}{x_1+x_2}$
3	并联电源支路			$E_\Sigma=\dfrac{\dfrac{E_1}{x_1}+\dfrac{E_2}{x_2}+\dfrac{E_3}{x_3}}{\dfrac{1}{x_1}+\dfrac{1}{x_2}+\dfrac{1}{x_3}}$； 对两支路 $E_\Sigma=\dfrac{E_1 x_2+E_2 x_1}{x_1+x_2}$。 x 的计算式与序号 2 并联支路相同
4	三角形变星形			$x_1=\dfrac{x_{12} x_{13}}{x_{12}+x_{23}+x_{13}}$；$x_2=\dfrac{x_{12} x_{23}}{x_{12}+x_{23}+x_{13}}$；$x_3=\dfrac{x_{23} x_{13}}{x_{12}+x_{23}+x_{13}}$
5	星形变三角形			$x_{12}=x_1+x_2+\dfrac{x_1 x_2}{x_3}$；$x_{23}=x_2+x_3+\dfrac{x_2 x_3}{x_1}$；$x_{13}=x_3+x_1+\dfrac{x_3 x_1}{x_2}$
6	多支路星形变网形			$x_{12}=x_1 x_2 \sum Y$；$x_{23}=x_2 x_3 \sum Y$；$x_{34}=x_3 x_4 \sum Y$；$x_{14}=x_1 x_4 \sum Y$；$\sum Y=\dfrac{1}{x_1}+\dfrac{1}{x_2}+\dfrac{1}{x_3}+\dfrac{1}{x_4}$

9.4.3 序网络及其等值变换示例

下面以图9-4的电力系统接线为例，叙述初始对称短路电流计算用序网络的制定。系统各元件参数如下。发电机参数：额定功率 $P_{gn}=100MW$，额定电压 $U_{gn}=15.75kV$，额定电流 $I_{gn}=4.32kA$，额定功率因数 $\cos\varphi_n=0.85$，次暂态电抗 $x''_d=0.26$，负序电抗 $x_2=0.27$，同步电抗 $x_d=1.1013$，短路前于额定运行。升压变压器：额定容量 $S_{tn}=250MVA$，阻抗电压 $u_k\%=14.2\%$。双回架空输电线（每回）160km；正序、负序电抗相等，为 $0.4\Omega/km$。电力系统：等值电抗 $X_{1s}=X_{2s}=0.046$，$X_{0s}=0.023$，基准容量为100MVA，短路前系统等值母线电压 $U_s=220kV$。

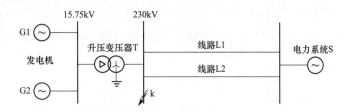

图9-4 短路计算的电力系统接线

按9.3节对电网中各元件序阻抗的分析，可得到如表9-9所示的正序、负序、零序网络，序网络中各元件阻抗标幺值按9.3节有关计算式计算，短路计算用的基准容量为 $S_b=100MVA$、基准电压为 $U_b=230kV$。为简单起见，各元件电抗标幺值代号均采用 x 并取消脚注中的标幺值标志 $*$，正序、负序、零序阻抗标幺值分别为 x_1、x_2、x_0。系统各元件电抗及电源电动势计算如下。

1. 发电机（每台）

$$x_{1g}=x''_d\frac{S_b}{S_{gn}}=x''_d\frac{S_b}{P_{gn}/\cos\varphi_n}=0.26\times\frac{100}{100/0.85}=0.221$$

$$x_{2g}=x_2\frac{S_b}{S_{gn}}=x_2\frac{S_b}{P_{gn}/\cos\varphi_n}=0.27\times\frac{100}{100/0.85}=0.23$$

$$E_g=E''_g=U_{gn}+x''_dI_{gn}\sin\varphi_n=1+0.26\times1\times0.53=1.14$$

2. 变压器

$$x_{1t}=x_{2t}=x_{0t}=u_k\%\frac{S_b}{S_{tn}}=0.142\times\frac{100}{250}=0.0568$$

3. 输电线（每回）

$$x_{1L}=x_{2L}=x_L\frac{S_b}{U_b^2}=0.4\times160\times\frac{100}{230^2}=0.121$$

$$x_{0L}=3x_{1L}=3\times0.121=0.363$$

4. 电力系统

等值电势 $E_s=U_s/U_b=220/230=0.965$。

表 9-9 序网络结构及其简化

网络名称	序网络结构及其简化
正序网络	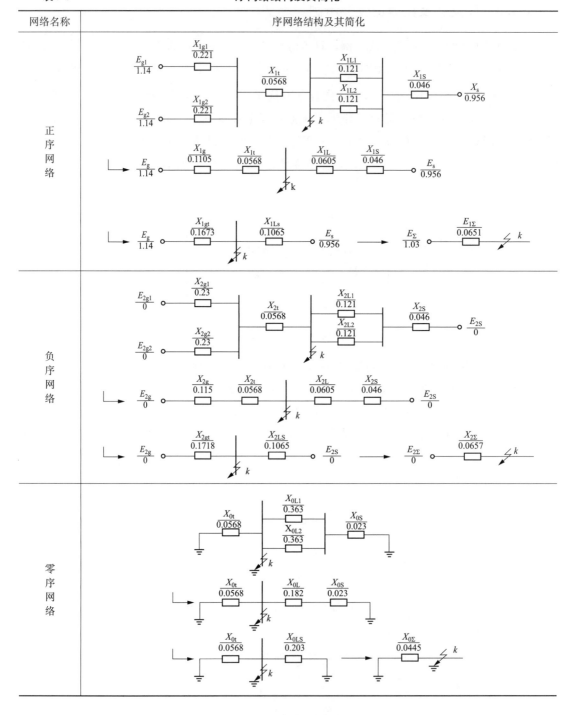
负序网络	
零序网络	

9.5 各种类型短路计算

正如 9.1 节及 9.2.2 叙述，短路计算主要是求取电力系统在各种短路下各相的短路电流、短路点（及系统中某些节点）电压等，工程实用的解析计算采用对称分量法计算，由系统故障时的序网络方程式（9-7）及由故障点的边界条件列出的序电流、电压方程，求出系统故障时短路点的正序、负序及零序电流、电压分量，再按式（9-3）求得各相短路电流、短路点电压。

计算的假定条件见 9.1 节。在工程设计的电力系统短路计算中，通常需计算的短路故障有单相接地短路、两相短路及三相短路，后两种又分为相间短路及接地短路两种情况，电网中性点直接接地及不接地时，各类型短路可能有不同的计算方法。在工程实用短路计算中，各种短路类型的短路分析计算可归纳为中性点直接接地电网的单相接地短路及两相接地短路、两相相间短路、三相相间短路 4 种类型的短路计算，两相相间短路的分析计算可适用于中性点接地或不接地系统的两相相间短路及中性点不接地系统的两相接地短路，三相相间短路的分析计算可适用于三相接地短路、中性点接地或不接地电网的三相相间短路。

在工程实用短路计算中，短路计算可按电力系统某一处在正常运行情况下发生一种类型短路的故障情况进行计算。其他复杂短路故障如两处或以上短路故障、双重故障等的计算，可参见其有关文献。

中性点不接地或其他中性点非有效接地系统的单相接地短路故障，短路电流很小，附录 A 给出发电机电压系统单相接地故障保护时的电流、电压分析计算，其他中性点非有效接地系统的分析计算可参照进行，或参见其相关文献。

9.5.1 中性点直接接地电网的单相接地短路

中性点直接接地电网单相接地短路时的等值网络见图 9-5。图中 $\dot{E}_{a\Sigma}$、$x_{a\Sigma}$、$\dot{I}_{ka}^{(1)}$、$\dot{U}_{ka}^{(1)}$、……分别为各相相对于短路点的等值电动势、等值电抗（见 9.2.2）、短路电流、短路点电压。

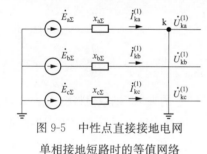

图 9-5 中性点直接接地电网
单相接地短路时的等值网络

短路点的边界条件为

$$\dot{U}_{ka}^{(1)} = 0, \quad \dot{I}_{kb}^{(1)} = 0, \quad \dot{I}_{kc}^{(1)} = 0$$

由短路点的电流边界条件及式（9-4）可得到短路电流序分量的下面计算式，即

$$\left. \begin{aligned} \dot{I}_{ka1}^{(1)} &= \frac{1}{3}\left[\dot{I}_{ka}^{(1)} + a\dot{I}_{kb}^{(1)} + a^2\dot{I}_{kc}^{(1)}\right] = \frac{1}{3}\dot{I}_{ka}^{(1)} \\ \dot{I}_{ka2}^{(1)} &= \frac{1}{3}\left[\dot{I}_{ka}^{(1)} + a^2\dot{I}_{kb}^{(1)} + a\dot{I}_{kc}^{(1)}\right] = \frac{1}{3}\dot{I}_{ka}^{(1)} \\ \dot{I}_{ka0}^{(1)} &= \frac{1}{3}\left[\dot{I}_{ka}^{(1)} + \dot{I}_{kb}^{(1)} + \dot{I}_{kc}^{(1)}\right] = \frac{1}{3}\dot{I}_{ka}^{(1)} \end{aligned} \right\} \quad (9\text{-}28)$$

即 $\dot{I}_{ka1}^{(1)} = \dot{I}_{ka2}^{(1)} = \dot{I}_{ka0}^{(1)} = \frac{1}{3}\dot{I}_{ka}^{(1)}$。

将短路点的电压边界条件按式（9-1）分解成对称分量，则

$$\dot{U}_{ka}^{(1)} = \dot{U}_{ka1}^{(1)} + \dot{U}_{ka2}^{(1)} + \dot{U}_{ka0}^{(1)} = 0 \quad (9\text{-}29)$$

由式（9-7）序网方程对 A 相可得到下面方程式

$$\left. \begin{aligned} \dot{E}_{a\Sigma} - j\dot{I}_{ka1}^{(1)} X_{1\Sigma} &= \dot{U}_{ka1}^{(1)} \\ 0 - j\dot{I}_{ka2}^{(1)} X_{2\Sigma} &= \dot{U}_{ka2}^{(1)} \\ 0 - j\dot{I}_{ka0}^{(1)} X_{0\Sigma} &= \dot{U}_{ka0}^{(1)} \end{aligned} \right\} \quad (9\text{-}30)$$

式（9-30）中的正序网络的等值电动势 $\dot{E}_{a\Sigma}=jE_{a\Sigma}$，$E_{a\Sigma}$ 及各序网等值阻抗 $X_{1\Sigma}$、$X_{2\Sigma}$、$X_{0\Sigma}$ 由序网络变换求取，见 9.4 节，各序网络三相对称。工程实用计算时，正序网络的等值电动势 $E_{a\Sigma}$ 也可取为 1 或 $U_b/\sqrt{3}$（有名值计算时，正序网络的基准电压 $U_b=U_{cp}$，U_{cp} 为网络平均电压）。

将式（9-30）的短路点电压各序分量代入式（9-29），可得到下面计算式，即

$$\dot{E}_{a\Sigma}-j\dot{I}_{ka1}^{(1)}X_{1\Sigma}-j\dot{I}_{ka2}^{(1)}X_{2\Sigma}-j\dot{I}_{ka0}^{(1)}X_{0\Sigma}=0 \qquad (9\text{-}31)$$

以由式（9-28）得到的短路电流各序分量关系代入式（9-31），可求得短路电流各序分量的计算式为

$$\dot{I}_{ka1}^{(1)}=\dot{I}_{ka2}^{(1)}=\dot{I}_{ka0}^{(1)}=\frac{\dot{E}_{a\Sigma}}{j(X_{1\Sigma}+X_{2\Sigma}+X_{0\Sigma})} \qquad (9\text{-}32)$$

短路电流 $\dot{I}_{ka}^{(1)}$ 由式（9-32）及式（9-28）可计算为

$$\dot{I}_{ka}^{(1)}=3\dot{I}_{ka1}^{(1)}=3\dot{I}_{ka2}^{(1)}=3\dot{I}_{ka0}^{(1)}=\frac{3\dot{E}_{a\Sigma}}{j(X_{1\Sigma}+X_{2\Sigma}+X_{0\Sigma})} \qquad (9\text{-}33)$$

由式（9-30）、式（9-31）及式（9-32）可得到短路点电压对称分量的计算式为

$$\left.\begin{array}{l}\dot{U}_{ka1}^{(1)}=\dot{E}_{a\Sigma}-j\dot{I}_{ka1}^{(1)}x_{1\Sigma}=j\dot{I}_{ka2}^{(1)}x_{2\Sigma}+j\dot{I}_{ka0}^{(1)}x_{0\Sigma}=j\dot{I}_{ka1}^{(1)}(x_{2\Sigma}+x_{0\Sigma}) \\[2mm] \dot{U}_{ka2}^{(1)}=-j\dot{I}_{ka2}^{(1)}x_{2\Sigma}=-j\dot{I}_{ka1}^{(1)}x_{2\Sigma} \\[2mm] \dot{U}_{ka0}^{(1)}=-j\dot{I}_{ka0}^{(1)}x_{0\Sigma}=-j\dot{I}_{ka1}^{(1)}x_{0\Sigma}\end{array}\right\} \qquad (9\text{-}34)$$

短路点电压由式（9-3）及式（9-34）可计算为

$$\left.\begin{array}{l}\dot{U}_{kb}^{(1)}=a^2\dot{U}_{ka1}^{(1)}+a\dot{U}_{ka2}^{(1)}+\dot{U}_{ka0}^{(1)} \\[2mm] \quad=j\dot{I}_{ka1}^{(1)}[(a^2-a)x_{2\Sigma}+(a^2-1)x_{0\Sigma}] \\[2mm] \dot{U}_{kc}^{(1)}=a\dot{U}_{ka1}^{(1)}+a^2\dot{U}_{ka2}^{(1)}+\dot{U}_{ka0}^{(1)} \\[2mm] \quad=j\dot{I}_{ka1}^{(1)}[(a-a^2)x_{2\Sigma}+(a-1)x_{0\Sigma}]\end{array}\right\} \qquad (9\text{-}35)$$

短路点电压、电流的相量图见图 9-6。电压相量图中 $\dot{U}_{kb}^{(1)}$ 与 $\dot{U}_{kc}^{(1)}$ 的夹角 θ 的数值将随式（9-35）中的 $x_{2\Sigma}$ 与 $x_{0\Sigma}$ 数值的不同而有较大的变化。中性点直接接地系统在中性点附近发生单相接地短路时，$x_{0\Sigma}$ 远小于 $x_{2\Sigma}$，或认为 $x_{0\Sigma}\approx0$，由式（9-35）可得到此时夹角 $\theta=180°$；$x_{2\Sigma}=x_{0\Sigma}$ 时，$\theta=$

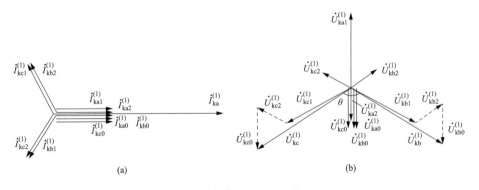

图 9-6　中性点直接接地系统单相接地短路电流、电压相量图

（a）电流相量图；（b）电压相量图

$120°$。$x_{0\Sigma}=\infty$ 时，相当于中性点不接地系统，此时 $\dot{U}_{kb}^{(1)}$ 与 $\dot{U}_{kc}^{(1)}$ 的夹角 θ 可参见附录 A，有 $\theta=60°$。故夹角 θ 数值的变化范围为 $60°\sim180°$。

9.5.2　中性点直接接地电网的两相接地短路

中性点直接接地电网两相接地短路时的等值网络见图 9-7。图中 $\dot{E}_{a\Sigma}$、$x_{a\Sigma}$、$\dot{I}_{ka}^{(1,1)}$、$\dot{U}_{ka}^{(1,1)}$、…分别为各相相对于短路点的等值电动势、等值电抗、短路电流、短路点电压。

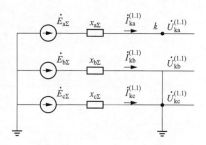

图 9-7　中性点直接接地电网两相接地短路时的等值网络

短路点的边界条件为

$$\dot{U}_{kb}^{(1,1)}=0;\quad \dot{U}_{kc}^{(1,1)}=0;\quad \dot{I}_{ka}^{(1,1)}=0$$

由短路点的电压边界条件及式（9-4）可得到短路电压序分量的计算式为

$$\left.\begin{aligned}
\dot{U}_{ka1}^{(1,1)} &= \frac{1}{3}\times[\dot{U}_{ka}^{(1,1)}+a\dot{U}_{kb}^{(1,1)}+a^2\dot{U}_{kc}^{(1,1)}]=\frac{1}{3}\dot{U}_{ka}^{(1,1)}\\
\dot{U}_{ka2}^{(1,1)} &= \frac{1}{3}\times[\dot{U}_{ka}^{(1,1)}+a^2\dot{U}_{kb}^{(1,1)}+a\dot{U}_{kc}^{(1,1)}]=\frac{1}{3}\dot{U}_{ka}^{(1,1)}\\
\dot{U}_{ka0}^{(1,1)} &= \frac{1}{3}\times[\dot{U}_{ka}^{(1,1)}+\dot{U}_{kb}^{(1,1)}+\dot{U}_{kc}^{(1,1)}]=\frac{1}{3}\dot{U}_{ka}^{(1,1)}
\end{aligned}\right\} \tag{9-36}$$

即 $\dot{U}_{ka1}^{(1,1)}=\dot{U}_{ka2}^{(1,1)}=\dot{U}_{ka0}^{(1,1)}=\frac{1}{3}\dot{U}_{ka}^{(1,1)}$。

将短路点的电流边界条件按式（9-1）分解成对称分量，则

$$\dot{I}_{ka}^{(1,1)}=\dot{I}_{ka1}^{(1,1)}+\dot{I}_{ka2}^{(1,1)}+\dot{I}_{ka0}^{(1,1)}=0 \tag{9-37}$$

由式（9-7）序网方程对 A 相可得到下面方程式

$$\dot{I}_{ka1}^{(1,1)}=\frac{\dot{E}_{a\Sigma}-\dot{U}_{ka1}^{(1,1)}}{jX_{1\Sigma}};\quad \dot{I}_{ka2}^{(1,1)}=-\frac{\dot{U}_{ka2}^{(1,1)}}{jX_{2\Sigma}};\quad \dot{I}_{ka0}^{(1,1)}=-\frac{\dot{U}_{ka0}^{(1,1)}}{jX_{0\Sigma}} \tag{9-38}$$

式中：$E_{a\Sigma}$ 为正序网络的等值电动势，$E_{a\Sigma}$ 及各序网等值阻抗 $X_{1\Sigma}$、$X_{2\Sigma}$、$X_{0\Sigma}$ 由序网络的等值变换求取，见 9.4 节。工程实用计算时也可取为 1 或 $U_b/\sqrt{3}$（有名值计算时，正序网络的基准电压 $U_b=U_{cp}$，U_{cp} 为网络平均电压）。

将式（9-38）代入式（9-37），可得

$$\frac{\dot{E}_{a\Sigma}-\dot{U}_{ka1}^{(1,1)}}{jX_{1\Sigma}}-\frac{\dot{U}_{ka2}^{(1,1)}}{jX_{2\Sigma}}-\frac{\dot{U}_{ka0}^{(1,1)}}{jX_{0\Sigma}}=0 \tag{9-39}$$

以式（9-36）得到的短路点电压各序分量关系代入式（9-39），可求得短路点电压各序分量及短路点 a 相电压的计算式为

$$\left.\begin{aligned}
\dot{U}_{ka1}^{(1,1)}=\dot{U}_{ka2}^{(1,1)}=\dot{U}_{ka0}^{(1,1)} &= \frac{\dot{E}_{a\Sigma}}{\left(X_{1\Sigma}+\dfrac{X_{2\Sigma}\cdot X_{0\Sigma}}{X_{2\Sigma}+X_{0\Sigma}}\right)}\cdot\frac{X_{2\Sigma}\cdot X_{0\Sigma}}{X_{2\Sigma}+X_{0\Sigma}}\\[4mm]
\dot{U}_{ka}^{(1,1)}=3\dot{U}_{ka1}^{(1,1)} &= \frac{3\dot{E}_{a\Sigma}}{\left(X_{1\Sigma}+\dfrac{X_{2\Sigma}\cdot X_{0\Sigma}}{X_{2\Sigma}+X_{0\Sigma}}\right)}\cdot\frac{X_{2\Sigma}\cdot X_{0\Sigma}}{X_{2\Sigma}+X_{0\Sigma}}
\end{aligned}\right\} \tag{9-40}$$

将式（9-40）代入式（9-38）可得到短路电流对称分量的计算式为

$$
\left.
\begin{aligned}
\dot{I}_{ka1}^{(1.1)} &= \frac{\dot{E}_{a\Sigma} - \dot{U}_{ka1}^{(1.1)}}{jX_{1\Sigma}} = \frac{\dot{E}_{a\Sigma}}{j\left(X_{1\Sigma} + \dfrac{X_{2\Sigma} \cdot X_{0\Sigma}}{X_{2\Sigma} + X_{0\Sigma}}\right)} \\
\dot{I}_{ka2}^{(1.1)} &= -\frac{\dot{U}_{ka2}^{(1.1)}}{jX_{2\Sigma}} = -\frac{\dot{U}_{ka1}^{(1.1)}}{jX_{2\Sigma}} = -\frac{\dot{E}_{a\Sigma}}{j\left(X_{1\Sigma} + \dfrac{X_{2\Sigma} \cdot X_{0\Sigma}}{X_{2\Sigma} + X_{0\Sigma}}\right)} \cdot \frac{X_{0\Sigma}}{X_{2\Sigma} + X_{0\Sigma}} = -\dot{I}_{ka1}^{(1.1)} \cdot \frac{X_{0\Sigma}}{X_{2\Sigma} + X_{0\Sigma}} \\
\dot{I}_{ka0}^{(1.1)} &= -\frac{\dot{U}_{ka0}^{(1.1)}}{X_{0\Sigma}} = -\frac{\dot{U}_{ka1}^{(1.1)}}{jX_{0\Sigma}} = -\frac{\dot{E}_{a\Sigma}}{j\left(X_{1\Sigma} + \dfrac{X_{2\Sigma} \cdot X_{0\Sigma}}{X_{2\Sigma} + X_{0\Sigma}}\right)} \cdot \frac{X_{2\Sigma}}{X_{2\Sigma} + X_{0\Sigma}} = -\dot{I}_{ka1}^{(1.1)} \cdot \frac{X_{2\Sigma}}{X_{2\Sigma} + X_{0\Sigma}}
\end{aligned}
\right\}
\tag{9-41}
$$

短路点电流由式（9-3）及式（9-41）可计算为

$$
\left.
\begin{aligned}
\dot{I}_{kb}^{(1.1)} &= a^2 \dot{I}_{ka1}^{(1.1)} + a\dot{I}_{ka2}^{(1.1)} + \dot{I}_{ka0}^{(1.1)} = \dot{I}_{ka1}^{(1.1)}\left(a^2 - \frac{x_{2\Sigma} + ax_{0\Sigma}}{x_{2\Sigma} + x_{0\Sigma}}\right) \\
\dot{I}_{kc}^{(1.1)} &= a\dot{I}_{ka1}^{(1.1)} + a^2 \dot{I}_{ka2}^{(1.1)} + \dot{I}_{ka0}^{(1.1)} = \dot{I}_{ka1}^{(1.1)}\left(a - \frac{x_{2\Sigma} + a^2 x_{0\Sigma}}{x_{2\Sigma} + x_{0\Sigma}}\right)
\end{aligned}
\right\}
\tag{9-42}
$$

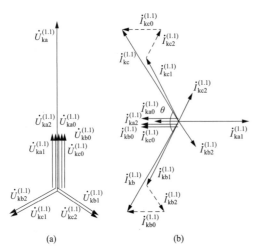

图 9-8　中性点直接接地电网两相
接地短路电压、电流相量图
（a）电压相量图；（b）电流相量图

中性点直接接地电网两相接地短路电压、电流相量图见图 9-8。与单相接地作类同的分析表明，图 9-8（b）中 $\dot{I}_{kb}^{(1.1)}$ 与 $\dot{I}_{kc}^{(1.1)}$ 的夹角 θ 的变化范围为 $60° \sim 180°$。两相接地短路时流经大地回路的电流为 3 倍零序电流，即 $3\dot{I}_{ka0}^{(1.1)}$。

比较式（9-32）和式（9-41）的零序电流分量计算式可知，两相接地短路与单相接地短路时的零序电流之比值，主要取决于序网络的 $X_{0\Sigma}/X_{1\Sigma}$ 比值（分析时假定 $X_{1\Sigma} = X_{2\Sigma}$）。

$X_{0\Sigma}/X_{1\Sigma} = 1$，有 $\dot{I}_{ka0}^{(1.1)} = \dot{I}_{ka0}^{(1)}$；（$X_{0\Sigma}/X_{1\Sigma}$）$> 1$，有 $\dot{I}_{ka0}^{(1.1)} < \dot{I}_{ka0}^{(1)}$；（$X_{0\Sigma}/X_{1\Sigma}$）$< 1$，有 $\dot{I}_{ka0}^{(1.1)} > \dot{I}_{ka0}^{(1)}$。

9.5.3　两相相间短路

电网两相相间短路时的等值网络见图 9-9。图中 $\dot{E}_{a\Sigma}$、$x_{a\Sigma}$、$\dot{I}_{ka}^{(2)}$、$\dot{U}_{ka}^{(2)}$、…分别为各相相对于短路点的等值电动势、等值电抗、短路电流、短路点电压。

短路点的边界条件为

$$
\dot{U}_{kb}^{(2)} = \dot{U}_{kc}^{(2)}, \quad \dot{I}_{ka}^{(2)} = 0, \quad \dot{I}_{kb}^{(2)} = -I_{kc}^{(2)}
$$

由短路点的电流边界条件及对称分量公式（9-4）可得

$$\dot{I}_{\mathrm{ka0}}^{(2)} = \frac{1}{3} \times [\dot{I}_{\mathrm{ka}}^{(2)} + \dot{I}_{\mathrm{kb}}^{(2)} + \dot{I}_{\mathrm{kc}}^{(2)}]$$
$$= \frac{1}{3} \times [0 + \dot{I}_{\mathrm{kb}}^{(2)} - \dot{I}_{\mathrm{kb}}^{(2)}] = 0 \qquad (9\text{-}43)$$

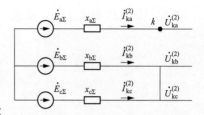

图 9-9　两相相间短路时的等值网络

将短路点的电流边界条件 $\dot{I}_{\mathrm{ka}}^{(2)}$ 按式（9-1）分解成对称分量，有

$$\dot{I}_{\mathrm{ka}}^{(2)} = \dot{I}_{\mathrm{ka1}}^{(2)} + \dot{I}_{\mathrm{ka2}}^{(2)} + \dot{I}_{\mathrm{ka0}}^{(2)} = \dot{I}_{\mathrm{ka1}}^{(2)} + \dot{I}_{\mathrm{ka2}}^{(2)} + 0 = \dot{I}_{\mathrm{ka1}}^{(2)} + \dot{I}_{\mathrm{ka2}}^{(2)} = 0$$

故得

$$\dot{I}_{\mathrm{ka1}}^{(2)} = -\dot{I}_{\mathrm{ka2}}^{(2)} \qquad (9\text{-}44)$$

将电压边界条件按式（9-3）表示成对称分量形成可得

$$\dot{U}_{\mathrm{kb}}^{(2)} = [a^2 \dot{U}_{\mathrm{ka1}}^{(2)} + a\dot{U}_{\mathrm{ka2}}^{(2)} + \dot{U}_{\mathrm{ka0}}^{(2)}] = \dot{U}_{\mathrm{kc}}^{(2)} = [a\dot{U}_{\mathrm{ka1}}^{(2)} + a^2 \dot{U}_{\mathrm{ka2}}^{(2)} + \dot{U}_{\mathrm{ka0}}^{(2)}]$$

对 A 相，由（9-7）及式（9-43）有 $\dot{U}_{\mathrm{ka0}}^{(2)} = -\mathrm{j}\dot{I}_{\mathrm{ka0}}^{(2)} X_{0\Sigma} = 0$，代入上式并整理得

$$\dot{U}_{\mathrm{ka1}}^{(2)} = \dot{U}_{\mathrm{kb2}}^{(2)} \qquad (9\text{-}45)$$

由式（9-45），按序网方程式（9-7）对 A 相可得

$$\dot{E}_{\mathrm{a\Sigma}} - \mathrm{j}\dot{I}_{\mathrm{ka1}}^{(2)} X_{1\Sigma} = -\mathrm{j}\dot{I}_{\mathrm{ka2}}^{(2)} X_{2\Sigma} \qquad (9\text{-}46)$$

将式（9-44）代入式（9-46）得

$$\dot{I}_{\mathrm{ka1}}^{(2)} = \frac{\dot{E}_{\mathrm{a\Sigma}}}{\mathrm{j}(X_{1\Sigma} + X_{2\Sigma})} \qquad (9\text{-}47)$$

由式（9-44），则

$$\dot{I}_{\mathrm{ka2}}^{(2)} = -\dot{I}_{\mathrm{ka1}}^{(2)} = -\frac{\dot{E}_{\mathrm{a\Sigma}}}{\mathrm{j}(X_{1\Sigma} + X_{2\Sigma})} \qquad (9\text{-}48)$$

式中：$E_{\mathrm{a\Sigma}}$ 为正序网络的等值电动势，由正序网络的等值变换求取，见 9.4 节。工程实用时也可取为 1 或 $U_{\mathrm{b}}/\sqrt{3}$（有名值计算时，正序网络的基准电压 $U_{\mathrm{b}}=U_{\mathrm{cp}}$，$U_{\mathrm{cp}}$ 为网络平均电压）。

短路点 b、c 相短路电流由式（9-3）及式（9-43）、式（9-47）、式（9-48）可计算为

$$\left.\begin{array}{l}\dot{I}_{\mathrm{kb}}^{(2)} = a^2 \dot{I}_{\mathrm{ka1}}^{(2)} + a\dot{I}_{\mathrm{ka2}}^{(2)} + \dot{I}_{\mathrm{ka0}}^{(2)} = (a^2 - a)\dot{I}_{\mathrm{ka1}}^{(2)} = -\mathrm{j}\sqrt{3}\dot{I}_{\mathrm{ka1}}^{(2)} = -\dfrac{\sqrt{3}\dot{E}_{\mathrm{a\Sigma}}}{x_{1\Sigma} + x_{2\Sigma}} \\[2ex] \dot{I}_{\mathrm{kc}}^{(2)} = a\dot{I}_{\mathrm{ka1}}^{(2)} + a^2 \dot{I}_{\mathrm{ka2}}^{(2)} + \dot{I}_{\mathrm{ka0}}^{(2)} = (a - a^2)\dot{I}_{\mathrm{ka1}}^{(2)} = \mathrm{j}\sqrt{3}\dot{I}_{\mathrm{ka1}}^{(2)} = \dfrac{\sqrt{3}\dot{E}_{\mathrm{a\Sigma}}}{x_{1\Sigma} + x_{2\Sigma}}\end{array}\right\} \quad (9\text{-}49)$$

当假定 $X_{1\Sigma}=X_{2\Sigma}$ 时，有 $I_{\mathrm{k}}^{(2)}=\sqrt{3}E_{\mathrm{a\Sigma}}/(x_{1\Sigma}+x_{2\Sigma})=\sqrt{3}E_{\mathrm{a\Sigma}}/2x_{1\Sigma}$。电网三相相间短路电流为 $I_{\mathrm{k}}^{(3)}=E_{\mathrm{a\Sigma}}/x_{1\Sigma}$。可见两相短路电流等于三相短路电流的 $\sqrt{3}/2$。

对 a 相，短路点电压对称分量由序网方程式（9-7）及式（9-46）、式（9-48）、式（9-43）可得

$$\left.\begin{array}{l}U_{\mathrm{ka1}}^{(2)} = \dot{E}_{\mathrm{a\Sigma}} - \mathrm{j}\dot{I}_{\mathrm{ka1}}^{(2)} x_{1\Sigma} = -\mathrm{j}\dot{I}_{\mathrm{ka2}}^{(2)} x_{2\Sigma} = \mathrm{j}\dot{I}_{\mathrm{ka1}}^{(2)} x_{2\Sigma} = \dfrac{\dot{E}_{\mathrm{a\Sigma}} \cdot x_{2\Sigma}}{x_{1\Sigma} + x_{2\Sigma}} \\[2ex] \dot{U}_{\mathrm{ka2}}^{(2)} = -\mathrm{j}\dot{I}_{\mathrm{ka2}}^{(2)} x_{2\Sigma} = \mathrm{j}\dot{I}_{\mathrm{ka1}}^{(2)} x_{2\Sigma} = \dot{U}_{\mathrm{ka1}}^{(2)} \\[2ex] \dot{U}_{\mathrm{ka0}}^{(2)} = -\mathrm{j}\dot{I}_{\mathrm{ka0}}^{(2)} x_{0\Sigma} = 0\end{array}\right\} \quad (9\text{-}50)$$

短路点的电压由式（9-3）及式（9-50）得

$$
\begin{aligned}
\dot{U}_{ka}^{(2)} &= \dot{U}_{ka1}^{(2)} + \dot{U}_{ka2}^{(2)} + \dot{U}_{ka0}^{(2)} = \dot{U}_{ka1}^{(2)} + \dot{U}_{ka1}^{(2)} + 0 \\
&= 2\dot{U}_{ka1}^{(2)} = \frac{2\dot{E}_{a\Sigma} \cdot x_{2\Sigma}}{x_{1\Sigma} + x_{2\Sigma}} \\
\dot{U}_{kb}^{(2)} &= \dot{U}_{kc}^{(2)} = a^2 \dot{U}_{ka1}^{(2)} + a\dot{U}_{ka2}^{(2)} + \dot{U}_{ka0}^{(2)} \\
&= a^2 \dot{U}_{ka1}^{(2)} + a\dot{U}_{ka1}^{(2)} + 0 = (a^2 + a)\dot{U}_{ka1}^{(2)} \\
&= -\dot{U}_{ka1}^{(2)} = -\frac{1}{2}\dot{U}_{ka}^{(2)} = -\frac{\dot{E}_{a\Sigma} \cdot x_{2\Sigma}}{x_{1\Sigma} + x_{2\Sigma}}
\end{aligned}
\right\}
\tag{9-51}
$$

短路点电压、电流的相量图见图 9-10。当假定 $X_{1\Sigma} = X_{2\Sigma}$ 时，由式（9-51）可有

$$
\left.
\begin{aligned}
\dot{U}_{ka}^{(2)} &= \frac{2\dot{E}_{a\Sigma} \cdot x_{2\Sigma}}{x_1 + x_{2\Sigma}} = \dot{E}_{a\Sigma} \\
\dot{U}_{kb}^{(2)} &= \dot{U}_{kc}^{(2)} = -\frac{\dot{E}_{a\Sigma} \cdot x_{2\Sigma}}{x_1 + x_{2\Sigma}} = -\frac{\dot{E}_{a\Sigma}}{2}
\end{aligned}
\right\}
\tag{9-52}
$$

两相相间短路无零序电流，故上面的分析计算可适用于中性点接地或不接地系统的两相相间短路，以及中性点不接地系统的两相接地短路。

中性点不接地系统的两相相间短路接地时，如图 9-11 所示，此时 b、c 相短路点 k 为地电位，由式（9-52），此时中性点电位将对地偏移 $\dot{E}_{a\Sigma}/2$，故 a 相对地电压（也是 a、b 相间或 a、c 相间电压）为 $\dot{E}_{a\Sigma}/2$。

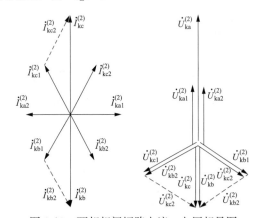

图 9-10　两相相间短路电流、电压相量图　　图 9-11　中性点不接地系统的两相接地短路

9.5.4　三相相间短路

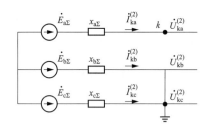

图 9-12　电网三相相间短路时的等值网络

电网三相相间短路时的等值网络见图 9-12。图中 $\dot{E}_{a\Sigma}$、$x_{a\Sigma}$、$\dot{I}_{ka}^{(3)}$、$\dot{U}_{ka}^{(3)}$、……分别为各相相对于短路点的等值电动势、等值电抗、短路电流、短路点电压。短路点的边界条件为

$$
\dot{U}_{ka}^{(3)} = \dot{U}_{kb}^{(3)} = \dot{U}_{kc}^{(3)}; \quad \dot{I}_{ka}^{(3)} + \dot{I}_{kb}^{(3)} + I_{kc}^{(3)} = 0
$$

由短路点的电压边界条件及式（9-4）可得到短路电压序分量的计算式为

$$\left.\begin{aligned}\dot{U}_{\mathrm{ka1}}^{(3)} &= \frac{1}{3} \times [\dot{U}_{\mathrm{ka}}^{(3)} + a\dot{U}_{\mathrm{kb}}^{(3)} + a^2\dot{U}_{\mathrm{kc}}^{(3)}] = \frac{1}{3} \times [\dot{U}_{\mathrm{ka}}^{(3)} + a\dot{U}_{\mathrm{ka}}^{(3)} + a^2\dot{U}_{\mathrm{ka}}^{(3)}] = \frac{1}{3} \times (1 + a + a^2)\dot{U}_{\mathrm{ka}}^{(3)} = 0 \\ \dot{U}_{\mathrm{ka2}}^{(3)} &= \frac{1}{3} \times [\dot{U}_{\mathrm{ka}}^{(3)} + a^2\dot{U}_{\mathrm{kb}}^{(3)} + a\dot{U}_{\mathrm{kc}}^{(3)}] = \frac{1}{3} \times [\dot{U}_{\mathrm{ka}}^{(3)} + a^2\dot{U}_{\mathrm{ka}}^{(3)} + a\dot{U}_{\mathrm{ka}}^{(3)}] = \frac{1}{3} \times (1 + a^2 + a)\dot{U}_{\mathrm{ka}}^{(3)} = 0 \\ \dot{U}_{\mathrm{ka0}}^{(3)} &= \frac{1}{3} \times [\dot{U}_{\mathrm{ka}}^{(3)} + \dot{U}_{\mathrm{kb}}^{(3)} + \dot{U}_{\mathrm{kc}}^{(3)}] = \frac{1}{3} \times [\dot{U}_{\mathrm{ka}}^{(3)} + \dot{U}_{\mathrm{ka}}^{(3)} + \dot{U}_{\mathrm{ka}}^{(3)}] = \dot{U}_{\mathrm{ka}}^{(3)} \end{aligned}\right\}$$

$$(9-53)$$

由短路点的电流边界条件及式（9-4）可得到零序电流序分量的计算式为

$$\dot{I}_{\mathrm{ka0}}^{(3)} = \frac{1}{3} \times [\dot{I}_{\mathrm{ka}}^{(3)} + \dot{I}_{\mathrm{kb}}^{(3)} + \dot{I}_{\mathrm{kc}}^{(3)}] = 0 \qquad (9-54)$$

由式（9-7）及式（9-54）可得到零序电压分量的计算式为

$$\dot{U}_{\mathrm{ka0}}^{(3)} = -\mathrm{j}\dot{I}_{\mathrm{ka0}}^{(3)} X_{0\Sigma} = 0 \qquad (9-55)$$

由短路点的电压边界条件及式（9-53）、式（9-55）有

$$\dot{U}_{\mathrm{ka}}^{(3)} = \dot{U}_{\mathrm{kb}}^{(3)} = \dot{U}_{\mathrm{kc}}^{(3)} = \dot{U}_{\mathrm{ka0}}^{(3)} = 0 \qquad (9-56)$$

由式（9-7）及式（9-53），正序及负序电流分量为

$$\left.\begin{aligned} \dot{I}_{\mathrm{ka1}}^{(3)} &= \frac{\dot{E}_{\mathrm{a}\Sigma} - \dot{U}_{\mathrm{ka1}}^{(3)}}{\mathrm{j}X_{1\Sigma}} = \frac{\dot{E}_{\mathrm{a}\Sigma}}{\mathrm{j}X_{1\Sigma}} \\ \dot{I}_{\mathrm{ka2}}^{(3)} &= -\frac{\dot{U}_{\mathrm{ka2}}^{(3)}}{\mathrm{j}X_{2\Sigma}} = 0 \end{aligned}\right\} \qquad (9-57)$$

由式（9-57）、式（9-54）及对称分量计算式（9-3）可得

$$\left.\begin{aligned} \dot{I}_{\mathrm{ka}}^{(3)} &= [\dot{I}_{\mathrm{ka1}}^{(3)} + \dot{I}_{\mathrm{kb2}}^{(3)} + \dot{I}_{\mathrm{kc0}}^{(3)}] = [\dot{I}_{\mathrm{ka1}}^{(3)} + 0 + 0] = \dot{I}_{\mathrm{ka1}}^{(3)} = \frac{\dot{E}_{\mathrm{a}\Sigma}}{\mathrm{j}x_{1\Sigma}} \\ \dot{I}_{\mathrm{kb}}^{(3)} &= [a^2\dot{I}_{\mathrm{ka1}}^{(3)} + a\dot{I}_{\mathrm{kb2}}^{(3)} + \dot{I}_{\mathrm{kc0}}^{(3)}] = [a^2\dot{I}_{\mathrm{ka1}}^{(3)} + 0 + 0] = a^2\dot{I}_{\mathrm{ka1}}^{(3)} = a^2\frac{\dot{E}_{\mathrm{a}\Sigma}}{\mathrm{j}x_{1\Sigma}} \\ \dot{I}_{\mathrm{kc}}^{(3)} &= [a\dot{I}_{\mathrm{ka1}}^{(3)} + a^2\dot{I}_{\mathrm{kb2}}^{(3)} + \dot{I}_{\mathrm{kc0}}^{(3)}] = [a\dot{I}_{\mathrm{ka1}}^{(3)} + 0 + 0] = a\dot{I}_{\mathrm{ka1}}^{(3)} = a\frac{\dot{E}_{\mathrm{a}\Sigma}}{\mathrm{j}x_{1\Sigma}} \end{aligned}\right\} \qquad (9-58)$$

电网三相相间短路点的电流相量图见图 9-13（电压＝0）。

由上面的分析，电网三相相间短路时，负序及零序电压电流分量均为 0，不破坏系统的对称性，且短路点三相对中性点电压均为 0。故上述分析也适用于三相接地短路、中性点接地或不接地电网的三相相间短路。

9.5.5 短路电流和电压计算公式、相量图汇总表及短路计算示例

各种类型短路的短路电流、电压的计算公式及相量图汇总表见表 9-10。图 9-4 电力系统的短路电流、电压计算示例见表 9-11。

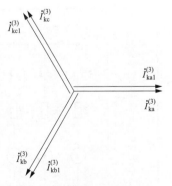

图 9-13 电网三相相间短路点的电流相量图（电压＝0）

表9-10　各种类型短路的短路电流、电压计算公式及相量图

序号	项目	1. 中性点直接接地系统单相接地短路	2. 中性点直接接地系统两相接地短路	3. 两相相间短路（包括中性点直接接地或地不接地系统的两相相间短路，中性点不接地系统两相接地短路）	4. 三相相间短路（包括中性点直接接地或地不接地系统的三相相间短路及三相接地短路）
1	系统等值接线图				
2	正序电流	$\dot{I}_{ka1}^{(1)}=\dot{I}_{ka2}^{(1)}=\dot{I}_{ka0}^{(1)}=\dfrac{\dot{E}_{a\Sigma}}{j(X_{1\Sigma}+X_{2\Sigma}+X_{0\Sigma})}$	$\dot{I}_{ka1}^{(1,1)}=\dot{E}_{a\Sigma}/\left[j\left(X_{1\Sigma}+\dfrac{X_{2\Sigma}\cdot X_{0\Sigma}}{X_{2\Sigma}+X_{0\Sigma}}\right)\right]$	$\dot{I}_{ka1}^{(2)}=\dot{E}_{a\Sigma}/[j(X_{1\Sigma}+X_{2\Sigma})]$	$\dot{I}_{ka1}^{(3)}=\dot{E}_{a\Sigma}/(jX_{1\Sigma})$
	负序电流		$\dot{I}_{ka2}^{(1,1)}=-\dot{I}_{ka1}^{(1,1)}\cdot X_{0\Sigma}/(X_{2\Sigma}+X_{0\Sigma})$	$\dot{I}_{ka2}^{(2)}=-\dot{E}_{a\Sigma}/[j(X_{1\Sigma}+X_{2\Sigma})]$	$\dot{I}_{ka2}^{(3)}=\dot{I}_{ka0}^{(3)}=0$
	零序电流		$\dot{I}_{ka0}^{(1,1)}=-\dot{I}_{ka1}^{(1,1)}\cdot X_{2\Sigma}/(X_{2\Sigma}+X_{0\Sigma})$	$\dot{I}_{ka0}^{(2)}=0$	
3	a 相电流	$\dot{I}_{ka}^{(1)}=3\dot{E}_{a\Sigma}/[j(X_{1\Sigma}+X_{2\Sigma}+X_{0\Sigma})]$	$\dot{I}_{ka}^{(1,1)}=0$	$\dot{I}_{ka}^{(2)}=0$	$\dot{I}_{ka}^{(3)}=\dot{I}_{ka1}^{(3)}=\dot{E}_{a\Sigma}/(jX_{1\Sigma})$
	b 相电流	$\dot{I}_{kb}^{(1)}=0$	$\dot{I}_{kb}^{(1,1)}=\dot{I}_{ka1}^{(1,1)}[a^2-(x_{2\Sigma}+ax_{0\Sigma})/(x_{2\Sigma}+x_{0\Sigma})]$	$\dot{I}_{kb}^{(2)}=-\sqrt{3}\dot{E}_{a\Sigma}/(x_{1\Sigma}+x_{2\Sigma})$	$\dot{I}_{kb}^{(3)}=a^2\dot{E}_{a\Sigma}/(jx_{1\Sigma})$
	c 相电流	$\dot{I}_{kc}^{(1)}=0$	$\dot{I}_{kc}^{(1,1)}=\dot{I}_{ka1}^{(1,1)}[a-(x_{2\Sigma}+a^2x_{0\Sigma})/(x_{2\Sigma}+x_{0\Sigma})]$	$\dot{I}_{kc}^{(2)}=\sqrt{3}\dot{E}_{a\Sigma}/(x_{1\Sigma}+x_{2\Sigma})$	$\dot{I}_{kc}^{(3)}=a\dot{E}_{a\Sigma}/(jx_{1\Sigma})$
4	正序电压	$\dot{U}_{ka1}^{(1)}=j\dot{I}_{ka1}^{(1)}(x_{2\Sigma}+x_{0\Sigma})$	$\dot{U}_{ka1}^{(1,1)}=\dot{U}_{ka2}^{(1,1)}=\dot{U}_{ka0}^{(1,1)}$ $=\dfrac{\dot{E}_{a\Sigma}}{\left(X_{1\Sigma}+\dfrac{X_{2\Sigma}\cdot X_{0\Sigma}}{X_{2\Sigma}+X_{0\Sigma}}\right)}\cdot\dfrac{X_{2\Sigma}\cdot X_{0\Sigma}}{X_{2\Sigma}+X_{0\Sigma}}$	$\dot{U}_{ka1}^{(2)}=\dot{U}_{ka2}^{(2)}=\dfrac{\dot{E}_{a\Sigma}x_{2\Sigma}}{x_{1\Sigma}+x_{2\Sigma}}$	$\dot{U}_{ka1}^{(3)}=\dot{U}_{ka2}^{(3)}=\dot{U}_{ka0}^{(3)}=0$
	负序电压	$\dot{U}_{ka2}^{(1)}=-j\dot{I}_{ka1}^{(1)}x_{2\Sigma}=-j\dot{I}_{ka1}^{(1)}x_{2\Sigma}$			
	零序电压	$\dot{U}_{ka0}^{(1)}=-j\dot{I}_{ka0}^{(1)}x_{0\Sigma}=-j\dot{I}_{ka1}^{(1)}x_{0\Sigma}$		$\dot{U}_{ka0}^{(2)}=0$	

续表

序号	项目	1. 中性点直接地系统单相接地短路	2. 中性点直接地系统两相接地短路	3. 两相相间短路（包括中性点直接接地或不接地系统的两相相间短路，中性点不接地系统两相接地短路）	4. 三相相间短路（包括中性点直接接地或不接地系统的三相短路及三相相间短路）
5	a相电压	$\dot{U}_{ka}^{(1)}=0$	$\dot{U}_{ka}^{(1.1)}=3\dot{E}_{a\Sigma}\cdot\left(\dfrac{X_{2\Sigma}\cdot X_{0\Sigma}}{X_{2\Sigma}+X_{0\Sigma}}\right)\bigg/\left(X_{1\Sigma}+\dfrac{X_{2\Sigma}\cdot X_{0\Sigma}}{X_{2\Sigma}+X_{0\Sigma}}\right)$	$\dot{U}_{ka}^{(2)}=2\dot{E}_{a\Sigma}\cdot x_{2\Sigma}/(x_{1\Sigma}+x_{2\Sigma})$	$\dot{U}_{ka}^{(3)}=\dot{U}_{kb}^{(3)}=\dot{U}_{kc}^{(3)}=0$
	b相电压	$\dot{U}_{kb}^{(1)}=j\dot{I}_{ka1}^{(1)}[(a^2-a)x_{2\Sigma}+(a^2-1)x_{0\Sigma}]$	$\dot{U}_{kb}^{(1.1)}=0$	$\dot{U}_{kb}^{(2)}=\dot{U}_{kc}^{(2)}=-\dfrac{\dot{E}_{a\Sigma}\cdot x_{2\Sigma}}{x_{1\Sigma}+x_{2\Sigma}}$	
	c相电压	$\dot{U}_{kc}^{(1)}=j\dot{I}_{ka1}^{(1)}[(a-a^2)x_{2\Sigma}+(a-1)x_{0\Sigma}]$	$\dot{U}_{kc}^{(1.1)}=0$		（电压=0）
6	电流、电压相量图				

表 9-11 　　　　　　　　　　电力系统的短路电流、电压计算示例

短路类型	短路电流、电压计算
三相短路	(1) 短路点三相短路电流由式（9-58）及表 9-9 可计算为（以下计算均设 $\dot{E}_{a\Sigma}=jE_{a\Sigma}$） $$\dot{I}_{ka}^{(3)}=\dot{I}_{ka1}^{(3)}=\dot{E}_{a\Sigma}/jx_{1\Sigma}=jE_{\Sigma}/jx_{1\Sigma}=1.03/0.0651=15.8$$ $$\dot{I}_{kb}^{(3)}=a^2\dot{I}_{ka1}^{(3)}=15.8\angle240°;\quad \dot{I}_{kc}^{(3)}=a\dot{I}_{ka1}^{(3)}=15.8\angle120°$$ 短路点的基准电压为 230kV，基准容量为 100MVA 时，基准电流 $I_b=0.251$kA，故短路点短路电流有名值为 $$I_{ka}^{(3)}\times I_b=15.8\times0.251\text{kA}=3.96\text{kA}$$ （2）升压变压器高压侧向短路点提供的短路电流，由式（9-58）及表 9-9 可计算为 $$\dot{I}_{kag}^{(3)}=\dot{E}_{a\Sigma}/jx_{1\Sigma}=jE_g/jx_{1gt};\quad I_{kag}^{(3)}=1.14/0.1673=6.81\text{(标幺值，三相数值相同)}$$ 由短路点基准电流 $I_b=0.251$kA 可得到发电机支路向短路点提供的短路电流有名值为 $$I_{kag}^{(3)}\times I_b=6.81\times0.251\text{kA}=1.71\text{kA}$$ （3）系统向短路点提供的短路电流，由式（9-58）及表 9-9 可计算为 $$\dot{I}_{kas}^{(3)}=\dot{E}_{a\Sigma}/jx_{1\Sigma}=jE_s/x_{1Ls};\quad I_{kas}^{(3)}=0.956/0.1065=8.98\text{(标幺值，三相数值相同)}$$ 短路电流有名值为 $$I_{kas}^{(3)}\times I_b=8.98\times0.251\text{kA}=2.25\text{kA}$$ （4）发电机母线相电压，由表 9-9 可计算为 $$\dot{U}_{kag}^{(3)}=\dot{I}_{kag}^{(3)}x_{1t}\quad U_{kag}^{(3)}=6.81\times0.0568=0.387\quad\text{(标幺值，三相数值相同)}$$
两相相间（BC）短路	(1) 短路点电流的正、负序分量（零序分量为 0）由式（9-48）及表 9-9 可计算为 $$\dot{I}_{ka1}^{(2)}=\frac{\dot{E}_{a\Sigma}}{j(X_{1\Sigma}+X_{2\Sigma})}=\frac{jE_{\Sigma}}{j(X_{1\Sigma}+X_{2\Sigma})}=\frac{1.03}{(0.0651+0.0657)}=7.87;$$ $$\dot{I}_{ka2}^{(2)}=-\dot{I}_{ka1}^{(2)}=-7.87=7.87\angle180°$$ （2）短路点电压的正、负序分量（零序分量为 0）由式（9-50）及表 9-9 可计算为 $$\dot{U}_{ka1}^{(2)}=\dot{U}_{ka2}^{(2)}=j\dot{I}_{ka1}^{(2)}x_{2\Sigma}=j7.87\times0.0657=j0.517=0.517\angle90°$$ （3）短路点 B、C 相短路电流（A 相短路电流为 0）由式（9-49）可计算为 $$\dot{I}_{kb}^{(2)}=-j\sqrt{3}\dot{I}_{ka1}^{(2)}=-j\sqrt{3}\times7.87=-j13.6=13.6\angle-90°$$ $$\dot{I}_{kc}^{(2)}=j\sqrt{3}\dot{I}_{ka1}^{(2)}=j\sqrt{3}\times7.87=j13.6=13.6\angle90°$$ 由短路点基准电流 $I_b=0.251$kA 可得到两相相间短路时短路点短路电流的有名值为 $$I_{kc}^{(2)}\times I_b=13.6\times0.251\text{kA}=3.41\text{kA}$$ （4）短路点各相电压由式（9-51）可计算为 $$\dot{U}_{ka}^{(2)}=j2I_{ka1}^{(2)}x_{2\Sigma}=j2\times7.87\times0.0657=j1.034=1.034\angle90°$$ $$\dot{U}_{kb}^{(2)}=\dot{U}_{kc}^{(2)}=-\frac{1}{2}\dot{U}_{ka}^{(2)}=-\frac{1}{2}(j1.034)=-j0.517=0.517\angle-90°$$
两相（BC）接地短路（中性点直接接地系统）	(1) 短路点电流的正、负、零序分量由式（9-41）及表 9-9 可计算为 $$\dot{I}_{ka1}^{(1,1)}=\dot{E}_{a\Sigma}\Big/\Big[j\Big(X_{1\Sigma}+\frac{X_{2\Sigma}\cdot X_{0\Sigma}}{X_{2\Sigma}+X_{0\Sigma}}\Big)\Big]=jE_{\Sigma}\Big/\Big[j\Big(X_{1\Sigma}+\frac{X_{2\Sigma}\cdot X_{0\Sigma}}{X_{2\Sigma}+X_{0\Sigma}}\Big)\Big]$$ $$=1.03\Big/\Big(0.0651+\frac{0.0657\times0.0445}{0.0657+0.0445}\Big)=11.2$$ $$\dot{I}_{ka2}^{(1,1)}=-\dot{I}_{ka1}^{(1,1)}\cdot\frac{X_{0\Sigma}}{X_{2\Sigma}+X_{0\Sigma}}=-11.2\times\frac{0.0445}{0.0657+0.0445}=-4.52=4.52\angle180°;$$ $$\dot{I}_{ka0}^{(1,1)}=-\dot{I}_{ka1}^{(1,1)}\cdot\frac{X_{2\Sigma}}{X_{2\Sigma}+X_{0\Sigma}}=-11.2\times\frac{0.0657}{0.0657+0.0445}=-6.68=6.68\angle180°$$ （2）短路点电压的正、负、零序分量由式（9-40）、式（9-41）及表 9-9 可计算为 $$\dot{U}_{ka1}^{(1,1)}=\dot{U}_{ka2}^{(1,1)}=\dot{U}_{ka0}^{(1,1)}=\frac{\dot{E}_{a\Sigma}}{\Big(X_{1\Sigma}+\frac{X_{2\Sigma}\cdot X_{0\Sigma}}{X_{2\Sigma}+X_{0\Sigma}}\Big)}\cdot\frac{X_{2\Sigma}\cdot X_{0\Sigma}}{X_{2\Sigma}+X_{0\Sigma}}=j\dot{I}_{ka1}^{(1,1)}\cdot\frac{X_{2\Sigma}\cdot X_{0\Sigma}}{X_{2\Sigma}+X_{0\Sigma}}$$ $$=j11.2\times\frac{0.0657\times0.0445}{0.0657+0.0445}=j0.297=0.297\angle90°$$

短路类型	短路电流、电压计算
两相（BC）接地短路（中性点直接接地系统）	（3）短路点 B、C 相短路电流（A 相短路电流为 0）由式（9-42）可计算为 $$\dot{I}_{kb}^{(1.1)} = \dot{I}_{ka1}^{(1.1)}\left(a^2 - \frac{x_{2\Sigma}+ax_{0\Sigma}}{x_{2\Sigma}+x_{0\Sigma}}\right) = 11.2\left(a^2 - \frac{0.0657+a\times0.0445}{0.0657+0.0445}\right) = 11.2(-10-\mathrm{j}13.6) = 16.9\angle233.7°$$ $$\dot{I}_{kc}^{(1.1)} = \dot{I}_{ka1}^{(1.1)}\left(a - \frac{x_{2\Sigma}+a^2 x_{0\Sigma}}{x_{2\Sigma}+x_{0\Sigma}}\right) = 11.2\left(a - \frac{0.0657+a^2\times0.0445}{0.0657+0.0445}\right) = 11.2(-10-\mathrm{j}13.6) = 16.9\angle126.3°$$ 由短路点基准电流 $I_b=0.251\mathrm{kA}$ 可得到两相接地短路时短路点短路电流的有名值为 $$I_{kb}^{(1.1)}\times I_b = \dot{I}_{ka1}^{(1.1)}\times I_b = 16.9\times0.251\mathrm{kA} = 4.24\mathrm{kA}$$ （4）短路点 A 相电压（B、C 相电压为 0）由式（9-40）可计算为 $$\dot{U}_{ka}^{(1.1)} = 3\dot{U}_{ka1}^{(1.1)} = 3\times\mathrm{j}0.297 = \mathrm{j}0.891 = 0.891\angle90°$$
单相（A）接地短路（中性点直接接地系统）	（1）短路点电流的正、负序、零序分量由式（9-32）及表 9-9 可计算为 $$\dot{I}_{ka1}^{(1)} = \dot{I}_{ka2}^{(1)} = \dot{I}_{ka0}^{(1)} = \frac{\dot{E}_{a\Sigma}}{\mathrm{j}(X_{1\Sigma}+X_{2\Sigma}+X_{0\Sigma})} = \frac{\mathrm{j}E_{\Sigma}}{\mathrm{j}(X_{1\Sigma}+X_{2\Sigma}+X_{0\Sigma})} = \frac{1.03}{0.0651+0.0657+0.0445} = 5.88$$ （2）短路点 A 相短路电流（B、C 相短路电流为 0）由式（9-33）可计算为 $$\dot{I}^{(1)} = 3\dot{I}^{(1)} = 3\times5.88 = 17.6$$ 由短路点基准电流 $I_b=0.251\mathrm{kA}$ 可得到单相接地短路时短路点短路电流的有名值为 $$I_{kb}^{(1)}\times I_b = 17.68\times0.251\mathrm{kA} = 4.43\mathrm{kA}$$ （3）短路点电压的正、负序、零序分量由式（9-34）及表 9-9 可计算为 $$\dot{U}_{ka1}^{(1)} = \mathrm{j}I_{ka1}^{(1)}(x_{2\Sigma}+x_{0\Sigma}) = 5.88(0.0657+0.0445) = \mathrm{j}0.648$$ $$\dot{U}_{ka2}^{(1)} = -\mathrm{j}I_{ka2}^{(1)}x_{2\Sigma} = -5.88\times0.0657 = -\mathrm{j}0.386$$ $$\dot{U}_{ka0}^{(1)} = -\mathrm{j}I_{ka0}^{(1)}x_{0\Sigma} = -5.88\times0.0445 = -\mathrm{j}0.262$$ （4）短路点 B、C 相电压（A 相电压为 0）由式（9-35）可计算为 $$\dot{U}_{kb}^{(1)} = a^2\dot{U}_{ka1}^{(1)}+a\dot{U}_{ka2}^{(1)}+\dot{U}_{ka0}^{(1)} = a^2\times\mathrm{j}0.648+a\times(-\mathrm{j}0.386)-\mathrm{j}0.262 = 0.896-\mathrm{j}0.392 = 0.98\angle-23.6°$$ $$\dot{U}_{kc}^{(1)} = a\dot{U}_{ka1}^{(1)}+a^2\dot{U}_{ka2}^{(1)}+\dot{U}_{ka0}^{(1)} = a\times\mathrm{j}0.648+a^2\times(-\mathrm{j}0.386)-\mathrm{j}0.262 = -0.896-\mathrm{j}0.392 = 0.98\angle203.6°$$

注 计算公式见表 9-10，短路计算的网络见图 9-4，网络简化及其参数见表 9-9。

9.6 非全相断相及振荡计算

9.6.1 非全相一相及两相断相计算

电力系统非全相断相故障可能在线路单相接地短路保护跳故障相后、线路导线折断、断路器三相不同时闭合或非全相合闸等情况下出现，或出现在允许两相短时运行的电网中。非全相断相故障与短路故障类似，系统出现非全相断相时，断相处出现不对称状态，但系统其余部分参数仍是三相对称的，可以采用对称分量法进行分析计算。

如图 9-14 所示，设输电线 a 相于 f-f′ 处断线，电网于 f-f′ 两个相邻节点（不同电位）间出现不对称。采用对称分量法对非全相断相进行分析计算时，在断相处 f-f′ 插入一组不对称电压源 U_{fa}、U_{fb}、U_{fc}，分解成对称分量时为 U_{fa1}、U_{fa2}、U_{fa0}、…，类同电力系统的短路分析计算，此时不对称系统可视为正序、负序、零序三个对称序网络的叠加，不对称短路计算转化为对三个对称序网的计算，可以采用单相电路计算，并有如下类似式（9-7）的序网方程（适用于各相），即

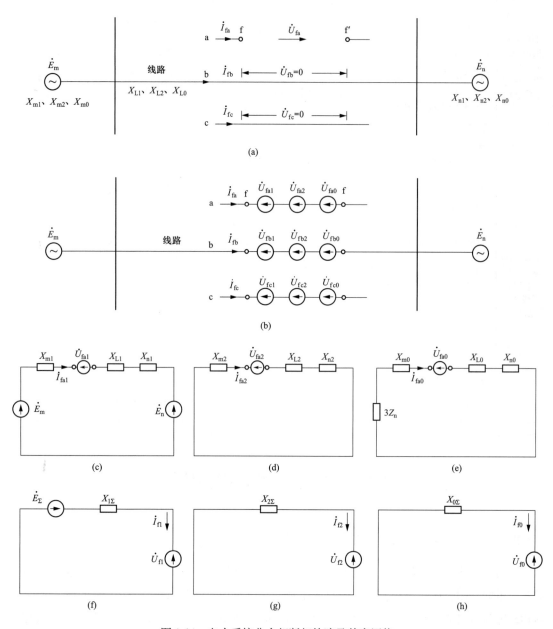

图 9-14　电力系统非全相断相故障及其序网络

(a) 电网 a 相断相；(b) 断相点以对称分量表示的图 (a) 等效网络；(c)、(d)、(e) 图 (a) 的 a 相正序、负序、零序
网络；(f)、(g)、(h) 图 (a) 的单相正序、负序、零序网络

$$\left.\begin{array}{l} \dot{E}_\Sigma - \mathrm{j}\dot{I}_{\mathrm{f1}} X_{1\Sigma} = \dot{U}_{\mathrm{f1}} \\ 0 - \mathrm{j}\dot{I}_{\mathrm{f2}} X_{2\Sigma} = \dot{U}_{\mathrm{f2}} \\ 0 - \mathrm{j}\dot{I}_{\mathrm{f0}} X_{0\Sigma} = \dot{U}_{\mathrm{f0}} \end{array}\right\} \tag{9-59}$$

式中：$\dot{E}_\Sigma$ 为正序网络等值电动势，等于故障口 f-f′间三相断开时，网络内的电源在断口 f-f′间产生的电压（开路电压）；$\dot{I}_{\mathrm{f1}}$、$\dot{I}_{\mathrm{f2}}$、$\dot{I}_{\mathrm{f0}}$ 和 $\dot{U}_{\mathrm{f1}}$、$\dot{U}_{\mathrm{f2}}$、$\dot{U}_{\mathrm{f0}}$ 分别为断相处的正序、负序、零序电流、电压；$X_{1\Sigma}$、$X_{2\Sigma}$、$X_{0\Sigma}$ 分别为序网络中相对于断相处的正序、负序、零序等值电抗（也称综合电抗），为从故障口 f-f′往网里看进去的等值电抗。对图 9-14，$\dot{E}_\Sigma = \dot{E}_{\mathrm{m}} - \dot{E}_{\mathrm{n}}$，$X_{1\Sigma} = X_{\mathrm{m1}} + X_{\mathrm{L1}} + X_{\mathrm{n1}}$，$X_{2\Sigma} = X_{\mathrm{m2}} + X_{\mathrm{L2}} + X_{\mathrm{n2}}$，$X_{0\Sigma} = X_{\mathrm{m0}} + X_{\mathrm{L0}} + X_{\mathrm{n0}}$。

式（9-59）与电力系统短路时的序网方程形式相同，也同样适用于一相及两相断相故障。同样，由断相处的边界条件可列出 3 个方程式，与式（9-59）联立便可得到断相处的电流、电压。需注意的是正序网络等值电动势及各序网等值电抗与短路故障情况的区别。非全相断相故障的故障端口是由 f-f′两个相邻节点（不同电位）组成的，而组成短路故障的故障端口则为同电位节点；断相故障又称为纵向故障，故障的不对称出现在 f-f′两个相邻节点间，短路故障则称为横向故障，故障的不对称出现在故障点（k）相间或相与中性点（或地）间。故在序网络等值电动势及各序网络等值电抗有不尽相同的计算，可参见下面计算例。

1. 一相断相

一相（设为 a 相）断相时，断相处的边界条件由图 9-14 为

$$\dot{U}_{\mathrm{fb}} = 0 ; \quad \dot{U}_{\mathrm{fc}} = 0 ; \quad \dot{I}_{\mathrm{fa}} = 0$$

此边界条件与中性点直接接地系统两相接地短路的边界条件完全相同。故类同 9.5.2 的分析，可得

$$\dot{I}_{\mathrm{fa1}} = \frac{\dot{E}_\Sigma}{\mathrm{j}\left(X_{1\Sigma} + \dfrac{X_{2\Sigma} \cdot X_{0\Sigma}}{X_{2\Sigma} + X_{0\Sigma}}\right)} ; \quad \dot{I}_{\mathrm{fa2}} = -\dot{I}_{\mathrm{fa1}} \cdot \frac{X_{0\Sigma}}{X_{2\Sigma} + X_{0\Sigma}} ; \quad \dot{I}_{\mathrm{fa0}} = -\dot{I}_{\mathrm{fa1}} \cdot \frac{X_{2\Sigma}}{X_{2\Sigma} + X_{0\Sigma}} \tag{9-60}$$

$$\dot{I}_{\mathrm{fa}} = 0 ; \quad \dot{I}_{\mathrm{fb}} = \dot{I}_{\mathrm{fa1}}\left(a^2 - \frac{X_{2\Sigma} + aX_{0\Sigma}}{X_{2\Sigma} + X_{0\Sigma}}\right) ; \quad \dot{I}_{\mathrm{fc}} = \dot{I}_{\mathrm{fa1}}\left(a - \frac{X_{2\Sigma} + a^2 X_{0\Sigma}}{X_{2\Sigma} + X_{0\Sigma}}\right) \tag{9-61}$$

$$\dot{U}_{\mathrm{fa1}} = \dot{U}_{\mathrm{fa2}} = \dot{U}_{\mathrm{af0}} = \frac{\dot{E}_\Sigma}{\left(X_{1\Sigma} + \dfrac{X_{2\Sigma} \cdot X_{0\Sigma}}{X_{2\Sigma} + X_{0\Sigma}}\right)} \cdot \frac{X_{2\Sigma} \cdot X_{0\Sigma}}{X_{2\Sigma} + X_{0\Sigma}} \tag{9-62}$$

$$\dot{U}_{\mathrm{fa}} = \frac{3\dot{E}_\Sigma}{\left(X_{1\Sigma} + \dfrac{X_{2\Sigma} \cdot X_{0\Sigma}}{X_{2\Sigma} + X_{0\Sigma}}\right)} \cdot \frac{X_{2\Sigma} \cdot X_{0\Sigma}}{X_{2\Sigma} + X_{0\Sigma}} , \quad \dot{U}_{\mathrm{fa}} = 0 , \quad \dot{U}_{\mathrm{fc}} = 0 \tag{9-63}$$

2. 两相断相

b、c 两相断相时，断相处的边界条件参照图 9-14 为

$$\dot{U}_{\mathrm{fa}} = 0 ; \quad \dot{I}_{\mathrm{fb}} = 0 ; \quad \dot{I}_{\mathrm{fc}} = 0$$

此边界条件与中性点直接接地系统单相接地短路的边界条件完全相同。故类同 9.5.1 的分析，可得

$$\dot{I}_{fa1} = \dot{I}_{fa2} = \dot{I}_{fa0} = \frac{\dot{E}_{\Sigma}}{j(X_{1\Sigma} + X_{2\Sigma} + X_{0\Sigma})} \tag{9-64}$$

$$\dot{I}_{fa} = \frac{3\dot{E}_{\Sigma}}{j(X_{1\Sigma} + X_{2\Sigma} + X_{0\Sigma})}; \quad \dot{I}_{fb} = 0; \quad \dot{I}_{fc} = 0 \tag{9-65}$$

$$\left.\begin{array}{l} \dot{U}_{fa1} = j\dot{I}_{fa1}(X_{2\Sigma} + X_{0\Sigma}), \dot{U}_{fa2} = -j\dot{I}_{fa1}X_{2\Sigma} \\ \dot{U}_{fa0} = -j\dot{I}_{fa1}X_{0\Sigma} \end{array}\right\} \tag{9-66}$$

$$\left.\begin{array}{l} \dot{U}_{fa} = 0, \quad \dot{U}_{fb} = j\dot{I}_{fa1}\big[(a^2 - a)X_{2\Sigma} + (a^2 - 1)X_{0\Sigma}\big] \\ \dot{U}_{fc} = j\dot{I}_{fa1}\big[(a - a^2)X_{2\Sigma} + (a - 1)X_{0\Sigma}\big] \end{array}\right\} \tag{9-67}$$

9.6.2　振荡计算

电力系统振荡时，系统三相仍保持对称，不出现负序及零序电流、电压，三相电流、电压的变化情况相同，可采用一相来分析计算。

设系统可简化为如图 9-15 所示的两机一线接线（网络元件电阻仅在线路中考虑），振荡时电动势为 E_m 领前 E_n 的角度为 δ，则振荡时流过线路的振荡电流 I_L 为

$$\begin{aligned} \dot{I}_L &= \frac{\dot{E}_m - \dot{E}_n}{R_L + j(X_m + X_L + X_n)} \\ &= \frac{E_m e^{j\delta} - E_n}{R_L + j(X_m + X_L + X_n)} \end{aligned} \tag{9-68}$$

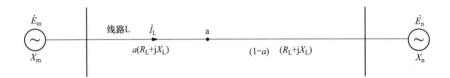

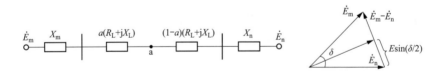

图 9-15　系统振荡分析的电力系统

当 $|\dot{E}_m| = |\dot{E}_n| = E$ 时，有

$$\dot{E}_m - \dot{E}_n = \left(2E\sin\frac{\delta}{2}\right) \cdot e^{j\left(90° + \frac{\delta}{2}\right)}$$

则式（9-68）变成

$$\dot{I}_L = \frac{2E\sin\dfrac{\delta}{2}}{R_L + j(X_m + X_L + X_n)} \cdot e^{j\left(90° + \frac{\delta}{2}\right)} \tag{9-69}$$

由式（9-69）可求得振荡电流的绝对值为

$$| \dot{I}_{\mathrm{L}} | = I_{\mathrm{L}} = \frac{2E\sin\dfrac{\delta}{2}}{\sqrt{R_{\mathrm{L}}^2 + (X_{\mathrm{m}} + X_{\mathrm{L}} + X_{\mathrm{n}})^2}} \tag{9-70}$$

当 $\delta = 180°$ 时，$\sin(\delta/2) = 1$，I_{L} 最大值为

$$I_{\mathrm{L.max}} = \frac{2E}{\sqrt{R_{\mathrm{L}}^2 + (X_{\mathrm{m}} + X_{\mathrm{L}} + X_{\mathrm{n}})^2}} \tag{9-71}$$

振荡电流变化范围为 $0 \sim I_{\mathrm{L.max}}$，振荡周期为 δ 变化 $360°$（也是振荡电流、电压变化一周）所需的时间。

线路上任一点 a（见图 9-15）的电压可计算为

$$\left. \begin{aligned} \dot{U}_{\mathrm{a}} &= \dot{E}_{\mathrm{m}} - [\mathrm{j}X_{\mathrm{m}} + a(R_{\mathrm{L}} + \mathrm{j}X_{\mathrm{L}})]\dot{I}_{\mathrm{L}} \\ \text{或}\ \dot{U}_{\mathrm{a}} &= \dot{E}_{\mathrm{n}} + [\mathrm{j}X_{\mathrm{n}} + (1-a)(R_{\mathrm{L}} + \mathrm{j}X_{\mathrm{L}})]\dot{I}_{\mathrm{L}} \end{aligned} \right\} \tag{9-72}$$

10 电流、电压互感器的选择、配置及接线

电流、电压互感器是将电气一次回路大电流或高电压成正比地变换为二次回路小电流、低电压的一种设备，为电力系统的电气测量、继电保护、故障录波、励磁、调速、同期与监控等提供电流、电压信号。目前普遍使用的主要为基于变压器原理的电磁式互感器及电容式电压互感器，也称为常规互感器，其技术成熟、性能稳定、工作可靠，基本上可满足电力系统的需要。电流、电压互感器尚有无铁芯的空心绕组电流互感器、带铁芯的低功率电流互感器、电容或电阻分压的电压互感器、利用磁光或光电变换原理的光效应互感器。前三种互感器原理上与常规互感器相近，称为半常规互感器，与常规互感器相比，有体积小质量轻、暂态响应和运行性能好等特点，在电力系统中有实际应用。光效应互感器具有不饱和、不受电磁干扰、测量范围大、响频带宽、体积小质量轻及便于数字传输等优点，目前在电力系统中均已有实际应用。

在使用互感器输出电流、电压信号的各系统装置中，继电保护系统与电气测量等系统在对互感器性能参数等方面有不尽相同的要求，相应的电流互感器产品也按其用途和性能特点，分为测量用电流互感器及保护用电流互感器两大类，电压互感器绕组也分为保护级及测量级两种等级。测量用互感器（绕组）主要用于电力系统正常运行时电气一次回路的电流、电压测量，为测量仪表、计量仪表、励磁、调速、同期、监控等系统提供电流、电压信息。保护用互感器（绕组）主要用于对电力系统非正常运行和故障状态下电气一次回路的电流、电压进行变换，为继电保护、故障录波及故障监测等系统提供电流、电压信息。

电流互感器除按用途及性能特点分类外，尚有其他分类方式。如按一次绕组结构形式可分为套管式、母线式、电缆式、贯穿式、支柱式、绕线式等。套管式电流互感器是没有一次绕组和一次绝缘，直接套装在绝缘的套管上或绝缘的导线上的电流互感器；母线式电流互感器是没有一次绕组但有一次绝缘，直接套装在导线或母线上使用的电流互感器；电缆式电流互感器是没有一次绕组和一次绝缘，直接安装在绝缘的电缆上使用的电流互感器；贯穿式电流互感器可用于穿过墙壁或屏板；支柱式电流互感器可兼作一次导体支柱用；绕线式电流互感器的一次绕组由单匝或多匝线圈组成。

本章主要根据保护及电气测量等系统对电流、电压测量的要求，叙述目前通常使用的常规互感器的类型、性能参数的选择、配置及接线。互感器使用环境要求，绝缘、温升、结构及试验等要求参见 GB 20840.1《互感器　第 1 部分：通用技术要求》（IEC 61869-1：2007，MOD）等。

10.1　测量用电流互感器的类型、性能参数及选择

测量用电流互感器按其用途和性能特点，分为一般用途及特殊用途两类。测量电流互感器

的技术参数应按满足一次回路及二次侧的使用要求进行选择，工程应用中的选择计算内容通常包括互感器类型选择及性能参数的选择。电流互感器兼有测量与保护二次绕组时，一次回路参数的选择需兼顾测量、保护的要求。

10.1.1　测量用电流互感器的类型及其选择

表 10-1 给出测量用电流互感器按用途和性能特点的分类、各类型的性能特点及应用场合。测量用电流互感器的类型应根据实际应用的场合进行选择。

表 10-1　　　　　　　　测量用电流互感器的类型、性能特点及应用场合

序号	分类	性能特点	应用场合	备注
1	一般用途	在规定的二次负荷变化范围及一次电流变化范围内，互感器可保证规定的测量准确级误差（电流值及相角的误差限值或仅保证电流值的误差限值），见表 10-2	一般的电气测量、发电机出口电能计量、励磁、监控等	
2	特殊用途（S 类）	同序号 1，但在保证相同的测量准确级的条件下，规定的一次电流有较大的变化范围，见表 10-3	（1）电能计量的电流测量（发电机出口除外）。（2）要求在一次电流变化范围较大情况下作正确测量时	DL/T 448《电能计量装置技术管理规程》

一般测量用电流互感器的误差限值见表 10-2。

表 10-2　　　　　　　　　　一般测量用电流互感器的误差限值

电流互感器准确级	电流误差（±%），在下列额定电流（%）时					相位误差，在下列额定电流（%）时							
						±min				±crad			
	5	20	50	100	120	5	20	100	120	5	20	100	120
0.1	0.4	0.2	—	0.1	0.1	15	8	5	5	0.45	0.24	0.15	0.15
0.2	0.75	0.35	—	0.2	0.2	30	15	10	10	0.9	0.45	0.3	0.3
0.5	1.5	0.75	—	0.5	0.5	90	45	30	30	2.7	1.35	0.9	0.9
1	3.0	1.5	—	1.0	1.0	180	90	60	60	5.4	2.7	1.8	1.8
3	—	—	3	—	3	—	—	—	—	—	—	—	—
5	—	—	5	—	5	—	—	—	—	—	—	—	—

注　1. 对准确级为 0.1、0.2、0.5、1 级的电流互感器，在二次负荷为额定负荷的 25%～100% 之间的任一值时，其额定频率下的电流误差和相位误差不超过表中所列的数值。
　　2. 对准确级为 3、5 级的电流互感器，在二次负荷为额定负荷的 50%～100% 之间的任一值时，其额定频率下的电流误差不超过表中所列的数值。
　　3. 本表引自 DL/T 866《电流互感器和电压互感器选择及计算规程》。

特殊测量用电流互感器的误差限值见表 10-3。

表 10-3　　　　　　　　　　特殊测量用电流互感器的误差限值

电流互感器准确级	电流误差（±%），在下列额定电流（%）时					相位误差，在下列额定电流（%）时									
						±min					±crad				
	1	5	20	100	120	1	5	20	100	120	1	5	20	100	120
0.2S	0.75	0.35	0.2	0.2	0.2	30	15	10	10	10	0.9	0.45	0.3	0.3	0.3
0.5S	1.5	0.75	0.5	0.5	0.5	90	45	30	30	30	2.7	1.35	0.9	0.9	0.9

注　1. 对准确级 0.2S、0.5S 级的电流互感器，在二次负荷为额定负荷的 25%～100% 之间的任一值时，其额定频率下的电流误差和相位误差不超过表中所列的数值。
　　2. 本表引自 DL/T 866。

10.1.2 测量用电流互感器的性能参数及其选择

测量用电流互感器与工程应用相关的性能参数见表 10-4。测量用电流互感器的性能参数应按满足一次回路及二次侧的使用要求进行选择。在工程应用中，需要选择计算的技术参数，对一次回路主要有额定一次电流、设备最高电压等，对二次侧主要有额定二次电流、额定负荷、测量准确级等，当互感器二次侧连接有过载能力有限制的仪表时（如常规的指针式仪表），尚需给出仪表保安系数（FS）的要求。下面分述各参数的选择计算。

表 10-4　　测量用电流互感器与工程应用相关的性能参数

序号	名称	定义	相关规定或要求
1	额定一次电流（I_{pn}） rated primary current	作为电流互感器性能基准的一次电流值	额定一次电流标准值为：10A、12.5A、15A、20A、25A、30A、40A、50A、60A、75A 以及它们的十进位倍数或小数。有下线者为优先值。国产电流互感器尚有 800A、8000A
2	额定二次电流（I_{sn}） rated secondary current	作为电流互感器性能基准的二次电流值	二次电流标准值为 1A 和 5A
3	额定电流比（K_n） rated transformer ratio	额定一次电流与额定二次电流之比	也等于二次匝数 N_s 与一次匝数 N_p 之比，$K_n = N_s/N_p$。其他标准有以 n_a 表示变比，本书除引用外，电流互感器变比均采用 n_a 表示
4	电流误差（比值差） current error（ratio error）	互感器在测量电流时出现的误差，它是由于实际电流比与额定电流比不相等造成。也称比误差	电流误差 $= \dfrac{(K_n I_s - I_p)}{I_p} \times 100\%$ 式中：K_n 为额定变比；I_p 为实际一次电流（有效值）；I_s 为测量条件下流过 I_p 时的实际二次电流（有效值）
5	相位差 phase displacement	一次电流与二次电流相量的相位之差。相量方向以理想互感器的相位差为 0 决定，若二次电流相量超前一次电流相量，则相位差为正值。通常用 min（分）crad（厘弧度）表示	
6	复合误差（ε_c） composite error	稳态条件下，一次电流瞬时值与二次电流瞬时值乘以额定变比值之差的均方根值，通常以百分数表示	复合误差为 $\varepsilon_c = \dfrac{1}{I_p} \sqrt{\dfrac{1}{T} \int_0^T (K_n i_s - i_p)^2 dt} \times 100\%$ 式中：T 为一个周波的时间；K_n 为额定变比；i_s 为二次电流瞬时值；i_p 为一次电流瞬时值
7	准确级 accuracy class	对电流互感器给定的等级。互感器在规定使用条件下的误差应在规定的限值内	测量电流互感器的准确级规定为：0.1、0.2、0.5、1、3、5，各准确级的误差限值及规定的使用条件见表 10-2、表 10-3
8	负荷（Z_b 或 S_b） burden	电流互感器二次回路所接的阻抗，用欧姆和功率因数表示。通常也可用视在功率的伏安数表示，它是在额定二次电流和规定功率因数下负荷所吸收的功率	

序号	名称	定义	相关规定或要求
9	额定负荷（Z_{bn}或S_{bn}）rated burden	确定电流互感器准确级所依据的负荷值	标准值对额定二次电流1A为0.5、1、1.5、2.5、5、7.5、10、15VA；对额定二次电流5A为2.5、5、10、15、20、25、30、40、50VA。为适应使用的需要，可以选择高于50VA的输出值
10	额定输出 rated output	在额定二次电流及接有额定负荷条件下，互感器供给二次回路的视在功率值（在规定的功率因数下以伏安表示）	
11	设备最高电压 highest voltage for equipment	最高的相间电压（有效值），互感器绝缘及有关设备标准的与电压相关的其他特性设计所依据的电压值，该电压可以持续施加到设备上	互感器的正常使用电压通常以设备最高电压给出
12	额定绝缘水平 rated isulation level	互感器绝缘所能承受的耐压强度的一组耐受电压值	一次绕组的额定绝缘水平要求见表10-5、表10-6。标准规定的二次绕组额定工频耐受电压为3kV（有效值）；匝间额定耐受电压为4.5kV（峰值），某些型式互感器可取较低值。详见GB 20840.1《互感器 第1部分：通用技术要求》
13	额定连续热电流 rated continuous thermal current	在二次绕组有额定负荷下，一次绕组允许连续流过的电流，此时电流互感器的温升不超过规定值	额定连续热电流的标准值为额定一次电流。当规定连续热电流大于额定一次电流时，其优先值为额定一次电流的120%、150%和200%
14	额定短时热电流（I_{th}）rated short-time thermal current	在二次绕组短路的情况下，电流互感器在规定的短时间内能承受而无损伤的最大的一次电流有效值	标准值为3.15、6.3、8、10、12.5、16、20、25、31.5、40、50、63、80、100kA。规定的短时间的标准值为1s
15	额定动稳定电流（I_{dyn}）rated dynamic current	在二次绕组短路的情况下，电流互感器能承受其电磁力而无电气或机械损伤的最大的一次电流峰值	额定动稳定电流（I_{dyn}）通常为额定短时热电流（I_{th}）的2.5倍。如与此值不同时，则应在铭牌上标明
16	额定仪表限值一次电流（IPL）rated instrument limint primary current	测量用电流互感器在二次负荷等于额定负荷，其复合误差等于或大于10%时的最小一次电流值	在系统故障电流超过IPL时，复合误差应大于10%，以限制二次电流，防止由其供电的仪表损坏
17	仪表保安系数（FS）instrument security factor	额定仪表限值一次电流对额定一次电流之比值 $FS=IPL/I_{pn}$	仪表保安系数越小，由互感器供电的仪表越安全
18	二次极限电动势 secondary limiting e. m. f	仪表保安系数（FS）、额定二次电流、额定负荷与二次绕组阻抗（电阻用75℃值）的相量和三者的乘积	

注 表中内容引自GB 20840.2《互感器 第2部分：电流互感器的补充技术要求》（IEC 61869-2：2012 MOD）、DL/T 866《电流互感器和电压互感器选择及计算规程》及DL/T 725《电力用电流互感器使用技术规范》。

1. 测量用电流互感器的额定一次电流I_{pn}的选择

电流互感器的额定一次电流，通常按接近但不低于一次回路最大长期工作电流选择，并满足二次侧测量准确性要求及动、热稳定要求进行选择。选用一次回路导体从窗口穿过且无固定板的电流互感器（如直接套装在母线或一次导体上的没有一次绕组的母线式或套管式电流互感器）时，可不进行额定动稳定电流校验。选用有测量与保护绕组的多绕组（二次）电流互感器时，额定一次电流的选择需兼顾测量、保护的要求。

（1）按一次回路最大长期工作电流及测量准确性要求选择的额定一次电流。按 DL/T 866《电流互感器和电压互感器选择及计算规程》的规定，测量用电流互感器的测量准确度是指在电流互感器一次电流为电流互感器额定一次电流的某一百分数范围内电流互感器可保证的测量准确度。如对 0.5S 级电流互感器，在电流互感器一次电流为电流互感器额定一次电流的 20%～120%范围内，电流互感器测量的电流误差不超出±0.5%、相位误差不超出±30'。一次电流超出此范围时将有较大的测量误差，如一次电流为电流互感器的额定一次电流 5%时，测量的电流误差仅能保证不超出±0.75%、相位误差不超出±45'。故为保证测量的准确度，并考虑在一次回路过负荷运行时的运行监测要求，以及某些指针式仪表对正常运行时指针在刻度标尺的 3/4 左右的要求，按照 SL 456《水利水电工程电气测量设计规范》的规定，测量用电流互感器的额定一次电流宜按不小于 1.25 倍的一次回路额定电流或回路最大长期负荷电流选择，对直接启动电动机的测量仪表用的电流互感器可选为 1.5 倍。

必要时可采用具有扩大一次电流特性的电流互感器，其连续热电流可选为额定电流的 120%，特殊情况可选用 150%或 200%。此时对 0.1～1 级电流互感器，扩大一次电流下的电流误差应不超过表 10-2 所列的 120%额定一次电流下所规定的限值。

（2）按满足动、热稳定要求选择的电流互感器额定一次电流。当电流互感器的动、热稳定电流以其额定一次电流的倍数提供时，其额定一次电流尚需要按满足动、热稳定要求进行选择。当电流互感器直接提供额定动、热稳定电流值时，可直接采用上述（1）选择的额定一次电流对应的电流互感器额定动、热稳定电流值，按电流互感器实际使用情况进行校验。

1）电流互感器的动、热稳定电流以其额定一次电流的倍数提供时。

a. 满足动稳定要求的电流互感器额定一次电流可按下式进行计算选择[15]，即

$$I_{pn} \geqslant \frac{i_{ch}}{\sqrt{2}k_d} \tag{10-1}$$

式中：k_d 为以电流互感器额定一次电流 I_{pn}（有效值）为基准的电流互感器动稳定倍数，等于电流互感器额定动稳定电流（峰值）与额定一次电流（峰值）之比，由电流互感器制造厂在产品技术参数中提供；i_{ch} 为短路冲击电流（峰值），$i_{ch} = \sqrt{2}k_{ch}I_k^{(3)}$，$k_{ch}$ 为短路电流冲击系数，短路发生在容量为 12MW 及以上的发电机电压母线上时，取 $k_{ch} = 1.9$，其他取 1.8 或按短路回路的时间常数计算，$I_k^{(3)}$ 为电流互感器安装处最大三相短路电流周期分量（有效值，即最大三相短路初始对称短路电流）。

b. 满足热稳定要求的电流互感器一次额定电流可按下式进行计算选择，即

$$I_{pn} \geqslant \frac{\sqrt{Q_d/t}}{k_{th}} \tag{10-2}$$

式中：k_{th} 为以电流互感器一次额定电流 I_{pn}（有效值）为基准的电流互感器 t 时间的热稳定倍数，

电流互感器制造厂在产品技术参数中通常以 t 为1s（或3、5s）提供；Q_d 为短路电流的热效应，$Q_d = [I_k^{(3)}]^2 t_j$ 算，t_j 为短路热效应计算时间，宜按电流互感器安装处的后备保护动作跳闸时，短路开始至短路电流被切断的短路持续时间计算。按照 DL/T 866 的规定，短路持续时间：对 500kV 及以上为 2s，对 126～363kV 为 3s，对 3.6～72.5kV 为 4s，对 1kV 及以下为 1s。

2）电流互感器直接提供额定动、热稳定电流值时。

当电流互感器直接给出上述（1）选择的额定一次电流对应的额定动稳定电流值 I_{dyn} 及额定短时热电流 I_{th}，则可按式（10-3）、式（10-4）对电流互感器的实际可用性进行校验，即

$$I_{dyn} \geqslant i_{ch} = \sqrt{2} k_{ch} I_k^{(3)} \tag{10-3}$$

$$I_{th} \geqslant \sqrt{Q_d/t} = \sqrt{[I_k^{(3)}]^2 t_j / t} \tag{10-4}$$

（3）测量用电流互感器额定一次电流的确定。

满足二次侧测量准确性要求及动、热稳定要求的测量用电流互感器额定一次电流，除应满足测量的准确性要求按接近及不低于一次回路的额定电流或正常最大工作电流进行选择外（或按扩大一次电流选择），当电流互感器的动、热稳定电流以其额定一次电流的倍数提供时，尚应同时满足式（10-1）及式（10-2）计算的短路动、热稳定要求（不需要进行动稳定电流校验的电流互感器除外），当电流互感器直接提供额定动、热稳定电流值时，所选择的电流互感器则尚应满足式（10-3）及式（10-4）的要求。选用有测量与保护绕组的多绕组（二次）电流互感器，额定一次电流的确定尚需考虑保护的要求。

额定一次电流应取 DL/T 866 规定的标准值（见表10-4）。

2. 设备最高电压的选择

电流互感器的设备最高电压取值应不小于所接一次回路的额定电压（标称电压）所对应的设备最高电压。

按照 GB/T 156《标准电压》的规定，交流系统的标称电压有 220/380V（相/线），380/660V（相/线），1000V（线），1140V（线电压，限于煤矿井下使用），3、6、10、20、25（单相交流系统）、35、66、110、220、330、500、750、1000kV。在 GB 20840.1《互感器　第1部分：通用技术要求》中，给出了电流互感器一次回路接入的标称电压与电流互感器的设备最高电压及额定耐受电压（互感器的额定绝缘水平）的对应关系，见表10-5及表10-6。

表 10-5　　　　　　　电流互感器一次端的额定绝缘水平（标称电压＜330kV）　　　　　　kV

项目	电压对应关系										
一次回路标称电压（有效值）	0.38/0.6	1	3	6	10	15	20	35	66	110	220
设备最高电压（有效值）	0.415/0.72	1.2	3.6	7.2	12	18	24	40.5	72.5	126	252
额定工频耐受电压（有效值）	3	6	18/25	23/30	30/42	40/55	50/65	80/95	140	160	180/200	360	395

项目	电压对应关系										
额定雷击冲击耐受电压（峰值）	—	—	40	60	75	105	125	185	325	350	450	850	950

注　1. 对于暴露安装，推荐使用最高的绝缘水平。
　　2. 斜线下的数值为设备外绝缘干状态下的额定短时工频耐受电压值。
　　3. 表中数据引自 GB 20840.1《互感器　第 1 部分：通用技术要求》、DL/T 725《电力用电流互感器使用技术规范》及 GB 311.1《绝缘配合　第 1 部分：定义、原则和规则》。

表 10-6　　　　　　　　　电流互感器一次端的额定绝缘水平（标称电压≥330kV）　　　　　　kV

项目	电压对应关系							
一次回路标称电压（有效值）	330		500			750		1000
设备最高电压（有效值）	363		550			800		1100
额定工频耐受电压（有效值），相-地	460	510	630	680	740	900	960	1100
额定操作冲击耐受电压（峰值），相-地	850	950	1050	1175	1300	1425	1550	—	1800
额定雷击冲击耐受电压（峰值），相-地	1050	1175	1425	1550	1675	1950	2100	2250	2400

注　对于暴露安装，推荐使用最高的绝缘水平。表中数据引自 GB 20840.1《互感器　第 1 部分：通用技术要求》、DL/T 725《电力用电流互感器使用技术规范》及 GB 311.1《绝缘配合　第 1 部分：定义、原则和规则》。

3. 额定二次电流 I_{sn} 的选择

电流互感器额定二次电流可根据电厂情况取 1A 或 5A，并宜选用 1A。额定二次电流为 1A 时，电流互感器所需的容量较小，比较有利于减小二次连接电缆的截面，相应的二次绕组有较多的匝数及较大的电阻，开路电压较高。若为有利于电流互感器制作或扩建工程，以及某些情况下为降低电流互感器二次开路电压，额定二次电流也可采用 5A。

4. 准确级的选择

测量用电流互感器的准确级应根据二次侧所接的测量仪表、计量仪表、励磁、监控等系统对电流测量准确度的要求选择。按照 SL 456《水利水电工程电气测量设计规范》，这些表计或系统对电流互感器的测量准确度有如表 10-7 所示的规定。

表 10-7　　　　　　　　　测量表计或系统对电流互感器测量准确度的要求

序号	表计或系统名称	设备准确度等级或计量装置类别	要求电流互感器的最低准确级	应用示例
1	测量仪表	0.5	0.5	数字式仪表
		1.0	0.5	
		1.5	1.0	指针式交流仪表
		2.5	1.0	
2	电能计量表计	Ⅰ、Ⅱ类	0.2S 或 0.2（0.2 级仅用于发电机出口的电能计量）	100MW 及以上发电机、2MVA 及以上变压器、月平均用电量 10^6 kW·h 及以上的高压用户的电能计量
		Ⅲ、Ⅳ、Ⅴ类	0.5S	其余的有功或无功电能计量

序号	表计或系统名称	设备准确度等级或计量装置类别	要求电流互感器的最低准确级	应用示例
3	计算机监控系统	0.5	0.5	计算机监控系统的电气测量、储存、显示、记录
4	励磁系统	0.5	0.5	

5. 额定二次负荷 I_{sn} 的选择

电流互感器的额定二次负荷用容量 S_{bn}（VA）或阻抗 Z_{bn}（Ω）表示，其间的关系为 $Z_{bn}=S_{bn}/I_{sn}^2$，I_{sn} 为电流互感器额定二次电流。以容量表示的电流互感器的额定二次负荷，标准值对额定二次电流 1A 为 0.5、1、1.5、2.5、5、7.5、10、15VA；对额定二次电流 5A 为 2.5、5、10、15、20、25、30、40、50VA，可根据需要选用，特殊情况也可选用更大的额定值。

测量用电流互感器额定二次负荷通常按电流互感器实际连接的负荷及保证测量的准确度进行选择。按有关标准的规定，电气测量用的 0.2S、0.5S 级和 0.1、0.2、0.5、1 级电流互感器的测量准确度是指在电流互感器实际连接的二次负荷为额定二次负荷的 25%～100% 范围内，电流互感器可保证的测量准确度，实际连接的二次负荷超出该范围时，电流互感器将不能保证标准规定的测量误差限值。故测量用的电流互感器额定二次负荷，应按电流互感器实际连接的二次负荷不超出额定二次负荷的 25%～100% 的范围进行选择。大中型发电机励磁变压器电气测量用的电流互感器通常采用三相星形接线，以阻抗表示的电流互感器实际连接的二次负荷 Z_b 可按下式计算，即

$$Z_b = Z_m + R_l + R_c \qquad (10-5)$$

式中：Z_m 为仪表电流线圈阻抗，Ω；R_l 为连接导线（单程）电阻，Ω，连接导线可忽略电抗仅考虑电阻；R_c 为接触电阻，Ω，一般为 0.05～0.1Ω。

为保证电流互感器的测量准确度，电流互感器额定二次负荷 Z_{bn} 应按使 Z_b＝（25%～100%）Z_{bn} 进行选择。对准确级为 0.1、0.2、0.2S 的额定负荷不大于 15VA 的电流互感器，测量准确度的二次负荷范围根据需要可扩大为 1VA～100% 额定负荷。

6. 仪表保安系数 FS 的选择

电流互感器二次侧连接有过载能力有限制的仪表（如常规的指针式仪表）时，可选用具有仪表保安限值的互感器，仪表保安系数 FS 宜选择 10，必要时也可选择 5。电子式仪表可不考虑保安系数的要求。

10.2 保护用电流互感器的类型、性能参数及选择

保护用电流互感器主要用于对电力系统非正常运行和故障状态下电气一次回路的电流进行变换，为继电保护、故障录波及故障监测等系统提供电流信息。保护用电流互感器的性能及技

术参数应按满足一次回路及二次侧的使用要求进行选择，工程应用中的选择计算内容通常包括互感器类型选择及性能参数的选择。

10.2.1　保护用电流互感器的类型及其选择

表 10-8 给出保护用电流互感器按用途和性能特点的分类及其应用场合。保护用电流互感器按用途和性能特点分为 P（大）类及 TP 类两大类。

（1）P（大）类（意为保护）电流互感器。又分为一般 P 类、PR 和 PX 类。该类电流互感器的准确限值是以稳态对称一次电流下的复合误差或励磁特性确定。

（2）TP 类（意为暂态保护）电流互感器。该类电流互感器的准确限值考虑了一次电流中同时具有周期分量和非周期分量的暂态过程，并以指定暂态工作循环中的峰值误差或励磁特性确定。适用于需考虑短路电流中非周期分量暂态影响的应用场合。其又分为 TPY、TPS、TPX、TPZ 类。

表 10-8　　　　　　　　　保护用电流互感器按用途和性能特点的分类及其应用场合

序号	分类		性能特点	应用场合	备注
1	P（大）类	一般 P 类（下文中简称 P 类）	电流变换的准确限值以稳态对称一次电流下的复合误差规定（见表 10-9），对剩磁无规定	适用于电流互感器暂态饱和问题及其影响以及剩磁影响相对较轻的系统或设备保护、故障录波，失灵保护，或按保护装置（如母线保护）要求选用	按 DL/T 866 规定：（1）220kV 及 110（66）kV 系统保护、高压为 220kV 的变压器差动保护、100～200MW 级发电机或发电机-变压器组保护、高压厂用变压器及大容量电动机差动保护，宜采用 P 类或 PR 类互感器。互感器按稳态短路条件进行计算选择，为减轻可能发生的暂态饱和影响宜具有适当的暂态系数（即给定暂态系数 K），220kV 系统 $K \geqslant 2$，100～200MW 机组外部短路 $K \geqslant 10$，110（66）kV 系统 $K \geqslant 1.5$，220kV 及以下降压变压器及高压厂用变压器按低压侧区外短路 $K \geqslant 2$。（2）35kV 及以下系统保护用电流互感器一般按稳态条件选择，宜采用 P 类互感器，取外部短路 $K \geqslant 2$。100MW 以下发电机保护、主变压器高压侧直接接地中性点零序保护、输电线并联电抗器保护宜采用 P 类互感器
		PR 类	准确限值的规定同一般 P 类，对剩磁以剩磁系数作了规定（小于 10%）。某些情况下尚规定二次时间常数以限制复合误差	适用于电流互感器暂态饱和问题及其影响相对较轻，但需考虑剩磁影响的系统或设备保护、故障录波、失灵保护，或按保护装置（如母线保护）要求选用	
		PX 类	为低漏磁电流互感器。准确限值的规定同一般 P 类，在励磁特性拐点前保证其规定的复合误差，PX 对剩磁无规定（具有剩磁通限值时，称为 PXR）	适用于差动回路为高阻抗的差动保护、其他不适合采用一般 P 类准确限值的场合	

续表

序号	分类	性能特点	应用场合	备注
2	TP类（暂态保护类）	**TPY** 准确限值规定为在指定的暂态工作循环中的峰值瞬时误差，剩磁不超过饱和磁通的10%	（1）较小的剩磁有利于C-0-C-0工作循环的准确限值，适用于采用重合闸的线路保护； （2）适用于高压系统的变压器及大容量发电机差动保护等； （3）互感器饱和时切除一次电流后衰减初期的二次电流高且持续时间较长，不宜用于断路器失灵保护	按DL/T 866规定： 330kV及以上系统保护、500kV及以上的母线保护、高压侧为330kV及以上的变压器和300MW及以上的发电机或发电机-变压器组的差动保护用互感器，由于一次时间常数较大，互感器暂态饱和较为严重，由此导致保护误动或拒动的后果严重，故选用的电流互感器应保证在实际短路工作循环中不致暂态饱和，即暂态误差不超过规定值，宜选用TPY类互感器
		TPS 为低漏磁电流互感器。其性能由二次励磁特性和匝数比误差值规定，匝数比有严格要求，对剩磁无限制	（1）适用于采用简单环流原理及高阻抗继电器的差动保护。 （2）电流互感器严重饱和时切除一次电流后，二次电流及磁通能快速降低到剩磁水平，使保护快速复归，而不明显受磁通衰减特性影响，适用于对复归时间要求严格的断路器失灵保护（电流检测）。 （3）二次时间常数较大，在重合闸断电间隙时间铁芯磁通衰减有限，两次通电循环的暂态面积系数很大，不宜用于线路重合闸情况	
		TPX 以峰值瞬时误差规定了在指定的暂态工作循环中的准确限值，基本特性与TPS相似，剩磁无限制		
		TPZ 准确限值规定为在指定的二次回路时间常数下，具有最大直流偏移的单次通电时的峰值瞬时交流分量误差。仅规定交流分量误差限值，非周期分量误差限值无规定，剩磁可忽略	铁芯有较大气隙，导磁率基本恒定，也称为线性互感器。严重饱和时切除一次电流后衰减初期的二次电流高于TPY型。励磁阻抗较低，且不保证低频分量误差，一般不推荐用于主设备保护和断路器失灵保护	适用于仅反应交流分量的保护且保护的返回不受电流互感器衰减特性影响的对线性变换有需要的场合。 TP类电流互感器的误差限值见表10-10

注 1. 高压母线差动保护用电流互感器，由于母线故障短路电流很大，且外部短路时流过母线各支路的短路电流可能差别很大，使各支路电流互感器暂态保护程度很不一致，故母线保护一般具有暂态抗饱和能力，电流互感器可按稳态短路电流选择或按保护装置的要求进行选择。

2. 非直接接地系统的接地保护用电流互感器，可根据具体情况采用由三相电流互感器组成的零序滤过器、专用电缆式或母线式零序电流互感器。

3. 低漏磁电流互感器（low leakage flux current transformer），为由其二次励磁特性和二次绕组电阻足以估计其暂态性能的电流互感器，包括估计其在额定或较低的一次短路电流时，在二次负荷和工作循环的各种组合下的暂态性能。

P类及PR类电流互感器的误差限值（引自DL/T 866）见表10-9，TP类电流互感器的误差限值（引自DL/T 866）见表10-10。

表 10-9 **P类及PR类电流互感器的误差限值（引自DL/T 866）**

准确级	额定一次电流下的电流误差（%）	额定一次电流下的相角误差		额定准确限值一次电流下的复合误差（%）
		±min	±crad	
5P、5PR	±1	60	1.8	5

准确级	额定一次电流下的电流误差（%）	额定一次电流下的相角误差		额定准确限值一次电流下的复合误差（%）
		±min	±crad	
10P、10PR	±3	—	—	10

注 表中为额定频率及额定负荷下的误差限值。

表 10-10　　　　　　　　**TP 类电流互感器的误差限值（引自 DL/T 866）**

级别	额定一次电流下的电流误差（%）	额定一次电流下的相角误差		额定准确限值条件下的最大峰值瞬时误差（%）
		±min	±crad	
TPX	±0.5	±30	±0.9	10
TPY	±1	±60	±1.8	10
TPZ	±1	180±18	5.3±0.6	10

注　1. 表中为额定频率及额定负荷下的误差限值。
　　2. 对 TPZ，为交流分量误差限值。
　　3. 电流误差及相角误差指稳态误差。
　　4. 最大峰值瞬时误差的额定准确限值条件，TPY、TPX 为规定的暂态工作循环、额定一次短路电流、额定二次回路及额定一次回路时间常数，TPZ 为指定的二次回路时间常数及具有最大直流偏移的额定一次短路电流单次通电。

保护用电流互感器的类型应根据实际应用场合对电流测量的要求进行选择。互感器性能应满足继电保护正确动作的要求，首先应保证在对称短路电流下的误差不超过规定值，对短路电流非周期分量引起的暂态饱和以及互感器剩磁的影响，则应根据互感器所在系统暂态问题影响的严重程度、所接保护的特性（如保护具有减缓互感器饱和影响的特性功能）等予以合理考虑。另外，差动保护各侧应选用同类型的电流互感器，以减少保护的不平衡电流。类型的选择可能尚需考虑某些保护或监测装置（如母线保护、系统稳定装置、功角测量等）对其配用电流互感器类型的要求。发电机正向低功率、逆功率保护也可采用测量级电流互感器。

10.2.2　保护用电流互感器的性能参数及要求

保护用电流互感器与工程应用相关的性能参数、定义及其相关规定或要求见表 10-11。保护用的各类电流互感器，除有各类相同的参数外，每类尚有其特定的参数，在表 10-11 中以各类的附加参数列出。

表 10-11　　　　　　　　**保护用电流互感器与工程应用相关的性能参数**

序号	性能参数名称	定义	相关规定或要求
一、一般的性能参数			
1	额定一次电流（I_{pn}）rated primary current	作为电流互感器性能基准的一次电流值	额定一次电流标准值为 10、12.5、15、20、25、30、40、50、60、75A 以及它们的十进位倍数或小数。有下标线者为优先值。国产电流互感器尚有 800、8000A
2	额定二次电流（I_{sn}）rated secondary current	作为电流互感器性能基准的二次电流值	二次电流标准值为 1A 和 5A

序号	性能参数名称	定义	相关规定或要求
3	额定电流比（K_n） rated transformer ratio	额定一次电流与额定二次电流之比	也等于二次匝数 N_s 与一次匝数 N_p 之比，$K_n = N_s/N_p$。其他标准有以 n_a 表示变比，本书除引用外，电流互感器变比均采用 n_a 表示
4	电流误差（比误差） current error (ratio error)	互感器在测量电流时出现的误差，它是由于实际电流比与额定电流比不相等造成。也称比值差	电流误差 $= \dfrac{(K_n I_s - I_p) \times 100}{I_p}\%$ 式中：K_n 为额定变比；I_p 为实际一次电流（有效值）；I_s 为测量条件下流过 I_p 时的实际二次电流（有效值）
5	相位差 phase displacement	一次电流与二次电流相量的相位之差。相量方向以理想互感器的相位差为 0 决定，若二次电流相量超前一次电流相量，则相位差为正值。通常用 min（分）、crad（厘弧度）表示	
6	复合误差（ε_c） composite error	稳态条件下，一次电流瞬时值与二次电流瞬时值乘以额定变比值之差的均方根值，通常以百分数表示	复合误差为 $$\varepsilon_c = \frac{1}{I_p}\sqrt{\frac{1}{T}\int_0^T (K_n i_s - i_p)^2 \mathrm{d}t} \times 100\%$$ 式中：K_n 为额定变比；i_p 为一次电流瞬时值；i_s 为二次电流瞬时值；T 为一个周波的时间
7	准确级 accuracy class	对电流互感器给定的等级。互感器在规定使用条件下的误差应在规定的限值内	(1) P、PR、PX 的准确级是以其额定准确限值一次电流下的最大复合误差的百分数标称，标准的准确级为 5P、10P、5PR、10PR。 (2) TP 类按 TPX、TPY、TPZ 分别规定其稳态及暂态误差限值及限值条件，其中稳态误差均对应于互感器额定一次电流，最大峰值瞬时误差（暂态的）的限值条件分别规定。TPS 由二次励磁特性和匝数比误差限值规定，见表 10-10
8	负荷（Z_b 或 S_b） burden	电流互感器二次回路的阻抗，用欧姆（Ω）和功率因数表示。通常也以视在功率伏安（VA）值表示，它是在额定功率因数及额定二次电流值下二次回路所汲取功率	
9	额定负荷（S_{bn}、Z_{bn} 或 R_{bn}） rated burden	确定电流互感器准确级所依据的负荷值。对 P（大）类电流互感器，负荷通常用额定电流和规定功率因数下负荷所汲取的视在功率（伏安）表示，或用二次回路所接的阻抗（欧姆）和功率因数表示（也可仅计及电阻）。对 TP 类电流互感器，负荷通常用电阻表示，额定值定义为额定电阻性负荷（R_{bn}）rated resistive burden，是电流互感器二次端所接电阻性负荷的额定值，用欧姆表示	标准值对额定二次电流 1A 为 0.5、1、1.5、2.5、5、7.5、10、15VA；对额定二次电流 5A 为 2.5、5、10、15、20、25、30、40、50VA
10	设备最高电压 highest voltage for equipment	最高的相间电压（有效值），互感器绝缘设计所依据的电压值，该电压可以持续施加到设备上	见表 10-5、表 10-6。电流互感器的额定电压通常表示为设备最高电压（见 DL/T 725）。互感器的正常使用电压通常仅以设备最高电压给出

序号	性能参数名称	定义	相关规定或要求
11	额定绝缘水平 rated isolation level	互感器绝缘所能承受的耐压强度的电压值	一次绕组额定绝缘水平要求见表 10-5、表 10-6。标准规定的二次绕组额定工频耐受电压为 3kV（有效值，PX 类除外）；匝间额定耐受电压为 4.5kV（峰值），某些型式互感器可取较低值，详见 GB 20840.1《互感器　第 1 部分：通用技术要求》
12	额定连续 热电流 rated continuous thermal current	在二次绕组有额定负荷下，一次绕组允许连续流过的电流，此时电流互感器的温升不超过规定值	额定连续热电流的标准值为额定一次电流。当规定连续热电流大于额定一次电流时，其优先值为额定一次电流的 120%、150% 和 200%
13	额定短时 热电流（I_{th}） rated short-time thermal current	在二次绕组短路的情况下，电流互感器在 1s 内能承受而无损伤的最大的一次电流有效值	标准值为 3.15、6.3、8、10、12.5、16、20、25、31.5、40、50、63、80、100kA
14	额定动稳定 电流（I_{dyn}） rated dynamic current	在二次绕组短路的情况下，电流互感器能承受其电磁力而无电气或机械损伤的最大的一次电流峰值	额定动稳定电流（I_{dyn}）通常为额定短时热电流（I_{th}）的 2.5 倍。如与此值不同时，则应在铭牌上标明
15	保护校验故 障电流（I_{pcf}） protective checking fault current	校验电流互感器特性时，为保证保护正确动作而合理选用的一次故障电流（周期分量有效值）	
16	保护校验 系数（K_{pcf}） protective checking factor	保护校验故障电流 I_{pef} 与电流互感器额定一次电流 I_{pn} 之比，$K_{pcf}=I_{pef}/I_{pn}$	

二、P 类电流互感器补充的性能参数

序号	性能参数名称	定义	相关规定或要求
1	额定准确限值 一次电流（I_{pal}） rated accuracy limit Primary current	电流互感器能满足复合误差要求的最大一次电流值（稳态对称电流有效值），$I_{pal}=K_{alf}\times I_{pn}$	
2	准确级 accuracy class	对电流互感器给定的等级。互感器在规定使用条件下的误差应在规定的限值内	以其额定准确限值一次电流下的最大复合误差的百分数及其后的 P 标称，标准准确级为 5P、10P
3	误差限值 Limits of errors	允许的最大误差值	额定频率及额定负荷下，其电流误差、相位误差和复合误差不超过表 10-9 所列的限值
4	准确限值系数 （K_{alf} 或 ALF） accuracy limit factor	额定准确限值一次电流与额定一次电流（I_{pn}）之比，即 $K_{alf}=I_{pal}/I_{pn}$	标准准确限值系数为 5、10、15、20、30。必要时可与制造商协商取更大的系数
5	额定二次极限 电动势（E_{sl}） rated secondary limiting e. m. f	为准确限值系数、额定二次电流（I_{sn}）、额定负荷（Z_{bn}）与二次绕组阻抗（Z_{ct}）的相量（两阻抗可近似用其电阻代替）和三者乘积 $E_{sl}=K_{alf}I_{sn}\lvert Z_{bn}+Z_{ct}\rvert\approx K_{alf}I_{sn}(R_{bn}+R_{ct})$	额定二次电流及额定负荷下，电流互感器一次流过额定准确限值一次电流时二次侧的电动势（正弦波的有效值），也是电流互感器能满足复合误差要求的最大的二次侧电动势

序号	性能参数名称	定义	相关规定或要求
6	给定暂态系数（K）specified transient factor	对按保护校验故障电流周期性分量选用的 P 类电流互感器，为考虑暂态饱和对保护性能的影响由用户给定的暂态系数	K 为所选用互感器的额定准确限制一次电流 I_{pal} 与保护校验故障电流 I_{pcf} 之比，即 $K = I_{pal}/I_{pcf} = K_{alf}/K_{pcf}$ K 的取值要求见表 10-8
三、PR 类电流互感器补充的性能参数			
1	额定准确限值一次电流（I_{pal}）rated accuracy limit primary current	电流互感器能满足复合误差要求的最大一次电流值（稳态对称电流有效值），即 $I_{pal} = K_{alf} \times I_{pn}$	
2	准确级 accuracy class	对电流互感器给定的等级。互感器在规定使用条件下的误差应在规定的限值内	以额定准确限值一次电流下的最大复合误差的百分数及其后 PR 标称，标准准确级为 5PR、10PR
3	误差限值 limits of errors	允许的最大误差值	额定频率及额定负荷下，其电流误差、相位误差和复合误差不超过表 10-9 所列的限值
4	准确限值系数（K_{alf} 或 ALF）accuracy	额定准确限值一次电流与额定一次电流（I_{pn}）之比，即 $K_{alf} = I_{pal}/I_{pn}$	标准准确限值系数为 5、10、15、20、30。必要时可与制造商协商取更大的系数
5	剩磁系数（K_r）remanence factor	剩磁通（Φ_r）与饱和磁通（Φ_s）之比，即 $K_r = \Phi_r/\Phi_s$ （1）饱和磁通（Φ_s）Saturation flux 为铁芯中由非饱和状态向全饱和状态转变时的磁通峰值，并认为它是铁芯 B-H 特性曲线上 B 值上升 10% 而使 H 上升 50% 的那一点。 （2）剩磁通（Φ_r）Remanent flux 为铁芯在切断励磁电流 3min 后剩余的磁通，此励磁电流的幅值足以产生由上述（1）定义的饱和磁通（Φ_s）。剩磁系数应不大于 10%	
6	额定二次极限电动势（E_{sl}）rated secondary limiting e.m.f	为准确限值系数、额定二次电流（I_{sn}）、额定负荷（Z_{bn}）与二次绕组阻抗（Z_{ct}）的相量（两阻抗可近似用电阻代替）和三者乘积 $E_{sl} = K_{alf} I_{sn} \mid Z_{bn} + Z_{ct} \mid \approx K_{alf} I_{sn} (R_{bn} + R_{ct})$	额定二次电流及额定负荷下，电流互感器一次电流过额定准确限值一次电流时二次侧的电动势（正弦波的有效值），也是电流互感器能满足复合误差要求的最大的二次侧电动势
7	二次回路时间常数（T_s）secondary loop time constant	为励磁电感（L_e）和漏电感（L_{ct}）之和（L_s）与二次回路电阻（R_s）之比，即 $T_s = (L_e + L_{ct})/R_s = L_s/R_s$	用户有要求时，可提出对互感器二次时间常数的要求
8	二次绕组最大电阻（R_{ct}）maximum resistance of the secondary winding	二次绕组在 75℃ 时的最大电阻	用户有要求时，可与制造商协商确定二次绕组电阻的最大值（R_{ct}）
9	给定暂态系数（K）specified transient factor	对按保护校验故障电流周期性分量选用的 PR 类电流互感器，为考虑暂态饱和对保护性能的影响由用户给定的暂态系数	K 为所选用互感器的额定准确限制一次电流 I_{pal} 与保护校验故障电流 I_{pcf} 之比，即 $K = I_{pal}/I_{pcf} = K_{alf}/K_{pcf}$ K 的取值要求见表 10-8

续表

序号	性能参数名称	定义	相关规定或要求
四、PX 类电流互感器补充的性能参数			
1	额定匝数比 rated turns ratio	一次匝数与二次匝数之比（如一次匝数为 1 匝、二次匝数为 600 匝的互感器额定匝数比为 1/600）	匝数比误差（ε_t）不超过±0.25% $\varepsilon_t(\%)$＝[（实际匝数比－额定匝数比）/额定匝数比]×100
2	额定拐点电动势（E_k）rated knee point e.m.f	作用于互感器二次端子的额定频率正弦波电动势的最小有效值，当此值增加 10% 时，励磁电流（有效值）增加至但不大于 50%。此时互感器其他端子开路	额定拐点电动势通常的计算式为 $E_k＝K_X(R_{ct}＋R_{bn})I_{sn}$ 互感器实际的拐点电动势应小于额定拐点电动势
3	最大励磁电流（I_e）maximum exciting current	在额定拐点电动势（E_k）和/或在其某一指定百分数下的最大励磁电流（I_e）	
4	二次绕组最大电阻（R_{ct}）maximum resistance of the secondary winding	二次绕组在 75℃时的最大电阻	
5	额定电阻性负荷（R_b）rated resistive burden	确定电流互感器准确级所依据的负荷值，是电流互感器二次端所接电阻性负荷的额定值。用欧姆表示	
6	计算（尺寸）系数（K_X）dimensioning factor	表示电力系统故障时出现的包括安全系数在内的互感器二次电流相对于额定二次电流的倍数，在该电流倍数下，互感器应满足其性能要求。该系数由用户给定	
7	给定暂态系数（K）specified Transient factor	对按保护校验故障电流周期性分量选用的 PX 类电流互感器，为考虑暂态饱和对保护性能的影响由用户给定的暂态系数	K 为所选用互感器的额定准确限制一次电流 I_{pal} 与保护校验故障电流 I_{pcf} 之比，即 $K＝I_{pal}/I_{pcf}＝K_{alf}/K_{pcf}$ K 的取值要求见表 10-8
8	二次绕组绝缘水平 rated isolation level	互感器二次绕组绝缘所能承受的耐压强度的电压值	额定拐点电动势 $E_K≥2kV$ 时，二次绕组绝缘应能承受工频耐受电压 5kV（有效值）60s；$E_K<2kV$ 时，为 3kV（有效值）60s
9	匝间绝缘水平 rated isolation level	互感器匝间绝缘所能承受的耐压强度的电压值	额定拐点电势 $E_K≤450V$ 时，匝间绝缘应能承受工频耐受电压 4.5kV（峰值）60s；$E_K>450V$ 时，取下列两者中较低值：规定额定拐点电动势的 10 倍或 10kV（峰值）60s
五、TP 类电流互感器补充的性能参数			
1	准确级 accuracy class	对电流互感器给定的等级。互感器在规定使用条件下的误差应在规定的限值内	按 TPX、TPY、TPZ 分别规定其稳态及暂态误差限值及限值条件，其中稳态误差均对应于互感器额定一次电流，最大峰值瞬时误差（暂态的）的限值条件分别规定。TPS 由二次励磁特性和匝数比误差限值规定，见表 10-10

序号	性能参数名称	定义	相关规定或要求
2	额定电阻性负荷（R_{bn}）rated resistive burden	电流互感器二次端所接电阻性负荷的额定值。用欧姆表示	对 TP 类电流互感器，负荷用电阻表示
3	二次绕组电阻（R_{ct}）secondary winding resistance	二次绕组在 75℃时的电阻	
4	二次回路电阻（R_s）secondary loop resistance	二次回路总电阻包括二次绕组电阻（R_{ct}）及外接负荷电阻（R_b），即 $$R_s = R_{ct} + R_b$$	
5	二次回路时间常数（T_s）secondary loop time constant	为励磁电感（L_e）和漏电感（L_{ct}）之和（L_s）与二次回路电阻（R_s）之比，即 $$T_s = (L_e + L_{ct})/R_s = L_s/R_s$$	
6	额定一次短路电流（I_{psc}）rated primary short-circuit current	作为电流互感器额定准确度性能依据的一次短路电流对称分量有效值。互感器在该电流及规定的工作循环下可保证规定的峰值误差	其优先值为 $K_{ssc} \times I_{pn}$，此值不必与额定短时热电流 I_{th} 相等
7	额定对称短路电流倍数（K_{ssc}）rated symmetrical short-circuit current factor	额定一次短路电流（I_{psc}）与额定一次电流（I_{pn}）之比，即 $$K_{ssc} = I_{psc}/I_{pn}$$	标准值：3、5、7.5、<u>10</u>、12.5、<u>15</u>、17.5、<u>20</u>、25、30、40、50。下标线者为优先
8	瞬时误差电流（i_ε）Instantaneous erro current	二次电流瞬时值（i_s）与额定电流比（K_n）的乘积和一次电流瞬时值（i_p）的差值，即 $$i_\varepsilon = K_n i_s - i_p$$	同时含有交流及直流误差分量（$i_{\varepsilon ac}$、$i_{\varepsilon dc}$）时表示为 $i_\varepsilon = i_{\varepsilon ac} + i_{\varepsilon dc} = (K_n i_{sac} - i_{pac}) + (K_n i_{sdc} - i_{pdc})$ 式中：i_{sac} 和 i_{sdc}、i_{pac} 和 i_{pdc} 分别为电流互感器二次电流瞬时值、一次电流瞬时值的交流分量和直流分量；Z_{ro} 为电流互感器接线中零序回路的阻抗
9	峰值瞬时（总）误差（$\hat{\varepsilon}$）peak instantaneous (total) error	在规定的工作循环中的最大瞬时误差电流，以额定一次电流峰值百分数表示，即 $$\hat{\varepsilon} = 100\hat{i}_\varepsilon / (\sqrt{2} I_{psc}) \ (\%)$$	
10	峰值瞬时交流分量误差（$\hat{\varepsilon}_{ac}$）peak instantaneous alternating current component error	交流分量电流最大瞬时误差，以额定一次短路电流峰值百分数表示，即 $$\hat{\varepsilon}_{ac} = 100\hat{i}_{\varepsilon ac} / (\sqrt{2} I_{psc}) \ (\%)$$	

序号	性能参数名称	定义	相关规定或要求
11	规定的一次时间常数（T_p）specified primary time constant	电流互感器性能所依据的一次电流直流分量时间常数的规定值。对 TPX、TPY、TPZ 类型电流互感器，此值可有额定值，并标在铭牌上	标准值（ms）：40、60、80、100、120
12	保持准确限值的时间（T_{al}）permissible time to accuracy limit	在给定工作循环的任何指定的通电期间内，不超出规定准确度的允许时间	此时间通常根据保护系统的临界测量时间确定（通常可取为保护动作时间，即从短路开始到给出跳闸令的时间）。当对保护系统的稳定工作有要求时（如保护动作给出的跳闸令无自保持），可能还需计入断路器切断电流的时间
13	规定的工作循环（C-0 或 C-0-C-0）specified duty cycle	在工作循环的各通电期间中，设定一次电流为全偏移，并具有规定的衰减时间常数（T_p）和额定幅值（I_{psc}）（一次电流为部分偏移时，所需要的暂态系数将降低，降低值正比于偏移量的减小值，故建议一般计算采用全偏移参数）	工作循环：单次通电 C-t'-0；双次通电 C-t''-0-t_{tr}-C-t''-0（两次通电时的磁通极性设定为相同）。t'、t''分别为第一次、第二次电流通过时间，在通电时间内需保证规定的电流测量准确度的持续时间分别为 t_{al}'、t_{al}''；t_{tr}为重合闸无电流时间，是一次短路电流被切断起至其重复出现止的时间间隔。TPS、TPX 电流互感器一般不用于双次通电的工作循环
14	暂态系数（K_d）transient factor	电流互感器经受单次通电且假定二次回路时间常数（T_s）在整个通电期间保持不变时，理论上的二次匝链总磁通与该磁通交流分量的峰值之比	
15	暂态面积系数（K_{td}）transient dimensioning factor	TP类电流互感器在暂态情况下，满足规定的工作循环所需的暂态面积增大倍数的理论值	
16	额定等效二次极限电动势（E_{al}）rated equivalent limiting secondary e.m.f	满足规定工作循环及由下式计算值的二次电路等效电动势（额定频率下的有效值），即 $E_{al}=K_{ssc}K_{td}(R_{ct}+R_{bn})I_{sn}$ （V,r.m.s）	除 TPS 外，E_{al}是满足规定的暂态工作循环过程中电流测量的准确度时，互感器的等效二次极限电动势。暂态过程中电动势为非正弦，此处是以等效的正弦电动势对其进行定义。对 TPS，E_{al}是在该值增加 10% 时，励磁电流有效值增加不大于 100%
17	给定暂态系数（K）specified transient factor	仅对 TPS。为考虑暂态饱和对保护性能的影响由用户给定的暂态系数（用户给定的面积增大系数）	K 为所选用互感器的额定一次短路电流 I_{psc} 与保护校验故障电流 I_{pcf} 之比，即 $K=I_{psc}/I_{pcf}$

注 表中内容引自 GB 20840.1《互感器 第1部分：通用技术要求》、GB 20840.2《互感器 第2部分：电流互感器的补充技术要求》及 DL/T 866《电流互感器和电压互感器选择及计算规程》。

保护用电流互感器的性能参数应按满足一次回路及二次侧的使用要求。在工程应用中，在选定互感器的类型后，需要计算选择的技术参数主要有额定一次电流、设备最高电压、额定二次电流、额定负荷，对 P 及 PR 类尚有准确级及准确限值系数。其中设备最高电压的选择计算与测量用电流互感器相同，见 10.1.2。由于各类电流互感器有其不同的应用场合及不同的性能，包括对电流测量准确度有不同的考虑，使某些参数有不完全相同的选择计算方法，如额定一次电流及额定负荷等参数，详见下面 P 及 PR 类、PX 类、TPY 和 TPX 及 TPS 类参数选择计算的有关小节。

表 10-11 列出的性能参数，其中的一些参数属 TP 类分类的规范性参数，各分类电流互感器的性能参数如表 10-12 所示。

表 10-12   **TP 类各分类电流互感器的性能参数**

序号	电流互感器类型	TPS	TPX	TPY	TPZ
1	额定一次电流（I_{pn}）	×	×	×	×
2	额定二次电流（I_{sn}）	×	×	×	×
3	额定频率（f）	×	×	×	×
4	设备最高电压和额定绝缘水平	×	×	×	×
5	额定短时热电流（I_{th}）	×	×	×	×
6	额定动稳定电流（I_{dyn}）	×	×	×	×
7	规范采用的电流比（K_n）	×	×	×	×
8	额定对称短路电流倍数（K_{ssc}）	×	×	×	×
9	规定的一次时间常数（T_p）	—	×	×	×
10	规定的工作循环，C-0：t'、t'_{al}；C-0-C-0：t'、t'_{al}、t_{fr}、t''、t''_{al}				
11	额定电阻性负荷（R_{bn}）	×	×	×	×
12	给定暂态系数（K）	×	—	—	—
13	二次绕组电阻（在 75℃）（R_{ct}）	×			
14	额定暂态面积系数（K_{td}）	—	×	×	×
15	额定二次回路时间常数（T_{sn}）	—	—	×	—

注 1. ×表示适用，—表示不适用。
    2. 用户可提出某些参数的限值，如 T_s 或 R_{ct}。
    3. 序号 1～12 项参数由用户提出，其余由制造厂提供。

10.2.3   P 及 PR 类电流互感器参数选择

在工程设计时，P 及 PR 类电流互感器需要选择计算的参数有额定一次电流及准确限值系数、设备最高电压、准确级、额定二次电流、额定负荷。由于计算选择的额定一次电流及准确限值系数通常需要选用标准值，故必要时可对选择的电流互感器进行性能验算。另在某些应用场合下，需要通过对选择的电流互感的性能验算，确定互感器在实际使用的二次负荷下的使用参数。某些对暂态饱和出现时间有要求的保护，尚需要对选择的电流互感器的暂态饱和出现时间进行相关的验算。设备最高电压的选择计算同测量用电流互感器，见 10.1.2。

本节的选择计算也适用于零序电流回路用电流互感器及电缆式零序电流互感器参数的选择计算，这些互感器一般选用 P 类，其参数选择尚有一些补充要求，见 10.2.3.4。

10.2.3.1   P 及 PR 类电流互感器参数选择计算

1. P 及 PR 类电流互感器额定一次电流 I_{pn} 及准确限值系数 K_{alf} 选择

额定一次电流是电流互感器性能基准的一次电流值，按照 DL/T 866《电流互感器和电压互感器选择及计算规程》，电流互感器额定一次电流应根据其所属一次回路的额定电流或最大工作电流选择，并应满足二次侧所接保护等装置对电流测量准确性要求，以及满足互感器所在一次回路的动、热稳定要求。选用一次回路导体从窗口穿过且无固定板的电流互感器（如直接套装在母线或一次导体上的没有一次绕组的母线式或套管式）时，可不进行额定动稳定电流校验。与发电机母线直接连接的励磁或厂用变压器高压侧电流互感器额定一次电流的选择见 10.2.6。选用有测量与保护绕组的多绕组（二次）电流互感器，额定一次电流的选择需兼顾测量、保护的要求。

对某些应用场合，电流互感器额定一次电流的确定可能尚需要考虑保护装置的要求，如差动保护对减小不平衡电流的要求、保护整定最小值的要求等。

（1）按一次回路的额定电流或最大长期工作电流选择的电流互感器额定一次电流。

电流互感器额定一次电流 I_{pn} 应不小于其所属一次回路的额定负荷 I_{pbn} 或最大长期工作电流 $I_{p.max}$，即

$$I_{pn} \geqslant I_{pbn} \text{ 或 } I_{p.max} \tag{10-6}$$

I_{pn} 应根据式（10-6）的计算取标准值（见表 10-11）。按 DL/T 866，3～35kV 系统变压器回路可取 1.5 倍变压器额定电流，高压并联电抗器宜按其额定电流选择。其余可按额定电流选择或按最大长期工作电流选择。

（2）按满足动、热稳定要求选择的额定一次电流。

额定一次电流按满足动、热稳定要求的选择计算与测量用电流互感器相同，见式（10-1）～式（10-4）。

（3）按满足保护装置对电流测量准确度要求选择的电流互感器准确限值系数及一次电流。

为使保护正确可靠动作，电流互感器在保护校验故障电流下（通常为保护所考虑的最大短路电流）应保证电流的测量准确度。

P 类及 PR 类电流互感器的准确度，以准确级及准确限值系数 K_{alf} 标示。准确级以流过电流互感器一次电流 I_{pn}（稳态对称电流）为额定准确限值一次电流 I_{pal}（稳态对称电流，$I_{pal} = K_{alf}I_{pn}$）时电流互感器的复合误差表示，标准的准确级为 5P、10P 及 5PR、10PR，分别表示其复合误差为 5%、10%。P 类及 PR 类电流互感器的准确限值系数一般为 5、10、15、20、30，必要时可与制造商协商取更大的系数。具体的一个 P 类及 PR 类互感器的准确度，通常以准确级及准确限值系数标示，如 5P20，是表示该电流互感器为 P 类电流互感器，在一次电流为 20 倍的电流互感器额定一次电流时（即一次电流为额定准确限值一次电流时），复合误差限值为 5%。当流过电流互感器的一次电流超过其额定准确限值一次电流时，测量误差将超过规定的误差限值。按照 DL/T 866，为使保护可靠、正确地动作，保护用电流互感器应能在保护校验故障电流 I_{pcf} 下保证其电流测量的准确度，故 P 类及 PR 类电流互感器需按其额定准确限值一次电流大于保护校验故障电流进行选择，以此选择互感器的额定一次电流及准确限值系数，对某些应用场合尚需按有关标准的规定考虑减轻暂态饱和影响的要求（见表 10-8）。

1）按保证稳态对称电流下电流测量的准确度选择的电流互感器额定一次电流。对按 DL/T 866 规定仅要求保证稳态短路电流下电流测量误差不超过规定值的 P 类及 PR 类电流互感器（见

表 10-8，如 100MW 以下的发电机保护用电流互感器，按规程不要求考虑互感器暂态饱和影响），其额定一次电流 I_{pn} 及准确限值系数 K_{alf} 按额定准确限值一次电流 I_{pal} 大于保护校验故障电流 I_{pcf} 进行选择，即应保证

$$K_{alf}I_{pn} = I_{pal} > I_{pcf} \tag{10-7}$$

式中：额定准确限值一次电流 $I_{pal} = K_{alf}I_{pn}$，见表 10-11 准确限值系数 K_{alf} 的定义。当按式（10-6）初步选定电流互感器的额定一次电流 I_{pn} 时，准确限值系数 K_{alf} 可计算为

$$K_{alf} > \frac{I_{pcf}}{I_{pn}} = K_{pcf} \tag{10-8}$$

式中：K_{pcf} 为保护校验系数，见表 10-11。K_{alf} 应根据式（10-8）的计算取标准值（见表 10-11）。当 K_{alf} 的计算值超出标准规定的标准值时，根据实际情况，可考虑适当加大 I_{pn}，以避免电流互感器铁芯截面及尺寸过大，使选择的互感器更为经济合理。此时一次电流可按标准值选定的 K_{alf} 值对互感器额定一次电流进行选择，即

$$I_{pn} > \frac{I_{pcf}}{K_{alf}} \tag{10-9}$$

保护校验故障电流 I_{pcf} 与保护的类型、性能、保护对象等因素相关，其取值考虑见 10.2.6。

2）按减轻暂态饱和影响要求选择的电流互感器额定一次电流。按 DL/T 866 规定需要考虑减轻暂态饱和影响的 P 类及 PR 类电流互感器，应具有规程要求的适当的暂态系数（即给定暂态系数 K，见表 10-8），如 220kV 及以下系统保护、高压为 220kV 的变压器差动保护、100～200MW 级的发电机及发电机-变压器组及大容量电动机差动保护。此时电流互感器额定一次电流 I_{pn} 及准确限值系数 K_{alf} 按额定准确限值一次电流 I_{pal} 不低于 K 倍的保护校验故障电流 I_{pcf} 进行选择（对 100～200MW 级发电机给定暂态系数 K 仅对发电机保护区外部故障），即应保证

$$K_{alf}I_{pn} = I_{pal} > KI_{pcf} \tag{10-10}$$

式中：K 为给定暂态系数，为所选用互感器的额定准确限值一次电流 I_{pal} 与保护校验故障电流 I_{pcf} 之比，$K = I_{pal}/I_{pcf}$ 或 $I_{pal} = KI_{pcf}$，其取值见表 10-8，对 100～200MW 级发电机仅考虑外部故障。当按式（10-6）初步选定电流互感器的额定一次电流 I_{pn} 时，准确限值系数 K_{alf} 可计算为

$$K_{alf} > \frac{KI_{pcf}}{I_{pn}} = KK_{pcf} \tag{10-11}$$

式中：K_{pcf} 为保护校验系数，见表 10-11。

当 K_{alf} 的计算值超出标准规定的标准值时，根据实际情况，可考虑适当加大 I_{pn}，以避免电流互感器铁芯截面及尺寸过大，使选择的互感器更为经济合理。此时一次电流可按标准值选定的 K_{alf} 值对互感器额定一次电流进行选择，即

$$I_{pn} > \frac{KI_{pcf}}{K_{alf}} \tag{10-12}$$

式中：I_{pn}、K_{alf} 应根据式（10-11）或式（10-12）的计算取标准值（见表 10-11）。

（4）P 及 PR 类电流互感器额定一次电流及准确限值系数的确定。满足保护对电流测量准确性要求及动、热稳定要求的 P 及 PR 类电流互感器额定一次电流，除应满足式（10-6）和式（10-9）（不需考虑暂态饱和影响）或式（10-12）（需考虑减轻暂态饱和影响）的要求外，尚

应满足式（10-1）～式（10-4）计算的短路动、热稳定要求（一次回路导体从窗口穿过且无固定板的电流互感器可不考虑动稳定要求）。由式（10-9）、式（10-12）可知，在确定额定一次电流 I_{pn} 时，需同时选定电流互感器的准确限值系数 K_{alf}。I_{pn} 及 K_{alf} 通常均应取标准值（见表 10-11）。对某些需要更合理的对互感器准确限值系数 K_{alf} 进行选择的应用场合，K_{alf} 值可能尚需要以实际使用的二次负荷对选择的电流互感器的性能进行验算后确定。选用有测量与保护绕组的多绕组（二次）电流互感器时，额定一次电流的确定尚需考虑电气测量的要求。

多分支绕组发电机每相分支中性点引出线的电流互感器，通常用于发电机完全纵差、不完全纵差或裂相横差等保护。为减小差动保护的不平衡电流，其额定一次电流的总和宜与机端的额定一次电流相等，并分别按分支中性点所接的绕组支路数占相总支路数的份额取值。

某些差动保护，如采用简单环流原理构成的低阻抗母线差动保护、变压器的零差或分侧差动保护、发电机差动保护等，可能要求差动保护各电流互感器有相同的变比或不超过某一范围的变比差，变压器纵差保护可能要求各侧电流互感器在正常或外部短路时差动保护的二次电流基本平衡，以减少差动保护的不平衡电流。对此需要在互感器额定一次电流选择时予以考虑。

另外，电流互感器额定一次电流的选择，在某些情况下尚需要考虑保护装置最小整定电流的要求，对应于保护整定的一次电流值，其二次电流整定值不应小于保护装置允许的最小整定电流（如某些装置规定为 50mA）。

零序电流回路用电流互感器及电缆式零序电流互感器额定一次电流及准确限值系数的选择尚有一些补充要求，见 10.2.3.4。

2. P 及 PR 类电流互感器准确级的选择

P 及 PR 类电流互感器的准确级是以其额定准确限值一次电流下的最大复合误差的百分比标称，标准的准确级为 5P、10P、5PR、10PR。按照 DL/T 866 规定，发电机和变压器回路、220kV 及以上电压线路宜采用复合误差较小（波形畸变较小）的 5P 或 5PR 级电流互感器。其他回路可采用 10P 或 10PR 级。

另外，对差动保护用的各电流互感器宜有相同的准确级（例如均采用 5P），以减少因电流互感器特性的差异产生的不平衡电流。

3. P 及 PR 类电流互感器额定二次电流的选择

电流互感器额定二次电流可根据电厂情况取 1A 或 5A，并宜选用 1A。额定二次电流为 1A 时，电流互感器所需的容量较小，比较有利于减小二次连接电缆的截面，相应的二次绕组有较多的匝数及较大的电阻，开路电压较高。若为有利于互感器制作或扩建工程，以及某些情况下为降低电流互感器二次开路电压，额定二次电压也可采用 5A。

对差动保护用的电流互感器，为减少因电流互感器特性的差异产生的不平衡电流，各电流互感器宜采用相同的额定二次电流值（1A 或 5A）。

4. P 及 PR 类电流互感器额定负荷的选择

P 及 PR 类电流互感器额定负荷用二次回路吸收的视在功率 S_{bn}（VA）或二次端连接的阻抗 Z_{bn}（Ω）表示，其间的关系为 $Z_{bn}=S_{bn}/I_{sn}^2$，I_{sn} 为电流互感器额定二次电流，仅计及电阻时为

R_{bn}（Ω）。以容量表示的电流互感器的额定负荷，标准值对额定二次电流 1A 为 0.5、1、1.5、2.5、5、7.5、10、15VA；对额定二次电流 5A 为 2.5、5、10、15、20、25、30、40、50VA，可根据需要选用，特殊情况也可选用更大的额定值。

由表 10-9 可知，P 及 PR 类电流互感器的误差限值是在额定负荷及额定频率下规定的，故电流互感器的额定负荷应按大于实际应用的二次负荷进行选择。由于额定负荷较大的电流互感器有较高的额定二次极限电动势，故根据工程应用的需要，为提高电流互感器的抗饱和能力，可选择额定负荷相对实际负荷较大的电流互感器，并应尽可能降低二次回路所接的负荷，以减小二次感应电动势，避免电流互感器饱和。

电流互感器实际二次负荷 Z_b 可按下式计算，即

$$Z_b = \Sigma K_{rc} Z_r + K_{lc} R_l + R_c \tag{10-13}$$

式中：K_{rc} 为继电器阻抗换算系数，见表 10-13；Z_r 为继电器电流线圈电抗，Ω，对数字保护可仅计及电阻 R_r（Ω）；K_{lc} 为连接导线阻抗换算系数，见表 10-13；R_l 为连接导线电阻 Ω；R_c 为接触电阻 Ω，一般取 0.05～0.1Ω。当实际二次负荷以视在功率 S_b（VA）表示时，$S_b = Z_b I_{sn}^2$。

表 10-13 继电器及连接导线阻抗换算系数

电流互感器接线方式		阻抗换算系数							
		三相短路		两相短路		单相短路接地		经 Yd 变压器两相短路	
		K_{lc}	K_{rc}	K_{lc}	K_{rc}	K_{lc}	K_{rc}	K_{lc}	K_{rc}
单相		2	1	2	1	2	1		
三相星形		1	1	1	1	2	1	1	1
两相星形	$Z_{ro}=Z_r$	$\sqrt{3}$	$\sqrt{3}$	2	2	2	2	3	3
	$Z_{ro}=0$	$\sqrt{3}$	1	2	1	2	1	3	1
两相差接		$2\sqrt{3}$	$\sqrt{3}$	4	2				
三角形		3	3	3	3	2	2	3	3

注 Z_{ro} 为电流互感器接线中零序回路的阻抗。

10.2.3.2 P 及 PR 类电流互感器的性能验算

对某些应用场合，如系统容量很大，按上述选择计算的电流互感器的准确限值系数 K_{alf} 有较大的数值，但二次输出容量有较大裕度，此时在系统有需要时，可根据电流互感器实际的二次负荷，按实际应用的二次电动势不超过额定二次极限电动势，或由互感器的准确限值系数-二次负荷关系曲线，对选用的电流互感器进行性能验算，确定互感器在实际使用的二次负荷下的准确限值系数，以更合理地对互感器参数进行选择。对计算选择的一次电流及准确限值系数取标准值后电流互感器的性能，必要时也可按相同的方法进行性能验算。

1. 二次极限电动势验算

当选用的电流互感器实际应用的二次电动势（E_s）不超过额定二次极限电动势（E_{sl}）时，可认为所选的电流互感器满足复合误差及保护动作性能要求。

P 类及 PR 类电流互感器的额定二次极限电动势 E_{sl}，可根据选用产品给出的额定负荷

（R_{bn}，仅计及电阻）、二次绕组电阻（R_{ct}）、准确限值系数 K_{alf}、额定二次电流 I_{sn} 按下式计算[15]，即

$$E_{sl} = K_{alf} I_{sn}(R_{ct} + R_{bn}) \tag{10-14}$$

实际应用的二次电动势 E'_{sl}，可根据电流互感器实际应用的二次负荷（R_b，仅计及电阻）、保护校验故障电流（I_{pcf}）及给定暂态系数（K）按下式计算（忽略传变误差），即

$$\left.\begin{array}{l} E'_{sl} = I_{pcf}(R_{ct} + R_b)/n_a = K_{pcf} I_{sn}(R_{ct} + R_b) \quad （不考虑暂态饱和影响）\\ E'_{sl} = K I_{pcf}(R_{ct} + R_b)/n_a = K K_{pcf} I_{sn}(R_{ct} + R_b) \quad （考虑暂态影响） \end{array}\right\} \tag{10-15}$$

式中：I_{pcf} 见 10.2.6；R_b 的计算见式（10-13）；n_a 为电流互感器电流比；K_{pcf} 为保护校验系数，$K_{pcf} = I_{pcf}/I_{pn}$；I_{sn} 为电流互感器额定二次电流；K 为给定暂态系数，其取值见表 10-8，对按 DL/T 866 仅保护区外部故障给定暂态系数 K 而区内故障无规定的设备（如 $100 \sim 200MW$ 级发电机），E'_{sl} 需对保护区内、外故障按式（10-15）分别进行计算。

当选用的电流互感器的额定二次极限电动势 E_{sl} 大于实际应用的二次电动势 E'_{sl}，即 $E_{sl} > E'_{sl}$ 时，所选的电流互感器可满足保护动作性能要求。此时由式（10-14）及式（10-15），所选电流互感器的准确限值系数 K_{alf} 应满足

$$\left.\begin{array}{l} K_{alf} > K_{pcf}(R_{ct} + R_b)/(R_{ct} + R_{bn}) \quad （不考虑暂态饱和影响）\\ K_{alf} > K K_{pcf}(R_{ct} + R_b)/(R_{ct} + R_{bn}) \quad （考虑暂态影响） \end{array}\right\} \tag{10-16}$$

比较式（10-16）、式（10-8）或式（10-11）可知，当实际应用的 $R_b < R_{bn}$ 时，由式（10-16）计算选择的准确限值系数 K_{alf}，将可以选择小于式（10-8）或式（10-11）计算的数值，电流互感器可以选择较低数值的 K_{alf}。

2. 采用电流互感器的准确限值系数与二次负荷关系曲线的性能验算

当电流互感器制造厂可提供由直接法试验得到的或经误差修正后实际可用的电流互感器准确限值系数与二次负荷关系曲线时（如图 10-1 所示），则可直接由实际的二次负荷值 R_b 确定电流互感器的 K_{alf}。由图 10-1 可见，对同一个电流互感器，较小的二次负荷对应较大的准确限值系数。在实际应用负荷（R_b）小于互感器额定二次负荷 R_{bn} 时，R_b 对应的准确限值系数 K'_{alf} 将大于额定二次负荷 R_{bn} 时的 K_{alf}，相对于在 R_{bn} 下的应用，电流互感器有更大的准确限值系数（$K'_{alf} > K_{alf}$），保证误差限值的准确限值一次电流（$K'_{alf} I_{pn} > K_{alf} I_{pn}$）有更大的数值，可在更大的短路电流下保证电流测量的准确度。即在实际应用负荷（R_b）小于互感器额定负荷（R_{bn}）

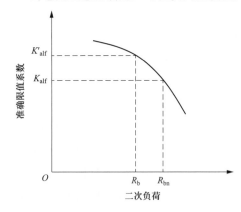

图 10-1　电流互感器准确限值系数与二次负荷关系曲线

时，电流互感器可在高于额定负荷对应的准确限值系数下应用，当 K'_{alf} 大于式（10-8）或式（10-11）计算的准确限值系数时，所选的电流互感器可满足保护动作性能要求。

由上面 1、2 的分析也可见，在电流互感器的选择及应用时，宜尽量减小电流互感器二次负荷容量（或电阻），或根据需要取额定负荷有一定裕度的电流互感器。

10.2.3.3 暂态饱和出现时间验算

某些采用 P（大）类电流互感器的保护（如 4.2.1 的母线差动保护），从抗饱和及区分保护区内外故障的原理上，要求在电力系统短路时电流互感器暂态饱和的出现晚于短路后某一时间 t_1（如 8ms），即在短路发生后的 t_1 时间段内保持电流测量的准确度，以便保护对故障进行检测和识别。此时对选用的电流互感器，需要进行暂态饱和出现时间验算，短路工况通常按发生保护校验故障电流的短路故障考虑。

由电流互感器的励磁特性可知（类同图 3-3），当电流互感器铁芯中的磁通 Φ（或磁通密度 B）达到一定数值时，将出现饱和现象。此时磁通或磁通密度再增加时，要求的励磁电流将大幅度增加。此时电流互感器的磁通及磁通密度称为饱和磁通 Φ_s 及饱和磁通密度 B_s，二次绕组感应的对称电动势峰值称为饱和电动势（E_{sat}）。电流互感器铁芯常用的冷轧硅钢片 B_s 在 $1.7\sim1.8T$。工作在 Φ_s 或 B_s 下的电流互感器由于此时励磁电流很大而使电流变换产生很大的误差。故为保证电流测量的准确度，电流互感器在要求的准确限值条件下（如要求的保护校验故障电流、规定的工作循环等），其二次感应电动势应小于饱和电动势。这个二次感应电动势定义为额定二次极限电动势 E_{sl}（对 P、PR 类）及额定拐点电动势 E_k（对 PX 类）或额定等效二次极限电动势 E_{al}（对 TP 类），电流互感器制造厂通常在其产品技术参数中给出计算 E_{sl}、E_k 及 E_{al} 的相关参数。只要短路时电流互感器二次感应电动势小于 E_{sl}、E_k 或 E_{al}，或其相应的互感器铁芯中的磁通密度 B 小于 E_{sl}、E_k 或 E_{al} 的对应值［参见附录式（D-2）］，即可认为电流互感器未出现饱和，仍具有规定的电流测量准确度的线性变换特性。而当电流互感器二次感应电动势等于 E_{sl}、E_k 或 E_{al}，可认为电流互感器已出现饱和，此后将不能保证电流测量的准确度。

电力系统短路时，短路电流中及相应的互感器铁芯中的磁通密度包含有周期分量及非周期分量电流，总磁通密度 B 与周期分量磁通密度 B_{ac} 之比值称为电流互感器的暂态系数 K_{tf}，即 $K_{tf}=B/B_{ac}$，为随短路后的时间变化的函数（见附录 D）。当设短路电流产生的总磁通密度 B 对应于互感器的二次感应电动势 E_s、周期分量磁通密度 B_{ac} 对应于电流互感器感应电动势 E_{ac} 时［其对应关系可参见附录 D 的式（D-2）］，则有 $K_{tf}=B/B_{ac}=E_s/E_{ac}$ 或 $E_s=K_{tf}E_{ac}$。由上面的分析，若要短路时电流互感器不出现饱和，对 P、PR 类应有 $E_s<E_{sl}$，即 $K_{tf}E_{ac}<E_{sl}$ 或 $K_{tf}<E_{sl}/E_{ac}$（或对 PX 类应有 $K_{tf}<E_k/E_{ac}$）。对电流互感器暂态饱和出现时间进行校验时，K_{tf} 应取发生保护校验故障电流短路后 t_1 时刻的数值 $K'_{tf(t_1)}$，E_{ac} 应取保护校验故障电流 I_{pcf} 对应的二次感应电动势，E_{sl}、E_k 由选择的互感器产品的额定参数计算或直接给出。

下面以 P、PR 类为例进行校验计算。对 P、PR 类电流互感器，由式（10-15）可知，保护校验故障电流 I_{pcf} 对应的（即实际应用的）二次感应电动势 E_{ac} 为 E'_{sl}，故满足电流互感器暂态饱和出现晚于短路后 t_1 时间的条件为

$$K'_{tf(t_1)}<E_{sl}/E_{ac}=E_{sl}/E'_{sl} \tag{10-17}$$

式（10-17）中的 $K'_{tf(t_1)}$、E_{sl} 分别计算如下。

短路后 t_1 时刻电流互感器的暂态系数 $K'_{tf(t_1)}$，按短路电流全偏移考虑时，可由附录 D 的式（D-16）计算为

$$K'_{tf(t_1)} = \frac{\omega T_p T_s}{T_p - T_s}(e^{-\frac{t_1}{T_p}} - e^{-\frac{t_1}{T_s}}) - \sin \omega t_1 \tag{10-18}$$

式中：T_p、T_s 分别为电力系统一次时间常数、按实际二次负荷修正过的电流互感器二次时间常数，$T_s = T_{sn}(R_{ct} + R_{bn})/(R_{ct} + R_b)$，$T_{sn}$、$R_{ct}$、$R_{bn}$ 为电流互感器产品给出的电流互感器额定二次时间常数、二次绕组电阻、额定电阻性负荷，R_b 为电流互感器实际电阻负荷，由式（10-13）计算。在 T_s 远大于 T_p 时，式（10-18）可简化计算为

$$K'_{tf(t_1)} = \omega T_p(1 - e^{-\frac{t_1}{T_p}}) - \sin \omega t_1 \tag{10-19}$$

电流互感器额定二次极限电动势 E_{sl}，按照 GB 20840.2 及 DL/T 866 的规定，可由选择的电流互感器产品的额定参数以式（10-20）计算，即

$$E_{sl} = K_{alf} I_{sn}(R_{ct} + Z_{bn}) \tag{10-20}$$

式中：K_{alf} 为电流互感器产品给出的电流互感器准确限值系数，$K_{alf} = I_{pal}/I_{pn}$，I_{pal} 为额定准确限值一次电流；I_{pn} 为电流互感器额定一次电流；I_{sn} 为电流互感器额定二次电流；R_{ct} 为电流互感器二次绕组电阻；Z_{bn} 为电流互感器额定负载阻抗，对保护用互感器可仅考虑其电阻 R_{bn} 计算。式（10-20）也可由电流互感器暂态下的二次电流（此时 $i_s = K_{pcf} I_{sn}$）由图 D-1 导出。

若由式（10-15）计算的保护校验故障电流 I_{pcf} 对应的二次感应电动势 E'_{sl} 满足 $K'_{tf(t_1)} < E_{sl}/E'_{sl}$，则电流互感器可满足暂态饱和出现晚于短路后 t_1 时间的要求。否则，可考虑增大所选择的电流互感器的额定二次负荷 R_{bn} 或减小实际应用的二次负载阻抗 R_b。

电流互感器暂态饱和出现时间的验算通常需要对区内、外各保护校验故障电流短路点分别计算 $K_{tf(t1)}$、E'_{sl}，对各短路点分别进行校验，见 10.3 节。

电流互感器暂态饱和的出现时间尚与短路电流的偏移程度、电流互感器的剩磁等有关。

对 PX 类电流互感器，当设保护校验故障电流 I_{pcf} 对应的（即实际应用的）二次感应电动势 E_{ac} 为 E'_k 时，由上述分析，满足电流互感器暂态饱和出现晚于短路后 t_1 时间的条件为

$$K'_{tf(t_1)} < E_k/E_{ac} = E_k/E'_k \tag{10-21}$$

10.2.3.4 零序电流回路互感器及电缆型零序电流互感器参数选择

1. 发电机零序电流型横差保护用电流互感器参数选择

发电机零序电流型横差保护用零序电流互感器参数除按 10.2.3.1 进行选择外，其一次额定电流及准确限值系数的选择，尚需作下述相关的考虑。

零序电流型横差保护为多分支绕组发电机定子绕组内部的匝间短路、分支开断、相间短路故障的主保护，此时发电机分支中性点连线间需装设保护用零序电流互感器，如图 2-8 或图 2-11 所示。发电机正常运行时，分支中性点连线仅有不平衡电流。发电机定子绕组匝间、内部相间短路或分支绕组断线等内部故障时，以及在机端对发电机中性点单相短路时，分支中性点连线将有故障电流通过，故障电流随故障情况的不同在数值上有很大的变化范围，且各电流段可能发生的故障种类数差别很大。如表 10-14 某发电机内部故障时流过零序横差电流互感器故障电流的仿真计算，故障电流变化范围为 106～62560A，显然，电流互感器不可能在此范围内满足保证测量准确度的要求。考虑发生较大故障电流的故障种类占总故障种类的比例通常较小，如

表 10-14 例，故障电流大于 30000A 的故障种类仅占总故障种类（16800 种）的 9.71％，而单元件的零序横差保护一般为采用过电流继电器，在电流互感器饱和时通常仍能正确动作，故在选择零序电流互感器额定一次电流时，保护校验故障电流 I_{pcf} 通常不取为发电机内部故障时流过零序横差电流互感器的最大故障电流而取较小的电流值，使互感器有较小的额定一次电流，以对发电机内部包括短路电流较小的轻微的内部故障有更好的保护。零序电流互感器额定一次的确定尚需考虑保护装置动作电流整定范围的要求，其二次电流整定值宜处于保护装置电流整定范围适中的数值。另外，零序电流互感器的准确限值系数宜取用较大的数值，如选用 5P（或 10P）30 或 20，以使电流互感器可在更大的一次电流范围内保证测量的准确度。

表 10-14　　　　　某发电机内部故障时流过零序横差电流互感器的故障电流

故障情况		同相同分支故障电流（$\times I_{\text{gn}}$，A）		同相异分支故障电流（$\times I_{\text{gn}}$，A）	
		最大值	最小值	最大值	最小值
槽内故障	解列运行	1.743	0.012	2.562	0.284
	并列运行	1.726	0.013	2.547	0.269
端部平行	解列运行	1.142	0.271	1.950	0.412
	并列运行	1.038	0.290	1.834	0.178
端部交叉	解列运行	1.874	0.005	2.781	0.017
	并列运行	1.891	0.006	2.721	0.008

注　1. I_{gn} 为发电机定子额定电流，本例 $I_{\text{gn}}=22452\text{A}$。
　　2. 端部平行故障、端部交叉故障是指定子绕组端部的绕组线棒为相互平行或交叉布置的分支绕组故障。故障情况尚包括相间短路及不同短路匝数的匝间短路。表中的最大、最小故障电流是指所列故障情况的各种组合下（包括不同短路匝数）出现的故障电流的最大值、最小值。
　　3. 故障种类占可能发生总故障种类数的比例：故障电流>$1.34 I_{\text{gn}}$（30000A），占 9.71％；故障电流=（0.075～1.34）I_{gn}（1688～30000A），占 80.24％；故障电流<$0.07 I_{\text{gn}}$（1688A），占 10.05％。发电机可能发生的内部故障总数为 16800 种。故障电流最大值为 62560A、最小值为 106A。

如表 10-14 的发电机，零序电流型横差保护选用的零序电流互感器为 5P30、变比为 1500/1，在发电机内部故障流过零序横差电流互感器电流不大于 45000A 时，可保证电流测量的准确度。单元横差保护按实测最大不平衡电流的 1.5 倍整定的一次电流值为 300A，横差保护装置动作电流整定范围为 0.02～1A，保护装置动作电流整定值为 0.2A。

发电机零序电流型横差保护用电流互感器额定一次电流，也可采用 DL/T 866 中提供的经验数据，取为发电机额定电流的 20％～30％，且应满足规定的误差限值。

2. 变压器中性点接地回路及放电间隙保护用零序电流互感器参数选择

变压器零序电流互感器参数除按 10.2.3.1 进行选择外，其一次额定电流及准确限值系数的选择，尚需作下述相关的考虑。

（1）变压器中性点接地回路零序电流互感器参数选择。装设于变压器中性点接地回路的零序电流互感器主要用于中性点直接接地的变压器的零序差动及单相接地保护。正常运行时，中性点接地回路仅有不平衡电流。变压器外部及内部发生接地短路故障时，中性点接地回路有短路电流流过，短路电流随短路点靠近中性点降低，在中性点附近有最小值。故与发电机类似，零序电流互感器保证电流测量准确度的最小电流，应满足保护动作电流整定的要求，而在最大的故障电流（保护校验故障校验电流）通过时，互感器仍应可维持规定的准确度，以使保护能可靠正确动作。变压器中性点接地回路的零序电流互感器的保护校验故障电流，通常可取为变压器中性点接地侧接地故障时流过中性点接地回路的最大故障电流。对大型变压器，中性点接地回路的零序电流互感器一般宜取用较大的准确限值系数，选用 5P（或 10P）20 或 30 级，以使互感器在满足动、热稳定要求的条件下有较小的一次电流及变比。电流互感器额定一次电流按选定的准确限值系数以式（10-9）计算，或采用 DL/T 866 中提供的经验数据，取为电流互感器装设侧变压器额定电流的 50%～100%。零序电流互感器的其余参数选择同 10.2.3.1。

高压厂用变压器低压侧中性点经低阻接地时，中性点回路零序电流互感器额定一次电流可按 DL/T 866 的建议，宜大于系统接地时流过中性点电流的 40%。

线路并联电抗器中性点经接地电抗接地回路中的零序电流互感器参数，可参照变压器中性点接地回路零序电流互感器进行选择。

（2）变压器中性点放电间隙的零序电流互感器参数选择。变压器中性点放电间隙的零序电流互感器的额定一次电流，可采用 DL/T 866 中提供的经验数据取为 100A。

3. 电缆式零序电流互感器参数选择

电缆式零序电流互感器参数除按 10.2.3.1 进行选择外，尚需作下述相关的考虑。

电缆式零序电流互感器主要用于 35（66）kV 及以下的三相电缆回路的零序电流测量，为电缆的接地保护提供零序电流信号。互感器由环形或方型的铁芯构成，套在三相电缆上。正常运行或回路发生相间短路时，电缆三相电流相量和及相应的铁芯中磁通为 0。发生单相接地故障时，电缆三相电流不再平衡，铁芯中产生零序磁通，互感器二次绕组产生感应电动势，互感器反应一次回路零序电流。对 3～35kV 的不接地、阻抗接地或经消弧线圈接地系统，单相接地故障电流很小，通常要求零序电流互感器有较高的电流测量灵敏度。互感器额定一次电流通常根据一次系统接地电流值及保护装置对电流测量的准确度等要求，以及热稳定要求进行选择。电流互感器的保护校验故障电流，通常可取为电缆所在系统发生接地故障时流过互感器安装处的最大故障电流。

电缆式零序电流互感器电流测量的准确级采用 10P 级，一般可满足接地保护要求。互感器产品提供的准确限值系数通常为 5、10，并有供选择的多种额定一次电流或变比，额定二次电流有 1、5A。

电缆式零序电流互感器尚需根据电缆的外径尺寸对互感器内孔径参数进行选择。也有某些保护装置生产厂家随同接地保护装置提供电缆式零序电流互感器。电缆式零序电流互感器属母线贯穿式电流互感器，一次额定电流的选择不需考虑动稳定的要求。

由于电缆式零序电流互感器是利用单相接地故障时电缆三相电流不平衡在互感器铁芯中产生的零序磁通进行电流变换，故电缆头及电缆外皮的接地线需穿过互感器内孔，见 5.1.3。

10.2.4　PX 类电流互感器参数选择

PX 为低漏磁电流互感器，其正常工作时的励磁特性（二次电动势-励磁电流）与由二次端子外加电源的励磁电流试验（一次开路）得到的特性基本相同。由于复合误差基本取决于励磁电流，故由试验结果便可估算其满足要求的准确限值的保护特性。准确限值由其励磁特性拐点确定，仅在拐点前可保证其规定的复合误差。PX 类电流互感器需要选择计算的参数有额定一次电流、设备最高电压、准确级、额定二次电流、额定二次负荷。设备最高电压的选择计算同测量用电流互感器，见 10.1.2。

1. PX 类电流互感器额定一次电流 I_{pn} 及额定二次负荷选择

PX 类电流互感器额定一次电流的选择要求与 P 及 PR 类相类似，应根据其所属一次回路的额定负荷或最大工作电流选择，并应满足二次侧所接保护等装置对电流测量准确性要求，以及满足互感器所在一次回路的动、热稳定等要求。对一次回路导体从窗口穿过且无固定板的电流互感器可不进行动稳定校验。

（1）按一次回路的额定负荷或最大工作电流选择电流互感器额定一次电流。选择计算方法与 P 及 PR 类相同，见式（10-6）。

（2）按保护测量准确性要求选择电流互感器的额定一次电流及额定二次负荷。PX 类电流互感器的电流测量准确性取决于二次励磁特性及匝数比误差。按标准规定，匝数比误差应不超过 $\pm0.25\%$。对决定于励磁特性的误差，由 10.2.3.3 对电流互感器暂态饱和的分析可知，为保证电流测量的准确度，PX 类电流互感器在要求的保护校验故障电流下，其二次感应电动势应小于额定拐点电动势 E_k，E_k 按低于饱和电动势选取，并由制造厂在其产品技术参数中给出。按标准的规定，PX 类互感器的饱和电动势值是励磁特性上的这样一个点，在这一点上电动势幅值增大 10% 时致使相应的励磁电流增加不超过 50%。故在 PX 类电流互感器的参数选择时，实际应用的按继电保护动作性能校验要求的互感器二次感应电动势，应不大于互感器的额定拐点电动势 E_k，并以此对电流互感器的额定一次电流及额定二次负荷进行选择，以保证电流测量的准确度。

实际应用要求的电流互感器二次感应电动势，即按保护校验故障电流计算的电流互感器二次感应电动势 E'_k，可计算为

$$E'_k = KI_{pcf}I_{sn}(R_{ct}+R_b)/I_{pn} \tag{10-22}$$

式中：K 为给定暂态系数，其取值见表 10-11，不考虑暂态要求时 $K=1$；I_{pcf} 为保护校验故障电流，见 10.2.6；I_{sn} 为电流互感器额定二次电流；R_{ct} 为电流互感器二次绕组电阻；R_b 为电流互感器实际的二次负荷（仅计及电阻），其计算见式（10-13）；I_{pn} 为电流互感器额定一次电流。

电流互感器励磁特性的额定拐点电动势 E_k 由选用的电流互感器产品技术数据可计算为

$$E_k = K_x I_{sn}(R_{ct}+R_{bn}) \tag{10-23}$$

式中：K_x 为电流互感器的计算（尺寸）系数；R_{bn} 为电流互感器的额定负荷（电阻）；K_x、R_{ct}、R_{bn} 均由制造厂以互感器产品技术数据提供，或直接提供额定拐点电动势 E_k。

电流互感器的额定一次电流 I_{pn} 及额定二次负荷 R_{bn}，应按 $E'_k < E_k$ 进行选择，并取标准值。通常可按大于实际二次负荷先选择互感器的 R_{bn}（标准值），再由式（10-22）及式（10-23）按 $E_s < E_k$ 对额定一次电流 I_{pn} 进行选择，此时有

$$I_{pn} > [KI_{pcf}(R_{ct}+R_b)]/[K_x(R_{ct}+R_{bn})] \tag{10-24}$$

额定一次电流 I_{pn} 按计算数据取标准值。也可以据实际的保护校验故障电流 I_{pcf} 先选择电流互感器的 I_{pn}（标准值），再由式（10-22）及式（10-23）按 $E'_k < E_k$ 对互感器的 R_{bn} 进行选择。

（3）按动、热稳定要求选择电流互感器的额定一次电流。选用一次回路导体从窗口穿过且无固定板的电流互感器（如直接套装在母线或一次导体上的没有一次绕组的母线式或套管式）

时，可不进行额定短路动稳定电流校验。其他型式的电流互感器的额定一次电流尚需要按满足动、热稳定要求进行选择。选择计算方法同测量用电流互感器，见式（10-1）～式（10-4）。

（4）保护用 PX 电流互感器额定一次电流的确定。满足保护测量准确性要求及动、热稳定要求的保护用电流互感器额定一次电流，除应满足式（10-24）计算的保护测量准确性要求外，尚应同时满足式（10-1）及式（10-4）计算的短路动、热稳定要求（一次回路导体从窗口穿过且无固定板的电流互感器可不进行动稳校验）。在确定额定一次电流 I_{pn} 时，需同时选定电流互感器的额定二次负荷 R_{bn}。I_{pn} 及 R_{bn} 通常均应取标准值（见表 10-8）。也可以由用户提出工程实际要求的保护校验故障电流 I_{pcf}、互感器实际二次负荷 R_b、给定暂态系数 K、准确级、额定二次电流及互感器安装处最大三相短路电流等数据，由制造厂确定电流互感器的额定一次电流、额定二次负荷等参数。

另外，电流互感器额定一次电流的选择，在某些情况下尚需要考虑保护装置最小整定电流的要求，对应于保护整定的一次电流值，其二次电流整定值不应小于保护装置允许的最小整定电流（某些装置规定为 50mA）。

2. PX 类电流互感器设备最高电压、准确级、额定二次电流的选择

PX 类电流互感器设备最高电压、准确级、额定二次电流的选择同 P 及 PR 类，见 10.2.3。

3. 暂态饱和出现时间验算

按 10.2.3.3 的分析，对 PX 类电流互感器，满足电流互感器暂态饱和出现晚于短路后 t_1 时间的条件为

$$K'_{tf(t1)} < E_k/E_{ac} = E_k/E'_k \tag{10-25}$$

式中：$K'_{tf(t1)}$ 的计算式同式（10-18）或式（10-19），保护校验故障电流 I_{pcf} 对应的（即实际应用的）二次感应电动势 E_{ac} 为 E'_k，E'_k 的计算式类同式（10-15）。

电流互感器额定二次极限电动势 E_k 由选择的互感器产品的额定参数可计算为

$$E_k = K_x I_{sn}(R_{ct} + Z_{bn}) = K_x I_{sn}(R_{ct} + R_{bn}) \tag{10-26}$$

式中：K_x 为电流互感器计算（尺寸）系数，由用户给定；其余同式（10-20），Z_{bn} 可取为 R_{bn}。

在发生保护校验故障电流的短路时，若 $K'_{tf(t_t)} < E_k/E'_k$，电流互感器可满足暂态饱和出现晚于短路后 t_1 时间的要求。

10.2.5　TP 类电流互感器参数选择

TP 类为能满足短路电流具有非周期分量的暂态过程性能要求的保护用电流互感器。电流互感器在短路电流的非周期分量的暂态过程中可能发生严重的暂态饱和，导致很大的暂态误差而使保护误动或拒动。TP 类电流互感器为适用于考虑暂态饱和影响应用场合的互感器，该类互感器的准确限值除考虑了稳态下的比值及相位误差外，尚考虑了一次电流中同时含有周期分量及非周期分量，并按某种规定的暂态工作循环时的峰值误差，选用的 TP 类电流互感器可保证在实际短路的工作循环中不至于暂态饱和，暂态误差不超过规定值。

TP 类电流互感器在其类型选择确定后，在工程应用中需要选择计算的参数有额定一次电流、设备最高电压、额定二次电流、额定二次负荷，选用 TPY 时，尚需要根据实际应用条件对选用的电流互感器进行误差验算。满足工程应用要求的电流互感器，可从定型产品中根据产品

的技术参数按满足工程设计应用要求进行计算选择，包括互感器性能校验，也可以由用户提出工程实际要求的一次回路的额定负荷或最大工作电流、保护校验故障电流 I_{pcf}、一次时间常数 T_{p}、工作循环、二次负荷 R_{b}、额定二次电流、短时热电流及动稳定电流（或互感器最大短路电流）等要求，由制造厂优化并确定电流互感器的参数，包括额定一次电流、额定二次负荷等，由用户按实际应用条件对制造厂提供的电流互感器进行验算。

参数的具体选择，TPS 类与 TPY、TPX、TPZ 类有不同的选择计算方法，分述如下。

10.2.5.1 TPY、TPX、TPZ 类电流互感器参数选择计算

1. TPY、TPX、TPZ 类电流互感器额定一次电流及额定二次负荷选择

TPY、TPX、TPZ 类电流互感器额定一次电流的选择要求与 P 及 PR 类相类似，应根据其所属一次回路的额定负荷或最大工作电流选择，并应满足二次侧所接保护等装置对电流测量准确性要求，以及满足互感器所在一次回路的动、热稳定等要求。选择一次回路导体从窗口穿过且无固定板的电流互感器（如直接套装在母线或一次导体上的没有一次绕组的母线式或套管式电流互感器）时，可不进行额定动稳定电流校验。

对某些应用场合，电流互感器额定一次电流的确定可能尚需要考虑保护装置的要求，如差动保护对减小不平衡电流的要求、保护整定最小值的要求等。

（1）按一次回路的额定负荷或最大工作电流选择电流互感器额定一次电流。选择计算方法与 P 及 PR 类相同，见式（10-6）。

（2）额定一次电流按满足动、热稳定要求的选择计算。额定一次电流按满足动、热稳定要求的选择计算与测量用电流互感器相同，见式（10-1）～式（10-4）。

（3）按满足保护电流测量的准确度要求选择电流互感器一次电流及额定二次负荷。由 10.2.3.3 对电流互感器暂态饱和的分析可知，为保证电流测量的准确度，TP 类电流互感器在要求的保护校验故障电流及规定的工作循环下，其二次感应电动势应小于额定等效二次极限电动势 E_{al}。E_{al} 由制造厂在其产品技术参数中给出，并按低于饱和电动势选取。只要实际应用时电流互感器二次感应电动势 E'_{al} 不超过 E_{al}，即可认为电流互感器未出现饱和，仍具有保证电流测量的准确度的线性变换特性。故为保证在规定的暂态工作循环过程中电流测量的准确度，TP 类电流互感器应按额定等效二次极限电动势 E_{al} 大于实际应用要求的等效二次电动势 E'_{al} 进行选择，以此选择电流互感器的额定一次电流及额定二次负荷，对 TPY 类，额定二次负荷的确定尚应经过电流互感器在实际应用时的暂态误差校验。

电流互感器的额定等效二次极限电动势 E_{al}，按照 GB 20840.2 及 DL/T 866 的规定，可由厂家给出的电流互感器产品的额定参数由式（10-27）计算，即

$$E_{\text{al}} = K_{\text{td}} K_{\text{ssc}} I_{\text{sn}} (R_{\text{ct}} + R_{\text{bn}}) \tag{10-27}$$

式中：K_{td} 为按电流互感器额定参数及规定工作循环计算的暂态面积系数；K_{ssc} 为额定对称短路电流倍数；I_{sn} 为额定二次电流；R_{ct} 为电流互感器二次绕组电阻；R_{bn} 为电流互感器额定电阻负荷；式（10-27）也可由互感器暂态下的二次电流（此时，$i_{\text{s}} = K_{\text{td}} K_{\text{ssc}} I_{\text{sn}}$）由图 D-1 导出。

实际应用要求的等效二次电动势 E'_{al}，可由互感器实际应用的参数及保护校验故障电流 I_{pcf} 由式（10-28）计算

$$E'_{al} = K'_{td}K_{pcf}I_{sn}(R_{ct} + R_b) = K'_{td}I_{pcf}I_{sn}(R_{ct} + R_b)/I_{pn} \tag{10-28}$$

式中：K'_{td}为按互感器实际应用参数及实际应用的工作循环进行计算的暂态面积系数，即实际应用要求的暂态面积系数；K_{pcf}为保护校验系数，$K_{pcf} = I_{pcf}/I_{pn}$；I_{pcf}为保护校验故障电流，见10.2.6；I_{pn}为选择计算采用的额定一次电流，取式（10-6）的计算值；R_b为电流互感器实际电阻负荷，由式（10-13）计算。式（10-28）也可由图 D-1 导出（此时，$i_s = K'_{td}K_{pcf}I_{sn} = K'_{td}I_{pcf}I_{sn}/I_{pn}$）。

若上述计算的额定等效二次极限电动势 E_{al} 大于保护性能要求的电流互感器等效二次电动势 E'_{al}，则计算所采用的电流互感器额定一次电流及二次负荷值参数，可满足保证暂态工作循环过程中电流测量准确度的要求，即

$$E_{al} > E'_{al} \tag{10-29}$$

若 $E'_{al} > E_{al}$ 或满足式（10-29）但裕度不足时，应适当增大额定一次电流值以降低 E'_{al} 值［见式（10-28）］，或取较大的额定二次负荷值以提高值 E_{al}，至满足式（10-29）的要求。若满足式（10-29）而裕度过大时，可适当作相反的调整。

式（4-27）及式（10-28）中，K_{td}为以电流互感器产品给出的额定参数及规定的工作循环以附录 D 中式（D-17）、式（D-19）分别进行计算的暂态面积系数；K'_{td}为以电流互感器工程实际应用的参数及实际应用要求的工作循环以附录 D 中式（D-17）、式（D-19）分别进行计算的暂态面积系数。

分析计算表明，对应用 TP 类电流互感器的高压电力系统及大型发电机、变压器，在短路发生后的暂态过程中，暂态面积系数 K_{td} 最大值的出现时间［计算式见附录 D 中式（D-17）］一般均大于工作循环中的 t'_{al} 及 t''_{al}（t'_{al} 及 t''_{al} 的取值见10.2.5.4），故计算 E_{al}、E'_{al} 用的暂态面积系数 K_{td} 及 K'_{td}，采用附录 D 中式（D-19）、式（D-21）进行计算时，其计算值为 t'_{al} 及 t''_{al} 期间 K_{td} 及 K'_{td} 的最大值。

对单次通电（C-t'-0）的工作循环，由式（D-17）可计算为

$$K_{td} = \frac{\omega T_{p.n}T_{sn}}{T_{p.n} - T_{sn}}(e^{-\frac{t'_{al.n}}{T_{p.n}}} - e^{-\frac{t'_{al.n}}{T_{sn}}}) + 1 \tag{10-30}$$

$$K'_{td} = \frac{\omega T_p T_s}{T_p - T_s}(e^{-\frac{t'_{al}}{T_p}} - e^{-\frac{t'_{al}}{T_s}}) + 1 \tag{10-31}$$

对 TPY 类且用于有重合闸的场合时（TP 类的其他类互感器不宜用于重合闸场合，见表10-8），需按两次通电 C-t'-0-t_{fr}-C-t''-0 工作循环由式（D-19）可计算为（按两次通电时互感器的磁通极性相同考虑）

$$K_{td} = \left[\frac{\omega T_{p.n}T_{sn}}{T_{p.n} - T_{sn}}(e^{-\frac{t'_n}{T_{p.n}}} - e^{-\frac{t'_n}{T_{sn}}}) - \sin\omega t'_n\right]e^{-\frac{t''_{al.n} + t_{fr.n}}{T_{sn}}} +$$
$$\frac{\omega T_{p.n}T_{sn}}{T_{p.n} - T_{sn}}(e^{-\frac{t''_{al.n}}{T_{p.n}}} - e^{-\frac{t''_{al.n}}{T_{sn}}}) + 1 \tag{10-32}$$

$$K'_{td} = \left[\frac{\omega T_p T_s}{T_p - T_s}(e^{-\frac{t'}{T_p}} - e^{-\frac{t'}{T_s}}) - \sin\omega t'\right]e^{-\frac{t''_{al} + t_{fr}}{T_s}} +$$
$$\frac{\omega T_p T_s}{T_p - T_s}(e^{-\frac{t''_{al}}{T_p}} - e^{-\frac{t''_{al}}{T_s}}) + 1 \tag{10-33}$$

式中：$t'_{al.n}$ 为电流互感器产品给出的在第一次通电期间保证规定的电流测量准确度的持续时间；t'_{al} 为工程实际应用要求在第一次通电期间保证规定的电流测量准确度的持续时间；t'_n 为电流互感

器产品给出的第一次通电时间，t' 为工程实际应用时电流互感器的第一次通电时间；$t''_{\text{al.n}}$ 为电流互感器产品给出的在第二次通电期间保证规定的电流测量准确度的持续时间；t''_{al} 为工程实际应用要求的在第二次通电期间保证规定的电流测量准确度的持续时间，$t_{\text{fr.n}}$、t_{fr} 分别为电流互感器产品给出的、工程实际的重合闸无电流时间，是一次短路电流被切断起至其重复出现止的时间间隔；$T_{\text{p.n}}$、T_{p} 分别为电流互感器产品给出的、工程实际的电流互感器一次时间常数［参见附录 D 中图 D-2 及式（D-7）］，T_{p} 等于保护校验故障短路电流回路的时间常数，由用户按互感器在的系统实际情况计算，详见 10.2.5.3；T_{sn}、T_{s} 分别为电流互感器产品给出的、按实际二次负荷修正过的互感器二次回路时间常数，$T_{\text{s}}=T_{\text{sn}}(R_{\text{ct}}+R_{\text{bn}})/(R_{\text{ct}}+R_{\text{b}})$，$R_{\text{ct}}$、$R_{\text{bn}}$ 为电流互感器产品给出的电流互感器二次绕组电阻、额定电阻性负荷，R_{b} 为电流互感器实际电阻负荷，由式（10-13）计算。工程实际应用的工作循环中的时间参数 t'_{al}、t'、t_{fr}、t''_{al} 由用户提供，见 10.2.5.4。其他参数见式（D-17）、式（D-19）。附带说明，在电流互感器厂家的技术文件中，参数 $t'_{\text{al.n}}$、t'_{n}、$t'_{\text{al.n}}$、$t''_{\text{al.n}}$、$t_{\text{fr.n}}$、$T_{\text{p.n}}$ 通常无脚注 n。

制造厂通常可提供按电流互感器额定参数及规定工作循环计算的暂态面积系数 K_{td} 以及其对应的规定工作循环与相关参数。

（4）额定一次电流按满足动、热稳定要求的选择计算。额定一次电流按满足动、热稳定要求的选择计算与测量用电流互感器相同，见式（10-1）～式（10-4）。

（5）TPY、TPX、TPZ 类电流互感器额定一次电流及额定二次负荷的确定。满足保护对电流测量准确性要求及动、热定要求的电流互感器额定一次电流，除应满足式（10-6）、式（10-29）的要求外，尚应满足式（10-1）～式（10-4）计算的短路动、热稳定要求（一次回路导体从窗口穿过且无固定板的电流互感器除外）。由式（10-29）及式（10-27）、式（10-28）可知，在确定额定一次电流 I_{pn} 时，需同时选定电流互感器的额定二次负荷 R_{bn}。对 TPY 类，额定二次负荷的确定尚应经过电流互感器在实际应用时的暂态误差校验。I_{pn} 及 R_{bn} 通常均应取标准值（见表 10-11）。

对多分支绕组发电机每相分支中性点引出线电流互感器、某些差动保护电流互感器额定一次电流选择的考虑，一次电流选择对保护装置最小整定电流的考虑，见 10.2.3.1。

2. TPY、TPX、TPZ 类电流互感器设备最高电压、额定二次电流的选择

TPY、TPX、TPZ 类电流互感器设备最高电压、额定二次电流的选择同 P 及 PR 类，见 10.2.3。

3. TPY 类电流互感器实际应用的暂态误差校验

TPY 类电流互感器在暂态过程中通常有较大的励磁电流和较大的暂态误差。故对选用的 TPY 类电流互感器，按照 DL/T 866 的要求，需对其在实际应用时的暂态误差进行校验。

按标准的规定，暂态误差以峰值瞬时（总）误差衡量。电流互感器在规定的工作循环中，一次电流为额定一次短路电流 I_{psc} 时，其峰值瞬时（总）误差 ε 定义（见表 10-11）为

$$\hat{\varepsilon}=\frac{100\hat{i}_{\varepsilon}}{\sqrt{2}I_{\text{psc}}}(\%) \tag{10-34}$$

式中：I_{psc} 为电流互感器的额定一次短路电流；$\hat{i}_{\varepsilon}$ 为最大瞬时误差电流，标准定义的瞬时误差电流为 $\hat{i}_{\varepsilon}=n_{\text{a}}i_{\text{s}}-i_{\text{p}}$（见表 10-11），由附录 D 中图 D-1 有

$$\hat{i}_\epsilon = n_a i_s - i_p = n_a \left(i_s - \frac{i_p}{n_a}\right) = n_a i_e \tag{10-35}$$

式中：n_a 为电流互感器变比；i_s、i_p、i_e 分别为电流互感器的二次电流、一次电流及励磁电流的瞬时值，i_e 由式（D-11）计算。当 i_e 计算式（D-11）取 $i_p = I_{psc}$、$T_s = T_{sn}$ 及 $\sin \omega t = -1$ 计算，并将式（10-35）代入式（10-34），则式（10-34）可计算为[14]

$$\hat{\epsilon} = \frac{100 \hat{i}_\epsilon}{\sqrt{2} I_{psc}}(\%) = \frac{100 n_a i_e}{\sqrt{2} I_{psc}}(\%) = \frac{100 n_a}{\sqrt{2} I_{psc}} \left\{ \frac{\sqrt{2} I_{psc}}{n_a \omega T_{sn}} \left[\frac{\omega T_p T_{sn}}{T_p - T_{sn}} (e^{-\frac{t}{T_p}} - e^{-\frac{t}{T_{sn}}}) - \sin \omega t \right] \right\}(\%)$$

$$= \frac{100}{\omega T_{sn}} \left[\frac{\omega T_p T_{sn}}{T_p - T_{sn}} (e^{-\frac{t}{T_p}} - e^{-\frac{t}{T_{sn}}}) - \sin \omega t \right](\%) = \frac{100 K_{td}}{\omega T_{sn}}(\%) \tag{10-36}$$

式中：K_{td} 为按互感器额定参数及规定工作循环计算的暂态面积系数。

实际应用时，要求电流互感器在保护校验故障电流及实际工作循环的条件下，保证其暂态误差在规定的限值内。类同上述的分析，电流互感器实际应用时的峰值瞬时（总）误差 $\hat{\epsilon}'$，应由按电流互感器实际应用参数及实际要求的工作循环进行计算的暂态面积系数 K'_{td}，以及按实际二次负荷修正过的互感器二次回路时间常数 T_s 代入式（10-36）进行计算。按 GB 20840.2 及 DL/T 866 规定，峰值瞬时（总）误差应不超过 10%，即

$$\hat{\epsilon}' = \frac{100 K'_{td}}{\omega T_s}(\%), \hat{\epsilon}' \leqslant 10\% \tag{10-37}$$

式中：K'_{td} 为以电流互感器实际应用参数，按工程应用要求的工作循环以式（10-31）、式（10-33）计算的额定暂态面积系数；T_s 为按实际二次负荷修正过的电流互感器二次回路时间常数，$T_s = T_{sn}(R_{ct} + R_{bn})/(R_{ct} + R_b)$，见式（10-31）、式（10-33）的说明；$\omega = 2\pi f$，50Hz 电网 $\omega = 314$。

若 $\hat{\epsilon}'$ 不满足式（10-37）要求，应适当增大电流互感器额定二次时间常数 T_{sn} 或取较大的额定二次负荷 R_{bn} 值，若满足式（10-40）而裕度过大时，可适当作相反的调整。

10.2.5.2　TPS 类电流互感器参数选择计算

TPS 为低漏磁电流互感器，性能与 PX 类相当，性能由二次励磁特性和匝数比误差限值规定，但 TPS 考虑了暂态误差要求，并可由用户给定暂态系数。TPS 类电流互感器需要选择计算的参数有额定一次电流、设备最高电压、额定二次电流、额定二次负荷。设备最高电压的选择计算同测量用电流互感器，见 10.1.2。

1. TPS 类电流互感器额定一次电流 I_{pn} 及额定二次负荷选择

TPS 类电流互感器额定一次电流的选择要求与 P 及 PR 类相似，应根据其所属一次回路的额定负荷或最大工作电流选择，并应满足二次侧所接保护等装置对电流测量准确性要求，以及满足电流互感器所在一次回路的动、热稳定要求。选择一次回路导体从窗口穿过且无固定板的电流互感器（如直接套装在母线或一次导体上的没有一次绕组的母线式或套管式电流互感器）时，可不进行额定动稳定电流校验。

（1）按一次回路的额定负荷或最大工作电流选择电流互感器额定一次电流。选择计算方法与 P 及 PR 类相同，见式（10-6）。

（2）按保护测量准确性要求选择电流互感器的额定一次电流及额定二次负荷。TPS 类电流

互感器的电流测量准确性取决于二次励磁特性及匝数比误差。按标准规定，匝数比误差应不超过 ±0.25%。对决定于励磁特性的误差，由 10.2.3 对电流互感器暂态饱和的分析可知，为保证电流测量的准确度，TPS 类电流互感器在要求的保护校验故障电流及规定的工作循环下，其二次感应电动势应小于额定等效二次极限电动势 E_{al}，E_{al} 按低于饱和电动势选取，并由制造厂在其产品技术参数中给出。按标准的规定，TPS 类的饱和电动势值是励磁特性上的这样一个点，在这一点上电动势幅值增大 10% 时致使相应峰值瞬时励磁电流增加不超过 100%。故在 TPS 类电流互感器的参数选择时，实际应用的按继电保护动作性能校验要求的电流互感器二次感应电动势，应不大于电流互感器的额定等效二次极限电动势 E_{al}，并以此对电流互感器的额定一次电流及额定二次负荷进行选择，以保证电流测量的准确度。

TPS 类电流互感器的额定等效二次极限电动势 E_{al}，按照 GB 20840.2、DL/T 866 的规定，可由厂家给出的电流互感器产品的额定参数由式（10-38）计算，即

$$E_{al} = K K_{ssc} I_{sn} (R_{ct} + R_{bn}) \tag{10-38}$$

式中：K 为考虑暂态饱和对保护性能的影响由用户给定的暂态系数（面积增大系数）；K_{ssc} 为额定对称短路电流倍数；I_{sn} 为额定二次电流；R_{ct} 为电流互感器二次绕组电阻；R_{bn} 为电流互感器额定负荷阻抗；式（10-38）也可由电流互感器暂态下的二次电流（此时 $i_s = K K_{ssc} I_{sn}$）由图 D-1 导出。

实际应用要求的等效二次电动势 E'_{al}，可由电流互感器实际应用的参数及保护校验故障电流 I_{pef} 由式（10-39）计算，即

$$E'_{al} = K'_{td} K_{pcf} I_{sn} (R_{ct} + R_b) = K'_{td} I_{pcf} I_{sn} (R_{ct} + R_b)/I_{pn} \tag{10-39}$$

式中：K'_{td} 为按电流互感器实际应用参数及实际要求的工作循环进行计算的暂态面积系数，按式（10-31）计算（TPS 不宜用于有重合闸的场合，见表 10-8）；K_{pcf} 为保护校验系数，$K_{pcf} = I_{pef}/I_{pn}$；I_{pcf} 为保护校验电流，见 10.2.7；I_{pn} 为选择计算采用的额定一次电流，取式（10-6）的计算值。R_b 为电流互感器实际负荷阻抗，由式（10-13）计算，其中 Z_r 按电阻计；其余见式（10-38）。

若上述计算的额定等效二次极限电动势 E_{al} 大于保护性能要求的电流互感器等效二次电动势 E'_{al}，则计算所采用的电流互感器额定一次电流及二次负荷值参数，可满足保证暂态工作循环过程中电流测量准确度的要求，即

$$E_{al} > E'_{al} \tag{10-40}$$

若 E'_{al} 大于 E_{al} 或满足式（10-40）但裕度不足时，应适当增大额定一次电流值以降低 E'_{al} 值 [见式（10-39）]，或取较大的额定二次负荷值以提高值 E_{al}，至满足式（10-40）的要求。若满足式（10-40）而裕度过大时，可适当作相反的调整。

（3）额定一次电流按满足动、热稳定要求的选择计算。额定一次电流按满足动、热稳定要求的选择计算与测量用电流互感器相同，见式（10-1）～式（10-4）。

（4）TPS 类电流互感器额定一次电流及额定二次负荷的确定。满足保护对电流测量准确性要求及动、热稳定要求的电流互感器额定一次电流，除应满足式（10-6）、式（10-40）的要求外，尚应满足式（10-1）～式（10-4）计算的短路动、热稳定要求（一次回路导体从窗口穿过且无固定板的电流互感器可不考虑动稳定要求）。由式（10-40）及式（10-38）、式（10-39）可知，在确定额定一次电流 I_{pn} 时，需同时选定电流互感器的额定二次负荷 R_{bn}。I_{pn} 及 R_{bn} 通常均应取标准值（见表 10-11）。

一次电流的选择对保护装置最小整定电流、差动保护用互感器变比要求的考虑同 10.2.5.1。

2. TPS 类电流互感器设备最高电压、额定二次电流的选择

TPS 类电流互感器设备最高电压、额定二次电流的选择同 P 及 PR 类，见 10.2.3。

10.2.5.3 电流互感器一次时间常数计算

按保证短路暂态工作循环过程中电流测量准确度选择或校验 TP 类电流互感器参数时，需要对实际要求的暂态面积系数 K'_{td} 进行计算，见式（10-31）、式（10-33），为此需要确定电流互感器实际应用时的一次时间常数 T_p。T_p 是电流互感器保护校验故障电流的非周期分量衰减时间常数（见附录 D），需按提供保护校验故障电流的实际回路的接线及参数计算，通常可作如下考虑。

（1）电力系统的一次时间常数 T_p 的数值通常由电力系统提供。无实际资料时，T_p 的参考值对 110kV 系统为 40～60ms、220～330kV 系统为 60ms、500～750kV 系统约为 100ms、1000kV 系统约为 120ms、500kV 线路［线路电抗/电阻（X/R＝10～16）］取 30～50ms、220kV 线路（X/R＝3.2～8.3）取 10～26ms。

（2）短路电流由一台发电机提供时，电流互感器的一次时间常数 T_p 为发电机定子短路时间常数 T_a，T_a 是发电机端短路时，短路电流非周期分量的衰减时间常数，通常由发电机制造厂提供，也可由发电机的其他参数计算为[10]

$$T_a = \frac{X_2}{\omega R_a} = x_2 \frac{S_{gn}}{3(I_{gn})^2} \bigg/ (\omega R_a) = \left(\frac{x''_d + x''_q}{2} \right) \frac{S_{gn}}{3(I_{gn})^2} \bigg/ (\omega R_a)$$

$$\approx x''_d \frac{S_{gn}}{3(I_{gn})^2} \bigg/ (\omega R_a) \quad \text{(s)} \tag{10-41}$$

式中：X_2 为发电机负序电抗的有名值，Ω，$X_2 = x_2 S_{gn} / [3 (I_{gn})^2]$ 或 $= x_2 U_{gn} / (\sqrt{3} I_{gn}) = x_2 U_{gn}^2 / S_{gn}$；$S_{gn}$ 为发电机额定容量，VA；I_{gn} 为发电机额定电流，A；U_{gn} 为发电机额定电压，V；x_2 为发电机负序电抗以 S_{gn} 为基准的标幺值，$x_2 = 2x''_d x''_q / (x''_d + x''_q) \approx (x''_d + x''_q) /2 \approx x''_d$[14]；$x''_d$ 为发电机直轴次暂态电抗以 S_{gn} 为基准的标幺值；x''_q 为发电机横轴次暂态电抗以 S_{gn} 为基准的标幺值；R_a 为发电机每相定子绕组电阻，Ω；$\omega = 2\pi f$，50Hz 电网 $\omega = 314$。

（3）短路电流由一台变压器提供时，电流互感器的一次时间常数 T_p 为变压器时间常数 T_t，T_t 可计算为

$$T_t = \frac{X_t}{\omega R_t} = u_k \frac{S_{tn}}{3 I_{tn}^2} \bigg/ \left(\omega \frac{P_{cu}}{3 I_{tn}^2} \right) = u_k S_{tn} / (\omega \times P_{cu}) \quad \text{(s)} \tag{10-42}$$

式中：X_t 为变压器电抗的有名值，Ω，$X_t = u_k S_{tn} / (3 I_{tn}^2)$ 或 $= u_k U_{tn} / (\sqrt{3} I_{tn}) = u_t U_{tn}^2 / S_{tn}$；$u_k$ 为变压器阻抗电压，以变压器（某一侧）额定电压 U_{tn} 的百分数表示，U_{tn} 单位为 V；S_{tn} 为变压器额定容量，VA；I_{tn} 为变压器（某一侧）额定电流（A）；$R_t = P_{cu} / 3 I_{tn}^2$ 为折算至 I_{tn} 及 U_{tn} 侧的变压器等效电阻，Ω；$P_{cu} = P_1 - P_0$ 为变压器铜耗（三相），等于变压器负载损耗（三相）P_1 与空载损耗 P_0 之差，W；$\omega = 2\pi f$，50Hz 电网 $\omega = 314$。

（4）短路电流由发电机-变压器组提供时，电流互感器的一次时间常数 T_p 为发电机-变压器组的时间常数 T_{gt}，即变压器高压侧短路时发电机-变压器组提供的短路电流的直流分量衰减时间常数，T_{gt} 可按求取两 RL 元件串联回路等效时间常数计算为

$$T_{gt} = \frac{L_g + L_t}{R_g + R_t} = \frac{R_g T_a + R_t T_t}{R_g + R_t} \approx \frac{1}{2} \times (T_g + T_t) \text{ (s)} \tag{10-43}$$

式中：L_g、L_t、R_g、R_t 分别为发电机、变压器于同一电压等级（发电机端或变压器高压侧）的电感（H）、电阻（Ω）；T_a、T_t 分别为发电机、变压器时间常数，见式（1-41）、式（10-42）；近似式仅在发电机电阻与变压器电阻近似相等时成立。采用发电机端电压为基准计算时，$R_g = R_a$，$R_t = \Delta P_{cu}/(3I_{tn}^2)$ 的 I_{tn} 取变压器的发电机电压侧额定电流；采用变压器高压侧电压为基准计算时，$R_g = K^2 R_a$，$R_t = \Delta P_{cu}/(3I_{tn}^2)$ 的 I_{tn} 取变压器高压侧额定电流，K = 变压器高压侧额定电压/低压侧额定电压。无制造厂数据时，T_{gt} 的参考值对 100～200MW 发电机-变压器组可取 140～220ms、300～600MW 可取 264ms、1000MW 可取 350ms。

式（10-43）的等式部分也可用于其他两元件串联回路等效时间常数的计算。

（5）流过电流互感器的短路电流（保护校验故障电流）由几个不同一次时间常数的并联支路提供时，可将各支路时间常数按各并联支路短路电流加权平均，作为等效的 T_p，如两并联支路的等效 T_p 可计算为[16]

$$T_p = \frac{I_{s1}}{I_s} T_{p1} + \frac{I_{s2}}{I_s} T_{p2} \tag{10-44}$$

式中：I_s 为流过电流互感器的（总的）短路电流，通常取为保护校验故障电流或最大短电流（并应适当考虑系统的发展）；T_{p1}、I_{s1} 为支路 1 的时间常数及提供的短路电流；T_{p2}、I_{s2} 为支路 2 的时间常数及提供的短路电流。

短路电流（保护校验故障电流）由几个不同一次时间常数的支路提供时，实际要求的电流互感器暂态面积系数 K'_{td}，也可取为各支路的暂态面积系数按各支路短路电流加权平均，作为等效的 K'_{td}，如两支路的等效 K'_{td} 可计算为[16]

$$K'_{td} = \frac{I_{s1}}{I_s} K'_{td1} + \frac{I_{s2}}{I_s} K'_{td2} \tag{10-45}$$

式中：K'_{td1}、I_{s1} 为支路 1 的暂态面积系数及提供的短路电流；K'_{td2}、I_{s2} 为支路 2 的时间常数及提供的短路电流。

10.2.5.4 电流互感器实际应用时的工作循环及时间参数的确定

按保证短路暂态过程中电流测量准确度选择或校验 TP 类电流互感器参数时，需要对实际应用要求的暂态面积系数 K'_{td} 进行计算（见 10.2.5.1）。因此，需要确定电流互感器在实际短路暂态过程中的工作循环及相关的时间参数，即确定实际应用时的工作循环为单次通电（C-t'-0）或是两次通电（C-t'-0-t_{fr}-C-t''-0），及第一次通电持续时间 t'、第二次通电时间 t''、实际应用的重合闸无电流间隙时间 t_{fr}，以及在第一次通电期间 t' 内要求电流互感器保证规定的电流测量准确度的持续时间 t'_{al}、在两次通电的第二次通电期间 t'' 内要求互感器保证规定的电流测量准确度的持续时间 t''_{al}。

1. 电流互感器实际应用时的工作循环

电流互感器所在的电力系统发生短路时，相关的继电保护将动作跳开相关的断路器以切除短路点，从短路开始至短路点被切除期间，电流互感器的一次绕组将有短路电流通过。若切除短路电流的断路器无重合闸，保护动作跳开断路器后，短路电流不再出现而仅通过电流互感器一次。若切除短路电流的断路器设置有重合闸，保护动作跳开断路器后，断路器将进行重合，若重合后短路点仍存在，则保护将再次动作，跳开断路器，切断短路电流，在短路开始至保护第一次跳开断路器期间，以及断路器重合至保护第二次跳开断路器期间，电流互感器均有短路电流通过，即短路电流通过电流互感器两次。短路暂态过程中电流互感器承受短路电流的这些过程，在有关标准中称为电流互感器的工作循环，并将有重合闸的过程称为两次通电工作循环，无重合闸的过程称为单次通电工作循环。

计算电流互感器实际应用的暂态面积系数 K'_{td} 时，工作循环通常可作如下考虑：

（1）短路点应取为电流互感器保护校验故障电流所考虑的短路点。

（2）当切除互感器保护校验故障电流的断路器设置有重合闸，对互感器的 K'_{td} 进行计算时，工作循环按两次通电考虑。该断路器设置有失灵保护跳闸时，由于失灵保护跳闸后不启动重合闸，当要求电流互感器在失灵保护动作切除短路故障前保持电流测量的准确度以避免保护误动或拒动时，应同时取失灵保护动作切除故障的单次通电工作循环对 K'_{td} 进行计算。互感器性能校验时取其中较大的 K'_{td} 计算值。

（3）当切除互感器保护校验故障电流的断路器无重合闸，计算互感器 K'_{td} 时，工作循环按单次通电考虑。

电流互感器保护校验故障电流及短路点的确定见 10.2.6。

2. 工作循环中时间参数的确定

工作循环中的时间参数有 t'、t''、t_{fr}、t'_{al} 及 t''_{al}。

（1）单次通电工作循环中的 t'、t'_{al}。此时，电流互感器保护电流校验点的短路电流仅通过电流互感器一次。t'、t'_{al} 的取值通常有如下考虑：

1）单次通电工作循环（C-t'-0）中的通电持续时间 t'，是保护校验故障电流的短路电流通过电流互感器的持续时间，也是短路发生至断路器开断切除短路电流的时间。t' 不在 K'_{td} 的计算中出现。

2）单次通电期间 t' 内要求电流互感器保证规定的电流测量准确度的持续时间 t'_{al}，是为保证电流互感器所接的保护装置正确工作（区外故障时保护不误动，区内故障时保护正确动作、不拒动、不发生无选择性误动），要求电流互感器在短路电流（保护校验故障电流）通过期间保持规定的电流测量准确度的持续时间。

a. 为保证电流互感器所接的保护在保护区外短路时不误动，当切除保护校验故障电流的断路器未设置失灵保护时，t'_{al} 通常可取为切除保护校验故障电流的主保护动作跳闸时间（故障开始至主保护对切除保护校验故障电流的断路器跳闸线圈输出跳闸命令的时间）及切除保护校验故障电流的断路器开断时间之和，并可考虑一定的时间裕度。当切除保护校验故障电流的断路器设置有失灵保护，且要求电流互感器在失灵保护动作切除短路故障前保持电流测量的准确度，以避免电流互感器所接的保护误动时，t'_{al} 应取为失灵保护动作跳闸时间（故障开始至失灵保护对切除保护校验故障电流的断路器跳闸线圈输出跳闸命令时间）及相邻断路器开断时间之和，并可考虑一定的时间裕度。

b. 为保证区内短路时保护可靠、正确动作，不拒动，不发生无选择性误动，当电流互感器所接的保护动作后有启动失灵保护要求时，由于断路器失灵保护的动作逻辑，通常将启动失灵的保护跳闸出口处于动作状态作为失灵保护的出口条件之一。故若启动失灵的保护跳闸出口在保护动作后无自保持，则可能需要电流互感器在短路开始至失灵保护动作跳闸的时间内保持测量的准确度，当失灵保护跳闸出口无跳闸自保持时，t'_{al} 应取为断路器失灵保护的动作时间（故障开始至失灵保护对切除保护校验故障电流的相邻断路器跳闸线圈输出跳闸命令的时间）及切除保护校验故障电流的断路器分闸时间之和，并可考虑一定的时间裕度；当保护跳闸出口有跳闸自保持（例如触点串有电流线圈），保护动作输出跳闸命令后可保证断路器可靠跳闸时，可不计入断路器分闸时间。若启动失灵的保护跳闸出口在保护动作后带自保持（如线路保护动作后经断路器有电流自保持，参见图 4-22），则 t'_{al} 仅需考虑保证所接的保护可靠动作和自保持所需的时间（保护跳闸出口有跳闸自保持）或再加上切除保护校验故障电流的断路器分闸时间（无跳闸自保持）。一般而言，启动失灵的保护跳闸出口通常带有保护动作自保持。

当电流互感器所接的保护动作后无启动断路器失灵保护要求，且保护跳闸出口无跳闸自保持，或有自保持但从使保护正确工作时间有足够安全裕度考虑时，t'_{al} 可取为电流互感器所接保护的主保护动作跳闸时间及切除保护校验故障电流的断路器分闸时间之和，并可考虑一定的时间裕度。当保护跳闸出口有跳闸自保持，保护动作输出跳闸命令后可保证断路器可靠跳闸时，可不计入断路器分闸时间。

(2) 两次通电暂态工作循环（$C\text{-}t'\text{-}0\text{-}t_{fr}\text{-}C\text{-}t''\text{-}0$）中的 t'、t''、t_{fr} 及 t''_{al}。此时，电流互感器保护校验故障电流校验点的短路电流通过电流互感器两次。各时间参数的取值通常有如下考虑：

1) 两次通电暂态工作循环第一次通电时间 t'。是保护校验故障电流的短路点短路时，短路电流第一次通过电流互感器的持续时间，也是短路发生至切除保护校验故障电流的断路器第一次开断切断短路电流的时间。由于按 GB/T 14285 的规定，失灵保护动作跳闸后不启动重合闸，故 t' 通常按切除保护校验故障电流的断路器由主保护动作跳闸切除短路点考虑，不考虑由失灵保护动作跳闸切除，当保护跳闸出口直接接至断路器的跳闸线圈回路时，t' 取为主保护动作跳闸时间（故障开始至主保护对切除保护校验故障电流的断路器跳闸线圈输出跳闸命令的时间）及断路器开断时间之和。

2) 第二次通电时间 t''。为切除保护校验故障电流的断路器重新合闸至断路器再次开断切除短路电流的时间，此时断路器重合于永久性故障，t'' 不在 K'_{td} 的计算中出现。

3) 第二次通电期间 t'' 内要求互感器保证规定的电流测量准确度的持续时间 t''_{al}。是为保证电流互感器所接的保护装置正确工作（区外故障时保护不误动；区内故障时保护正确动作，不拒动，不发生无选择性误动），要求电流互感器在保护校验故障电流第二次通过期间保持规定的电流测量准确度的持续时间。

a. 保护区外的保护校验故障电流校验点发生短路时，为保证电流互感器所接的保护在短路电流第二次通过期间不误动，t''_{al} 通常可取为第二次切除保护校验故障电流的主保护动作跳闸时间（故障开始至主保护对切除保护校验故障电流的断路器跳闸线圈输出跳闸命令的时间）及切除保护校验故障电流的断路器开断时间之和，并可考虑一定的时间裕度。

b. 保护区内的保护校验故障电流校验点发生短路时，为保证电流互感器所接的保护在短路电流第二次通过期间可靠、正确动作，不拒动，不发生无选择性误动，当保护跳闸出口带有跳闸自保持功能（例如触点串有电流线圈），保护动作输出跳闸命令后可保证断路器可靠跳闸，且保护跳闸出口直接接至断路器的跳闸线圈回路时，t''_{al} 可取为第二次切除保护校验故障电流的主保护动作跳闸时间，可加上一定的时间裕度，即要求电流互感器在保护动作跳闸时间内（可加上一定的时间裕度）保持测量的准确度。当保护跳闸出口无跳闸自保持功能，或从使保护正确工作时间有足够安全裕度考虑，t''_{al}可取为切除保护校验故障电流的主保护动作跳闸时间及断路器分闸时间之和，可加上一定的时间裕度。

除有要求外，t''_{al}一般可不考虑重合于永久性故障后由断路器失灵保护切除短路故障。

4）t_{tr}为重合闸无电流时间，是一次短路电流第一次被切断起至其重复出现止的时间间隔，也称为重合闸断电时间，通常由电力系统整定，见7.3节。对三相重合闸t_{tr}一般为400ms；对单相重合闸，对设置有并联电抗器限制潜供电流的220～500kV线路，t_{tr}一般为400～500ms；或一般地取800ms。对设置综合重合闸的断路器，按单相重合闸考虑。

电流互感器实际应用时的工作循环及工作循环中时间参数的确定可参见10.3节计算示例。

10.2.6 保护校验故障电流的确定

1. 保护校验故障电流及其取值

保护校验故障电流I_{pcf}是校验电流互感器特性（电流测量的准确度）时，为保证保护正确动作（保护区外故障时不误动，保护区内故障时动作正确）而合理选用的一次故障电流（周期分量有效值）。电流互感器在通过选定的保护校验故障电流时，其误差应在规定的范围内。在DL/T 866中，对保护校验故障电流的确定原则有下列规定。

（1）按可信赖性要求校验保护动作性能时，I_{pcf}应按区内最严重故障短路电流确定。

（2）按安全性要求校验保护动作性能时，I_{pcf}应按区外最严重故障短路电流确定。

（3）I_{pcf}宜按系统规划容量确定。

I_{pcf}的具体确定一般可作如下考虑：

1）对P大类电流互感器，I_{pcf}应取为保护区内短路时及区外短路时流过电流互感器短路电流中的最大短路电流；由于在DL/T 866中，对某些系统或设备仅在外部短路时要求给定暂态系数（如要求100～200MW机组保护用电流互感器外部故障的给定暂态系数$K \geqslant 10$），对区内故障不规定给定暂态系数，故对此类系统或设备，需分别取区内短路时及区外短路时流过电流互感器的最大短路电流作为电流互感器的保护校验故障电流。零序电流回路互感器及电缆型零序电流互感器（一般均采用P类电流互感器），保护校验故障电流的选择见10.2.3.4。

2）对TP类电流互感器，应分别取保护区内短路时的最大短路电流、保护区外短路时流过电流互感器的最大短路电流作为保护校验故障电流（对变压器应分别取为每侧的保护区内及区外短路），I_{pcf}通常有多于2个的数值。

3）与发电机、升压变压器或高压母线直接连接的励磁变压器、厂用变压器或机组自用变压器高压侧保护用电流互感器，保护校验故障电流可按变压器在发电机（或升压变压器或高压母线）差动保护区外短路时的短路电流（考虑一定的裕度）考虑。

正如10.2.3.3的分析，在一次电流作用下，电流互感器保持电流测量准确度的条件，是电流互感器实际应用的二次感应电动势小于额定二次极限电动势E_{sl}（对P、PR类）、小于额定拐点电动势E_k（对PX类）或小于额定等效二次极限电动势E_{al}（对TP类）。由电流互感器实际应用的二次感应电动势的计算式可知［见式（10-15）、式（10-22）、式（10-28）、式（10-39）］，对具体的一个已知二次绕组电阻及负荷电阻的电流互感器，实际应用时的二次感应电动势，P（大）类取决于保护校验故障电流 I_{pcf}（给定暂态系数是一个给定的常数），TP类则取决于 I_{pcf} 与 K'_{td} 之乘积，而 K'_{td} 取决于所考虑的短路电流流经的一次回路参数。故 TP 类电流互感器需要分别对保护区内短路时、保护区两外侧短路时的短路电流及 K'_{td} 分别计算，取 I_{pcf} 与 K'_{td} 之乘积中的最大值对电流互感器实际应用时的二次感应电动势进行计算，方能校验电流互感器性能是否满足保护要求。可参见 10.3 节计算示例。

短路电流按电流互感器一次回路的平均电压（1.05 倍额定电压，即基准电压）计算。

2. 与发电机、升压变压器母线直接连接的机组用或厂用变压器高压侧电流互感器的保护校验故障电流

这些变压器如励磁变压器、厂用变压器或机组自用变压器，高压侧保护用电流互感器一般选用 P（大）类，变压器的主保护可能包括差动、速断（限时速断）、气体等。P（大）类电流互感器通常需按其额定准确限值一次电流大于保护校验故障电流进行选择，以此选择电流互感器的额定一次电流及准确限值系数。对这些变压器，流过高压侧电流互感器的最大短路电流，一般均为高压侧系统提供的短路电流，短路电流很大，当保护校验故障电流取为变压器高压侧最大短路电流时，满足复合误差要求的电流互感器需取很大的额定一次电流，特别对大容量发电厂，所要求的电流互感器将有较大的体积、较高的价格，并可能引起布置上的困难，而且由于电流互感器额定一次电流远大于变压器额定电流，使保护选用的互感器不能配置变压器的电气测量绕组，而需为电气测量另配置一套测量用电流互感器。

事实上，由于这些变压器的高压侧通常无断路器，变压器高压出线端及一部分绕组通常属发电机或变压器或高压母线的差动保护范围。下面以与发电机端直接连接的励磁变压器为例的分析计算说明，当考虑了发电机差动对励磁变压器的保护作用时，励磁变压器主保护的保护区在考虑了足够的保护重叠区基础上，可仅对励磁变压器的发电机差动保护范围以外的部分绕组及低压侧进行保护，励磁变压器高压侧保护用电流互感器的保护校验故障电流及相应的额定一次电流将可取较小数值。

假设发电机差动保护对励磁变压器的最大保护范围可达到励磁变压器绕组内的某一点（以下称其为 d 点），则励磁变压器保护的保护范围可仅考虑为励磁变压器绕组内的 d 点至变压器低压侧回路，在这个保护范围内发生短路时，变压器高压侧电流互感器应保证规定的准确度，即电流互感器的保护校验电流可按不低于由励磁变压器高压侧系统提供的 d 点三相短路电流进行选择。d 点的三相短路电流可按发电机差动保护的灵敏度进行计算。按继电保护标准对发电机差动保护灵敏度的要求，在励磁变压器绕组 d 点发生两相短路时，发电机差动保护应能可靠动作并有满足要求的灵敏度。由此可计算 d 点的两相短路电流 $I_{kd}^{(2)}$ 为[17]

$$I_{kd}^{(2)} = I_{op} K_{sen} \tag{10-46}$$

式中：I_{op} 为发电机差动保护整定的动作电流值，对具有比率制动特性的差动保护，I_{op} 通常按 $0.1 \sim 0.3 I_{gn}$ 整定（I_{gn} 为发电机定子额定电流）；K_{sen} 为保护的灵敏度系数，一般取 $K_{sen} \geqslant 1.5$，大型发电机按 DL/T 684《大型发电机变压器继电保护整定计算导则》应取 $K_{sen} \geqslant 2$。

d 点的三相短路电流 $I_{kd}^{(3)}$（周期分量有效值）可由式（10-46）计算的两相短路电流按下式计算，即

$$I_{kd}^{(3)} = I_{op} K_{sen} \times 2/\sqrt{3} \tag{10-47}$$

式中：$2/\sqrt{3}$ 为短路点（d）两相短路电流与三相短路电流的换算系数。

当保护校验故障电流及励磁变压器高压侧电流互感器额定准确限值一次电流 I_{pal} 按不低于式（10-47）计算的三相短路电流选择时［即认为 $I_{sd}^{(3)}$ 是此时保证误差限值的流过互感器的最大短路电流 $I_{k.max}$］，I_{pal} 可计算为

$$I_{pal} = K_{alf} I_{pn} > I_{kd}^{(3)} \tag{10-48}$$

式中：K_{alf} 为高压侧电流互感器准确限值系数；I_{pn} 为励磁变压器高压侧电流互感器额定一次电流。由式（10-47）及式（10-48）可求得高压侧电流互感器额定一次电流 I_{pn} 为

$$I_{pn} > \frac{2 I_{op} K_{sen}}{\sqrt{3} K_{alf}} \tag{10-49}$$

由于 d 点的三相短路电流小于励磁变压器高压出线端的三相短路电流，按式（10-49）选择的励磁变压器高压侧保护用电流互感器，将有较小的额定一次电流。如对接于额定容量 143MVA 发电机电压（13.8kV）母线上的 2540kVA 励磁变压器，当发电机差动保护整定的最小动作电流按 $0.2I_{gn}$ 整定时，$I_{sd}^{(3)}$ 不足 3kA。在考虑电流互感器动、热稳定的要求后，此时励磁变压器高压侧保护用电流互感器准确限值系数可取 20，电流互感器额定一次电流可取 250A，可兼顾保护及电气测量的要求。

保护校验故障电流及额定准确限值一次电流按不低于 d 点的三相短路电流进行选择的高压侧电流互感器，在高压侧电流互感器安装处至 d 点发生三相短路时，电流互感器将不能保证其测量准确度。但变压器的该部分已在发电机差动保护范围，其保护不受励磁变压器保护动作情况的影响。

上述对励磁变压器的分析计算，同样适用于与发电机、升压变压器或高压母线直接连接的厂用变压器或机组自用变压器。对这类变压器保护用高压侧电流互感器，校验电流互感器电流测量准确度的保护校验故障电流可取为变压器绕组内（d 点）三相电流短路。按此计算的电流互感器一次电流，尚需满足电流互感器的动、热稳定要求，此时应以电流互感器安装处的最大短路电流进行计算。

10.3 电流互感器的配置、产品技术参数及选择计算

10.3.1 电流互感器的配置

按有关规程及有关反事故措施的要求，水力发电厂电流互感器的配置有如下考虑。

（1）电流互感器的类型、二次绕组数量和准确度级等应满足测量、保护及自动装置的要求。

（2）保护用电流互感器的配置应避免出现主保护死区，相邻元件的主保护范围应相互交叉重叠。

1）断路器两侧均设置电流互感器时，相邻元件各自的主保护应包括断路器，在互连的任一元件的主保护退出运行时，互连的另一运行元件不出现主保护死区，配置示例见图 10-2（a）、图 10-2（c）。

2）断路器仅一侧装设电流互感器时，电流互感器应布置于与断路器连接的系统中地位较次要的元件一侧，以保证以主保护切除系统重要元件的故障。如置于与电厂高压母线连接的线路断路器的线路侧、与高压母线连接升压变压器高压侧断路器的变压器侧，使母线差动保护区包括与母线相连的各支路断路器，母线故障均可由母差保护动作跳相连的各断路器快速切除，在某支路退

出运行时，母线不出现母差保护死区。支路的电流互感器与断路器间故障时，母线保护动作跳支路断路器后，若该支路对侧有源，可根据系统要求由相关的后备保护切除或采取快速切除措施，见 4.5 节及 4.6 节。配置示例见图 10-2 (d)。厂用变压器保护电流互感器通常布置于靠厂用变压器侧。

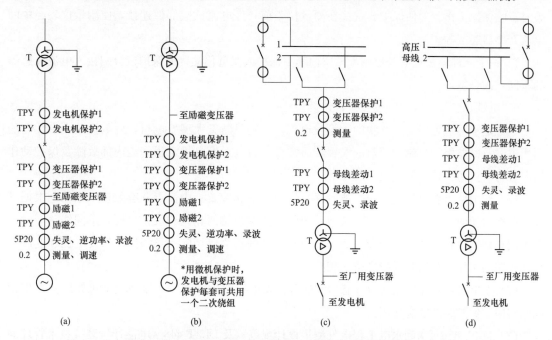

图 10-2 避免出现主保护死区的电流互感器配置示例

(a) 发电机断路器的两侧配置；(b) 发电机-变压器组接线的机端配置；

(c) 升压变高压侧断路器的两侧配置；(d) 升压变高压侧断路器的一侧配置

3) 多绕组电流互感器中相邻元件主保护交叉重叠的绕组位置，应考虑互感器内部短路时，尽可能减少较重要元件的额外保护区。如仅在断路器一侧配置电流互感器的与高压母线连接的升压变压器，交叉重叠的母线差动保护与变压器差动保护绕组应选择靠断路器侧（靠母线侧）的绕组。配置示例见图 10-2 (d)。

4) 发电机-变压器组中变压器与发电机的主保护区应在发电机电压母线上交叉重叠。配置示例见图 10-2 (a)、图 10-2 (b)。

(3) 发电机两侧差动用电流互感器应采用相同型号和参数。变压器差动保护用各侧电流互感器、同一母线差动保护用的电流互感器，宜具有相同的铁芯型式，采用相同类型的电流互感器。

(4) 关于二次绕组的共用。

1) 采用微机保护时，对电流互感器类型及特性参数有相同要求的同一元件的同一套保护的各保护（包括主保护及后备保护）宜共用电流互感器二次回路（共用一个二次绕组）。

2) 母线保护（指专用母线保护）应接在专用的电流互感器二次绕组上，一般不与其他保护或测量装置共用。

3) 发电机励磁调节所需的发电机定子电流信号，应根据机组励磁系统及电厂的要求，采用专用的电流互感器绕组或与发电机电气测量共用装于发电机机端的测量级电流互感器二次绕组。

配置两套励磁调节器的大型发电机，通常需配置两组励磁专用的电流互感器绕组。

4）电气测量和继电保护及自动装置应分别接入电流互感器不同的二次绕组。若受条件限制需共用一个二次绕组时，其性能应同时满足测量和保护的要求，且接线方式应避免测量仪表校验时影响保护工作。如使保护装置接在测量仪表前并经电流试验部件连接，使测量仪表经中间电流互感器连接等。

5）一个元件的按近后备原则配置的两套主保护或双重化配置的保护应分别接入电流互感器的不同二次绕组。

6）电流互感器二次回路不宜进行切换。

（5）定子绕组为多支路并联的大型发电机，特别是新型大型发电机，发电机分支中性点的引出方式及横差保护电流互感器的配置，通常需要通过对发电机定子绕组内部故障及保护动作情况进行模拟仿真计算后确定。

（6）对中性点有效接地系统，电流互感器应按三相配置。中性点非有效接地系统，根据具体情况按两相或三相配置。非有效接地系统的线路保护按两相式构成，以便在不同线路同时发生不同相别的单相接地造成两相短路时，可有 2/3 的机会仅切除一条线路。但发电机和变压器相间短路的主保护和后备保护应按三相配置。

（7）发电机后备保护用电流互感器宜配置在发电机的中性点侧，以使发电机并网前发生相间短路时，保护装置能起作用。

（8）按 SL 456《水利水电工程电气测量设计规范》及 DL/T 448《电能计量装置技术管理规程》的规定，对I、II、III类计费用电能计量装置应按计量点配置专用电流互感器或专用二次绕组。

10.3.2 电流互感器产品技术参数例

1. 110～500kV SF_6 电流互感器产品技术参数示例

110～500kV SF_6 电流互感器产品技术参数示例见表 10-15，500kV 电流互感器产品铭牌上标示的技术参数示例见表 10-16。

表 10-15　　　　　　110～500kV SF_6 电流互感器产品技术参数示例

序号	项目	110kV	220kV	330kV	500kV
1	设备最高电压（kV）	126	252	363	550
2	额定频率（Hz）	50			
3	额定一次电流（A）	200～2500	300～3150	1250、1500、2000、3000、4000、5000	
4	额定二次电流（A）	1 或 5			1
5	额定输出（VA）	30～50	30～60		0.5（0.2）级 50VA；5P 级 50VA，$K_{alf}=20$；TPY 级 10VA，$K_{ssc}=15$
6	准确级及绕组数	1 个 0.5（0.2）或 0.5S（0.2S）级，3 个 P 级	1 个 0.5（0.2S）级，2（1）个 5P 级，2（4）个 TPY 级		1 个 0.5（或 0.2S）级，2 个 5P 级，4 个 TPY 级
7	对称短路电流倍数（K_{ssc}）	—	15、20		15

序号	项目	110kV	220kV	330kV	500kV
8	规定的一次系统时间常数（T_p）（ms）	—	60		100
9	规定的工作循环 $C-t'-0-t_{fr}-C-t''-0$（ms）	—	$t'=100$，$t_{fr}=500$，$t''=100$，$t_{al}'=t_{al}''=40$ms		$t'=100$，$t_{fr}=300$，$t''=100$，$t_{al}'=t_{al}''=40$ms
10	额定短路耐受电流及持续时间	40（串联31.5）kA/3s	50（串联31.5）kA/3s		63kA/3s
11	额定峰值耐受电流（kA）	100（串联80）	125（串联80）		160
12	额定短时工频耐受电压(有效值)(kV)	185	395	510	740
13	额定雷电冲击耐受电压（峰值）（kV）	450	950	1175	1675
14	额定操作冲击耐受电压（峰值）（kV）	—	—	950	1250
15	局部放电水平	87kV 下小于 5pC	175kV 下小于 5pC	251kV 下小于 5pC	380kV 下小于 5pC

表 10-16　　　　　　　　500kV 电流互感器产品名牌上标示的技术参数示例

序号	技术参数
1	550/740/1550kV　50Hz　IEC 60044-1/-6
2	3000/1A　TPY　1S1-1S2；　3000/1A　TPY　2S1-2S2；　3000/1A　0.2 FS5 30VA 3S1-3S2
3	TPY：$R_{bn}=10\Omega$　$R_{ct}=<7.3\Omega$　$T_{sn}=0.894$s　$T_p=120$ms　$K_{ssc}=21.0$　100%偏移　$K_{td}=16.3$ $t'=t''=t_{nl}'=t_{nl}''=0.04$s　$t_{fr}=0.5$s
4	$I_{th}=63$kA，3s，$I_{dyn}=171$kA，$I_{cont}=120\%$

注　1. 1S1-1S2 等为电流互感器二次绕组引出端子标号；I_{cont} 为额定连续热电流。

　　2. IEC 60044-1《互感器　第 1 部分：电流互感器》、IEC 60044-6《互感器　第 6 部分：保护用电流互感器的暂态特性要求》。

2. 0.4～66kV 电缆式零序电流互感器产品技术参数示例

0.4～66kV 电缆式零序电流互感器产品技术参数示例见表 10-17。

表 10-17　　　　　0.4～66kV 电缆式零序电流互感器产品技术参数示例

序号	项目	BW-LJ（整体式），BW-LJK（组合式）			
1	设备最高电压（kV）	0.415～72.5（对应于系统标称电压 0.4～66）			
2	额定频率（Hz）	50			
3	额定一次零序电流（A）	50～300 及以上	1～40	2～4	10
4	额定二次电流（A）	1 或 5	0.02～1	0.03～0.06	0.2
5	额定输出（VA）	5、10、20、30	—	—	—
6	二次负荷（Ω）		2.5	10	10
7	准确级	10P	—	—	—
8	准确限值系数	5、10	—	—	—
9	额定短时热电流/时间	5、6.5、10、13、20kA/1s	—	—	—
10	配套设备		接地选线	接地继电器	
11	孔直径（mm）	80、100、120、140、160、180、200			

注　电流互感器配置 1 个二次绕组。

10.3.3 电流互感器参数选择计算示例

10.3.3.1 P类电流互感器选择计算示例

下面是发电机差动保护用机端电流互感器的参数选择计算示例。本例为设置有发电机断路器的发电机升压变压器单元，采用微机保护。与电流互感器选择相关的发电机参数：额定容量 $S_g=160\text{MVA}$，额定电流 $I_{gn}=6693\text{A}$，$X''_d=0.261$，$T_a=0.21\text{s}$。升压变压器：高压侧电压为 220kV，额定容量 $S_{tn}=180\text{MVA}$，额定电流（低压侧/高压侧）$I_{tn}=7530/472\text{A}$，阻抗电压 $u_k=0.13$，变压器铜耗（三相）$P_{cu}=474\text{kW}$。后备保护动作时间为 5.1s。按照 DL/T 866 的规定，本例升压变压器保护用电流互感器可选用 P 类电流互感器，并按规程规定应考虑外部短路暂态饱和的影响按规定取给定暂态系数。

升压变压器时间常数 T_t 由式（10-42）计算，即

$$T_t=\frac{L_t}{R_t}=\frac{X_t}{\omega R_t}=\frac{u_k S_{tn}}{\omega P_{cu}}=\frac{0.13\times180000}{314\text{s}^{-1}\times474}=0.157\text{s}$$

发电机差动保护用机端电流互感器参数的选择计算如下。

1. 电流互感器额定一次电流选择

(1) 按一次回路额定负荷或最大长期工作电流选择的电流互感器额定一次电流 I_{pn}。本例采用有测量与保护绕组的多绕组（二次）电流互感器，I_{pn} 按电气测量要求取 1.25 倍发电机额定电流计算为

$$I_{pn}\geqslant1.25I_{gn}=1.25\times6693=8366\text{(A)}，取\geqslant8000\text{(A)}$$

(2) 按满足动、热稳定要求选择的电流互感器额定一次电流。本例电流互感器为采用直接套装在母线上的没有一次绕组的套管式电流互感器，其选择不需考虑动稳定要求。

满足热稳定要求的电流互感器一次额定电流可按式（10-2）计算，即

$$I_{pn}\geqslant\frac{\sqrt{Q_d/t}}{k_{th}}=\frac{\sqrt{\left[I_k^{(3)}\right]^2 t_j/t}}{k_{th}}=\frac{\sqrt{(57923.1)^2\times5.2/1}}{75}=1761.1\text{(A)}$$

式中：Q_d 为短路电流的热效应，$Q_d=(I_k^{(3)})^2 t_j$；k_{th} 为以电流互感器一次额定电流 I_{pn}（有效值）为基准的电流互感器 t 时间的热稳定倍数，本例拟选用的电流互感器 $k_{th}=75$、$t=1\text{s}$；t_j 为短路热效应计算时间，按发电机后备保护动作跳闸时，短路开始至短路电流被切断的时间计算，取 5.2s，为后备保护动作时间（5.1s）与发电机断路器开断时间（0.1s）之和；$I_k^{(3)}=57923.1$（A），为流过发电机端电流互感器的最大三相短路电流（周期分量有效值），对本例为发电机端三相短路时由电力系统经升压变压器提供的短路电流，按忽略系统阻抗计算时有

$$I_k^{(3)}=\frac{I_{tn}}{X_t}=\frac{7530}{0.13}=57923.1\text{(A)}$$

额定一次电流取 8000A 时，电流互感器可满足热稳定要求。

(3) 按满足保护装置对电流测量的准确度要求选择的准确限值系数。按 DL/T 866 的规定，当发电机差动保护取 P 类电流互感器时，对发电机保护区外短路，本例电流互感器的参数选择需考虑减轻暂态饱和影响，互感器的准确限值系数、额定一次电流由式（10-11）、式（10-12）

计算，并按规程要求取外部短路给定暂态系数 $K=10$。另如 10.2.6 所述，本例发电机差动用电流互感器需分别取区内短路时及区外短路时流过电流互感器的最大短路电流作为电流互感器的保护校验故障电流。

本例保护区外最大短路电流为发电机升压变压器低压侧短路时由发电机提供的短路电流，故区外故障时的保护校验故障电流 $I_{\text{pcf.1}}$ 可计算为

$$I_{\text{pcf.1}} = I_{\text{kg}}^{(3)} = \frac{I_{\text{gn}}}{X_{\text{d}}''} = \frac{6693}{0.261} = 25.643(\text{kA})$$

当电流互感器额定一次电流取由上述（1）计算的 $I_{\text{pn}}=8000\text{A}$ 时，按区外故障考虑的发电机电压机端差动保护用电流互感器的准确限值系数 $K_{\text{alf.1}}$ 由式（10-11）可计算为

$$K_{\text{alf.1}} > \frac{KI_{\text{pcf.1}}}{I_{\text{pn}}} = \frac{10 \times 25643}{8000} = 32.05$$

额定一次电流取 8000A 时，电流互感器的准确限值系数可在标准值范围内取值，可取 $K_{\text{alf}}=30$。

本示例保护区内最大短路电流，为机端短路时由电力系统经升压变压器提供的短路电流，如上述计算，忽略电力系统阻抗时的短路电流 $I_{\text{k}}^{(3)}=57923.1\text{A}$。故区内故障时的保护校验故障电流 $I_{\text{pcf.2}}$ 为

$$I_{\text{pcf.2}} = I_{\text{k}}^{(3)} = 57.923(\text{kA})$$

对发电机差动保护电流互感器，DL/T 866 不规定区内故障时的给定暂态系数，按区内故障考虑的互感器的准确限值系数由式（10-8）可计算为

$$K_{\text{alf.2}} > \frac{I_{\text{pcf.2}}}{I_{\text{pn}}} = \frac{57923}{8000} = 7.24$$

当按区外故障考虑取 $K_{\text{alf}}=30$ 时，电流互感器在区内短路时的暂态系数 $K=30/7.24=4.14$。

（4）由上述计算，发电机端发电机差动保护用电流互感器额定一次电流及准确限值系数可取为 $I_{\text{pn}}=8000\text{A}$，$K_{\text{alf}}=30$。

2. 设备最高电压的选择

电流互感器设备最高电压应不小于所接一次回路的额定电压（即标称电压）所对应的设备最高电压。本示例发电机额定电压 13.8kV，可按标称电压 15kV 考虑，取设备最高电压为 18kV。故发电机端电流互感器设备最高电压取 18kV。

3. 准确级的选择

按照 DL/T 866 规定，发电机和变压器回路宜采用复合误差较小（波形畸变较小）的 5P 或 5PR 级电流互感器。本示例选用 5P 级电流互感器。

4. 额定二次电流的选择

本示例属电厂扩建工程，保护用电流互感器额定二次电流取为 5A。

5. 额定负荷的选择

电流互感器的额定负荷应按大于实际应用的二次负荷进行选择。变压器及发电机实际应用的二次负荷 Z_{b} 按式（10-13）计算为

$$Z_{\text{b}} = \sum K_{\text{rc}}Z_{\text{r}} + K_{\text{lc}}R_{\text{l}} + R_{\text{c}} = 1 \times 0.04 + 1 \times 0.54 + 0.1 = 0.68(\Omega)$$

式中：K_{rc}为继电器阻抗换算系数；Z_r为保护装置负载电抗，对数字保护可仅计及电阻R_r，按$1VA/$相，$R_r=0.04\Omega$；K_{lc}为连接导线阻抗换算系数，本示例为三相星形，三相短路时$K_{rc}=K_{lc}=1$；R_l为连接导线电阻，按导线长50m、截面面积4mm^2，$R_l=0.54\Omega$；R_c为接触电阻，一般取$0.05\sim0.1\Omega$。

实际二次负荷以视在功率S_b（VA）表示时，$S_b=Z_bI_{sn}^2=0.68\times5^2=17VA$。电流互感器额定二次负荷按大于实际二次负荷选择，可取$S_{bn}=20VA$或30VA，取30VA。

6. 极限电动势验算

保护校验故障电流取区外短路由发电机提供的短路电流$I_{pcf}=25643A$时，计算二次电动势需按规程要求取给定暂态系数$K=10$。此时保护实际应用要求的二次电动势E'_{sl}由式（10-15）可计算为

$$E'_{sl}=KI_{pcf}(R_{ct}+R_b)/n_a=10\times25643\times(2.5+0.68)/1600=509.65(V)$$

保护校验故障电流取区内短路由电力系统提供的短路电流$I_{pcf.2}=57923.1A$时，计算二次电动势时按规程不考虑暂态系数。此时保护实际应用要求的二次电动势E'_{sl}由式（10-15）可计算为

$$E'_{sl}=I_{pcf.2}(R_{ct}+R_b)/n_a=57923.1\times(2.5+0.68)/1600=115.12(V)$$

式中：R_{ct}为电流互感器二次绕组电阻，拟选择的电流互感器$R_{ct}=2.5\Omega$。

电流互感器的额定二次极限电动势E_{sl}由式（10-14）计算为

$$E_{sl}=K_{alf}I_{sn}(R_{ct}+R_{bn})=30\times5\times(2.5+1.2)=555(V)$$

式中：额定二次负荷$R_{bn}=1.2\Omega$（仅计及电阻）按$S_{bn}=30VA$及$I_{sn}=5A$计算。

可见$E_{sl}>E'_{sl}$，选用的电流互感器满足保护要求。

7. 暂态饱和出现时间验算

发电机、变压器保护用电流互感器通常不需要进行暂态饱和出现时间校验，下面仅作为计算方法的示例。

电流互感器暂态饱和出现时间按式（10-17）进行校验。即

$$K'_{tf(t_1)}<E_{sl}/E'_{sl}$$

式中：$K'_{tf(t_1)}$为发生保护校验故障电流短路后t_1时刻的暂态系数，一般由式（10-18）计算，本示例电力系统一次时间常数T_p远小于电流互感器额定二次时间常数T_s，故取简化式（10-19）计算；E_{sl}为电流互感器额定二次极限电动势，由式（10-20）计算；E'_{al}为保护校验故障电流；I_{pcf}对应的二次感应电动势，由式（10-15）计算。当$K'_{tf(t_1)}$、E_{sl}、E'_{al}满足式（10-17）要求时，选择的电流互感器可满足暂态饱和的出现晚于短路后t_1时间的要求。

发电机保护区内短路时，短路电流由电力系统经升压变压器提供，短路后t_1时刻电流互感器的暂态系数$K'_{tf(t_1)}$，由式（10-19）计算为

$$K'_{tf(t_1)}=\omega T_p(1-e^{-\frac{t_1}{T_p}})-\sin\omega t_1$$
$$=2\pi\times50\times0.157\times(1-e^{-\frac{0.01}{0.157}})-\sin(2\pi\times50\times0.01)=3.042$$

式中：$t_1=0.01s$；$T_p=0.157s$，仅计及变压器时间常数。

发电机机端保护区外短路时，短路电流由发电机提供，短路后t_1时刻电流互感器的暂态系

数 $K'_{tf(t_1)}$，由式（10-19）计算为

$$K'_{tf(t_1)} = \omega T_p (1 - e^{-\frac{t_1}{T_p}}) - \sin\omega t_1$$

$$= 2\pi \times 50 \times 0.21 \times (1 - e^{-\frac{0.01}{0.21}}) - \sin(2\pi \times 50 \times 0.01) = 3.01$$

式中：$t_1 = 0.01s$；$T_p = T_a = 0.21s$，为发电机时间常数。

电流互感器额定二次极限电动势 E_{sl}，由式（10-20）计算 $E_{sl} = 555V$（过程略）。

保护校验故障电流（取区内、外中的最大值）$I_{pcf.2}$ 对应的二次感应电动势 E'_{al} 由式（10-21）并将实际负荷按电阻 R_b 计算为

$$E'_{al} = K_{pcf} I_{sn}(R_{ct} + Z_b) = I_{pcf.2} I_{sn}(R_{ct} + R_b)/I_{pn}$$

$$= 57923.1 \times 5 \times (2.5 + 0.68)/8000 = 115.12(V)$$

上述计算值代入式（10-17）有

$$E_{sl}/E'_{al} = 555/115.12 = 4.82 > K'_{tf(t_1)} = 3.042$$

由上式可知，在发生保护校验故障电流的短路时，有 $K'_{tf(t_1)} < E_{al}/E'_{al}$，故所选择的发电机电压侧电流互感器可满足暂态饱和出现晚于短路后 $t_1 = 0.01s$ 时间的要求。

故本示例电流互感器可取 8000/5A、5P30、30VA。

10.3.3.2 TP 类电流互感器选择计算示例

下面是发电机升变压器单元（有发电机断路器）变压器高压侧电流互感器选择计算示例。升压变经断路器接至一个半断路器接线的高压母线。发电机变压器采用微机保护。与电流互感器选择相关的参数：发电机额定容量为 840MW，额定电流 $I_{gn} = 24250A$，$X''_d = 0.21$（饱和值），$T_a = 0.373s$。升压变压器高压侧额定电压为 500kV，额定容量 $S_{tn} = 840MVA$，阻抗电压 $u_k = 0.168$，变压器铜耗（三相）$P_{cu} = 1500kW$。变压器高压侧三相短路时，电力系统提供的短路电流（周期分量有效值）为 65kA，系统时间常数为 0.1s。按照 DL/T 866 的规定，本示例升压变压器保护用电流互感器选用 TPY 类电流互感器，选择计算方法见 10.2.5.1，下面是升压变压器高压侧保护用电流互感器额定一次电流及额定负荷的选择计算示例，电流互感器的其他参数的选择与 P 类电流互感器类同，可参见上面计算例。升压变压器时间常数 T_t 由式（10-42）计算为

$$T_t = \frac{L_t}{R_t} = \frac{X_t}{\omega R_t} = \frac{u_k S_{tn}}{\omega P_{cu}} = \frac{0.168 \times 840000}{314 \times 1500} = 0.30(s)$$

1. 按一次回路额定负荷或最大工作电流选择的电流互感器额定一次电流 I_{pn}

本示例采用有测量与保护绕组的多绕组（二次）电流互感器，I_{pn} 按电气测量要求取 1.25 倍变压器额定电流为

$$I_{pn} \geqslant 1.25 I_{tn} = 1.25 \frac{S_{tn}}{\sqrt{3}U_{tn}} = \frac{1.25 \times 840000}{\sqrt{3} \times 500} = 1.25 \times 970 = 1212(A)$$

2. 按满足动、热稳定要求选择的电流互感器额定一次电流

流过变压器高压侧电流互感器的最大三相短路电流 $I_k^{(3)}$（周期分量有效值）为高压侧短路时由系统提供的短路电流 65kA。满足动稳定要求的电流互感器额定一次电流按式（10-1）计算为

$$I_{pn} \geqslant \frac{i_{ch}}{\sqrt{2}k_d} = \frac{k_{ch}I_k^{(3)}}{k_d} = \frac{1.9 \times 65000}{50} = 2470(A)$$

满足热稳定要求的电流互感器一次额定电流按式（10-2）计算为

$$I_{pn} \geq \frac{\sqrt{Q_d/t}}{k_{th}} = \frac{\sqrt{[I_k^{(3)}]^2 t_j/t}}{k_{th}} = \frac{\sqrt{65000^2 \times 2/3}}{20} = 2654(A)$$

式中：k_d、k_{th} 分别是以电流互感器一次额定电流 I_{pn}（有效值）为基准的电流互感器动稳定倍数、t 时间的热稳定倍数，本示例拟选用的电流互感器 $k_d=50$ 和 $k_{th}=20$、$t=3s$；Q_d 为短路电流的热效应，$Q_d=[I_k^{(3)}]^2 t_j$，短路热效应计算时间 t_j，按发电机后备保护动作跳闸时，短路开始至短路电流被切断的时间计算，取 2s。i_{ch} 为短路冲击电流（峰值），$i_{ch}=\sqrt{2}k_{ch}I_k^{(3)}$，$k_{ch}$ 为短路电流冲击系数，短路发生在容量为 12MW 及以上的发电机电压母线上时，取 $k_{ch}=1.9$。

按电流互感器产品规格，电流互感器一次额定电流 I_{pn} 选取为 3000A（有效值）。

3. 按满足保护装置对电流测量的准确度要求选择的电流互感器一次电流及额定二次负荷

为满足保护装置对电流测量的准确度要求，TP 类电流互感器应按额定等效二次极限电动势 E_{al} 大于实际应用要求的等效二次电动势 E_{al}'，即满足式（10-29）对电流互感器的额定一次电流及额定负荷进行选择，额定二次负荷的确定尚应经过电流互感器在实际应用时的暂态误差校验。

（1）电流互感器的额定等效二次极限电动势 E_{al} 计算。E_{al} 由式（10-27）计算为

$$E_{al} = K_{td} K_{ssc} I_{sn}(R_{ct} + R_{bn})$$
$$= 16.3 \times 21 \times 1 \times (7.3 + 10) = 5921.8(V)$$

式中：等号右侧各参数为厂家给出的拟选用的电流互感器产品的额定参数：额定二次电流 $I_{sn}=1A$；二次绕组电阻 $R_{ct}=7.3\Omega$；额定电阻负荷 $R_{bn}=10VA/(1A)^2=10\Omega$（仅计及电阻），额定负荷为 10VA；按电流互感器额定参数及规定工作循环计算的暂态面积系数 $K_{td}=16.3$；额定对称短路电流倍数 $K_{ssc}=21$；计算 K_{td} 的额定一次时间常数 $T_p=0.12s$，额定负荷时的二次回路时间常数 $T_{sn}=0.894s$，规定工作循环按线路有重合闸情况为 C-40ms-0-500ms-C-40ms-0，即 $t'=t_{al}''=0.04s$，$t_{fr}=0.5s$。

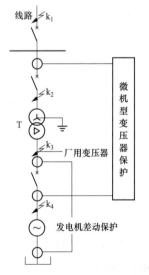

图 10-3　本例主接线及短路点

（2）电流互感器实际应用时的等效二次电动势 E_{al}' 计算。E_{al}' 由式（10-28）计算为

$$E_{al}' = K_{td}' I_{pcf} I_{sn}(R_{ct} + R_b)/I_{pn}$$

式中：K_{td}' 为按互感器实际应用参数及实际工作循环进行计算的暂态面积系数，即实际应用要求的暂态面积系数；I_{pcf} 为保护校验电流；I_{sn} 为额定二次电流，本示例为 1A；二次绕组电阻 $R_{ct}=7.3\Omega$；R_b 为电流互感器实际二次电阻负荷，$R_b=1.64\Omega$，计算见本小节（5）。I_{pn} 电流互感器额定一次电流，取上述按式（10-6）的计算值，$I_{pn}=3000A$。正如 10.2.6 的叙述，对 TP 类电流互感器，K_{td}'、I_{pcf} 应分别取保护区内短路时的最大短路电流、保护区外的每侧短路时流过电流互感器的最大短路电流作为保护校验故障电流进行计算，故对保护校验故障电流各短路点，相应的有不同的 K_{td}'、I_{pcf} 及 E_{al}'。

本示例升压变压器差动保护用高压侧电流互感器的保护校验故障电流各短路点见图 10-3，

其中 K1、K4 为电流互感器所接的差动保护区外部短路时保护校验故障电流的短路点，K2、K3 为保护区内部短路时保护校验故障电流的短路点。对 4 个短路点，互感器实际应用时的 E'_{al} 按式（10-28）可分别计算如下。

1）K1 短路（保护区外故障），流过电流互感器的短路电流由发电机经升压变压器提供（取较大值 $K'_{td.1} = 45.47$，$I_{pcf.1} = 2694A$），即

$$E'_{al.1} = K'_{td.1} I_{pcf.1} I_{sn} (R_{ct} + R_b)/I_{pn}$$
$$= 45.47 \times 2694 \times 1 \times (7.3 + 1.64)/3000 = 365(V)$$

2）K2 短路（保护区内故障），由电力系统提供短路电流（考虑断路器失灵时 $K'_{td.2} = 11.23$，$I_{pcf.2} = 65000A$），即

$$E'_{al.2} = K'_{td.2} I_{pcf.2} I_{sn} (R_{ct} + R_b)/I_{pn}$$
$$= 11.23 \times 65000 \times 1 \times (7.3 + 1.64)/3000 = 2175.3(V)$$

3）K3 短路（保护区内故障），由系统经升压变压器提供短路电流（$K'_{td.3} = 12.5$，$I_{pcf.3} = 5589.4A$），即

$$E'_{al.3} = K'_{td.3} I_{pcf.3} I_{sn} (R_{ct} + R_b)/I_{pn}$$
$$= 12.5 \times 5589.4 \times 1 \times (7.3 + 1.64)/3000 = 208.2(V)$$

4）K4 短路（保护区外故障），由系统经升压变提供短路电流（$K'_{td.3} = 47.37$，$I_{pcf.3} = 5589.4A$），即

$$E'_{al.3} = K'_{td.3} I_{pcf.3} I_{sn} (R_{ct} + R_b)/I_{pn}$$
$$= 47.37 \times 5589.4 \times 1 \times (7.3 + 1.64)/3000 = 789.0(V)$$

各式中的 R_b 及各短路点 K'_{td}、I_{pcf} 的计算见本小节（5）。

由上述的计算可见，电流互感器实际应用要求的等效二次电动势 E'_{al} 的最大值为 2175.3V，小于所选择的电流互感器的额定等效二次极限电动势（$E_{al} = 5921.8V$），即 $E'_{al} < E_{al}$，满足使用要求。

（3）电流互感器实际应用时的暂态误差校验。按式（10-37）计算实际应用时电流互感器的峰值瞬时（总）误差 $\hat{\epsilon}'$，对所选择的电流互感器暂态误差进行校验，则

$$\hat{\epsilon}' = \frac{100K'_{td}}{\omega T_s}(\%) = \frac{100 \times 47.37}{314 \times 1.73}(\%) = 8.72\% < 10\%$$

式中：$K'_{td} = K'_{td.4} = 47.37$，为按电流互感器实际应用参数及实际要求的工作循环进行计算的暂态面积系数，取图 10-3 中 4 处短路情况下的最大值 $K'_{td.4}$；$T_s = 1.73s$，为按实际二次负荷修正过的互感器二次回路时间常数。它们的计算见本小节（5）。

验算表明，$\hat{\epsilon}' < 10\%$，所选电流互感器暂态误差满足实际应用要求。

（4）电流互感器的额定一次电流及额定负荷的选取。计算表明，拟选用的电流互感器的额定一次电流及额定负荷，在实际应用时的等效二次电动势 E'_{al} 均小于额定等效二次极限电动势 E_{al}，$E'_{al} < E_{al}$ 并有一定的裕度，可满足保护装置对电流测量的准确度的要求。

故本示例升压变压器高压侧保护用电流互感器可取额定一次电流 3000A 及额定负荷 10VA。

（5）电流互感器实际应用要求的 R_b、K'_{td}、I_{pcf} 计算。

1）电流互感器实际二次电阻负荷 R_b 计算。实际应用的二次电阻负荷 R_b 以式（10-13）计

算，并将 Z_r 按电阻计，则

$$R_b = Z_b = \sum K_{rc} Z_r + K_{lc} R_l + R_c = \sum K_{rc} R_r + K_{lc} R_l + R_c$$
$$= 1 \times 1 + 1 \times 0.54 + 0.1 = 1.64 (\Omega)$$

式中：K_{rc}、K_{lc} 为继电器阻抗换算系数、连接导线阻抗换算系数，本示例为三相星形，三相短路时 $K_{rc} = K_{lc} = 1$；Z_r 为保护装置负载电抗，对数字保护可仅计及电阻 R_r，按 1VA/相，$R_r = 1\Omega$；R_l 为连接导线电阻，按电缆长 50m、截面 4mm^2，$R_l = 0.54\Omega$；R_c 为接触电阻 Ω，一般取 $0.05 \sim 0.1\Omega$。

2）实际应用要求的暂态面积系数 K'_{td} 计算。

a. K1 短路由发电机经升压变压器提供短路电流时的 $K'_{td.1}$ 计算。K1 为升压变压器区外（设为线路）短路，流过升压变压器高压侧电流互感器的短路电流应由线路断路器切除，线路断路器失灵拒跳时，由失灵保护跳与线路断路器相邻的断路器，包括升压变压器高压侧断路器。本示例要求在由失灵保护动作跳闸切除故障前，升压变压器保护不误动（如差动误动，将切除升压变压器及厂用变压器，并联动消防及需要对变压器内部进行故障检查等，而线路失灵仅跳升压变压器高压侧断路器）。本示例线路设有重合闸。故实际要求的的暂态面积系数，需考虑线路断路器失灵由失灵保护切除短路电流（保护校验故障电流）情况，以及线路短路重合闸至永久故障情况。即按实际应用的工作循环为 (C-t'-0) 及 (C-t'-0-t_{fr}-C-t''-0) 以式（10-31）及式（10-33）进行计算，则

$$K'_{td.1} = \frac{\omega T_p T_s}{T_p - T_s} (e^{-\frac{t'_{al}}{T_p}} - e^{-\frac{t'_{al}}{T_s}}) + 1$$
$$= \frac{314 \times 0.337 \times 1.73}{0.337 - 1.73} \times (e^{-\frac{0.2}{0.337}} - e^{-\frac{0.2}{1.73}}) + 1 = 45.47$$

$$K'_{td.1.1} = \left[\frac{\omega T_p T_s}{T_p - T_s} (e^{-\frac{t'}{T_p}} - e^{-\frac{t'}{T_s}}) - \sin\omega t' \right] e^{-\frac{t'_{al} + t_{fr}}{T_s}} + \frac{\omega T_p T_s}{T_p - T_s} (e^{-\frac{t''_{al}}{T_p}} - e^{-\frac{t''_{al}}{T_s}}) + 1$$
$$= \left[\frac{314 \times 0.337 \times 1.73}{0.337 - 1.73} \times (e^{-\frac{0.1}{0.337}} - e^{-\frac{0.1}{1.73}}) - \sin(314 \times 0.1) \right] e^{-\frac{0.1 + 0.8}{1.73}} +$$
$$\frac{314 \times 0.337 \times 1.73}{0.337 - 1.73} \times (e^{-\frac{0.1}{0.337}} - e^{-\frac{0.1}{1.73}}) + 1$$
$$= 43.03$$

式中：T_p 为电流互感器实际应用时的一次时间常数，为互感器的保护校验故障短路电流回路时间常数，$T_p = 0.337\text{s}$；T_s 为按实际二次负荷修正过的二次回路时间常数，$T_s = 1.73\text{s}$；t'_{al} 为考虑失灵保护动作跳闸要求的单次通电（C-t'-0 期间保持电流互感器测量准确度的持续时间，$t'_{al} = 0.2\text{s}$，为线路保护动作时间（<30ms）、失灵保护延时（$t_2 = 120\text{ms}$，见图 6-1，保护返回时间<20ms）、升压变压器高压侧断路器开断时间（<40ms）之和并取一定的时间裕度；t' 为两次通电循环中的第一次通电时间，$t' = 0.1\text{s}$，为线路主保护动作跳闸时间（<30ms）、线路断路器开断时间（<40ms）之和并取一定的时间裕度。t''_{al} 为实际应用要求的第二次通电期间保持电流互感器测量准确度的持续时间 $t''_{al} = 0.1\text{s}$，为线路主保护动作跳闸时间、线路断路器开断时间之和并取一定的时间裕度；重合闸无电流时间为 $t_{fr} = 0.8\text{s}$。

电流互感器实际应用的一次时间常数 T_p，为升压变压器高压侧短路，由发电机-变压器组提供短路电流时的一次回路时间常数，由式（10-43）计算为

$$T_p = \frac{(L_g + L_t)}{(R_g + R_t)} = \frac{(R_g T_a + R_t T_t)}{(R_g + R_t)} \approx \frac{1}{2} \times (T_g + T_T) = \frac{1}{2} \times (0.373 + 0.30) = 0.337(s)$$

按实际二次负荷修正的电流互感器二次回路时间常数 T_s 计算为

$$T_s = T_{sn}(R_{ct} + R_{bn})/(R_{ct} + R_b)$$

$$= 0.894 \times (7.3 + 10)/(7.3 + 1.64) = 1.73(s)$$

式中：T_{sn}、R_{bn}、R_{ct} 分别为拟选择的电流互感器产品给出的互感器二次回路时间常数、二次绕组电阻、额定电阻负荷，$T_{sn} = 0.894s$，$R_{ct} = 7.3\Omega$，$R_{bn} = 10\Omega$；电流互感器实际二次负荷 $R_b = 1.64\Omega$。

b. K2 短路由电力系统提供短路电流时的 $K'_{td.2}$ 计算。K2 为升压变压器区内短路，流过升压变压器高压侧电流互感器的短路电流应由升压变压器差动保护动作跳升压变压器高压侧断路器切除。高压侧断路器设置有失灵保护（无重合闸），断路器失灵拒跳时，由失灵保护动作跳相邻断路器，切除短路故障。本例启动失灵的保护跳闸出口带自保持，跳断路器的保护跳闸出口有跳闸自保持，实际应用的工作循环按（C-t'-0）考虑，$K'_{td.2}$ 由式（10-31）计算为

$$K'_{td.2} = \frac{\omega T_p T_s}{T_p - T_s}(e^{-\frac{t'_{al}}{T_p}} - e^{-\frac{t'_{al}}{T_s}}) + 1$$

$$= \frac{314 \times 0.1 \times 1.73}{0.1 - 1.73} \times (e^{-\frac{0.04}{0.1}} - e^{-\frac{0.04}{1.73}}) + 1 = 11.23$$

式中：$T_p = 0.1s$ 为电力系统时间常数，$T_s = 1.73s$ 为按实际二次负荷修正过的二次回路时间常数；$t'_{al} = 0.40ms$，为变压器主保护动作和自保持所需时间（<30ms），并取一定的时间裕度（见 10.2.5.4）。

c. K3 短路由电力系统经升压变压器提供短路电流时的 $K'_{td.3}$ 计算。K3 为保护区内短路，流过升压变压器高压侧电流互感器的短路电流应由变压器保护动作跳变压器高压侧断路器切除。升压变压器高压侧电流互感器所接的升压变压器保护有启动高压侧断路器失灵保护要求，当高压侧断路器失灵时，由失灵保护启动跳相邻断路器切除短路电流。与 K2 短路时的考虑相同，电流互感器实际应用的工作循环为单次通电（C-t'-0）工作循环，保持电流互感器测量准确度的持续时间 $t_{al}' = 0.04s$，为变压器主保护动作时间（<30ms）并取一定的时间裕度。$K'_{td.3}$ 以式（10-31）计算为

$$K'_{td.3} = \frac{\omega T_p T_s}{T_p - T_s}(e^{-\frac{t'}{T_p}} - e^{-\frac{t'}{T_s}}) + 1$$

$$= \frac{314 \times 0.2593 \times 1.73}{0.2593 - 1.73} \times (e^{-\frac{0.04}{0.2593}} - e^{-\frac{0.04}{1.73}}) + 1 = 12.5$$

式中：$T_p = 0.2593s$ 为电力系统经升压变压器对 K3 点提供短路电流的一次回路时间常数。

升压变压器高压侧 500kV 母线三相短路时，系统侧提供的短路电流 $I_{k.s} = 65kA$，系统时间常数为 $T_s = 0.1s$，由式（9-58）、式（9-9）及式（9-11）可得到以 $I_{k.s}$ 及 T_s 计算归算至升压变压器容量及高压侧电压的系统等值电抗及电阻 X_s、R_s 的计算式为（有名值，以 $\dot{E}_{a\Sigma} = 1$ 计算）

$$X_s = \left(\frac{I_b}{I_{k.s}} \times \frac{S_{tn}}{S_b}\right) \times \left(\frac{S_{tn}}{3 \times I_{tn}^2}\right)$$

$$= \left(\frac{0.11 \times 10^3}{65 \times 10^3} \times \frac{840 \times 10^6}{100 \times 10^6}\right) \times \left(\frac{840 \times 10^6}{3 \times 970^2}\right) = 4.231(\Omega)$$

$$R_s = \frac{X_s}{\omega T_s} = \frac{4.231}{314 \times 0.1} = 0.1348(\Omega)$$

式中：$I_b=0.11\text{kA}$ 为基准容量 $S_b=100\text{MVA}$、基准电压为 525kV 的系统基准短路电流，基准电压取系统的平均电压（即 1.05 倍系统额定电压）；$S_{tn}=840\text{MVA}$、$I_{tn}=970\text{A}$ 为升压变压器额定容量、额定电流。

归算至升压变压器容量 $S_{tn}=840\text{MVA}$ 及高压侧电压的升压变压器电抗、电阻 X_t、R_t（有名值）为

$$X_t = u_k \times \frac{S_{tn}}{3 \times I_{tn}^2} = 0.168 \times \frac{840 \times 10^6}{3 \times 970^2} = 50(\Omega)$$

$$R_s = \frac{P_{cu}}{3I_{tn}^2} = \frac{1500000}{3 \times 970^2} = 0.5314(\Omega)$$

式中：$P_{cu}=1500\text{kW}$ 为升压变压器额定运行时的铜耗。

电力系统经升压变压器对 K3 点提供短路电流的一次回路时间常数 T_p 可类似式（10-43）计算为

$$T_p = \frac{X_s + X_t}{\omega(R_s + R_t)} = \frac{4.231 + 50}{314 \times (0.1348 + 0.5314)} = 0.2593(s)$$

d. K4 短路由系统经升压变压器提供短路电流时的 $K'_{td.4}$ 计算。K4 为升压变压器保护区外短路，流过升压变压器高压侧电流互感器的短路电流由电力系统经升压变压器提供，短路电流应由发电机保护动作跳发电机断路器切除。发电机断路器设失灵保护，发电机断路器失灵时，由失灵保护动作跳变压器高压侧断路器切除短路故障。与本小节 a. 的考虑类同，本示例要求在由失灵保护动作跳闸切除故障前，升压变压器保护不误动。实际应用的工作循环为单次通电（C-t'-0）工作循环，保持电流互感器测量准确度的持续时间 $t'_{al}=0.25\text{s}$，为发电机主保护动作时间、失灵保护延时（发电机断路器开断时间<45ms）、升压变压器高压侧断路器开断时间之和并取一定的时间裕度。$K'_{td.4}$ 以式（10-31）进行计算，即

$$K'_{td.3} = \frac{\omega T_p T_s}{T_p - T_s}(e^{-\frac{t'}{T_p}} - e^{-\frac{t'}{T_s}}) + 1$$

$$= \frac{314 \times 0.2593 \times 1.73}{0.2593 - 1.73} \times (e^{-\frac{0.25}{0.2593}} - e^{-\frac{0.25}{1.73}}) + 1 = 47.37$$

3）保护校验电流 I_{pcf} 计算。

a. K1 短路由发电机经升压变提供短路电流时的 $I_{pcf.1}$ 计算。按 K1 短路对电流互感器的 E'_{al} 进行计算时，计算式（10-28）中的保护校验故障电流 $I_{pcf.1}$ 取为 K1 处由发电机经升压变提供的短路电流，则

$$I_{pcf.1} = \frac{1.05 I_{tn}}{X_g + X_t} = \frac{1.05}{(X''_d + X_t)} \times \frac{S_{tn}}{\sqrt{3} \times U_{tn}}$$

$$= \frac{1.05}{(0.21 + 0.168)} \times \frac{840000}{\sqrt{3} \times 500} = 2694(A)$$

式中：发电机阻抗取发电机直轴暂态电抗 $X_g = X''_d = 0.21$；升压变压器阻抗以升压变压器额定电压的百分数表示的变压器阻抗电压，$X_t = u_k = 0.168$。本示例发电机与升压变压器额定容量相同。短路电流按变压器高压侧系统平均电压计算，即取 $1.05U_{tn}$ 计算。

b. K2 短路由电力系统提供短路电流时的 $I_{pcf.2}$ 计算。按 K2 短路对电流互感器的 E'_{al} 进行计算时，计算式中的保护校验故障电流 $I_{pcf.2}$ 取为 K2 处短路时由电力系统提供的短路电流 65kA。

c. K3、K4 短路由系统经升压变压器提供短路电流时的 $I_{pcf.3}$ 计算。按 K3、K4 短路对电流互感器的 E'_{al} 进行计算时，计算式中的保护校验故障电流 $I_{pcf.3}$、$I_{pcf.4}$ 取为 K3、K4 处短路时，由

电力系统经升压变压器提供的短路电流在升压变压器高压侧的数值为

$$I_{pcf.3} = I_{pcf.4} = \frac{1.05 I_{tn}}{x_s + x_t} = \frac{1.05 \times 970}{0.01422 + 0.168} = 5589.4(A)$$

式中：x_t 为归算至升压变压器额定容量的变压器阻抗，$x_t = u_k = 0.168$，u_k 为以升压变压器额定电压的百分数表示的变压器阻抗电压；$I_{tn} = 970A$ 为升压变压器额定电流；x_s 为归算至升压变压器额定容量的电力系统等值电抗，由式（9-12）可计算为

$$x_s = x_{*s} \times \frac{S_{tn}}{S_b} = \frac{I_b}{I_{k.s}} \times \frac{S_{tn}}{S_b} = \frac{0.11}{65} \times \frac{840}{100} = 0.01422$$

式中：$I_b = 0.11kA$ 为基准容量 $S_b = 100MVA$、基准电压为 525kV 的系统基准短路电流；$S_{tn} = 840MVA$ 为升压变压器额定容量；$I_{k.s} = 65kA$ 为变压器高压侧短路时，电力系统提供的三相短路电流，$I_{k.s} = \dfrac{I_b}{x_{*s}}$，$x_{*s}$ 为基准容量 100MVA、基准电压为 525kV 的电力系统等值电抗。

10.4 电压互感器的选择及配置

10.4.1 电压互感器的类型及其选择

电压互感器是将电气一次回路高电压成正比地变换为二次回路低电压的一种设备，为电力系统的电气测量、继电保护、故障录波、励磁、调速、同期、监控等提供电力系统电气一次回路运行的电压信号。

1. 电压互感器的类型

目前常用的电压互感器按电压变换原理可分为电磁式及电容式电压互感器。每种类型的电压互感器均可按用户要求配置保护级及测量级两种等级的绕组。另尚有利用磁光或光电变换原理的电子式电压互感器。

电磁式电压互感器采用变压器原理，其产品有单相式和三相式，三相式又有三柱式和五柱式。

电容式电压互感器由电容分压器（电容 C_1、C_2）及电磁单元（电抗器 L、中间变压器 T）组成，其接地回路通常还接有电力载波耦合装置，如图 10-4 所示。其产品为单相式。

电压互感器尚有其他分类方式，如按主绝缘结构可分为固体绝缘、油浸绝缘和气体绝缘电压互感器，按安装地点可分为户内式和户外式电压互感器，按相数可分为单相式和三相式电压互感器等。

2. 电压互感器类型的选择

各类电压互感器通常的应用场合，按 DL/T 866《电流互感器和电压互感器选择及计算规程》有如下要求：

（1）220kV 及以上配电装置宜采用电容式电压互感器，110kV 配电装置可采用电容式或电磁式电压互感器。

（2）当线路装有载波通信时，线路侧电容式电压互感器宜与耦合电容器结合。

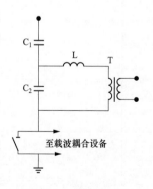

图 10-4 电容式电压互感器接线图

（3）气体绝缘金属封闭开关设备内宜采用电磁式电压互感器。

（4）66kV 户外配电装置宜采用油浸绝缘的电磁式电压互感器。

（5）3～35kV 户内配电装置宜采用固体绝缘的电磁式电压互感器，35kV 户外配电装置可采用适用户外环境的固体绝缘或油浸绝缘的电压互感器。

（6）1kV 及以下户内配电装置宜采用固体绝缘或塑料壳式的电磁式电压互感器。

10.4.2 电压互感器绕组的接线方式及使用场合

在电力系统的实际应用中，依具体电力系统情况及保护和测量装置对电压测量的要求，电压互感器的一次及二次绕组有不同的接线，常用的接线方式及其使用场合见表 10-18。

表 10-18　　　　　　　　　　　电压互感器绕组的接线方式及其使用场合

序号	接线图	采用的电压互感器	使用场合
1		一个单相电压互感器接于相间，或中性点直接接地系统相-地	（1）接于相间时，可提供对应的相间电压。用于仅需要单相相间电压的场合。 （2）接于相-地仅用于中性点直接接地系统，并仅需要单相相电压的场合（如线路相电压，用于同期、线路无电压检查），提供相-地电压
2		二个单相电压互感器接成 V_V 形	（1）可提供三相相间电压，不能测量相电压。 （2）适用于中性点非有效接地系统，并仅需三相相间电压的情况
3		三个单相电压互感器接成星-星形，高压侧中性点不接地	（1）可提供三相的相间电压，不能用来供电给绝缘检查电压表。 （2）适用于中性点非有效接地系统
4		三个单相电压互感器接成星-星形，高压侧中性点接地	可提供三相的相间电压，并可供电给绝缘检查表。若高压侧为中性点直接接地系统，还可接入相电压测量表计或装置；若高压侧为中性点非有效接地系统，则不允许接入相电压测量表计或装置
5		一个三相三柱电压互感器	（1）可提供的电压及使用场合同序号3，不允许将电压互感器一次绕组中性点接地。 （2）适用于中性点非有效接地系统

序号	接线图	采用的电压互感器	使用场合
6		一个三相五柱电压互感器，带剩余电压绕组	(1) 可提供相间电压、相-地电压及零序电压，并可供电给绝缘检查表。相电压测量表计或装置仅在高压侧为中性点直接接地系统才能接入。 (2) 容量不足时也可采用三个单相电压互感器
7		三个单相电压互感器，带剩余电压绕组	(1) 可提供相间电压、相-地电压及零序电压，并可供电给绝缘检查表。相电压测量表计或装置仅在高压侧为中性点直接接地系统才能接入。 (2) 110 (66) kV 及以上系统宜采用三个单相电压互感器。根据需要（如双重化保护等），每相可带两或三个二次绕组（其中一个为剩余电压绕组）

注 1. 表中的单相电压互感器包括电磁式及电容式，接线图对电容式电压互感器一次仅仅表示电磁单元的绕组接线。
2. 电能计量对电压互感器绕组接线要求，DL/T 488《电能计量装置技术管理规程》有如下规定：接入中性点绝缘系统的电压互感器，35kV 及以上的宜采用 Yy 接线；35kV 以下宜采用 Vv 接线。接入中性点非绝缘系统的电压互感器，宜采用 YNyn 接线。其一次侧接地方式与系统接地方式相一致。
3. 对保护、绝缘检查、测量、同期及控制均不需要从剩余电压绕组取得零序电压的应用场合（如保护用零序电压可在保护装置内部由三相电压产生），电压互感器二次绕组可不带剩余绕组，仅设置主绕组。

电压互感器高压侧为中性点非有效接地系统，不允许接入相电压常测表计或装置（见表 10-18 中序号 4、6）。中性点非有效接地系统在系统单相接地故障时的中性点偏移将使非故障相电压升高（可参见附录 A），而此时一般仍允许系统继续运行一段时间，这可能使此类测量仪表或装置超出其过电压承受能力而损坏。

三相三柱电压互感器高压侧中性点不能接地见表 10-18 中序号 5。若三相三柱电压互感器的高压侧绕组中性点接地，系统单相接地故障时绕组将出现零序电流，但铁芯结构不能为零序磁通提供闭合回路，零序磁通将通过互感器铁芯与外壳间的空气隙及外壳构成回路，由于空气隙磁阻很大，将引起互感器发热，可能导致过热损坏。故三相三柱电压互感器高压侧中性点不允许接地，并仅用于中性点非有效接地系统。

关于电能计量对电压互感器绕组接线的要求（见表 10-18 注）主要是考虑系统三相电流不平衡时，三相三线计量方式将造成电能计量误差，而需要采用三线四线计量方式。对中性点绝缘系统，正常情况下的三相电流是平衡的，可采用三相三线计量方式，电压互感器可按 DL/T 488 要求采用 Yy 或 Vv 接线。对中性点非绝缘系统，正常情况下可能出现的三相电流不平衡，需采用三相四线计量方式，电压互感器按规程要求采用 YNyn 接线。

10.4.3 电压互感器的技术参数及其选择

电压互感器与工程应用相关的技术参数、定义及其相关规定和要求见表 10-19。电压互感器的技术参数应按满足一次回路及二次侧的使用要求进行选择。在工程应用中，在选定互感器的类型后，需要计算选择的技术参数主要有额定一次电压、额定二次电压、准确级、二次绕组输出容量。对可能作为电源使用的电压互感器，尚需规定其额定热极限输出。

表 10-19 电压互感器与工程应用相关的技术参数、定义及其相关规定和要求

序号	名称	定义	相关规定和要求
1	额定一次电压（U_{pn}）Rated primary voltage	作为电压互感器性能基准的一次电压值，对电磁式电压互感器，指一次绕组的额定电压	据电压互感器所接系统的标称电压及连接方式确定
2	额定二次电压（U_{sn}）Rated secondary voltage	作为电压互感器性能基准的二次电压值。指二次绕组（包括提供相或线电压的二次绕组及产生剩余电压的剩余电压绕组）的额定电压	对电磁式电压互感器，据电压互感器一次绕组接入系统的连接方式及系统中性点接地方式确定
3	电压误差（比值差）（ε_V）voltage error（ratio error）	电压互感器在测量电压时出现的误差，它是由于实际电压比与额定电压比不相等造成。也称比误差	$\varepsilon_V = \dfrac{(K_n U_s - U_p) \times 100}{U_p}\%$ 式中：K_n 为额定变比，$K_n = U_{pn}/U_{sn}$；U_p 为实际一次电压（有效值）；U_s 为测量条件下施加 U_p 时的实际二次电压（有效值）
4	相位差 phase displacement	一次电压与二次电压相量的相位之差。相量方向以理想电压互感器的相位差为 0 决定，若二次电压相量超前一次电压相量，则相位差为正值。通常用 min（分）、crad（厘弧度）表示	
5	准确级 Accuracy class	对电压互感器给定的等级，表示电压互感器在规定使用条件下的误差应在规定的限值以内	测量用电压互感器的标准准确级规定为 0.1、0.2、0.5、1、3，保护用电压互感器的标准准确级规定为 3P、6P
6	负荷（S_b）burden	电压互感器二次回路所汲取的视在功率，以伏安数表示	
7	额定负荷（S_{bn}）rated burden	确定电流互感器准确级所依据的负荷值	有两个系列。负荷系列 I：功率因数为 1.0 时，额定输出标准值为 1.0、1.5、2.5、3.0、5.0、7.5、10VA。负荷系列 II：功率因数为 0.8（滞后）时，额定输出的标准值为 10、15、25、30、40、50、75、100（电容式电压互感器无）VA。对三相互感器，其额定输出值是指每相的额定输出。在规定的功率因数下电压互感器的额定负荷等于额定输出
8	额定输出 rated output	在额定二次电流及接有额定负荷条件下，电压互感器可提供给二次回路的视在功率值（在规定的功率因数下以伏安表示）	
9	额定热极限输出 rated thermal limiting output	在额定二次电压及功率因数为 1.0 下温升不超过规定限值时，二次绕组所能供给的以额定电压为基准的视在功率值。在这种情况下，电压互感器测量误差可能超过误差限值。一般不允许两个或更多二次绕组同时供给热极限输出。标准值为 25、50、100VA 及其 10 进倍数	电压互感器提供相或线电压的二次绕组可能作为电源使用时，可规定其额定热极限输出。剩余电压绕组的额定热极限输出持续时间为 8h。有多个二次绕组时，各绕组的热极限输出应分别标出
10	额定电压因数（F_v）rated Voltage factor	满足规定时间内的有关热性能要求并满足准确级要求的最高电压与额定一次电压的比值	
11	设备最高电压 highest Voltage for equipment	最高的相间电压（有效值），电压互感器绝缘设计所依据的电压值，该电压可以持续施加到设备上	

序号	名称	定义	相关规定和要求
12	额定绝缘水平 rated isolation level	电压互感器绝缘所能承受的耐压强度的一组耐受电压值	

1. 电压互感器额定一次电压选择

电压互感器额定一次电压是指其一次绕组的额定电压，应据所接系统的标称电压及连接方式确定，其额定一次电压值应为 GB/T 156《标准电压》中指定的标准电压值之一。对三相电压互感器和用于单相系统或三相系统线间的单相电压互感器，通常取为所接系统的标称电压；对一次绕组接于三相系统线与地之间或系统中性点与地之间的单相电压互感器，额定一次电压通常为所接系统的标称电压的 $1/\sqrt{3}$，电容式电压互感器为单相式，并通常接于 35kV 及以上的三相电力系统线地电压，电压互感器额定一次电压通常为所接系统标称电压的 $1/\sqrt{3}$，见表 10-20。根据电压互感器所接系统情况，额定一次电压也可选用为所接系统的设备最高电压或设备最高电压的 $1/\sqrt{3}$，如对经常在高于其标称电压运行的大容量远距离输电的水电厂 500kV 高压母线及出线端电压互感器（一次绕组接于线、地间），额定一次电压可选用为 $550/\sqrt{3}kV$。有关规程规定的系统标称电压、设备最高电压的对应关系以及电压互感器一次端额定绝缘水平见表 10-21 及表 10-22。

表 10-20　　　　　　　　　　电压互感器的额定一次电压

序号	一次绕组与电力系统的连接	互感器额定一次电压	备注
1	三相电压互感器、一次绕组接于系统线间的单相电压互感器	为所接系统的标称电压。如 10kV	按 GB/T 156《标准电压》，交流系统的标称电压有 220/380V（相/线），380/660V（相/线），1000V（线）、1140V（线电压，限于煤矿井下使用）、3、6、10、20、25（单相交流系统）、35、66、110、220、330、500、750、1000kV
2	一次绕组接于系统线地间（相电压）	为所接系统标称电压的 $1/\sqrt{3}$。如 $10/\sqrt{3}kV$、$220/\sqrt{3}kV$	
3	一次绕组接于系统中性点与地之间		

表 10-21　　　　　电压互感器一次端额定绝缘水平（标称电压＜330kV）　　　　　kV

项目名称	电 压											
系统标称电压	0.38/0.6	1	3	6	10	15	20	35	66		110	220
设备最高电压	0.415/0.72	1.2	3.6	7.2	12	17.5	24	40.5	72.5		126	252
额定工频耐受电压	3	6	18/25	23/30	30/42	40/55	50/65	80/95	140	160	180/200	360	395
额定雷击冲击耐受电压	—	—	40	60	75	105	125	185/200	325	350	450/480、550	850	950
截断雷击冲击（内绝缘）耐受电压（峰值）	—	—	45	65	85	115	140	220	360	385	530	950	1050

注　1. 对于暴露安装，推荐使用最高的绝缘水平。
　　2. 斜线下的数值为设备外绝缘干状态下的耐受电压值。不接地电压互感器感应耐压试验应采用斜线上的数值。
　　3. 表中数据引自 GB 20840.1《互感器　第 1 部分：通用技术要求》、GB/T 156《标准电压》及 GB 311.1。
　　4. 表中电压的数值，除截断雷击冲击耐受电压为峰值电压外，其余均为电压的有效值。

表 10-22　　　　　电压互感器一次端额定绝缘水平（标称电压≥330kV）　　　　kV

系统标称电压（有效值）	330		500		750		1000	
设备最高电压（有效值）	363		550		800		1100	
额定工频耐受电压（有效值），相-地	460	510	630	680	880	975	1100	
额定操作冲击耐受电压（峰值），相-地	850	950	1050	1175	1425	1550	—	1800
额定雷击冲击耐受电压（峰值），相-地	1050	1175	1425	1550	1950	2100	2250	2400
截断雷击冲击（内绝缘）耐受电压（峰值）	1175	1300	1550	1675	2245	2415		

注　对于暴露安装，推荐使用最高的绝缘水平。表中数据引自 GB 20840.1《互感器　第 1 部分：通用技术要求》、GB/T 156《标准电压》及 GB 311.1。

2. 电压互感器额定二次电压的选择

电压互感器额定二次电压是指其二次绕组的额定电压，以一次绕组为额定电压时的二次绕组电压值表示，包括提供相电压、线电压的二次绕组（下称二次绕组）及产生剩余电压的二次绕组（下称剩余电压绕组）的额定电压，需根据互感器一次绕组接入系统方式或系统中性点接地方式按有关标准的规定确定。按照 GB 20840.3《互感器　第 3 部分：电磁式电压互感器的补充技术要求》、GB 20840.5《互感器　第 5 部分：电容式电压互感器的补充技术要求》，对三相电压互感器和一次绕组接于单相系统或三相系统线间的单相电压互感器，二次绕组的额定二次电压取为 100V；对用于三相系统一次绕组接于系统线与地之间或系统中性点与地之间的电压互感器，二次绕组的额定二次电压为 $100/\sqrt{3}$V，此时二次侧额定线电压为 100V。对一次绕组接于中性点有效接地系统线地间（相电压）的电压互感器，其剩余电压绕组的额定电压为 100V；对一次绕组接于中性点非有效接地系统线地间（相电压）的电压互感器，其剩余电压绕组的额定电压为 100/3V，见表 10-23。电容式电压互感器为单相式，通常接于中性点有效接地电网相电压，其二次绕组额定电压为 $100/\sqrt{3}$V，其剩余电压绕组的额定电压为 100V。

表 10-23　　　　　　　电压互感器的额定二次电压选择　　　　　　　V

序号	一次绕组与电力系统的连接	二次绕组额定电压	剩余电压绕组额定电压	
1	三相电压互感器和一次绕组接于单相系统或三相系统线间的单相电压互感器	100	—	
2	用于三相系统一次绕组接于系统线地间	$100/\sqrt{3}$	中性点有效接地系统	100
			中性点非有效接地系统	100/3
3	一次绕组接于系统中性点与地之间		—	

注　电压互感器作为电源使用时，可提供 220V 额定二次电压。

剩余电压绕组的额定电压，按一次系统发生单相接地短路时，开口三角形输出 100V 进行选取，此时开口三角形的输出电压为 3 倍电压互感器二次侧零序电压。带剩余电压绕组的电压互感器一次绕组均接于系统线-地间，额定一次电压为相电压。在中性点有效接地系统发生单相接地短路，按系统零序、负序、正序综合阻抗相等考虑时，电流互感器一次侧零序电压将等于 1/3 的相电压［参见式（9-32）、式（9-34）］，当剩余电压绕组额定电压取 100V 时，每相二次绕组电压为 100V/3，开口三角形输出电压为 3×（100V/3）＝100V。在中性点非有效接地系统中的中性点绝缘系统发生单相接地短路时，一次回路的零序电压等于相电压（参见附录 A），当剩余电压绕组额定电压取为 100V/3 时，此时电压互感器每相二次侧零序电压为 100V/3，开口三角形的输出电压为 3×100V/3＝100V。故对中性点非有效接地系统，为使系统接地短路时电压互感器开口三角形的输出电压为 100V，剩余电压绕组额定电压需取为 100/3V（若额定电压取 100V，在中性点绝缘系统发生单相接地时，开口三角形的输出电压为 3×100V＝300V）。

3. 电压互感器准确级的选择

电压互感器（绕组）准确级的选择按照 GB 20840.3 及 GB 20840.5 有如表 10-24 所示的规定。

表 10-24　　　　　　　　　电压互感器（绕组）的电压误差和相位差限值

用途		测量					保护	
准确级		0.1	0.2	0.5	1.0	3.0	3P	6P
误差限值	电压误差（比值差），±（%）	0.1	0.2	0.5	1.0	3.0	3.0	6.0
	相位差　±（min）	5	10	20	40	不规定	120	240
	相位差　±（crad）	0.15	0.3	0.6	1.2	不规定	3.5	7.0
规定的使用条件	电压范围（额定电压，%）	80～120					5～100F_V	
	频率范围（额定频率，%）	100						
	负荷范围（额定负荷，%）	对功率因数为 1 的额定负荷系列Ⅰ，为 0～100；对功率因数为 0.8（滞后）的额定负荷系列Ⅱ，为 25～100						

注　1. 保护用电压互感器在 2% 额定电压下的电压误差和相位误差为表中所列数值的两倍。

　　2. 对有两个独立二次绕组（不包括剩余电压绕组）的互感器，由于其间存在相互影响，用户需规定满足准确限值的各绕组的输出范围（其上限值需符合标准规定），在规定的输出范围内任一绕组均可满足电压测量的准确度，此时另一绕组的输出可为 0 至规定上限输出值间的任意数值。若不规定输出范围，则认为每个绕组满足准确限值的输出范围为其额定输出的 25%～100%。

　　3. 电容式电压互感器的准确级无 0.1 级。

　　4. 二次绕组带有抽头时，若无另行规定，其准确级是指最大变比时。

　　5. F_V 为额定电压因数。

　　6. 额定负荷的负荷系列Ⅰ、负荷系列Ⅱ的规定见表 10-19。

测量用电压互感器的准确级应按与测量仪表的准确等级相适应进行选择，GB/T 50063《电力装置电测量仪表装置设计规范》有如表 10-25 所示的规定。保护用电压互感器可根据所用场合的重要性或保护装置要求选择准确度为 3P 或 6P。

表 10-25　　　　　　　　　仪表与配套的电压互感器的准确度等级

仪表		计量仪表			
仪表准确级	电压互感器准确级	仪表准确级		电压互感器准确级	
		有功电能表	无功电能表		
0.5	0.5	0.2S	2.0	0.2	
1.0	0.5	0.5S	2.0	0.2	
1.5	1.0	1.0	2.0	0.5	
2.5	1.0	2.0	2.0	0.5	

注　无功电能表一般与有功电能表共用同一等级的电压互感器。

当二次绕组同时用于测量与保护时，应对该绕组标出其测量和保护等级及额定输出。

4. 电压互感器二次绕组额定输出容量的选择

电压互感器二次绕组的额定输出容量包括提供相电压或线电压的二次绕组及产生剩余电压的二次绕组的额定输出容量，应按二次实际负荷为额定输出容量的 $25\% \sim 100\%$ 范围内进行选择，以保证电压互感器电压测量的准确度（见表 10-24 的准确级适用运行条件）。对三相电压互感器，额定输出容量及二次负荷均指每相的额定值，并一般按负荷最重的一相对额定输出容量进行选择。对单母线分段或双母线接线的母线电压互感器二次回路的最大负荷，应考虑一段（组）母线电压互感器切除时两段（组）母线电压互感器的全部负荷由一段（组）母线电压互感器承担的情况。

电压互感器二次绕组的负荷，可按表 10-26 及表 10-27 的计算公式进行计算。

表 10-26   **电压互感器二次绕组接成星形时每相绕组负荷的计算**

负荷接线方式及相量图					
电压互感器每相绕组的负荷	A	有功	$P_A = W_a \cos \varphi_a$	$P_A = \dfrac{1}{\sqrt{3}} [W_{ab} \cos(\varphi_{ab} - 30°) + W_{ca} \cos(\varphi_{ca} + 30°)]$	$P_A = \dfrac{1}{\sqrt{3}} W_{ab} \cos(\varphi_{ab} - 30°)$
		无功	$Q_A = W_a \sin \varphi_a$	$Q_A = \dfrac{1}{\sqrt{3}} [W_{ab} \sin(\varphi_{ab} - 30°) + W_{ca} \sin(\varphi_{ca} + 30°)]$	$Q_A = \dfrac{1}{\sqrt{3}} W_{ab} \sin(\varphi_{ab} - 30°)$
	B	有功	$P_B = W_b \cos \varphi_b$	$P_B = \dfrac{1}{\sqrt{3}} [W_{ab} \cos(\varphi_{ab} + 30°) + W_{bc} \cos(\varphi_{bc} - 30°)]$	$P_B = \dfrac{1}{\sqrt{3}} [W_{ab} \cos(\varphi_{ab} + 30°) + W_{bc} \cos(\varphi_{bc} - 30°)]$
		无功	$Q_B = W_b \sin \varphi_b$	$Q_B = \dfrac{1}{\sqrt{3}} [W_{ab} \sin(\varphi_{ab} + 30°) + W_{bc} \sin(\varphi_{bc} - 30°)]$	$Q_B = \dfrac{1}{\sqrt{3}} [W_{ab} \sin(\varphi_{ab} + 30°) + W_{bc} \sin(\varphi_{bc} - 30°)]$
	C	有功	$P_C = W_c \cos \varphi_c$	$P_C = \dfrac{1}{\sqrt{3}} [W_{bc} \cos(\varphi_{bc} + 30°) + W_{ca} \cos(\varphi_{ca} - 30°)]$	$P_C = \dfrac{1}{\sqrt{3}} W_{bc} \cos(\varphi_{bc} + 30°)$
		无功	$Q_C = W_c \sin \varphi_c$	$Q_C = \dfrac{1}{\sqrt{3}} [W_{bc} \sin(\varphi_{bc} + 30°) + W_{ca} \sin(\varphi_{ca} - 30°)]$	$Q_C = \dfrac{1}{\sqrt{3}} W_{bc} \sin(\varphi_{bc} + 30°)$

注 W_a、W_b、W_c——各相仪表（或装置）的负荷，VA；φ_a、φ_b、φ_c——各相仪表（或装置）的功率因数角；P_A、P_B、P_C——电压互感器各相的有功负荷，W；Q_A、Q_B、Q_C——电压互感器各相的无功负荷，var；W_{ab}、W_{bc}、W_{ca}——各线间仪表（或装置）的负荷，VA；φ_{ab}、φ_{bc}、φ_{ca}——各线间仪表（或装置）的功率因数角；电压互感器 A 相负荷（VA）$W_A = \sqrt{P_A^2 + Q_A^2}$，B、C 相类推。

表 10-27　　　　　　　电压互感器二次绕组接成不完全星形时每绕组负荷的计算

负荷接线方式及相量图				
电压互感器负荷	AB绕组	有功	$P_{AB}=W_{ab}\cos\varphi_{ab}$	$P_{AB}=\sqrt{3}W\cos(\varphi+30°)$	$P_{AB}=W_{ab}\cos\varphi_{ab}+W_{ca}\cos(\varphi_{ca}+60°)$
		无功	$Q_{AB}=W_{ab}\sin\varphi_{ab}$	$Q_{AB}=\sqrt{3}W\sin(\varphi+30°)$	$Q_{AB}=W_{ab}\sin\varphi_{ab}+W_{ca}\sin(\varphi_{ca}+60°)$
	BC绕组	有功	$P_{BC}=W_{bc}\cos\varphi_{bc}$	$P_{BC}=\sqrt{3}W\cos(\varphi-30°)$	$P_{BC}=W_{bc}\cos\varphi_{bc}+W_{ca}\cos(\varphi_{ca}-60°)$
		无功	$Q_{BC}=W_{bc}\sin\varphi_{bc}$	$Q_{BC}=\sqrt{3}W\sin(\varphi-30°)$	$Q_{BC}=W_{bc}\sin\varphi_{bc}+W_{ca}\sin(\varphi_{ca}-60°)$

注　P_{AB}、P_{BC}——电压互感器 AB、BC 绕组的有功负荷，W；Q_{AB}、Q_{BC}——电压互感器 AB、BC 绕组的无功负荷，var；W_{ab}、W_{bc}、W_{ca}——AB、BC、CA 线间仪表（或装置）的负荷，VA；φ_{ab}、φ_{bc}、φ_{ca}——AB、BC、CA 线间仪表（或装置）的功率因数角；$W_a=W_b=W_c=W$——各相仪表（或装置）的负荷，VA；φ——相仪表（或装置）的功率因数角；电压互感器 AB、BC 绕组负荷 $W_{AB}=\sqrt{P_{AB}^2+Q_{AB}^2}$、$W_{BC}=\sqrt{P_{BC}^2+Q_{BC}^2}$。

5. 额定热极限输出

对二次绕组可能作为电源使用的电压互感器，需规定其额定热极限输出。电压互感器在热极限输出时，测量误差限值可能超过，但温升不超过规定限值。对多个二次绕组的电压互感器，需分别规定各二次绕组的热极限输出。但在实际使用时仅允许一个绕组达到极限值。

剩余电压绕组的额定热极限输出持续时间为 8h，该绕组仅在系统故障情况下承担负荷。

额定热极限输出以 VA 表示，在额定二次电压及功率因数为 1.0 时，标准值为 15、25、50、75、100VA 及其十进位倍数。

6. 额定电压因数

额定电压因数（F_V）是电压互感器在规定的允许持续时间内可满足有关热性能及准确级要求的一次侧最高电压与额定一次电压的比值。额定电压因数的数值及允许持续时间与电压互感器的一次绕组接线及电力系统的接地方式有关，其间的关系在 GB 20840.3 中有明确的规定。如额定电压因数为 1.2 时，即电压互感器一次电压为 1.2 倍额定一次电压时，电压互感器可连续运行并满足有关热性能及准确级要求，其余详见表 10-28。故在工程设计选择中，仅需给出电压互感器的一次接线方式及所接电力系统的接地方式，不需对额定电压因数进行选择。

表 10-28　　　　　　　电压互感器的额定电压因数（F_V）

额定电压因数	允许持续时间（额定时间）	一次绕组连接方式和系统接地条件
1.2	连续	(1) 任一电网的相间； (2) 任一电网中的变压器中性点与地之间

额定电压因数	允许持续时间（额定时间）	一次绕组连接方式和系统接地条件
1.2	连续	中性点有效接地系统中的相与地之间
1.5	30s	
1.2	连续	带有自动切除对地故障的中性点非有效接地系统中的相与地之间
1.9	30s	
1.2	连续	无自动切除对地故障的中性点绝缘系统或无自动切除对地故障的谐振接地系统中的相与地之间
1.9	8h	

注 1. 电磁式电压互感器的最高连续运行电压，应等于设备最高电压（对接在三相系统相与地之间的电压互感器还需除以$\sqrt{3}$）或额定一次电压乘以1.2，取其较低值。

2. 按制造厂与用户协议，允许持续时间可以缩短。

标准对额定电压因数及允许持续时间的规定，是考虑电力系统故障过电压运行情况下对电压互感器电压测量的要求。

10.4.4　电压互感器的配置

按照 DL/T 866《电流互感器和电压互感器选择及计算规程》、NB/T 35076《水力发电厂二次接线设计规范》、GB/T 14285《继电保护和安全自动装置技术规程》、SL 456《水利水电工程电气测量设计规范》、DL/T 448《电能计量装置技术管理规程》、NB/T 35010《水力发电厂继电保护设计规范》，对水电厂电压互感器的配置，有如下要求。

（1）应满足测量、保护、同期及自动装置的要求，包括在系统运行方式改变时。自动装置可包括自动重合闸、备用电源投入、电力系统稳定控制、发电机励磁控制等。

（2）对两套独立主保护（见附录F）或双重化保护，应可提供两个独立的电压互感器二次绕组，或设置两组电压互感器。

双断路器接线按近后备原则配置的两套主保护，应分别接入电压互感器的不同二次绕组；对双母线接线按近后备原则配置的两套主保护，可以合用电压互感器同一二次绕组。对接于双母线的线路，两套保护可合用电压回路。

（3）采用微机保护时，对电压互感器类型及特性参数有相同要求的同一元件的同一套保护的各保护（包括主保护及后备保护）宜共用电压互感器二次回路（共用一个二次绕组）。

（4）对计费用计量仪表装置，电压互感器宜提供与其他测量及保护分开的独立的二次绕组，对Ⅰ、Ⅱ、Ⅲ类计费用电能计量装置应按计量点配置专用电压互感器或专用二次绕组。保护、测量用绕组宜分别配置，共用一个二次绕组时，其准确级及适用运行条件（见表10-24）等应同时满足测量与保护要求。

对微机型非计量的电气测量等电压互感器二次侧电压用户，其取用的电压功率很小，并通常以采样方式输入，此时计费用电能计量也可根据具体情况与非计量的电气测量或其他用户共用二次绕组。

（5）发电机自动调节励磁装置，应接到两组不同的机端电压互感器上，例如励磁专用电压互感器和仪用测量电压互感器。

（6）当接地保护未能由三相电压产生零序电压时，电压互感器应带有剩余电压绕组，以为保护提供零序电压。当微机保护能由三相电压自产零序电压时，电压互感器可不带剩余电压绕组。

（7）按照某些二次电压用户（如某些保护、控制及监测等装置）要求提供专用电压互感器或专用绕组。

（8）220kV 及以下电压等级双母线接线宜在每组母线三相上装设一组电压互感器。根据线路断路器同期或同期检测的需要，或需要监视和检测线路侧有无电压时，可在线路侧一相或三相装设一组电压互感器。对于 220kV 大型发变电工程双母线接线，通过技术经济比较，也可按线路或变压器单元配置一组三相电压互感器。

（9）330、500kV 及以上电压等级双母线接线宜在每回出线和每组母线的三相上装设一组电压互感器。对 3/2 断路器接线，应在每回出线、主变压器进线回路三相上装设一组电压互感器，对每组母线可在一相或三相装设一组电压互感器。

（10）发电机出线侧可装设 2～3 组电压互感器，供测量、保护和自动电压调整装置使用。当设发电机断路器时，应在主变压器低压侧增设 1～2 组电压互感器。

10.5　电压互感器的铁磁谐振及暂态响应

10.5.1　电压互感器的铁磁谐振

电磁式电压互感器的励磁特性为非线性，与电网中的分布电容或杂分散电容、断路器的并联均压电容在一定条件下（如电力系统的断路器分闸或隔离开关合闸等操作或其他暂态过程等）可能发生铁磁谐振。电容式电压互感器包括电容分压器和电磁单元，在电磁单元二次短路又突然清除时，一次侧电压突然变化的暂态过程可能使铁芯饱和，与并联的两部分分压电容发生铁磁谐振。铁磁谐振将产生过电压和/或过电流，特别是低频谐振时，电压互感器相应的励磁阻抗大为降低，励磁电流急剧增大，可高达额定值的数十倍以上，严重损坏电压互感器，故电压互感器需要采取相应的防谐振措施。由于对电磁式与电容式电压互感器、在中性点有效接地与非有效接地系统中使用的电磁式电压互感器，其谐振回路及产生条件并不相同，故相应的电压互感器也有不同防谐振措施或要求。

1. 中性点非有效接地系统中电磁式电压互感器的防谐振

在中性点非有效接地系统中，电磁式电压互感器与母线或线路等的对地电容形成回路，在一定激发条件下（如电网单相接地故障、合闸、雷击等）可能发生铁磁谐振。目前常用的限制或消除铁磁谐振的主要措施有：

（1）在电压互感器一次绕组中性点与地之间接入线性或非线性电阻或消谐器。

（2）在电压互感器剩余电压绕组的开口三角装设专用消谐器或线性、非线性电阻。

（3）采用在电压因数为 2 倍内呈容性的电磁式电压互感器、带防谐振的电压互感器（如设有防谐振线圈的电压互感器）或励磁特性有较高饱和点的抗谐振电压互感器（在 1.9 倍额定一次电压下特性不饱和）。

（4）将电源变压器中性点经消弧线圈或电阻接地。

上述这些措施各有其特点及局限性，选用时需根据具体电力系统情况对防谐振方案及有关参数（如电阻值及容量、消谐器类型及技术参数）进行计算选择。

2. 中性点有效接地系统（110kV 及以上的电力系统）中电磁式电压互感器的防谐振

在中性点有效接地系统中，电磁式电压互感器与电网中的杂分散电容、断路器的并联均压电容等形成回路，在一定激发条件下（如电力系统的断路器分闸或隔离开关合闸等操作或其他暂态过程等）可能发生铁磁谐振。目前常用的限制或消除铁磁谐振的主要措施有：

（1）采用电容式电压互感器。

（2）采用在电压因数为 2 倍内呈容性的电磁式电压互感器。

（3）避免带断口电容的断路器投切带电磁式电压互感器的空载母线。

3. 电容式电压互感器的防谐振要求

电容式电压互感器的铁磁谐振主要发生在电压互感器内部的分压电容与电磁单元的回路中，在电磁单元二次短路又突然清除时，故其消除谐振的措施通常在装置中考虑。按 DL/T 866 要求，电容器电压互感器应避免出现铁磁谐振，其性能应符合下列要求：

（1）在电压为 $0.8U_{Pn}$、$1.0U_{Pn}$、$1.2U_{Pn}$ 而负荷实际为零的情况下，电压互感器二次端子短路后又突然消除短路时，其二次电压峰值应在 0.5s 之内恢复到与短路前正常值相差不大于 10%。

（2）在电压为 $1.5U_{Pn}$（用于中性点有效接地系统）或 $1.9U_{Pn}$（用于中性点非有效接地系统）且负荷实际为零的情况下，电压互感器二次端子短路后又突然消除短路时，其铁磁谐振持续时间不应超过 2s。

10.5.2　电容式电压互感器的暂态响应

在电力系统或电压互感器发生短路故障时，电容式电压互感器的暂态过程可能影响所接继电保护的正确动作。为此，在 DL/T 866 中，规定电容式电压互感器的暂态响应特性应满足下列要求：

（1）在额定电压下电容式电压互感器的高压端子对接地端子短路后，二次输出电压应在额定频率的一个周期之内降低到短路前电压峰值的 10% 以下。

（2）对快速继电保护或非常短线路或短路电流很小情况，可与电压互感器制造厂协商，对暂态响应特性提出更严格的要求。

10.6　电流互感器、电压互感器二次回路接线

10.6.1　电流互感器二次回路的接线要求

按照 DL/T 866《电流互感器和电压互感器选择及计算规程》、NB/T 35076《水力发电厂二次接线设计规范》、GB/T 14285《继电保护和安全自动装置技术规程》、SL 456《水利水电工程电气测量设计规范》、DL/T 448《电能计量装置技术管理规程》、NB/T 35010《水力发电厂继电保护设计规范》的规定的要求，电流互感器二次回路的接线，包括二次回路接地、引出回路接

线及电缆截面等应符合下列要求：

1. 电流互感器的二次回路接线及接地要求

（1）每组电流互感器二次侧，宜在配电装置端子箱（柜）的端子排上连接成星形或三角形等接线方式。

（2）电流互感器二次回路应有一个接地点，并只允许有一处接地。

（3）除保护装置有具体要求外，有几组电流互感器连接在一起的保护用的各组电流互感器的中性点应引至保护屏，在保护屏端子排互连并一点接地。其余情况下接地点宜在配电装置现场，在汇总三相电流回路的端子箱或开关柜的端子排一点接地。

对高阻抗母线保护，按照 DL/T 866 的要求，各电流互感器引线的汇总点宜位于配电装置现场，以减少电流互感器饱和时加于母线差动保护的电压。此时各电流互感器的中性点应在现场端子箱互联并一点接地。

当保护的各电流互感器电流回路因无电联系（如微机型差动保护）而采用现场（如开关站）接地时，需考虑开关站发生短路时各组电流互感器不同接地点地电位差引至保护装置后所带来的影响。采用保护屏上一点接地可避免出现此情况。

2. 电流互感器二次接线及引出回路要求

（1）对三相三线制接线的电能计量装置，电流互感器与电能表之间宜采用四线连接；对三相四线制接线的电能计量装置，电流互感器与电能表之间宜采用六线连接，即每相电流互感器分别以两线连接。

（2）来自同一电流互感器二次绕组的三相电流线及其中性线应置于同一根电缆。

（3）电流互感器二次引出电缆截面应按电流互感器实际应用的负荷计算，计量回路不应小于 $4mm^2$，其他测量回路不应小于 $2.5mm^2$。

（4）电流互感器二次回路不宜进行切换。当需要进行切换时，应采取防止开路的措施。

10.6.2 电压互感器二次回路的接线要求及接线示例

10.6.2.1 电压互感器二次回路的接线要求

按照 DL/T 866《电流互感器和电压互感器选择及计算规程》、NB/T 35076《水力发电厂二次接线设计规范》、GB/T 14285《继电保护和安全自动装置技术规程》、SL 456《水利水电工程电气测量设计规范》、DL/T 448《电能计量装置技术管理规程》、NB/T 35010《水力发电厂继电保护设计规范》的规定，电压互感器二次回路的接线，包括二次回路接地、短路保护、引出回路接线、回路电压降及电缆截面等应符合下列要求：

1. 电压互感器的二次回路接地要求

（1）电压互感器的二次回路应有一个接地点，并只允许有一处接地。

（2）二次绕组为星形接线的三相电压互感器二次绕组应采用中性点接地方式。剩余电压绕组应在开口三角形的一端接地。对中性点非有效接地系统中由 2 个单相电压互感器组成的 V-V 接线的电压互感器，二次绕组应在 B 相一点接地。

（3）经控制室或继电保护盘室零相小母线连通的几组电压互感器的二次回路应在控制室或

继电保护盘室一点接地，必要时各中性点可在配电装置现场分别经放电间隙或击穿熔断器接地。

独立的、与其他电压互感器二次回路没有电联系的电压互感器二次回路，一般在配电装置现场电压互感器端子箱（柜）的端子排一点接地，每相装设单相电压互感器时，在汇总三相的端子箱的端子排一点接地，也可在控制室（或保护盘室）实现一点接地。

在控制室及继电保护盘室接地时，电压互感器二次绕组在现地无接地点，高压系统发生单相接地时，二次绕组与接地点间将出现电位差，需要根据具体情况考虑其对保护等装置工作的影响，并可能需要在电压互感器二次绕组中性点加放电间隙或击穿保险，以保证电压互感器的安全运行。故宜避免这种接地方式，尤其对大型电厂及变电站，接地点距电压互感器安装处往往有较大的距离，宜避免经控制室（或保护盘室）接地小母线联通几组电压互感器的接线方式。

对装于发电机中性点的用于发电机定子接地保护的电压互感器，其二次侧应在定子接地保护柜内一点接地。

2. 电压互感器二次引出回路要求

（1）按 NB/T 35076《水力发电厂二次接线设计规范》要求，现场同一电压互感器二次绕组与剩余电压绕组（开口三角形绕组）应分别引出接地点的引出线，不得公用。即二次绕组的接地线与剩余绕组的接地线必须分别引出。

（2）来自同一电压互感器二次绕组的三相电压线及接地线（中性线）的引出线应单独置于同一根电缆，不与其他电缆共用；剩余电压绕组引出的两（或三）根引出线应单独置于同一根电缆，不与其他电缆共用。

（3）接地引出线不应接有可能断开的开关、熔断器等。

（4）采用专用电压互感器或专用二次绕组的Ⅰ、Ⅱ、Ⅲ类计费用电能计量装置，电压回路宜经由电压互感器端子箱引至专用试验端子盒。

（5）对计费用的电能计量装置的二次电压回路，35kV及以下不宜接入隔离开关辅助触点、熔断器和自动开关；35kV以上不宜接入隔离开关辅助触点，但可装设快速熔断器或自动空气开关，并应监视电压回路完整性。

（6）对双母线或分段母线上的电压互感器，电压互感器一次侧隔离开关断开后，其二次回路应有防止二次侧向一次侧反馈电压的措施（如用隔离开关辅助动合触点或其重复继电器触点断开二次引出回路或采用可防止电压反馈的自动切换接线或装置）。

3. 电压互感器二次侧短路保护的设置要求

电压互感器组二次绕组各相引出线，除剩余绕组及有规定外（见本小节2），应装设短路保护，保护元件置于电压互感器现地端子箱。110kV及以上电压互感器或接有距离保护时宜用三极自动空气开关（额定电流为5A，带一对切换辅助触点），35kV及以下可采用熔断器（熔体为4A）。剩余电压绕组引出线通常可不装设短路保护。接地引出线不应设短路保护。

4. 电压互感器二次回路允许的电压降及电缆芯截面要求

（1）测量用电压互感器二次回路的电压降应符合下列要求，电压降按电压互感器负荷最大时计算。

1）计算机监控系统中的测量部分，常用测量仪表和综合装置的测量部分，二次回路电压降不应大于额定二次电压的 3%。

2）Ⅰ、Ⅱ类电能计量装置二次回路电压降不应大于额定二次电压的 0.2%。

3）其他电能计量装置二次回路电压降不应大于额定二次电压的 0.5%。

电压互感器二次电压回路的电缆芯截面，应按电压互感器二次回路的电压降要求计算选择，一般电能计量回路不应小于 4mm²，其他测量回路不应小于 2.5mm²。

（2）保护用电压互感器二次回路允许电压降不应大于额定电压的 3%。

10.6.2.2 电压互感器二次回路接线示例

下面给出几个不同场合应用的电压互感器二次回路接线示例。电压互感器的三相二次绕组为星形接线，其中性点及开口三角形出口的 dn 端均在三相电压互感器端子箱的端子上接地，并按用户分别引出。二次绕组三相的每组引出均设置三相微型空气断路器。

图 10-5 所示为大型发电机端电压互感器二次回路配置接线示例，机端三相配置 4 组电压互感器 1~4TV，每组由 3 台单相电压互感器组成，其中有 2 组带剩余电压绕组。发电机继电保护按双重化配置，每套保护的交流电压由不同的电压互感器提供。发电机励磁的交流电压断线失压检查采用双电压互感器判据，需要有不同的 2 组电压互感器提供交流电压。至机组调速的交流电压，需要根据机组调速系统的需要提供，某些可能仅需提供一个相电压。本例的系统要求设置功角测量。

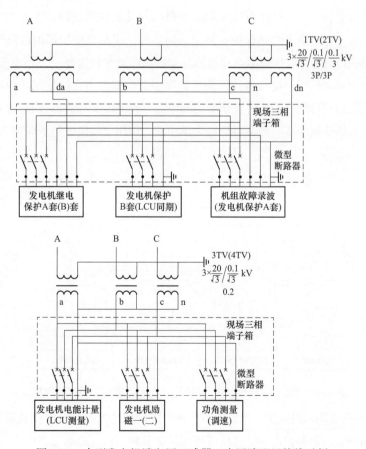

图 10-5　大型发电机端电压互感器二次回路配置接线示例

439

图 10-6 所示为 500kV 线路电压互感器二次回路接线示例，每回线配置一组电压互感器，由 3
台单相电压互感器组成，每台 4 个二次绕组。线路继电保护按双重化配置，每套保护的交流电压
由电压互感器不同的绕组提供。线路保护采用自产零序电压。电气测量采用微机型的测量装置。

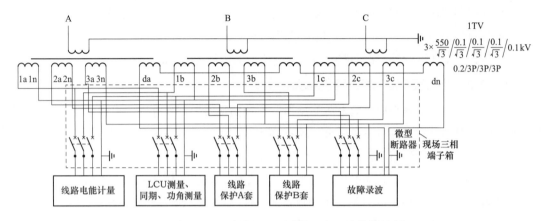

图 10-6 500kV 线路电压互感器二次回路接线示例

图 10-7 所示为 220kV 双母线电压互感器二次回路接线示例，每段母线配置一组电压互感器
（1 母线 1TV，2 母线 2TV），每组由 3 台单相电压互感器组成，每台 3 个二次绕组。母线保护按
双重化配置，并按规程要求设母线电压闭锁。与母线连接的每回线路，在线路断路器的线路侧
均设有三相电压互感器，供本线路保护、测量、同期等。线路或变压器的断路器合闸同期或重
合闸同期检查用的母线电压，由母线电压切换装置提供（通常仅需要一个相电压或线电压）。电
压切换也可以设置在与母线连接的各元件的保护屏中。根据电力系统情况，线路保护双重化的
两套保护也可以采用双母线经切换装置切换后的电压，按 GB/T 14285，两套保护也可以合用交
流电压回路，此时线路侧电压互感器可设置为单相式，供用于线路断路器同期及线路无压检查。

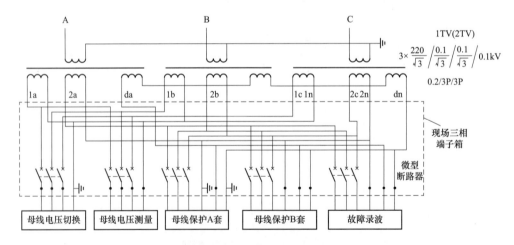

图 10-7 220kV 双母线电压互感器二次回路接线示例（一段母线）

在 10.4.2 中已说明，对保护、绝缘检查、测量、同期及控制均不需要从剩余电压绕组取得
零序电压的应用场合（如保护用零序电压可在保护装置内部由三相电压产生），电压互感器二次
绕组可不带剩余绕组，仅设置主绕组。

11 电磁兼容及相关的设计

11.1 保护系统的电磁兼容性要求

电磁兼容性是指设备或系统在其所在的电磁环境中能正常工作，且不对该环境中的任何事物构成不能承受的电磁骚扰的能力。设备或系统的电磁兼容性，通常以设备或系统能正常工作的电磁环境及对所在周围环境的电磁骚扰描述。

电厂继电保护系统包括保护装置、电流互感器和电压互感器及相关的二次电缆等，其中继电保护装置目前主要由微处理器及其他电子器件构成，保护装置通常布置于电厂内发电机近旁或开关站保护屏室。某些电厂的保护屏可能与励磁屏（包括调节器屏、灭磁屏及励磁功率整流器屏等）同室布置。而保护系统的交流电流、电压回路需以电缆从电流互感器和电压互感器设备引入，需从发电机、变压器、断路器等电气设备输入或对其输出信号，这些电缆通常与其他电缆同路径敷设。发电厂是存在强大电磁骚扰源的场所，发电设备的电磁骚扰，使以微处理器及其他电子器件构成的保护系统设备处于严酷的电磁环境中。故保护系统及其装置，必须具有对其所在电磁环境能正常可靠工作的适应能力，具有在电厂使用所要求的电磁兼容性，满足有关标准规定的电磁兼容性技术要求。

GB/T 14285《继电保护和安全自动装置技术规程》给出了继电保护和安全自动装置电磁兼容的基本要求及装置各端口的抗扰度试验要求，要求装置应满足有关电磁兼容标准，能承受所在发电厂和变电站内下列电磁干扰引起的后果：

（1）高压电路开、合操作或绝缘击穿，闪络引起的高频暂态电流和电压。

（2）故障电流引起的地电位升高和高频暂态。

（3）雷击脉冲引起的地电位升高和高频暂态。

（4）工频磁场对电子设备的干扰。

（5）低压电路开、合操作引起的电快速瞬变。

（6）静电放电。

（7）无线电发射装置产生的电磁场。

上述各项干扰电平与变电站电压等级、发射源与感受设备的相对位置、接地网特性、外壳和电缆屏蔽特性及接地方式等因素有关，应根据干扰的具体特点和数值适当确定设备的抗扰度要求和采取必要的减缓措施。

规程规定了继电保护和安全自动装置各端口的抗扰度试验具体要求，见表 11-1～表 11-5。

表 11-1　　　　　　　　　　　　　　外壳端口抗扰度试验

序号	电磁干扰类型	试验规范	单位	参照标准	
				国际标准	国家标准
1	射频电磁场辐射	80～1000 10（非调制，有效值） 80%AM（1kHz）调幅	MHz V/m	IEC 60255-26	GB/T 14598.26
2	静电放电	6（接触放电） 8（空气放电）	kV kV		

注　GB/T 14598.26（IEC 60255-26）《量度继电器和保护装置　第26部分：电磁兼容要求》。

表 11-2　　　　　　　　　　　　　　功能接地端口抗扰度试验

序号	电磁干扰类型	试验规范	单位	参照标准	
				国际标准	国家标准
1	射频场引起的传导干扰	0.15～80 10（非调制，有效值） 150（电源阻抗） 80%AM（1kHz）调幅	MHz V Ω	IEC 60255-26	GB/T 14598.26
2	快速瞬变 A级 B级	5/50（T_R/T_H） 4（峰值） 2.5（重复频率） 2（峰值） 5（重复频率）	ns kV kHz kV kHz		

注　1. T_R/T_H 为试验的快速瞬变脉冲上升时间/脉冲宽度；或浪涌试验波形的波前时间/半峰值时间。
　　2. GB/T 14598.26（IEC 60255-26）《量度继电器和保护装置　第26部分：电磁兼容要求》。

表 11-3　　　　　　　　　　　　　　输入、输出端口抗扰度试验

序号	电磁干扰类型	试验规范		单位	参照标准	
					国际标准	国家标准
1	射频场引起的传导干扰	0.15～80 10（非调制，有效值） 150（电源阻抗） 80%AM（1kHz）调幅		MHz V Ω	IEC 60255-26	GB/T 14598.26
2	快速瞬变 A级 B级	5/50（T_R/T_H） 4（峰值） 2.5（重复频率） 2（峰值） 5（重复频率）		ns kV kHz kV kHz		
3	1MHz脉冲群 差模 共模	0.1 75（T_R） ≥40（重复频率） 200（电源阻抗） 1（峰值） 2.5（峰值）	1 75（T_R） 400（重复频率） 200（电源阻抗） 1（峰值） 2.5（峰值）	MHz ns Hz Ω kV kV		

序号	电磁干扰类型	试验规范	单位	参照标准	
				国际标准	国家标准
4	浪涌	1.2/50(8/20)[T_R/T_H 电压(电流)]	μs		
		2(电源阻抗)	Ω		
	线对线	0.5, 1(放电电压)	kV		
		40(耦合电阻)	Ω		
		0.5 耦合电容	μF		
	线对地	0.5, 1, 2(放电电压)	kV		
		40(耦合电阻)	Ω		
		0.5 耦合电容	μF		
5	工频干扰 A 级差模	150(有效值)	V	IEC 60255-26	GB/T 14598.26
		100(耦合电阻)	Ω		
		0.1(耦合电容)	μF		
	A 级共模	300(有效值)	V		
		220(耦合电阻)	Ω		
		0.47(耦合电容)	μF		
	B 级差模	100(有效值)	V		
		100(耦合电阻)	Ω		
		0.047(耦合电容)	μF		
	B 级共模	300(有效值)	V		
		220(耦合电阻)	Ω		
		0.47(耦合电容)	μF		

注　T_R/T_H 为试验的快速瞬变脉冲上升时间/脉冲宽度；或浪涌试验波形的波前时间/半峰值时间。

表 11-4　　　　　　　　　　　　　　　　　　通信端口抗扰度试验

序号	电磁干扰类型	试验规范		单位	参照标准	
					国际标准	国家标准
1	射频场引起的 传导干扰	0.15～80 10(非调制，有效值) 150(电源阻抗) 80%AM(1kHz)调幅		MHz V Ω		
2	快速瞬变 A 级	5/50(T_R/T_H)		ns	IEC 60255-26	GB/T 14598.26
		2(峰值)		kV		
		5(重复频率)		kHz		
	B 级	1(峰值)		kV		
		5(重复频率)		kHz		
3	1MHz 脉冲群	0.1	1	MHz		
		75(T_R)	75(T_R)	ns		
		≥40(重复频率)	400(重复频率)	Hz		
		200(电源阻抗)	200(电源阻抗)	Ω		
	差模	0(峰值)	0(峰值)	kV		
	共模	1(峰值)	1(峰值)	kV		

序号	电磁干扰类型	试验规范	单位	参照标准	
				国际标准	国家标准
4	浪涌 线对地	1.2/50（T_R/T_H，电压） 8/20（T_R/T_H，电流） 2（电源阻抗） 0.5，1（放电电压） 0（耦合电阻） 0（耦合电容）	μs μs Ω kV Ω μF	IEC 60255-26	GB/T 14598.26

注　T_R/T_H 为试验的快速瞬变脉冲上升时间/脉冲宽度；或浪涌试验波形的波前时间/半峰值时间。

表 11-5　　　　　　　　　　　　　电源端口抗扰度

序号	电磁干扰类型	试验规范		单位	参照标准	
					国际标准	国家标准
1	射频场引起的 传导干扰	0.15～80 10（非调制，有效值） 150（电源阻抗） 80％AM（1kHz）调幅		MHz V Ω	IEC 60255-26	GB/T 14598.26
2	快速瞬变 A 级 B 级	5/50（T_R/T_H） 4（峰值） 2.5（重复频率） 2（峰值） 5（重复频率）		ns kV kHz kV kHz		
3	1MHz 脉冲群 差模 共模	0.1 75（T_R） ≥40（重复频率） 200（电源阻抗） 1（峰值） 2.5（峰值）	1 75（T_R） 400（重复频率） 200（电源阻抗） 1（峰值） 2.5（峰值）	MHz ns Hz Ω kV kV		
4	浪涌 线对线 线对地	1.2/50(8/20)［T_R/T_H，电压（电流）］ 2（电源阻抗） 0.5，1（放电电压） 0（耦合电阻） 18（耦合电容） 0.5，1，2（放电电压） 10（耦合电阻） 9（耦合电容）		μs Ω kV Ω μF kV Ω μF		
5	直流电压中断	100％降低中断时间： 5、10、20、50、100、200		ms		

注　T_R/T_H 为试验的快速瞬变脉冲上升时间/脉冲宽度或浪涌试验波形的波前时间/半峰值时间。

11.2　与电磁兼容相关的电厂设计

由保护系统设备供应商成套供应的保护系统设备，应满足有关标准规定的电磁兼容性要求，具有标准规定的抗扰度及对其所在环境的骚扰度。但发电厂中存在强大电磁骚扰源的某些区域，这些场所可能给保护系统带来超过所规定的抗扰度的骚扰。故为保证保护系统的正确可靠工作，保证保护系统满足在电厂运行时的电磁兼容性要求，在电厂工程设计时，通常需要进行与电磁兼容相关的一些设计。电厂的相关设计通常有下面的几个方面：

（1）在保护系统的设计文件中，应按照相关的规程明确系统及设备的电磁兼容性技术要求，由保护系统设备供应商保证成套保护系统满足电厂使用时的电磁兼容要求。

（2）继电保护和安全自动装置在厂站中的布置位置，装置与外部系统连接的有关线、缆的路径，应尽可能远离电磁骚扰源，如电厂开敞式布置的发电机母线或其他大电流母线、高压母线、线路及断路器、变压器、电抗器，电厂外部的强电台，以及高频暂态电流的入地点，如避雷器和避雷针、并联电抗器、电容式电压互感器和结合电容及电容式套管等设备的接地点。

当设备的布置无法避免外部干扰时，需考虑设备房间或环境的电磁屏蔽措施，或选择抗扰度水平与场所位置骚扰度相适应的设备。

（3）按 GB/T 14285《继电保护和安全自动装置技术规程》的要求装设等电位接地网及对保护和安全自动装置进行接地。

1）应在主控制室、保护屏室、敷设二次电缆的沟道、开关站的就地端子箱及保护用结合滤波器等处，使用截面不小于 $100\mathrm{mm}^2$ 的裸铜排（缆）敷设与主接地网紧密连接的等电位接地网。

2）在主控制室、保护屏室屏柜下层的电缆室（或电缆沟），按屏柜布置的方向敷设截面不小于 $100\mathrm{mm}^2$ 的专用铜排（缆），铜排应首末可靠连接成环网，构成室内等电位接地网。并用截面不小于 $50\mathrm{mm}^2$、不少于 4 根铜排（缆）与厂、站的主接地网在一处直接连接，连接点位置宜选择在电缆竖井处。

3）分散布置的保护就地站、通信室与集控室之间，应使用截面面积不小于 $100\mathrm{mm}^2$ 的铜排（缆）可靠连接，连接点应在室内等电位接地网与厂、站接地网连接处。

4）静态保护和控制装置的屏柜下部应有截面面积不小于 $100\mathrm{mm}^2$ 的接地铜排。屏柜上装置的接地端子应用截面不小于 $4\mathrm{mm}^2$ 的多股铜线和接地铜排相连，接地铜排应用截面面积不小于 $50\mathrm{mm}^2$ 的铜排与地面下的等电位接地网相连。

5）开关站就地端子箱内应设置截面不小于 $100\mathrm{mm}^2$ 的裸铜排，并使用截面不小于 $100\mathrm{mm}^2$ 的铜缆与电缆沟内的等电位接地网连接。

（4）保护的输入、输出回路应使用空触点、光隔或隔离变压器隔离。

（5）正确设计保护和控制装置输入、输出的连接电缆，并正确接地，避免或减少由电缆进入的电磁干扰，详见第 12 章，与电流、电压互感器连接的电缆见 10.6 节。

（6）保护系统与外部设备间的数字信号传输宜采用光缆，传送距离大于 50m 时应采用光缆。

（7）保护的二次接线采取抗干扰设施。如：

1）直流电压在 110V 及以上的中间继电器应在线圈端子上并联电容或反向二极管作为消弧回路，在电容及二极管上都必须串入数百欧的低值电阻，以防止电容或二极管短路时将中间继电器线圈短接。二极管反向击穿电压不宜低于 1000V。

2）当断路器现地控制接线设跳闸或合闸继电器时，为防止电源或电缆线干扰误动，该继电器不宜采用快速动作继电器，特别对经较长的电缆线受远方控制的继电器，必要时需在设计图上对该继电器的动作电源提出调整要求（如动作电压不低于继电器额定电压的 $55\%\sim65\%$、启动功率不小于 5W、动作时间不小于 10ms）。保护跳闸触点通常采用直接作用于跳闸线圈，现地不再设重复继电器。

12 电缆、直流电源、与自动化系统配合及二次回路

12.1 电缆的选择及敷设

电缆的选择，通常包括对电缆的下列技术条件及参数的选择：

(1) 电缆芯的材质、截面、芯数选择，包括是否采用对绞或三绞线电缆。

(2) 是否采用屏蔽电缆及屏蔽层类型的选择，可选择的屏蔽层类型有铜带屏蔽、铜丝编织屏蔽、铝塑复合带屏蔽、钢带铠装屏蔽。

(3) 电缆额定电压的选择。

(4) 电缆绝缘类型的选择。可选择的电缆绝缘类型有聚氯乙烯、交联聚乙烯、聚乙烯、乙丙橡皮等绝缘。

(5) 电缆外护层类型的选择。包括是否采用铠装及其类型的选择、外护套材料的选择，铠装的类型可选择为钢带铠装、细钢丝铠装，可选择的外护套材料有聚氯乙烯、聚乙烯、聚烯烃、氯丁橡皮、氯磺化聚乙烯等。

(6) 是否采用阻燃电缆、耐火电缆或防火电缆（不燃电缆）。

在 GB/T 14285《继电保护和安全自动装置技术规程》、NB/T 35010《水力发电厂继电保护设计规范》、DL/T 866《电流互感器和电压互感器选择及计算规程》、NB/T 35076《水力发电厂二次接线设计规范》、SL 456《水利水电工程电气测量设计规范》、DL/T 448《电能计量装置技术管理规程》、GB 50217《电力工程电缆设计标准》等的规定及有关反事故措施中，对电缆的选择及敷设有下面的具体要求。

12.1.1 电缆芯的材质、截面、芯数选择及多芯电缆的应用

1. 电缆芯材

应选择用铜芯电缆。

2. 电缆芯截面

(1) 控制、信号电缆截面按在正常最大负荷时，直流屏至电缆连接设备的电压降不大于额定电压 U_n 的 10% 选择。对断路器合闸电缆截面，应满足在蓄电池在经规定的事故放电时间后（通常 1h，蓄电池端电压可能为 $85\%U_n$），可保证断路器可靠地合闸（断路器的合闸电压范围 $80\%\sim110\%U_n$）。断路器的跳闸电压范围 $65\%\sim110\%U_n$，故跳闸电缆按压降不大于额定电压的 10% 选择通常可满足要求。

(2) 电流互感器回路按互感器准确度等级所允许的负载阻抗选择。电缆最小截面面积不应

小于 2.5mm²，二次额定电流为 5A 的计量回路不宜小于 4mm²，1A 计量回路不宜小于 2.5mm²。

（3）电压互感器回路按允许电压降选择电缆截面。至计费用的Ⅰ、Ⅱ类电能计量装置的电压降不大于互感器额定二次电压的 0.2%，其他类电能计量装置不大于额定二次电压的 0.5%，至其他测量仪表不宜超过 1%（3%），至自动、保护装置不宜超过 3%。电压降按互感器负荷最大时计算。电缆最小截面，一般计量回路不应小于 4mm²，其他测量回路不应小于 2.5mm²。

（4）按机械强度要求，强电回路电缆截面面积不应小于 1.5mm²，屏、柜内导线应不小于 1.0mm²，弱电回路不应小于 0.5mm²。

3. 电缆芯数的选择及备用芯的预留

（1）控制电缆应选用多芯电缆，但芯数不宜过多。截面面积为 1.5~2.5mm² 的每根电缆芯数不宜超过 24 芯，4.0~6.0mm² 的不宜超过 10 芯，弱电（48V 及以下）电缆不宜超过 48 芯。

（2）控制电缆备用芯的预留：对敷设条件较好的场所，如中央控制室内部和机旁屏间，可不预留或少预留备用芯。对较长的 7 芯及以上且截面面积小于 4.0mm² 的电缆，7~14 芯者备用 1~2 芯，19 芯及以上者备用 2~3 芯，有改进结线可能的可适当多预留。

（3）直流电源电缆宜选用 2 芯电缆，也可以选用单芯电缆。蓄电池组引出线为电缆时，宜选用单芯电缆，也可以采用多芯电缆并联作为一极使用，正、负极不应共用一根电缆。

4. 多芯电缆的使用要求

（1）下列情况的回路不应共用同一根电缆：

1）下列情况的回路不应共用同一根电缆：强电（60V 及以上）与弱电；交流与直流；弱电中的不同电平的回路；交流断路器分相操作的各相弱电控制回路。

交流电流回路、交流电压回路应分别使用各自独立的二次电缆，禁止与其他回路电缆共用。

2）双重化配置的保护的电流回路、电压回路、直流电源回路、双跳闸绕组的控制回路等，两套系统应采用各自独立的控制电缆，不得合用一根多芯电缆。双重化配置的保护装置、母差和断路器失灵等重要保护的启动和跳闸回路均应使用各自独立的电缆。

3）不同安装单位的回路，不应合用一根多芯电缆。

（2）下列情况的回路宜或应共用同一电缆：

1）弱电回路的每一对往返回路的导线，宜同属一根电缆。

2）下列情况的回路应置于同一根电缆，并禁止与其他电缆共用：来自同一互感器二次绕组的三相线与其中性线；来自同一电压互感器剩余绕组的两（或三）根引入线；交流电源的相、零、地线；直流电源的正、负回路。

12.1.2 屏蔽电缆和对绞电缆的选用及屏蔽接地

（1）保护和控制装置的直流电源、交流电流、交流电压及信号的外部引入回路电缆，以及直接接入微机型继电保护装置的所有二次回路电缆，或与高压电缆或大电流母线紧邻并行较长的电缆，均应采用屏蔽电缆，位于 110kV 及以上配电装置的弱电控制电缆宜采用屏蔽电缆，并按下列要求选用总屏电缆或对绞分屏加总屏蔽电缆：

1) 弱电模拟量或脉冲量的输入、输出回路电缆，宜采用对绞分屏加总屏蔽电缆，对绞的组合应是同一信号的两条信号线。

2) 采用三线连接的电阻温度探测元件（RTD）的输入回路，宜采用三绞芯分屏加总屏蔽电缆，三绞芯的组合应是同一个 RTD。

3) 传送音频信号应采用带总屏蔽双绞线电缆。

4) 除上述外的交流电源、电压及信号的外部引入回路及其他回路采用带总屏蔽的电缆。

5) 不允许用电缆芯的两端同时接地方法作为抗干扰措施。电缆具有钢铠、金属套时，应充分利用其屏蔽功能。

（2）按下列要求对电缆的屏蔽层进行接地：

1) 保护或控制屏柜至开关站或超高压配电装置及开关站内采用带总屏蔽的电缆，由发电机坑内引至外部的电缆，或可能受电磁场干扰较大的电缆，其总屏蔽应在两端接地。在保护或控制屏柜上宜接于屏柜的接地铜排，在开关站应在与高压设备有一定距离的端子箱接地。互感器每相二次回路经两芯屏蔽电缆从高压箱体引至端子箱，该电缆屏蔽层在高压箱体和端子箱两端接地。

2) 带总屏的对绞（或三绞）分屏电缆，对绞（或三绞）分屏的内屏蔽在保护系统屏侧一点接地，总屏蔽在两端接地。传送音频信号的带总屏蔽双绞线电缆，其屏蔽层应在两端接地。

3) 发电机坑内，由设备或元件至机坑内部端子箱的电缆，总屏蔽在端子箱侧一点接地。或受静电感应干扰较大的电缆，总屏蔽在系统屏侧一点接地。

4) 电缆屏蔽层（包括保护及相关的二次回路和高频收发信机等的电缆屏蔽层），应使用截面面积不小于 $4mm^2$ 的多股铜质软导线与电厂等电位接地网连接。

（3）屏蔽电缆屏蔽层类型，从屏蔽性能方面考虑，屏蔽效果由好至较差依次为铜带屏蔽、钢带铠装屏蔽、铜丝编织屏蔽、铝塑复合带屏蔽。电缆屏蔽层类型可根据电厂具体情况选择，从使用方便考虑，一般可选用金属（铜）丝编织层屏蔽电缆。

（4）220V 交流电源回路不得采用分芯屏蔽电缆，至 UPS 的 220V 交流电源回路不宜采用屏蔽或铠装电缆。

12.1.3 电缆额定电压的选择

（1）在 220kV 及以上的配电装置敷设的电缆（包括引至该场地的电缆），宜选用额定电压 600/1000V（U_0/U），当电缆有良好屏蔽时可选用 450/750V 电缆。

（2）其余场合下敷设的电缆，强电回路可采用额定电压不低于 450/750V 电缆，弱电回路可选用额定电压不低于 250V 的电缆。

12.1.4 电缆绝缘类型的选择

（1）宜按低毒、难燃（阻燃）、低烟的防火要求选择电缆的绝缘类型。如采用交联聚乙烯、聚乙烯、乙丙橡皮等绝缘的无卤电缆。

（2）电缆绝缘类型应满足使用环境温度要求。60℃以上的高温场所宜用耐热聚氯乙烯、交联聚乙烯、乙丙橡皮等绝缘的电缆，100℃以上的高温场所宜用矿物绝缘电缆或其他可在较高温度下工作的电缆，−15℃以下的低温场所宜用交联聚乙烯、聚乙烯、耐寒橡皮等绝缘的电缆；上述环境中均不宜采用普通的聚氯乙烯绝缘电缆。

（3）移动式设备等需要经常弯移或有较高柔软性要求的回路，应采用橡皮绝缘电缆。

（4）放射性作用的场所应采用交联聚乙烯、乙丙橡皮绝缘电缆。

（5）在可能遭受油类污染腐蚀的地方，应采用耐油的绝缘导线、耐油电缆或采取其他防油措施。

12.1.5　电缆外护层类型的选择

（1）空气中固定敷设的电缆外护层类型的选择：

1）电缆位于高落差的受力条件需要时，可含有钢丝铠装。

2）鼠害严重的场所，塑料绝缘电缆可具有金属包带或钢带铠装。

3）受阳光照射的场所应采用铠装电缆。

4）除上述1）～3）外，敷设在梯架或托盘等支承密接的电缆，可不含铠装，但应有挤塑外套。

5）严禁在封闭式通道内使用纤维外被的明敷电缆。

6）宜按低毒、难燃（阻燃）、低烟的防火要求选择电缆的外护层，如采用交联聚乙烯、聚乙烯、乙丙橡皮等外护套。

7）60℃以上的高温场所应选用聚乙烯等耐热外护层。

（2）直埋敷设的电缆外护层类型的选择：

1）电缆承受较大压力或有机械损伤危险时，应有钢带铠装或加强层。

2）在流沙层、回填土地带等可能出现位移的土壤中，电缆应有钢丝铠装。

3）白蚁严重危害地区用的挤塑电缆，应选用较高硬度的外护层（如尼龙等），也可采用金属套或钢带铠装。

4）地下水位较高的地区，应选用聚乙烯外护套。

（3）敷设在保护管中的电缆，宜具有挤塑外护层。

（4）水下敷设的电缆外护层类型的选择：

1）在沟渠、不通航小河等不需铠装层承受拉力的电缆，可选用钢带铠装电缆。

2）江河、湖海中的电缆，采用的钢丝铠装型式应满足受力条件的要求。

（5）在潮湿、含化学腐蚀环境或易受水浸泡的电缆，金属套、加强层、铠装上应有聚乙烯外护层。水中电缆的粗钢丝铠装应有挤塑外护层。−15℃以下的低温环境应选用聚乙烯外护层。

在有水或药用化学液体浸泡场所，应具有符合使用要求的金属塑料复合阻水层、金属套等径向防水构造，应采用聚乙烯作电缆的挤塑外套。

（6）移动式设备等需要经常弯移或有高柔软性要求的回路，宜采用橡皮外护层电缆。

（7）放射性的场所宜采用聚氯乙烯、氯丁橡皮、氯磺化聚乙烯等外护层。

（8）交流单相回路的电力电缆，不得采用未经非磁性有效处理的钢制铠装。

（9）至 UPS 的 220V 交流电源回路不宜采用铠装电缆。

12.1.6　阻燃电缆、耐火电缆、防火电缆（不燃电缆）的选择

对电缆的防火与阻止延燃要求，在 GB 50217《电力工程电缆设计标准》中有如下规定。

（1）对电缆可能着火蔓延导致严重事故的回路、易受外部影响波及火灾的电缆密集场所，应有适当的阻火分隔，并按工程的重要性、火灾概率及其特点和经济合理等因素，采取下列安全措施。

1）实施阻燃防护或阻止延燃。

2）选用具有难燃性的电缆。

3）实施耐火防护或选用具有耐火性的电缆。

4）实施防火构造。

5）增设自动报警与专用消防装置。

（2）在火灾概率较高、灾害影响较大的场所，明敷方式下的电缆选择，应符合下列规定：

1）发电厂的主厂房、输煤系统、燃油系统以及其他易燃、易爆场所，宜选用阻燃电缆。

2）地下变电站、地下客运或商业设施等人流密集环境中的回路，应选用低烟、无卤阻燃电缆。

3）其他重要的工业与公共设施供配电回路，宜选用阻燃电缆或低烟、无卤阻燃电缆。

故大型或重要的水电厂，在电缆密集的场所，如在电缆廊道、电缆夹层中敷设的控制电缆宜选用阻燃电缆或低烟、无卤阻燃电缆。

（3）在外部火势作用一定时间内需要维持通电的下列场所或回路，明敷电缆应实施耐火分隔或采用耐火电缆。

1）消防、报警、应急照明、断路器操作直流电源和发电机组紧急停机的保安电源或应急电源等重要回路。

2）计算机监控、双重化继电保护、保安电源等双回路合用同一通道未相互隔离时其中的一个回路。

3）油罐区等可能有熔化金属溅落的易燃场所。

4）其他重要公共建筑设施等需有耐火要求的回路。

（4）在油罐区、重要木结构公共建筑、高温场所等其他耐火要求高且敷设安装和经济合理时，可采用不燃性矿物绝缘电缆（即防火电缆）。

12.1.7　电缆的敷设

电缆的敷设可参考 GB 50217《电力工程电缆设计标准》。以下为常用的敷设要求。

（1）电缆的允许弯曲半径，应符合电缆绝缘及其构造特性的要求，通常在产品的使用说明中给出。一般的要求参见表 12-1。

表 12-1 电缆的允许弯曲半径

序号	电缆的规格或型式	最小弯曲半径
1	无铠装及铜带屏蔽的一般电缆（包括交联聚氯乙烯绝缘聚烯烃护套阻燃电缆）	6D
2	无铠装及无铜带屏蔽的交联聚氯乙烯绝缘聚乙烯护套的耐寒电缆	8D
3	无铠装及无铜带屏蔽聚氯乙烯绝缘聚乙烯护套的阻燃电缆	10D
4	铠装或铜带屏蔽	12D
5	铠装或铜带屏蔽交联聚氯乙烯绝缘聚烯烃护套阻燃电缆和交联聚氯乙烯绝缘聚乙烯护套的耐寒电缆	16D
6	同轴粗缆	30cm
7	同轴细缆	20cm

注 D 为电缆外径。

（2）电缆群敷设在同一通道中位于同侧的多层支架上布置时从上至下应按电力电缆、强电至弱电的控制和信号电缆、通信电缆排列。当层数受限时 1kV 及以下的电力电缆可以与强电控制和信号电缆布置于同一层支架上。在同一通道中，不宜把非难燃电缆与难燃电缆并列布置。

（3）同一层支架上控制和信号电缆可紧靠或多层叠置。

（4）电缆及其管、沟穿过不同区域之间的墙、板孔洞处，应以非燃性材料严密堵塞。

（5）除架空绝缘型电缆外的非户外型电缆，使用在户外时，宜有罩、盖等遮阳。

（6）电缆直埋方式应符合下面规定：

1）在化学腐蚀或杂散电流腐蚀的土壤范围内，不得采用直埋。

2）地下管网较多的地段，可能有溶化金属、高温液体溢出的场所，或将有较频繁开挖的地方，不宜采用直埋。无防护措施时，直埋电缆路径宜避开白蚁危害地带、热源影响和易遭外力损伤的区段。

3）直埋于非冻土地区的电缆埋深应符合下面规定：电缆外皮至地下构筑物基础不得小于 0.3m；电缆外皮至地面不得小于 0.7m，位于车行道或耕地下时，不宜小于 1m。直埋于冻土地区时应埋入冻土层以下。

（7）电缆穿管敷设方式应符合下面规定：

1）在有爆炸危险场所明敷的电缆，地下电缆与公路、铁路交叉时，应采用穿管；通过房屋、广场、道路地段的地下电缆，宜采用穿管；地下管网较密的工厂区等，可采用穿管。

2）保护管应满足使用条件所需的机械强度和耐久性，通常采用普通碳素钢管（即水煤气管）。

3）每根管宜只穿一根电缆。

4）管的内径不宜小于电缆外径的 1.5 倍。排管的管孔内径尚不宜小于 75mm。

5）每根管的长度不宜大于 25m，长度大于 25m 的管路、管路方向有较大改变处、从排管转入直埋处、电缆分支处或接头处应设有工作井。

6）地中埋管距地面的距离不宜小于 0.5m，并列管之间宜有不小于 20mm 的空隙。

7）管路的坡度较大时应有防止电缆滑落的加固措施。

（8）电缆敷设路径应避免或减少外部电磁场对电缆的干扰，见 11.2 节。

（9）当控制电缆的敷设长度超过制造长度，由于屏、柜的搬迁而使原有电缆长度不够或更换电缆的故障段时，可用焊接法连接电缆，也可经屏上的端子连接。

12.2 直 流 电 源

对继电保护和安全自动装置的直流电源 GB/T 14285《继电保护和安全自动装置技术规程》有如下的规定。

（1）保护和安全自动装置的直流电源电压纹波系数应不大于 2%，最低电压不低于额定电压的 85%，最高电压不高于额定电压的 110%。

（2）直流电压回路自动开关或熔断器的配置。

1）双重化配置的两套保护装置应有不同的电源供电，并分别设有专用的直流熔断器或自动开关。

2）由一套装置控制多组断路器（如母线保护、变压器差动保护、发电机差动保护、各种双断路器接线方式的线路保护等）时，保护装置与每一断路器的操作回路应分别由专用的直流熔断器或自动开关供电。

3）有两组跳闸线圈的断路器，其每一跳闸回路应分别由专用的直流熔断器或自动开关供电。

4）单断路器接线的线路保护装置可与断路器操作回路合用直流熔断器或自动开关，也可分别使用独立的直流熔断器或自动开关。

5）采用远后备原则配置保护时，其所有保护装置，以及断路器操作回路等，可仅由一组直流熔断器或自动开关供电。

6）信号回路应由专用的直流熔断器或自动开关供电，不得与其他回路混用。

7）220kV 及以上电压或 100MVA 及以上容量的变压器、电抗器的非电量保护应具有独立的电源回路。

（3）每一套独立的保护装置应设有直流电源消失的报警回路。

（4）上、下级直流熔断器或自动开关之间应有选择性。

（5）保护装置应具有独立的 DC/DC 变换器供内部回路使用的电源。拉、合装置直流电源或直流电压缓慢下降或上升时，保护不应误动作。直流消失时，应用输出触点启动告警信号。直流电源恢复（包括缓慢恢复）时，变换器应能启动。

（6）保护装置不应要求其交、直流输入回路外接抗干扰元件来满足有关电磁兼容标准的要求。

12.3 保护与厂站自动化系统的配合及接口

保护与厂站自动化系统的配合及接口通常应考虑下面的要求。

（1）保护装置及其输入、输出回路应不依赖于厂、站自动化系统能独立运行。

（2）保护装置逻辑判断回路所需的各种输入量应直接以电缆接入保护装置，作用于跳闸的输出应以触点输出并以电缆直接接至断路器操作回路，作用于停机灭磁的输出以触点输出并应以电缆直接接至励磁系统、调速器系统，不应经厂、站自动化系统转接或采用通信系统转接。

（3）每一保护动作信号及保护装置故障信号应以触点输出并以电缆接入厂、站自动化系统的相关的现地控制单元。

（4）通过 I/O 接口，向厂、站自动化系统相关的现地控制单元传输相关断路器的位置信息、故障信息、断路器就地/远方控制开关位置等信息，接受相关的现地控制单元的断路器合/分操作命令、保护的远方复归等信息。

（5）通过通信口（若有）与相关的现地控制单元交换信息，如向现地控制单元输出未由 I/O 接口输出的状态信息、故障信息、录波数据、保护整定值数据等，接受现地控制单元送来时间同步信息等。当电厂设置有继电保护信息管理系统时，厂、站自动化系统也可通过与继电保护信息管理系统通信取得这些相关的数据信息，此时也可不再设置与保护装置的通信接口。

12.4　二　次　回　路

对继电保护和安全自动装置的二次直流电压回路，在 GB/T 14285《继电保护和安全自动装置技术规程》中有下述技术要求。

（1）二次回路的工作电压不宜超过 250V，最高不应超过 500V。

（2）发电厂和变电站中重要设备和线路的继电保护和自动装置，应有经常监视操作电源的装置。各断路器的跳闸回路、重要设备和线路的断路器合闸回路，以及装有自动重合闸装置的断路器合闸回路应装设回路完整性的监视装置。

监视装置可发出光信号或声光信号，或通过自动化系统向远方传送信号。

（3）在安装各种设备、断路器和隔离开关的联锁触点、端子排和接地线时，应能在不断开 3kV 及以上一次线的情况下，保证在二次回路端子排上安全地工作。

（4）在可能出现操作过电压的二次回路中，应采取降低操作过电压的措施，例如对电感大的线圈并联消弧回路。

（5）在有振动的地方，应采取防止导线接头松脱和继电器、装置误动作的措施。

（6）屏、柜和屏、柜上设备的前面和后面，应用必要的标志，表明其所属安装单位及用途。屏、柜上的设备，在布置上应使各安装单位分开，不应互相交叉。

（7）试验部件、连接片、切换片，安装中心线离地面不宜低于 300mm。

（8）保护和自动装置均宜采用柜式结构。

附录 A　发电机机端及定子内部单相接地的 电压、电流分析计算

A.1　中性点不接地的发电机机端单相金属接地

设发电机机端 A 相单相金属接地，由于接地电流不大，可认为此时发电机机端的各相电动 势仍为故障前的对称的 $\dot{E}_A$、$\dot{E}_B$、$\dot{E}_C$。此时 A 相故障接地点 k 对地电压 $\dot{U}_{kA}=0$，当设发电机中 性点对地电压为 $\dot{U}_n$（电压正向为中性点指向地），并忽略各相电流在发电机内阻抗上的压降时， 由图 A-1，故障相有如下电压方程，即

$$\dot{U}_{kA} = \dot{U}_n + \dot{E}_A = 0 \tag{A-1}$$

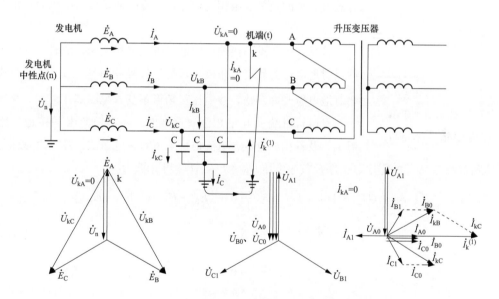

图 A-1　中性点不接地的发电机机端单相接地

由式（A-1）可得故障时中性点对地电压为

$$\dot{U}_n = -\dot{E}_A \tag{A-2}$$

同样，故障点 B 及 C 电压 $\dot{U}_{kB}$、$\dot{U}_{kC}$（电压正向为故障点指向地）可计算为

$$\dot{U}_{kB} = \dot{U}_n + \dot{E}_B = \dot{E}_B - \dot{E}_A = \sqrt{3}\dot{E}_A e^{-j150°} \tag{A-3}$$

$$\dot{U}_{kC} = \dot{U}_n + \dot{E}_C = \dot{E}_C - \dot{E}_A = \sqrt{3}\dot{E}_A e^{j150°} \tag{A-4}$$

当将发电机各相对地的分布电容总电容量按等效于接于机端的相同容量的集中电容考虑， 并假定各相电容量相等时，机端 A 相单相金属接地时各相对地的电容电流可计算为

$$
\left.
\begin{array}{l}
\dot{I}_{kA} = j\,\omega C \dot{U}_{kA} = 0 \\
\dot{I}_{kB} = j\,\omega C \dot{U}_{kB} = j\,\omega C(\dot{E}_{B} - \dot{E}_{A}) \\
\dot{I}_{kC} = j\,\omega C \dot{U}_{kA} = j\,\omega C(\dot{E}_{C} - \dot{E}_{A})
\end{array}
\right\}
\tag{A-5}
$$

由图 A-1，发电机机端 A 相单相金属接地时，经故障点 k 的接地短路电流 $\dot{I}_{k}^{(1)}$ 为各相对地电容电流之和，即

$$
\begin{aligned}
\dot{I}_{k}^{(1)} &= \dot{I}_{kA} + \dot{I}_{kB} + \dot{I}_{kC} = 0 + j\,\omega C(\dot{E}_{B} - \dot{E}_{A}) + j\,\omega C(\dot{E}_{C} - \dot{E}_{A}) \\
&= j\,\omega C(\dot{E}_{B} + \dot{E}_{C} - 2\dot{E}_{A}) = -j3\,\omega C \dot{E}_{A}
\end{aligned}
\tag{A-6}
$$

式中：C 为发电机每相对地电容，包括每相定子绕组、机端引出母线、升压变压器低压侧绕组、接于发电机母线的厂用变压器高压侧绕组等的对地电容；$\omega = 2\pi f$ 为角频率，对 50Hz 系统 $\omega =$ 314。由式（A-6）可得到如图 A-2 所示的计算中性点不接地发电机机端单相金属性接地电流的等效电路。

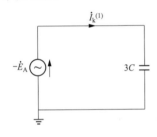

图 A-2　计算图 A-1 单相
接地电流的等效电路

上面各式电压以有效值计算时，可用 $\dot{E}_{\varphi}$ 代替 $\dot{E}_{A}$ 计算，$\dot{E}_{\varphi}$ 为以有效值表示的定子绕组相电动势，计算时通常以发电机额定相电压有效值 $\dot{U}_{\varphi}$ 来代替。

可见，中性点不接地的发电机机端单相金属接地时，发电机中性点对地电压为发电机相电压，机端故障相对地电压为 0，非故障相对地电压升高 $\sqrt{3}$ 倍，线电压三角形不变，见图 A-1。

发电机机端 A 相单相金属接地时，经故障点 k 的接地短路电流 $\dot{I}_{k}^{(1)}$ 及各相的电压、电流也可采用对称分量法计算。由对称分量法，机端故障点 A 相的零序、正序及负序电压 $\dot{U}_{A0}$、$\dot{U}_{A1}$、$\dot{U}_{A2}$ 可计算为

$$
\begin{aligned}
\dot{U}_{A0} &= \frac{1}{3}(\dot{U}_{kA} + \dot{U}_{kB} + \dot{U}_{kC}) = \frac{1}{3}[0 + (\dot{E}_{B} - \dot{E}_{A}) + (\dot{E}_{C} - \dot{E}_{A})] \\
&= \frac{1}{3}[(\dot{E}_{A} + \dot{E}_{B} + \dot{E}_{C}) - 3\dot{E}_{A}] = -\dot{E}_{A}
\end{aligned}
\tag{A-7}
$$

$$
\begin{aligned}
\dot{U}_{A1} &= \frac{1}{3}(\dot{U}_{kA} + a\dot{U}_{kB} + a^{2}\dot{U}_{kC}) = \frac{1}{3}[0 + a(\dot{E}_{B} - \dot{E}_{A}) + a^{2}(\dot{E}_{C} - \dot{E}_{A})] \\
&= \frac{1}{3}(a\dot{E}_{B} - a\dot{E}_{A} + a^{2}\dot{E}_{C} - a^{2}\dot{E}_{A}) = \frac{1}{3}(\dot{E}_{A} - \dot{E}_{C} + \dot{E}_{A} - \dot{E}_{B}) = \dot{E}_{A}
\end{aligned}
\tag{A-8}
$$

$$
\begin{aligned}
\dot{U}_{A2} &= \frac{1}{3}(\dot{U}_{kA} + a^{2}\dot{U}_{kB} + a\dot{U}_{kC}) = \frac{1}{3}[0 + a^{2}(\dot{E}_{B} - \dot{E}_{A}) + a(\dot{E}_{C} - \dot{E}_{A})] \\
&= \frac{1}{3}(\dot{E}_{C} - \dot{E}_{B} + \dot{E}_{B} - \dot{E}_{C}) = 0
\end{aligned}
\tag{A-9}
$$

由图 A-1 可求得发电机端 A 相故障接地时，经故障点流经 A 相对地电容的零序电流 $\dot{I}_{A0}$ 可计算为

$$
\dot{I}_{A0} = \frac{\dot{U}_{A0}}{-j(1/\omega C)} = j\,\omega C \dot{U}_{A0} = -j\,\omega C \dot{E}_{A}
\tag{A-10}
$$

A 相故障接地时，经故障点流经 B、C 相对地电容的零序电流 $\dot{I}_{B0} = \dot{I}_{C0} = \dot{I}_{A0}$。

A 相故障接地时，经故障点流经 A 相对地电容的正序电流 $\dot{I}_{\mathrm{A1}}$ 可计算为

$$\dot{I}_{\mathrm{A1}} = \frac{\dot{U}_{\mathrm{A1}}}{-\mathrm{j}(1/\omega C)} = \mathrm{j}\omega C\dot{U}_{\mathrm{A1}} = \mathrm{j}\omega C\dot{E}_{\mathrm{A}} \tag{A-11}$$

同样可得 A 相故障接地时，经故障点流经 B、C 相对地电容的正序电流 $\dot{I}_{\mathrm{B1}}$、$\dot{I}_{\mathrm{C1}}$ 分别为 $\dot{I}_{\mathrm{B1}}=\mathrm{j}\omega C\dot{E}_{\mathrm{B}}$、$\dot{I}_{\mathrm{C1}}=\mathrm{j}\omega C\dot{E}_{\mathrm{C}}$。

A 相故障接地时，经故障点 k 流经各相对地电容的电流 $\dot{I}_{\mathrm{kA}}$、$\dot{I}_{\mathrm{kB}}$、$\dot{I}_{\mathrm{kC}}$ 可计算为

$$\left.\begin{array}{l}\dot{I}_{\mathrm{kA}} = \dot{I}_{\mathrm{A0}} + \dot{I}_{\mathrm{A1}} = -\mathrm{j}\omega C\dot{E}_{\mathrm{A}} + \mathrm{j}\omega C\dot{E}_{\mathrm{A}} = 0 \\[2mm] \dot{I}_{\mathrm{kB}} = \dot{I}_{\mathrm{B0}} + \dot{I}_{\mathrm{B1}} = -\mathrm{j}\omega C\dot{E}_{\mathrm{A}} + \mathrm{j}\omega C\dot{E}_{\mathrm{B}} \\[2mm] \dot{I}_{\mathrm{kC}} = \dot{I}_{\mathrm{C0}} + \dot{I}_{\mathrm{C1}} = -\mathrm{j}\omega C\dot{E}_{\mathrm{A}} + \mathrm{j}\omega C\dot{E}_{\mathrm{C}}\end{array}\right\} \tag{A-12}$$

由图 A-1 可知，发电机机端 A 相单相接地时，经故障点 k 的接地电流 $\dot{I}_{\mathrm{k}}^{(1)}$ 为各相对地电容电流之和，即

$$\begin{aligned}\dot{I}_{\mathrm{k}}^{(1)} &= \dot{I}_{\mathrm{kA}} + \dot{I}_{\mathrm{kB}} + \dot{I}_{\mathrm{kC}} = 0 + \mathrm{j}\omega C(\dot{E}_{\mathrm{B}} - \dot{E}_{\mathrm{A}}) + \mathrm{j}\omega C(\dot{E}_{\mathrm{C}} - \dot{E}_{\mathrm{A}}) \\ &= \mathrm{j}\omega C(\dot{E}_{\mathrm{B}} + \dot{E}_{\mathrm{C}} - 2\dot{E}_{\mathrm{A}}) = -\mathrm{j}3\omega C\dot{E}_{\mathrm{A}}\end{aligned} \tag{A-13}$$

接地电流 $\dot{I}_{\mathrm{k}}^{(1)}$ 计算结果与式（A-6）完全相同。由式（A-10），可知 $\dot{I}_{\mathrm{k}}^{(1)}$ 数值上为 $3I_{\mathrm{A0}}$。

由图 A-1，发电机机端 A 相单相接地时，流经发电机 A、B、C 相定子绕组的电流分别为

$$\dot{I}_{\mathrm{A}} = -\dot{I}_{\mathrm{k}}^{(1)} = \mathrm{j}3\omega C\dot{E}_{\mathrm{A}}$$

$$\dot{I}_{\mathrm{B}} = \dot{I}_{\mathrm{kB}} = \mathrm{j}\omega C(\dot{E}_{\mathrm{B}} - \dot{E}_{\mathrm{A}}) \tag{A-14}$$

$$\dot{I}_{\mathrm{C}} = \dot{I}_{\mathrm{kC}} = \mathrm{j}\omega C(\dot{E}_{\mathrm{C}} - \dot{E}_{\mathrm{A}})$$

在发电机中性点，三相电流之和为

$$\begin{aligned}\dot{I}_{\mathrm{A}} + \dot{I}_{\mathrm{B}} + \dot{I}_{\mathrm{C}} &= \mathrm{j}3\omega C\dot{E}_{\mathrm{A}} + \mathrm{j}\omega C(\dot{E}_{\mathrm{B}} - \dot{E}_{\mathrm{A}}) + \mathrm{j}\omega C(\dot{E}_{\mathrm{C}} - \dot{E}_{\mathrm{A}}) \\ &= \mathrm{j}\omega C[3\dot{E}_{\mathrm{A}} + (\dot{E}_{\mathrm{B}} + \dot{E}_{\mathrm{C}}) - 2\dot{E}_{\mathrm{A}}] = 0\end{aligned} \tag{A-15}$$

A.2 发电机中性点有接地装置时的机端单相金属接地

1. 中性点经消弧线圈接地

如图 A-3 所示，发电机中性点经感性阻抗为 $Z=\mathrm{j}X_{\mathrm{L}}$（忽略其电阻）的消弧线圈 LP 接地。当发电机机端发生 A 相金属接地时，故障点、中性点电压仍按式（A-1）～式（A-4）计算。在中性点对地电压 $\dot{U}_{\mathrm{n}}=-\dot{E}_{\mathrm{A}}$ 的作用下［见式（A-1）］，接地装置 LP 有电流 $\dot{I}_{\mathrm{L}}$ 为

$$\dot{I}_{\mathrm{L}} = -\mathrm{j}\frac{\dot{U}_{\mathrm{n}}}{X_{\mathrm{L}}} = \mathrm{j}\frac{\dot{E}_{\mathrm{A}}}{X_{\mathrm{L}}} \tag{A-16}$$

由图 A-3，此时机端 A 相故障接地点的接地电流 $\dot{I}_{\mathrm{k}}^{(1)}$（即发电机机端单相接地电流）可计算为

$$\dot{I}_{\mathrm{k}}^{(1)} = (\dot{I}_{\mathrm{kB}} + \dot{I}_{\mathrm{kC}}) + \dot{I}_{\mathrm{L}} == \dot{I}_{\mathrm{C}} + \dot{I}_{\mathrm{L}}$$

$$= -\mathrm{j}3\omega C\dot{E}_{\mathrm{A}} + \mathrm{j}\frac{\dot{E}_{\mathrm{A}}}{X_{\mathrm{L}}} \tag{A-17}$$

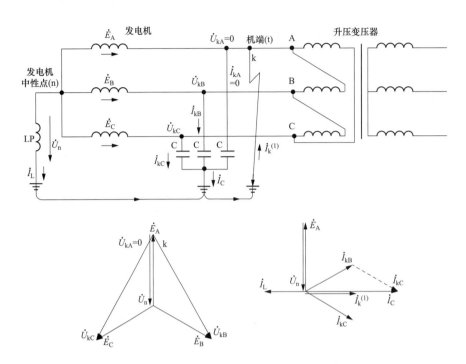

图 A-3　中性点经消弧线圈接地的发电机机端单相接地

式中：$(\dot{I}_{kB}+\dot{I}_{kC})$ 见式（A-6），为中性点不接地发电机机端单相接地时的接地电流。

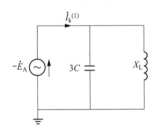

图 A-4　计算图 A-3 单相接地

电流的等效电路

由式（A-17）可得到如图 A-4 所示的计算中性点经消弧线圈接地的发电机机端单相金属性接地电流的等效电路。

由式（A-17）及图 A-3 的相量图可知，此时由于发电机中性点消弧线圈的电抗电流对电容电流的补偿作用，相对于发电机中性点不接地，发电机中性点装设接地装置可使发电机有较小的单相接地电流。通过选择接地装置的电抗，可使发电机单相接地电容电流得到不同程度的补偿。

2. 中性点经配电变压器高阻接地

此时配电变压器二次侧并联电阻 R_n（参见图 A-5），发电机中性点相当于经接地电阻 $R_N=(n_{TN})^2\times R_n$ 接地，n_{TN} 为配电变压器变比。当发电机机端发生 A 相金属接地时，故障点、中性点电压仍按式（A-1）～式（A-4）计算。在中性点对地电压 $\dot{U}_n=-\dot{E}_A$ 的作用下［见式（A-1）］，接地变压器 TN 一次侧有电流 $\dot{I}_T$ 为

$$\dot{I}_T = \frac{\dot{U}_n}{R_N} = -\frac{\dot{E}_A}{R_N} \tag{A-18}$$

故障接地点的接地电流 $\dot{I}_k^{(1)}$ 为

$$\dot{I}_k^{(1)} = (\dot{I}_{kB}+\dot{I}_{kC})+\dot{I}_T = \dot{I}_C+\dot{I}_T = -j3\,\omega C\dot{E}_A - \frac{\dot{E}_A}{R_N} \tag{A-19}$$

式中：$(\dot{I}_{kB}+\dot{I}_{kC})$ 见式（A-6），为中性点不接地发电机机端单相接地时的接地电流。

由式（A-19）可得如图 A-6 所示的计算中性点经配电变压器高阻接地的发电机机端单相金

属性接地电流的等效电路。

由式（A-19）及图 A-5 的相量图可知，发电机中性点采用配电变压器高阻接地，相对于采用消弧线圈接地，机端接地时将有较大的单相接地电流。

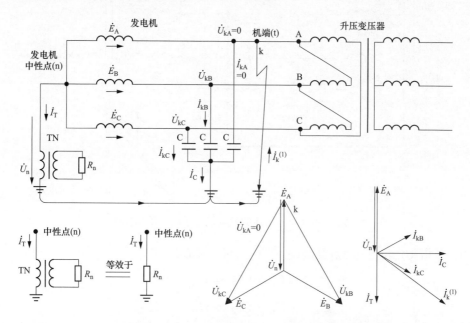

图 A-5　中性点经配电变压器接地的发电机机端单相接地

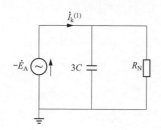

图 A-6　计算图 A-5 单相接地电流的等效电路

A.3　发电机定子绕组内部单相金属接地

设发电机定子 A 相绕组在匝数为 σ 处单相金属接地，σ 为中性点至接地故障点匝数占每相总匝数的百分数，见图 A-7。由于接地电流不大，可认为此时故障点的相电动势为 $\sigma \dot{E}_A$、$\sigma \dot{E}_B$、$\sigma \dot{E}_C$，$\dot{E}_A$、$\dot{E}_B$、$\dot{E}_C$ 为故障前对称的发电机相电动势。此时 A 相故障接地点对地电压 $\dot{U}_{kA.g} = 0$，当设发电机中性点对地电压为 $\dot{U}_n$ 时，由图 A-7，故障相有如下电压方程，即

$$\dot{U}_{kA.g} = U_n + \sigma \dot{E}_A = 0 \tag{A-20}$$

由式（A-20）可得故障时中性点对地电压为

$$U_n = -\sigma \dot{E}_A \tag{A-21}$$

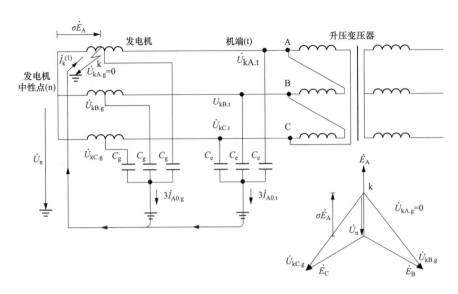

图 A-7 中性点不接地的发电机定子内部单相接地

同样，B 相及 C 相的故障点电压 $\dot{U}_{kB.g}$、$\dot{U}_{kC.g}$ 可计算为

$$\dot{U}_{kB.g} = U_n + \sigma\dot{E}_B = \sigma\dot{E}_B - \sigma\dot{E}_A \tag{A-22}$$

$$\dot{U}_{kC.g} = \dot{U}_n + \sigma\dot{E}_C = \sigma\dot{E}_C - \sigma\dot{E}_A \tag{A-23}$$

发电机定子 A 相绕组在匝数为 σ 处单相接地时机端各相的对地电压 $\dot{U}_{kA.t}$、$\dot{U}_{kB.t}$、$\dot{U}_{kC.t}$，当忽略各相电流在发电机内阻抗上的压降时可计算为

$$\left.\begin{array}{l}\dot{U}_{kA.t} = (1-\sigma)\dot{E}_A \\[6pt] \dot{U}_{kB.t} = \dot{E}_B - \sigma\dot{E}_A \\[6pt] \dot{U}_{kC.t} = \dot{E}_C - \sigma\dot{E}_A\end{array}\right\} \tag{A-24}$$

当假定定子绕组及引出回路每相对地电容相等，将发电机定子绕组及机端引出回路每相对地的分布电容总电容量分别按等效于接于每相定子绕组及机端的相同容量的集中电容考虑（见图 A-7），并认为施加于每相定子绕组对地电容的电压为该相故障接地点电压，施加于机端每相引出回路对地总电容的电压为该相机端故障电压。则发电机在匝数为 σ 处故障接地时，各相定子绕组的故障电流（电容电流）$\dot{I}_{kA.t}$、$\dot{I}_{kB.t}$、$\dot{I}_{kC.t}$，以及机端外部引出回路的故障电流（电容电流）$\dot{I}_{kA.t}$、$\dot{I}_{kB.t}$、$\dot{I}_{kC.t}$ 分别为

$$\dot{I}_{kA.g} = j\omega C_g\dot{U}_{kA.g} = 0 \tag{A-25}$$

$$\dot{I}_{kA.g} = j\omega C_g\dot{U}_{kA.g} = j\omega C_g(\sigma\dot{E}_B - \sigma\dot{E}_A) \tag{A-26}$$

$$\dot{I}_{kA.g} = j\omega C_g\dot{U}_{kC.g} = j\omega C_g(\sigma\dot{E}_C - \sigma\dot{E}_A) \tag{A-27}$$

$$\dot{I}_{kA.t} = j\omega C_e\dot{U}_{kA.t} = j\omega C_e[(1-\sigma)\dot{E}_A] \tag{A-28}$$

$$\dot{I}_{kB.t} = j\omega C_e\dot{U}_{kB.t} = j\omega C_e(\dot{E}_B - \sigma\dot{E}_A) \tag{A-29}$$

$$\dot{I}_{kC.t} = j\omega C_e\dot{U}_{kC.t} = j\omega C_e(\dot{E}_C - \sigma\dot{E}_A) \tag{A-30}$$

式中：C_g 为发电机每相定子绕组的对地电容；C_e 为发电机机端电压引出回路每相的对地总电容，包括机端引出母线、升压变压器低压侧绕组、接于发电机母线的厂用变压器高压侧绕组等的对地电容，总电容为这些电容之和；$\omega = 2\pi f$ 为角频率，对 50Hz 系统 $\omega = 314$。

对图 A-7，发电机 A 相定子绕组在匝数为 σ 处故障接地时，故障点的接地电流 $\dot{I}_k^{(1)}$ 为

$$
\begin{aligned}
\dot{I}_k^{(1)} &= \dot{I}_{kA.g} + \dot{I}_{kB.g} + \dot{I}_{kC.g} + \dot{I}_{kA.t} + \dot{I}_{kB.t} + \dot{I}_{kC.t} \\
&= j\omega C_g [(\sigma \dot{E}_B - \sigma \dot{E}_A) + (\sigma \dot{E}_C - \sigma \dot{E}_A)] \\
&\quad j\omega C_e [(1-\sigma)\dot{E}_A + (\dot{E}_B - \sigma \dot{E}_A) + (\dot{E}_C - \sigma \dot{E}_A)] \\
&= j\omega C_g [\sigma(\dot{E}_B + \dot{E}_C) - 2\sigma \dot{E}_A] - j\omega C_e [\dot{E}_A + (\dot{E}_B + \dot{E}_C) - 3\sigma \dot{E}_A] \\
&= -j3\omega(C_g + C_e)\sigma \dot{E}_A = -j3\omega C \sigma \dot{E}_A
\end{aligned}
\tag{A-31}
$$

式中：$C = C_g + C_e$，为发电机每相对地电容。

由式（A-31）可得如图 A-8 所示的计算中性点不接地的发电机定子绕组内部单相金属性接地电流的等效电路。$\dot{I}_k^{(1)}$ 也可由对称分量法计算。此时 A 相绕组故障点 σ 处的零序电压 $\dot{U}_{A0.g}$ 可计算为

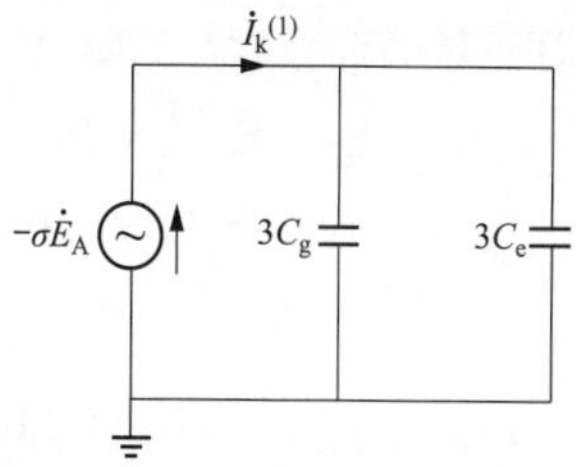

$$
\begin{aligned}
\dot{U}_{A0.g} &= \frac{1}{3}(\dot{U}_{kA.g} + \dot{U}_{kB.g} + \dot{U}_{kC.g}) \\
&= \frac{1}{3}[0 + (\sigma \dot{E}_B - \sigma \dot{E}_A) + (\sigma \dot{E}_C - \sigma \dot{E}_A)]
\end{aligned}
$$

图 A-8 计算图 A-7 单相接地电流的等效电路

$$
= \frac{1}{3}[\sigma(\dot{E}_A + \dot{E}_B + \dot{E}_C) - 3\sigma \dot{E}_A] = -\sigma \dot{E}_A
\tag{A-32}
$$

故障接地点在发电机机端时，有 $\sigma = 1$，$\dot{U}_{A0.g} = \dot{E}_A$；故障接地点在中性点时，有 $\sigma = 0$，$\dot{U}_{A0.g} = 0$。机端的零序电压为

$$
\begin{aligned}
\dot{U}_{A0.t} &= \frac{1}{3}(\dot{U}_{kA.t} + \dot{U}_{kB.t} + \dot{U}_{kC.t}) \\
&= \frac{1}{3}[(1-\sigma)\dot{E}_A + (\dot{E}_B - \sigma \dot{E}_A) + (\dot{E}_C - \sigma \dot{E}_A)] = -\sigma \dot{E}_A = \dot{U}_{A0.g}
\end{aligned}
\tag{A-33}
$$

可见，机端的零序电压在数值上等于故障点的零序电压。故障接地点在中性点时，有 $\sigma = 0$，$\dot{U}_{A0.t} = 0$。同样，机端的零序电压以有效值计算时，可用 $\dot{E}_\varphi$ 代替 $\dot{E}_A$ 计算为 $\sigma \dot{E}_\varphi$，$\dot{E}_\varphi$ 为以有效值表示的定子绕组相电动势，计算时通常以发电机额定相电压有效值 $\dot{U}_\varphi$ 来代替。

当假定定子绕组及引出回路每相对地电容相等，并认为施加于每相定子绕组对地电容的零序电压为故障接地点的零序电压，施加于发电机机端电压引出回路每相对地总电容的电压为机端零序电压。则发电机在匝数为 σ 处故障接地时，A 相定子绕组的零序电容电流 $\dot{I}_{A0.g}$、发电机机端外部引出回路的零序电容电流 $\dot{I}_{A0.t}$ 可计算为

$$
\dot{I}_{A0.g} = j\omega C_g \dot{U}_{A0.g} = -j\omega C_g \sigma \dot{E}_A
\tag{A-34}
$$

$$
\dot{I}_{A0.t} = j\omega C_e \dot{U}_{A0.t} = -j\omega C_e \sigma \dot{E}_A
\tag{A-35}
$$

式中：各参数见式（A-25）～式（A-30）。

对图 A-7，发电机 A 相定子绕组在匝数为 σ 处故障接地时，A 相的零序电流 $\dot{I}_{A0}$ 为

$$\dot{I}_{A0} = \dot{I}_{A0.g} + \dot{I}_{A0.t} = -\mathrm{j}\,\omega C_g\,\sigma\dot{E}_A - \mathrm{j}\,\omega C_e\,\sigma\dot{E}_A$$

$$= -\mathrm{j}\,\omega(C_g + C_e)\,\sigma\dot{E}_A = -\mathrm{j}\,\omega C\,\sigma\dot{E}_A \tag{A-36}$$

发电机 A 相定子绕组在匝数为 σ 处故障接地时，故障点的接地电流 $\dot{I}_k^{(1)}$ 为 3 倍零序电流，即

$$\dot{I}_k^{(1)} = 3\dot{I}_{A0} = 3(\dot{I}_{A0.g} + \dot{I}_{A0.t}) = -\mathrm{j}3\,\omega(C_g + C_e)\,\sigma\dot{E}_A = -\mathrm{j}3\,\omega C\,\sigma\dot{E}_A \tag{A-37}$$

计算结果与式（A-31）相同。

A.4 发电机定子绕组内部经接地过渡电阻单相接地

1. 发电机中性点不接地

设发电机定子 A 相绕组在匝数为 σ 处经过渡电阻 R_E 地，σ 为中性点至接地故障点匝数占每相总匝数的百分数，见图 A-9。由于接地电流不大，可认为此时故障点的相电动势为 $\sigma\dot{E}_A$、$\sigma\dot{E}_B$、$\sigma\dot{E}_C$，$\dot{E}_A$、$\dot{E}_B$、$\dot{E}_C$ 为故障前对称的发电机相电动势。当设发电机中性点对地电压为 $\dot{U}_n$，A 相故障接地点接地电流 $\dot{I}_k^{(1)}$、对地电压为 $U_{kA.g}$ 时，由图 A-9，有如下电压方程，即

$$\dot{U}_{kA.g} = U_n + \sigma\dot{E}_A = -\dot{I}_k^{(1)} \times R_E \tag{A-38}$$

由式（A-38）可得故障时中性点对地电压为

$$\dot{U}_n = -(\dot{I}_k^{(1)} \times R_E + \sigma\dot{E}_A) \tag{A-39}$$

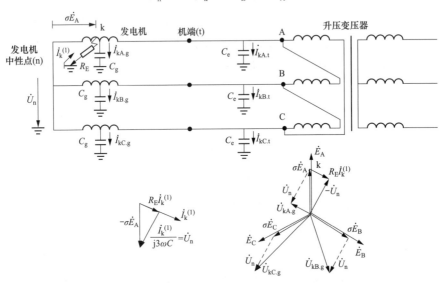

图 A-9 中性点不接地发电机定子绕组内部
经过渡电阻单相接地

同样，B 相及 C 相故障点对地电压 $\dot{U}_{kB.g}$、$\dot{U}_{kC.g}$ 可计算为

$$\dot{U}_{kB.g} = U_n + \sigma\dot{E}_B = \sigma\dot{E}_B - (\dot{I}_k^{(1)} \times R_E + \sigma\dot{E}_A) \tag{A-40}$$

$$\dot{U}_{kC.g} = U_n + \sigma\dot{E}_C = \sigma\dot{E}_C - (\dot{I}_k^{(1)} \times R_E + \sigma\dot{E}_A) \tag{A-41}$$

发电机定子 A 相绕组在匝数为 σ 处单相接地时，机端各相的对地电压 $\dot{U}_{kA.t}$、$\dot{U}_{kB.t}$、$\dot{U}_{kC.t}$，当忽略各相电流在发电机内阻抗上的压降时可计算为

$$\left.\begin{array}{l} \dot{U}_{\mathrm{kA.t}} = -\dot{I}_{\mathrm{k}}^{(1)} \times R_{\mathrm{E}} + (1-\sigma)\dot{E}_{\mathrm{A}} \\[2mm] \dot{U}_{\mathrm{kB.t}} = -\dot{I}_{\mathrm{k}}^{(1)} \times R_{\mathrm{E}} + \dot{E}_{\mathrm{B}} - \sigma\dot{E}_{\mathrm{A}} \\[2mm] \dot{U}_{\mathrm{kC.t}} = -\dot{I}_{\mathrm{k}}^{(1)} \times R_{\mathrm{E}} + \dot{E}_{\mathrm{C}} - \sigma\dot{E}_{\mathrm{A}} \end{array}\right\} \tag{A-42}$$

当假定定子绕组及引出回路每相对地电容相等，各相定子绕组等效电容的施加电压为该相故障点的电压，机端外部等效电容的施加电压为该相的机端故障电压，由图 A-9 可求得发电机在匝数为 σ 处故障接地时由各相故障点的电压及机端电压产生的接地故障电流（电容电流）$I_{\mathrm{k.g}}$ 及 $I_{\mathrm{k.e}}$ 分别为

$$\dot{I}_{\mathrm{kA.g}} = \mathrm{j}\omega C_{\mathrm{g}}\dot{U}_{\mathrm{kA.g}} = -\mathrm{j}\omega C_{\mathrm{g}}\dot{I}_{\mathrm{k}}^{(1)} \times R_{\mathrm{E}} \tag{A-43}$$

$$\dot{I}_{\mathrm{kB.g}} = \mathrm{j}\omega C_{\mathrm{g}}\dot{U}_{\mathrm{kA.g}} = \mathrm{j}\omega C_{\mathrm{g}}[-\dot{I}_{\mathrm{k}}^{(1)} \times R_{\mathrm{E}} + \sigma\dot{E}_{\mathrm{B}} - \sigma\dot{E}_{\mathrm{A}}] \tag{A-44}$$

$$\dot{I}_{\mathrm{kC.g}} = \mathrm{j}\omega C_{\mathrm{g}}\dot{U}_{\mathrm{kC.g}} = \mathrm{j}\omega C_{\mathrm{g}}[-\dot{I}_{\mathrm{k}}^{(1)} \times R_{\mathrm{E}} + \sigma\dot{E}_{\mathrm{C}} - \sigma\dot{E}_{\mathrm{A}}] \tag{A-45}$$

$$\dot{I}_{\mathrm{kA.t}} = \mathrm{j}\omega C_{\mathrm{e}}\dot{U}_{\mathrm{kA.t}} = \mathrm{j}\omega C_{\mathrm{e}}[-\dot{I}_{\mathrm{k}}^{(1)} \times R_{\mathrm{E}} + (1-\sigma)\dot{E}_{\mathrm{A}}] \tag{A-46}$$

$$\dot{I}_{\mathrm{kB.t}} = \mathrm{j}\omega C_{\mathrm{e}}\dot{U}_{\mathrm{kB.t}} = \mathrm{j}\omega C_{\mathrm{e}}[-\dot{I}_{\mathrm{k}}^{(1)} \times R_{\mathrm{E}} + \dot{E}_{\mathrm{B}} - \sigma\dot{E}_{\mathrm{A}}] \tag{A-47}$$

$$\dot{I}_{\mathrm{kC.t}} = \mathrm{j}\omega C_{\mathrm{e}}\dot{U}_{\mathrm{kC.t}} = \mathrm{j}\omega C_{\mathrm{e}}[-\dot{I}_{\mathrm{k}}^{(1)} \times R_{\mathrm{E}} + \dot{E}_{\mathrm{C}} - \sigma\dot{E}_{\mathrm{A}}] \tag{A-48}$$

式中：C_{g} 为发电机每相定子绕组的对地电容；C_{e} 为发电机机端电压引出回路每相的对地总电容，包括机端引出母线、升压变压器低压侧绕组、接于发电机母线的厂用变压器高压侧绕组等的对地电容，总电容为这些电容之和；$\omega = 2\pi f$ 为角频率，对 50Hz 系统 $\omega = 314$。

对图 A-5，发电机 A 相定子绕组在匝数为 σ 处故障接地时，故障点的接地电流 $\dot{I}_{\mathrm{k}}^{(1)}$ 为

$$\dot{I}_{\mathrm{k}}^{(1)} = \dot{I}_{\mathrm{kA.g}} + \dot{I}_{\mathrm{kB.g}} + \dot{I}_{\mathrm{kC.g}} + \dot{I}_{\mathrm{kA.t}} + \dot{I}_{\mathrm{kB.t}} + \dot{I}_{\mathrm{kC.t}}$$

$$= \mathrm{j}\omega C_{\mathrm{g}}\{-\dot{I}_{\mathrm{k}}^{(1)} \times R_{\mathrm{E}} + [-\dot{I}_{\mathrm{k}}^{(1)} \times R_{\mathrm{E}} + \sigma\dot{E}_{\mathrm{B}} - \sigma\dot{E}_{\mathrm{A}}] + [-\dot{I}_{\mathrm{k}}^{(1)} \times R_{\mathrm{E}} + \sigma\dot{E}_{\mathrm{C}} - \sigma\dot{E}_{\mathrm{A}}]\} +$$

$$\quad \mathrm{j}\omega C_{\mathrm{e}}\{[-\dot{I}_{\mathrm{k}}^{(1)} \times R_{\mathrm{E}} + (1-\sigma)\dot{E}_{\mathrm{A}}] + (-\dot{I}_{\mathrm{k}}^{(1)} \times R_{\mathrm{E}} + \dot{E}_{\mathrm{B}} - \sigma\dot{E}_{\mathrm{A}}) + (-\dot{I}_{\mathrm{k}}^{(1)} \times R_{\mathrm{E}} + \dot{E}_{\mathrm{C}} - \sigma\dot{E}_{\mathrm{A}})\}$$

$$= \mathrm{j}\omega C_{\mathrm{g}}[-3\dot{I}_{\mathrm{k}}^{(1)} \times R_{\mathrm{E}} + \sigma(\dot{E}_{\mathrm{B}} + \dot{E}_{\mathrm{C}}) - 2\sigma\dot{E}_{\mathrm{A}}] - \mathrm{j}\omega C_{\mathrm{e}}[-3\dot{I}_{\mathrm{k}}^{(1)} \times R_{\mathrm{E}} + \dot{E}_{\mathrm{A}} + (\dot{E}_{\mathrm{B}} + \dot{E}_{\mathrm{C}}) - 3\sigma\dot{E}_{\mathrm{A}}]$$

$$= -\mathrm{j}3\omega(C_{\mathrm{g}} + C_{\mathrm{e}})(\sigma\dot{E}_{\mathrm{A}} + \dot{I}_{\mathrm{k}}^{(1)} \times R_{\mathrm{E}}) \tag{A-49}$$

故有

$$\dot{I}_{\mathrm{k}}^{(1)} = -\mathrm{j}3\omega(C_{\mathrm{g}} + C_{\mathrm{e}})\sigma\dot{E}_{\mathrm{A}}/[1 + \mathrm{j}3\omega(C_{\mathrm{g}} + C_{\mathrm{e}})R_{\mathrm{E}}]$$

$$= \frac{-\sigma\dot{E}_{\mathrm{A}}}{\dfrac{1}{\mathrm{j}3\omega(C_{\mathrm{g}} + C_{\mathrm{e}})} + R_{\mathrm{E}}} \tag{A-50}$$

由式（A-50）可得如图 A-10 所示计算经过渡电阻接地的发电机内部单相接地电流的等效电路。

单相接地电流以有效值计算时，可用 $\dot{E}_{\varphi}$ 代替式（A-50）中的 $\dot{E}_{\mathrm{A}}$ 计算，$\dot{E}_{\varphi}$ 为以有效值表示的定子绕组相电动势，计算时通常以发电机额定相电压有效值 $\dot{U}_{\varphi}$ 来代替。

发电机 A 相定子绕组在匝数为 σ 处故障接地时，故障点的接

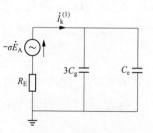

图 A-10　计算图 A-9 单相接地电流的等效电路

地电流 $\dot{I}_k^{(1)}$ 也可由对称分量法计算。此时 A 相绕组故障点 σ 处的零序电压 $\dot{U}_{A0.g}$ 可计算为

$$\dot{U}_{A0.g} = \frac{1}{3}(\dot{U}_{kA.g} + \dot{U}_{kB.g} + \dot{U}_{kC.g})$$

$$= \frac{1}{3}[-\dot{I}_k^{(1)} \times R_E + (\sigma \dot{E}_B - \dot{I}_k^{(1)} \times R_E - \sigma \dot{E}_A) + (\sigma \dot{E}_C - \dot{I}_k^{(1)} \times R_E - \sigma \dot{E}_A)]$$

$$= \frac{1}{3}[\sigma(\dot{E}_A + \dot{E}_B + \dot{E}_C) - 3\dot{I}_k^{(1)} \times R_E - 3\sigma \dot{E}_A] = -\dot{I}_k^{(1)} \times R_E - \sigma \dot{E}_A \tag{A-51}$$

故障接地点在发电机机端时，有 $\sigma = 1$，$\dot{U}_{A0.t} = -\dot{I}_k^{(1)} \times R_E - \dot{E}_A$；故障接地点在中性点时，有 $\sigma = 0$，$\dot{U}_{A0,n} = -\dot{I}_k^{(1)} \times R_E$。

机端的零序电压为

$$\dot{U}_{A0.t} = \frac{1}{3}(\dot{U}_{kA.t} + \dot{U}_{kB.t} + \dot{U}_{kC.t})$$

$$= \frac{1}{3}[-\dot{I}_k^{(1)} \times R_E + (\dot{E}_A - \sigma \dot{E}_A) - \dot{I}_k^{(1)} \times R_E + (\dot{E}_B - \sigma \dot{E}_A) - \dot{I}_k^{(1)} \times R_E + (\dot{E}_C - \sigma \dot{E}_A)]$$

$$= -\dot{I}_k^{(1)} \times R_E - \sigma \dot{E}_A = \dot{U}_{A0.g} \tag{A-52}$$

可见，机端的零序电压在数值上等于故障点的零序电压。同样，零序电压以有效值计算时，可用 $\dot{E}_\varphi$ 代替 $\dot{E}_A$ 计算为 $\sigma \dot{E}_\varphi$，$\dot{E}_\varphi$ 为以有效值表示的定子绕组相电动势，计算时通常以发电机额定相电压有效值 $\dot{U}_\varphi$ 来代替。

当假定定子绕组及引出回路每相对地电容相等、定子绕组等效电容的施加电压为故障点的零序电压、机端外部等效电容的施加电压为机端零序电压，由图 A-9 可求得发电机在匝数为 σ 处故障接地时 A 相定子绕组的零序电容电流 $\dot{I}_{A0.g}$、发电机机端外部引出回路的零序电容电流 $\dot{I}_{A0.t}$ 可计算为

$$\dot{I}_{A0.g} = j\omega C_g \dot{U}_{A0.g} = -j\omega C_g[\sigma \dot{E}_A + \dot{I}_k^{(1)} \times R_E] \tag{A-53}$$

$$\dot{I}_{A0.t} = j\omega C_e \dot{U}_{A0.t} = -j\omega C_e[\sigma \dot{E}_A + \dot{I}_k^{(1)} \times R_E] \tag{A-54}$$

式中：C_g、C_e、ω 的含义与式（A-48）相同。

由图 A-9，发电机 A 相定子绕组在匝数为 σ 处故障接地时，A 相的零序电流 $\dot{I}_{A0}$ 为

$$\dot{I}_{A0} = \dot{I}_{A0.g} + \dot{I}_{A0.t}$$

发电机 A 相定子绕组在匝数为 σ 处故障接地时，故障点的接地电流 $\dot{I}_k^{(1)}$ 为 3 倍零序电流，即

$$\dot{I}_k^{(1)} = 3\dot{I}_{A0} = 3(\dot{I}_{A0.g} + \dot{I}_{A0.t}) = -j3\omega C_g[\sigma \dot{E}_A + \dot{I}_k^{(1)} \times R_E] - j3\omega C_e[\sigma \dot{E}_A + \dot{I}_k^{(1)} \times R_E]$$

$$= -j3\omega(C_g + C_e)[\sigma \dot{E}_A + \dot{I}_k^{(1)} \times R_E] \tag{A-55}$$

$$\dot{I}_k^{(1)} = -j3\omega(C_g + C_e)\sigma \dot{E}_A / [1 + j3\omega(C_g + C_e)R_E] \tag{A-56}$$

计算结果与式（A-50）相同。

由式（A-39）及式（A-55），并令 $C = C_g + C_e$，发电机中性点电压 $\dot{U}_n$ 可计算为

$$\dot{U}_n = \dot{I}_k^{(1)} / [j3\omega(C_g + C_e)] = \dot{I}_k^{(1)} / j3\omega C \tag{A-57}$$

2. 发电机中性点经消弧线圈接地

如图 A-11 所示，设消弧线圈 LP 的阻抗为 $Z = jX_l$（忽略其电阻），即发电机中性点经电抗

X_l 接地。设发电机定子 A 相绕组在匝数为σ处经过渡电阻 R_E 地，σ 为中性点至接地故障点匝数占每相总匝数的百分数，见图 A-11。故障点、中性点及机端电压仍按式（A-38）～式（A-42）计算。在中性点对地电压 $\dot{U}_n = -\left[I_k^{(1)} R_E + \sigma \dot{E}_A\right]$ 的作用下［见式（A-39）］，消弧线圈 LP 有电流 $\dot{I}_L$ 为

$$\dot{I}_L = \frac{\dot{U}_n}{jX_L} = -j\frac{\dot{U}_n}{X_L}$$

$$= j\frac{I_k^{(1)} R_E + \sigma \dot{E}_A}{X_L} \tag{A-58}$$

对图 A-11，发电机 A 相定子绕组在匝数为σ处故障接地时，故障点的接地电流 $\dot{I}_k^{(1)}$ 为（各电容电流的计算见 A.4 中 1）

$$\dot{I}_k^{(1)} = (\dot{I}_{kg} + \dot{I}_{kt}) + \dot{I}_L = (\dot{I}_{kA.g} + \dot{I}_{kB.g} + \dot{I}_{kC.g}) + (\dot{I}_{kA.t} + \dot{I}_{kB.t} + \dot{I}_{kC.t}) + \dot{I}_L$$

$$= -j3\omega(C_g + C_e)\left[\sigma \dot{E}_A + \dot{I}_k^{(1)} \times R_E\right] + j\frac{\dot{I}_k^{(1)} \times R_E + \sigma \dot{E}_A}{X_L} \tag{A-59}$$

$$\dot{I}_k^{(1)} = -j\left[3\omega(C_g + C_e) - \frac{1}{X_L}\right]\sigma \dot{E}_A \Big/ \left\{1 + j\left[3\omega(C_g + C_e) - \frac{1}{X_L}\right]R_E\right\}$$

$$= \frac{-\sigma \dot{E}_A}{\dfrac{1}{j\left[3\omega(C_g + C_e) - \dfrac{1}{X_L}\right]} + R_E} \tag{A-60}$$

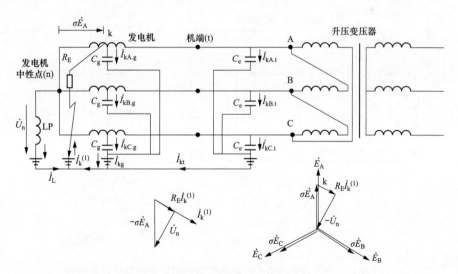

图 A-11 中性点经消弧线圈接地时定子绕组经过渡电阻单相接地

由式（A-60）可得

$$\frac{\dot{I}_k^{(1)}}{j\left[3\omega(C_g + C_e) - \dfrac{1}{X_L}\right]} = -\sigma \dot{E}_A - R_E \dot{I}_k^{(1)} = \dot{U}_n \tag{A-61}$$

$$-\sigma \dot{E}_{\mathrm{A}} = \frac{\dot{I}_{\mathrm{k}}^{(1)}}{\mathrm{j}\left[3\,\omega\,(C_{\mathrm{g}}+C_{\mathrm{e}})-\dfrac{1}{X_{\mathrm{L}}}\right]} + R_{\mathrm{E}}\dot{I}_{\mathrm{k}}^{(1)} \tag{A-62}$$

由式（A-62），发电机中性点经消弧线圈接地时，计算经过渡电阻接地的发电机内部单相接地电流的等效电路可如图 A-12 所示。

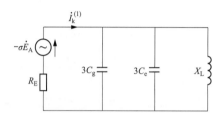

图 A-12　计算图 A-11 接地电流的等效电路

3. 发电机中性点经配电变压器接地

如图 A-13，此时配电变压器二次侧并联电阻 R_{n}（参见图 A-13），发电机中性点相当于经接地电阻 $R_{\mathrm{N}} = (n_{\mathrm{TN}})^2 \times R_{\mathrm{n}}$ 接地，n_{TN} 为配电变压器变比。设电机定子 A 相绕组在匝数为 σ 处经过渡电阻 R_{E} 地，σ 为中性点至接地故障点匝数占每相总匝数的百分数，见图 A-13。故障点、中性点及机端电压仍按式（A-38）～式（A-42）计算。在中性点对地电压 $\dot{U}_{\mathrm{n}} = -\,(I_{\mathrm{k}}^{(1)}R_{\mathrm{E}}+\sigma\dot{E}_{\mathrm{A}})$ 的作用下〔见式（A-39）〕，接地配电变压器一次侧有电流 $\dot{I}_{\mathrm{T}}$ 为

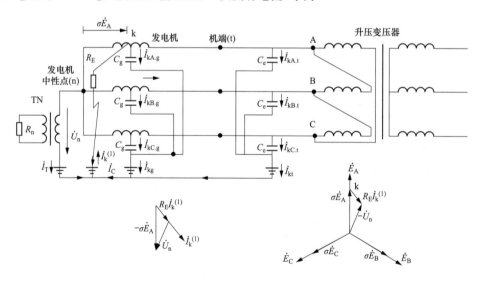

图 A-13　中性点经配电变压器高阻接地时定子内部单相接地

$$\dot{I}_{\mathrm{T}} = \frac{\dot{U}_{\mathrm{n}}}{R_{\mathrm{N}}} = -\frac{I_{\mathrm{k}}^{(1)}R_{\mathrm{E}}+\sigma\dot{E}_{\mathrm{A}}}{R_{\mathrm{N}}} \tag{A-63}$$

由图 A-13 可得

$$\dot{I}_{\mathrm{k}}^{(1)} = (\dot{I}_{\mathrm{kg}}+\dot{I}_{\mathrm{kt}}) + \dot{I}_{\mathrm{T}} = (\dot{I}_{\mathrm{kA.g}}+\dot{I}_{\mathrm{kB.g}}+\dot{I}_{\mathrm{kC.g}}) + (\dot{I}_{\mathrm{kA.t}}+\dot{I}_{\mathrm{kB.t}}+\dot{I}_{\mathrm{kC.t}}) + \dot{I}_{\mathrm{T}}$$

$$= -\mathrm{j}3\,\omega\,(C_{\mathrm{g}}+C_{\mathrm{e}})[\sigma\dot{E}_{\mathrm{A}}+\dot{I}_{\mathrm{k}}^{(1)}\times R_{\mathrm{E}}] - \frac{\dot{I}_{\mathrm{k}}^{(1)}\times R_{\mathrm{E}}+\sigma\dot{E}_{\mathrm{A}}}{R_{\mathrm{N}}} \tag{A-64}$$

单相接地电流可计算为

$$\dot{I}_{k}^{(1)} = -\left[j3\,\omega\,(C_{g}+C_{e})+\frac{1}{R_{N}}\right]\sigma\dot{E}_{A}\Big/\left\{1+\left[j3\,\omega\,(C_{g}+C_{e})+\frac{1}{R_{N}}\right]R_{E}\right\}$$

$$= \frac{-\sigma\dot{E}_{A}}{\dfrac{1}{j3\,\omega\,(C_{g}+C_{e})+\dfrac{1}{R_{N}}}+R_{E}} = \frac{-3\,\sigma\dot{E}_{A}}{\dfrac{1}{j\,\omega\,(C_{g}+C_{e})+\dfrac{1}{3R_{N}}}+3R_{E}} \qquad (A\text{-}65)$$

由式（A-65）可得

$$-\sigma\dot{E}_{A} = \frac{\dot{I}_{k}^{(1)}}{j3\,\omega\,(C_{g}+C_{e})+\dfrac{1}{R_{N}}}+R_{E}\dot{I}_{k}^{(1)} \qquad (A\text{-}66)$$

由式（A-66），发电机中性点经消弧线圈接地时，计算经过渡电阻接地的发电机内部单相接地电流的等效电路可如图 A-14 所示。

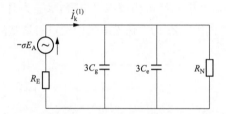

图 A-14　计算图 A-13 接地电流的等效电路

附录 B 电厂高压侧系统接地短路时传递至发电机电压侧零序电压的计算

发电机定子接地故障采用基波零序过电压保护时，保护整定需要校核发电机升压变压器高压侧系统接地短路时，通过升压变压器高、低压绕组间的相耦合电容 C_M 传递到发电机侧零序电压 U_{g0} 的大小。在 DL/T 684《大型发电机变压器继电保护整定计算导则》中，提供了如图 B-1 所示的计算传递电压的近似简化电路及相应的计算公式。图 B-1 中，E_0 为高压侧系统接地短路时产生的基波零序电动势，由系统实际情况确定，一般可取 $E_0 \approx 0.6U_{hn}/\sqrt{3}$，$U_{hn}$ 为高压侧系统额定电压；$C_{g\Sigma}$ 为发电机及机端外接元件每相对地总电容；C_M 为升压变压器高、低压绕组间的相耦合电容，由变压器制造厂提供；Z_n 为 3 倍发电机中性点对地基波阻抗。

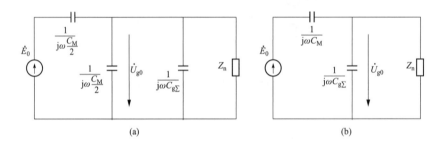

图 B-1 计算传递电压的近似简化电路

(a) 升压变高压侧中性点直接接地； (b) 升压变高压侧中性点不接地

由图 B-1（a）可得

$$\dot{U}_{g0} = \frac{Z_{con(a)}}{Z_{con(a)} + \dfrac{1}{j\omega\dfrac{C_M}{2}}}\dot{E}_0 \tag{B-1}$$

式中：$Z_{con(a)}$ 为图 B-1（a）中并联回路的等值阻抗，由式（B-2）计算，即

$$Z_{con(a)} = \frac{Z_n}{j\omega\left[C_{g\Sigma} + \dfrac{C_M}{2}\right]Z_n + 1} \tag{B-2}$$

由图 B-1（b）可得

$$\dot{U}_{g0} = \frac{Z_{con(b)}}{Z_{con(b)} + \dfrac{1}{j\omega C_M}}\dot{E}_0 \tag{B-3}$$

式中：$Z_{con(b)}$ 为图 B-1（b）中并联回路的等值阻抗，由式（B-4）计算，即

$$Z_{con(b)} = \frac{Z_n}{j\omega C_{g\Sigma}Z_n + 1} \tag{B-4}$$

附录C　变压器联结组别及短路电流在各侧的分布

C.1　变压器的联结组别

对三相变压器的三个相绕组（包括三相组式变压器的三台单相变压器绕组）的联结和联结组标号（联结组别），在 GB 1094.1《电力变压器　第 1 部分：总则》中均有明确的规定。变压器的联结组别（或称联结组标号）是指表示变压器高压、中压（若有）及低压绕组的联结方式及中压、低压绕组对高压绕组感应电压的相位移关系的一组字母及时钟序数。绕组的联结方式是指同一电压的三相绕组联结成星形 Y（y）或三角形 D（d）。绕组联结方式在联结组标号中按电压高低顺排，高压侧有中性点引出时以 N 标记，中、低压侧有中性点引出时以 n 标记，自耦绕组以 a 标记。相位移关系以标号中的时钟序数表示，时钟序数是将高压侧线电压相量置于时钟钟面的 12（0）点位置时，中（或低）压侧同名线电压相量位于钟面的时钟数，时钟序数标于中（或低）压绕组的联结方式或中性点引出（若有）标记后。如 YNyn0d5 表示三相三绕组变压器，高压侧联结方式为 Y，有中性点引出；中压侧联结方式为 y，有中性点引出，时钟序号 0；低压侧联结方式为 d，时钟序号 5。又如 YNad11 表示有低压绕组的三相自耦变压器，高压侧联结方式为 Y，有中性点引出；低压侧联结方式为 d，时钟序号 11。

通常将变压器高压侧三相绕组的接线端标记为 A、B、C、X、Y、Z，中（或低）压侧相绕组接线端标记为 a、b、c、x、y、z，见图 C-2。高、低压绕组间联结的极性，可按同名端为同极性或反极性联结。同名端为同极性联结时（同名端标黑点），即 A 和 a、B 和 b、C 和 c 为同极性联结时，同相的高、低压绕组的相电动势相量（由电源侧 $\dot{I}_A$ 产生的主磁通感应出的电动势 $\dot{E}_{AX}$、$\dot{E}_{ax}$）为方向相同无相位差的相量，见图 C-1（a）。同名端为反极性联结时，即 A 和 x、B 和 y、C 和 z 为同极性连接时，同相的高、低压绕组的电动势相量（$\dot{E}_{AX}$、$\dot{E}_{ax}$）方向相反、$\dot{E}_{ax}$ 滞后 $\dot{E}_{AX}$ 为 180°，见图 C-1（b）。

图 C-2 给出三相两绕组变压器常用的联结组别的连接及相量图，三个相电动势最大值出现的时间顺序为 A-B-C，相量图上相电动势相量为按逆时针方向旋转。对 YNd11 联结组，如图 C-2（b）所示，高压侧为 Y 接并有中性点（N）引出，低压侧按 a-y-b-z-c-x-a 顺序联结成三角形（d），高压绕组与低压绕组的同名接线端为同极性，同相的相量无相位差。将高压侧线电压相量 U_{AB} 置于

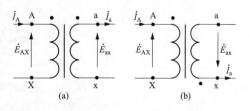

图 C-1　变压器同相高、低压绕组的联结极性

(a) A、a 同极性联结；

(b) A、a 反极性联结（A、x 同极性）

时钟钟面的 12（0）点位置时，低压侧同名线电压相量 U_{ab} 位于钟面的 11 点位置，即低压侧线电压对高压侧同名线电压相位移的时钟序数为 11。时钟序数也等于低压绕组线电压滞后高压侧同名线电压的角度除以 30（°），即高压侧线电压相量顺时针旋转至与低压绕组同名线电压相量方向时所经过的角度（相位移）除以 30（°）。对图 C-2（b）的 YNd11 联结组，低压绕组线电压滞后高压侧同名线电压为 330°。对 Dyn11 联结组，如图 C-2（c），高压侧按 A-Z-C-Y-B-X-A 顺序联结成三角形（D），低压侧为 y 接并有中性点（n）引出，高压绕组与低压绕组的同名接线端为同极性，同相相量无相位差，U_{ab} 滞后 U_{AB} 为 330°，U_{AB} 于钟面 12 点位置时，U_{ab} 于钟面时钟序数为 11。对 YNd5 联结组，如图 C-2（d），高压侧为 Y 接并有中性点（N）引出，低压侧按 a-y-b-z-c-x-a 顺序联结成三角形，高压绕组与低压绕组的同名接线端为反极性（A 和 x、B 和 y、C 和 z 为同极性），同相相量相位差 180°，U_{ab} 滞后 U_{AB} 为 150°，U_{AB} 于钟面 12 点位置时，U_{ab} 于钟面时钟序数为 5。由于带有时钟序数的联结组标号实际上已包括了对变压器绕组联结极性的要求，故在实际应用时变压器绕组的联结图通常不标示绕组间的极性关系。

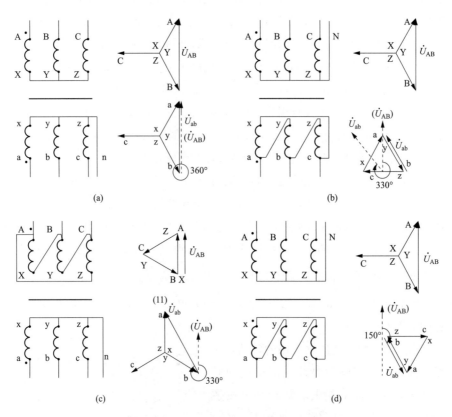

图 C-2　常用的联结组连接方式及相量图

（a）Yyn12；（b）YNd11；（c）Dyn11；（d）YNd5

变压器尚有其他的联结组，详见 GB 1094.1。

C.2 短路电流在变压器各侧的分布

变压器短路侧的短路电流，由变压器短路电流计算进行分析计算（见第 9 章）；其他侧的短路电流，将与短路类型、变压器的接线组别、结构、中性点接地及短路点和电源所在侧等情况有关。分析时通常可作如下的一般考虑。

（1）短路侧发生有零序电流分量的短路时，短路电流的零序分量仅能传变到 D（即 △）接线侧（在 D 接线的三相绕组中环流，不出现在线电流中）及中性点接地的 YN 侧，不能传变到中性点不接地的 Y 侧。

（2）正序及负序电流可在各接线组别的变压器绕组间传变。分析时忽略变压器的励磁电流，按磁动势平衡（每相绕组安匝相量和为 0）计算同相绕组间的电流数值关系，对双绕组变压器可按同相两绕组安匝数相等计算。

（3）分析时假定变压器变比为 1（线电压比），故 D 连接的每相绕组匝数 W_d 为 Y 连接的每相绕组匝数 W_Y 的 $\sqrt{3}$ 倍，即 $W_d = \sqrt{3}W_Y$。变压器 Y 或 YN 接线的每相绕组间有相同的匝数。

（4）变压器绕组内短路电流（相电流）的流向，由同相两侧绕组端子的极性关系确定，线电流的流向取决于变压器的接线组别。

下面分别分析三相两绕组、三绕组及自耦变压器的短路电流分布。

C.2.1 两绕组变压器

1. 变压器两侧电流关系

以 YNd11 变压器为例，接线见图 C-3。图中 A、B、C 分别与 a、b、c 为同极性，电流由 A 进入变压器 AX 绕组时，另侧同相绕组 ax 的电流从 a 流出。由于假定了变压器变比为 1，d 侧每相绕组匝数 W_d 与 Y 侧每相绕组匝数 W_Y 有 $W_d = \sqrt{3}W_Y$。由于忽略了变压器的励磁电流，两侧同相绕组中的电流关系可按两侧安匝数相等计算，故 d 侧各相绕组中的电流（相电流 I_{ad}、I_{bd}、I_{cd}）与 Y 侧相（线）电流（I_A、I_B、I_C）有如下关系

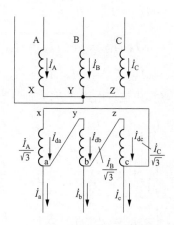

图 C-3 YNd11 变压器接线

$$\dot{I}_{da} = \frac{1}{\sqrt{3}}\dot{I}_A ; \dot{I}_{db} = \frac{1}{\sqrt{3}}\dot{I}_B ; \dot{I}_{dc} = \frac{1}{\sqrt{3}}\dot{I}_C \tag{C-1}$$

假设 d 侧的线电流为如图 C-3 的方向，则 d 侧各相的线电流（I_a、I_b、I_c）与 Y 侧线电流有如下关系

$$\left.\begin{aligned}
\dot{I}_a &= \dot{I}_{da} - \dot{I}_{db} = \frac{1}{\sqrt{3}}(\dot{I}_A - \dot{I}_B) \\
\dot{I}_b &= \dot{I}_{db} - \dot{I}_{dc} = \frac{1}{\sqrt{3}}(\dot{I}_B - \dot{I}_C) \\
\dot{I}_c &= \dot{I}_{dc} - \dot{I}_{da} = \frac{1}{\sqrt{3}}(\dot{I}_C - \dot{I}_A)
\end{aligned}\right\} \tag{C-2}$$

2. YNd11 变压器 YN 侧引出端单相接地短路电流分布

设变压器电源于 d 侧，YN 侧 A 相引出端单相接地时，由短路电流计算（见第 9 章）可得到 YN 侧单相短路电流及各相的序电流，如图 C-4 所示，YN 侧的单相短路电流为 I_k（以下短路电流文字代号不表示其短路类型），按对称分量法，各相各序电流有

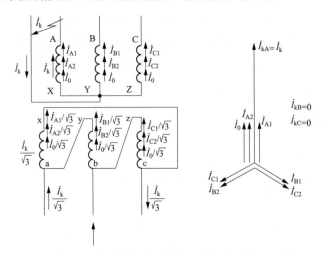

图 C-4　YNd11 变压器单相短路电流分布

$$\left.\begin{aligned}
\dot{I}_{A1} &= \dot{I}_{A2} = \dot{I}_{A0} = \dot{I}_0 = \frac{\dot{I}_k}{3} \\
\dot{I}_{B1} &= a^2\dot{I}_{A1} ; \dot{I}_{B2} = a\dot{I}_{A2} ; \dot{I}_{B0} = \dot{I}_{A0} \\
\dot{I}_{C1} &= a\dot{I}_{A1} ; \dot{I}_{C2} = a^2\dot{I}_{A2} ; \dot{I}_{C0} = \dot{I}_{A0}
\end{aligned}\right\} \tag{C-3}$$

电流方向如图。d 侧各相绕组中的各序电流可由式（C-1）计算为

$$\left.\begin{aligned}
\dot{I}_{da1} &= \frac{\dot{I}_{A1}}{\sqrt{3}} ; \dot{I}_{da2} = \frac{\dot{I}_{A2}}{\sqrt{3}} ; \dot{I}_{da0} = \dot{I}_{d0} = \frac{\dot{I}_{A0}}{\sqrt{3}} \\
\dot{I}_{db1} &= \frac{\dot{I}_{B1}}{\sqrt{3}} ; \dot{I}_{db2} = \frac{\dot{I}_{B2}}{\sqrt{3}} ; \dot{I}_{db0} = \dot{I}_{d0} = \frac{\dot{I}_{B0}}{\sqrt{3}} \\
\dot{I}_{dc1} &= \frac{\dot{I}_{C1}}{\sqrt{3}} ; \dot{I}_{dc2} = \frac{\dot{I}_{C2}}{\sqrt{3}} ; \dot{I}_{dc0} = \dot{I}_{d0} = \frac{\dot{I}_{C0}}{\sqrt{3}}
\end{aligned}\right\} \tag{C-4}$$

为式（C-3）各序电流的 $1/\sqrt{3}$。按照变压器端子连接的极性可得到如图 C-4 所示的电流方向。

由图 C-4 给出的 d 侧短路序电流分布图，可得到 d 侧各相绕组中的短路电流为

$$
\left.
\begin{aligned}
\dot{I}_{kda} &= \dot{I}_{da1} + \dot{I}_{da2} + \dot{I}_{da0} = \frac{(\dot{I}_{A1} + \dot{I}_{A2} + \dot{I}_{A0})}{\sqrt{3}} = \frac{\dot{I}_k}{\sqrt{3}} \\
\dot{I}_{kdb} &= \dot{I}_{db1} + \dot{I}_{db2} + \dot{I}_{db0} = (a^2 + a + 1)\frac{\dot{I}_k}{3\sqrt{3}} = 0 \\
\dot{I}_{kdc} &= \dot{I}_{dc1} + \dot{I}_{dc2} + \dot{I}_{dc0} = (a + a^2 + 1)\frac{\dot{I}_k}{3\sqrt{3}} = 0
\end{aligned}
\right\}
\tag{C-5}
$$

即 YNd11 变压器 YN 侧 A 相单相接地短路时，变压器 d 侧各相绕组中的短路电流可按安匝数相等计算。由式（C-2）可得到短路时 d 侧各相线电流为

$$
\dot{I}_{ka} = \frac{\dot{I}_k}{\sqrt{3}}; \dot{I}_{kb} = 0; \dot{I}_{kc} = -\frac{\dot{I}_k}{\sqrt{3}}
\tag{C-6}
$$

当 d 侧 c 相线电流负值以与电流正方向（由电源确定）相反方向的箭头表示时，d 侧短路电流的分布可表示如图 C-4 所示。

3. Yd11 变压器 Y 侧引出端两相短路电流分布

设电源于 d 侧的 Yd11 变压器 Y 侧 BC 引出线两相短路，由短路电流计算（第 9 章），此时 Y 侧的各相的短路电流为

$$
\dot{I}_{kA} = 0, \quad \dot{I}_{kC} = -\dot{I}_{kB}
\tag{C-7}
$$

d 侧各相相电流可按等安匝考虑以式（C-1）计算。将式（C-7）代入式（C-1）得短路时 d 侧各相绕组中的电流为

$$
\dot{I}_{kda} = 0; \dot{I}_{kdb} = \frac{1}{\sqrt{3}}\dot{I}_{kB}; \dot{I}_{kdc} = \frac{1}{\sqrt{3}}\dot{I}_{kC}
\tag{C-8}
$$

短路时 d 侧各相线电流为

$$
\left.
\begin{aligned}
\dot{I}_{ka} &= \dot{I}_{kda} - \dot{I}_{kdb} = 0 - \left(\frac{1}{\sqrt{3}}\dot{I}_{kB}\right) = -\frac{1}{\sqrt{3}}\dot{I}_{kB} \\
\dot{I}_{kb} &= \dot{I}_{kdb} - \dot{I}_{kdc} = \frac{(\dot{I}_{kB} - \dot{I}_{kC})}{\sqrt{3}} \\
\dot{I}_{kc} &= \dot{I}_{kdc} - \dot{I}_{kda} = \frac{1}{\sqrt{3}}\dot{I}_{kC} - 0 = \frac{1}{\sqrt{3}}\dot{I}_{kC}
\end{aligned}
\right\}
\tag{C-9}
$$

由式（C-8）及式（C-9）可得到 Yd11 接线变压器短路电流分布如图 C-5 (a)。当 $\dot{I}_{kC}$ 以 $\dot{I}_{kC} = -\dot{I}_{kB}$ 表示时，式（C-8）可表示为

$$
\dot{I}_{kda} = 0; \dot{I}_{kdb} = \frac{1}{\sqrt{3}}\dot{I}_{kB}; \dot{I}_{kdc} = -\frac{1}{\sqrt{3}}\dot{I}_{kB}
\tag{C-10}
$$

由式（C-2）、式（C-10），短路时 d 侧各相线电流也可表示为

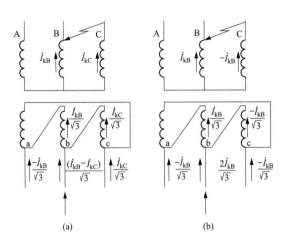

图 C-5 Yd11 变压器两相短路电流分布

（a）以 B、C 相的短路电流表示；（b）以 B 相的短路电流表

$$\left.\begin{array}{l} \dot{I}_{ka} = \dot{I}_{kda} - \dot{I}_{kdb} = 0 - (\frac{1}{\sqrt{3}}\dot{I}_{kB}) = -\frac{1}{\sqrt{3}}\dot{I}_{kB} \\[3mm] \dot{I}_{kb} = \dot{I}_{kdb} - \dot{I}_{kdc} = \frac{(\dot{I}_{kB} - \dot{I}_{kC})}{\sqrt{3}} = \frac{2}{\sqrt{3}}\dot{I}_{kB} \\[3mm] \dot{I}_{kc} = \dot{I}_{kdc} - \dot{I}_{kda} = -\frac{1}{\sqrt{3}}\dot{I}_{kB} - 0 = -\frac{1}{\sqrt{3}}\dot{I}_{kB} \end{array}\right\} \tag{C-11}$$

由式（C-10）及式（C-11）可得到 Yd11 接线变压器短路电流分布如图 C-5（b）所示。

4. Yyn11 变压器 yn 侧引出端单相短路电流分布

设 Y 侧有电源的 Yyn11 变压器 yn 侧 A 相引出线单相接地短路，由短路电流计算（见第 9 章）可得到 yn 侧单相短路电流及各相的序电流，yn 侧的单相短路电流为 I_k，按对称分量法，各相各序电流有

$$\left.\begin{array}{l} \dot{I}_{a1} = \dot{I}_{a2} = \dot{I}_{a0} = \dot{I}_0 = \frac{\dot{I}_k}{3} \\[3mm] \dot{I}_{b1} = a^2\dot{I}_{a1} ; \dot{I}_{b2} = a\dot{I}_{a2} ; \dot{I}_{b0} = \dot{I}_{a0} \\[3mm] \dot{I}_{c1} = a\dot{I}_{a1} ; \dot{I}_{c2} = a^2\dot{I}_{a2} ; \dot{I}_{c0} = \dot{I}_{a0} \end{array}\right\} \tag{C-12}$$

电流方向如图 C-6 所示。由于 Y 侧无零序电流回路，仅正、负序电流可由 yn 侧传变至 Y 侧，Y 侧各相的正、负序电流数值与 yn 侧相等，即

$$\left.\begin{array}{l} \dot{I}_{A1} = \dot{I}_{a1} ; \dot{I}_{A2} = \dot{I}_{a2} \\[3mm] \dot{I}_{B1} = \dot{I}_{b1} ; \dot{I}_{B2} = \dot{I}_{b2} \\[3mm] \dot{I}_{C1} = \dot{I}_{c1} ; \dot{I}_{C2} = \dot{I}_{c2} \end{array}\right\} \tag{C-13}$$

按变压器的连接极性有如图 C-6 所示的方向。Y 侧各相短路电流为

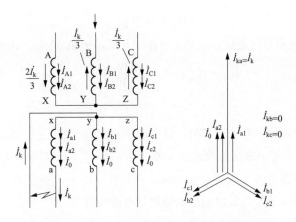

图 C-6　Yyn11 变压器 yn 侧单相短路电流分布

$$\dot{I}_{kA} = \dot{I}_{A1} + \dot{I}_{A2} = \left(\frac{\dot{I}_k}{3} + \frac{\dot{I}_k}{3}\right) = \frac{2\dot{I}_k}{3}$$

$$\dot{I}_{kB} = \dot{I}_{B1} + \dot{I}_{B2} = (a^2 + a)\frac{\dot{I}_k}{3} = -\frac{\dot{I}_k}{3} \qquad (C\text{-}14)$$

$$\dot{I}_{kC} = \dot{I}_{C1} + \dot{I}_{C2} = (a + a^2)\frac{\dot{I}_k}{3} = -\frac{\dot{I}_k}{3}$$

当 Y 侧 B、C 相引出线电流负值以与电流正方向（由电源确定）相反方向的箭头表示时，Y 侧短路电流的分布可表示如图 C-6 所示。

该类变压器 yn 侧发生单相接地短路时，零序磁通将不与同铁芯的 Y 绕组交联，而通过外壳等形成闭路并在其上产生感应电流，以保持相磁动势平衡。

5. 变压器匝间短路电流的分布[18]

匝间短路发生在变压器无电源侧与有电源侧时，短路电流的分布情况有所不同。

（1）匝间短路发生在变压器无电源侧。设 Yd11 变压器电源于 d 侧，无源的 Y 侧绕组各匝均存在感应电动势。设无电源 Y 侧 a 相绕组有 σW_Y 匝发生短路（σ 为百分数），在 σW_Y 匝短路环路将出现短路电流 I_k（参见图 C-7），并产生磁动势 $\sigma W_Y I_k$。按变压器同相两绕组磁动势平衡（安匝数相等）考虑时有

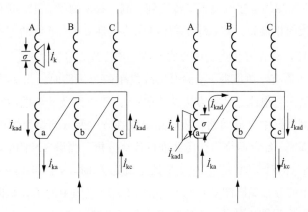

图 C-7　Yd11 变压器匝间短路电流分布

$$\sigma W_y \dot{I}_k = W_d \dot{I}_{kad} \tag{C-15}$$

式中：I_{kad}为 d 侧 a 相绕组短路电流，也是 a 相及 C 相线电流 I_{ka} 及 I_{kc}。由式（C-15）可计算为

$$\dot{I}_{kad} = \dot{I}_{ka} = \dot{I}_{kc} = \frac{\sigma W_y \dot{I}_k}{W_d} = \frac{\sigma \dot{I}_k}{\sqrt{3}} \tag{C-16}$$

式中：$W_y/W_d = 1/\sqrt{3}$。

（2）匝间短路发生在变压器有电源侧。设电源于 d 侧的 Yd11 变压器在 d 侧 a 相绕组有σW_d匝发生短路，d 侧 a 相绕组中未被短路的线匝在外电源作用下产生电流 I_{kad} 及相应的交变磁场，使同相（同铁芯）的短路线匝出现感应电动势，在短路线匝上产生与 I_{kad} 方向相反的电流 I_{kad1}。按短路线匝的磁动势与未被短路线匝的磁动势相等考虑时有

$$\sigma W_d \dot{I}_{kad1} = (1-\sigma) W_d \dot{I}_{kad} \tag{C-17}$$

设流过短路线上的短路电流为 I_k，由图 C-7 有 $I_{kad1} = I_k - I_{kad}$ 及 $I_{kad} = I_{ka} = I_{kc}$，代入式（C-17）可得

$$\dot{I}_{kad} = \dot{I}_{ka} = \dot{I}_{kc} = \sigma \dot{I}_k \tag{C-18}$$

短路电流分布见图 C-8（j）。

6. 几种两绕组变压器的短路电流分布

图 C-8 给出 Yd、Yy、YNd、Yyn 接线的两绕组变压器引出线及内部相间及匝间短路时，或中性点接地侧单相接地短路时，变压器两侧短路电流的分布及数值关系。图中假设变压器变比为 1，对 YNy、Yy 接线的变压器两侧绕组匝数相等。图 C-8（h）中，变压器绕组内部发生 ab 相间短路时，A、B 相短路电流按σI_k计算，其中σ为 a、b 相的短路匝数与总匝数之比。图 C-8（i）、图 C-8（j）中的σ为短路匝数与一相总匝数之比。

C.2.2　三绕组变压器

三绕组变压器某一侧短路时，变压器中同相的任一对绕组短路电流的分布及数值关系，分析计算方法与两绕组变压器相似。图 C-9 给出 YNy12d11 三绕组变压器 YN 侧引出线单相接地短路及 y 侧引出线相间短路时，变压器两侧短路电流的分布及数值关系[19,20]。

图 C-9（a）的变压器仅 y 侧有电源，YN 侧引出线单相接地短路时 YN 及 y 侧的序电流分布如图 C-6 所示。由于 YN 侧的零序电流不能传变到 y 侧，故 y 侧仅有正、负序电流，各相电流的全电流为正、负序电流的相量和。YN 侧的零序电流传变到 d 侧，d 侧的零序电流为 YN 侧的零序电流 $1/\sqrt{3}$，三相零序短路在三相绕组中形成环流，不出现在 d 接线外。

图 C-9（b）的变压器有三侧电源，y 侧引出线发生两相短路时，由短路电流计算可得到各电源侧对短路点提供的短路电流（计算方法见 9 章）。由于 YN 及 d 侧电源对短路侧绕组提供的短路电流在各自电源侧系统中自成回路，故短路电流在 YN 及 d 侧绕组中的分布，可由本侧的短路电流回路分别按 YNy 及 dy 两绕组变压器进行计算分析。当设 YN 侧电源对 y 侧绕组提供的短路电流为 I_{kYN}，d 侧电源对 y 侧绕组提供的短路电流为 I_{kd} 时，y 侧引出线发生两相短路时，短路电流在 YN 侧绕组中的分布类同图 C-8（e），并以 I_{kYN} 取代图中的 I_k，短路电流在 d 侧的分布类同 C-8（c），并以 I_{kd} 取代图中的 I_k。y 侧绕组中的短路电流为 I_{kYN} 与 I_{kd} 之和，如图 C-9（b）

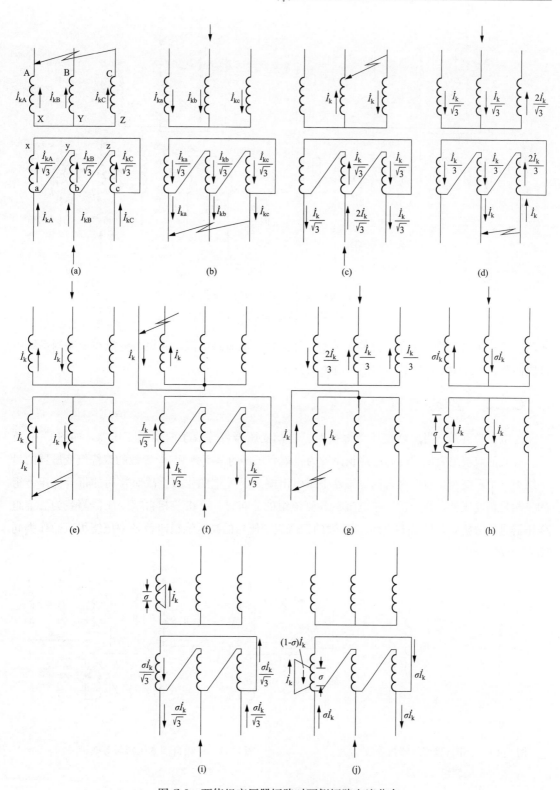

图 C-8　两绕组变压器短路时两侧短路电流分布

(a)、(b) 引出端三相短路；(c)、(d)、(e) 引出端两相短路；(g)、(f) 引出端单相接地短路；

(h) 内部相间短路；(i)、(j) 匝间短路

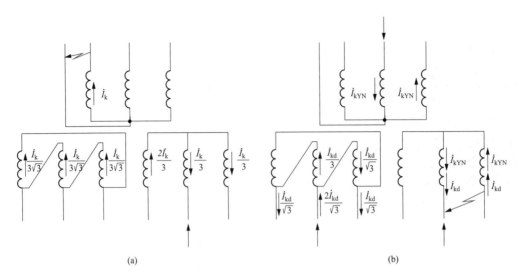

(a)　　　　　　　　　　　　　　　　(b)

图 C-9　YNy12d11 变压器单相和两相短路电流分布

（a）单相短路；（b）两相短路

所示。图 C-9（b）中未表示短路侧电源对短路点提供的短路电流，此短路电流在短路侧系统中自成回路，不影响变压器其他侧短路电流的分布。

C. 2. 3　自耦变压器

由电机学可知，当忽略变压器漏抗时，自耦变压器可等效于两绕组变压器，如图 C-10 所示。等效的双绕组变压器的高压绕组匝数为自耦变压器的总匝数 $W1$，等效的双绕组变压器的另一绕组（中压绕组）匝数为自耦变压器中压引出端 a 至 X 端的匝数。故对常用的带有低压绕组的三相自耦变压器，在分析短路电流在各侧绕组的分布时，可将三相自耦变压器等效为三绕组变压器进行分析，如图 C-11 所示。等效的三绕组变压器的高压绕组匝数及中压绕组匝数作类同图 C-10 的考虑。

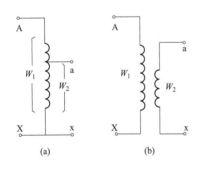

图 C-10　单相自耦变压器与等效
的两绕组变压器

（a）自耦变压器；（b）等效变压器

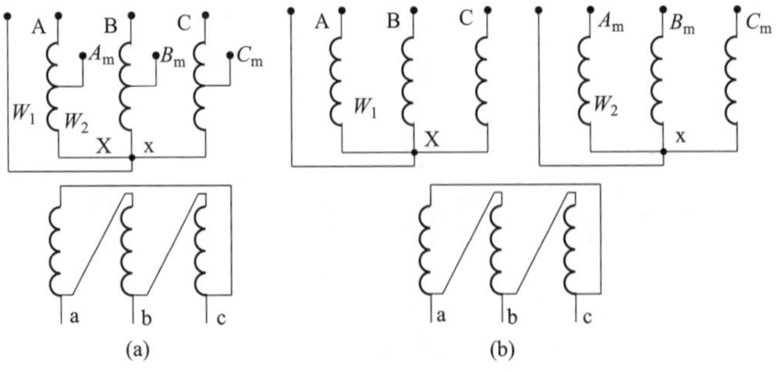

图 C-11　三相自耦变压器与等效
的三绕组变压器

（a）自耦变压器；（b）等效变压器

附录 D 电力系统短路时保护用电流互感器的暂态过程分析

在电力系统短路暂态过程中，短路电流的非周期分量可能使电流互感器出现暂态饱和而严重影响短路电流的准确传变，甚至导致保护误动或拒动。为解决电流互感器饱和对保护动作性能的影响，需要根据电流互感器在电力系统短路时的暂态过程特性参数，对保护电流互感器的类型及参数进行正确的选择，在某些保护装置中尚设置抗电流互感器饱和措施，如母线保护的电流互感器饱和检测及区内外故障识别等。为此，需要对电力系统短路时电流互感器的暂态过程进行相关的分析。

D.1 电流互感器的基本方程式

电流互感器工作原理与变压器相同，其原方绕组有较少的匝数而导线截面较大，副方匝数较多而导线截面较小。由于正常工作时副方为阻抗很小的负载，其工作情况相当于变压器的短路运行。由电机学可知，对两绕组变压器，当将某一侧绕组的物理量（如电流、电压、电动势、电抗等）折算到另一侧绕组时，可得到如图 D-1（a）所示的 T 形等效电路。对电流互感器，当原方各量折算至副方绕组（也称二次侧）时，图 D-1（a）中，i_p/n_a 为折算至副方绕组的原方绕组电流，i_p 为原方绕组电流（未折算至副方绕组时），n_a 为电流互感器额定电流变比，$n_a = N_s/N_p$，N_p、N_s 分别为电流互感器原方、副方绕组匝数，$Z_p = R_p + jX_p = R_p + j\omega L_p$ 为折算至副方绕组的电流互感器原方绕组漏阻抗，X_p、R_p、L_p 分别为折算至副方绕组的电流互感器原方绕组的漏电抗、电阻、漏电感，$\omega = 2\pi f$，f 为电网频率，50Hz 电网 $\omega = 314$；e_p 为折算至副方绕组的电流互感器原方电动势；e_s 为电流互感器副方绕组的电动势，$e_p = e_s$；$Z_m = R_e + jX_e = R_e + j\omega L_e$ 为电流互感器励磁阻抗，X_e、R_e、L_e 分别为电流互感器励磁支路的电抗、电阻、电感；$Z_{ct} = R_{ct} + jX_{ct} = R_{ct} + j\omega L_{ct}$ 为电流互感器副方绕组漏阻抗，X_{ct}、R_{ct}、L_{ct} 分别为电流互感器副方绕组的漏电抗、电阻、漏电感；$Z_b = R_b + jX_b = R_b + j\omega L_b$ 为电流互感器负载阻抗，X_b、R_b、L_b 分别为电流互感器负载电抗、电阻、电感。电流互感器实际运行时原方绕组阻抗的电压降很小，工程应用分析时通常可以忽略，则可得到图 D-1（b）的 Γ 形等效电路。相量图中 ϕ 为互感器铁芯中的磁通，由于存在磁滞损失，I_e 与 ϕ 有相位差。

D.1.1 稳态方程

1. 电流变换关系式

由图 D-1（b）可列出稳态下电流互感器的电流变换关系式为

$$\frac{i_p}{n_a} - i_e = i_s \tag{D-1}$$

当 $i_e = 0$ 时，式（D-1）变为 $n_a = i_p/i_s$，电流互感器电流变换无误差，互感器的励磁电流为电流变换误差电流。由互感器的励磁特性［类同图 3-3 (b)］可知，励磁电流及其形成的互感器的电流变换误差，将随互感器铁芯的饱和程度加深而增大。

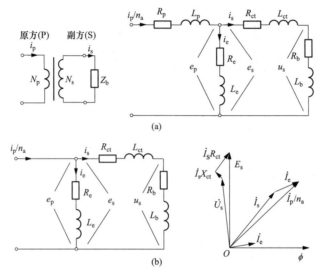

图 D-1　电流互感器的 T 形及 Γ 形等效电路

(a) T 形等效电路；(b) Γ 形等效电路

2. 电磁方程式

当设电流互感器铁芯中的磁通 Φ 为正弦函数时，互感器二次感应电动势 e_s 的数值由电磁感应原理可计算为

$$\left.\begin{array}{l} e_e = N_s \dfrac{\mathrm{d}\Phi}{\mathrm{d}t} = N_s \dfrac{\mathrm{d}(A_c B_m \sin \omega t)}{\mathrm{d}t} = N_s \omega B_m A_c \cos \omega t = \sqrt{2} E_s \cos \omega t \\[3mm] E_s = \dfrac{N_s \omega B_m A_c}{\sqrt{2}} \end{array}\right\} \tag{D-2}$$

式中：N_s 为电流互感器副方绕组匝数；铁芯中的磁通 $\Phi = BA_c = B_m A_c \sin \omega t$，$B = B_m \sin \omega t$ 为铁芯中的磁通密度（或称磁感应强度）；A_c 为铁芯截面；$\omega = 2\pi f$，f 为电网频率，50Hz 电网 $\omega = 314$；E_s 为互感器二次感应电动势有效值。

D.1.2　微分方程式

由图 D-1 (b) 的两并联支路可列出下列微分方程式

$$L_e \frac{\mathrm{d}i_e}{\mathrm{d}t} + R_e i_e = (L_{ct} + L_b) \frac{\mathrm{d}i_s}{\mathrm{d}t} + (R_{ct} + R_b) i_s \tag{D-3}$$

电流互感器励磁支路的电阻通常很小，当忽略 R_e 并以 $(i_p/n_a) - i_e = i_s$ 代入式 (D-3) 后，可得

$$\frac{L_e}{(R_{ct} + R_b)} \frac{\mathrm{d}i_e}{\mathrm{d}t} + i_e = \frac{(L_{ct} + L_b)}{(R_{ct} + R_b)} \frac{\mathrm{d}(i_p/n_a)}{\mathrm{d}t} + \frac{i_p}{n_a} \tag{D-4}$$

按照 GB 20840.2《互感器　第 2 部分：电流互感器的补充技术要求》的定义，电流互感器额定二次时间常数 $T_s = L_s/R_s$，其中 $L_s = L_{ct} + L_b + L_e$、$R_s = R_{ct} + R_b + R_e$。在工程应用中，保护用电流互感器副方通常可按电阻性负载考虑，可认为 $L_b = 0$，电流互感器副方绕组漏抗 L_{ct} 及励

磁回路电阻 R_e 通常较小而可忽略认为 $L_{ct}=0$ 及 $R_e=0$，故 $T_s=L_s/R_s=(L_{ct}+L_b+L_e)/(R_{ct}+R_b+R_e)=L_e/(R_{ct}+R_b)$。此时，由式（D-4）可得到电力系统短路暂态过程中电流互感器励磁电流的微分方程式为

$$T_s \frac{di_e}{dt} + i_e = \frac{i_p}{n_a} \tag{D-5}$$

由式（D-5）可求得电流互感器励磁电流与原方电流的变化关系，然后可由式（D-1）求出互感器副方电流与原方电流的变化关系。

D.2　电力系统短路电流的暂态过程

电力系统短路时，流经互感器的原方电流为电力系统短路电流。在工程应用的计算分析时，电力系统的短路电流可按恒定电势源（短路过程中电源幅值及频率保持恒定，也称无限大功率电源）及恒定网络参数以图 D-2 电路进行计算，图 D-2 中 E_m 为电力系统综合相电动势，θ 为短路发生时相电动势的相位角，L、R 分别为短路点至恒定电势源连接网络的等效电感、电阻。由图 D-2 可列出短路电流 i_p 的微分方程式为

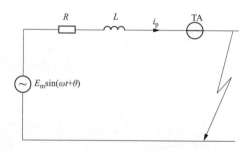

图 D-2　电力系统短路等效回路

$$L \frac{di_p}{dt} + Ri_p = E_m \sin(\omega t + \theta) \tag{D-6}$$

当忽略短路前的负荷电流，认为短路发生 $t=0$ 时有 $i_p=0$，由式（D-6）可求得

$$i_p = \frac{E_m}{\sqrt{R^2 + (\omega L)^2}} \left[\sin(\omega t + \theta - \varphi) - e^{-t/T_p} \sin(\theta - \varphi) \right] \tag{D-7}$$

式中：$T_p=L/R$ 为电力系统时间常数（短路电流回路的时间常数），也是短路电流非周期分量衰减时间常数（参见 10.2.5.3）；$\varphi=\arctan(\omega L/R)$ 为短路点至恒定电势源连接网络阻抗的阻抗角。短路电流 i_p 包括交流分量（也称周期分量）及按 T_p 衰减的非周期分量（也称直流分量）两部分。

分析计算时可认为 $\omega L \gg R$，网络电阻可忽略不计，而有 $\varphi=\pi/2$，此时式（D-7）变为

$$i_p = \frac{E_m}{\sqrt{R^2 + (\omega L)^2}} \left[-\cos(\omega t + \theta) + e^{-t/T_p} \cos\theta \right] \tag{D-8}$$

短路发生时电力系统综合相电动势的相位角 θ 是一个随机的数值。由式（D-8）可知，对接线及参数相同的回路，短路电流将随 θ 值的不同有不同的暂态过程。分析式（D-8）可知，若在

相电动势相位角 $\theta = 0$ 时发生短路，则短路电流将出现最大瞬时值，该值在短路发生后半周 (0.01s) 出现，见图 D-3；另在 $t = 0$ 时有 $i_p = 0$，短路电流的周期分量与非周期分量数值相等，此时短路电流的变化过程称之为短路电流全偏移或称 100% 偏移，（$\theta = 90°$ 时称无偏移，$\cos\theta$ 称为短路电流的偏移度）。故电力系统中有暂态特性要求的电流互感器，其暂态特性应按 $\theta = 0$ 时的短路暂态电流进行计算选择。$\theta = 0$ 时电力系统短路暂态过程中的短路电流由式（D-8）可计算为

$$i_p = \frac{E_m}{\sqrt{R^2 + (\omega L)^2}}(-\cos\omega t + e^{-t/T_p}) = \sqrt{2}I_p(-\cos\omega t + e^{-t/T_p}) \tag{D-9}$$

式中：$I_p = E_m / \left[\sqrt{2}\sqrt{R^2 + (\omega L)^2}\right]$ 为短路电流周期分量的有效值。

另外，式（D-9）中的 $\omega L = X$，X 为短路点至恒定电势源连接网络的等值电抗（也称综合电抗）。当计算等值电抗的网络各元件均取用其次暂态电抗、电势源取为系统次暂态等值电势时，式（D-9）的 I_p 称为短路起始次暂态电流（又称短路起始超瞬变或超瞬态电流）I_k''，$I_p = I_k''$，是短路发生瞬间短路电流的交流对称分量（周期分量，指基频分量）有效值。此时短路发生后 0.01s 出现的短路电流最大瞬时值，称为短路冲击电流 i_{ch}，由式（D-9），此时有 $i_p = i_{ch} = \sqrt{2}I_k''$ $(1 + e^{-0.01/T_p}) = k_{ch}\sqrt{2}I_k''$，$k_{ch}$ 为短路电流冲击系数，$k_{ch} = 1 + e^{-0.01/T_p}$。对非恒定电势源的电力系统短路，短路电流的周期分量将随时间衰减。

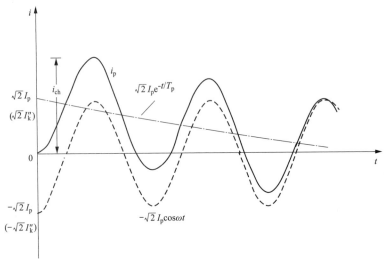

图 D-3　电力系统短路电流的暂态过程

注：$\theta = 0$，短路电流 100% 偏移。

D.3　电力系统短路时电流互感器的暂态过程

在 DL/T 866《电流互感器和电压互感器选择及计算规程》中，对保护用电流互感器暂态特性参数的选择，推荐采用全偏移短路电流的相关参数进行分析计算，即按短路发生时电力系统综合相电动势的相位角 $\theta = 0$ 考虑，此时式（D-5）的 i_p 以式（D-9）计算。下分析计算按线性电路考虑，图 D-1、图 D-2 电路中各元件参数为常数，电流互感器未饱和。将式（D-5）的 i_p 以

式（D-9）代入后，即得到描述电力系统短路暂态过程中电流互感器励磁电流的微分方程式，即

$$T_s \frac{di_e}{dt} + i_e = \frac{1}{n_a} \sqrt{2} I_p (-\cos\omega t + e^{-t/T_p}) \tag{D-10}$$

正常运行时电流互感器的励磁电流很小，可认为短路发生 $t=0$ 时有 $i_e=0$。当认为在分析的暂态过程中 T_s 及 T_p 为常数，并忽略式（D-10）微分方程解中数值较小项进行分析计算时，由式（D-10）可得电力系统短路暂态过程中电流互感器励磁电流 i_e 的计算式（短路发生时电力系统综合相电动势的相位角 $\theta=0$，即短路电流100%偏移）[15]为

$$i_e = \frac{\sqrt{2} I_p}{n_a \omega T_s} \left[\frac{\omega T_p T_s}{T_p - T_s} (e^{-t/T_p} - e^{-t/T_s}) - \sin\omega t \right] \tag{D-11}$$

由式（D-1）及式（D-11）可求得电力系统短路暂态过程中电流互感器副方电流（短路电流100%偏移时）为

$$i_s = \frac{i_p}{n_a} - i_e = \frac{1}{n_a} [\sqrt{2} I_p (-\cos\omega t + e^{-t/T_p})] - \frac{\sqrt{2} I_p}{n_a \omega T_s} \left[\frac{\omega T_p T_s}{T_p - T_s} (e^{-t/T_p} - e^{-t/T_s}) - \sin\omega t \right]$$

$$= \frac{\sqrt{2} I_p}{n_a \omega T_s} \left[\frac{\omega T_s}{T_p - T_s} (T_p e^{-t/T_s} - T_s e^{-t/T_p}) - \omega T_s \cos\omega t + \sin\omega t \right] \tag{D-12}$$

电力系统短路暂态过程中电流互感器铁芯的磁通密度（或称磁感应强度）B 可由暂态过程中电流互感器励磁电流求得。由电磁感应定律及电流互感器励磁回路方程，电流互感器的感应电动势 e_s 的计算式为

$$e_s = -N_s \frac{d\phi}{dt} = -L_e \frac{di_e}{dt} \tag{D-13}$$

式中：ϕ 为电流互感器铁芯的磁通量，$\phi = BA_c$，A_c 为铁芯截面；N_s 为电流互感器副方绕组匝数。

由式（D-13），当认为 $t=0$ 时 ϕ 和 i_e 均为 0，有 $N_s\phi = L_e i_e$，即 $BA_c N_s = L_e i_e$。由 i_e 的计算式（D-11），可得到电力系统短路暂态过程中电流互感器铁芯的磁通密度（或称磁感应强度）B 的计算式为（短路电流100%偏移时）

$$B = \frac{L_e i_e}{A_c N_s} = \frac{L_e}{A_c N_s} \cdot \frac{\sqrt{2} I_p}{n_a \omega T_s} \left[\frac{\omega T_p T_s}{T_p - T_s} (e^{-t/T_p} - e^{-t/T_s}) - \sin\omega t \right]$$

$$= \frac{\sqrt{2} I_p R_s}{\omega n_a A_c N_s} \left[\frac{\omega T_p T_s}{T_p - T_s} (e^{-t/T_p} - e^{-t/T_s}) - \sin\omega t \right]$$

$$= B_m \left[\frac{\omega T_p T_s}{T_p - T_s} (e^{-t/T_p} - e^{-t/T_s}) - \sin\omega t \right]$$

$$= B_m \frac{\omega T_p T_s}{T_p - T_s} (e^{-t/T_p} - e^{-t/T_s}) - B_m \sin\omega t = B_{dc} + B_{ac} \tag{D-14}$$

式中：B_{dc}、B_{ac} 分别为电流互感器铁芯磁通密度的直流分量（非周期分量）、交流（周期分量）分量；$B_m = \sqrt{2} I_p R_s / (\omega n_a A_c N_s)$ 为电流互感器铁芯磁通密度交流分量峰值。

由（dB_{dc}/dt）$=0$ 求得 B_{dc} 出现最大值的时间 t_{max} 为

$$t_{max} = \frac{T_p T_s}{T_p - T_s} \ln \frac{T_p}{T_s} \tag{D-15}$$

图 D-4 给出电力系统短路暂态过程中电流互感器铁芯的磁通密度的变化过程[15]（铁芯未饱

和时）。可见，短路电流的非周期分量使暂态过程中电流互感器铁芯磁通密度出现数值很大的直流分量，可能致使电流互感器产生暂态饱和。由式（D-14）可知，由于电力系统及电流互感器存在时间常数，短路发生后磁通密度直流分量达到最大值有一个上升过程，使电流互感器的暂态饱和总是出现在短路发生时刻之后。另外，对需要考虑暂态误差的保护用电流互感器，为避免电流互感器的暂态饱和以保证短路暂态过程电流测量的准确度，需要增加电流互感器铁芯的截面。

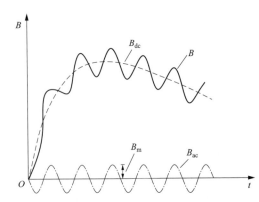

图 D-4　短路暂态过程中电流互感器铁芯的磁通密度

在 GB 20840.2《互感器　第 2 部分：电流互感器的补充技术要求》、DL/T 866《电流互感器和电压互感器选择及计算规程》中，定义了"暂态系数" K_{tf} 来描述短路暂态过程中非周期电流分量对铁芯磁通密度的影响，并定义了"暂态面积系数" K_{td} 来描述为保证短路暂态情况下在规定工作循环中的电流测量准确度，电流互感器暂态面积需增大的倍数。

按照 GB 20840.2、DL/T 866，暂态系数定义为铁芯磁通密度 B（总磁通密度）与磁通密度交流分量峰值 B_m 之比，磁通密度按短路发生时电力系统综合相电动势的相位角 $\theta=0$ 计算（即按短路电流全偏移计算）。K_{tf} 由式（D-14）可计算为

$$K_{tf} = \frac{B}{B_m} = \frac{\omega T_p T_s}{T_p - T_s}(e^{-t/T_p} - e^{-t/T_s}) - \sin \omega t \tag{D-16}$$

由式（D-16）可知，电流互感器暂态系数是时间的函数，数值大小及变化特性取决于电力系统一次时间常数 T_p 及电流互感器时间常数 T_s。

按照 GB 20840.2、DL/T 866，暂态面积系数 K_{td} 定义为暂态情况下，为保证在规定的工作循环中电流互感器的电流测量的准确度，电流互感器暂态面积需增大的倍数（理论值）。按标准对规定的工作循环的定义（见表 10-11），规定的工作循环包括单次通电 $C\text{-}t'\text{-}0$ 及双次通电 $C\text{-}t''\text{-}0\text{-}t_{fr}\text{-}C\text{-}t''\text{-}0$，以及通电期间内保持电流测量准确度的持续时间 t'_{al}、t''_{al}，通电期间内一次电流为全偏移。其中，t'、t'' 为第一次、第二次电流通过时间；t_{fr} 为重合闸无电流时间，是一次短路电流被切断起至其重复出现止的时间间隔；t'_{al} 为在第一次通电期间 t' 内保证规定的电流测量准确度的持续时间，t''_{al} 为在双次通电的第二次通电期间 t'' 内保证规定的电流测量准确度的持续时间。

对单次通电（$C\text{-}t'\text{-}0$）工作循环的暂态面积系数 K_{td}，按照 GB 20840.2、DL/T 866，K_{td} 数值上等于 $\sin \omega t = -1$ 时式（D-16）的暂态系数，即

$$K_{td} = \frac{\omega T_p T_s}{T_p - T_s}(e^{-t'_{al}/T_p} - e^{-t'_{al}/T_s}) + 1 \tag{D-17}$$

由（dK_{td}/dt）$=0$，可求得 K_{td} 达最大值的时间 t_{max} 同式（D-15），及相应的最大 K_{tdmax} 为

$$K_{tdmax} = \omega T_p \left(\frac{T_p}{T_s}\right)^{T_p/(T_s - T_p)} + 1 \tag{D-18}$$

对双次通电（$C\text{-}t'\text{-}0\text{-}t_{fr}\text{-}C\text{-}t''\text{-}0$）的工作循环，当按两次通电时互感器的磁通极性相同考虑时，标准对暂态面积系数的规定见式（D-19）。其中，第一个 $C\text{-}t'\text{-}0$ 循环的暂态面积系数参照式（D-16）计算，该系数在随后的 t_{fr} 及 t'' 期间按时间常数 T_s 衰减，第二个 $C\text{-}t''\text{-}0$ 循环的暂态面积系数参照式（D-17）计算，即

$$K_{td} = \left[\frac{\omega T_p T_s}{T_p - T_s}(e^{-t'/T_p} - e^{-t'/T_s}) - \sin\omega t'\right]e^{-(t_{fr}+t'')/T_s} + \frac{\omega T_p T_s}{T_p - T_s}(e^{-t''_{al}/T_p} - e^{-t''_{al}/T_s}) + 1 \tag{D-19}$$

图 D-5 给出电流互感器磁通密度在双次通电（$C\text{-}t'\text{-}0\text{-}t_{fr}\text{-}C\text{-}t''\text{-}0$）工作循环中的变化例（铁芯未饱和时）。电流互感器产品通常给出其性能保证相应的额定工作循环及时间参数 t'、t''、t_f 及 t'_{al}、t''_{al} 的数值。电流互感器实际应用时 t'、t''、t_{fr} 及 t'_{al}、t''_{al} 取值的考虑见 10.2.5.4。

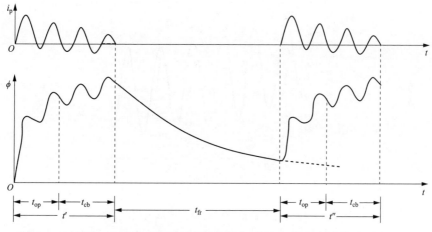

图 D-5　电流互感器磁通密度在 $C\text{-}0\text{-}C\text{-}0$ 工作循环中的变化例

t_{op}—保护动作时间；t_{cb}—断路器分断时间；t_{fr}—无电流时间

由式（D-17）及式（D-16）可知，单次通电（$C\text{-}t'\text{-}0$）工作循环的暂态面积系数，是为保证在单次通电（$C\text{-}t'\text{-}0$）工作循环中，在 t'_{al} 的暂态过程时间内保持电流测量的准确度，电流互感器铁芯需要的暂态截面相对于仅有交流磁通密度时要求的铁芯面积的倍数。对双次通电工作循环由式（D-19）计算的暂态面积系数，则是在 t''_{al} 的暂态过程时间内为保持电流测量的准确度，电流互感器铁芯需要的暂态截面相对于仅有交流磁通密度时要求的铁芯面积的倍数。

由式（D-11）、式（D-14）及图 D-4 可知，在短路发生后的暂态过程中，电流互感器的励磁电流及铁芯中的磁通密度有一个上升变化过程，电流互感器铁芯磁通密度需在短路发生后经某一时间才达到使电流互感器出现饱和的数值，通常称该时间为电流互感器的饱和出现时间。对一个结构参数已确定的电流互感器，饱和出现时间主要与短路电流值及其偏移程度、互感器的

剩磁、二次回路阻抗等有关。另外，由式（D-11）、式（D-12）、式（D-14）可见，在短路发生后的暂态过程中，由衰减的非周期分量与交变的周期分量叠加的电流互感器的励磁电流、二次电流及互感器铁芯磁通密度，在电流互感器一次电流过零点附近或过零后的负半周将可能出现为零或较小值的时间段，使出现饱和后的电流互感器在此时间段内脱离饱和状态而对一次电流有正确的传变，如图 D-6 所示。

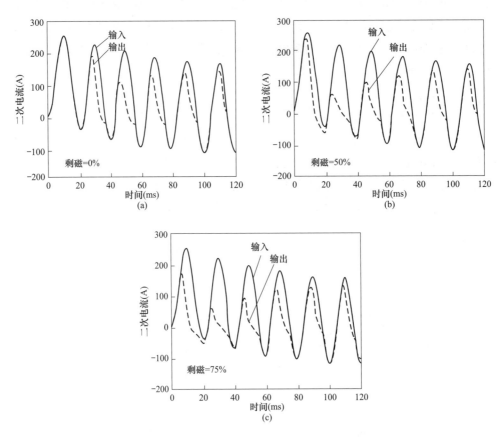

图 D-6　电流互感器饱和时的电流波形及剩磁的影响

（a）剩磁为 0 的情形；（b）剩磁占饱和磁通 50% 的情形；（c）剩磁占饱和磁通 75% 的情形

在 DL/T 866 中，电流互感器的暂态特性计算均推荐取短路电流全偏移情况，故上述对电流互感器的暂态过程均按短路电流为全偏移进行分析。此时所需的暂态系数相对于部分偏移情况有较大的数值，为比较严重情况。在实际运行中，短路电流出现全偏移的概率较低，较多的为部分偏移情况。

D. 4　剩磁对暂态过程的影响

电流互感铁芯中的剩磁将对暂态过程产生影响。互感器在饱和状态下断开一次电流时，铁芯中将产生很大的剩磁。在正常运行电流下，剩磁需经过较长的时间才逐渐消失。当剩磁方向与短路电流非周期分量的磁化方向相同时，将助长铁芯中磁通的建立，使暂态饱和度增大，恶化互感器的暂态特性。而在剩磁方向与短路电流非周期分量的磁化方向相反时，剩磁将降低互感器的暂态饱和度。剩磁下互感器暂态过程的这种特征，可能影响保护的正确工作，如对以比较两个以上电流相量原理构成的差动保护，在保护区外短路故障时，剩磁将可能加重互感器间暂态饱和程度的差别，使差动回路出现很大的不平衡电流而致差动保护误动；又如对设置自动重合闸的线路，由于故障切除后互感器的剩磁消失很慢，在断路器重合于故障线路时，受剩磁影响而暂态深度饱和的互感器由于电流变换恶化可能使保护不能正确地快速切除故障。对于类似的这些应用场合，在互感器类型的选择中需考虑对剩磁的要求，宜选择对剩磁有限制（如规定剩磁系数小于10%）的电流互感器。电流互感器以剩磁系数 K_r 表示其剩磁的大小，K_r 为剩磁磁通密度 B_r 与饱和磁通密度 B_s 之比（或剩磁磁通 Φ_r 与饱和磁通 Φ_s 之比），即 $K_r = B_r / B_s$ 或 $K_r = \Phi_r / \Phi_s$。

目前降低互感器剩磁的主要方法是在互感器铁芯开气隙，在气隙长度达磁路全长的万分之一左右，即可将剩磁降低到饱和磁通密度的10%。但为保证电流互感器的线性范围和暂态误差不超过规定值，目前一般取磁路全长的千分之一左右（称小气隙，如 TPY 类互感器），大气隙约为该数值的5倍（如 TPZ），互感器剩磁可忽略，特性基本上为线性。磁路中开气隙将使互感器励磁支路电感及时间常数减小，特性趋于线性，削弱了非周期分量的变换而对周期分量的变换影响较小，但也使正常状态下的励磁电流增大，影响电流互感器的精度及使额定容量降低。

 # 附录 E 短路保护的最小灵敏系数

表 E-1 继电保护的最小灵敏系数

保护类型	组成元件		灵敏系数	备注
发电机、变压器及电动机纵联差动保护	差电流元件的启动电流		1.5	
发电机、变压器、线路及电动机电流速断保护	电流元件		1.5	按保护安装处短路计算
母线的完全电流差动保护	差电流元件的启动电流		1.5	
母线的不完全电流差动保护	差电流元件		1.5	
带方向和不带方向的电流保护或电压保护	电流元件或电压元件		1.3～1.5	长度 200km 以上线路，不小于 1.3；50～200km 线路，不小于 1.4；50km 以下线路，不小于 1.5
	零序或负序方向元件		1.5	
距离保护	启动元件	负序或零序增量或负序分量元件、相电流突变量元件	4	距离保护第三段动作区末端故障，大于 1.5
		电流和阻抗元件	1.5	线路末端短路电流应为阻抗元件精确工作电流 1.5 倍以上。长度 200km 以上线路，不小于 1.3；50～200km 线路，不小于 1.4；50km 以下线路，不小于 1.5
	距离元件		1.3～1.5	
线路纵联保护	跳闸元件		2.0	
	对高阻接地故障的测量元件		1.5	个别情况下，为 1.3
平行线路的横联差动方向保护和电流平衡保护	电流和电压启动元件		2.0	线路两侧均未断开前，其中一侧保护按线路中点短路计算
			1.5	线路一侧断开后，另一侧保护按对侧短路计算
	零序方向元件		2.0	线路两侧均未断开前，其中一侧保护按线路中点短路计算
			1.5	线路一侧断开后，另一侧保护按对侧短路计算
远后备保护	电流、电压及阻抗元件		1.2	按相邻电力设备和线路末端短路计算（短路电流应为阻抗元件精确工作电流 1.5 倍以上），可考虑相继动作
	零序或负序方向元件		1.5	
近后备保护	电流、电压及阻抗元件		1.3	按线路末端短路计算
	负序或零序方向元件		2.0	
电流速断保护			1.2	按正常运行方式保护安装处短路计算

注 1. 主保护的灵敏系数除表中注明出者外，均按被保护线路（设备）末端短路计算。
    2. 保护装置如反应故障时增长的量，其灵敏系数为金属性短路计算值与保护整定值之比；如反应故障时减少的量，则为保护整定值与金属性短路计算值之比。
    3. 各种类型的保护中，接于全电流和全电压的方向元件的灵敏系数不作规定。
    4. 本表内未包括的其他类型的保护，其灵敏系数另作规定。
    5. 本表引自 GB/T 14285《继电保护和安全自动装置技术规程》。

附录F 术 语

（按中文拼音字母顺序排列）

B

保护动作时间

从电力系统故障或不正常工作状态发生的瞬间起至保护装置动作的瞬间止的时间。

暴露安装

设备会遭受大气过电压的一种安装。

保护系统

预定完成某项规定功能，由保护装置和其他器件组成的成套设备。保护系统不仅包括保护装置，而且还包括必需的仪用互感器、通信线路、跳闸电路和辅助电源，根据保护系统的原理，它可能包括被保护电路的一端或所有各端，可能还包括自动重合闸装置。

C

穿越（性）故障电流

由在给定的保护系统所保护的那部分电路以外的电力系统故障引起的流经被保护部分的电流。

超范围（距离保护系统）

距离保护系统的超范围（overreaching），是指距离保护系统的保护（区）段整定值的等效距离长于被保护线路的长度。

D

电力系统振荡

电力系统发生扰动之后（如短路或切除某些故障），并列运行的两部分系统之间将可能发生振荡。电力系统振荡可分为同步振荡和非同步振荡两种振荡。系统振荡时，若两部分系统等效电动势的夹角的摆动范围没有超过180°（其最大值一般不大于120°），并经过若干次摆动之后又恢复同步运行，则称这种电力系统振荡为同步振荡（或称稳定振荡）。若等效电动势的夹角的摆动范围超过了180°，并在0°~360°范围内变化，则称这种电力系统振荡为非同步振荡（或称非稳定振荡），此时系统进入失步运行状态。

电力系统振荡过程中，系统电压最低的一点，称为振荡中心。

电流互感器极性

电流互感器一次和二次绕组的绕法用极性表示，通常按减极性原则标示，即电流通入一次、二次绕组的同极性端子时，铁芯中产生的磁通同方向。故当一次电流从一次绕组同极性端子流入时，二次电流从二次绕组同极性端子流出。接线图中的电流互感器端子的极性，可采用文字符号或图形符号标示，如图 F-1 所示。

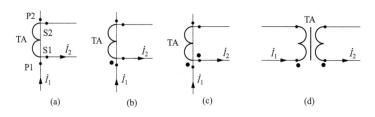

图 F-1　电流互感器极性

(a) 以文字标示；(b)、(c)、(d) 以符号标示

采用文字符号标示时，在接线图上对一次绕组与二次绕组两端同极性端的端子通常分别标记为 P1、S1 及 P2、S2，如图 F-1 (a) 所示。表示互感器一次绕组的 P1 端子和二次绕组的 S1 端子为同极性端子，一次电流从 P1 流入时，二次电流从 S1 流出；P2 端子和 S2 端子为同极性端子，一次电流从 P2 流入时，二次电流从 S2 流出。

采用图形符号标示时，对一次绕组以单线图表示的接线图，可在一次、二次绕组同极性端的两个端子旁标以一个黑圆点表示，如图 F-1 (b) 所示，或在一次、二次绕组同极性的端子旁分别标以黑圆点表示，如图 F-1 (c) 所示；一次和二次均以线圈符号表示时，通常在同极性端的两个端子旁分别标以一个黑圆点表示，如图 F-1 (d) 所示。

短路阻抗（一对绕组的）

短路阻抗（short-circuit impedance）是指在额定频率和参考温度下，变压器一对绕组出线端子之间的等效串联阻抗 Z_k。确定此值时，该对绕组的一个绕组短路，其他绕组开路。对于三相变压器，为每相的阻抗（等值星形联结）。

对于带分接绕组的变压器，是指指定分接位置上的。如无另外规定，是指主分接。

此参数可用无量纲的相对值来表示。通常表示为以该绕组额定值计算的参考阻抗 Z_{ref} 为基准的分数值 z_k，采用百分数时，有

$$z_k = 100Z_k/Z_{ref}\%$$

此处

$$Z_{ref} = U_{TN}^2/S_{TN}$$

式中：U_{TN} 为绕组的额定电压（或分接电压）；S_{TN} 为绕组的额定容量。对多绕组变压器 U_{TN} 为该对绕组中未短路的绕组额定电压（或分接电压），S_{TN} 为该对绕组中容量较小绕组的额定容量。

上述公式对三相变压器和单相变压器都适用。

电磁兼容性

电磁兼容性（electromagnetic compatibility，EMC）是指设备或系统在其所在的电磁环境中能正常工作，且不对该环境中的任何事物构成不能承受的电磁骚扰的适应能力。

电磁干扰

电磁干扰（electromagnetic interference，EMI）是指电磁骚扰引起其他设备或系统性能的降低。电磁骚扰是指设备或系统对其所在的电磁环境的污染，可能引起其他设备或其他系统的性能降低或对生物或非生物产生不良影响的电磁现象。某一环境中，某种电磁现象相对应的骚扰

水平的量化强度，称为骚扰度（disturbance degree）。

F

辅助保护

辅助保护是为补充主保护和后备保护的性能或当主保护和后备保护退出运行而增加的简单保护。

分级绝缘（变压器或电抗器绕组）

变压器（电抗器）绕组的一端作成直接或间接接地时，此接地端或中性点端的绝缘水平比线端要低。

G

共轭相量

正弦电路中表示振幅（最大值）相同、相位相反的两个电气量称共轭（conjugate）相量。相量仅适用于描述频率相同的正弦电路的电气量。

其与共轭复数定义类同，对模数相等、幅角（主值）相反（实部相等，虚部仅符号不同）的两个复数，叫做共轭复数。在复平面上，以矢量表示的共轭复数为一对相对于实轴（X 轴）为对称的矢量。

H

后备保护

后备保护（back-up protection）是指电力系统的元件保护系统中，在主保护或断路器拒动时，用以切除设备和输电线故障或终结其不正常状态的保护。元件保护系统中的后备保护可采用远后备或近后备方式。远后备是当主保护或断路器拒动时，由相邻电力设备或输电线的保护实现后备。近后备是当主保护拒动时，由该元件保护系统设置的其他保护实现后备保护；在断路器拒动时，由断路器失灵保护来实现后备保护。

J

金属性短路

短路系统短路处相与相（或地）的接触处往往经过一定的电阻（如外物电阻、电弧电阻、接地电阻等），这种电阻通常称为过渡电阻。金属性短路就是不计过渡电阻的影响，即认为过渡电阻等于零的短路情况。

K

可靠性（保护系统）

可靠性（reliability）是指保护系统在其规定的保护范围内发生了保护应该动作的故障或不正常状态时，保护不应拒动，而在任何其他该保护不应动作的情况下，保护不应误动。

抗扰度

抗扰度（immunity）是指设备或系统在电磁骚扰下不降低运行性能的承受能力。将某给定电磁骚扰施加于某一设备或系统，而其仍能正常工作并保持所需性能等级时的最大骚扰水平，则称为设备或系统的抗扰度水平（immunity level）。在存在电磁骚扰的情况下，设备或系统不能避免性能降低的能力，称为设备或系统的电磁敏感性或简称敏感性（electromagnetic susceptibility）。敏感性高，抗扰度低。

开断时间（交流高压断路器）

开断时间（break time）是指交流高压断路器分闸脱扣器带电至所有极中电弧熄灭时刻的时间间隔。

L

灵敏性（保护系统）

灵敏性（sensitivity）是指在保护系统保护范围内发生故障或不正常状态时，保护系统具有正确动作的能力。通常以灵敏系数对电力系统金属性短路保护的灵敏性进行描述。灵敏系数为保护整定值与金属性短路计算值之比（保护装置反应故障时减少的量时）或金属性短路计算值与保护整定值之比（保护装置反应故障时增加的量时）。灵敏系数应根据电力系统最不利正常运行方式（含正常检修）及最不利故障类型（仅考虑金属性短路）进行计算。在 GB/T 14285 中，规定了各类短路保护的最小灵敏系数。

Q

全绝缘（变压器或电抗器绕组）

全绝缘是指变压器或电抗器绕组的所有与端子相连接的出线端，都具有相同的对地工频耐受电压的绝缘。全绝缘变压器主要用于（40kV 及以下的）小电流接地系统。

欠范围（距离保护系统）

距离保护系统的欠范围（underreaching）是指距离保护系统的保护（区）段整定值的等效距离短于被保护线路的长度。

S

速动性（保护系统）

速动性（rapidity）是指保护系统应能尽可能快地切除短路故障，以提高电力系统的稳定性，减轻故障设备或输电线的损坏程度，缩小故障波及范围。

X

选择性（保护系统）

选择性（selectivity）是指保护系统检出电力系统元件故障或不正常状态而动作时，仅使相应的断路器跳闸将该元件从系统中切除，使电力系统受扰动尽可能小，以保证电力系统继续安全运行；当保护仅动作于信号时，保护能正确的给出该元件故障或不正常状态的告警信息。

相量

相量（phasor）是表示正弦量的复数量。电工学中，在复数平面上用正弦量的振幅大小和相位表示同频率正弦交流量的矢量（vector）叫相量。相量仅适用于频率相同的正弦电路。由于频率一定，在描述电路物理量时就可以只需考虑振幅与相位并可用一个复数表示，复数的模为振幅最大值，辐角为初相位. 这个复数在电子电工学中称为相量。振幅为 A_m、辐角为 θ 的正弦量 $A_m\cos(\omega t + \theta)$ 的相量为 $A_m e^{j\theta}$。

相继动作（保护）

如图 F-2 所示的单侧电源环形电网，当短路点靠近 A 母线时，几乎全部短路电流为经过 1QF 流向短路点，而经过 6~2QF 流向短路点的短路电流很小。故保护 2 仅能在保护 1 动作跳开

1QF后才能动作。保护这种动作称为相继动作，能产生相继动作的某段区域称为相继动作区。保护相继动作将使切除故障时间加长，但在环形网络中是不可避免的。

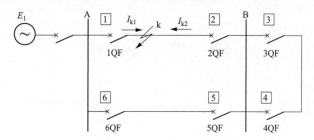

图 F-2 单侧电源的环形电网

Z

主保护

电力系统的元件保护系统中，能满足电力系统稳定、保证电力系统无故障部分继续运行和设备安全要求，以最快速度有选择性地切除被保护设备和输电线故障或终结其不正常状态的保护。某些设备或输电线可以有两段主保护。

中性点接地方式

按单相接地短路电流的大小分：①大接地电流系统（也称中性点有效接地系统），又分为中性点直接接地系统（solidly earthed neutral system）、中性点经小电阻接地系统；②小接地电流系统（也称中性点非有效接地系统），又分为中性点不接地系统（isolated neutral system）、中性点经消弧线圈接地系统。

我国规定：接地点的零序综合电抗比正序综合电抗 $X_{0\Sigma}/X_{\Sigma 1} \leqslant 4 \sim 5$ 时，属小电流接地系统；否则属大接地电流系统。有的国家规定为 $X_{0\Sigma}/X_{\Sigma 1} \leqslant 3$。

系统中性点有效接地与中性点非有效接地也可按系统接地故障系数划分：接地故障系数不超过 1.4 的系统为中性点有效接地系统，超过 1.4 的系统为中性点非有效接地系统。如系统的零序电阻与正序电抗之比小于 3，并且零序电阻与正序电抗之比小于 1，则接地故障系数一般均不超过 1.4。

接地故障系数（earth fault factor）是系统发生一相或多相的接地故障时，三相系统中某点的非故障相的相对地最高工频电压均方根值与该点在无故障时的相对地工频电压均方根值之比。

阻抗电压（对于主分接）

阻抗电压（impedance voltage）是指变压器一对绕组中一绕组短路，在参考温度下以额定频率的电压施加于另一绕组，当变压器该对绕组中电流为额定值时，另一绕组出线端的施加电压值（U_k）。对多绕组变压器，此时其余绕组开路，电流额定值取该对绕组中额定容量较小的绕组的额定电流。

变压器的阻抗电压也称短路电压，通常用施加电压绕组的额定电压值（U_{TN}）为基准的百分数（u_k）表示，计算式为

$$u_k = 100 U_k/U_{TN}\%$$

一般电力变压器的阻抗电压 u_k 为 5%～15%，数值上等于变压器该对绕组以相对值表示的短路阻抗。

参 考 文 献

[1] 桂林，王祥珩，王维俭. 新型标积制动式差动保护的分析研究. 电力系统自动化，2001，25（22）：15-21.

[2] 李晓华，张哲，尹项根，等. 故障分量比率差动保护整定值的选取. 电网技术，2001，25（4）：47-50.

[3] 王维俭. 电气主设备继电保护原理与应用. 北京：中国电力出版社，1996.

[4] 王维俭，侯炳蕴. 大型机组继电保护理论基础. 北京：中国电力出版社，1989.

[5] 贺家李，宋从矩. 电力系统继电保护原理. 北京：中国电力出版社，2004.

[6] 李德佳，毕大强，王维俭. 大型发电机注入式定子单相接地保护的调试和运行. 继电器，2004，32（16）：51-56.

[7] 夏勇军，尹项根，杨经超，等. 发电机乒乓式转子接地保护电路设计. 电力自动化设备，2004，24（12）：52-55.

[8] 梁建行. 发电机灭磁系统的分析与计算. 北京：中国电力出版社，2009.

[9] ［美］安德森（P. M. Anderson）. 电力系统保护.《电力系统保护》翻译组，译. 北京：中国电力出版社，2009.

[10] 浙江大学电机教研室. 电机学. 杭州：浙江大学出版社，1990.

[11] 韩帧祥. 电力系统分析. 杭州：浙江大学出版社，2005.

[12] 能源部西北电力设计院. 电力工程电气设计手册 电气二次部分. 北京：水利电力出版社，1991.

[13] 刘学军. 继电保护原理. 北京：中国电力出版社，2004.

[14] 何仰赞，温增银，汪馥英，等. 电力系统分析. 武汉：华中工学院出版社，1995.

[15] 袁季修，盛和乐，吴聚业. 保护用电流互感器应用指南. 北京：中国电力出版社，2004.

[16] 袁季修. 导体和电气设备选型指南丛书 电流互感器和电压互感器. 北京：中国电力出版社，2011.

[17] 梁建行，梁波，陈红君，等. 水电厂发电机励磁系统设计. 北京：中国电力出版社，2015.

[18] 许敬贤，张道民. 电力系统继电保护. 北京：中国工业出版社，1965.

[19] 水电站机电设计手册编写组. 水电站机电设计手册 电工二次. 北京：水利电力出版社，1984.

[20] 刘叔华. 变压器和互感器的电路计算与相量变换. 北京：水利电力出版社，1978.